普通高等教育"十一五"国家级规划教材

U0272419

化学反应工程

第四版

陈甘棠　主编

陈建峰　陈纪忠　副主编

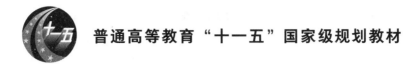

化学工业出版社

·北京·

内 容 简 介

化学反应工程是化工等专业的核心课程。近年来,化学反应工程学科取得了长足进展,深入到了微纳尺度层面的反应过程强化即分子反应工程的研究范畴,学科服务对象也由传统经典化工拓展到了新能源、新材料等领域。为此,《化学反应工程》(第四版)在第三版基础上,加入了对化学反应工程最新进展的介绍,对个别较生涩难懂的章节内容进行了删减,修改了部分例题与习题,使其与化工生产实践的背景结合更紧密,并对文中三十余个概念增加了动画链接,以增强读者的感性认识,读者可通过扫描书中二维码观看。本书分为十章,重点介绍了均相反应过程,包括均相反应动力学基础、均相反应器、非理想流动;非均相反应过程,包括气-固相催化反应过程、非催化两流体相反应过程、固定床反应器、流化床反应器;聚合反应过程,包括聚合过程的化学与动力学基础;生化反应过程,包括生化动力学基础、生化反应器。

《化学反应工程》(第四版)可作为化工及相关专业的本科生教材,也可供化工及相关专业科研人员参考。

图书在版编目(CIP)数据

化学反应工程/陈甘棠主编 . —4 版 . —北京:
化学工业出版社,2021.7(2022.2 重印)
普通高等教育"十一五"国家级规划教材
ISBN 978-7-122-39117-9

Ⅰ.①化… Ⅱ.①陈… Ⅲ.①化学反应工程-高等学校-教材 Ⅳ.①TQ03

中国版本图书馆 CIP 数据核字(2021)第 087336 号

责任编辑:杜进祥　任睿婷　徐雅妮　　　　　　　　装帧设计:韩　飞
责任校对:王素芹

出版发行:化学工业出版社(北京市东城区青年湖南街13号　邮政编码100011)
印　　装:三河市延风印装有限公司
787mm×1092mm　1/16　印张 23¼　字数 572 千字　2022 年 2 月北京第 4 版第 2 次印刷

购书咨询:010-64518888　　　　　　　　　　　　　售后服务:010-64518899
网　　址:http://www.cip.com.cn
凡购买本书,如有缺损质量问题,本社销售中心负责调换。

定　　价:59.00 元

前 言

化学反应工程学科自 1957 年奠基以来发展迅猛，从而快速奠定了"三传一反"在化学工程中的核心地位，并使其内涵从最初单纯的传递过程拓展到了伴有化学反应的全化学工程领域，后又陆续滋生出聚合反应工程、生物化学工程、电化学工程及环境化学工程等新的分支。化学反应工程与化工传递过程相伴，成为化学工程与工艺等专业的核心课程，期间国内外关于化学反应工程学科的专著与教材亦层出不穷。

陈甘棠先生结合国外经典专著与毕生教学科研经验，于 1981 年编写出版了本书，是当时国内第一本反应工程教材，1987 年获得化工部高校优秀教材奖。第二版由全国化学工程课程教学指导委员会组织编写，1990 年 11 月出版。2007 年出版的第三版被评为普通高等教育"十一五"国家级规划教材，成为反应工程教科书中的标杆之作。时光荏苒，第三版出版至今已有十四年，这期间，化学反应工程学科的工业实践和理论研究取得了长足进展，化工与化学日益融合发展，深入到了微纳尺度层面的反应过程强化即分子反应工程的研究范畴，学科服务对象也由传统经典化工拓展到了包括新能源化工、材料化工、海洋化工、纳米材料与器件加工等新兴分支的众多过程工业领域。虽然其他学者也相继出版了不少关于反应工程的专著，但本书仍不失为一部经典之作，因此有必要再次修订出版。

第四版在充分尊重原著的基础上，加入了对化学反应工程最新进展的介绍，对个别较生涩难懂的章节内容进行了删减，修改了部分例题与习题，使其与化工生产实践的背景结合更紧密，并对文中三十余个概念增加了动画链接，以增强读者的感性认识，读者可通过扫描书中二维码观看。其中，第1~4 章由陈建峰负责修订，第 5~10 章由陈纪忠负责修订。特别感谢文利雄、王洁欣、曾晓飞、罗勇等参与修订，感谢北京东方仿真软件技术有限公司与北京欧倍尔软件技术开发有限公司提供设备及原理素材动画资源和技术支持，感谢乔旭、梁斌、刘有智、杨为民、杨超、陈丰秋、杨朝合、应汉杰、庄英萍、罗正鸿、程易、崔咪芬、李建伟、刘会娥、刘生鹏、王安杰、辛峰、许志美、余皓、朱建华等参与审定。

在第四版新书即将出版之际，追思恩师精湛的学术造诣、严谨的治学态度、坚毅的创新精神、诲人不倦的品格，谨以此书深切缅怀永远的导师和心中的丰碑陈甘棠先生！

　　因编者水平所限，书中难免存在疏漏之处，恳请读者批评指正。

陈建峰　　陈纪忠

2021 年 3 月

第一版前言

本书是在化工热力学及化工传递过程的基础上，并与化工系统工程互相衔接配合的一门化学工程专业课。

本书是根据化学工程专业化学反应工程学教材的大纲编写的。主要叙述化学反应工程的基本概念、原理和方法以及反应器的设计、强化和过程的研究、开发、放大工作。

本书的体系按决定反应本质的反应动力学特性进行大的区分（如均相、两流体相、气固相等），而按决定传递特性的反应器型式进行进一步区分（如固定床、流化床等）。在全书以及各章节中尽量按简单到复杂的次序叙述，以适应循序渐进的规律，本书中打有 * 标记的章节是供基本教学以外进一步学习用的参考内容。

本书由浙江大学陈甘棠（主编，撰写第 1,5～7,9 章）、华东化工学院顾其威（撰写第 3 章第 6、7 节及第 8 章）、翁元垣（撰写第 2、4 章和第 3 章 1～5 节及第 8 章第 2 节）三人合写。

本书为高等学校化学工程专业的教材，也可供有关研究、设计和生产单位工程技术人员参考。

陈甘棠

目　录

第 4 章　非理想流动   96

第9章　聚合反应工程基础　　　286

第1章

绪　论

1.1　化学反应工程学的发展及其范畴和任务

1.1.1　化学反应工程发展简述

自然界物质的运动或变化过程有物理的和化学的两类，其中物理过程不牵涉到化学反应，但化学过程却总是与物理因素如温度、压力、浓度等有着紧密的联系，所以化学反应过程是物理与化学两类因素的综合体。远溯古代，如陶瓷器的制作、酒与醋的酿造、金属的冶炼以及炼丹、造纸等，都是一些众所周知的化学反应过程。然而，直到 20 世纪 50 年代还未形成一门独立的学科，其原因是人类还不能从众多的、看起来风马牛不相及而又变化多端的反应过程中认清它们的共同规律。在第二次世界大战以后，一方面由于生产技术及设备的更新和生产规模的大型化，特别是石油化工的发展，对经常成为核心问题的化学反应过程的开发以及反应器的设计提出了越来越急迫的要求；而另一方面也正是由于化学动力学、化工单元操作（特别是流体流动、传热和传质）方面的理论和实验的长足进展，使得这类问题的系统解决有了可能。于是水到渠成，终于在 1957 年欧洲举行的第一次反应工程会议上确立了这一学科的名称，此后本学科蓬勃发展至今。

1937 年 G. Damköhler 在 Der Chemie Ingenieur 的第三卷中阐述了扩散、流动与传热对化学反应收率的影响，堪称此方面的先驱。1947 年，O. A. Hougen 与 K. M. Watson 所著的 Chemical Process Principles 的第三卷，专门讲述动力学与催化过程，算是第一本可供学校教学用的参考书。该书的出版，对今后形成化学反应工程这一学科起到了历史性的推动作用。其他相关书籍颇多，O. Levenspiel 的版本最受关注，我国学者亦有不少专著问世。回想第二次世界大战以后，在原料路线、技术和设备方面都有巨大的变化和进步，以石油和天然气为主要原料的化学工业中各种催化反应被广泛应用，这就要求在反应技术和反应器设计方面作出重大努力，尤其是在生产规模日益大型化的趋势下，其影响就更大了，因此要求技术上精益求精，直至达到最优化和自动控制的目标。可是要实现这样的目标，就必须摆脱过去那种以经验为主的落后状态，而过渡到有系统的理论基础的科学轨道上来。为此进行了大量的研究工作，对同时发生着物理变化和化学变化的反应过程进行多方探索研究，从均相到非均相、从宏观的现象到微观介尺度规律、从低分子体系到高分子体系、从反应动力学到反应器中的传递现象、从定态到非定态以及从实验室研究到计算机模拟等，并扩展到生物化工、环境化工、电化工、能源化工、材料化工、海洋化工、信息材料等领域。

1.1.2 化学反应工程学的范畴和任务

顾名思义，化学反应工程学是一门研究化学反应的工程问题的学科。既以化学反应作为对象，就必然要掌握这些反应的特性；它又以工程问题为其对象，那就必须熟悉装置的本征特性，并把这两者结合起来形成学科体系。图 1-1 是表示化学反应工程学范畴以及它与其他学科关系的示意图，下面对它作一简要解释。

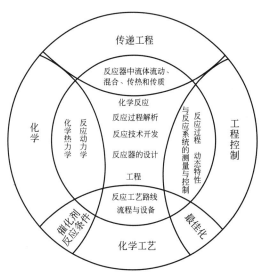

图 1-1　化学反应工程学范畴示意图

化学热力学　反应工程对这方面的要求不多，主要是确定物系的各种物性常数和反应热（如热容、压缩因子等），分析反应的可能性和可能达到的程度等，如计算反应的平衡常数和平衡转化率等。

反应动力学　反应动力学阐明了化学反应速率（包括主反应及副反应）与各项物理因素（如浓度、温度、压力及催化剂等）之间的定量关系。有些在热力学上认为可行的，如常压、低温合成氨，由于反应速率太慢而实际上不可行，只有研究出相应的催化剂才能在适当的温度和压力下以显著的速率进行反应，这就是动力学的问题。也有一些情况，从热力学分析认为是不当的，如甲烷裂解制乙炔，在 1500℃

左右的高温下，乙炔极不稳定，最终似乎只能得到碳和氢，但如果使它在极短时间（如 0.001s）内反应并立刻淬冷到低温，就能获得乙炔，而工业上也是这样来实施的。所以，在实际应用上起决定性的往往是动力学因素。为了实现某一反应，要选定合适的条件及反应器结构型式、确定反应器的规格和它的处理能力等，这些都依赖于对反应动力学特性的认识。因此，反应动力学是反应工程的一个重要基础。不了解动力学而从事反应过程的开发和进行反应器设计，总不免要带有或多或少的盲目性，甚至多走弯路而不能达到预期的目标。

催化剂　催化剂的问题一般属于化学或工艺的范畴，但也涉及许多工程上的问题。如催化剂颗粒内的传热、介孔和微孔中的扩散、催化剂扩大制备时各阶段操作条件对催化剂活性微观结构的影响、催化剂的活化和再生等。这些问题的阐明，不仅对过程的掌握有帮助，而且也会对催化剂的研制和改进起到指导作用。目前已独立形成"催化剂工程"学科加以专门探讨。

设备型式、操作方式和流程　工业装置上采用的反应条件不一定与小试或中试的一致。譬如在实验室的小装置内，反应器的直径很小，床层也薄，一般又常以气体通过床层的空间速度{m³（气）/[m³（催化剂）·h]}作为反应条件的一个标志。但在放大后，床层的高径比往往就不能一样了。如要保持相同的空间速度，线速度就会发生改变，而线速度的大小又影响到压降、流体的混合和传质传热等情况，从而导致反应的结果不再能与小试时的相同。又如在小装置中进行某些放热反应时，温度容易控制，甚至为了补偿器壁的散热，还要外加热源，但在大型装置中，传热和控温往往成为头等难题，甚至根本不可能达到与小装置相同的温度场条件。所有这些就是出现"放大效应"的原因。因此工业装置的反应条件必须结合工程因素考虑才能最合理地确定。

反应器的型式包括管式、釜式、塔式、固定床、流化床、旋转床等，操作方式包括分批式、连续式和半连续式。反应不同，规模不同，合适的反应器型式和操作方式也会不同，而且结果也不相同。譬如对液相一级反应，在实验室中用分批法操作时，达到规定转化率和生产能力所需要的时间，比用连续流动的搅拌釜进行大规模生产时所需的停留时间要小得多，转化率越高，差别越大，如果有副反应存在，产品的质量会产生重大差异。又如对气-固相催化反应，由于设想未来的大装置将是高径比很大，并且内加许多水平挡板的流化床，因而在小试或中试时也使用这样的反应器，但在放大时，不可能用同样的结构尺寸（如床高、挡板的尺寸、板间距等），因此床内的流体流动、混合和传热等情况都发生了变化，不得不重新调整各种参数。诸如此类的问题都说明反应器型式和操作方式的选择以及工业生产的操作条件需要结合工艺和工程两方面因素的考虑才能确定。

至于工艺流程问题更是工艺与工程密切结合、综合考虑的结果。譬如为了实现某反应，可以有多种技术方案，包括热量传递、温度控制、物料循环等，何种方案最为经济合理，流程也就据此拟订。

传递工程　装置中流体流动与物料混合的情况如何、温度与浓度的分布如何都直接影响反应的进程，而最终离开装置的物料组成和物质结构完全由构成这一物料的诸质点在装置中的停留时间和所经历的温度及浓度变化所决定。而装置中的这种动量传递、热量传递和质量传递（简称"三传"）过程往往是极复杂的。当规模放大时，"三传"的情况也改变了，因此就出现了所谓的"放大效应"。其实放大效应并不具有科学的必然性，它只不过是由于在大装置中未能创造出与小装置中相同的传递条件及反应环境而出现的差异。如果能够做到这两方面相同（实际中有这种例子），那么就不一定有放大效应。总的看来，传递过程与反应动力学是构成化学反应工程最基本的两方面，"三传一反"是反应工程的基础也正是这个意思。

工程控制　一项反应技术的实施有赖于适当的操作控制。为此需要了解关于反应过程的动态特性和有关的最优化问题，而应当注意的是对于反应装置而言的最优化条件，未必与整个生产系统最优化所要求的条件相一致，在这种情况下，装置就只能服从系统的安排了。由于这方面的问题会在化工系统工程课程中讲授，本书不再叙述。

反应过程的分析、反应技术的开发和反应器设计　反应工程的范畴是对各种反应过程进行工程分析，进行新技术开发所需的各项研究，制定出最合理的技术方案和操作条件并进行反应器或反应系统的设计。为了达到这些目标，需综合运用图 1-1 中所示的各种知识，进行实验和理论工作、放大和模拟工作等。本书的目的也正是为这些提供基本的理论、概念和方法。

综上所述，化学反应工程学的任务应包括以下几个方面：

① 改进和强化现有的反应技术和设备，挖潜提效、节能降耗、减少污染和提升品质；

② 开发新的技术和设备；

③ 指导和解决反应过程开发中的放大问题；

④ 实现反应过程的最优化；

⑤ 不断发展反应工程学的理论和方法。

在以上这些任务中，尽管有些问题只需依靠定性的概念即能获得一定程度的解决，但要"心中有数"，做到"知其然，知其所以然"，还需提高到定量的高度。从定性到定量是一个质的飞跃，没有这一飞跃，就不能真正解决设计和放大问题，也谈不上实现最优化。

此外，对于那些牵涉多相体系、多组分物料和同时并存着多个反应的复杂化学反应过程，由于情况特别复杂，许多问题目前还不清楚，因此，需要发展新的实验技术和测试方法，逐渐深入到介尺度甚至分子尺度的程度来阐明现象的本质，建立新的理论、概念和方法，即分子反应工程学乃是今后需要继续努力的方向。

1.2 化学反应工程内容的分类和编排

1.2.1 化学反应器的操作方式

（1）分批（或称间歇）式操作 是指一批反应物料投入反应器内后，让它经过一定时间的反应，然后再取出的操作方法。通常在实验室及一些产量较小的情况下使用。本法还能用一个反应器来生产多个品种或牌号的产品。由于分批操作时，物料浓度及反应速率都是在不断改变的，因此它是一种非定态的过程，在过程分析上复杂一些。但分批操作也有其特色，即在反应器的生产能力、反应选择性以及像合成高分子化合物中的分子量分布等重要问题分析方面都有一定的优点，这在以后各章中会详细阐明。

（2）连续式操作 即反应物料连续地通过反应器的操作方式，一般用于产品品种比较单一而产量较大的场合。连续操作也有其特性，会反映到转化率和选择性等问题上，这些也是以后要详加分析的。

（3）半分批（或称半连续）式操作 是指反应器中的物料有一部分是分批地加入或取出的，而另一部分则是连续地通过。譬如某一液相氧化反应，液体原料及生成物在反应釜中是分批地加入和取出的，但氧化用的空气则是连续地通过的。又如两种液体反应时，一种液体先放入反应器内，而另一种液体则连续滴加，这也是半分批式操作。再如液相反应物是分批加入的，但反应生成物却是气体，它从系统中连续地排出，这也属于半分批式操作。尽管这种半分批式操作的反应转化过程比较复杂，但它同样有自己的特点，在一定情况中得到应用。

1.2.2 反应装置的型式

反应装置的结构型式大致可分为管式、塔式、釜式、固定床、移动床、流化床、旋转填充床等各种类型，每一类型中又有不同的结构。表1-1中列举了一般反应器的型式与特性，以及它们的优缺点和若干生产实例。应当指出，反应器型式的正确选择并不是一件容易的事，不能仅以此表来解决，因为不同的反应体系都有它自身的特点，只有对反应及装置两方面的特性都充分了解，并能把它们统一起来进行分析，才能作出最合理的选择。但是要达到这一点，就得先掌握反应过程的基本原理，因此当学习完本书以后，再来看此表时，相信一定会有更深一层的体会。

表 1-1　反应器的型式与特性

型　式	适　用　的　反　应		举　例
	类　型	特　点	
搅拌槽,一级或多级串联	液相,液-液相,液-固相	温度、浓度容易控制,产品质量可调	苯的硝化,氯乙烯聚合,釜式法高压聚乙烯,顺丁橡胶聚合等
管式	气相,液相	返混小,所需反应器容积较小,比传热面积大,但对慢速反应,管要很长,压降大	石脑油裂解,甲基丁炔醇合成,管式法高压聚乙烯
空塔或搅拌塔	液相,液-液相	结构简单,返混程度与高径比及搅拌条件有关,轴向温差大	苯乙烯的本体聚合,己内酰胺缩合,醋酸乙烯溶液聚合等
鼓泡塔或挡板鼓泡塔	气-液相,气-液-固(催化剂)相	气相返混小,但液相返混大,温度较易调节,气体压降大,流速有限制,有挡板可减少返混	苯的烷基化,乙烯基乙炔的合成,二甲苯氧化等
填料塔	液相,气-液相	结构简单,返混小,压降小,有温差,填料装卸麻烦	化学吸收,丙烯连续聚合
板式塔	液相,气-液相	逆流接触,气液返混均小,流速有限制,如需传热,常在板间另加传热面	苯连续磺化,异丙苯氧化
喷雾塔	气-液相快速反应	结构简单,液体表面积大,停留时间受塔高限制,气流速度有限制	氯乙醇制丙烯腈,高级醇的连续硝化
湿壁塔	气-液相	结构简单,液体返混小,温度及停留时间易调节	苯的氯化
固定床	气-固(催化或非催化)相	返混小,高转化率时催化剂用量少,催化剂不易磨损,传热控温不易,催化剂装卸麻烦	乙苯脱氢,乙炔法制氯乙烯,合成氨,乙烯法制醋酸乙烯等
流化床	气-固(催化或非催化)相,催化剂失活很快的反应	传热好,温度均匀,易控制,催化剂有效系数大,粒子输送容易,但磨耗大,床内返混大,对高转化率不利,操作条件限制较大	萘氧化制苯酐,石油催化裂化,乙烯氧氯化制二氯乙烷,丙烯氨氧化制丙烯腈等
流化床	气-液-固(催化剂)相	催化剂带出少,易分离,气液分布要求均匀,温度调节较困难	焦油加氢精制和加氢裂解,丁炔二醇加氢等
蓄热床	气相,以固相为热载体	结构简单,材质容易解决,调节范围较广,但切换频繁,温度波动大,收率较低	石油裂解,天然气裂解
回转筒式	气-固相,固-固相,高黏度液相,液-固相	颗粒返混小,相接触界面积小,传热效能低,设备容积较大	苯酐转位成对苯二甲酸,十二烷基苯的磺化
载流管	气-固(催化或非催化)相	结构简单,处理量大,瞬间传热好,固体传送方便,停留时间有限制	石油催化裂化
载流管	气相,高速反应的液相	传热和传质速率快,流体混合好,反应物易急冷,但操作条件限制较严	天然气裂解制乙炔,氯化氢的合成
螺旋挤压式	高黏度液相	停留时间均一,传热较困难,能连续处理高黏度物料	聚乙烯醇的醇解,聚甲醛及氯化聚醚的生产
旋转填充床	气-液相,液-液相,气-液-固相快速反应	微观混合和传质超快,停留时间短,反应效率高	MDI缩合反应,贝克曼重排,脱SO_2、H_2S等

喷雾塔

丙烯腈流化床

1.2.3 化学反应工程学的课程体系

对于化学反应工程学课程的体系安排，可以按装置的型式来分（如表 1-1 所示），也可以按相态来分（见表 1-2）。考虑到化学反应本身是反应过程的主体，而装置则是实现这种反应的客观环境。反应本身的特性是第一性的，而反应动力学就是描述这种特性的，因此动力学是代表过程的本质性的因素，而装置的结构、型式和尺寸则在物料的流动、混合、传热和传质等方面的条件上发挥其影响。反应如在不同条件下进行，将有不同的表现，因此反应装置中上述这些传递特性也是左右反应结果的一个重要方面。物料从进入反应器到离开为止的全过程就是具有一定动力学特性的反应物系在具有一定传递特性的装置中进行演变的过程。如果要把各种反应在各种装置中的变化规律系统化，形成一个完整的体系，那么就需把这两方面的内容加以综合编排。对于作为反应工程基础的本课程，较合适的方案是先按化学反应的不同特性作大的区分，再按装置的不同特性进一步地区分。譬如对于均相反应来说，它有着一整套共同的动力学规律；对于气-固相催化反应来说，气相组分都必须扩散到固相表面上去，然后在那里进行反应，这种动力学规律也是具有普遍性的。因此，按相态来分，实质上体现了按最基本的化学特性的类别来区分的用意，也反映了传递过程上的基本差别。譬如气-液相反应都有一个相界面和相间传递的基本问题，至于相界面的大小和相间传质速度等则根据不同的装置型式（如填料塔、板式塔、鼓泡塔等）及操作条件而有种种的不同。在均相反应中情况也是如此。同一反应物系在管式和釜式反应器中，由于流动、传热等条件变了，结果就有了差异。所以，本书中以相态作为第一级的区分，首先阐明其动力学的共同规律，然后再以不同的装置型式作为第二级的区分，阐明其不同的传递特性，最后把它与动力学的规律结合起来以解决各种各样的问题。

表 1-2　反应器的相态与特性

相　　态	举　　例	特　　性	主要的装置形式
气相、液相（均相）	燃烧,裂解,中和,酯化,水解等	无相界面,反应速率只与温度或浓度有关	管式,槽(釜)式,管式
气-液相	氧化,氯化,加氢,化学吸收等	有相界面,实际反应速率与相界面的大小及相间扩散速率有关	槽(釜)式,塔式,旋转填充床
气-液相	磺化,硝化,烷基化等		槽(釜)式,塔式
气-固相	燃烧,还原,各种固相催化		固定床,流化床,移动床
液-固相	还原,离子交换等		槽(釜)式,塔式
液-固相	电石,水泥制造等		槽(釜)式,塔式
气-液-固相	加氢裂解,加氢脱硫等		滴流床,槽(釜)式

1.3　化学反应工程的研究方法

无论是设计、放大或控制，都需要对研究对象作出定量的描述，这就是要用数学式来表达各参数间的关系，简称**数学模型**。根据问题复杂程度的不同和对所描述的范围以及要求精度的不同，人们按已有的认识程度所能写出的数学模型的型式的繁简程度也是不同的。

在化学反应工程中，数学模型主要包括下列内容：

①动力学方程式；②物料衡算式；③热量衡算式；④动量衡算式；⑤参数计算式。

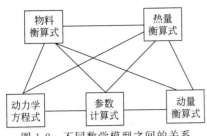

图 1-2　不同数学模型之间的关系

它们之间的关系大致如图 1-2 所示。

对于一项新过程的开发，需要对这些模型的大概轮廓和要求有所了解，才能准确地确定实验研究的目标和步骤，规划中间试验的范围、任务和方案，归纳整理各种试验结果，并对出现的各种情况进行分析解释，最后通过必要的修正而得出最适合的数学模型。在建立这些方程时，有些是需要经过实验才能解决的，特别是动力学方程的建立和装置中传递现象规律的阐明（包括有关参数的测定和关联），往往是决定性的，它们是建立数学模型的关键。当前计算机已能解决各种复杂方程的数值计算，建立数学模型问题就成为整个过程开发中的控制步骤了。

动力学的研究一般均在实验室的小装置上完成，由于提供的是最基础性的资料，所以要尽量做得准确。至于如何进行这些试验，以及如何从试验结果得出动力学方程等，以后会介绍。这里只是先提一下，反应工程中对动力学的认识和要求与经典的化学动力学是有所不同的。因为要处理的是具有生产实际意义的对象，因而也是比较复杂的系统，它们常常不是能在较短期限内达到微观程度而被解决的，而是只能用数学模型学的观点，通过一定的简化或近似来求得可供使用的动力学模型。

装置中的传递过程模型一般也需要依靠实验求取，特别是大型冷模装置能够提供比较可靠的数据。如果有生产装置的数据可用，那当然更好。

如何进行这些试验和如何处理这些数据，往往由于装置结构和操作条件的多种多样而成为十分复杂的问题，是目前在建立数学模型的工作中常遇到的重大困难。

如果有了上述的这些基础资料，就不难写出物料衡算、热量衡算和动量衡算方程了。其写法在原则上是一致的，即取反应器中一个代表的单元体积，列出单位时间内物料或热量、动量的输入量、输出量及累积量，其形式如下

$$累积量＝输入量－输出量$$

这是一个总的表示式，看似简单，实际上却变化无穷，它是分析和解决问题的基础，这个方法将贯穿在全书之中。

在设计反应器时，当流体通过反应器前后的压差不太大时，动量衡算方程可以不列。对于等温过程，只凭物料衡算就可算出反应器的大小。不过对于许多化学反应过程，热效应常是不可忽略的，是非等温的，这时就需要联立物料衡算方程与热量衡算方程求解，结果就给出了反应装置的温度分布和浓度分布，从而回答了反应器设计中的基本问题。

在模型中所用的参数不一定都需要实测，如某些物性数据及传递属性（如热导率、扩散系数等）可从文献资料中查取或用关联式加以计算。但也有一些重要参数，如相界面积及相间传递系数等，则常常由于缺乏可靠的计算方法而不得不通过实验来获得。

综上所述，目前化学反应工程处理问题的方法是实验研究和理论分析并举。在解决新过程开发的问题时，可先建立动力学和传递过程模型，然后再综合成整个过程的初步的数学模型，根据数学模型所作的假设来制定试验，特别是中间试验方案，然后用试验结果来修正和验证模型。利用数学模型可以在计算机上对过程进行模拟研究，以代替更多的试验。通过模拟计算，可进一步明确各因素的影响程度，并进行生产装置的设计。图 1-3 所示为数学模拟放大法的示意图。

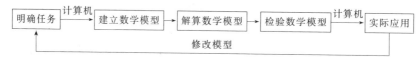

图 1-3 数学模拟放大法示意图

实行数学模拟放大的关键在于数学模型，而建立数学模型的要诀，并不在于无所不包地把各种因素都考虑和罗列进去，这不仅使问题复杂而得不到解决，而且也是不必要的。恰恰相反，应当努力作出尽可能合理的简化，使之易于求解而又符合实际。当然要能正确作出这种简化，需要对过程实质有深刻的认识。

由于新过程的开发，往往是技术问题比较集中和比较复杂的工作，而放大技术又是整个开发工作中的重要环节，所以化学反应工程在这方面的应用是一个重要的方面。根据经验进行放大，只能知其然而不能知其所以然。而相似放大的方法，则只对物理过程有效，对于同时兼有物理作用和化学作用的反应过程来说，要既保持物理相似，又保持化学相似一般是做不到的。因此数学模拟放大的方法是目前认为的最科学的方法，它可以免除许多由于认识上的盲目性而造成的差错和浪费，能够节约人力、物力和时间，并把生产技术建立在较高的科学技术水平之上。但是这样的境界目前还不是轻易可以达到的，甚至有许多基础的特性数据、动力学数据和传递属性数据都无处可查，无法可算，这主要是由于人们的认识还有不足，还不能够那么理想地作出过程的模型来。对于有分子结构变化及分子变异的高分子化合物来说尤其如此。在这种情况下，只能做局部的或较粗的模型，并辅之以比较适当的经验成分来解决问题。这也就是所谓半经验、半理论的部分解析法，它虽不及完全的数学模拟那样引人入胜，但比起一般的经验方法终究要好得多，因此也是现实中解决许多问题的有效方法。

1.4　化学反应工程的进展

化学反应工程发展到当前阶段，虽然在理论体系方面尚没有显著的新突破，但是在新型反应器的研究方面成果颇多，尤其是在反应过程强化装置方面，研究者提出并开发了众多的新型反应装置来更高效地完成反应过程，以适应当前化学工业等对节能、降耗与环保方面的迫切需求。化工过程强化技术是指"在实现既定生产目标的前提下，通过物理和化学手段，显著提升瓶颈过程速率，大幅度减小生产设备尺寸、简化工艺流程、减少装置数目，使工厂布局更加紧凑合理，单位能耗、废料、副产品显著减少"的技术，其中的一个重要内容即为具有反应强化特点的新型反应器。这些新型反应器或是通过设计新颖的内部结构，或是通过外部场或介质的作用，亦或是通过反应与分离耦合集成的方法来实现对反应过程的强化。简要举例如下：旋转填充床反应器；微通道反应器；膜反应器；整体式催化反应器；磁稳定床反应器；超声波反应器；微波反应器；等离子体反应器；离子液体反应技术；超临界反应器；催化精馏反应器。

膜反应器

上述新型反应器在强化反应过程的同时，也对传统化学工程中的"三传一反"理论提出了新的挑战，原因即在于这些反应器具有不同于传统反应器的复杂结构或微尺度通道，使得反应器内反应介质的流动、混合、扩散以及传热等行为具有不同的特征。此外，有些外场作用（如磁场、超声、微波、

旋转填充床反应器

等离子体）对反应介质的上述行为以及反应动力学的影响机制尚不清楚，这些都对化学反应工程理论的进一步发展提出了新问题与新要求。

参 考 文 献

［1］　G-Damköhler, Der Chemie-Ingenfeur（A. Eueken，M. Jakob），Band I/I, Akad. Verlagsges. Leipzig. 1937.

［2］　Hougen O A，Watson K M. Chemical Process Principles. Vol 3. Kinetics and Catalysis. Wiley, 1947.

［3］　大竹云雄. 反応装置の設計. 2 版. 东京：科学技术出版社，1957.

［4］　G F 弗罗门特，K B 比肖夫. 反应器分析与设计. 邹仁鉴等译. 北京：化学工业出版社，1985.

［5］　Smith J M. Chemical Engineering Kinetics. 2 版. New York：McGraw-Hill，1970.

［6］　Walas S M. Reaction Kinetics for Chemical Engineers. New York：McGraw-Hill，1959.

［7］　渡会正三. 工业反应装置. 2 版. 东京：日刊工业新闻社，1960.

［8］　Levenspiel O. 化学反应工程. 3 版（影印版）. 北京：化学工业出版社，2005.

［9］　陈敏恒，翁元恒. 化学反应工程基本原理. 北京：化学工业出版社，2013.

［10］　李绍芬. 反应工程. 3 版. 北京：化学工业出版社，2013.

［11］　陈仁学. 化学反应工程与反应器. 北京：国防工业出版社，1988.

［12］　陈甘棠，梁玉衡. 化学反应技术基础. 北京：科学出版社，1981.

［13］　朱炳辰. 化学反应工程. 5 版. 北京：化学工业出版社，2012.

［14］　毛在砂，陈家镛. 化学反应工程基本原理. 北京：科学出版社，2004.

［15］　王建华. 化学反应工程. 成都：成都科技大学出版社，1988.

［16］　清华大学. 化学反应工程基础. 北京：清华大学出版社，1988.

［17］　列文斯比尔. 化学反应工程习题解. 施百先，张国泰译. 上海：上海科技文献出版社，1982.

［18］　丁富新，袁乃驹. 化学反应工程例题与练习. 北京：清华大学出版社，1991.

［19］　李启兴等. 化学反应工程学基础. 数学模拟法. 北京：人民教育出版社，1983.

［20］　孙宏伟，段雪. 化学工程学科前沿与展望. 北京：科学出版社，2012.

［21］　陈甘棠. 化学反应工程. 3 版. 北京：化学工业出版社，2007.

第 2 章

均相反应动力学基础

2.1 概述

均相反应是指在均一的液相或气相中进行的反应，这一类反应的范围很广泛。如烃类的高温裂解反应为气相均相反应，而酸碱中和、酯化、皂化等反应，则为典型的液相均相反应。

研究均相反应过程，首先要掌握均相反应的动力学。它是不计过程物理因素的影响，仅仅研究化学反应本身的反应速率规律，也就是研究物料的浓度、温度以及催化剂等因素对化学反应速率的影响。而工业反应器内进行的过程，是化学过程和物理过程的结合。因此，均相反应动力学是解决工业均相反应器的选型、操作与设计计算所需要的重要理论基础。

2.1.1 化学反应速率及其表示

化学反应速率的定义，是以在单位空间（体积）、单位时间内物料（反应物或产物）数量的变化来表达的，用数学形式表示即为

$$(-r_A) = -\frac{1}{V} \times \frac{dn_A}{dt} = \frac{\text{由于反应而消耗的 A 的物质的量}}{(\text{单位体积})(\text{单位时间})} \tag{2-1}$$

式中，$(-r_A)$ 中的负号是表示反应物消失的速率，若 A 为产物，则为

$$r_A = \frac{1}{V} \times \frac{dn_A}{dt}$$

物料体积的变化较小，则 V 可视作定值，称为恒容过程，此时 $n/V = c_A$，故式(2-1)可写成

$$(-r_A) = -\frac{dc_A}{dt} \tag{2-2}$$

对于反应：$aA + bB \longrightarrow pP + sS$，如没有副反应，则反应物与产物的浓度变化应符合化学反应式的计量系数关系，故可写出

$$(-r_A) = \frac{a}{b}(-r_B) = \frac{a}{p}r_P = \frac{a}{s}r_S$$

或

$$-\frac{1}{a} \times \frac{dc_A}{dt} = -\frac{1}{b} \times \frac{dc_B}{dt} = \frac{1}{p} \times \frac{dc_P}{dt} = \frac{1}{s} \times \frac{dc_S}{dt} \tag{2-3}$$

例 2-1 长征系列运载火箭是中国自行研制的航天运载工具。长征火箭从 1965 年开始研制，1970 年 4 月 24 日"长征一号"运载火箭首次发射"东方红一号"卫星成功。2016 年 11 月 3 日在中国文昌航天发射场，长征五号火箭首飞成功，成为中国运载能力最大的火箭。长征五号芯一级用的液氧液氢发动机，采用液氧和液氢混合燃料。液氧和液氢总共 158t，工作 480s，假设燃烧腔室的体积为 0.65m³，燃烧完全。求液氢和液氧的反应速率。

解 由于液氢和液氧完全燃烧，因此存储的液氢和液氧摩尔比为 2：1，折合质量比为 4：32＝1：8，则每秒消耗的液氢物质的量为

$$n_{H_2}=\frac{\frac{1}{9}\times\frac{158}{480}\times10^6\,g}{2g/mol}=1.829\times10^4\,mol$$

每秒消耗的液氧物质的量为

$$n_{O_2}=\frac{\frac{8}{9}\times\frac{158}{480}\times10^6\,g}{32g/mol}=0.914\times10^4\,mol$$

液氢的反应速率为

$$-r_{H_2}=-\frac{1}{V}\times\frac{dn_{H_2}}{dt}=-\frac{1}{0.65m^3}\left(-1.829\times10^4\,\frac{mol}{s}\right)=2.814\times10^4\,mol/(m^3\cdot s)$$

液氧的反应速率为

$$-r_{O_2}=-\frac{1}{V}\times\frac{dn_{O_2}}{dt}=-\frac{1}{0.65m^3}\left(-0.914\times10^4\,\frac{mol}{s}\right)=1.406\times10^4\,mol/(m^3\cdot s)$$

根据实验研究，均相反应的速率取决于物料的浓度和温度，这种关系的定量表达式就是动力学方程。对于前述的反应，一般可用下列形式的方程表达

$$(-r_A)=kc_A^\alpha c_B^\beta \tag{2-4}$$

式中，k 称作反应速率常数；α 和 β 是反应级数。对于气相反应，由于分压与浓度成正比，也常常使用分压来表示

$$(-r_A)=-\frac{1}{V}\times\frac{dn_A}{dt}=k_p p_A^\alpha p_B^\beta \tag{2-5}$$

一般说来，可以用任一与浓度相当的参数来表达反应速率，但动力学方程中各参数的量纲必须一致。如当 $\alpha=\beta=1$ 时，式(2-4)中反应速率的单位为 mol/(m³·s)，浓度的单位是 mol/m³，则反应速率常数 k 的单位为 m³/(mol·s)。而在式(2-5)中，若反应速率的单位仍为 mol/(m³·s)，分压的单位为 Pa，则 k_p 的单位为 mol/(m³·s·Pa²)。

上述的动力学方程型式称为幂数型。还有双曲线型，如合成溴化氢的反应是一个链反应，其动力学方程为

$$r_{HBr}=\frac{k_1 c_{H_2} c_{Br_2}^{\frac{1}{2}}}{k_2+\frac{c_{HBr}}{c_{Br_2}}} \tag{2-6}$$

在表 2-1 中列举了一些动力学方程的例子，由表可见，动力学方程中浓度项的幂次与化

学反应式中的计量系数有的一致，有的则不一致。为此有必要先区别单一反应和复合反应、基元反应和非基元反应。

表 2-1　动力学方程举例

反　　应	化 学 反 应 式	动 力 学 方 程
气相反应		
乙醛分解	$CH_3CHO \longrightarrow CH_4 + CO$	$(-r_A) = kc_A^2$
丙烷裂解	$C_3H_8 \begin{cases} C_2H_4 + CH_4 \\ C_3H_6 + H_2 \end{cases}$	$(-r_A) = kc_A$
合成碘化氢	$H_2 + I_2 \longrightarrow 2HI$	$(-r_A) = kc_A c_B$
合成二氧化氮	$2NO + O_2 \longrightarrow 2NO_2$	$(-r_A) = kc_A^2 c_B$
合成溴化氢	$H_2 + Br_2 \longrightarrow 2HBr$	式(2-6)
液相反应		
酯化反应	$CH_3COOH + C_4H_9OH \longrightarrow CH_3COOC_4H_9 + H_2O$	$(-r_A) = kc_A^2$（等摩尔比时）
水解反应	$C_{12}H_{22}O_{11} + H_2O \longrightarrow C_6H_{12}O_6 + C_6H_{12}O_6$ （蔗糖）　　　　（葡萄糖）（果糖）	$(-r_A) = kc_A$（H_2O 大大过量时）
甲苯硝化	$CH_3 \cdot C_6H_5 + HNO_3 \begin{cases} 邻\ CH_3 \cdot C_6H_4 \cdot NO_2 \\ 对\ CH_3 \cdot C_6H_4 \cdot NO_2 \end{cases} + H_2O$	$(-r_A) = kc_A c_B$

　　所谓单一反应，指的是只用一个化学反应式和一个动力学方程便能代表的反应；而复合反应则是有几个反应同时进行的，因此要用几个动力学方程才能加以描述。常见的复合反应有：连串反应（A ⟶ P ⟶ S）、平行反应（A ⟶ P、A ⟶ S 或 B ⟶ S）、平行-连串反应 $\begin{pmatrix} A \longrightarrow P,\ A \longrightarrow P \\ A \longrightarrow S,\ B \longrightarrow S \end{pmatrix}$。

设有单一反应，其化学反应式为

$$A + B \longrightarrow P + S$$

　　假定控制此反应速率的机理是单分子 A 和单分子 B 的相互作用或碰撞，而分子 A 与分子 B 的碰撞次数决定反应的速率。在给定的温度下，由于碰撞次数正比于混合物中反应物的浓度，所以分子 A 的消失速率为

$$(-r_A) = kc_A c_B$$

　　如果反应物分子在碰撞中一步直接转化为生成物分子，则称该反应为基元反应。此时，根据化学反应式的计量系数可以直接写出反应速率式中各浓度项的幂数。若反应物分子要经过若干步，即经由几个基元反应才能转化成生成物的反应，则称为非基元反应。众所周知的例子是 H_2 和 Br_2 之间的反应。

$$H_2 + Br_2 \longrightarrow 2HBr$$

实验得知此反应由以下的几个基元反应组成：

$$Br_2 \longrightarrow 2Br \cdot$$
$$Br \cdot + H_2 \longrightarrow HBr + H \cdot$$
$$H \cdot + Br_2 \longrightarrow HBr + Br \cdot$$
$$H \cdot + HBr \longrightarrow H_2 + Br \cdot$$
$$2Br \cdot \longrightarrow Br_2$$

其动力学方程为

$$r_{HBr} = \frac{k_1 c_{H_2} c_{Br_2}^{\frac{1}{2}}}{k_2 + \dfrac{c_{HBr}}{c_{Br_2}}}$$

本例中包括了五个基元反应，其中每一个都真实地反映了直接碰撞接触的情况。第一个是 Br_2 的离解，实际上参加反应的分子数是一个，称为单分子反应；第二个反应是由两个分子碰撞接触，称为双分子反应。所以，所谓单分子、双分子、三分子反应，是专对基元反应而言的，非基元过程因为并不反映直接碰撞的情况，故不能称为单分子或双分子反应。

反应的级数，是指动力学方程中浓度项的幂数。如式(2-4) 中的 α 和 β 即是，它是由实验确定的常数。对基元反应级数 α、β 即等于化学反应式的计量系数值，$\alpha = a$，$\beta = b$。而对非基元反应，都应通过实验来确定。一般情况下，级数在一定温度范围内保持不变，它的绝对值不会超过 3，但可以是分数，也可以是负数。级数的大小反映了该物料浓度对反应速率影响的程度，级数愈高，则该物料浓度的变化对反应速率的影响愈显著。如果级数等于零，在动力学方程中该物料的浓度项就不出现，说明该物料浓度的变化对反应速率没有影响。如果级数是负值，说明该物料浓度的增加反而抑制了反应，使反应速率下降。总反应级数 n 等于各组分反应级数的和，即 $n = \alpha + \beta$。

2.1.2　反应速率常数 k

由式(2-4) 可知，当 c_A、c_B 等于 1 时，$(-r_A)$ 等于 k，说明 k 就是当反应物浓度为 1 时的反应速率，又称为反应的比速率，它的量纲随反应级数而异。对一级反应，k 的量纲是 [时间]$^{-1}$，而对 n 级反应，k 的量纲是 [时间]$^{-1}$[浓度]$^{1-n}$。反应速率常数值的大小直接决定了反应速率的高低和反应进行的难易程度。不同的反应有不同的速率常数，对于同一个反应，反应速率常数随温度、浓度和催化剂的变化而变化。

温度是影响反应速率的主要因素之一，大多数反应的速率都随着温度的升高而很快增加，但对不同的反应，反应速率增加的快慢是不一样的，k 即代表温度对反应速率的影响项，在所有情况下，其随温度的变化规律符合阿伦尼乌斯关系式。

$$k = k_0 e^{-E/RT} \tag{2-7}$$

式中，k_0 是常数，也称频率因子；E 是活化能，J/mol；T 为温度，K；R 为气体常数，其值为 8.314J/(mol·K)，k 与 E 值一般由实验测定。

活化能是一个极重要的参数，它的大小不仅是反应难易程度的一种衡量，也是反应速率对温度敏感性的一种标志。式(2-7) 中 k 与 E 的关系可以说明这一点。表 2-2 则更为直观，如反应温度为 400℃，活化能 $E = 41868$J/mol 时，为使反应速率加倍所需的温升为 70℃，而当 $E = 167500$J/mol 时，所需温升就降为 17℃ 了。

表 2-2、表 2-3 和图 2-1 表明了反应速率对温度的敏感性取决于活化能的大小和温度的高低，由此可以看出：

表 2-2　反应温度和活化能值一定时使反应速率加倍所需的温升　　　　单位：℃

反应温度/℃	活化能/(J/mol)			反应温度/℃	活化能/(J/mol)		
	41868	167500	293100		41868	167500	293100
0	11	3	2	1000	273	62	37
400	70	17	9	2000	1037	197	107

表 2-3   反应速率与 E、T 的函数关系

反应温度/℃	活化能/(J/mol)			反应温度/℃	活化能/(J/mol)		
	41868	167500	293100		41868	167500	293100
0	10^{48}	10^{24}	1	1000	2×10^{54}	10^{49}	10^{44}
400	2×10^{52}	10^{43}	2×10^{35}	2000	10^{56}	10^{52}	2×10^{49}

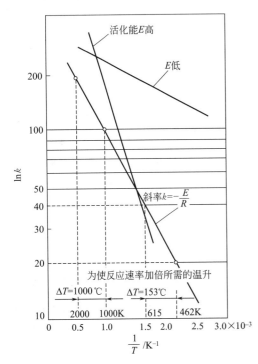

图 2-1   反应速率与温度的函数关系

① 根据阿伦尼乌斯关系，以 $\ln k$ 对 $1/T$ 标绘，可得一直线，直线的斜率即为 $-E/R$，因此，若活化能 E 值大，则斜率大；E 值小，斜率亦小。

② 活化能越大，则该反应对温度越敏感。

③ 对给定反应，反应速率与温度的关系在低温时比高温更加敏感。如图 2-1，在温度 $T=462$K 时，为使反应速率增加一倍，温升为 $\Delta T=153$℃；而在温度 $T=1000$K 时，同样使反应速率增加一倍，所需温升则为 1000℃。

研究温度对反应速率影响的规律，对于选择适宜的操作条件是很重要的。在实际生产中，温度的控制往往是十分突出的问题，尤其是对由两个以上的反应组成的复合反应系统，温度的影响比较错综复杂。又有一些强放热的反应，由于反应中放出热量很多，若大量热量来不及排出时，将会使系统内的温度过高，反应速率激增，以致出现温度无法控制而引起爆炸等热不稳定现象，对于这样的反应，温度的控制更要小心谨慎。

2.2   等温恒容过程

2.2.1   单一反应动力学方程的建立

测定动力学数据的实验室反应器，可以是间歇操作的，也可以是连续操作的。对于均相液相反应，大多采用间歇操作的反应器，在维持等温的条件下进行化学反应，然后利用仪器分析的方法，得到不同反应时间的各物料浓度的数据，对这些数据进行适当的数学处理就可以得到动力学方程式。也可以利用物理化学的分析方法，如测定反应物系的各种物理性质如压力、密度、折射率、旋光度、电导率等，然后根据这些物理性质与浓度的关系，换算为各物料的浓度，再加以数据处理。实验数据的处理方法，有积分法与微分法等。

2.2.1.1   积分法

积分法是根据对一个反应的初步认识，先推测一个动力学方程的形式，经过积分和数学运算后，在某一特定坐标图上标绘，得到表征该动力学方程的浓度（c）-时间（t）关系的直

线。如果将实验所得的数据标绘出，也能得到上述结果的拟合直线，则表明所推测的动力学方程是可取的，否则，应该另提出动力学方程再加以检验。下面仅以幂数型的动力学方程为例，讨论几种单一反应的动力学方程的建立。

（1）不可逆反应　设有如下不可逆反应

$$a\mathrm{A}+b\mathrm{B}\longrightarrow 产物$$

假定其动力学方程的形式为

$$(-r_\mathrm{A})=-\frac{\mathrm{d}c_\mathrm{A}}{\mathrm{d}t}=kc_\mathrm{A}^\alpha c_\mathrm{B}^\beta \tag{2-8}$$

移项并积分得

$$\int_{c_{\mathrm{A}0}}^{c_\mathrm{A}}\frac{\mathrm{d}c_\mathrm{A}}{c_\mathrm{A}^\alpha c_\mathrm{B}^\beta}=-kt \tag{2-9}$$

若先估取 $\alpha=a$，$\beta=b$，以时间 t 为横坐标，以积分项 $\displaystyle\int_{c_{\mathrm{A}0}}^{c_\mathrm{A}}\frac{\mathrm{d}c_\mathrm{A}}{c_\mathrm{A}^\alpha c_\mathrm{B}^\beta}$ 为纵坐标，当以具体数据代入时，作图可得斜率为 k 的直线。因此，如将实验数据按以上关系标绘在同一坐标图上，亦能得到与上述直线拟合很好的直线，则表明此动力学方程是适合于所研究的反应的。若得到的是一条曲线，则表明此动力学方程应被排除，重新假设 α、β 的值并加以检验。下面先以不可逆反应 $\mathrm{A}\longrightarrow \mathrm{P}$ 的情况为例加以说明。

在一个恒容系统中，反应物 A 的消失速率为

$$(-r_\mathrm{A})=-\frac{\mathrm{d}c_\mathrm{A}}{\mathrm{d}t}=kc_\mathrm{A}^\alpha \tag{2-10}$$

设 $\alpha=1$，即为一级反应，对等温系统，k 为常数，故可将式（2-10）分离变量积分，然后代入初始条件 $t=0$，$c=c_{\mathrm{A}0}$ 可得

$$-\ln\left(\frac{c_\mathrm{A}}{c_{\mathrm{A}0}}\right)=\ln\left(\frac{c_{\mathrm{A}0}}{c_\mathrm{A}}\right)=kt \tag{2-11}$$

若考虑物料 A 为着眼物料并定义其转化率为 x_A

$$转化率\ x_\mathrm{A}=\frac{转化了的物料\ A\ 的量}{反应开始时物料\ A\ 的量}=\frac{c_{\mathrm{A}0}-c_\mathrm{A}}{c_{\mathrm{A}0}}=1-\frac{c_\mathrm{A}}{c_{\mathrm{A}0}} \tag{2-12}$$

则式（2-11）也可写为

$$\ln\left(\frac{1}{1-x_\mathrm{A}}\right)=kt$$

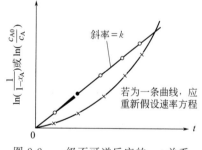

图 2-2　一级不可逆反应的 c-t 关系

故以 $\ln\left(\dfrac{1}{1-x_\mathrm{A}}\right)$ 或 $\ln\left(\dfrac{c_{\mathrm{A}0}}{c_\mathrm{A}}\right)$ 对 t 作图，可得一条通过原点、斜率为 k 的直线，如图 2-2 所示。若将同一反应温度下的实验数据加以标绘，也得到同一直线，则说明所研究的为一级不可逆反应。若得到的为一条曲线，则需要重新假设反应级数。

为了求取活化能 E，可再另选一个反应温度作同样的实验，得到另一组等温、恒容均相反应的实验数据，并据此求出相应的 k 值。如此同样任选几个温度进行实验，就可求得活化能。由于

$$k_1=k_0\mathrm{e}^{-E/RT_1}$$

$$k_2 = k_0 e^{-E/RT_2}$$

两式取对数并相减，得

$$\ln k_2 - \ln k_1 = \ln\left(\frac{k_2}{k_1}\right) = -\frac{E}{R}\left(\frac{1}{T_2} - \frac{1}{T_1}\right) \tag{2-13}$$

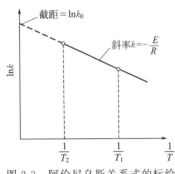

图 2-3　阿伦尼乌斯关系式的标绘

故以 $\ln k$ 对 $\frac{1}{T}$ 作图，得到如图 2-3 所示的一条直线，其斜率等于 $-E/R$，这样就求得 E。至于频率因子 k_0，则因图上直线在纵轴上的截距为 $\ln k_0$，故可用式(2-7) 的关系求得。由于实验中难免有误差，故可将几次实验所得的 E、k_0 取平均值作为最终结果。这样，在借助于少数几个温度下的实验数据将 E 和 k_0 求出之后，整个温度范围内的反应速率均可求出。

对二级不可逆反应的情况，亦可作同样的处理。如有

$$A + B \longrightarrow 产物$$

动力学方程为

$$(-r_A) = -\frac{dc_A}{dt} = k c_A c_B \tag{2-14}$$

若反应物 A 和 B 的初始浓度相等，即 $c_{A0} = c_{B0}$，式(2-14) 可写为

$$(-r_A) = -\frac{dc_A}{dt} = k c_A^2 = k c_{A0}^2 (1 - x_A)^2 \tag{2-15}$$

式(2-15) 的积分结果为

$$\frac{1}{c_A} - \frac{1}{c_{A0}} = \frac{1}{c_{A0}}\left(\frac{x_A}{1 - x_A}\right) = kt \tag{2-16}$$

若 $c_{A0} \neq c_{B0}$，设 $\beta = c_{B0}/c_{A0}$，则有如下关系

$$(-r_A) = -\frac{dc_A}{dt} = c_{A0}\frac{dx_A}{dt} = k(c_{A0} - c_{A0}x_A)(c_{B0} - c_{A0}x_A)$$
$$= k c_{A0}^2 (1 - x_A)(\beta - x_A)$$

分离变量并写成积分的形式

$$\int_0^{x_A} \frac{dx_A}{(1 - x_A)(\beta - x_A)} = c_{A0} k \int_0^t dt \tag{2-17}$$

解之得

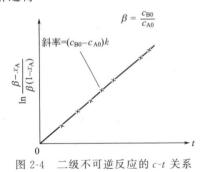

图 2-4　二级不可逆反应的 $c\text{-}t$ 关系

$$\ln\frac{\beta - x_A}{\beta(1 - x_A)} = c_{A0}(\beta - 1)kt = (c_{B0} - c_{A0})kt \quad \beta \neq 1 \tag{2-18}$$

其中

$$\ln\frac{\beta - x_A}{\beta(1 - x_A)} = \ln\frac{1 - \frac{x_A}{\beta}}{1 - x_A} = \ln\frac{1 - x_B}{1 - x_A} = \ln\frac{c_B c_{A0}}{c_A c_{B0}}$$

图 2-4 为式(2-18) 的标绘，若实验数据标绘亦符合这一直线，则动力学方程适合于所研究的反应。若

$c_{B0} \gg c_{A0}$，c_B 在全部反应时间内近似于不变，则式（2-18）可简化为式（2-11），这时，二级反应就变成拟一级反应了。

利用积分法求取动力学方程式的过程，实际上是一个试差的过程，它一般在反应级数是简单整数时使用。当级数是分数时，试差困难些，最好还是用微分法。其他不可逆反应动力学方程式的积分式，见表 2-4。

表 2-4　等温恒容不可逆反应的动力学方程及其积分式

反　应	速率方程	速率方程的积分式
A ──→产物（零级）	$-\dfrac{dc_A}{dt}=k$	$kt=c_{A0}-c_A$
A ──→产物（一级）	$-\dfrac{dc_A}{dt}=kc_A$	$kt=\ln\left(\dfrac{c_{A0}}{c_A}\right)=\ln\left(\dfrac{1}{1-x_A}\right)$
2A ──→产物（二级） A+B ──→产物 （$c_{A0}=c_{B0}$）	$-\dfrac{dc_A}{dt}=kc_A^2$	$kt=\dfrac{1}{c_A}-\dfrac{1}{c_{A0}}=\dfrac{1}{c_{A0}}\left(\dfrac{x_A}{1-x_A}\right)$
A+B ──→产物 （$c_{A0} \neq c_{B0}$）	$-\dfrac{dc_A}{dt}=kc_A c_B$	$kt=\dfrac{1}{c_{B0}-c_{A0}}\ln\dfrac{c_B c_{A0}}{c_A c_{B0}}=\dfrac{1}{c_{B0}-c_{A0}}\ln\left(\dfrac{1-x_B}{1-x_A}\right)$
2A+B ──→产物（三级）	$-\dfrac{dc_A}{dt}=kc_A^2 c_B$	$kt=\dfrac{2}{c_{A0}-2c_{B0}}\left(\dfrac{1}{c_{A0}}-\dfrac{1}{c_A}\right)+\dfrac{2}{(c_{A0}-2c_{B0})^2}\ln\dfrac{c_{B0}c_A}{c_{A0}c_B}$
A+B+D ──→产物（三级）	$-\dfrac{dc_A}{dt}=kc_A c_B c_D$	$kt=\dfrac{1}{(c_{A0}-c_{B0})(c_{A0}-c_{D0})}\ln\dfrac{c_{A0}}{c_A}+\dfrac{1}{(c_{B0}-c_{D0})(c_{B0}-c_{A0})}\ln\dfrac{c_{B0}}{c_B}+\dfrac{1}{(c_{D0}-c_{A0})(c_{D0}-c_{B0})}\ln\dfrac{c_{D0}}{c_D}$

（2）可逆反应　为简明起见，我们通过正、逆两方向都是一级反应的例子来讨论可逆反应的一般规律，化学反应式为

$$A \underset{k_2}{\overset{k_1}{\rightleftharpoons}} P$$

在反应过程中任一时刻，正反应速率 $r_1=k_1 c_A$，逆反应速率 $r_2=k_2 c_P$，而净反应速率为正、逆反应速率之差，若 $c_{P0}=0$，则

$$(-r_A)=-\dfrac{dc_A}{dt}=k_1 c_A - k_2 c_P = k_1 c_A - k_2(c_{A0}-c_A) \tag{2-19}$$

若令 $K=k_1/k_2=$ 平衡常数，则上式积分的结果为

$$\ln\dfrac{c_{A0}\left(\dfrac{K}{1+K}\right)}{c_A-c_{A0}\left(\dfrac{1}{1+K}\right)}=k_1\left(1+\dfrac{1}{K}\right)t \tag{2-20}$$

当反应达到平衡时，反应物与产物浓度不再随时间而变，反应的净速率为零，相应于此时的浓度称为平衡浓度，以 c_{Ae}、c_{Pe} 表示，根据反应的计量关系

$$c_{Pe}=c_{A0}-c_{Ae}$$

故有

$$-\dfrac{dc_A}{dt}=k_1 c_{Ae}-k_2(c_{A0}-c_{Ae})=0 \tag{2-21}$$

即

$$\frac{k_1}{k_2}=K=\frac{c_{A0}-c_{Ae}}{c_{Ae}} \tag{2-22}$$

把此结果代入式（2-20）得

$$\ln\frac{c_{A0}-c_{Ae}}{c_A-c_{Ae}}=k_1\left(1+\frac{1}{K}\right)t \tag{2-23}$$

将实验测定的 c_A-t 数据，按 $\ln\dfrac{c_{A0}-c_{Ae}}{c_A-c_{Ae}}$ 对 t 作图，可得一直
线，其斜率即为 (k_1+k_2)，如图 2-5 所示，求得 (k_1+k_2)
后再结合式(2-22)便可分别求得 k_1 和 k_2。

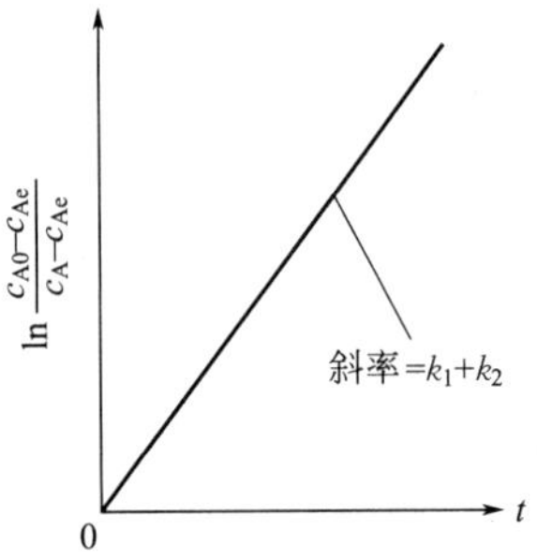

再举一个可逆反应的例子

$$A \Longleftrightarrow P+S$$

其动力学方程的型式可能为

$$-\frac{dc_A}{dt}=k_1 c_A^\alpha-k_2 c_P^\beta c_S^\gamma \tag{2-24}$$

图 2-5 可逆反应的 c_A-t 关系

为了测定正、逆反应的级数，可以采用初速率测定法。即在不投入产物的情况下，也就
是 $c_{P0}=c_{S0}=0$，测出反应的初速率，因为此时产物的量可以忽略不计。故改变 c_{A0}，测出
初速率，便可根据 $(-r_A)_0=k_1 c_{A0}^\alpha$，先定出正反应的级数 α，然后定出 k_1 值，再去测定逆
反应的级数。这时，应使 $c_{A0}=0$，并保持 c_{S0} 在反应过程中过量而近于恒定不变。改变 c_{P0}，
可以定出 β 值，最后，保持 c_{P0} 过量而改变 c_{S0}，求出产物 S 的级数 γ，并最后确定 k_2，从
而便能获得反应的完整速率方程。

对其他一些可逆反应，结果列于表 2-5。

表 2-5 等温、恒容可逆反应的速率方程及其积分式（产物起始浓度为零）

反　　应	速　率　方　程	速率方程的积分式
一级 $A \underset{k_2}{\overset{k_1}{\rightleftharpoons}} P$	$-\dfrac{dc_A}{dt}=k_1 c_A-k_2 c_P=(k_1+k_2)c_A-k_2 c_{A0}$	$(k_1+k_2)t=\ln\dfrac{c_{A0}-c_{Ae}}{c_A-c_{Ae}}$
一、二级 $A \underset{k_2}{\overset{k_1}{\rightleftharpoons}} P+S$	$-\dfrac{dc_A}{dt}=k_1 c_A-k_2 c_P c_S=k_1\left[c_A-\dfrac{1}{K}(c_{A0}-c_A)^2\right]$	$k_1 t=\left(\dfrac{c_{A0}c_{Ae}}{c_{A0}+c_{Ae}}\right)\ln\dfrac{c_{A0}^2-c_{Ae}c_A}{c_{A0}(c_A-c_{Ae})}$
二、一级 $A+B \underset{k_2}{\overset{k_1}{\rightleftharpoons}} P$ $(c_{A0}=c_{B0})$	$-\dfrac{dc_A}{dt}=k_1 c_A c_B-k_2 c_P=k_1\left[c_A^2-\dfrac{1}{K}(c_{A0}-c_A)\right]$	$k_1 t=\dfrac{c_{A0}-c_{Ae}}{c_{Ae}(2c_{A0}-c_{Ae})}\times$ $\ln\dfrac{c_{A0}c_{Ae}(c_{A0}-c_{Ae})+c_A(c_{A0}-c_{Ae})^2}{c_{A0}^2(c_A-c_{Ae})}$
二级 $A+B \underset{k_2}{\overset{k_1}{\rightleftharpoons}} P$ $+S$ $(c_{A0}=c_{B0})$	$-\dfrac{dc_A}{dt}=k_1 c_A c_B-k_2 c_P c_S=k_1\left[c_A^2-\dfrac{1}{K}(c_{A0}-c_A)^2\right]$	$k_1 t=\dfrac{\sqrt{K}}{mc_0}\ln\left[\dfrac{x_{Ae}-2(x_{Ae}-1)x_A}{x_{Ae}-x_A}\right](m=2)$
二级 $2A \underset{k_2}{\overset{k_1}{\rightleftharpoons}} 2P$	$-\dfrac{dc_A}{dt}=k_1 c_A^2-k_2 c_P^2=k_1\left[c_A^2-\dfrac{1}{K}(c_{A0}-c_A)^2\right]$	同上式,$m=2$
二级 $2A \underset{k_2}{\overset{k_1}{\rightleftharpoons}} P+S$	$-\dfrac{dc_A}{dt}=k_1 c_A^2-k_2 c_P c_S=k_1\left[c_A^2-\dfrac{1}{4K}(c_{A0}-c_A)^2\right]$	同上式,$m=1$
二级 $A+B \underset{k_2}{\overset{k_1}{\rightleftharpoons}} 2P$	$-\dfrac{dc_A}{dt}=k_1 c_A c_B-k_2 c_P^2=k_1\left[c_A^2-\dfrac{4}{K}(c_{A0}-c_A)\right]$	同上式,$m=4$

2.2.1.2　微分法

微分法是直接利用动力学方程微分式进行标绘，检验得到的实验数据是否与此动力学方程相拟合，一般程序如下。

（1）先假定一个反应机理，并列出动力学方程，其型式为

$$(-r_A)=-\frac{dc_A}{dt}=kf(c_A) \tag{2-25}$$

（2）将实验所得的浓度-时间数据加以标绘，绘出光滑曲线，在相应浓度值位置求取曲线的斜率，此斜率 dc_A/dt 代表在该组成下的反应速率，如图 2-6 所示。

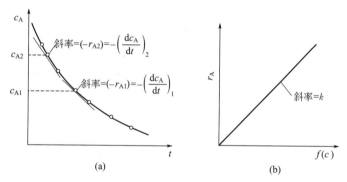

图 2-6　用微分法检验动力学方程的图解程序

（3）将步骤（2）所得到的各 dc_A/dt 对 $f(c_A)$ 作图，若得到的为一条通过原点的直线，说明假定的机理与实验数据相符合。否则，需重新假定动力学方程并加以检验，此步骤如图 2-6(b) 所示。在这个方法中的关键是步骤（2）的精确性，因为在标绘曲线时的微小误差，将导致在估计斜率时的较大偏差，采用镜面法作图求取斜率可使误差减小。所谓镜面法，就是在需要确定斜率的一点上用一平面镜与曲线相交，在镜面前观看，就可以看到曲线在镜中的映象。如果镜面正好与曲线的法线重合，则曲线与映象应该是连续的，否则就会看到转折。所以，当镜前曲线与镜中映象形成光滑连续的曲线时，即可作出法线，再作该法线的垂直线就是该点的切线，从而求得斜率。

在处理实验数据时，最小二乘法特别适用于如下型式的方程

$$(-r_A)=-\frac{dc_A}{dt}=kc_A^a c_B^b \tag{2-26}$$

此处 k、a、b 是待测定的，为此，可对式(2-26) 取对数

$$\lg\left(-\frac{dc_A}{dt}\right)=\lg k+a\lg c_A+b\lg c_B \tag{2-27}$$

或写成如下形式

$$y=a_0+a_1 x_1+a_2 x_2$$

根据最小二乘法法则，应满足

$$\Delta=\sum(a_0+a_1 x_1+a_2 x_2-y_{实测})^2=最小 \tag{2-28}$$

将式(2-28) 分别对 a_0、a_1、a_2 偏微分并令其等于零，即可解出 $a_0=\lg k$，$a_1=a$，$a_2=b$ 等。

例 2-2 氯化胆碱（氯化 2-羟乙基三甲铵）是一种植物光合作用促进剂，对增加产量有明显的效果。小麦、水稻在孕穗期喷施可促进小穗分化、多结穗粒，灌浆期喷施可加快灌浆速度，使穗粒饱满。此外，氯化胆碱还可以用于治疗脂肪肝和肝硬化等疾病。其制备可通过无水氯乙醇与三甲胺在 $50℃$ 下进行反应，反应式如下

$$ClCH_2CH_2OH + N(CH_3)_3 \longrightarrow HOCH_2CH_2N(CH_3)_3Cl$$

假设上述反应为恒容下的液相反应，简化为 $A+B \longrightarrow P$，实验测得如下的数据，试用微分法和积分法建立动力学方程。

t/s	$c_A/(mol/L)$			t/s	$c_A/(mol/L)$		
	$\frac{c_{A0}}{c_{B0}}=1.30$	$\frac{c_{A0}}{c_{B0}}=1.00$	$\frac{c_{A0}}{c_{B0}}=0.75$		$\frac{c_{A0}}{c_{B0}}=1.30$	$\frac{c_{A0}}{c_{B0}}=1.00$	$\frac{c_{A0}}{c_{B0}}=0.75$
0	1.500	1.200	0.800	8400	0.378	0.140	0.043
1200	0.791	0.572	0.383	14400	0.358	0.085	0.001
3600	0.469	0.279	0.152				

解 （1）设动力学方程为 $r=kc_Ac_B$，将 t-c_A 数据作图（如下图所示）。

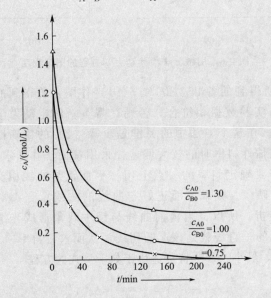

用图解微分法求得

c_{A0}/c_{B0}	$c_A/(mol/L)$											
	1.2		1.0		0.8		0.6		0.4		0.2	
	c_B	$r\times10^2$	c_B	$r\times10^2$	c_B	$r\times10^2$	c_B	$r\times10^2$	c_B	$r\times10^2$	c_B	$r\times10^2$
1.30	0.853	4.6	0.645	2.7	0.454	1.16	0.254	0.38	0.1054	0.065	—	—
1.00	1.20	7.6	1.00	4.2	0.80	2.5	0.60	1.3	0.40	0.46	0.20	0.117
0.75	—	—	—	—	1.067	3.8	0.867	2.3	0.667	1.06	0.467	0.40

由各直线的斜率取平均值求得 $k=4.4\times10^{-2}$ L/(mol·min)

（2）用积分法求 k

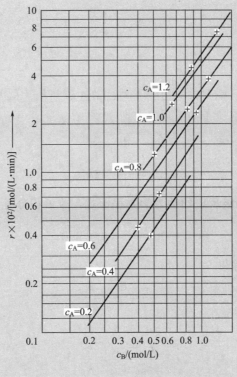

$$\frac{c_{B0}}{c_{A0}} \neq 1, \quad k = \frac{\ln\dfrac{c_{B0}c_A}{c_B c_{A0}}}{tc_{A0}\left(1 - \dfrac{c_{B0}}{c_{A0}}\right)}$$

$$\frac{c_{B0}}{c_{A0}} = 1, \quad k = \frac{1}{t}\left(\frac{1}{c_A} - \frac{1}{c_{A0}}\right)$$

结果汇总如下

t/min	$\dfrac{c_{A0}}{c_{B0}} = 1.30$			$\dfrac{c_{A0}}{c_{B0}} = 1.00$			$\dfrac{c_{A0}}{c_{B0}} = 0.75$		
	c_A	c_B	$k \times 10^2$	c_A	c_B	$k \times 10^2$	c_A	c_B	$k \times 10^2$
0	1.500	1.154	—	1.200	1.200	—	0.800	1.067	—
20	0.791	0.444	4.56	0.572	0.572	4.57	0.383	0.650	4.55
60	0.469	0.123	4.69	0.279	0.279	4.59	0.152	0.419	4.54
140	0.378	0.033	4.53	0.140	0.140	4.55	0.043	0.309	4.49
240	0.358	0.0063	4.55	0.085	0.085	4.54	0.011	0.278	4.57

2.2.2　复合反应

2.2.2.1　平行反应

反应物能同时分别地进行两个或两个以上的反应称为平行反应。许多取代反应、加成反应和分解反应都是平行反应。甲苯硝化生成邻位、间位、对位硝基苯就是典型的例子。

（1）平行反应动力学方程的建立　现将一个反应物 A 在两个竞争方向的分解反应作为例子，讨论平行反应的动力学方程式是如何建立的。此反应可表示为

$$A \underset{k_2}{\overset{k_1}{<}} \begin{array}{l} P \\ S \end{array}$$

三个组分的变化速率为

$$(-r_A) = -\frac{dc_A}{dt} = k_1 c_A + k_2 c_A = (k_1 + k_2) c_A \tag{2-29}$$

$$r_P = \frac{dc_P}{dt} = k_1 c_A \tag{2-30}$$

$$r_S = \frac{dc_S}{dt} = k_2 c_A \tag{2-31}$$

式（2-29）是一个简单的一级反应的动力学方程形式，故可积分得

$$-\ln\frac{c_A}{c_{A0}} = (k_1 + k_2) t \tag{2-32}$$

式（2-30）与式（2-31）相除得

$$\frac{r_P}{r_S} = \frac{dc_P}{dc_S} = \frac{k_1}{k_2}$$

积分得

$$\frac{c_P - c_{P0}}{c_S - c_{S0}} = \frac{k_1}{k_2} \tag{2-33}$$

式（2-32）和式（2-33）可标绘成图 2-7 的形状。

其中图 2-7(a) 是式（2-32）的标绘，得到斜率为 $(k_1 + k_2)$ 的直线；图 2-7(b) 是式（2-33）的标绘，得到斜率为 k_1/k_2 的直线，这样，求得了 $(k_1 + k_2)$ 和 (k_1/k_2) 值后，可以分别求 k_1 和 k_2。

将式（2-32）改写，即

$$c_A = c_{A0} e^{-(k_1 + k_2) t}$$

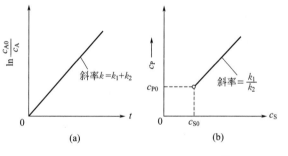

图 2-7　两个竞争的一级反应 $A \overset{P}{\underset{S}{<}}$ 的速度常数的求取

把上式代入式（2-30）和式（2-31），可得

$$c_P = \frac{k_1}{k_1 + k_2} c_{A0} \left[1 - e^{-(k_1 + k_2) t} \right] \tag{2-34}$$

$$c_S = \frac{k_2}{k_1 + k_2} c_{A0} \left[1 - e^{-(k_1 + k_2) t} \right] \tag{2-35}$$

根据式（2-34）和式（2-35）以浓度对时间标绘，可得如图 2-8 那样的浓度分布。

由此可见，要判别所考察的反应是否属于平行反应，可根据这一类反应的如下特征判别。

① 在一定 c_{A0} 值下测定不同时间 t 时的 c_A、c_P、c_S 值，如图 2-8 所示，若各处的 c_P/c_S 值均等于比值 k_1/k_2，说明所考察的反应为平行反应。

② 若改变 c_{A0}，根据式（2-34）和式（2-35）的关系可知，生成 P 和 S 的初速率 $(dc_P/dt)_{t=0}$ 应与 c_{A0} 成正比。

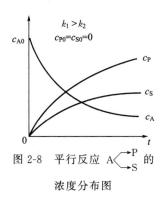

图 2-8　平行反应 $A\overset{P}{\underset{S}{<}}$ 的

浓度分布图

初步判定反应属于一级平行反应后，再将实验数据按图 2-6 方法作图以求出 k_1、k_2 值，从而建立动力学方程式。

（2）平行反应的产物分布　一般情况下，在平行反应同时生成的几个产物中，一个是所需要的目的产物，而其他的为不希望产生的副产物。在工业生产上，总是希望在一定反应器和工艺条件下，能够获得所期望的最大目的产物量，而副产物的量为最小，这就是所谓的产物分布问题。如上所考虑的反应 $A\overset{k_1}{\underset{k_2}{<}}\overset{P}{\underset{S}{}}$，其中 P 为目的产物，S 为副产物，设两个反应的动力学方程为

$$r_P = \frac{dc_P}{dt} = k_1 c_A^{a_1} \tag{2-36}$$

$$r_S = \frac{dc_S}{dt} = k_2 c_A^{a_2} \tag{2-37}$$

用式（2-37）除以式（2-36）则得

$$\frac{r_S}{r_P} = \frac{dc_S}{dc_P} = \frac{k_2}{k_1} c_A^{a_2 - a_1} \tag{2-38}$$

式（2-38）表达了主副反应生成速率之比。显然，此比值越小，表明主反应占的比例越大，也就是目的产物 P 的产量越大。式中 k_1、k_2、a_1、a_2 在一定温度下对给定系统都是常数，唯一的变量是 c_{A0}，若 $a_1 > a_2$，即主反应级数大于副反应级数，$(a_2 - a_1)$ 是负值。为了获得较小的 r_S / r_P 比值，在整个反应过程中应使 c_A 维持在较高水平。

若 $a_1 < a_2$，即主反应级数小于副反应级数，$(a_2 - a_1)$ 是正值，为了有利于产物 P 的生成，c_A 应维持在低的浓度范围。

若 $a_1 = a_2$，主副反应的反应级数相同，$\frac{r_S}{r_P} = \frac{dc_S}{dc_P} = \frac{k_2}{k_1}$ 为常数。因此，产物分布是被 k_2 / k_1 唯一规定的，这时只有通过改变 k_2 / k_1 的比值来控制产物分布。如改变操作温度，若两个反应的活化能不同，由于增加温度有利于活化能高的反应，降低温度有利于活化能低的反应，T 的改变将导致 k_2 / k_1 的比值也发生变化，从而改变了产物分布。另外采用催化剂，也可改变产物分布。

（3）收率、得率与选择性　为了定量地确定产物的分布，我们引进了两个术语：瞬时收率 φ 与总收率 $\varPhi$。

$$瞬时收率\ \varphi = \frac{生成 P 的物质的量（mol）}{反应消耗的 A 的物质的量（mol）} = \frac{dc_P}{-dc_A} \tag{2-39}$$

对一确定的反应和反应装置，φ 是 c_A 的一个特定函数。由于 c_A 通常在反应器中是不断变化的，因而 φ 也将随着变化。为此定义 $\varPhi$ 为生成的 P 对全部转化掉的 A 的总分率，称为总收率，它是反应器内所有各点瞬时收率的平均。

$$\varPhi = \frac{生成的全部 P 的物质的量（mol）}{反应消耗的全部 A 的物质的量（mol）} = \frac{c_{Pf}}{c_{A0} - c_{At}} = \frac{c_{Pf}}{(-\Delta c_A)} = \overline{\varphi} \tag{2-40}$$

对间歇操作的反应器

由于
$$c_P = \int dc_P = \int_{c_{A0}}^{c_{At}} -\varphi dc_A$$

所以
$$\Phi = \frac{1}{c_{A0} - c_{Af}} \int_{c_{A0}}^{c_{Af}} -\varphi dc_A = -\frac{1}{\Delta c_A} \int_{c_{A0}}^{c_{Af}} -\varphi dc_A \tag{2-41}$$

这里，要特别提及的是，在复合反应中，除了用收率表示其产物分布外，有时还用得率和选择性来表示其产物分布。得率的定义为

$$得率 \ x_P = \frac{转化为产物 P 的物质的量(mol)}{反应开始时反应物 A 的物质的量(mol)} = \frac{c_P}{c_{A0}} \tag{2-42}$$

对产物 S，同样可有
$$x_S = \frac{c_S}{c_{A0}} \tag{2-43}$$

它们与物料 A 的转化率 x_A 的关系为

$$x_A = x_P + x_S \tag{2-44}$$

这只限于本反应的情况，如 $A \begin{smallmatrix} \nearrow 2P \\ \searrow R+S \end{smallmatrix}$ 就不一样了。

所谓选择性是用生成的某一产物量与另一产物量的比值来衡量的，其定义为

$$瞬时选择性 \ S_P = \frac{单位时间内生成产物 P 的物质的量(mol)}{单位时间内生成产物 S 的物质的量(mol)} = \frac{dc_P/dt}{dc_S/dt} = \frac{k_1 c_A^{a_1}}{k_2 c_A^{a_2}} \tag{2-45}$$

若两个反应都是一级，$a_1 = a_2 = 1$

则
$$S_P = \frac{dc_P}{dc_S} = \frac{k_1}{k_2} \tag{2-46}$$

而总选择性为 S_0

$$S_0 = \frac{生成产物 P 的全部物质的量(mol)}{生成产物 S 的全部物质的量(mol)} = \frac{c_P}{c_S} = \frac{x_P}{x_S} \tag{2-47}$$

对两个都是一级不可逆的平行反应，得率与转化率的关系也可由式（2-29）～式（2-31）中消去时间而获得。

$$\frac{dc_P}{dc_A} = -\frac{k_1}{k_1 + k_2} \tag{2-48}$$

$$\frac{dc_S}{dc_A} = -\frac{k_2}{k_1 + k_2} \tag{2-49}$$

当 $t = 0$ 时，$c_A = c_{A0}$，$c_P = c_S = 0$，积分上述两式可得

$$x_P = \frac{c_P}{c_{A0}} = \frac{k_1}{k_1 + k_2}\left(1 - \frac{c_A}{c_{A0}}\right) = \frac{k_1}{k_1 + k_2} x_A \tag{2-50}$$

$$x_S = \frac{c_S}{c_{A0}} = \frac{k_2}{k_1 + k_2}\left(1 - \frac{c_A}{c_{A0}}\right) = \frac{k_2}{k_1 + k_2} x_A \tag{2-51}$$

结合式（2-50）和式（2-51），可得

$$S_0 = \frac{x_P}{x_S} = \frac{k_1}{k_2} = S_P \tag{2-52}$$

式（2-52）和式（2-46）的结果是相同的，表明对两个都是一级、不可逆的平行反应其瞬时选择性与总选择性是相同的，但对比较复杂的反应，两者还是不同的。

另外，在工业生产中，还常用单程转化率、单程收率等术语。单程转化率和单程收率是表示反应物通过反应器一次所得的转化率和收率。

2.2.2.2　连串反应

连串反应（又称串级反应）指的是第一步反应的产物又能进一步作用的反应，许多水解反应、卤化反应、氧化反应都是连串反应。最简单型式的连串反应如下

$$A \xrightarrow{k_1} P \xrightarrow{k_2} S$$

三个组分的反应速率方程为

$$(-r_A) = -\frac{dc_A}{dt} = k_1 c_A \tag{2-53}$$

$$r_P = \frac{dc_P}{dt} = k_1 c_A - k_2 c_P \tag{2-54}$$

$$r_S = \frac{dc_S}{dt} = k_2 c_P \tag{2-55}$$

设开始时 A 的浓度为 c_{A0}，$c_{P0} = c_{S0} = 0$，则组分 A 的浓度随时间的变化关系可从式(2-53)的积分而得

$$c_A = c_{A0} e^{-k_1 t} \tag{2-56}$$

将式(2-56)代入式(2-54)得

$$\frac{dc_P}{dt} + k_2 c_P = k_1 c_{A0} e^{-k_1 t} \tag{2-57}$$

式(2-57)是一阶线性常微分方程，其解为

$$c_P = \left(\frac{k_1}{k_1 - k_2}\right) c_{A0} (e^{-k_2 t} - e^{-k_1 t}) \tag{2-58}$$

由于总物质的量（mol）没有变化，反应组分在反应前后的浓度关系有 $c_{A0} = c_A + c_P + c_S$，所以

$$c_S = c_{A0} \left[1 + \frac{1}{k_1 - k_2} (k_2 e^{-k_1 t} - k_1 e^{-k_2 t}) \right] \tag{2-59}$$

若 $k_2 \gg k_1$，则上式简化为

$$c_S = c_{A0} (1 - e^{-k_1 t})$$

若 $k_1 \gg k_2$

$$c_S = c_{A0} (1 - e^{-k_2 t})$$

由此可见在连串反应中，最慢一步的反应对过程总速率的影响最大。如果作浓度-时间的标绘，可得如图 2-9 的浓度-时间变化示意图，图中 A 的浓度呈指数降低，P 的浓度随时间上升至一个最大值后再下降，而 S 的浓度随反应时间呈连续上升趋势。对中间物 P 而言，其浓度在某一瞬间有一最大值，此最大值及其位置也受 k_1 和 k_2 的大小所支配，将式(2-58)对 t 微分并令 $dc_P/dt = 0$，即可求得 P 的浓度最大值出现在

$$t_{opt} = \frac{\ln(k_2/k_1)}{k_2 - k_1} \tag{2-60}$$

将式(2-60)代入式(2-56)后得

$$c_{Pmax} = c_{A0} \left(\frac{k_1}{k_2}\right)^{k_2/(k_2 - k_1)} \tag{2-61}$$

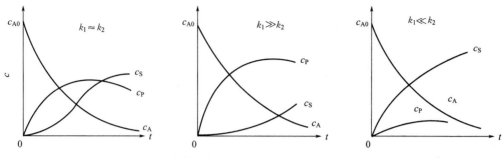

图 2-9　连串反应 A ⟶ P ⟶ S 的浓度-时间变化

如果 P 是目的产物，就可根据这样的动力学分析进行反应时间的最优设计。

为了判别所研究的反应是否属于连串反应，可运用下面提出的原则，尤其对于各步的反应级数为未知的情况。

① 首先判断所考察的反应是否为可逆反应。判断的方法是使反应进行足够长的时间，检验在混合物中是否还存在反应物或中间产物。

② 若反应为不可逆反应，则根据测定的反应物浓度随时间变化的数据求得第一步反应的反应级数和反应速率常数。

③ 测定中间物的最大浓度 c_{Pmax} 与 c_{A0} 的函数关系，如第一步为一级反应，且（c_{Pmax}/c_{A0}）与 c_{A0} 无关，则连串反应的第二步也是一级反应。如果（c_{Pmax}/c_{A0}）随 c_{A0} 的升高而降低，表明 P 的消失速率大于其生成速率，这就意味着第二步的速率（也就是消失的速率）对浓度的影响更为敏感，因而通常是比第一步的反应级数更高的反应。同理，若（c_{Pmax}/c_{A0}）随 c_{A0} 的升高而升高，则第二步的反应级数必然小于第一步的反应级数。

④ 最后根据式(2-56)、式(2-60)、式(2-61) 可以求出 k_1、k_2 值。

其他平行及连串反应的动力学方程列于表 2-6。

表 2-6　等温、恒容的平行与连串反应的动力学方程及其积分式（产物初始浓度为 0）

反　　应	动　力　学　方　程	动　力　学　方　程　积　分　式
$A\begin{smallmatrix}k_1\\ \nearrow\ P\\ \searrow\ S\\ k_2\end{smallmatrix}$	$-\dfrac{dc_A}{dt}=(k_1+k_2)c_A$	$c_A=c_{A0}e^{-(k_1+k_2)t}$
	$\dfrac{dc_P}{dt}=k_1c_A$	$c_P=\dfrac{k_1}{k_1+k_2}c_{A0}\left[1-e^{-(k_1+k_2)t}\right]$
	$\dfrac{dc_S}{dt}=k_2c_A$	$c_S=\dfrac{k_2}{k_1+k_2}c_{A0}\left[1-e^{-(k_1+k_2)t}\right]$
$A\xrightarrow{k_1}P\xrightarrow{k_2}S$	$-\dfrac{dc_A}{dt}=k_1c_A$	$c_A=c_{A0}e^{-k_1t}$
	$\dfrac{dc_P}{dt}=k_1c_A-k_2c_P$	$c_P=\dfrac{k_1}{k_1-k_2}c_{A0}\left(e^{-k_2t}-e^{-k_1t}\right)$
	$\dfrac{dc_S}{dt}=k_2c_P$	$c_S=c_{A0}\left[1+\dfrac{k_2}{k_1-k_2}e^{-k_1t}-\dfrac{k_1}{k_1-k_2}e^{-k_2t}\right]$
		$c_{Pmax}=c_{A0}\left(\dfrac{k_1}{k_2}\right)^{\frac{k_2}{k_2-k_1}}$
		$t_{opt}=\dfrac{\ln\left(\dfrac{k_2}{k_1}\right)}{k_2-k_1}$

反　　应	动 力 学 方 程	动 力 学 方 程 积 分 式
$A \xrightarrow{k_1} P \xrightarrow{k_2} R \xrightarrow{k_3} S$	$-\dfrac{dc_A}{dt} = k_1 c_A$	$c_A = c_{A0} e^{-k_1 t}$
	$\dfrac{dc_P}{dt} = k_1 c_A - k_2 c_P$	$c_P = \dfrac{k_1}{k_1 - k_2} c_{A0} (e^{-k_2 t} - e^{-k_1 t})$
	$\dfrac{dc_R}{dt} = k_2 c_P - k_3 c_R$	$c_R = c_{A0} \left[\dfrac{k_1 k_3}{(k_1-k_2)(k_1-k_3)} e^{-k_1 t} + \dfrac{k_1 k_2}{(k_2-k_1)(k_2-k_3)} e^{-k_2 t} + \right.$
		$\left. \dfrac{k_2 k_3}{(k_3-k_1)(k_3-k_2)} e^{-k_3 t} \right]$
	$\dfrac{dc_S}{dt} = k_3 c_R$	$c_S = c_{A0} \left[1 + \dfrac{k_2 k_3}{(k_3-k_1)(k_1-k_2)} e^{-k_1 t} + \dfrac{k_3 k_1}{(k_1-k_2)(k_2-k_3)} e^{-k_2 t} + \right.$
		$\left. \dfrac{k_1 k_2}{(k_2-k_3)(k_3-k_1)} e^{-k_3 t} \right]$
$\begin{array}{c} M \xrightarrow{k_3} N \\ {\scriptstyle k_1} \uparrow \\ A \\ {\scriptstyle k_2} \downarrow {\scriptstyle k_4} \\ P \longrightarrow S \end{array}$	$-\dfrac{dc_A}{dt} = (k_1 + k_2) c_A$	$c_A = c_{A0} e^{-(k_1+k_2)t}$
	$\dfrac{dc_M}{dt} = k_1 c_A - k_3 c_M$	$c_M = c_{A0} \left[\dfrac{k_1}{k_3 - k_2 - k_1} e^{-(k_1+k_2)t} + \dfrac{k_1}{k_1 + k_2 - k_3} e^{-k_3 t} \right]$
	$\dfrac{dc_N}{dt} = k_3 c_M$	$c_N = c_{A0} \left[\dfrac{k_1 k_3}{(k_1+k_2-k_3)(k_1+k_2)} e^{-(k_1+k_2)t} + \right.$
	$\dfrac{dc_P}{dt} = k_2 c_A - k_4 c_P$	$\left. \dfrac{k_1 k_3}{(k_3-k_1-k_2)k_3} e^{-k_3 t} + \dfrac{k_1 k_3}{k_3(k_1+k_2)} \right]$
	$\dfrac{dc_S}{dt} = k_4 c_P$	c_P 及 c_S 可仿 c_M 及 c_N 而写出

按照平行反应同样的处理方法，改写式(2-53)～式(2-55)

$$\frac{dc_P}{dc_A} = -1 + \frac{k_2 c_P}{k_1 c_A} \tag{2-62}$$

$$\frac{dc_S}{dc_A} = -\frac{k_2 c_P}{k_1 c_A} \tag{2-63}$$

当 $t = 0$ 时，$c_P = c_S = 0$，$c_A = c_{A0}$，积分式(2-62) 得

$$x_P = \frac{c_P}{c_{A0}} = \frac{k_1}{k_1 - k_2} \left[\left(\frac{c_A}{c_{A0}} \right)^{k_2/k_1} - \left(\frac{c_A}{c_{A0}} \right) \right] \tag{2-64}$$

$$x_S = \frac{c_S}{c_{A0}} = \frac{k_1}{k_1 - k_2} \left[1 - \left(\frac{c_A}{c_{A0}} \right)^{k_2/k_1} \right] - \frac{k_2}{k_1 - k_2} \left[1 - \left(\frac{c_A}{c_{A0}} \right) \right] \tag{2-65}$$

总选择性 $S_0 = \dfrac{x_P}{x_S}$，可见它取决于未转化分率 $\dfrac{c_A}{c_{A0}}$ 以及两个反应的速率常数。P 的得率和选择性随时间而变化，这是与平行反应的不同之处。

例 2-3　苯的液相氯化是在一搅拌釜式反应器中进行的，反应开始时，在反应器中预先装满苯，然后将 Cl_2 鼓泡通入，反应器装有一个回流冷凝器，将苯和氯化产物冷凝下来，并排除掉 HCl。由于 Cl_2 加入极其缓慢，以致 Cl_2 和 HCl 在液相中的浓度是很小的，且所有的 Cl_2 全部作用掉，这样，操作过程可近似视为间歇操作。

在 55℃ 等温操作，反应可同时生成一氯基苯、二氯基苯、三氯基苯，反应式为

$$C_6 H_6 + Cl_2 \xrightarrow{k_1} C_6 H_5 Cl + HCl \qquad\qquad A + B \xrightarrow{k_1} P + R$$

$$C_6H_5Cl+Cl_2 \xrightarrow{k_2} C_6H_4Cl_2+HCl \qquad P+B \xrightarrow{k_2} E+R$$

$$C_6H_4Cl_2+Cl_2 \xrightarrow{k_3} C_6H_3Cl_3+HCl \qquad E+B \xrightarrow{k_3} S+R$$

已知 $k_1/k_2=8.0$，$k_2/k_3=30.0$。求每一产品的得率。

解　假定系统的密度在整个过程恒定不变，且停留在回流冷凝器中的物料量可忽略不计。根据化学反应式可知

$$-\frac{dc_A}{dt}=k_1 c_A c_B \tag{1}$$

$$\frac{dc_P}{dt}=k_1 c_A c_B - k_2 c_P c_B \tag{2}$$

$$\frac{dc_E}{dt}=k_2 c_P c_B - k_3 c_E c_B \tag{3}$$

$$\frac{dc_S}{dt}=k_3 c_E c_B \tag{4}$$

虽然反应都是二级，但由于 Cl_2 浓度在所有表达式中能够消去，故整个反应系统相当于串联一级反应的情况，用式(1)除式(2)，消去时间变量得

$$\frac{dc_P}{dc_A}=-1+\frac{k_2 c_P}{k_1 c_A} \tag{5}$$

式(5)与式(2-62)完全相同，其解如式(2-64)所示，即

$$x_P=\frac{c_P}{c_{A0}}=\frac{k_1}{k_1-k_2}\left[\left(\frac{c_A}{c_{A0}}\right)^{k_2/k_1}-\left(\frac{c_A}{c_{A0}}\right)\right]$$

或

$$c_P=\frac{c_A}{1-\alpha}(c_A^{\alpha-1}-1) \tag{6}$$

此处 $\alpha=k_2/k_1$

同样，式(3)也能用式(1)除后得

$$\frac{dc_E}{dc_A}=-\alpha\frac{c_P}{c_A}+\beta\frac{c_E}{c_A} \tag{7}$$

此处 $\beta=k_3/k_1$

把式(6)的结果代入式(7)，且当 $c_{B0}=0$ 时，$c_{A0}=1$，积分上式得

$$x_E=\frac{c_E}{c_{A0}}=c_E=\frac{\alpha}{1-\alpha}\left[\left(\frac{c_A}{1-\beta}\right)-\frac{c_A^\alpha}{\alpha-\beta}\right]+\frac{\alpha c_A^\beta}{(\alpha-\beta)(1-\beta)} \tag{8}$$

三氯苯的浓度可由物料衡算求得，即

$$c_A+c_P+c_E+c_S=1 \tag{9}$$

以上求得的各产物得率均以苯的浓度表示。而加进 Cl_2 的量，可从 Cl_2 的物料衡算求得

$$c_B=c_P+2c_E+3c_S \tag{10}$$

今以苯作用掉50%为例进行计算，此时 $c_A=0.5$

$$\alpha=\frac{1}{8}=0.125$$

$$\beta=\frac{k_3}{k_1}=\frac{k_3}{k_2}\times\frac{k_2}{k_1}=\frac{1}{30}\left(\frac{1}{8}\right)=0.00417$$

代入式(6)得

$$x_P = c_P = \frac{1}{1-0.125}(0.5^{0.125}-0.5) = 0.477$$

同理算得

$$x_E = c_E = 0.022$$
$$x_S = c_S = 1-0.50-0.477-0.022 = 0.001$$
$$c_B = 0.477+2\times0.022+3\times0.001 = 0.524$$

所以，每反应掉 1mol 苯，消耗 0.524mol 的 Cl_2，而获得的一氯苯量最多，三氯苯量最少，几乎可以忽略。若反应经过足够长时间，此时，$c_A = 0.001$，根据相同方法，可算得产物得率，仍然是一氯苯最多。

2.3 等温变容过程

工业生产上的液液均相反应，若反应过程中物料的密度变化不大，一般均可以作为恒容过程处理。但对气相反应，当系统压力基本不变而反应前后物料的总物质的量（mol）发生变化时，就意味着反应过程的体积有变化，而不能作为恒容过程处理。为此，必须寻找反应前后物系物料数量变化的规律性。

2.3.1 膨胀因子

为了引进表征变容程度的膨胀因子 δ，先考察几个简单反应过程物质的量（mol）变化的情况。

(1) $$CH_3COOH + C_4H_9OH \longrightarrow CH_3COOC_4H_9 + H_2O$$
$$A + B \longrightarrow P + S$$

反应开始时各物料的物质的量（mol）n_{A0}、n_{B0}、n_{P0}、n_{S0}

开始时系统的总物质的量（mol）$n_{t0} = n_{A0} + n_{B0} + n_{P0} + n_{S0}$

反应经过 t 时间后，此时 A 的转化率为 x_A，各物料的物质的量（mol）为 n_A、n_B、n_P、n_S

此时系统的总物质的量（mol）$n_t = n_A + n_B + n_P + n_S$

由于
$$n_A = n_{A0} - n_{A0}x_A$$
$$n_B = n_{B0} - n_{A0}x_A$$
$$n_P = n_{P0} + n_{A0}x_A$$
$$n_S = n_{S0} + n_{A0}x_A$$

所以 $n_t = n_{t0}$，也就是反应前后物质的量（mol）不发生变化。

(2) 对反应 $$C_2H_6 \longrightarrow C_2H_4 + H_2$$
$$A \longrightarrow P + S$$

如上例作物料衡算

$$n_{t0} = n_{A0} + n_{P0} + n_{S0}$$
$$n_t = n_A + n_P + n_S$$
$$= (n_{A0} - n_{A0}x_A) + (n_{P0} + n_Ax_A) + (n_{S0} + n_{A0}x_A) = n_{t0} + n_{A0}x_A$$

故对本反应，当反应转化率为 x_A 时，反应后系统的物质的量（mol）增加了 $n_{A0}x_A$。

（3）对反应

$$N_2 + 3H_2 \longrightarrow 2NH_3$$

$$A + 3B \longrightarrow 2P$$

$$n_{t0} = n_{A0} + n_{B0} + n_{P0}$$

$$n_t = n_A + n_B + n_P$$

$$= (n_{A0} - n_{A0}x_A) + (n_{B0} - 3n_{A0}x_A) + (n_{P0} + 2n_{A0}x_A)$$

$$= n_{t0} - 2n_{A0}x_A$$

即当 A 的转化率为 x_A 时，系统的物质的量（mol）减少了 $2n_{A0}x_A$。

从以上三个例子，可以归纳出反应前后物系物质的量（mol）变化的一般关系式

$$n_t = n_{t0} + \delta_i n_{i0} x_i \tag{2-66}$$

式中，δ_i 称为组分 i 的膨胀因子，它的物理意义是：当反应物 A（或产物 P）每消耗（或生成）1mol 时，所引起的整个物系总物质的量（mol）的增加或减少值。如对上述三个例子，δ 分别为：$\delta_A = 0$，$\delta_A = 1$，$\delta_A = -2$。

对反应

$$aA + bB \longrightarrow pP + sS$$

$$\delta_A = \frac{(p+s) - (a+b)}{a} \tag{2-67}$$

引进了膨胀因子 δ 后，在今后讨论中，可以不必专门指明过程是否为等容过程。因为变容过程大多发生在气相反应中，而工业上气相反应几乎都在连续流动反应器中进行，在反应动力学方程式中一般都用分压表示。这是由于在总压一定的情况下，一定的组成，分压也是定值，不会像浓度那样因温度不同引起体积胀缩而发生变化，如 n 级反应

$$(-r_A) = -\frac{1}{V}\frac{dn_A}{dt} = k_p p_A^n \tag{2-68}$$

此处速率常数 k_p 与以浓度表示的速率常数 k_c 的单位和绝对值均不相同，在以后讨论中均采用 k 表示。

对理想气体，某一组分的分压 p_A 等于系统的总压 p 乘以该组分的摩尔分率 y_A，即

$$p_A = \frac{n_A}{n_t} p = y_A p \tag{2-69}$$

$$y_A = \frac{n_A}{n_t} = \frac{n_{A0}(1 - x_A)}{n_{t0} + \delta_A n_{A0} x_A} = \frac{y_{A0}(1 - x_A)}{1 + \delta_A y_{A0} x_A} \tag{2-70}$$

同理 $\quad y_B = \dfrac{n_B}{n_t} = \dfrac{n_{B0} - \dfrac{b}{a} n_{A0} x_A}{n_{t0} + \delta_{A0} x_A n_{A0}} = \dfrac{y_{B0} - \dfrac{b}{a} y_{A0} x_A}{1 + \delta_A y_{A0} x_A}$（对反应 $aA + bB \longrightarrow$ 产物）

故有 $\quad p_A = \dfrac{p_{A0}(1 - x_A)}{1 + \delta_A y_{A0} x_A}$

$$p_B = \frac{p_{B0} - \dfrac{b}{a} p_{A0} x_A}{1 + \delta_A y_{A0} x_A} \tag{2-71}$$

又由于 $\quad V = \dfrac{RT}{p} n_t = V_0 (1 + \delta_A y_{A0} x_A)$

则

$$c_A = \frac{n_A}{V} = \frac{n_{A0}(1-x_A)}{V_0(1+\delta_A y_{A0} x_A)} = \frac{c_{A0}(1-x_A)}{1+\delta_A y_{A0} x_A} \tag{2-72}$$

$$(-r_A) = -\frac{1}{V}\frac{dn_A}{dt} = -\frac{d[n_{A0}(1-x_A)]}{V_0(1+\delta_A y_{A0} x_A)dt} = \frac{c_{A0}}{1+\delta_A y_{A0} x_A}\frac{dx_A}{dt} \tag{2-73}$$

上面诸式中若 $\delta_A = 0$，即与恒容过程相同。其他各种动力学方程的积分式，亦可同样导得，如表 2-7 所示。

表 2-7　等温定压变容过程的动力学方程（用 δ_A 表示）

反应	动力学方程	动力学方程的积分式	反应	动力学方程	动力学方程的积分式
零级	$(-r_A)=k$	$kt=\dfrac{c_{A0}}{\delta_A y_{A0}}\ln(1+\delta_A y_{A0} x_A)$	二级	$(-r_A)=kc_A^2$	$c_{A0}kt=\dfrac{(1+\delta_A y_{A0})x_A}{1-x_A}+\delta_A y_{A0}\ln(1-x_A)$
一级	$(-r_A)=kc_A$	$kt=-\ln(1-x_A)$	n 级	$(-r_A)=kc_A^n$	$c_{A0}^{n-1}kt=\displaystyle\int_0^{x_A}\dfrac{(1+\delta_A y_{A0} x_A)^{n-1}}{(1-x_A)^n}dx_A$

2.3.2　膨胀率

表征变容程度的另一参数称为膨胀率 ε，它仅适用于物系体积随转化率变化呈线性关系的情况，即

$$V = V_0(1+\varepsilon_A x_A) \tag{2-74}$$

此处 ε_A 即为以组分 A 为基准的膨胀率，它的物理意义为当反应物 A 全部转化后系统体积的变化分率。

$$\varepsilon_A = \frac{V_{x_A=1} - V_{x_A=0}}{V_{x_A=0}} \tag{2-75}$$

今以等温气相反应 A $\longrightarrow$ 2P 为例说明 ε_A 的计算。设反应开始时只有反应物 A，当 A 全部转化后，即反应掉 1mol 的 A 能生成 2mol 的 P，故

$$\varepsilon_A = \frac{2-1}{1} = 1$$

若开始时的反应物除 A 以外还有 50% 的惰性物质，初始反应混合物的体积为 2，完全转化后，生成产物的混合物体积为 3，因为在恒压情况下不发生反应的惰性物质其体积也不发生变化，故此时

$$\varepsilon_A = \frac{3-2}{2} = 0.5$$

此例说明以膨胀率表征变容程度时，不但应考虑反应的计量关系，而且还应考虑系统内是否含有惰性物料。而以膨胀因子 δ 表达时，与惰性物料是否存在无关。膨胀率与膨胀因子虽然不同，但两者都是表达体积变化的参数，它们之间的关系为

$$\delta_A = \left(\frac{n_{t0}}{n_{A0}}\right)\varepsilon_A \tag{2-76}$$

膨胀率法适用的前提是式(2-74)，对于不符合这一线性关系的系统，其应用是近似的。和膨胀因子一样，考虑膨胀率后，由于 $n_A = n_{A0}(1-x_0)$，可得如下关系

$$c_A = \frac{n_A}{V} = \frac{n_{A0}(1-x_A)}{V_0(1+\varepsilon_A x_A)} = c_{A0}\frac{1-x_A}{1+\varepsilon_A x_A}$$

$$\left.\begin{array}{l} \dfrac{c_A}{c_{A0}} = \dfrac{1-x_A}{1+\varepsilon_A x_A} \\[4mm] x_A = \dfrac{1-\dfrac{c_A}{c_{A0}}}{1+\varepsilon_A \dfrac{c_A}{c_{A0}}} \end{array}\right\} \tag{2-77}$$

或

$$(-r_A) = -\dfrac{1}{V}\dfrac{\mathrm{d}n_A}{\mathrm{d}t} = -\dfrac{1}{V_0(1+\varepsilon_A x_A)}\dfrac{n_{A0}\,\mathrm{d}(1-x_A)}{\mathrm{d}t}$$

$$= \dfrac{c_{A0}}{(1+\varepsilon_A x_A)}\dfrac{\mathrm{d}x_A}{\mathrm{d}t} \tag{2-78}$$

当 $\varepsilon_A=0$ 时，就成为等温恒容过程了，其动力学方程的建立与恒温情况相同。如采用微分法，只要用 $\dfrac{c_{A0}}{1+c_A x_A}\dfrac{\mathrm{d}x_A}{\mathrm{d}t}$ 取代恒容过程的 $\dfrac{\mathrm{d}c_A}{\mathrm{d}t}$，就可将实验数据按恒容过程的方法进行处理。如采用积分法处理，可将式(2-78)积分

$$t = c_{A0}\int_0^{x_A}\dfrac{\mathrm{d}x_A}{(1+\varepsilon_A x_A)(-r_A)} \tag{2-79}$$

式(2-79)表达了转化率与时间的关系。一些简单反应的积分结果列于表 2-8，有些无法通过解析求解的可用图解积分求解。

表 2-8　等温变容过程的速率方程及其积分式（膨胀率用 ε_A 表示）

反应	动力学方程	动力学方程的积分式	反应	动力学方程	动力学方程的积分式
零级	$(-r_A)=k$	$kt = \left(\dfrac{c_{A0}}{\varepsilon_A}\right)\ln(1+\varepsilon_A x_A)$	二级	$(-r_A)=kc_A^2$	$c_{A0}kt = \dfrac{(1+\varepsilon_A)x_A}{1-x_A}+\varepsilon_A\ln(1-x_A)$
一级	$(-r_A)=kc_A$	$kt = -\ln(1-x_A)$	n 级	$(-r_A)=kc_A^n$	$c_{A0}^{n-1}kt = \displaystyle\int_0^{x_A}\dfrac{(1+\varepsilon_A x_A)^{n-1}}{(1-x_A)^n}\mathrm{d}x_A$

例 2-4　氨的分解反应是在常压、高温及使用催化剂的情况下进行的，反应计量式为

$$2NH_3 \longrightarrow N_2 + 3H_2$$

今有含 95% 氨和 5% 惰性气体的原料气进入反应器进行分解反应，在反应器出口处测得未分解的氨气为 3%，求氨的转化率及反应器出口处各组分的摩尔分数。

解　根据式(2-67)求得

$$\delta_A = \dfrac{1+3-2}{2} = 1$$

代入式(2-77)中，可求得

$$x_A = \dfrac{y_{A0}-y_A}{y_{A0}(1+\delta_A y_A)} = \dfrac{0.95-0.03}{0.95(1+0.03)} = 94.0\%$$

故氨的转化率为 94%

同样，根据式(2-70)可求得各组分的摩尔分数。

$$y_{N_2} = y_B = \dfrac{y_{B0}+\dfrac{b}{a}y_{A0}x_A}{1+\delta_A y_{A0}x_A} = \dfrac{0+\dfrac{1}{2}\times 0.95\times 0.94}{1+1\times 0.95\times 0.94} = \dfrac{0.446}{1.893} = 0.236$$

$$y_{H_2} = y_C = \dfrac{y_{C0}+\dfrac{c}{a}y_{A0}x_A}{1+\delta_A y_{A0}x_A} = \dfrac{\dfrac{3}{2}\times 0.95\times 0.94}{1.893} = 0.708$$

惰性组分
$$y_1 = \frac{y_{10}}{1.893} = \frac{0.05}{1.893} = 0.026$$

习　题

1. 简述如何通过实验的方法测某反应的活化能的数值。

2. 有一反应在间歇反应器中进行，经过 8min 后，反应物转化掉 80%，经过 18min 后转化掉 90%，求表达此反应的动力学方程。

3. 反应 $2H_2 + 2NO \longrightarrow N_2 + 2H_2O$，在恒容下用等物质的量（mol）的 H_2 和 NO 进行实验，测得以下数据：

总压/(kgf/cm^2)	0.272	0.326	0.381	0.435	0.443
半衰期/s	265	186	115	104	67

求此反应的级数。

4. 可逆一级液相反应 $A \rightleftharpoons P$，已知 $c_{A0} = 0.5mol/L$，$c_{P0} = 0$；当此反应在间歇反应器中进行时，经过 8min 后，A 的转化率是 33.3%，而平衡转化率是 66.7%，求此反应的动力学方程。

5. 三级气相反应 $2NO + O_2 \longrightarrow 2NO_2$，在 30℃ 及 1kgf/cm^2 下，已知反应速率常数 $k_c = 2.65 \times 10^4 L^2/(mol^2 \cdot s)$，今若以 $(-r_A) = k_p p_A p_B$ 表示，反应速率常数 k_p 应为何值？

6. 氧化亚氮的分解反应可按二级速率方程进行
$$2N_2O \longrightarrow 2N_2 + O_2$$

在 895℃ 时正反应速率常数 k 为 $977cm^3/(mol \cdot s)$，逆反应速率可以忽略。初始压力为 0.10133MPa，反应开始时反应器中全为 N_2O。试计算在间歇反应器中时间为 10min 时的分解率。

7. 考虑反应 $A \longrightarrow 3P$，其动力学方程为 $(-r_A) = -\frac{1}{V}\frac{dn_A}{dt} = k\frac{n_A}{V}$。试推导：在恒容下以总压 p 表示的动力学方程。

8. 在 700℃ 及 3kgf/cm^2 恒压下发生下列反应
$$C_4H_{10} \longrightarrow 2C_2H_4 + H_2$$

反应开始时，系统中含 C_4H_{10} 116kg，当反应完成 50% 时，丁烷分压以 $2.4kgf/(cm^2 \cdot s)$ 的速率发生变化，试求下列各项的变化速率：（1）乙烯分压；（2）H_2 的物质的量，mol；（3）丁烷的摩尔分数。

9. 可逆反应 $CH_3COOH + C_2H_5OH \underset{k_2}{\overset{k_1}{\rightleftharpoons}} CH_3COOC_2H_5 + H_2O$ 在盐酸水溶液催化作用下，100℃ 时测得的反应速率常数为：
$$(-r_A) = k_1 c_A c_B, \quad k_1 = 4.76 \times 10^{-4}[L/(min \cdot mol)]$$
$$(-r_P) = k_2 c_P c_S, \quad k_2 = 1.63 \times 10^{-4}[L/(min \cdot mol)]$$

今有一反应器，充满 378L 水溶液，其中含 CH_3COOH 90kg、C_2H_5OH 180kg，所用盐酸浓度相同，假定在反应器中的水分没有被蒸发，物料密度不发生变化，且等于 1044kg/m^3，求：（1）反应 120min 后，CH_3COOH 的转化率是多少？（2）若忽略逆反应，120min 后，CH_3COOH 的转化率为多少？（3）求平衡转化率，并说明在实际实验中如何判定反应已达平衡？

10. 0℃ 时纯气相组分 A 在恒容间歇反应器中依照如下计量关系进行反应：$A \longrightarrow \frac{5}{2}P$，实验获得如下数据：

时间/min	0	2	4	6	8	10	12	14	∞
压力 p_A/(kgf/cm^2)	1	0.8	0.625	0.51	0.42	0.36	0.32	0.28	0.20

求此反应的动力学方程。

11. 石油和煤炭等资源是不可再生资源，由于其日益短缺，世界各国都在积极寻求合适的替代能源。生物柴油（biodiesel）是一种绿色清洁燃料。在其生产过程中，有大量的副产物甘油生成。每生产 9kg 生物柴油约产生 1kg 甘油副产品。在生产生物柴油的同时，有必要对副产物甘油进行进一步的精制加工来联产高附加值的大宗化工产品和精细化工品。从技术角度看，甘油可通过不同化学加工过程转变为很多高附加值的化工用品，如二羟基丙酮、羟基丙醛、甘油酸、甘油醛等。其中一条重要的路线为：甘油先氧化为甘油醛（GLYD），进一步氧化为甘油酸（GLYA）。简化其反应过程，可写为如下连串反应

$$A \xrightarrow{k_1} P \xrightarrow{k_2} S$$

假设有 $(-r_1) = k_1 c_A$，$(-r_2) = k_2 c_P$。已知 $c_A = c_{A0}$，$c_{P0} = c_{S0} = 0$，$k_1/k_2 = 0.2$。反应在等温、间歇反应器中进行，过程为恒容过程，求反应产物 P 的瞬时收率与总收率。

12. 丙酮在氢氰酸水溶液中合成丙酮氰醇的反应如下

$$CH_3COCH(B) + HCN(A) \longrightarrow CH_3 - \overset{\displaystyle |}{\underset{\displaystyle OH}{C}} - CN(P)$$

在分批式搅拌釜中进行此反应，已知在反应温度下的反应平衡常数 $K_r = 13.37 L/mol$，氢氰酸和丙酮的起始浓度分别为 $c_{A0} = 0.0758 mol/L$，$c_{B0} = 0.1164 mol/L$。实验测得 c_A 随时间 t 的变化如下。

时间 t/min	4.37	73.2	172.5	265.4	346.7	434.4
c_A/(mol/L)	0.0748	0.0710	0.0655	0.0610	0.0584	0.0557

根据表列数据确定该反应的速率方程。

13. 有一级气相反应 $2A \longrightarrow P$，若反应开始时 A 组分的体积占总体积的 80%（其余为惰性组分），恒压条件下反应 3min 后总体积减小了 20%，求该反应的速率常数 k。

参 考 文 献

[1] Levenspiel O. 化学反应工程. 3 版（影印版）. 北京：化学工业出版社，2002.

[2] Smith J M. Chemical Engineering Kinetics. 2nd ed. New York：McGraw-Hill，1970.

[3] 陈甘棠，梁玉衡. 化学反应技术开发的理论和应用. 北京：科学出版社，1981.

[4] Walas S M. Reaction Kinetics for Chemical Engineers. New York：McGraw-Hill，1959.

[5] 崔玉民，杨高文. 氯化胆碱合成工艺的研究. 化学反应工程与工艺，2003，19（2）：155-159.

[6] 李明燕，周春晖，Jorge N B，等. 甘油的催化选择氧化. 化学进展，2008，20（10）：1474-1486.

第3章

理想反应器

3.1　概述

　　讨论均相反应过程的目的，在于介绍工业均相反应过程开发及均相反应器设计计算中有关的基本原理及方法，需要解决的问题大致是：①如何通过实验建立反应的动力学方程并加以应用；②如何根据反应的特点与反应器的性能特征选择反应器型式及操作方式；③如何计算等温与非等温过程的反应器大小及其生产能力。

　　第2章讨论了等温情况下动力学方程的建立，本章将着重讨论几种典型的均相反应装置的性能特征及其计算方法。

　　物料在反应器中的流动与混合情况，可以是各不相同的。按照流体流动的机理，一般区分为层流与湍流两种流型，这里将讨论按照流体流动方向与速率分布等情况来区分的不同的流动状况。比如在层流时，在圆形导管横截面上呈现抛物线形的速率分布，即导管截面上流体的平均速率为导管中心线上流体最大速率的一半。流速不同，说明物料颗粒在反应器中的停留时间不同，从而引起反应程度的差异，造成反应器横截面上的浓度分布，这就给反应器的设计计算带来了困难。而停留时间不同的流体颗粒之间的混合，通常称为"返混"，又将导致反应器效率的降低，对反应产品的产量、质量都带来影响。由于物料在反应器中的流动状况往往是一个比较复杂的因素，特别在反应器的工程放大过程中，它的影响将表现得更加突出。因此，在着手反应器设计计算前，必须先对物料在反应器中的流动状况进行分析。为了讨论方便，本章只就两种极端情况的理想流动状况及其相应的反应器加以分析，而对偏离理想流动状况的非理想流动及其反应器的计算，留待第4章讨论。

　　平推流（又称活塞流或理想排挤流等）和全混流（也称完全混合流或理想混合流）是典型的两种极端情况的理想流动状况。所谓平推流，是指反应物料以一致的方向向前移动，在整个截面上各处的流速完全相等。这种平推流流动的特点是：所有物料颗粒在反应器中的停留时间是相同的，不存在返混。而所谓全混流，则是指刚进入反应器的新鲜物料与已存留在反应器中的物料能达到瞬间的完全混合，以致在整个反应器内各处物料的浓度和温度完全相同，且等于反应器出口处物料的浓度和温度，在这种情况下，返混达到了最大限度。

　　实际反应器中的流动状况介于上述两种理想流动状况之间。但是在工程计算上，常把许多接近于上述两种基本理想流动状况的过程当作该种理想流动状况来处理。比如对管径较小、流速较大的管式反应器，可作为平推流处理；而带有搅

管式反应器

拌的釜式反应器可作为全混流处理，只在必须考虑与理想流动状况的偏离时，才另作处理。

从反应物料加入反应器后实际进行反应时算起至反应到某一时刻所需的时间，称为反应时间，以符号 t 表示。而所谓停留时间则是指从反应物料进入反应器时算起至离开反应器时为止所经历的时间。在间歇反应器中，从加料、进行反应到反应完成后卸料，所有物料颗粒的停留时间及反应时间都是相同的，停留时间与反应时间也一致。在平推流管式反应器（简称平推流反应器）中的情况亦是如此，但对不是平推流的连续操作的反应器，由于同时进入反应器的物料颗粒在反应器中的停留时间可能有长有短，因而形成一个分布，称为停留时间分布。这时，常常用"平均停留时间"来表述，即不管同时进入反应器的物料颗粒的停留时间是否相同，而是根据体积流量和反应器容积进行计算，并用符号 $\bar{t}$ 表示

$$\bar{t} = \frac{V}{v} = \frac{反应器容积}{反应器中物料的体积流量} \tag{3-1}$$

对连续操作的工业反应器，还有两个常用的名词是空时与空速。

空时的定义为：在规定条件下，反应器体积与进料体积流量的比值，用符号 τ 表示，并可写成

$$\tau = \frac{反应器容积}{进料的体积流量} = \frac{V}{v_0} \tag{3-2}$$

空速的定义为：在规定条件下，单位时间内进入反应器的物料体积相当于几个反应器的容积，或单位时间内通过单位反应器容积的物料体积，用符号 SV 表示，可写成

$$SV = \frac{v_0}{V} = \frac{1}{\tau} = \frac{F_{A0}}{c_{A0}V} \tag{3-3}$$

根据这一定义，若空速为 $4h^{-1}$，则每小时进入反应器的物料相当于 4 个反应器体积；而若空时为 2h，指的是在规定条件下，每 2h 就有相当于一个反应器体积的物料通过反应器。

一般空时或空速是指标准状态下的值，故不必注明温度和压力的条件以便于互相比较，但也可以与实际温度和压力条件下的空时或空速值相换算。

在连续操作的反应器中，对于恒容过程，物料的平均停留时间也可以看作是空时，两者在数值上是等同的。而若为变容过程，情况就不同了，因为在变容过程中，在一定的反应器体积 V_R 下，按初始进料的体积流量 v_0 计算的平均停留时间，并不等于体积起变化时的真实平均停留时间。而且平均停留时间与空时也有差异。为此，在应用时应予注意。应当说明，同样的空速或空时，对于不同直径的反应器，流体的线速率是不同的，而流速的大小直接影响反应器中的传热从而会影响化学反应的结果。因此它不是一个严格的指标，常在工艺方面使用，在反应工程中是不能含糊使用的。

3.2　简单理想反应器

前已述及，反应器设计计算所涉及的基本方程式，归根结底，就是反应的动力学方程式与物料衡算式、热量衡算式等的结合。对等温、恒容过程，一般只需动力学方程式结合物料衡算式就足够了。在第 2 章已经讨论了动力学方程式的建立。这里，结合物料衡算，讨论三种比较简单的理想反应器（间歇、平推流、全混流）的计算。

釜式反应器

3.2.1　间歇反应器

如图 3-1 所示的是一种常见的搅拌釜式间歇反应器，反应物料按一定配比一次加到反应器内，开动搅拌，使整个釜内物料的浓度和温度保持均匀。通常这种反应器均配有夹套或蛇管，以控制反应温度在指定的范围之内。经过一定时间，反应达到所要求的转化率后，将物料排出反应器，完成一个生产周期。间歇反应器内的操作实际是非定态操作，釜内组分的组成随反应时间而改变，但由于剧烈搅拌，所以在任一瞬间，反应器中各处的组成都是均匀的。因此，可对整个反应器进行物料衡算，对物料 A，由于在反应期间没有物料加入反应器或自反应器中取出，故可以写出微元时间 $\mathrm{d}t$ 内的物料衡算式。

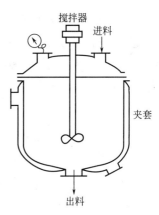

图 3-1　间歇反应器示意图

$$\begin{pmatrix}单位时间进\\入反应器中\\物料\ A\ 的量\end{pmatrix}=\begin{pmatrix}单位时间排\\出反应器的\\物料\ A\ 的量\end{pmatrix}+\begin{pmatrix}单位时间内由\\于反应而消失\\的物料\ A\ 的量\end{pmatrix}+\begin{pmatrix}单位时间内在\\反应器中物料\\A\ 的累积量\end{pmatrix}$$

$$0\qquad\qquad 0\qquad\qquad (-r_{\mathrm{A}})V\qquad\qquad \dfrac{\mathrm{d}n_{\mathrm{A}}}{\mathrm{d}t}$$

$$\frac{\mathrm{d}n_{\mathrm{A}}}{\mathrm{d}t}=\frac{\mathrm{d}\left[n_{\mathrm{A0}}(1-x_{\mathrm{A}})\right]}{\mathrm{d}t}=-n_{\mathrm{A0}}\frac{\mathrm{d}x_{\mathrm{A}}}{\mathrm{d}t}$$

$$(-r_{\mathrm{A}})V=n_{\mathrm{A0}}\frac{\mathrm{d}x_{\mathrm{A}}}{\mathrm{d}t} \tag{3-4}$$

整理并积分得

$$t=n_{\mathrm{A0}}\int_{0}^{x_{\mathrm{A}}}\frac{\mathrm{d}x_{\mathrm{A}}}{(-r_{\mathrm{A}})V} \tag{3-5}$$

式(3-5) 是间歇反应器计算的通式，表达了在一定操作条件下为达到所要求的转化率 x_{A} 所需的时间 t。式(3-5) 可以直接积分求解，也可用如图 3-2 所示的图解方法求解。

在恒容条件下，式(3-5) 可简化为

$$t=c_{\mathrm{A0}}\int_{0}^{x_{\mathrm{A}}}\frac{\mathrm{d}x_{\mathrm{A}}}{(-r_{\mathrm{A}})}=-\int_{c_{\mathrm{A0}}}^{c_{\mathrm{A}}}\frac{\mathrm{d}c_{\mathrm{A}}}{(-r_{\mathrm{A}})} \tag{3-6}$$

从式(3-6) 可见，间歇反应器内为达到一定转化率所需时间的计算，实际上只是动力学方程式的直接积分。同式(3-5) 一样，式(3-6) 也可用图解积分求解，如图 3-3 所示。

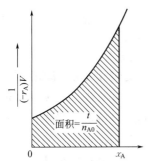

图 3-2　间歇反应器的图解计算

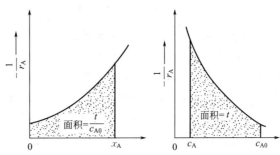

图 3-3　恒容情况间歇反应器的图解计算

例 3-1　醇酸树脂是一种重要的涂料用树脂，其单体来源丰富、价格低、品种多、配方变化大、化学改性方便且综合性能好，是涂料用合成树脂中用量最大、用途最广的品种之一，在涂料工业中一直占有重要地位。某厂生产醇酸树脂是使己二酸与己二醇以等摩尔比在70℃用间歇釜并以 H_2SO_4 作催化剂进行缩聚反应而生产的，实验测得反应的动力学方程为：

$$(-r_A)=kc_A^2[\text{kmol}/(\text{L}\cdot\text{min})]$$

$$k=1.97\text{L}/(\text{kmol}\cdot\text{min})$$

$$c_{A0}=0.004\text{kmol/L}$$

求：（1）己二酸转化率分别为 $x_A=0.5$、$x_A=0.6$、$x_A=0.8$、$x_A=0.9$ 所需的反应时间是多少？（2）若每天处理 2400kg 己二酸，转化率为 80%，每批操作的非生产时间为 1h，计算反应器体积为多少？设反应釜装料系数为 0.75。

解　（1）达到所要求的转化率所需的反应时间为

$x_A=0.5$

$$t=\frac{1}{kc_{A0}}\times\frac{x_A}{(1-x_A)}=\frac{1}{1.97}\times\frac{0.5}{0.004\times(1-0.5)}\times\frac{1}{60}=2.10\text{h}$$

$x_A=0.6$

$$t=\frac{1}{1.97}\times\frac{0.6}{0.004\times(1-0.6)}\times\frac{1}{60}=3.18\text{h}$$

$x_A=0.8$

$$t=\frac{1}{1.97}\times\frac{0.8}{0.004\times(1-0.8)}\times\frac{1}{60}=8.50\text{h}$$

$x_A=0.9$

$$t=\frac{1}{1.97}\times\frac{0.9}{0.004\times(1-0.9)}\times\frac{1}{60}=19.0\text{h}$$

可见随着转化率的增加，所需的反应时间将急剧增加，因此，在确定最终转化率时应该考虑到这一因素。

（2）最终转化率为 0.80 时，每批所需的反应时间为 8.5h

$$\text{每小时己二酸进料量}=\frac{2400}{24\times146}=0.684\text{kmol/h}$$

$$v_0=\frac{F_{A0}}{c_{A0}}=\frac{0.684}{0.004}=171\text{L/h}$$

每批生产总时间＝反应时间＋非生产时间＝9.5h

反应器体积　　$V_R=v_0t_{总}=171\times9.5=1630\text{L}=1.63\text{m}^3$

考虑到装料系数，故实际反应器体积　$V_R=\frac{1.63}{0.75}=2.17\text{m}^3$

从上例计算可知，对于等温、间歇操作的反应器，达到一定转化率所需的反应时间，只取决于反应的速率而与反应器的大小无关。反应器的大小由处理物料量的多少决定。

由于是间歇操作，每进行一批生产，都要进行清洗、装卸料、升降温等操作，这些反应辅助工序所需要的时间，有时也很长，甚至可能大于反应所需的时间。因此，间歇反应器一般适用于反应时间较长的慢反应。由于它灵活、简便，在小批量、多品种的染料、制药等生产部门仍然得到广泛应用。

3.2.2　平推流反应器

平推流反应器是指其中物料的流动状况满足平推流的假定，即通过反应器的物料沿同一方向以相同速率向前流动，在流动方向上没有物料的返混，所有物料在反应器中的停留时间都是相同的。在定态下，同一截面上的物料组成不随时间而变化。实际生产上，对于管径较小、长度较长、流速较大的管式反应器、列管固定床反应器等，常可按平推流反应器处理。

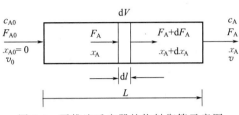

图 3-4　平推流反应器的物料衡算示意图

在进行等温反应的平推流反应器内，物料的组成沿反应器流动方向从一个截面到另一个截面而变化，现取长度为 L、体积为 dV 的任一微元管段对物料 A 作物料衡算，如图 3-4 所示，这时可有

$$进入量 = 排出量 + 反应量 + 累积量$$
$$F_A \qquad F_A + dF_A \quad (-r_A)dV \qquad 0$$

故
$$F_A = F_A + dF_A + (-r_A)dV$$
$$dF_A = d[F_{A0}(1-x_A)] = -F_{A0}dx_A$$
$$F_{A0}dx_A = (-r_A)dV \tag{3-7}$$

对整个反应器而言，应将式(3-7)积分

$$\int_0^V \frac{dV}{F_{A0}} = \int_0^{x_A} \frac{dx_A}{(-r_A)}$$

$$\left. \begin{aligned} \frac{V}{F_{A0}} = \frac{\tau}{c_{A0}} = \int_0^{x_A} \frac{dx_A}{(-r_A)} \\[2mm] \tau = \frac{V}{v_0} = c_{A0}\int_0^{x_A} \frac{dx_A}{(-r_A)} \end{aligned} \right\} \tag{3-8}$$

或

若以下标 0 代表进料状态，x_{A1} 代表进入反应器时物料 A 的转化率，x_{A2} 代表离开反应器时物料 A 的转化率，可得表达平推流反应器的基础设计式

$$\left. \begin{aligned} \tau = \frac{V}{v_0} = c_{A0}\int_{x_{A1}}^{x_{A2}} \frac{dx_A}{(-r_A)} \\[2mm] \frac{V}{F_{A0}} = \frac{V}{c_{A0}v_0} = \int_{x_{A1}}^{x_{A2}} \frac{dx_A}{(-r_A)} \end{aligned} \right\} \tag{3-9}$$

或

对恒容系统

$$x_A = \frac{c_{A0} - c_A}{c_{A0}}$$

$$dx_A = -\frac{dc_A}{c_{A0}}$$

则
$$\left. \begin{aligned} \tau = \frac{V}{v_0} = c_{A0}\int_0^{x_A} \frac{dx_A}{(-r_A)} = -\int_{c_{A0}}^{c_A} \frac{dc_A}{(-r_A)} \\[2mm] \frac{V}{F_{A0}} = \frac{\tau}{c_{A0}} = -\frac{1}{c_{A0}}\int_{c_{A0}}^{c_A} \frac{dc_A}{(-r_A)} \end{aligned} \right\} \tag{3-10}$$

或

式(3-8)～式(3-10) 是平推流反应器的基础设计式，它关联了反应速率、转化率、反应器体积和进料量四个参数，可以根据给定条件，从三个已知量求得另一个未知量。如反应器体积和进料流量为给定，动力学方程亦已知，则可求得所能达到的转化率。在做具体计算时，式中的 $(-r_A)$ 要用具体反应的动力学方程或其变化后的形式替换，如动力学方程较简单，上述基础设计式能直接解析积分，而对较复杂的动力学方程一般可用图解积分，如图 3-5 所示。各种情况下变容的平推流反应器设计方程见表 3-1 及表 3-2，恒容情况下的设计方程可套用间歇釜的。

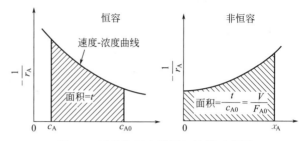

图 3-5　平推流反应器图解计算示意图

表 3-1　等温、变容平推流反应器的设计式（用 δ 表示）

反　应	速　率　方　程	设　计　式
$A \longrightarrow mR$	$(-r_A) = kp_A$	$\dfrac{V}{F_{A0}} = \dfrac{1}{kp}\left[(1+\delta_A y_{A0})\ln\dfrac{1}{1-x_A} - \delta_A y_{A0} x_A\right]$; $(\delta_A = m-1)$
$2A \longrightarrow mR$	$(-r_A) = kp_A^2$	$\dfrac{V}{F_{A0}} = \dfrac{1}{kp^2}\left[\delta_A^2 y_{A0} x_A + (1+\delta_A y_{A0})^2\,\dfrac{x_A}{y_{A0}(1-x_A)} - 2\delta_A(1+\delta_A y_{A0})\ln\dfrac{1}{1-x_A}\right]$; $\left(\delta_A = \dfrac{m-2}{2}\right)$
$A+B \longrightarrow mR$	$(-r_A) = kp_A p_B$	$\dfrac{V}{F_{A0}} = \dfrac{1}{kp^2}\left[\delta_A^2 y_{A0} x_A - \dfrac{(1+\delta_A y_{A0})^2}{y_{A0} - y_{B0}}\ln\left(\dfrac{1}{1-x_A}\right) + \dfrac{(1+\delta_A y_{B0})^2}{y_{A0} - y_{B0}}\ln\dfrac{1}{1-\left(\dfrac{y_{A0}}{y_{B0}}\right)x_A}\right]$; $(\delta_A = m-2)$
$A \rightleftharpoons R$	$(-r_A) = k\left(p_A - \dfrac{p_R}{K_p}\right)$	$\dfrac{V}{F_{A0}} = \dfrac{K_p}{(1+K_p)hp}\ln\dfrac{K_p y_{A0} - y_{R0}}{K_p y_{A0}(1-x_A) - y_{A0} x_A - y_{R0}}$; $(\delta_A = 0)$

表 3-2　等温、变容平推流反应器的设计式（用 ε 表示）

反　应	动力学方程	设　计　式
零级	$(-r_A) = k$	$\dfrac{V_R}{F_{A0}} = \dfrac{x_A}{k}$
一级 $A \longrightarrow P$	$(-r_A) = kc_A$	$\dfrac{V_R}{F_{A0}} = \left[-(1+\varepsilon_A)\ln(1-x_A) - \varepsilon_A x_A\right]/kc_{A0}$
可逆一级 $A \rightleftharpoons bB$ $\dfrac{c_{B0}}{c_{A0}} = \beta$	$(-r_A) = k_1 c_A - k_2 c_B$	$\dfrac{V_R}{F_{A0}} = \dfrac{\beta + bx_{Ae}}{k_1 c_{A0}(\beta + b)}\left[-(1+\varepsilon_A x_{Ae})\ln\left(1-\dfrac{x_A}{x_{Ae}}\right) - \varepsilon_A x_A\right]$
二级 $A+B \longrightarrow P$ $2A \longrightarrow P$ $c_{A0} = c_{B0}$	$(-r_A) = kc_A^2$	$\dfrac{V_R}{F_{A0}} = \dfrac{1}{kc_{A0}^2}\left[2\varepsilon_A(1+\varepsilon_A)\ln(1-x_A) + \varepsilon_A^2 x_A + (1+\varepsilon_A)^2\dfrac{x_A}{1-x_A}\right]$

例 3-2 某厂生产醇酸树脂是用己二酸（A）与己二醇（B）以等摩尔比在 70℃、平推流反应器并以 H_2SO_4 作催化剂进行缩聚反应而生产的，实验测得反应动力学方程为

$$(-r_A) = 1.97 \times 10^{-3} c_A^2 \, kmol/(m^3 \cdot min)$$

其中，$c_{A0} = 4 \, kmol/m^3$。若每天处理 2400kg 己二酸，求：转化率为 80% 时，所需反应器体积为多少？

解 已知每天己二酸处理量为 2400kg，己二酸分子量为 146g/mol，则

每小时进料量为

$$F_{A0} = \frac{2400}{24 \times 146} = 0.685 \, kmol/h$$

每小时处理体积为

$$V_0 = \frac{F_{A0}}{c_{A0}} = \frac{0.685}{4} = 0.171 \, m^3/h$$

对 PFR

$$\tau = \frac{V_R}{V_0} = c_{A0} \int_{x_{A1}}^{x_{A2}} \frac{dx_A}{(-r_A)}$$

$$\frac{V_R}{V_0} = c_{A0} \int_0^{x_{A2}} \frac{dx_A}{k c_{A0}^2 (1-x_A)^2} = \frac{1}{k c_{A0}} \frac{x_{A2}}{1-x_{A2}}$$

代入数据，$x_A = 0.8$ 时 $\quad V_R = \dfrac{0.171}{1.97 \times 10^{-3} \times 4} \times \dfrac{0.8}{1-0.8} \times \dfrac{1}{60} = 1.45 \, m^3$

例 3-3 均相气体反应在 185℃ 和表压 0.4MPa 下按照反应式 $A \longrightarrow 3P$ 在平推流反应器中进行，已知其在此条件下的动力学方程为

$$(-r_A) = 10^{-2} c_A^{\frac{1}{2}} \, [mol/(L \cdot s)]$$

当进料含 50% 惰性气体时，求 A 的转化率为 80% 时所需的时间。

解 根据式 (3-8)

$$\tau = \frac{V}{v_0} = c_{A0} \int_0^{x_{At}} \frac{dx_A}{(-r_A)}$$

其中

$$(-r_A) = 10^{-2} c_A^{\frac{1}{2}}$$

对于非恒容系统

$$c_A = c_{A0} \left(\frac{1-x_A}{1+\varepsilon_A x_A} \right)$$

根据 ε_A 的定义，可求得

$$\varepsilon_A = \frac{4-2}{2} = 1$$

$$c_{A0} = \frac{n_{A0}}{V} = \frac{p_A}{RT} = \frac{4/2}{0.082(185+273)} = 0.0533 \, mol/L$$

$$\tau = c_{A0} \int_0^{x_{At}} \frac{dx_A}{10^{-2} c_{A0}^{\frac{1}{2}} \left(\frac{1-x_A}{1+x_A} \right)^{\frac{1}{2}}} = c_{A0}^{\frac{1}{2}} (10^2) \int_0^{0.8} \left(\frac{1+x_A}{1-x_A} \right)^{\frac{1}{2}} dx_A$$

此式可用图解积分或数值积分求解。

(1) 图解积分 以 x_A 为横坐标，以 $\left(\dfrac{1+x_A}{1-x_A} \right)^{\frac{1}{2}}$ 为纵坐标，描绘曲线下的面积，即为积分值。由下表及下图可得

$$\tau = (0.0533)^{\frac{1}{2}} \times 10^2 \times 1.35 = 7.15 \, s$$

x_A	$\dfrac{1+x_A}{1-x_A}$	$\left(\dfrac{1+x_A}{1-x_A}\right)^{\frac{1}{2}}$
0	1.00	1.00
0.2	1.50	1.224
0.4	2.33	1.525
0.6	4.00	2.00
0.8	9.00	3.00

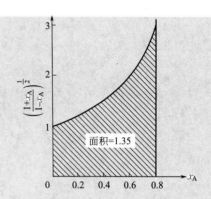

（2）数值积分法

利用辛普森法则

$$\int_{x_0}^{x_n} = \frac{\Delta x}{3}\left[I_0 + 4(I_1 + I_3 + I_5 + \cdots) + 2(I_2 + I_4 + \cdots) + I_n\right]$$

$$= \frac{0.2}{3}\left[1 + 4\times(1.224 + 2) + 2\times 1.525 + 3\right] = 1.34$$

故 $$\tau = 7.20\text{s}$$

例3-4 某气体的均相二聚反应 $2A \underset{k_2}{\overset{k_1}{\rightleftharpoons}} P$，正反应是二级反应，反应速率常数 k_1 可用下式表达

$$\lg k_1 = -\frac{5470}{T} + 8.063 \ \left[\text{mol}/(\text{L}\cdot\text{h}\cdot\text{cm}^2)\right]$$

逆反应是一级反应，当温度为 638℃ 时，$K = k_1/k_2 = 1.27$。

在管内径为 10cm 的管式反应器内进行此反应，总进料为 $F = 10\text{kmol/h}$，其中组分 A 和惰性气体摩尔比为 1：0.5，反应温度保持在 638℃，$p = 0.1\text{MPa}$，求组分 A 的转化率为 50% 时反应管的长度。

解 根据式(3-8)

$$\frac{V_R}{F_{A0}} = \int_0^{x_A} \frac{\text{d}x_A}{(-r_A)}$$

其中 $$(-r_A) = k\left(p_A^2 - \frac{1}{K}p_P\right)\ \left[\text{mol}/(\text{h}\cdot\text{L})\right]$$

对于可逆的非恒容系统，假设在反应开始时 A 的量为 1mol，这样，反应前的总物质的量为 1+0.5=1.5mol，而反应后的总物质的量为 0.5+0.5=1.0mol

故 $$\varepsilon_A = \frac{1-1.5}{1.5} = -\frac{1}{3}$$

由于 $n_{t0} = 1.5$，有

$$n_t = n_{t0} + n_{t0}\varepsilon_A x_A = 1.5 - \frac{1}{3}\times 1.5 \times x_A = \frac{3-x_A}{2}$$

$$p_A = \frac{n_A}{n_t}p = \frac{n_{A0}(1-x_A)}{n_t}p = \frac{2(1-x_A)}{3-x_A}$$

$$p_P = \frac{n_P}{n_t}p = \frac{n_{P0} + \dfrac{x_A}{2}}{n_t}p = \frac{x_A}{3-x_A}$$

故
$$(-r_A)=k\left[\frac{4(1-x_A)^2}{(3-x_A)^2}-\frac{1}{K}\left(\frac{x_A}{3-x_A}\right)\right]$$

当反应温度为 638℃时，$k=116$，$K=1.27$

$$(-r_A)=116\left[\frac{4(1-x_A)^2}{(3-x_A)^2}-\frac{1}{1.27}\left(\frac{x_A}{3-x_A}\right)\right]$$

$$=\frac{116}{1.27}\left[\frac{5.08(1-x_A)^2-x_A(3-x_A)}{(3-x_A)^2}\right]$$

$$=91.4\left[\frac{6.08x_A^2-13.16x_A+5.08}{(3-x_A)^2}\right]$$

$$F_{A0}=10^3\times\frac{10}{1.5}=6.67\times10^3\ \text{mol/h}$$

$$V_R=F_{A0}\int_0^{x_{A0}}\frac{dx_A}{(-r_A)}=73\int_0^{0.5}\frac{(3-x_A)^2}{6.08x_A^2-13.16x_A+5.08}dx_A=73\int_0^{0.5}I\,dx_A$$

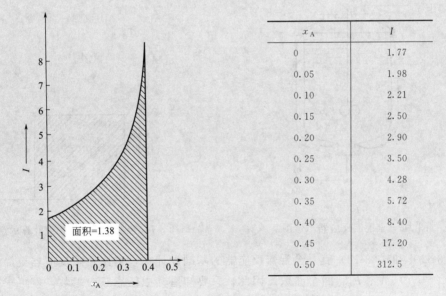

x_A	I
0	1.77
0.05	1.98
0.10	2.21
0.15	2.50
0.20	2.90
0.25	3.50
0.30	4.28
0.35	5.72
0.40	8.40
0.45	17.20
0.50	312.5

面积=1.38

以 I 对 x_A 作图可见，当转化率超过 40% 以后，阴影面积将急剧增加，即反应管长度将迅速增长。若以最终转化率为 40% 计算，上图中阴影面积为 1.38，则 $V_R=73\times1.38=101L=101000\text{cm}^3$，故 $L=12.86\text{m}$。

3.2.3　全混流反应器

全混流釜式反应器（简称全混流反应器、全混釜），是指反应器中的流动状况满足全混流的假定，即在此反应器内各处的物料组成和温度都是均匀的，且等于反应器出口处的组成和温度。实际生产上的搅拌釜式反应器，一般可满足此假定。对全混流反应器，可以整个反应器对物料 A 作物料衡算，如图 3-6 所示，可有

进入量＝排出量＋反应量＋累积量

$$F_{A0}=v_0c_{A0}\qquad F_A\qquad(-r_A)V\qquad 0$$

故
$$F_{A0}x_A = (-r_A)V$$
整理得

$$\frac{V}{F_{A0}} = \frac{\tau}{c_{A0}} = \frac{\Delta x_A}{(-r_A)} = \frac{x_A - x_{A0}}{(-r_A)} = \frac{x_A}{(-r_A)} \tag{3-11}$$

或

$$\tau = \frac{V}{v_0} = \frac{c_{A0}x_A}{(-r_A)}$$

此处 x_A、r_A 均指从反应器流出的流体状态下的值。它同反应器内的状态是相同的。式中取 $x_{A0}=0$。因为全混流反应器多用于液相恒容系统，故式（3-11）可简化为

或

$$\left.\begin{array}{l}\dfrac{V}{F_{A0}} = \dfrac{x_A}{(-r_A)} = \dfrac{c_{A0}-c_A}{c_{A0}(-r_A)} \\[3mm] \tau = \dfrac{V}{v} = \dfrac{c_{A0}x_A}{(-r_A)} = \dfrac{c_{A0}-c_A}{(-r_A)}\end{array}\right\} \tag{3-12}$$

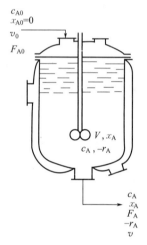

图 3-6　全混流反应器示意图

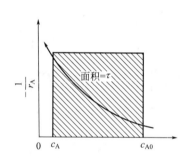

图 3-7　全混流反应器图解计算示意图

式（3-11）和式（3-12）就是全混流反应器的基础设计式，它比管式反应器更简单地关联了 x_A、$(-r_A)$、V、F_{A0} 四个参数。因此，只要知道其中任意三个参数，就可求得第四个参数值，不必经过积分。由于全混流反应器的这种性能，使它在动力学研究中得到广泛应用。图 3-7 是全混流反应器图解计算示意图。表 3-3 汇集了一些全混流反应器的设计式。

表 3-3　全混流反应器的设计式（进料中不含产物）

反　　　应	动 力 学 方 程	设 　 计 　 式
1 级　A $\longrightarrow$ P	$(-r_A)=kc_A$	$c_A = c_{A0}/(1+k\tau)$
2 级　A $\longrightarrow$ P	$(-r_A)=kc_A^2$	$c_A = \dfrac{1}{2Rt}\left[(1+4R+c_{A0})^{\frac{1}{2}}-1\right]$
$\frac{1}{2}$ 级　A $\longrightarrow$ P	$(-r_A)=kc_A^{\frac{1}{2}}$	$c_A = c_{A0} + 1/2(k\tau)^2 - k\tau\left(c_{A0}-\dfrac{k^2\tau^2}{4}\right)^{\frac{1}{2}}$
n 级　A $\longrightarrow$ P	$(-r_A)=kc_A^n$	$\tau = (c_{A0}-c_A)/kc_A^n$
2 级　A+B $\longrightarrow$ P	$(-r_A)=kc_Ac_B$	$c_{A0}k\tau = \dfrac{x_A}{(1-x_A)(\beta-x_A)}$，$\beta=\dfrac{c_{B0}}{c_{A0}}\neq 1$
A+B $\longrightarrow$ P+S		$c_{A0}k\tau = \dfrac{x_A}{(1-x_A)^2}$，$\beta=1$
1 级	$(-r_A)=(k_1+k_2)c_A$	$c_A = \dfrac{c_{A0}}{1+(k_1+k_2)\tau}$

续表

反　　　应	动 力 学 方 程	设　　计　　式
$A\underset{k_2}{\overset{k_1}{\diagdown}}\begin{matrix}P\\S\end{matrix}$	$r_P=k_1c_A$ $r_S=k_2c_A$	$c_P=\dfrac{c_{A0}k_1\tau}{1+(k_1+k_2)\tau}$ $c_S=\dfrac{c_{A0}k_2\tau}{1+(k_1+k_2)\tau}$
$A\xrightarrow{k_1}P\xrightarrow{k_2}S$	$(-r_A)=k_1c_A$ $r_P=k_1c_A-k_2c_P$ $r_S=k_2c_P$	$c_A=\dfrac{c_{A0}}{1+k_1\tau},\ c_P=\dfrac{c_{A0}k_1\tau}{(1+k_1\tau)(1+k_2\tau)}$ $c_S=\dfrac{c_{A0}k_1\tau^2}{(1+k_1\tau)(1+k_2\tau)}$ $c_{Pmax}=\dfrac{c_{A0}}{\left[(k_2/k_1)^{\frac{1}{2}}+1\right]^2}$ $\tau_{opt}=\dfrac{1}{\sqrt{k_1k_2}}$

例 3-5　反应条件同例 3-2，将平推流反应器换为全混流反应器，达到相同转化率时，试求反应器的体积。

解　由例 3-2 可知，每小时进料量 $F_{A0}=0.685\text{kmol/h}=0.0114\text{kmol/min}$，每小时处理体积 $V_0=0.171\text{m}^3/\text{h}=0.00285\text{m}^3/\text{min}$

对 CSTR

$$\tau=c_{A0}\frac{x_A-x_{A0}}{(-r_A)}$$

$$\frac{V_R}{V_0}=c_{A0}\frac{x_A-x_{A0}}{kc_{A0}^2(1-x_A)^2}$$

代入数据，$x_A=0.8$ 时：$V_R=V_0\tau=\dfrac{0.00285\times0.8}{1.97\times10^{-3}\times4\times(1-0.8)^2}=7.23\text{m}^3$

同样处理量条件下，三种反应器体积对比如下表。

转化率	平推流反应器	间歇式反应器	全混流反应器
$x_A=0.8$	1.45m^3	2.17m^3	7.23m^3

例 3-6　有液相反应 $A+B\underset{k_2}{\overset{k_1}{\rightleftharpoons}}P+R$，在 120℃ 时正、逆反应速率常数分别为 $k_1=8\text{L/}$

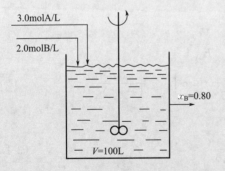

(mol·min)、$k_2=1.7\text{L/(mol·min)}$。若反应在全混流反应器中进行，其中物料容量为 100L。两股进料流同时等流量导入反应器，其中一股含 3.0molA/L，另一股含 2.0molB/L，求：当组分 B 的转化率为 80% 时，每股料液的进料流量应为多少？

解　假定在反应过程中物料的密度恒定不变，在反应开始时各组分的浓度为：$c_{A0}=1.5\text{mol/L}$，$c_{B0}=1.0\text{mol/L}$，$c_{P0}=0$，$c_{R0}=0$

当 B 的转化率为 80% 时，在反应器中和反应器的出口流中各组分的浓度应为：$c_B=c_{B0}(1-x_B)=1.0\times0.2=0.2\text{mol/L}$，$c_A=c_{A0}-c_{B0}x_B=1.5-0.8=0.7\text{mol/L}$，$c_P=0.8\text{mol/L}$

故　$c_R=0.8\text{mol/L}$。对于可逆反应，有

$$(-r_A)=(-r_B)=k_1c_Ac_B-k_2c_Pc_R$$

$$=8\times0.7\times0.2-1.7\times0.8\times0.8$$
$$=1.12-1.08=0.04\text{mol}/(\text{L}\cdot\text{min})$$

对于全混流反应器

$$\tau=\frac{V}{v}=\frac{c_{A0}-c_A}{(-r_A)}=\frac{c_{B0}-c_B}{(-r_B)}$$

所以，两股进料

$$v=\frac{V(-r_A)}{c_{A0}-c_A}=\frac{V(-r_B)}{c_{B0}-c_B}=\frac{100\times0.04}{0.8}=5\text{L}/\text{min}$$

3.3 组合反应器

工业生产上，为了适应不同反应的要求，有时常常采用相同或不同型式的简单反应器进行组合，比如 N 个全混流反应器的串联操作，可以减少返混的影响，而循环反应器可以使平推流反应器具有全混流的某种特征。组合反应器不但适用于均相系统，在非均相系统也得到广泛应用。

3.3.1 平推流反应器的串联、并联或串并联

考虑 N 个平推流反应器的串联操作，设 x_1，x_2，$\cdots$，x_N 为反应组分 A 离开反应器 1，2，$\cdots$，N 时的转化率。对反应组分 A 作第一个反应器的物料衡算，根据式(3-8) 可有

$$\frac{V_1}{F_{A0}}=\frac{\tau_1}{c_{A0}}=\int_0^{x_1}\frac{\mathrm{d}x}{(-r_A)_1}$$

同理，对第 i 个反应器，可求得

$$\frac{V_i}{F_{A0}}=\int_{x_{i-1}}^{x_i}\frac{\mathrm{d}x}{(-r_A)_i}$$

因此对串联的 N 个反应器而言

$$\frac{V}{F_A}=\sum_{i=1}^N\frac{V_i}{F_{A0}}=\frac{V_1}{F_{A0}}+\frac{V_2}{F_{A0}}+\cdots+\frac{V_N}{F_{A0}}$$
$$=\int_0^{x_1}\frac{\mathrm{d}x}{(-r_A)_1}+\int_{x_1}^{x_2}\frac{\mathrm{d}x}{(-r_A)_2}+\cdots+\int_{x_{N-1}}^{x_N}\frac{\mathrm{d}x}{(-r_A)_N}$$

若每个反应器内温度相同，$(-r_A)$ 相等，则有

$$\frac{V}{F_A}=\int_0^{x_N}\frac{\mathrm{d}x}{(-r_A)}\tag{3-13}$$

所以 N 个平推流反应器相串联，其总体积为 V，则其最终转化率与一个具有体积为 V 的单个平推流反应器所能获得的转化率相同。

平推流反应器的并联或串并联组合操作，也能够根据上述原理简化为单一反应器的情况。如为并联，为使其效率最高，则 $\frac{V}{F}$ 或 τ 在每个并行线上应是相同的。

例 3-7 考虑如下图所示的反应器组的串并联，求总进料流中进入支线 A 的分率为多少？

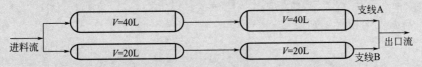

解 如上图所示，对于支线 A，其反应器体积为

$$V_A = 40 + 40 = 80L$$

对于支线 B，两个串联的反应器组的总体积为

$$V_B = 20 + 20 = 40L$$

为了使两个支线上的转化率相同，则应有 $(V/F)_A = (V/F)_B$

或

$$F_A/F_B = V_A/V_B = 80/40 = 2$$

故总进料流中进入支线 A 的分率应为 2/3。

3.3.2 具有相同或不同体积的 N 个全混釜的串联

N 个全混流反应器（全混釜）串联操作，在工业生产上是常遇见的。由于其中各釜均能满足全混流假设，且认为釜与釜之间没有返混，这样，对任意第 i 釜作组分 A 的物料衡算，如图 3-8 所示，可有

$$\text{进入量} \quad = \quad \text{排出量} \quad + \quad \text{反应量} \quad + \quad \text{累积量}$$
$$v_0 c_{Ai-1} = F_{Ai-1} \quad v_0 c_{Ai} = F_{A0}(1 - x_{Ai}) \quad (-r_A)_i V_i \quad 0$$

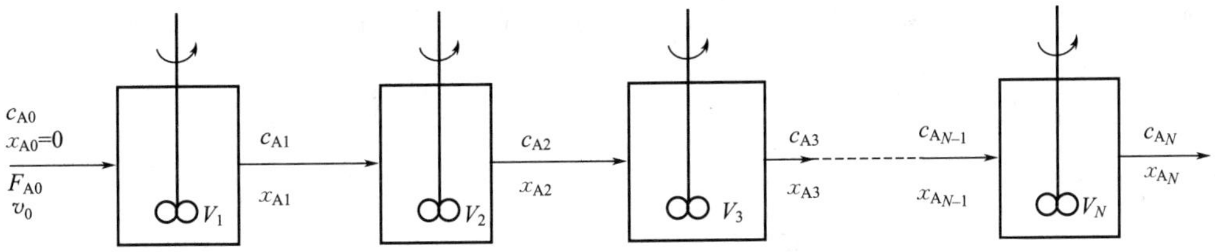

图 3-8 多釜串联操作示意图

因系统为定态流动，且对恒容系统，v_0 不变，$V_i/v_0 = \tau_i$，故有

$$v_0 c_{Ai-1} - v_0 c_{Ai} = (-r_A)_i V_i$$
$$\left. \begin{array}{l} c_{Ai-1} - c_{Ai} = (-r_A)_i \tau_i \\ \tau_i = \dfrac{V_i}{v} = \dfrac{c_{Ai-1} - c_{Ai}}{(-r_A)_i} \end{array} \right\} \tag{3-14}$$

式(3-14)既可用于各釜体积与温度均相同的反应系统，也可用于计算各釜体积与温度各不相同的操作情况，此时，在计算到某一釜时，相应地采用该釜的 V 和该温度条件下的反应速率，如对一级反应 A $\longrightarrow$ P

$$\tau = \frac{V_1}{v} = \frac{c_{A0} - c_{A1}}{(-r_A)_1} = \frac{c_{A0} - c_{A1}}{k_1 c_{A1}}$$

$$c_{A1} = \frac{c_{A0}}{1 + k_1 \tau_1}$$

同理

$$c_{A2} = \frac{c_{A1}}{1 + k_2 \tau_2} = \frac{c_{A0}}{(1 + k_1 \tau_1)(1 + k_2 \tau_2)}$$

$$c_{A3} = \frac{c_{A2}}{1+k_3\tau_3} = \frac{c_{A0}}{(1+k_1\tau_1)(1+k_2\tau_2)(1+k_3\tau_3)}$$

如各釜容积与温度均相等，则有

$$c_{AN} = \frac{c_{A0}}{(1+k\tau)^N} \tag{3-15}$$

图 3-9 表示图解计算程序，它特别适用于给定了处理量和转化率后需选定釜数和釜的容积的情况，可以避免解代数方程时的试差。由于反应速率是浓度的函数，$(-r_A)=f(c)$，故先作出 $(-r_A)$-c_A 曲线，再根据

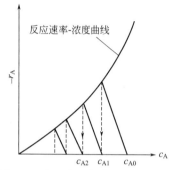

图 3-9　多釜串联操作的图解计算

$$(-r_A)_i = \frac{1}{\tau_i}(c_{Ai-1} - c_{Ai}) = -\frac{1}{\tau_i}(c_{Ai} - c_{Ai-1})$$

从横轴上 c_{Ai-1} 处出发，作斜率为 $-\frac{1}{\tau_i}$ 的直线，使之与反应速率曲线相交，交点的横坐标即为 c_{Ai}，如此作图一直到所要求的出口浓度为止，有 n 个阶梯，即代表需 n 个釜。若各釜的容积不等，图上各操作线的斜率便各异，如各釜的容积相等，则各操作线相互平行。对于非一级反应的情况，也可作类似处理，但应指出的是，图解计算只适用于反应速率最后能以单一组分的浓度来表达的简单反应，对平行、连串等复合反应不能适用。

例 3-8　反应条件同例 3-2，将平推流反应器换为 4 个大小相同的全混流反应器串联，达到相同的转化率时，试求反应器的体积。

解　由例 3-2 可知，每小时进料量 $F_{A0}=0.685\text{kmol/h}$，每小时处理体积 $V_0=0.171\text{m}^3/\text{h}$。要求第四釜出口转化率为 80%，即

$$c_{A4} = c_{A0}(1-x_A) = 4 \times (1-0.8) = 0.8\text{kmol/m}^3$$

以试差法确定每釜出口浓度

设 $\tau_i = 3\text{h}$，代入 $c_{Ai} = \dfrac{-1+\sqrt{1+4k\tau_i c_{Ai-1}}}{2k\tau_i}$

由 c_{A0} 求出 c_{A1}，然后依次求 c_{A2}、c_{A3}、c_{A4}，看是否满足 $c_{A4}=0.8\text{kmol/m}^3$ 的要求。

将以上数据代入，求得 $c_{A4}=0.824\text{kmol/m}^3$

结果稍大，重新假设 $\tau_i=3.14\text{h}$，求得

$$c_{A1}=2.202\text{kmol/m}^3 \qquad c_{A2}=1.437\text{kmol/m}^3$$

$$c_{A3}=1.037\text{kmol/m}^3 \qquad c_{A4}=0.798\text{kmol/m}^3$$

基本满足要求。

$$V_{Ri} = V_0\tau_i = 0.171 \times 3.14 = 0.537\text{m}^3$$

$$V_R = 4 \times 0.537 = 2.15\text{m}^3$$

同样处理量、转化率，比较单个全混流反应器、平推流反应器和四个全混流反应器串联的反应器体积，如下表所示。

反应器	平推流反应器	全混流反应器四釜串联	单个全混流反应器
反应器有效容积	1.45m^3	2.15m^3	7.23m^3

3.3.3　不同型式反应器的串联

若将不同型式的反应器串联操作，如图 3-10 所示，在全混釜后连接两个平推流反应器，然后再接另一个全混釜，可对四个反应器分别写出如下关系式。

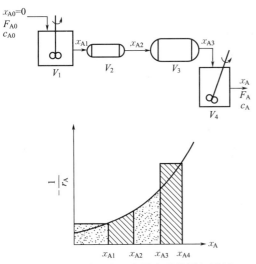

$$\frac{V_1}{F_{A0}} = \frac{x_{A1} - x_{A0}}{(-r_A)_1}$$

$$\frac{V_2}{F_{A0}} = \int_{x_{A1}}^{x_{A2}} \frac{dx_A}{(-r_A)_2}$$

$$\frac{V_3}{F_{A0}} = \int_{x_{A2}}^{x_{A3}} \frac{dx_A}{(-r_A)_3}$$

$$\frac{V_4}{F_{A0}} = \frac{x_{A4} - x_{A3}}{(-r_A)_4}$$

其相互关系以图解形式表示在图 3-10 中。该图可供推算系统的总转化率、中间阶段的转化率或已经定出各段的转化率，可利用此图求得各个反应器的体积。

图 3-10　不同型式反应器串联的图解计算

3.3.4　循环反应器

在工业生产上有时为了控制反应物的合适浓度以便于控制温度、转化率和收率，同时又需使物料在反应器内有足够的停留时间并具有一定的线速度，常常采用将部分物料进行循环的操作方法。如图 3-11 表示了循环操作的管式或塔式反应器的情况。

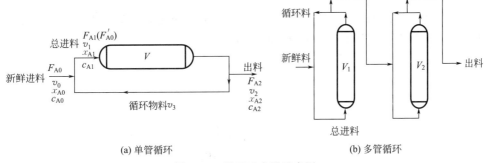

(a) 单管循环　　　　　　　　　　　　　(b) 多管循环

图 3-11　循环反应器示意图

如图所示，新鲜进料的体积流量 v_0；离开反应器的体积流量 v_2；循环物料的体积流量 v_3；进反应器的总体积流量 $v_1 = v_0 + v_3$。

令

$$\left.\begin{array}{l} \alpha = \dfrac{v_0}{v_1} \\[3mm] \beta' = \dfrac{v_3}{v_1} = \dfrac{\text{循环物料的体积流量}}{\text{进反应器的总体积流量}} = \dfrac{v_1 - v_0}{v_1} = 1 - \alpha \end{array}\right\} \qquad (3\text{-}16)$$

$$\tau = \frac{V}{v_0}$$

$$\tau' = \frac{V}{v_1} = \alpha\tau$$

对反应器作物料衡算，可有

$$v_1 c_{A1} = v_0 c_{A0} + v_3 c_{A3}$$

进反应器的浓度

$$c_{A1} = [v_0 c_{A0} + (v_1 - v_0) c_{A2}]/v_1 = \alpha c_{A0} + \beta' c_{A2} \tag{3-17}$$

对平推流反应器

$$\tau' = \int_{c_{A1}}^{c_{A2}} \frac{-dc_A}{(-r_A)} \tag{3-18}$$

或

$$\tau = -\frac{1}{\alpha} \int_{c_{A1}}^{c_{A2}} \frac{dc_A}{(-r_A)}$$

积分，即可得到出口物料的浓度。例如对一级反应

$$(-r_A) = k c_A$$

$$\tau' = \int_{c_{A2}}^{c_{A1}} \frac{dc_A}{k c_A} = \frac{1}{k} \ln \frac{c_{A1}}{c_{A2}}$$

$$c_{A2} = \frac{\alpha c_{A0}}{e^{\alpha k \tau} - \beta'} \tag{3-19}$$

或

$$x_{A2} = 1 - \frac{\alpha}{e^{\alpha k \tau} - \beta'} \tag{3-20}$$

其他各级反应的表达式可见表 3-4。若为多管串联，不论各管的温度、体积或循环比是否相同，亦可逐管计算。例如对 A ⟶ P 的一级反应

$$(c_{A2})_1 = \frac{\alpha_1 c_{A0}}{e^{\alpha_1 k_1 \tau_1} - \beta'_1}$$

$$(c_{A2})_2 = \frac{\alpha_2 (c_{A2})_1}{e^{\alpha_2 k_2 \tau_2} - \beta'_2}$$

$$= \frac{\alpha_1 \alpha_2 c_{A0}}{(e^{\alpha_1 k_1 \tau_1} - \beta'_1)(e^{\alpha_2 k_2 \tau_2} - \beta'_2)}$$

小括号外下标 1、2 分别表示第一个反应器和第二个反应器的出口浓度。类推到第 N 管，其出口浓度为

$$(c_{A2})_N = \frac{\alpha_1 \alpha_2 \cdots \alpha_N c_{A0}}{(e^{\alpha_1 k_1 \tau_1} - \beta'_1)(e^{\alpha_2 k_2 \tau_2} - \beta'_2) \cdots (e^{\alpha_N k_N \tau_N} - \beta'_N)} \tag{3-21}$$

如各管等温、等容积、等循环比，则

$$(c_{A2})_N = \frac{\alpha^N c_{A0}}{(e^{\alpha k \tau} - \beta')^N} \tag{3-22}$$

或

$$(x_{A2})_N = 1 - \frac{\alpha^N}{(e^{\alpha k \tau} - \beta')^N} \tag{3-23}$$

式中，τ 为在一个管内按新鲜进料量计的停留时间。

有了上述计算式，就可以根据处理量和转化率的要求来选择单管或多管串联循环反应器的大小。

表 3-4　等温循环反应器的计算式（进料中不含产物组分）

反　应	反应速率方程	计　算　式
0 级，A $\longrightarrow$ P	$-\dfrac{dc_A}{d\tau'} = k$	$c_A = c_{A0} - k\tau$
1 级，A $\longrightarrow$ P	$-\dfrac{dc_A}{d\tau'} = kc_A$	$c_A = \alpha c_{A0} / (e^{\alpha k \tau} - \beta')$
2 级，2A $\longrightarrow$ P A+B $\longrightarrow$ P $(c_{A0} = c_{B0})$	$-\dfrac{dc_A}{d\tau'} = kc_A^2$	$\tau = \dfrac{c_{A0} - c_A}{kc_A(\alpha c_{A0} - \beta' c_A)}$
2 级，A+B $\longrightarrow$ P $(c_{A0} \neq c_{B0})$	$-\dfrac{dc_A}{d\tau'} = kc_A c_B$	$\tau = \dfrac{1}{k\alpha(c_{A0} - c_{B0})} \ln \dfrac{(\alpha c_{B0} - \beta' c_B)c_A}{(\alpha c_{A0} - \beta' c_A)c_B}$
1 级，A $\overset{k_1}{\underset{k_2}{\diagdown}}$ $\begin{matrix}P\\S\end{matrix}$	$-\dfrac{dc_A}{d\tau'} = (k_1 + k_2)c_A$	$c_A = \dfrac{\alpha c_{A0} e^{-a(k_1 + k_2)\tau}}{1 - \beta' e^{-a(k_1 + k_2)\tau}}$
	$\dfrac{dc_P}{d\tau'} = k_1 c_A$	$c_P = \dfrac{k_1}{k_1 + k_2} c_{A0} \dfrac{1 - e^{-a(k_1 + k_2)\tau}}{1 - \beta' e^{-(k_1 + k_2)\tau}}$
	$\dfrac{dc_S}{d\tau'} = k_2 c_A$	$c_S = \dfrac{k_2}{k_1 + k_2} c_{A0} \dfrac{1 - e^{-a(k_1 + k_2)\tau}}{1 - \beta' e^{-a(k_1 + k_2)\tau}}$
A $\overset{k_1}{\longrightarrow}$ P $\overset{k_2}{\longrightarrow}$ S	$-\dfrac{dc_A}{d\tau'} = k_1 c_A$	$k_1 \neq k_2 : c_A = \dfrac{\alpha c_{A0} e^{-a k_1 \tau}}{1 - \beta' e^{-a k_1 \tau}}$
	$\dfrac{dc_P}{d\tau'} = k_1 c_A - k_2 c_P$	$c_P = \dfrac{\alpha c_{A0}}{1 - \beta' e^{-a k_2 \tau}} \left(\dfrac{k_1}{k_1 + k_2}\right) \left(\dfrac{e^{-a k_1 \tau} - e^{-a k_2 \tau}}{1 - \beta' e^{-a k_1 \tau}}\right)$
	$\dfrac{dc_S}{d\tau'} = k_2 c_P$	$c_S = c_{A0} - c_A - c_P$
		$k_1 = k_2 : c_A = \dfrac{\alpha c_{A0} e^{-k_1 \tau}}{1 - \beta' e^{-a k_1 \tau}}$
		$c_P = \dfrac{\alpha e^{-a k_1 \tau}}{1 - \beta' e^{-a k_1 \tau}} \left(\dfrac{\alpha k_1 c_{A0} \tau}{1 - \beta' e^{-a k_1 \tau}}\right)$
		$c_S = c_{A0} - c_A - c_P$

为了更形象地表示循环反应器的性能，定义

$$\beta = 循环比 = \frac{循环物料的体积流量}{离开反应器物料的体积流量} = \frac{v_3}{v_2} \tag{3-23'}$$

循环比 β 可自零变至无限大。当循环比 $\beta = 0$ 时，即为平推流反应器的情况，而当 $\beta = \infty$ 时，就相当于全混釜的性能。图 3-12 简要地示意了这两种极端的情况。由于循环反应器具有这种性能，因此，它可以使平推流反应器很容易调整到具有不同返混程度的混合流动。

对定常态下的恒容过程，$v_2 = v_0$，所以，β 和 α、β' 的关系是

$$\beta = \frac{v_3}{v_2} = \frac{v_1 - v_0}{v_0} = \frac{1}{\alpha} - 1$$

$$\left.\begin{matrix} \alpha = \dfrac{1}{1 + \beta} \\[2mm] \beta' = \dfrac{\beta}{1 + \beta} \end{matrix}\right\} \tag{3-24}$$

式(3-18) 可写成

$$\tau = \frac{V}{v_0} = -(1+\beta)\int_{c_{A1}}^{c_{A2}} \frac{dc_A}{(-r_A)}$$

$$= -(1+\beta)\int_{\frac{c_{A0}+\beta c_{A2}}{1+\beta}}^{c_{A2}} \frac{dc_A}{(-r_A)} \quad (3-25)$$

对于一级反应，积分得

$$\frac{k\tau}{1+\beta} = \ln\left[\frac{c_{A0}+\beta c_{A2}}{(1+\beta)c_{A2}}\right] \quad (3-26)$$

式(3-26) 与式(3-19) 结果相同。对于非恒容系统

$$\frac{V}{F'_{A0}} = \int_{x_{A1}}^{x_{A2}} \frac{dx_A}{(-r_A)} \quad (3-27)$$

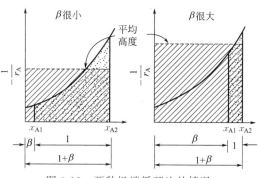

图 3-12　两种极端循环比的情况

式(3-27) 中 F'_{A0} 是指刚进入反应器的流体 A 的摩尔流量。因为 F'_{A0} 和 x_{A1} 均不是直接已知的，故应予变换。

$$F'_{A0} = F_{A0} + \beta F_{A0} = (1+\beta)F_{A0} \quad (3-28)$$

此时的 x_1 可根据变容过程的式(2-77) 得

$$x_{A1} = \frac{1 - \dfrac{c_{A1}}{c_{A0}}}{1 + \varepsilon_A \dfrac{c_{A1}}{c_{A0}}} \quad (3-29)$$

因为系统压力视为恒定，故在 M 点汇合的流体可以直接加和，因此有

$$c_{A1} = \frac{F_{A1}}{v_1} = \frac{F_{A0}+F_{A3}}{v_0+v_3} = \frac{F_{A0}+\beta F_{A0}(1-x_{A2})}{v_0+\beta v_2}$$

$$= \frac{F_{A0}(1+\beta-\beta x_{A2})}{v_0+\beta v_0(1+\varepsilon_A x_{A2})} = c_{A0}\left(\frac{1+\beta-\beta x_{A2}}{1+\beta+\beta\varepsilon_A x_{A2}}\right) \quad (3-30)$$

将式(3-30) 代入式(3-29) 得

$$x_{A1} = \left(\frac{\beta}{1+\beta}\right)x_{A2} \quad (3-31)$$

代入式(3-27) 得

$$\frac{V}{F_{A0}} = (1+\beta)\int_{x_{A1}}^{x_{A2}} \frac{dx_A}{(-r_A)} = (1+\beta)\int_{\left(\frac{\beta}{1+\beta}\right)x_{A2}}^{x_{A2}} \frac{dx_A}{(-r_A)}$$

$$(3-32)$$

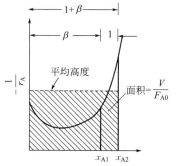

图 3-13　循环反应器图解（任意 ε）

式(3-32) 的图解标绘如图 3-13 所示，它适用于任意膨胀率 ε 值和任意级数的反应。

例 3-9　有如下自催化反应：$A+P \longrightarrow P+P$

已知 $c_{A0}=1\,mol/L$，$c_{P0}=0$，$k=1\,L/(mol\cdot s)$，$F_{A0}=1\,mol/s$。欲在一循环反应器进行此反应，要求达到的转化率为 98%，求：当循环比分别为 $\beta=0$、$\beta=3$、$\beta=\infty$ 时，所需要的反应器体积为多少？

解　对于自催化反应，其反应动力学方程为

$$(-r_A) = kc_A(c_{A0}-c_A) = kc_{A0}^2 x_A(1-x_A)$$

对任意循环比 β，反应器计算的基础设计式为

$$\frac{V}{F_{A0}}=(\beta+1)\int_{\left(\frac{\beta}{\beta+1}\right)x_{A2}}^{x_{A2}}\frac{\mathrm{d}x_A}{(-r_A)}$$

把动力学方程代入基础设计式，并积分可得

$$\frac{V}{F_{A0}}=(\beta+1)\int_{x_{A1}}^{x_{A2}}\frac{\mathrm{d}x_A}{kc_{A0}^2\,x_A(1-x_A)}$$

$$=\frac{(\beta+1)}{kc_{A0}^2}\ln\frac{1+\beta(1-x_{A2})}{\beta(1-x_{A2})}$$

（1）$\beta=3$

$$V=4\ln\frac{1.06}{0.06}=11.4\text{L}$$

（2）$\beta=0$，即平推流反应器的情况

$$V=F_{A0}\int_0^{x_{A1}}\frac{\mathrm{d}x_A}{kc_{A0}^2\,x_A(1-x_A)}$$

$$=\frac{F_{A0}}{kc_{A0}^2}\int_0^{0.98}\frac{\mathrm{d}x_A}{x_A(1-x_A)}$$

图解积分，可得 $V=\infty$。

（3）$\beta=\infty$，即全混釜的情况

$$V=F_{A0}\frac{x_{Af}}{kc_{A0}^2\,x_{Af}(1-x_{Af})}=1\times\left(\frac{0.98}{0.98\times0.02}\right)=50\text{L}$$

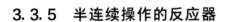

平推流的图解积分(面积∞)

3.3.5　半连续操作的反应器

半连续式或半间歇操作的反应器是将两种或多种反应物料中的一些事先放在反应器中，然后将另一些组分的物料连续加入或缓慢滴加；或者是在反应过程中将某种产物连续地从反应器中取出。前一种方法可使加入组分的浓度在反应区中保持在较低范围，使反应不致太快，温度易于控制，或者能抑制某一副反应；而连续取出产物的操作可使该反应产物的浓度始终维持在低水平上，从而有利于可逆反应向生成产物的方向进行，以提高转化率。

显然，半间歇操作是非定态过程，其基础设计式一般均需用数值法求解。

考虑反应

$$A+B\longrightarrow 产物$$

设在反应开始前，反应器中先加入反应物料 B，其物质的量（mol）为 n_{B0}；若其中还含有少量 A，其物质的量（mol）为 n_{A0}；反应开始时将浓度为 c_{A0} 的反应物料 A 连续加入，其体积流量为 v（若其中还含有少量 B，其浓度表示为 c_{B0}）。如物料的密度在反应过程中恒定不变，则在任意时间内物料的体积为

$$V=V_0+vt \tag{3-33}$$

在微元时间 $\mathrm{d}t$ 内对组分 A 作物料衡算

$$进入量＝排出量＋反应量＋累积量$$

$$vc_{A0}\mathrm{d}t \qquad 0 \qquad (-r_A)V\mathrm{d}t \quad \mathrm{d}(Vc_A)$$

故有
$$vc_{A0}\mathrm{d}t-(-r_A)V\mathrm{d}t=\mathrm{d}(Vc_A) \tag{3-34}$$

因
$$c_A=\frac{1}{V}(n_{A0}+vc_{A0}t)(1-x_A) \tag{3-35}$$

故
$$转化率\; x_A=\frac{到时间\;t\;为止转化掉的\;A\;的物质的量（mol）}{到时间\;t\;为止加入反应器的\;A\;的物质的量（mol）}$$

$$\mathrm{d}(Vc_A)=(1-x_A)vc_{A0}\mathrm{d}t-(n_{A0}+vc_{A0}t)\mathrm{d}x_A$$

代入式(3-34) 得
$$(n_{A0}+vc_{A0}t)\mathrm{d}x_A=[(-r_A)V-vc_{A0}x_A]\mathrm{d}t \tag{3-36}$$

写成差分的形式为
$$(n_{A0}+vc_{A0}t)\Delta x_A=\{[(-r_A)V]_{av}-vc_{A0}x_A\}\Delta t \tag{3-37}$$

式(3-37) 即为半间歇操作反应器的基础设计式。但仅用式(3-37) 还不能计算，因为其中 $(-r_A)$ 或以产物表示的 r_P 为未知值，若动力学方程式为
$$(-r_A)=r_P=kc_Ac_B$$

对反应物 B 作物料衡算得
$$c_B=\frac{1}{V}[(n_{B0}+vc_{B0}t)-bx_A(n_{A0}+vc_{A0}t)] \tag{3-38}$$

$$(-r_A)=r_P=kc_Ac_B=f(x_A,t) \tag{3-39}$$

联合式(3-33)、式(3-37) 及式(3-38)、式(3-39) 就可用数值法逐段求出时间 t 时的 x_A 了。其具体步骤简述如下。

① 选定一个时间的增量值 Δt。计算在此时间区间内的 Δx_{A0}。因为在第一个时间区间 $t=\dfrac{\Delta t}{2}$，用初始的 x_A 及 V 值计算 $(-r_A)$ 或 r_P，并以下标 0 表示，如 $(r_PV)_0$，将此 $(r_PV)_0$ 值代入式(3-37)，算出 Δx_A，便得到第一段时间区间内的转化率 $x_{A1}=0+\Delta x_{A0}$。

② 由式(3-33) 算出第一段时间间隔末的体积 V_1。

③ 由 V_1、x_{A1}、t_1（$t_1=0+\Delta t$）算出本时间间隔末的 $(r_P)_1$ 及 $(r_PV)_1$，以 $(r_PV)_{均}=\dfrac{(r_PV)_0+(r_PV)_1}{2}$ 值代入式(3-37)，再算出 Δx_A。

④ 重复上述程序计算，直到算出的 $(r_PV)_{均}$ 不再改变为止。至此，从第一段时间间隔的计算得到 V_1、t_1、x_{A1}、$(r_PV)_1$ 等。

⑤ 按同样方法，计算第二段时间间隔的诸值（Δt 值不能改变），直到所规定的 t 为止。并得相应的 x_A 值。

下面的例题可说明半间歇操作的反应器的计算方法。

例3-10 在等温条件下进行的二级反应：$A+B\longrightarrow P$。已知：$k=1\mathrm{m^3/(kmol\cdot h)}$，今在反应器中先加入 $1\mathrm{m^3}$ 的反应物料 A，$n_{A0}=2\mathrm{kmol}$，反应开始时，将浓度为 $c_{B0}=2\mathrm{kmol/m^3}$ 的物料 B 以恒速 $v=1\mathrm{m^3/h}$ 连续加入 1h，若物料的密度在反应过程中恒定不变，试计算其转化率和时间的关系。

解 因开始时反应器内只含物料 A，故 $n_{B0}=0$；而在进料中只含物料 B，故 $c_{A0}=0$；反应开始时物料容积 $V_0=1\mathrm{m^3}$。根据式(3-35) 有
$$c_A=\frac{1}{V}(n_{A0}+vc_{A0}t)(1-x_A)=\frac{1}{V}2(1-x_A) \tag{1}$$

由式(3-38) 得

$$c_B = \frac{1}{V}\left[(n_{B0} + vc_{B0}t) - bx_A(n_{A0} + vc_{A0}t)\right]$$

$$= \frac{1}{V}(2vt - 2x_A) = \frac{2}{V}(t - x_A) \tag{2}$$

由式(3-37)得

$$(n_{A0} + vc_{A0}t)\Delta x_A = \{[(-r_A)V]_{av} - vc_{A0}x_A\}\Delta t$$

$$\Delta x_A = \frac{\Delta t}{2}[(-r_A)V]_{av} \tag{3}$$

反应动力学方程式

$$(-r_A) = kc_A c_B = \frac{4}{V^2}(1 - x_A)(t - x_A) \tag{4}$$

由式(3-33)得 $\qquad V = V_0 + vt = 1 + t \tag{5}$

联立以上各式，就可逐段试差计算。若用电子计算机计算，则更方便。

设取 $\qquad \Delta t = 0.01\text{h}$

第一段时间区间计算

$$t_{av} = \frac{1}{2}(0 + 0.01) = 0.005$$

$$x_A = 0, (-r_A)_0 = 0, V_0 = 1$$

由式(4)得 $\qquad (-r_A)_{av} = \frac{4}{1^2} \times (1 - 0) \times (0.005 - 0) = 0.02$

$$(-r_A V)_0 = 0.02$$

由式(3)得 $\qquad \Delta x_A = \frac{0.01}{2} \times 0.02 = 0.0001$

$$x_{A1} = 0 + 0.0001 = 0.0001$$

$$V_1 = 1 + 0.01 = 1.01$$

$$(-r_A)_1 = \frac{4}{1.01^2} \times (1 - 0.0001) \times (0.01 - 0.0001) = 0.0388$$

$$(-r_A V)_1 = 0.0388 \times 1.01 = 0.0392$$

$$(-r_A V)_{av} = \frac{0 + 0.0392}{2} = 0.0186$$

由式(3)得 $\qquad \Delta x_A = \frac{0.0186}{2} \times 0.01 = 0.000093$

$$x_{A1} = 0.000093$$

代入式(4)得 $\qquad (-r_A)_1 = \frac{4}{1.01^2} \times (1 - 0.000093) \times (0.01 - 0.000093) = 0.0383$

计算结果与上面推定值很接近，故在第一段时间区间 $\Delta t = 0.01\text{h}$ 内，获得如下结果

$$x_A = 0.000093, V_1 = 1.01, (-r_A V)_1 = 0.0392$$

第二段时间区间计算

$$t_{av} = \frac{1}{2} \times (0.01 + 0.02) = 0.015$$

$$(-r_A)_{av} = \frac{4}{1.01^2} \times (1 - 0.000093) \times (0.015 - 0.000093) = 0.0584$$

故
$$\Delta x_A = \frac{1}{2} \times 0.059 \times 0.01 = 0.000295$$

$$x_{A2} = 0.000093 + 0.000295 = 0.000388$$

$$V_2 = 1 + 0.02 = 1.02$$

$$(-r_A)_2 = \frac{4}{1.02^2} \times (1-0.000388) \times (0.02-0.000388) = 0.07536$$

$$(-r_A V)_2 = 0.07536 \times 1.02 = 0.07686$$

$$(-r_A V)_{av} = \frac{1}{2}(0.0392 + 0.07686) = 0.058$$

$$\Delta x_A = \frac{0.058 \times 0.01}{2} = 0.00029$$

$$x_{A2} = 0.000093 + 0.00029 = 0.000383$$

$$(-r_A)_2 = \frac{4}{1.02^2} \times (1-0.000383) \times (0.02-0.000383)$$

$$= 0.7539$$

$$(-r_A V)_2 = 0.07539 \times 1.02 = 0.0769$$

$$(-r_A V)_{av} = \frac{1}{2}(0.0392 + 0.0769) = 0.05805$$

此结果与上面推断的 0.058 十分接近，故得第二段
时间区间的计算结果

$$t = 0.02 \qquad V_2 = 1.02$$

$$x_A = 0.000383 \qquad (-r_A V)_2 = 0.0769$$

计算结果的标绘

如此计算下去，直到 $t=1\text{h}$，计算结果如右图所示。

图上 E 点为加料结束时的状态，若 $t=1\text{h}$ 以后，物料 B 不再加入，则在加料结束点 E 之后，为间歇操作，故其 $x_A\text{-}t$ 关系在 E 点之后遵循间歇操作的情况。

3.4 非等温过程

众所周知，温度是化学反应速率最敏感的影响因素，而化学反应又总是伴随一定的热效应，因此热效应的大小，将导致反应器中有不同的温度分布。有时，由于某些反应的热效应特别大，以致反应器的传热和温度控制问题常常构成反应技术中的关键难题，反应器按其温度条件可分为等温和非等温两大类。所谓等温过程或等温操作的反应器，指的是反应所发生的热量全部由载热体带走或由系统向周围环境传出，从而维持反应的温度恒定不变。一般说来，这种等温操作要求传热好，单位反应器体积有很大的传热面，从而使热交换能力足够适应反应的放热速率。或者是全混式装置，如强烈搅拌的釜、鼓泡塔或流化床等。但在很多情况下，要完全做到等温是很难的，而且也不是一定必需的，等温操作的设备设计或过程放大都比较简单，而在一般情况下，大多数过程均属非等温过程，因此需专题讨论。

3.4.1 温度的影响

（1）反应热和温度 在等温条件下反应的热焓变化称为热效应，用符号 ΔH_r 表示。对

放热反应，ΔH_r 为负值；对吸热反应，ΔH_r 为正值。一些标准状态下的反应热可以直接从有关数据手册中查到。在许多情况下，它也可以从热化学数据表查得的物质的生成热 ΔH_r 或燃烧热 ΔH_c 计算得到。如已知的反应热为温度 T_1 时的数据，而系统的反应温度为 T_2，此时，可以根据能量守恒定律而求得，表示为

$$\Delta H_{r2} = -(H_2 - H_1)_{反应物} + \Delta H_{r1} + (H_2 - H_1)_{产物} \tag{3-40}$$

或

$$\Delta H_{r2} = \Delta H_{r1} + \int_{T_1}^{T_2} \Delta c_p dT \tag{3-41}$$

式中，H 为物质的焓；下标 1 和 2 分别代表在温度 T_1 和 T_2 时的值；Δc_p 为产物与反应物比热容之差。

$$\Delta c_p = p c_{pP} + s c_{pS} - a c_{pA}$$
$$= \sum^i (n_i c_{pi})_{产物} - \sum^i (n_i c_{pi})_{反应物} \tag{3-42}$$

式中，n_i 代表组分 i 的物质的量（mol）。通常比热容与温度的关系为

$$c_p = a' + b'T + c'T^2 \tag{3-43}$$

式中，a'、b'、c' 对一定物质均为常数，其值可在一般的物性数据手册中查到，把此关系代入式(3-41) 得

$$\Delta H_{r2} = \Delta H_{r1} + \int_{T_1}^{T_2} (\Delta a' + \Delta b'T + \Delta c'T^2) dT$$
$$= \Delta H_{r1} + \Delta a'(T_2 - T_1) + \frac{\Delta b'}{2}(T_2^2 - T_1^2) + \frac{\Delta c'}{3}(T_2^3 - T_1^3) \tag{3-44}$$

式中

$$\begin{cases} \Delta a' = p a'_P + s a'_S - a a'_A \\ \Delta b' = p b'_P + s b'_S - a b'_A \\ \Delta c' = p c'_P + s c'_S - a c'_A \end{cases} \tag{3-45}$$

根据式(3-44) 就可以从一已知温度的反应热数据求得另一温度下的反应热。如果温度范围（$T_2 - T_1$）不大，在此范围内组分的比热容可取平均值 $\overline{c_p}$ 代表，则

$$\Delta H_{r2} = \Delta H_{r1} + \left[\sum^i (n_i \overline{c_{pi}})_{产物} - \sum^i (n_i \overline{c_{pi}})_{反应物} \right] (T_2 - T_1) \tag{3-46}$$

如果反应物与产物的总比热容相同，则反应热不变

$$\Delta H_{r2} = \Delta H_{r1}$$

（2）化学平衡　根据热力学关系，温度对反应平衡常数的影响为

$$\frac{d(\ln K)}{dT} = \Delta H_r / RT^2 \tag{3-47}$$

当反应热 ΔH_r 在所考虑的温度区间内可视为常数时，则上式积分得

$$\ln \frac{K_2}{K_1} = \frac{-\Delta H_r}{R} \left(\frac{1}{T_2} - \frac{1}{T_1} \right) \tag{3-48}$$

若反应热随温度而变化，应在积分中加以考虑，则为

$$\ln \frac{K_2}{K_1} = \frac{1}{R} \int_{T_1}^{T_2} \frac{\Delta H_r}{T^2} dT \tag{3-49}$$

取 T_0 为基准温度，则

$$\Delta H_r = \Delta H_0 + \int_{T_0}^{T} \Delta c_p dT$$

用式(3-45) 的 T 与 c_p 关系，连同上式代入并积分，可得

$$R\ln\frac{K_2}{K_1}=\Delta a'\ln\frac{T_2}{T_1}+\frac{\Delta b'}{2}(T_2-T_1)+\frac{\Delta c'}{6}(T_2^2-T_1^2)+$$

$$\left(-\Delta H_{r0}+\Delta a'T_0+\frac{\Delta b'}{2}T_0^2+\frac{\Delta c'}{3}T_0^3\right)\left(\frac{1}{T_2}-\frac{1}{T_1}\right) \tag{3-50}$$

有了这些表达式，就可求得平衡常数或平衡转化率随温度的变化。根据热力学研究，有关化学平衡的几点结论如下。

① 平衡常数只与系统的温度有关，而与系统的压力以及惰性物质是否存在等因素无关。

② 虽然平衡常数不受压力及惰性物质的影响，但物料的平衡浓度和反应物的平衡转化率受这些变量的影响。

③ $K\gg1$，说明反应物可以接近完全转化，故可视为不可逆反应；而 $K\ll1$，说明反应将不能进行。

④ 对吸热反应，温度升高，平衡转化率 x_{Ae} 也增加；对放热反应，温度升高，平衡转化率 x_{Ae} 减小。

⑤ 对气体反应，压力增加，对反应后分子数减少的反应，x_{Ae} 增加；对反应后分子数增加的反应，x_{Ae} 减小。

⑥ 对所有反应，惰性组成减少所产生的影响，与压力增加的影响一样。

（3）反应温度和最优温度 温度对反应速率的影响既重要又复杂。对于单一均相反应，温度、组成和反应速率之间是唯一关系，它们可以用一些不同图形予以表达。如图 3-14 和图 3-15 所示均为转化率-温度-反应速率的标绘，利用这些曲线图可以计算反应器的大小和比较设计方案。

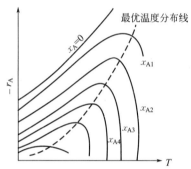

图 3-14　可逆放热反应的速率、组成及温度关系

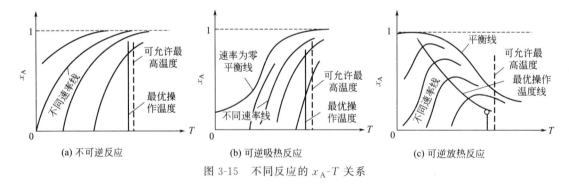

图 3-15　不同反应的 x_A-T 关系

从图 3-15 可以看出，对不可逆反应，无论系统的组成怎样，反应速率总是随温度的上升而增大。因此，最大反应速率取决于系统可允许的最高操作温度，它往往受工艺条件的限制，比如过高温度可能导致显著的副反应或是破坏了系统物料的性质等，因此温度不能过高。对可逆吸热反应，升高温度，平衡转化率和反应速率皆增加，因此，它和不可逆反应的情况相同。对可逆放热反应，若把各种情况下出现最大反应速率的点连接起来（图 3-14 中虚线所示），所得的曲线称最大反应速率轨迹，反应器的操作控制沿此线安排，则所需反应器容积最小，此曲线就称最优温度分布线。可以看出最优温度序列应该是变温操作，随着转化率增加，需逐渐降低系统的温度。

3.4.2　非等温操作

反应过程中系统的温度有变化的操作称为非等温操作或变温操作。因此，在选型、设计时应该对加入或除去热量的方式作出分析判断。根据不同的反应特点和温度效应，采用不同的方式，如等温、绝热或非等温。其一般原则为：

① 如反应的热效应不大（反应热较小、活化能较低），而且在相当广的温度范围内，反应的选择性变化很小，则采用既不供热也不除去热量的绝热操作是最方便的。这时，反应放出（或吸收）的热量由系统中物料本身温度的升高（或降低）来平衡，显然，这种操作温度的变化范围不应超过工艺上许可的范围。

② 对中等热效应的反应，一般可先考虑采用绝热操作，因为绝热反应器结构简单、经济；但应对收率、操作费用、反应器大小等方面全盘衡量，最后再确定采用绝热或变温的方式。若为液相反应，可采用具有夹套或盘管的釜式反应器，以便控制在等温下操作。

③ 对热效应较大的反应，要求在整个反应过程中同时进行有效的热交换，例如采用列管式反应器等。

④ 对极为快速的反应，一般考虑采用绝热操作，或者利用溶剂的蒸发来控制温度。

非等温过程计算的基本方法，就是把热量衡算、物料衡算和反应的动力学方程式联立求解。

（1）间歇釜式反应器的计算　对定容操作的间歇釜式反应器，其能量衡算可依一般的方法写出

$$UA(T_m - T)\Delta t + (-\Delta H_r)(-r_A)\Delta t = c_v \rho \Delta T$$

式中，T_m 为传热介质的温度；A 为与单位物料容积相当的传热表面积。

上式各项除以 Δt，并取极限 $\Delta t \to 0$，得

$$c_v \rho \frac{\mathrm{d}T}{\mathrm{d}t} = UA(T_m - T) + (-\Delta H_r)(-r_A) \tag{3-51}$$

若为绝热操作，则 $UA(T_m - T) = 0$

$$c_v \rho \frac{\mathrm{d}T}{\mathrm{d}t} = (-r_A)(-\Delta H_r) \tag{3-52}$$

对 A $\longrightarrow$ P 的一级不可逆反应，物料衡算结果为

$$t = \int_{c_A}^{c_{A0}} -\frac{\mathrm{d}c_A}{k c_A} = \int_0^{x_A} \frac{\mathrm{d}x_A}{k(1-x_A)} \tag{3-53}$$

当 $t=0$ 时，$x_A = 0$，$c_A = c_{A0}$，$T = T_0$，则式（3-52）的积分结果为

$$c_v \rho (T - T_0) = (-\Delta H_r)(c_{A0} - c_A) = c_{A0} x_A (-\Delta H_r)$$

$$T - T_0 = \frac{c_{A0} x_A (-\Delta H_r)}{c_v \rho} \tag{3-54}$$

式（3-54）是绝热间歇式反应器中的温度-转化率关系，可见随着转化率的增加，温度呈线性变化，由于 T 是随着 x_A 而变，故式（3-53）中的 k 不是常数，不能移到积分符号外面来，而必须借用数值法或者图解法求解。

若非绝热操作，则应用式（3-51）与式（3-53）联立求解。

例 3-11 等容液相反应 A＋B ⟶ P，在一间歇操作的反应釜内进行，已知 $\Delta H_r = 11800kJ/kmol$，$n_{A0} = n_{B0} = 2.5kmol$，$V = 1m^3$，$U = 1836kJ/(m^2 \cdot h \cdot K)$。在 70℃的恒温条件下进行试验，经过 1.5h 后，转化率达到 90％，若加热介质的最高温度为 $T_m = 200℃$，为达到 75％转化率，传热表面应如何配置？

解 由式(3-51)： $c_v\rho\dfrac{\mathrm{d}T}{\mathrm{d}t} = UA(T_m - T) + (-\Delta H_r)(-r_A)$

因过程等温，故 $\dfrac{\mathrm{d}T}{\mathrm{d}t} = 0$，$UA(T_m - T) = -(-\Delta H_r)(-r_A)$

对二级反应 $\qquad (-r_A) = -\dfrac{1}{V}\dfrac{\mathrm{d}n_A}{\mathrm{d}t} = k\left(\dfrac{n_A}{V}\right)\left(\dfrac{n_B}{V}\right)$

$$= k\left(\dfrac{n_{A0} - n_{A0}x_A}{V}\right)\left(\dfrac{n_{B0} - n_{A0}x_A}{V}\right)$$

简化得 $\qquad \dfrac{\mathrm{d}x_A}{\mathrm{d}t} = \dfrac{k}{V}n_{A0}(1 - x_A)^2$

移项并积分 $\qquad \left[\dfrac{1}{1 - x_A}\right]_0^{0.9} = \dfrac{k}{V}n_{A0}t$

$$k = \dfrac{9V}{n_{A0}t} = \dfrac{9}{2.5 \times 1.5} = 2.4m^3/(kmol \cdot h)$$

所需的传热表面积 A 的计算

$$A = \dfrac{(\Delta H_r)(-r_A)}{U(T_m - T)} = \dfrac{\Delta H_r \dfrac{k}{V^2}n_{A0}^2(1 - x_A)^2}{U(T_m - T)}$$

设 T_m 维持恒定在 200℃，则在反应开始即 $x_A = 0$ 时所需的表面积为

$$A = \dfrac{11800 \times \dfrac{2.4}{1} \times 2.5^2 \times 1}{1836 \times (200 - 70)} = 0.295m^2$$

当 $x_A = 0.75$ 时，所需的表面积为

$$A = 0.0185m^2$$

x_A	0	0.2	0.4	0.5	0.6	0.7	0.75
A/m^2	0.295	0.19	0.105	0.074	0.054	0.027	0.0185

由于随着反应的进行，所需传热表面不断减少，故传热面可以设计成内盘管加外夹套，外夹套的表面积为 $0.02m^2$ 左右，内盘管由几圈组成，总表面积为 $0.27m^2$ 左右。

（2）平推流反应器的计算 考虑如图 3-16 所示的平推流反应器的微元管段 $\mathrm{d}l$，在此管段内由于反应，转化率的变化为 $\mathrm{d}x_A$，温度的变化为 $\mathrm{d}T$，热量衡算如下。

物料进入微元段 $\mathrm{d}l$ 带进的热量为

$$\sum F_i c_{pi}T = F_t c_{pt}T$$

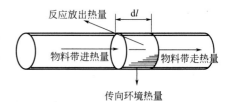

图 3-16 平推流反应器热量衡算示意

物料离开微元段 $\mathrm{d}l$ 带走的热量为 $\sum F_i c_{pi}(T+\mathrm{d}T) = F_t c_{pt}(T+\mathrm{d}T)$

在微元段 $\mathrm{d}l$ 内由于反应而放出的热量为

$$(-r_{\mathrm{A}})(-\Delta H_{\mathrm{r}})_{T0} S\,\mathrm{d}l = F_{\mathrm{A}0}\mathrm{d}x_{\mathrm{A}}(-\Delta H_{\mathrm{r}})_{T0}$$

从微元段 $\mathrm{d}l$ 传向周围环境的热量为 $\quad UA_1(T-T_{\mathrm{m}})\ \mathrm{d}l$

汇总上述四项可得热量衡算为

$$F_t c_{pt}\mathrm{d}T = F_{\mathrm{A}0}\mathrm{d}x_{\mathrm{A}}(-\Delta H_{\mathrm{r}})_{T0} - UA_1(T-T_{\mathrm{m}})\mathrm{d}l \tag{3-55}$$

式中，$A_1 = \pi D$，D 为管径，S 为管截面。由于平推流反应器的物料衡算式为

$$F_{\mathrm{A}0}\mathrm{d}x_{\mathrm{A}} = S\,\mathrm{d}l(-r_{\mathrm{A}}) \tag{3-56}$$

把式(3-56) 代入式(3-55) 整理可得

$$\frac{\mathrm{d}T}{\mathrm{d}x_{\mathrm{A}}} = F_{\mathrm{A}0}\left[(-\Delta H_{\mathrm{r}}) - \frac{U(T-T_{\mathrm{m}})\pi D}{S(-r_{\mathrm{A}})}\right]\Big/ F_t c_{pt} \tag{3-57}$$

或

$$\frac{\mathrm{d}T}{\mathrm{d}l} = \frac{[S(-r_{\mathrm{A}})(-\Delta H_{\mathrm{r}}) + \pi D U(T-T_{\mathrm{m}})]}{F_t c_{pt}} \tag{3-57'}$$

式(3-57′) 是变温操作时平推流反应器内温度随管长或转化率变化的关系式。根据不同的操作情况，可做如下讨论。

① 若反应器为绝热操作，即系统与外界没有热量交换，传向周围环境的热量为零，此时，上述热量衡算式可简化为

$$F_{\mathrm{A}0}\mathrm{d}x_{\mathrm{A}}(-\Delta H_{\mathrm{r}})_{T0} = F_t c_{pt}\mathrm{d}T \tag{3-58}$$

$$\mathrm{d}T = \frac{F_{\mathrm{A}0}\mathrm{d}x_{\mathrm{A}}(-\Delta H_{\mathrm{r}})_{T0}}{F_t c_{pt}}$$

对整个绝热反应过程，积分上式得

$$T - T_0 = \int_{x_{\mathrm{A}1}}^{x_{\mathrm{A}2}} \frac{F_{\mathrm{A}0}}{F_t c_{pt}}(-\Delta H_{\mathrm{r}})_{T0}\mathrm{d}x_{\mathrm{A}} \tag{3-58'}$$

由于反应热 $-\Delta H_{\mathrm{r}}$ 是反应混合物温度的函数，比热容 c_p 也是反应混合物组成及温度的函数。对非恒容系统，物系在某一瞬间的总物质的量（mol）F_t 也是转化率 x_{A} 的函数。所以，在计算 x_{A}-T 关系时，应计入 x_{A} 及 T 对$-\Delta H_{\mathrm{r}}$、c_p 及 F_t 的影响，这种计算是很繁琐的，在工业上可以加以简化处理。这是根据热焓是物系的状态函数的概念进行的，即过程的热焓变化取决于过程的初始状态 $x_{\mathrm{A}1}$、T_0 和最终状态 $x_{\mathrm{A}2}$、T，而与过程的途径无关。这样，可将绝热过程简化为在初始温度 T_0（即进口温度）进行等温反应，反应转化率从 $x_{\mathrm{A}1}$ →$x_{\mathrm{A}2}$，然后，组成为 $x_{\mathrm{A}2}$ 的反应混合物由温度 T_0 升温至出口温度 T，所以，式(3-58) 中的反应热$-\Delta H_{\mathrm{r}}$ 应取 T_0 时的数值。最后，根据出口状态的气体组成，来计算气体混合物的摩尔流量 F_t 及比热容 c_{pt}。

如对反应 A＋B ⟶ P＋S，有

$$F_t c_{pt} = (F_{\mathrm{A}0} - F_{\mathrm{A}0}x_{\mathrm{A}})c_{p\mathrm{A}} + (F_{\mathrm{B}0} - F_{\mathrm{A}0}x_{\mathrm{A}})c_{p\mathrm{B}} +$$
$$(F_{\mathrm{P}0} + F_{\mathrm{A}0}x_{\mathrm{A}})c_{p\mathrm{P}} + (F_{\mathrm{S}0} + F_{\mathrm{A}0}x_{\mathrm{A}})c_{p\mathrm{S}} \tag{3-59}$$

如果气体混合物的恒压比热容 c_p 与温度的关系接近于线性关系，可用 T_0 及 T 的算术平均值来计算平均比热容$\overline{c_p}$，这样，式(3-58′) 的积分结果为

$$T - T_0 = \frac{F_{\mathrm{A}0}(-\Delta H_{\mathrm{r}})_{T0}}{F_t c_{pt}}(x_{\mathrm{A}2} - x_{\mathrm{A}1}) \tag{3-60}$$

对恒容过程，$F_t = F_{t0}$，$F_{\mathrm{A}0} = F_{t0}y_{\mathrm{A}0}$。当反应物全部转化时，$x_{\mathrm{A}2} - x_{\mathrm{A}1} = 1$，则有

$$T - T_0 = \frac{y_{A0}(-\Delta H_r)_{T0}}{c_p} = \lambda \tag{3-61}$$

式(3-61)中 λ 称为绝热温升，它的物理意义是：当系统总进料的摩尔流量为 1 时，反应物 A 全部转化后所能导致反应混合物温度升高的值。若为吸热反应，则为降低的值，称为绝热温降。λ 是物系温度可能上升或下降的极限，故颇具参考价值。

② 对于非绝热操作，为了进行反应器的设计计算，应将式(3-57)或式(3-57')结合反应的动力学方程式联立求解，下面讨论两种不同传热情况时的计算方法。

a. 热交换速率恒定的情况　设反应器与周围环境进行热量交换的速率

$$R = \frac{dQ}{dt} = U\pi D \, dl(T - T_m) = 单位时间传递的热量$$

若此速率在整个过程恒定不变，例如对管式裂解炉的情况，通常用烟道气或石油气加热炉管内的气体。此时，传热面是固定不变的，传热系数 U 值主要取决于气体的给热系数 α，也可视为不变；当加热介质的温度 $T_m \gg T$ 时，反应系统的温度相对于 $T_m - T = \Delta T$ 亦变化不大，故可近似地视 R 为一恒定值，不随时间而变化，也不随反应器长度而变化。此时，式(3-57')可逐项积分得

管式裂解炉

$$F_{A0}x_A(-\Delta H_r)_{T0} + U\pi Dl(T_m - T) = F_t c_{pt}(T - T_0)$$

$$T = T_0 + \frac{F_{A0}x_A(-\Delta H_r)_{T0} + U\pi Dl(T_m - T)}{F_t c_{pt}} \tag{3-62}$$

b. 传热系数 U 恒定的情况　有时，传热系数 U 可以近似视为不变，但系统的温度 T 是变化的，因此，传热速率 R 也是变化的。此时，式(3-57')可逐项积分得

$$F_{A0}x_A(-\Delta H_r)_{T0} + \frac{U\pi D}{S}\int_0^{x_A}(T_m - T)\frac{F_{A0}\, dx_A}{(-r_A)} = F_t c_{pt}(T - T_0) \tag{3-63}$$

或

$$F_t c_{pt}(T - T_0) - F_{A0}x_A(-\Delta H_r)_{T0} = \frac{U\pi D F_{A0}}{S}\int_0^{x_A}(T_m - T)\frac{dx_A}{(-r_A)}$$

此式的求解只能用试差法，求解步骤为：

Ⅰ　将整个转化率范围等分，如分别取 $x_A = 0$，0.05，0.10，…；

Ⅱ　相应于每一个 x_A 值，估计其相应的系统温度 T，如 $T = T_0$，T_1，T_2，…；

Ⅲ　根据所估计的温度值，按 $k = f(T)$ 求得相应的 k 值，$k = k_0$，k_1，k_2，…；

Ⅳ　计算 $\left(\dfrac{1}{-r_A}\right)$ 值；

Ⅴ　计算积分 $\displaystyle\int_0^{x_A}\dfrac{dx_A}{(-r_A)}$ 值；

Ⅵ　将所得值代入式(3-63)，验算等号两边是否相等，若相等，说明相应于此 x_A 值的温度 T 正确。可进行下一个转化率值的计算。若不相等，则需重新估计一个温度值，重复上述计算。

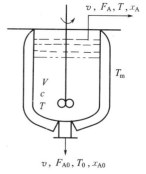

图 3-17　釜式反应器参数示意图

(3) 全混流反应器的计算　如图 3-17 所示，其热量衡算式为

$$V\rho c_p(T - T_0) + UA(T - T_m) = (-r_A)V(-\Delta H_r) \tag{3-64}$$

其物料衡算式为

$$v(c_{A0} - c_A) = (-r_A)V \tag{3-65}$$

或
$$F_{A0}(x_A - x_{A0}) = (-r_A)V$$

　　如果釜内物料容积一定，则上两式与反应动力学方程联立即可求解出转化率与温度的值；为了求得达到所规定的转化率时所需的容积 V，可将式（3-65）代入式（3-64）求出 T，再由 T 计算 k 及反应速率（$-r_A$），从而从式（3-65）求得 V。

3.4.3　一般图解设计程序

　　如果已经做好如图 3-15 那样的反应速率曲线图，则对一给定生产任务和温度序列，其所需的反应器大小，可以通过以下步骤作图求得，计算颇为方便。

　　① 按 x_A 对 T 标绘。在该图上绘出反应操作路线；

　　② 沿该反应操作路线求得各 x_A 值时的反应速率（$-r_A$）；

　　③ 对该路线标绘 $\left(-\dfrac{1}{r_A}\right)$-$x_A$ 图；

　　④ 求曲线以下的面积，即为 V/F_{A0}。图 3-18 就是这个计算程序的标绘。

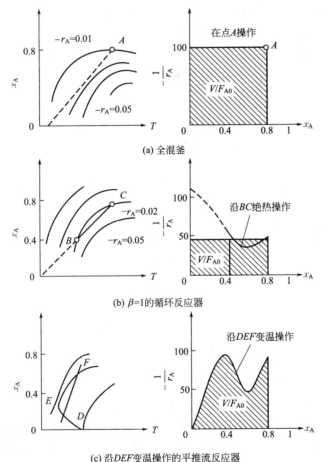

图 3-18　图解法求非等温操作反应器大小

　　图 3-18 为三种不同流动状况与温度序列的图解结果。其中路线 DEF 是在平推流反应器中具有任意温度序列的情况；路线 BC 代表具有 50% 循环的管式反应器中非等温操作；点

A 是全混流的情况，因为在全混流中，整个反应器中的温度和浓度都是均匀的，故其操作状态在图上以一个点表示。

这个图解计算程序适用于任意级数动力学、任意温度序列、任意反应器型式或任意反应器组串联。如果操作线已知，反应器大小就可根据上述程序求得。下面分别按绝热操作与非绝热操作两种情况具体讨论。

（1）绝热操作　对任意型式反应器（平推流或全混流），取组分 A 作为热量衡算的基准，反应物 A 的转化率是 x_A。

设：T_1、T_2 为进入和离开的流体的温度；

c'_p、c''_p 为以 1mol 进料反应物 A 表示的未反应的物料流和完全转化为产物的流体的平均比热容；

H'、H'' 为以 1mol 进料反应物 A 表示的未反应物料流的焓和完全转化为产物流的焓；

ΔH_r 为 1mol 进料反应物 A 的反应热。

取 T_1 为计算的基准温度，作热焓平衡：

进料 A 的焓：$H'_1 = c'_p(T_1 - T_1) = 0\text{J/mol}$

出料 A 的焓：$H''_2 x_A + H'_2(1 - x_A) = c''_p(T_2 - T_1)x_A + c'_p(T_2 - T_1)(1 - x_A)\ (\text{J/mol})$

反应吸收的热量：$\Delta H_{r1} x_A\ (\text{J/mol})$

故
$$[c''_p(T_2 - T_1)x_A + c'_p(T_2 - T_1)(1 - x_A)] + \Delta H_{r1} x_A = 0 \tag{3-66}$$

式中，下标 1、2 分别代表进口流体温度和出口流体温度时的情况。

整理得

$$x_A = \frac{c'_p(T_2 - T_1)}{(-\Delta H_r)_1 - (c''_p - c'_p)(T_2 - T_1)} = \frac{c'_p \Delta T}{(-\Delta H_r)_1 - (c''_p - c'_p)\Delta T} \tag{3-67}$$

结合式（3-56）得

$$x_A = \frac{c'_p \Delta T}{(-\Delta H_r)_2} = \frac{\text{为了把进料流体升高到 } T_2 \text{ 所需的热量}}{\text{在 } T_2 \text{ 时反应放出的热量}} \tag{3-68}$$

若为完全转化，$x_A = 1$，则 $(-\Delta H_r)_2 = c'_p \Delta T$ $\qquad$ (3-69)

这个简单表达式表示在绝热操作情况下，反应放出的热量正好等于物系温度从 T_1 上升到 T_2 所需要的热量。温度和转化率之间的关系，根据式（3-67）和式（3-68）可标绘成图 3-19 的形式。

在一些特定情况下，即当 $c''_p - c'_p \approx 0$ 时，反应热与温度无关，此时，式（3-67）和式（3-68）简化为

$$x_A = \frac{c_p \Delta T}{(-\Delta H_r)_1} \tag{3-70}$$

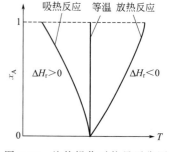

图 3-19　绝热操作时能量平衡图

于是，它在图 3-19 上表示的绝热操作线为一直线。为了求得完成一定生产任务所需的反应器大小，可按如下程序求得：先在 x_A-T 图上作出绝热操作线 AB（吸热反应）或 CD（放热反应），然后沿该绝热操作线求得不同 x_A 时的反应速率 $(-r_A)$，再以 $\left(-\dfrac{1}{r_A}\right)$ 对 x_A 作图并图解积分。曲线下的面积即为 V/F_{A0}，此即平推流的情况。对全混流，可以简单利用反应器内的浓度和温度条件下的速率求解，图 3-20 说明了这些程序。

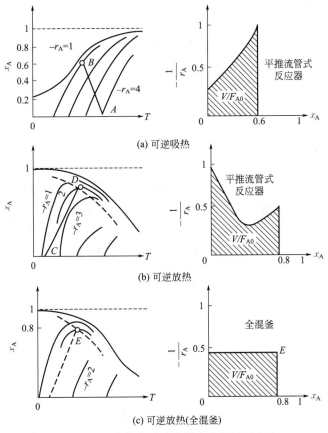

(a) 可逆吸热

(b) 可逆放热

(c) 可逆放热(全混釜)

图 3-20 绝热操作时反应器大小的图解求法

（2）非绝热操作 对于非绝热操作，就要计及热损失、热交换及反应放出或吸收的热量。若以 Q 表示加于各种型式的反应器中 1mol 反应物 A 的总热量（包括热损失在内），则根据能量平衡可以写出

$$Q = c_p''(T_2 - T_1)x_A + c_p'(T_2 - T_1)(1 - x_A) + (-\Delta H_r)_1 x_A$$

$$x_A = \frac{c_p' \Delta T - Q}{(-\Delta H_r)_2} = \frac{\text{进料液温度升高到 } T_2 \text{ 时扣除 } Q \text{ 后仍需的净热量}}{\text{在 } T_2 \text{ 时由于反应而放出的热量}} \tag{3-71}$$

对于 $c_p'' = c_p'$，$x_A = \dfrac{c_p \Delta T - Q}{(-\Delta H_r)}$

3.5 反应器类型和操作方法的评选

工业上的化学反应可以在一个简单的间歇操作的等温釜式反应器里进行，也可以在变温的管式流动反应器里进行；可以采用分段加热或冷却的方法，也可以使产物经过分离装置、将部分原料返回反应器等。选择这些方案时有许多因素必须考虑。例如，反应本身的动力学特征（是单一反应或是复合反应，反应时间长短以及主副反应的竞争性等），生产规模的大小，设备和操作费用，操作的安全、稳定和灵活性等。由于可供选择的系统很广泛并且选择

时有许多因素必须考虑，因此没有简单的公式能给出最优方案。经验、工程判断、对各种反应器性能特征的充分了解，在选择合理的设计时都是必须具备的。当然最后选择的依据将取决于所有过程的经济性，而过程的经济性，主要受两个因素影响，一是反应器的大小，二是产物分布（选择性、收率等）。对于单一反应来说，其产物是确定的，因此，在反应器设计评比中比较重要的因素是反应器的大小；而对于那些复合反应，首先要考虑产物分布，为此，我们根据这两大类反应，分别予以讨论。

3.5.1 单一反应

（1）简单反应器的大小比较　一个单一反应，在三种不同型式的简单反应器（间歇釜式、平推流、全混流）中进行时，由于不同型式的反应器具有不同的性能特点，因而表现出不同的结果，若分别以 c_A-t，x_A-t，$(-r_A)$-t 作图，对 A $\longrightarrow$ P 反应，可有如下关系。

① 间歇釜式反应器——剧烈搅拌，整个反应器内温度均匀、浓度均匀。

$$t = -\int_{c_{A0}}^{c_A} \frac{dc_A}{(-r_A)} = c_{A0} \int_0^{x_A} \frac{dx_A}{(-r_A)}$$

② 平推流反应器

$$V = F_{A0} \int_0^{x_A} \frac{dx_A}{(-r_A)}$$

或

$$\tau = \frac{V}{v_0} = c_{A0} \int_0^{x_A} \frac{dx_A}{(-r_A)}$$

③ 全混流反应器

$$V = F_{A0} \frac{\Delta x_A}{(-r_A)}$$

或

$$\tau = \frac{V}{v_0} = \frac{V c_{A0}}{F_{A0}} = \frac{c_{A0} x_A}{(-r_A)}$$

若为 n 级反应（此处 $n = 0 \sim 3$），其反应动力学方程为

$$(-r_A) = -\frac{1}{V} \frac{dn_A}{dt} = k c_A^n$$

对平推流，由式（3-10）给出

$$\tau_p = \left(\frac{c_{A0} V}{F_{A0}}\right)_p = c_{A0} \int_0^{x_A} \frac{dx_A}{(-r_A)}$$

$$= \frac{1}{k c_{A0}^{n-1}} \int_0^{x_A} \frac{(1 + \varepsilon_A x_A)^n}{(1 - x_A)^n} dx_A \tag{3-72}$$

对全混流，由式（3-11）给出

$$\tau_m = \left(\frac{c_{A0} V}{F_{A0}}\right)_m = \frac{c_{A0} x_A}{(-r_A)}$$

$$= \frac{1}{k c_{A0}^{n-1}} \frac{x_A (1 + \varepsilon_A x_A)^n}{(1 - x_A)^n} \tag{3-73}$$

下标 p、m 分别代表平推流和全混流的情况。以式(3-73) 除以式(3-72)，得

$$\frac{(\tau c_{A0}^{n-1})_m}{(\tau c_{A0}^{n-1})_p} = \frac{\left(c_{A0}^n \dfrac{V}{F_{A0}} \right)_m}{\left(c_{A0}^n \dfrac{V}{F_{A0}} \right)_p} = \frac{\left[x_A \left(\dfrac{1 + \varepsilon_A x_A}{1 - x_A} \right)^n \right]_m}{\left[\displaystyle\int_0^{x_A} \dfrac{(1 + \varepsilon_A x_A)^n}{(1 - x_A)^n} \mathrm{d}x_A \right]_p} \tag{3-74}$$

对恒容系统，$\varepsilon = 0$，上式简化为

$$\frac{(\tau c_{A0}^{n-1})_m}{(\tau c_{A0}^{n-1})_p} = \frac{\left[\dfrac{x_A}{(1 - x_A)^n} \right]_m}{\left[\dfrac{(1 - x_A)^{1-n} - 1}{n - 1} \right]_p} \quad n \neq 1 \tag{3-75}$$

$$\frac{(\tau c_{A0}^{n-1})_m}{(\tau c_{A0}^{n-1})_p} = \frac{\left(\dfrac{x_A}{1 - x_A} \right)_m}{[-\ln(1 - x_A)]_p} \quad n = 1$$

若初始进料与初始浓度相同，还可简化为

$$\frac{\tau_m}{\tau_p} = \frac{V_m}{V_p} = \frac{\left[\dfrac{x_A}{(1 - x_A)^n} \right]_m}{\left[\dfrac{(1 - x_A)^{1-n} - 1}{n - 1} \right]_p} \quad n \neq 1 \tag{3-76}$$

或

$$\frac{\tau_m}{\tau_p} = \frac{V_m}{V_p} = \frac{\left(\dfrac{x_A}{1 - x_A} \right)_m}{[-\ln(1 - x_A)]_p} \quad n = 1$$

式(3-75)、式(3-76) 可以图解形式表示在图 3-22 上，它直接表示了为达到一定转化率时所需的平推流和全混流的体积比。

从图 3-21 和图 3-22 可以清楚看到以下几点。

① 在图 3-21 上，对间歇反应釜与平推流反应器，若横坐标均采用对比时间与对比长度，则两个反应器的三个图形均可完全重叠，这就表示间歇反应釜与平推流反应器具有相同的特征，也就是它们都不存在返混。工艺条件一旦确定，过程的反应速率取决于$(1 - x_A)$值的大小及其分布。从 x_A-τ 图中可见，由于在全混釜中返混达到最大，反应器内反应物的浓度即为出料中的浓度，因而整个反应过程处于低浓度范围操作，由此可得这样的结论：对同一个简单反应，在相同的工艺条件下，为达到相同的转化率，平推流反应器所需的反应器体积为最小，而全混釜所需的体积为最大。换句话说，若反应器体积相同，则前者可达的转化率为最大，后者可达的转化率为最小。

② 间歇釜式反应器虽然与平推流反应器具有相同的性能特征，但是由于两者的操作状况有很大差异，间歇操作的反应器，除了反应本身所需的反应时间外，还要在设计中考虑装料、卸料、清洗等所需的时间。一般说来，间歇操作具有较大的灵活性，操作弹性大，在相同的设备中能进行多品种的生产，故常用于生产量较小、品种较多的诸如染料、制药等产品的生产中，其缺点是劳动强度高，产品质量较难控制；而连续操作的生产过程是稳态的，产品质量易于均一稳定，它特别适用于大规模生产。

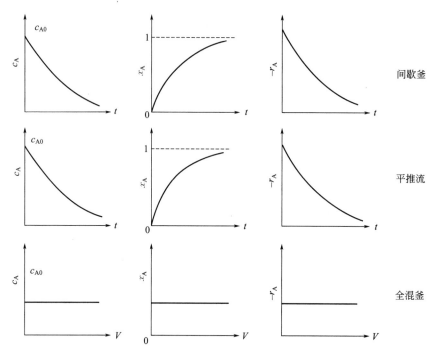

图 3-21 不同型式反应器中浓度(c_A)、转化率(x_A)、反应速率($-r_A$) 的变化

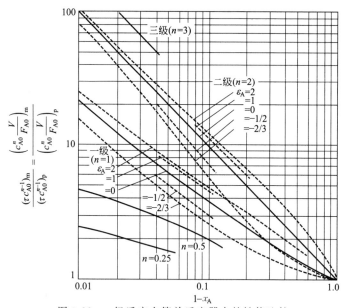

图 3-22 n 级反应在简单反应器中的性能比较

③ 从图 3-22 可以看出，当转化率很小时，反应器性能受流动状况的影响较小，当转化率趋于 0 时，平推流与全混流的体积比率等于 1，而随着转化率的增加，两者体积比率相差就愈来愈显著。由于反应而引起的密度变化的影响与不同流动状况对反应器大小的影响相比较小。由于反应引起的密度降低（物料体积膨胀），增加了全混流与平推流的体积比率，也就是说它进一步导致全混流反应器的效率下降，而由于反应引起的密度增加出现相反的结果。

由此可以得出这样的结论：过程要求进行的程度（转化率）越高，返混的影响也越大，因此，对高转化率的反应宜采用平推流反应器。

④ 若把图 3-21 的曲线改用 $\left(\dfrac{1}{-r_A}\right)$-$x_A$ 标绘，可得如图 3-23 所示的形状。

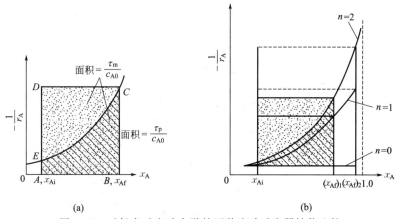

(a)　　　　　　　　　　　(b)

图 3-23　对任意反应动力学的两种流动反应器性能比较

从图 3-23(a) 可见，面积 $ABCEA = \dfrac{\tau_p}{c_{A0}}$，面积 $ABCDA = \dfrac{\tau_m}{c_{A0}}$，显然，后者比前者大得多；而从图 3-23(b) 可见随着反应级数的增加，达到同样转化率，全混釜比平推流反应器所需的体积要大得多，同样，转化率越趋近于 1，所需体积的增加也愈显著，对零级反应，流动状况对所需反应器的大小没有影响。

由此可以得出这样的结论：确定反应器型式，不但要考虑反应级数，而且要考虑过程要求进行的程度即转化率的高低。级数越高，要求的转化率也高，这时，主要采用平推流反应器。如果反应器只能采用釜式的结构，则可采用多釜串联，使之尽可能接近平推流的性能。

图 3-24 和图 3-25 表示了恒容的一级反应和二级反应的反应器性能比较，图上还包括了代表无量纲反应速率数群的曲线。无量纲反应速率数群定义为：

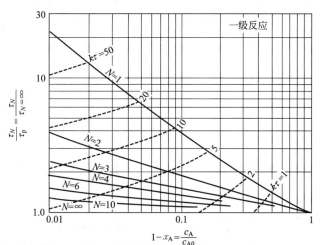

图 3-24　N 个相同大小全混釜与一个平推流反应器进行一级反应 A ——➤产物时的性能比较

(对相同进料、相同处理量直接给出反应器体积大小比率 V_N/V_p)

一级反应：$k\tau$

二级反应：$kc_{A0}\tau$

n 级反应：$kc_{A0}^{n-1}\tau$

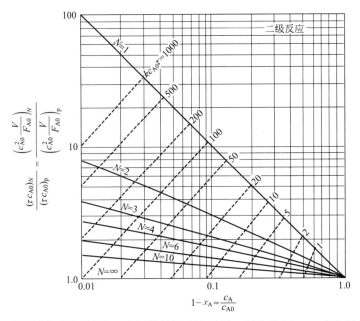

图 3-25　N 个相同大小全混釜与一个平推流反应器进行二级反应 2A ──→产物时的性能比较
（对相同进料、相同处理量时直接给出反应器体积大小比率 V_N/V_p）

有了这些线，就能对不同反应器型式、反应器大小和转化率进行比较。

例 3-12　有反应 A＋B ──→ P＋S。已知数据：$V=1L$，$v=0.5L/min$，$k=100L/(mol \cdot min)$，$c_{A0}=c_{B0}=0.05mol/L$，试求：（1）若反应在平推流反应器中进行，其所能达到的转化率为多少？（2）若反应在全混釜中进行，达到与平推流反应器相同的转化率，所需的反应器为多大？（3）若全混釜 $V=1L$，其所能达到的转化率为多少？

解　（1）因为反应为二级反应，$(-r_A)=kc_A c_B=kc_A^2$，可以直接利用图 3-25 求解。

$$\tau = \frac{V}{v_0} = \frac{1}{0.5} = 2min$$

$$kc_{A0}\tau = 100 \times 0.05 \times 2 = 10$$

故从图 3-25 的 $N=\infty$ 线上可直接求得 $1-x_A=0.09$

$$x_A = 0.91$$

（2）若反应在全混釜中进行，为了达到 $x_A=0.91$，所需的反应器大小为

$$\frac{V_m}{V_p} = 11$$

故

$$V_m = 11L$$

（3）若全混釜的大小也是 1L，此时 $kc_{A0}\tau=10$

从 $kc_{A0}\tau$ 线与 $N=1$ 线交点，可以求得

$$1-x_A = 0.27$$

所以

$$x_A = 0.73$$

（2）不同型式反应器的组合　　在 3.3.3 节已经讨论了几种不同型式反应器的串联，这里进一步讨论如何使这些组合达到最优状态，使反应器的体积最小。

① 不同大小的全混釜串联操作时，若转化率已经给定，要如何确定其最优组合。我们先假定只有两个反应器串联操作的情况，为了达到一定的转化率，使其反应器体积为最小。

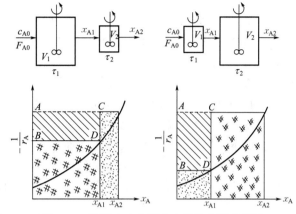

设反应的动力学是已知的，这样，对第一个反应器，可有

$$\tau_1 = \frac{x_{A1}}{(-r_A)_1} c_{A0}$$

对第二个反应器，可有

$$\tau_2 = \frac{x_{A2} - x_{A1}}{(-r_A)_2} c_{A0}$$

图 3-26　不同大小的两个全混釜串联的情况

图 3-26 表示的关系是两个反应器的交替排列，两者都达到了相同的最终转化率。从图上可见，为了使反应器总体积为最小，应设法选择一个最优的中间转化率 x_{A1}，也就是确定图上 B 点的位置，使长方形 $ABCD$ 的面积为最大。如图 3-27 所示，在 X-Y 轴之间作一长方形，并与任一曲线交于点 B，若把坐标轴旋转，如图 3-27 右面部分，可知长方形面积 $S = XY$。

当 $\dfrac{\mathrm{d}S}{\mathrm{d}X} = 0$，即 $X\dfrac{\mathrm{d}Y}{\mathrm{d}X} + Y\dfrac{\mathrm{d}X}{\mathrm{d}X} = 0$ 时，显然长方形面积为最大。

所以
$$\frac{\mathrm{d}Y}{\mathrm{d}X} = -\frac{Y}{X} \tag{3-77}$$

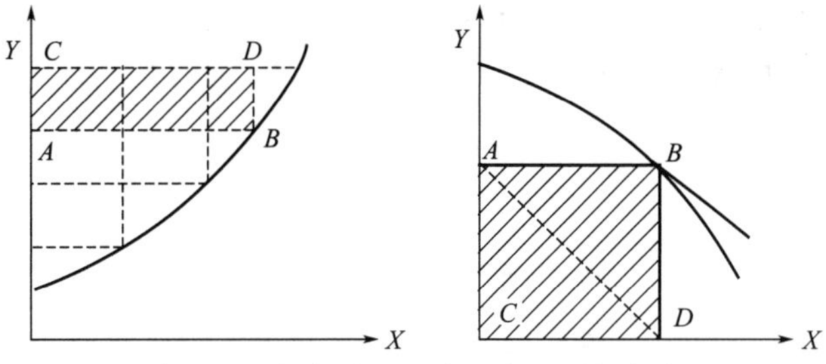

图 3-27　长方形面积为最大的图解求法

这个条件意味着当 B 点正处于曲线上斜率等于长方形对角线 AD 的斜率点时，长方形面积为最大，根据曲线的形状，可能会多于一个交点或可能不存在此"最优点"，但一般说来，对 n 级反应，只要 $n > 0$，总是正好有一个"最优点"。

两个不同大小的全混釜串联时，其大小的最优比率是在速率曲线斜率等于对角线 AD 的 B 点，最宜的 B 值表示在图 3-28 上，它决定了中间转化率 x_{A1} 和所需的两个反应器的大小。

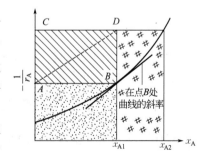

图 3-28　用长方形面积法求最优中间
转化率 x_A 和最优比率

两个全混釜串联操作时，其最优比率一般是根据反应动力学和要求的转化率确定，对一级反应，相同大小的反应器是最优的；对于反应级数 $n > 0$，较小的反应器在前面；而对于 $n < 0$，应先用较大的反应器。

② 不同型式简单反应器组合的最优排列

对不同反应器的给定组合，其最优排列一般遵循如下原则。

a. 对于反应速率-浓度曲线单调上升的反应（任意 n 级，$n > 0$），反应器应以串联操作，若 $n > 0$，反应速率-浓度曲线呈凹形时，其排列次序应满足反应物浓度尽可能高，相反若 $n < 0$，即反应速率-浓度曲线呈凸形时，其排列次序应使反应物浓度尽可能低。如为一个平推流反应器和两个不同大小的全混釜组合，对 $n > 0$ 时，其最优排列是先为平推流反应器、较小的全混釜，最后是较大的全混釜；而当 $n < 0$ 时，排列次序正相反。

b. 对反应速率-浓度曲线出现最大或最小值的反应，装置的排列取决于实际的曲线形状，所希望达到的转化率和装置的效率，没有简单的原则可以遵循。

c. 无论反应动力学级数是多少，反应器如何组合，研究 $\left(-\dfrac{1}{r_A} \right)$ 对 c_A 曲线的形状是确定装置最优排列的最好方法。

3.5.2 复合反应

前面讨论了单一反应，证明了反应器的性能受流动状况所影响；而对于复合反应，则流动状况不但影响其所需的反应器大小，而且还影响反应产物的分布。由于复合反应的形式很多，因此这里只能以平行反应和连串反应为典型加以讨论。

(1) 平行反应　由于反应器的型式不同，将有不同的产物分布，因此在讨论反应器选型前，必须了解流动状况如何影响其产物分布。对平推流反应器，其产物分布如同间歇反应器中的情况一样，瞬时收率与总收率的关系如式（2-40）所示，而对全混流反应器，由于釜内浓度是均匀的且等于出口浓度，故瞬时收率等于总收率，$\varphi = \Phi_m$

或为

$$c_P = \varphi(c_{A0} - c_{Af})$$

$$\Phi_m = \frac{c_P}{c_{A0} - c_{Af}} = \varphi \tag{3-78}$$

全混釜的总收率 Φ_m 与平推流反应器总收率 Φ_p 之间的关系为

$$\Phi_p = \frac{1}{\Delta c_A} \int_{c_{A0}}^{c_{A1}} \Phi_m \, dc_A \tag{3-79}$$

对 N 个串联的全混釜，各釜中 A 的浓度分别为 c_{A0}，c_{A1}，…，c_{AN}，则有

$$\Phi_N(c_{A0} - c_{AN}) = \varphi_1(c_{A0} - c_{A1}) + \varphi_2(c_{A1} - c_{A2}) + \cdots$$

所以

$$\Phi_N = \frac{\varphi_1(c_{A0} - c_{A1}) + \varphi_2(c_{A1} - c_{A2}) + \cdots + \varphi_N(c_{AN-1} - c_{AN})}{c_{A0} - c_{AN}} \tag{3-80}$$

对任一型式反应器，产物 P 的出口浓度直接从下式得

$$c_{Pf} = \Phi(c_{A0} - c_{Af}) \tag{3-81}$$

这样，利用式（3-81），可以用图 3-29 所示的图解方法求得不同型式反应器的 c_{Pf}。

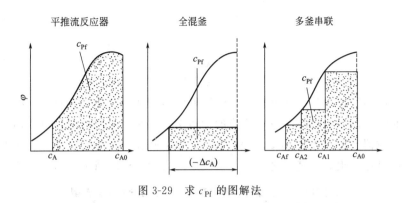

图 3-29　求 c_{Pf} 的图解法

φ 对 c_A 标绘的曲线形状决定了能得到最优产物分布的流动模型，如图 3-30 所示的三种不同的 φ-c_A 曲线，为获得最大的 c_P，应分别采用平推流反应器、全混流反应器以及全混釜和平推流的串联三种反应器型式。

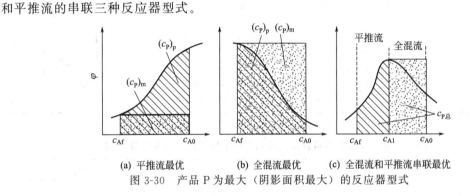

(a) 平推流最优　　(b) 全混流最优　　(c) 全混流和平推流串联最优

图 3-30　产品 P 为最大（阴影面积最大）的反应器型式

根据总收率的定义和流动状况对产物分布的影响，反应器型式和操作方法的评选大致遵循如下原则。

① 对反应

$$A \xrightarrow{k_1} P, \quad r_P = k_{01} e^{-E_1/RT} \cdot c_A^{a_1}$$

$$A \xrightarrow{k_2} S, \quad r_S = k_{02} e^{-E_2/RT} \cdot c_A^{a_2}$$

为提高 Φ，从工艺角度考虑，当 $E_1 > E_2$ 时，增加温度有利于 Φ 的提高；当 $E_1 < E_2$ 时，降低温度有利于 Φ 的提高。

从工程角度考虑，可从改变浓度着手。反应物浓度是控制平行反应收率的重要手段，一般说来，高的反应物浓度有利于反应级数高的反应；低的反应物浓度有利于反应级数低的反应；而对主副反应级数相同的平行反应，浓度的高低不影响产物分布。根据这个原则，我们来选择反应器。或者说，反应器的选型应根据 φ-c_A 曲线的形状确定，如果随着反应物浓度的降低 φ 不断增加，如图 3-30(b)，则以采用全混釜反应器为宜。在全混釜反应器中进行 $\begin{cases} A \longrightarrow P \\ A \longrightarrow S \end{cases}$ 反应时，对其中级数越高的反应越不利，而对级数越低的反应越有利。

② 若反应为 $\begin{cases} A+B \xrightarrow{k_1} P \\ A+B \xrightarrow{k_2} S \end{cases}$

$$r_P = k_1 c_A^{a_1} c_B^{b_1}$$

$$r_S = k_2 c_A^{a_2} c_B^{b_2}$$

$$\frac{r_S}{r_P} = \frac{k_2}{k_1} c_A^{a_2 - a_1} c_B^{b_2 - b_1}$$

为了得到最多的产物 P，应使 r_S/r_P 比值为最小，对各种所希望的反应物浓度的高、低或一高一低的结合，完全取决于竞争反应的动力学。这些浓度的控制，可以通过物料进料方式和合适的反应器流动模型来调整。表 3-5 及表 3-6 表示了存在两个反应物的平行反应在连续和间歇操作时保持组分浓度使之适应竞争反应动力学要求的情况。

表 3-5　间歇操作时不同竞争反应动力学的接触模型

动力学特点	$a_1 > a_2, b_1 > b_2$	$a_1 < a_2, b_1 < b_2$	$a_1 > a_2, b_1 < b_2$
控制浓度要求	应使 c_A、c_B 都高	应使 c_A、c_B 都低	应使 c_A 高、c_B 低
操作示意图	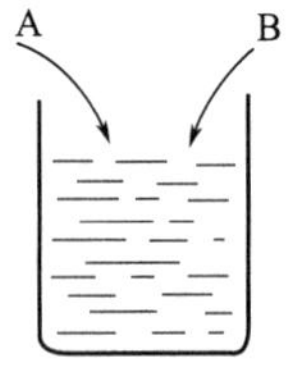	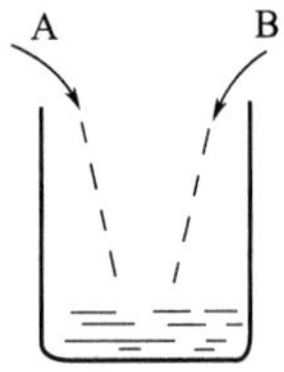	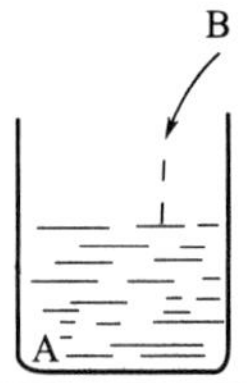
加料方法	瞬间加入所有的 A 和 B	缓慢加入 A 和 B	先加入全部 A，然后缓慢加 B

表 3-6　连续操作时不同竞争反应动力学的接触模型及其浓度分布

动力学特点	$a_1 > a_2, b_1 > b_2$	$a_1 < a_2, b_1 < b_2$	$a_1 > a_2, b_1 < b_2$
控制浓度要求	应使 c_A、c_B 都高	应使 c_A、c_B 都低	应使 c_A 高、c_B 低
操作示意图	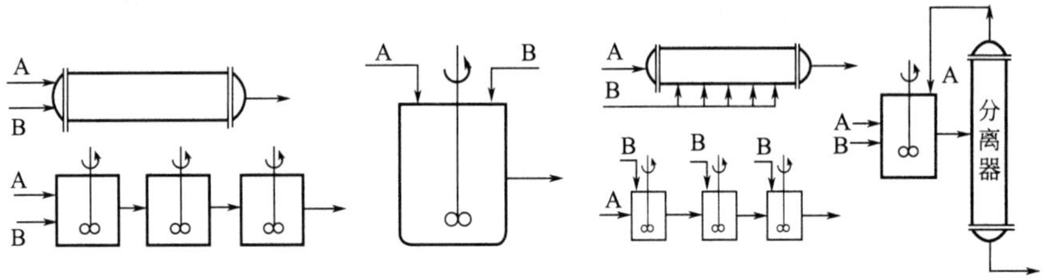		
浓度分布图	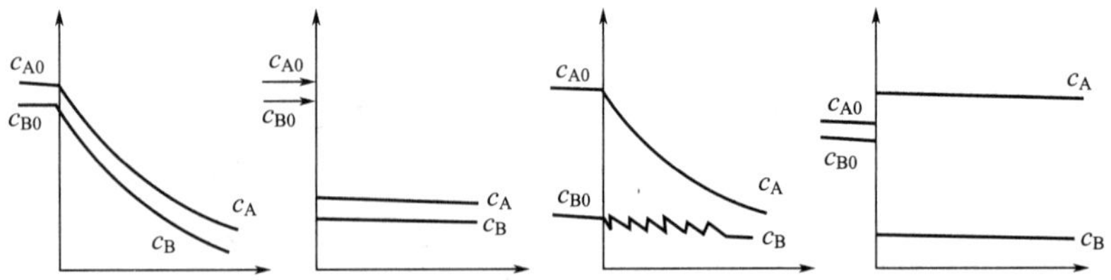		

例 3-13　有分解反应

$$A \begin{cases} \xrightarrow{k_1} P & r_P = k_1 c_A \\ \xrightarrow{k_2} R & r_R = k_2 \\ \xrightarrow{k_3} S & r_S = k_3 c_A^2 \end{cases}$$

已知 $k_1 = 2\,\text{min}^{-1}$，$k_2 = 1\,\text{mol/(L·min)}$，$k_3 = 1\,\text{L/(mol·min)}$，$c_{A0} = 2\,\text{mol/L}$。若 P

为目的产品，而 R 和 S 均为副反应，试求：(1) 在全混釜；(2) 在平推流反应器；(3) 在你所设想的最合适的反应器或流程中所能获得的最高的 c_P 为多少？

解　这是一个平行反应，反应物既能转化为产物，也能转化为副产物，所以，有一个收率问题，根据定义

$$\varphi = \frac{dc_P}{-dc_A} = \frac{r_P}{(-r_A)} = \frac{2c_A}{2c_A + 1 + c_A^2} = \frac{2c_A}{(1+c_A)^2}$$

(1) 在全混釜中所能获得的最高 c_P

$$c_{Pf} = \Phi(c_{A0} - c_{Af}) = \varphi(c_{A0} - c_{Af}) = \frac{2c_A}{(1+c_A)^2}(2 - c_A)$$

当 $\dfrac{dc_{Pf}}{dc_A} = 0$ 时，c_{Pf} 为最大

所以

$$\frac{d}{dc_A}\left[\frac{2c_A}{(1+c_A)^2}(2 - c_A)\right] = 0$$

可解得

$$c_A = \frac{1}{2} \quad c_{Pf} = \frac{2}{3} \quad \varphi = \frac{4}{9}$$

(2) 在平推流反应器中所能获得的最大的 c_P，通过作 φ-c_A 图〔见附图 (a)〕求得，可见曲线在 $c_A = 1$ 时，φ 有一最大值，$\varphi = \dfrac{1}{2}$；对平推流反应器来说〔见附图 (b)〕，只有当反应物 A 全部反应，曲线下的面积为最大，故

$$c_P = \int_{c_{A0}}^{c_{Af}} -\varphi dc_A = \int_0^2 \frac{2c_A}{(1+c_A)^2}dc_A$$

$$= 2\left[\ln(1+c_A)\right]_0^2 - 2\left[(-1)\frac{1}{(1+c_A)}\right]_0^2$$

$$= 0.867$$

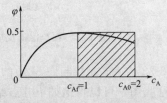

例 3-13 附图 (a)　全混釜

(3) 因为在 $c_{Af} = 1$ 时，φ 有最大值，故设想将未反应的 A 从产物中分离，然后循环返回反应器〔见附图 (c)〕，并使 $c_{A0} = 2$。选用一个全混釜，在 $c_A = 1$ 处操作，这样，转化 1mol 的 A，就可获得 0.5mol 的 c_P，这是最优反应器。因为对平推流反应器，转化 1mol 的 A，只能获得 0.43mol 的 c_P，而对于全混釜，只能获得 0.33mol 的 c_P。

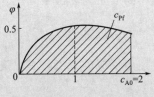

例 3-13 附图 (b)　平推流反应器

例 3-13 附图 (c)　循环流程

(2) 连串反应　在前章 2.2.2，讨论了在连串反应中，不同组成物料间混合对反应的影响。在间歇操作的反应器中，没有这种问题，而平推流反应器和间歇操作的反应器具有相同的性能特征。所以，其产物分布情况也和间歇反应器的完全相同。而在全混流反应器中，不同组

成物料间的混合达到最大，所以，生成中间物的量很少，甚至可能得不到中间产物。其浓度-时间关系的推导可用图 3-31 的参数作物料衡算而得。

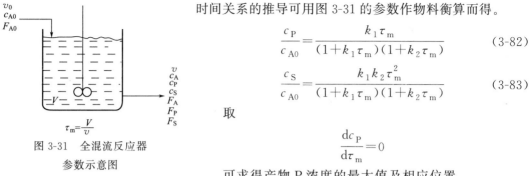

图 3-31　全混流反应器
参数示意图

$$\frac{c_P}{c_{A0}} = \frac{k_1\tau_m}{(1+k_1\tau_m)(1+k_2\tau_m)} \qquad (3-82)$$

$$\frac{c_S}{c_{A0}} = \frac{k_1 k_2 \tau_m^2}{(1+k_1\tau_m)(1+k_2\tau_m)} \qquad (3-83)$$

取

$$\frac{dc_P}{d\tau_m} = 0$$

可求得产物 P 浓度的最大值及相应位置。

$$\frac{dc_P}{d\tau_m} = 0 = \frac{c_{A0}k_1(1+k_1\tau_m)(1+k_2\tau_m) - c_{A0}k_1\tau_m[k_1(1+k_2\tau_m)+(1+k_1\tau_m)k_2]}{(1+k_1\tau_m)^2(1+k_2\tau_m)^2}$$

化简得

$$\tau_m = \frac{1}{\sqrt{k_1 k_2}} \qquad (3-84)$$

相应最大产物 P 的浓度为

$$\frac{c_{Pmax}}{c_{A0}} = \frac{1}{[(k_2/k_1)^{\frac{1}{2}}+1]^2} \qquad (3-85)$$

各种 k_2/k_1 比值的典型的浓度-时间曲线示于图 3-32(a)。图 3-32(b) 为与时间无关的标绘，关联了反应物和产物的浓度。

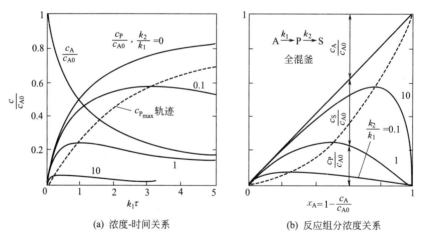

(a) 浓度-时间关系　　　　　(b) 反应组分浓度关系

图 3-32　在全混流反应器中进行的 A $\xrightarrow{k_1}$ P $\xrightarrow{k_2}$ S 反应的行为

将图 3-32 的 c-τ 曲线与图 3-21 的曲线相比较，可对连串反应的特点具有更进一步的认识，比较这些图，可以得出如下几点结论。

① 除了 $k_1 = k_2$ 时平推流反应器与全混流反应器的 τ_{opt} 相同外，其他情况下，全混流曲线总是向左偏移，也就是达到最优反应状态所需的时间，全混流比平推流要长。

② 对任意反应，可能得到的 P 的最大浓度，全混流总比平推流的低。所以，在处理连串反应时，平推流总比全混流的好。

③ 当反应的平均停留时间小于最优反应时间时，即 $\tau < \tau_{opt}$，此时副反应生成的 S 的量是较小的；而当 $\tau > \tau_{opt}$，副反应生成的 S 的量增加，尤其当 $\tau \gg \tau_{opt}$，副反应生成的 S 的量大大增加，甚至 c_S 可能趋近于 1，所以，平均停留时间取小于 τ_{opt} 的值。

④ 图 3-33 代表中间物 P 的收率曲线，它是以转化率和速度常数比值作为参数标绘的。这些曲线清楚表明 P 的收率，在任意转化率下，平推流反应器总是高于全混流反应器。据此，可以这样来规划 A 的转化率范围：当 k_2/k_1 比值较大时，x_{Af} 越大，副反应越厉害，为此在 $k_2/k_1 \gg 1$ 时，为了避免以副产物 S 取代产物 P，应将过程设计为通过反应器的反应物料 A 的转化率很小，离开反应器后，进入分离器，分离出 P，然后把未反应的物料 A 再循环返回反应器。这样操作将最后取决于经济费用，假如工艺条件许可，改变操作温度以使 k_2/k_1 比值减小。

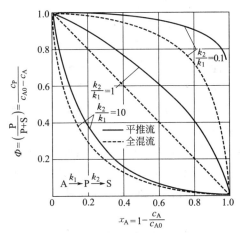

图 3-33　对反应 A —— P —— S 在两种简单
反应器中 P 的收率比较

3.6　全混流反应器的热稳定性

工业化学反应器的设计，不仅要确定反应器的规格，而且要考虑如何控制温度和确定可以操作的条件。因为对放热反应来说，在选择反应器型式和操作方法时，总要考虑到系统温度失去控制的可能性。这是由于反应速率随温度上升呈非线性的指数函数关系，而换热速率与温度呈线性关系。因此，为了避免设计出不稳定甚至不能操作的反应器，对那些热效应较大、初始浓度较高、反应速率较快的热敏感的反应过程，在反应器设计时必须充分注意这种强放热反应的定态热稳定性问题。

一般说来，对反应器系统的温度控制可有以下几种方法。

① 采用全混釜便于控制温度，因为搅拌混合有利于消除温差。由于要求出口流具有较高的转化率，釜内反应物的浓度必然较低，因而反应速率也较低，放热速率较小，整个反应器内的温差也就较小。一些强放热的氯化或氧化等气相反应，也可以采用这类反应器。有的还采用切线喷射方式来强化混合以避免由于局部反应速率过高引起爆炸。

② 采用多段床层，在段间注入冷料，或是沿着反应路程加入一种反应物或冷回流，以强化热交换速率，从而更有效地控制温度，因为这种冷热反应混合物的直接接触换热比通过器壁的间接换热更为有效。

③ 采用稀释剂以降低反应速率，也有利于控制温度，可以直接用惰性物料以稀释反应物浓度。对固定床反应器，也可以在床层进口处用惰性固体物料稀释催化剂，以降低反应速率。

④ 若产品之一或系统中的某一惰性溶剂能在反应过程中连续地汽化，带走反应热，亦可使系统的温度易于控制。

⑤ 采用自热操作，即将放热反应放出的热量直接用于预热进料以达到所需的反应温度，

如全混釜内的情况就是一种自热操作。通过列管式换热器使进出料进行热交换也是自热操作的一种形式。

⑥ 对伴有较严重连串副反应的快速反应过程，通常应该设计成"淬冷系统"，在反应达到某一较佳转化率后及时予以淬冷，以防止进一步发生副反应，从而提高所需产物的收率。

除了需对温度进行有效控制外，还应考虑热稳定性问题。关于反应器的热稳定性，指的是操作条件出现偏离定态扰动时，会出现一些什么情况，能否恢复或保持所有定态规定的操作状态。因为连续流动的反应器一般是按定态进行设计的，即规定了进料物料的流量、组成和温度，规定了釜内反应温度和浓度（也就是离开反应釜的物料的温度和浓度）以及冷却剂的温度和流量等。实际上，有关进料和冷却剂的操作参数不可能恒定不变。这些参数的扰动（即在偏离原规定值某一瞬间后又回复到原规定值）使反应器不可能保持严格的定态，对温度敏感的反应过程更是如此。这种来自系统外部的干扰，可能导致系统过渡到其他操作状态，甚至破坏了反应器的正常运转。

一般认为会出现两种性质不同的情况。其一是外部干扰使反应器偏离了定态，但在扰动消除后能够较快复原，我们称这种定态是稳定的。另一种情况是微小的外部干扰就足以使反应器的操作状态大大地偏离原先规定的定态操作，即使扰动消除后，系统也不能回复至原状态，称为不稳定的定态。对反应快速、温度敏感性强、反应热效应大而且散热条件不良的系统，很容易出现这种不稳定的定态。因此对这种反应系统需要及时有效地移去大量反应热或设置控制反应速率的有效措施。当然，在设计反应器时，首先应该力求避免处于这种状况。因为它将导致反应系统的温度剧烈波动，产品质量恶化，副反应加剧，甚至出现催化剂被烧坏等严重后果。

总之，反应器的热稳定性是一个十分重要的问题，必需予以充分注意。

3.6.1　全混流反应器的定态基本方程式

全混流反应器在定常态下的物料衡算与热量衡算在前面章节中已经述及。当反应器的主要变量确定后，有时仍有必要检验反应器的动态特性。此时，必须列出反应的动态方程式。如对简单的一级反应 $A \longrightarrow P$，其物料和热量衡算的动态方程式为

$$\frac{dc_A}{d\tau} = \frac{W}{V\rho}(c_{Ai} - c_A) - kc_A \tag{3-86}$$

$$\frac{dT}{d\tau} = \frac{W}{V\rho}(T_i - T) - \frac{AU}{V\rho c_p}(T - T_m) + \frac{(-\Delta H_f)kc_A}{\rho c_p} \tag{3-87}$$

式中，下标 i 指的是进料状态；T_m 为冷却介质温度；W 和 ρ 为进料的质量流量和密度；U 为总传热系数。

将 $\dfrac{W}{\rho} = v$ 代入以上两式，则可改写为

$$V\frac{dc_A}{d\tau} = v(c_{Ai} - c_A) - Vk_0 e^{-E/RT} c_A \tag{3-86'}$$

$$V\rho c_p \frac{dT}{d\tau} = V\rho c_p(T_i - T) - AU(T - T_m) + V(-\Delta H_r)k_0 e^{-E/RT} c_A \tag{3-87'}$$

当初始条件确定后（$\tau = 0$ 时，$T = T_0$，$c_A = c_{A0}$），用龙格-库塔法可以求解以上二元二

阶微分方程组，从而得到釜内反应物 A 的浓度 c_A 和温度 T 随时间 τ 的变化。式(3-86′) 和式(3-87′) 经变换后，亦可用转化率 $x_A(\tau)$、$T(\tau)$ 表示。

在定态条件下

$$\frac{dc_A}{d\tau}=0 \quad 或 \quad \frac{dx_A}{d\tau}=0 \tag{3-88}$$

$$\frac{dT}{d\tau}=0 \tag{3-89}$$

这样，可从动态微分方程式过渡到定态的代数方程，表达为

$$v(c_{Ai}-c_A)=Vk_0 e^{-E/RT}c_A \tag{3-90}$$

$$v\rho c_p(T-T_i)+AU(T-T_m)=V(-\Delta H_r)k_0 e^{-E/RT}c_A \tag{3-91}$$

若式(3-90) 和式(3-91) 中的一些操作变量如 v、c_i、T_i、T_m 已经确定，反应器体积 V 为已知，各种参数值 $(-\Delta H_r)$、k_0、E、U 亦为定值，则可以求解出在定态时釜内和出口处的浓度 c_A 和温度 T。由于这两个方程式具有非线性特征，在同一浓度或转化率时，可能有几个定态操作的温度值。从式(3-91) 可以看出，等号左边实际上代表散失或移去热量的速率 Q_r，而等号右边代表反应放出热量的速率 Q_g，两者都是 T 的函数，即

$$Q_r=v\rho c_p(T-T_i)+AU(T-T_m) \tag{3-92}$$

$$Q_g=V(-\Delta H_r)(-r_A)=V(-\Delta H_r)k_0 e^{-E/RT}c_A \tag{3-93}$$

当反应放热速率 Q_g 和热变换速率 Q_r 相等时，也就是 Q_g-T 和 Q_r-T 的交点状态为定常状态。

3.6.2　全混流反应器的热稳定性

在全混流反应器内，反应物的浓度 c_A 和温度 T 是定值，因此，釜内的反应速率 $(-r_A)$ 也不变。若以 1mol 的 A 计算的反应热为 $-\Delta H_r$，则在单位时间内反应的放热速率 Q_g 值亦一定。即

$$Q_g=(-\Delta H_r)(-r_A)V=(-\Delta H_r)F_{t0}y_{A0}x_A \tag{3-94}$$

可见，当釜内转化率 x_A 一定时，Q_g 主要取决于釜内反应料液的温度。由于反应速率常数 k 与温度 T 的关系具有明显的非线性特征，因此，在温度较低时，反应速率或放热速率随温度的升高而缓慢增加。而当温度升高到一定范围时，反应速率或放热速率就急剧上升，温度继续上升，反应速率的增长又趋于停滞，如图 3-34 所示。该范围的大小及反应速率上升的急剧程度取决于活化能 E 和热力学温度 T 的对比关系，即取决于阿伦尼乌斯参数 $\dfrac{E}{RT}$。

如对一级反应，已知 x_A 和平均停留时间 τ 的关系为

$$x_A=\frac{k\tau}{1+k\tau}$$

代入式(3-94) 得

$$Q_g=\frac{(-\Delta H_r)F_{t0}y_{A0}k\tau}{1+k\tau}$$

$$=\frac{(-\Delta H_r)F_{t0}y_{A0}\tau k_0 e^{-E/RT}}{1+\tau k_0 e^{-E/RT}}$$

$$=\frac{(-\Delta H_r)F_{t0}y_{A0}Vk_0 e^{-E/RT}}{v+Vk_0 e^{-E/RT}} \tag{3-95}$$

可见，如果流量很小，反应快速或物料在釜内有较长的停留时间 τ，则转化率 x_A 趋近于 1，而 $\tau k_0 e^{-E/RT}\gg 1$ 时，Q_g 趋近于定值 $(-\Delta H_r)F_{t0}y_{A0}$。在高温时，$e^{-E/RT}$ 值很大，亦使 Q_g 趋向于定值，这就是图 3-34 上高温部分曲线又趋向平坦的原因。

如果在釜内进行的是可逆反应，正反应放热，逆反应吸热，升高温度，虽可加速反应的速率，但却使平衡转化率降低，因而曲线有一最高点，经历最高点后，温度再升高，放热速率曲线随温度升高而降低，如图 3-35 所示。

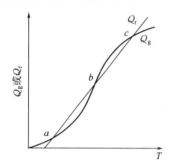

图 3-34 放热反应的 Q_g 和 Q_r 线

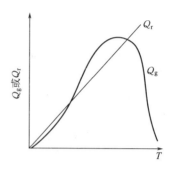

图 3-35 可逆反应的 Q_g 和 Q_r 线

和反应的放热速率曲线相反，单位时间自系统散失的热量或热交换的速率与温度呈线性关系，在绝热情况下，为进料的热焓变化，表示为

$$Q_r=F_{t0}c_{pm}(T-T_i) \tag{3-96}$$

非绝热操作则需考虑热交换量

$$\begin{aligned}Q_r&=F_{t0}c_{pm}(T-T_i)+UA(T-T_m)\\&=T(F_{t0}c_{pm}+UA)-(F_{t0}c_{pm}T_i+UAT_m)\\&=-a'+bT\end{aligned} \tag{3-97}$$

式中，c_{pm} 为进料的平均比热容；$-a'$ 为图 3-34 上在 $T=0$ 轴上的截距。改变不同进料温度或冷却介质温度，可以得到相互平行的 Q_r 线。

（1）真稳定和假稳定操作点　在图 3-34 上，反应的放热曲线和散热线相交于 a、b、c 三个点，表明有可能存在三个定常状态。但是，只有其中的 a、c 两点能经受温度的微小波动，故称为真稳定操作点，而 b 点处于不稳定状态，称为假稳定操作点，这是因为在 b 点处，只要温度稍有波动，就将导致反应系统转移到另一稳定状态。如温度比 b 点略高一些，此时 $Q_g>Q_r$，系统将被加热上去，一直升高到上稳定点 c 为止，温度超过 c 点，由于 $Q_r>Q_g$，故能使系统温度稳定在 c 点。而若温度比 b 点略低一些，系统将被冷却下来，温度将下降至下稳定点 a 为止。

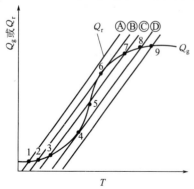

图 3-36　改变进口温度得到
不同的操作状态

（2）改变进口温度的影响　如果其他参变量保持恒定而逐渐改变进料温度 T_i（或冷却介质温度 T_m），则 Q_g 线保持不变，而 Q_r 线将发生平行位

移，如图 3-36 所示。图中相互平行的 Q_r 线，表示五个不同的进料温度。最左边的Ⓐ线，表示进料温度较低，它与 Q_g 线仅有一个交点 1，表明只有一个定常态。Ⓑ线与 Q_g 相交于点 2 和 6，表明有两个定常态，而当 Q_r 线移至Ⓒ线时，则有三个定常态（点 3、5、7）。当进料温度逐渐提高而使 Q_r 线移至Ⓓ时，它与 Q_g 线相交于 4、8 两点，此时，只要再略超过Ⓓ线一点，反应器内温度就将迅速骤增至点 8，这时只有一个定常态。根据这一特点，若反应所要求的温度是点 8 处的温度，我们可以使反应器的开车操作沿Ⓓ线迅速达到反应所要求的温度，故在Ⓓ线时的进料温度一般称为着火温度或起燃温度，相应地称点 4 为着火点或起燃点。

相反，在反应器停车操作时，可逐渐降低 T_i，Q_r 线将沿Ⓓ、Ⓒ、Ⓑ、Ⓐ平行位移，如果没有较大的温度扰动，反应器内的定态操作点将沿 9、8、7、6 变化着。和上述的Ⓓ线情况相似，在降温过程的Ⓑ线，也存在着从点 6 骤降至点 2 的现象，一般称Ⓑ线的温度为熄火温度，点 6 称熄火点。在点 4 和点 6，反应器内出现一种非连续性的温度突变，故在点 4 和点 6 之间，不可能获得定态操作点。

（3）改变进料流量的影响　为了研究进料流量变化对反应器内操作状态的影响，可对式（3-95）及式（3-97）做如下修改

$$Q_g' = \frac{Q_g}{F_{t0} c_{pm}}$$

$$= \frac{(-\Delta H_r / c_p) y_{A0} V k_0 \mathrm{e}^{-E/RT}}{v + V k_0 \mathrm{e}^{-E/RT}} \tag{3-98}$$

$$Q_r' = \frac{Q_r}{F_{t0} c_{pm}}$$

$$= \left(1 + \frac{UA}{F_{t0} c_p}\right) T - \left(T_i + \frac{UA}{F_{t0} c_p} T_m\right) \tag{3-99}$$

如果其他参变量固定不变，仅改变进料流量 v，亦即改变 F_{t0}，从式（3-98），亦可得不同的 S 形曲线，如图 3-37 所示，y 值愈大，曲线倾斜率愈小。而从式（3-99）可见，增加 F_{t0}，可得斜率较小的直线，且它们在横轴上的截距也不同。今以符号 A、B、C、D、E 分别代表进料量逐渐增加时的 Q_g' 线和相应的 Q_r' 线，用 1、2、3、4 各数字表明两线可能有的交点，亦即可能存在的定态操作点。当进料流量逐渐增加时，可依次得到点 9、8、7、6，当流量 v 稍微超过 D 线时的 v 值，则定态温度立即下降到点 2，它表明进料流量太大，以致反应放出的热量不足以使反应系统维持在所需的反应温度下操作，也就是说反应被"吹熄"了。同样，当流量自高降至低时，依次得到 1、2、3、4、8、9 各定态点，而在点 4 处出现着火现象。所以在 Q_g 线斜率大于 Q_r 线的斜率时，中间不稳定的定态是能够避免的。

吸热反应的情况比较简单，如图 3-38 所示。因为加热介质温度比釜内温度高，所以反应吸收热量的速率曲线和传入热量的速率曲线只有一个交点，故没有热稳定性问题。

工业生产上进行的放热反应，一般要求反应系统保持在较高的温度，达到的转化率也较高，故定态操作点通常选择图 3-34 上的 c 点，为此需要较大的传热面积和温度较高的传热系统。若为绝热操作，应在进料中加入热熔值高的惰性物料。

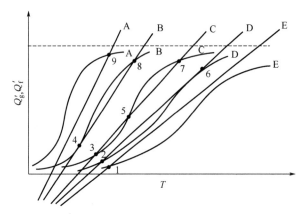

图 3-37　改变进料流量对反应器操作状态的影响

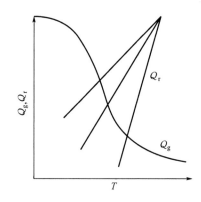

图 3-38　搅拌釜内吸热反应的热效应

对可逆放热反应，由于反应放热曲线出现一最高点，故在选择操作方案时，最好安排在最高点附近的定常态处操作，如图 3-39 上的 b 点。图中 Q_{r1} 线和 Q_{r3} 线，虽能与 Q_g 线相交于 a、c 两点，但前者反应温度过低，因而反应速率过慢，而后者虽然反应温度较高，但平衡转化率较低，故不宜选作操作点。

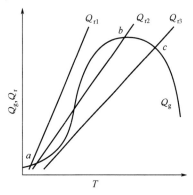
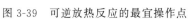

图 3-39　可逆放热反应的最宜操作点

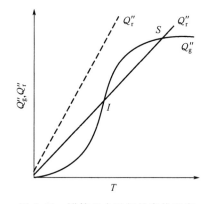

图 3-40　搅拌釜内进行的自热反应

（4）自热反应　在自热操作情况下，一般认为反应器和周围处于绝热状态，反应放出的热量只是提供了反应物料的热焓变化，使之从进料温度升高到釜内反应温度。以单位摩尔进料计算的放热速率为

$$Q_g'' = (-\Delta H_r)(-r_A)V/F_{A0} \tag{3-100}$$

而以单位摩尔进料计算的热焓变化为

$$Q_r'' = c_{pA}(T - T_0) \tag{3-101}$$

式中，T_0 为进料温度，为了简化，假定 c_{pA} 不随温度变化。

图 3-40 为全混釜中进行的自热反应的 Q_g''、Q_r'' 线，这种绝热反应的散热线和 T 轴的截距即为进料温度。如果 Q_r'' 和 Q_g'' 线亦有三个交点，则不稳定点 I 为自热反应的着火点，温度低于它，反应停止。上稳定点 S 是仅有的自热操作点，而它往往已接近完全转化。

如果反应热很小或者反应速率常数太低，Q_g'' 线总在以虚线表示的 Q_r'' 线之下，这时，自热反应是不可能发生的。

如果增加流量，使转化率下降，放热速率减小，Q_g'' 曲线从 a 移向 a'，而此时 Q_r'' 线保持不变，如图 3-41 所示，可见增大流量有一个极限，超过了此极限，反应就将停止。

减小流量，对自热反应的进行是有利的，但此时反应器向周围环境的散热就不能忽略。

$$Q_r'' = c_{pA}(T - T_0) + UA \frac{T - T_m}{F_{A0}} \qquad (3\text{-}102)$$

由于流量 F_{A0} 减小，相对地讲 Q_r'' 线的斜率增加，有可能使 b 线移至 b'，超过了 Q_g'' 线反应也不能进行，故减小流量也有一个极限。

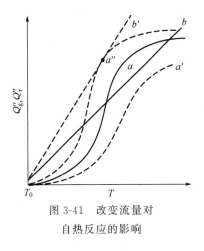

图 3-41　改变流量对
自热反应的影响

3.6.3　定态热稳定性的判据

所谓定态稳定，即是上面讨论的图 3-34 上的 a、c 两点，它是在外部扰动波及整个反应器后，系统温度能够回复到 a、c 点的能力。比如在 a 点，当扰动使系统的温度升高，即 $dT > 0$，此时 $(dQ_r - dQ_g) > 0$，故有

$$\frac{dQ_r - dQ_g}{dT} > 0$$

或者

$$\frac{dQ_r}{dT} > \frac{dQ_g}{dT}$$

这样，又将使系统温度回到 a 点。同样，若扰动使温度从 a 点下降，此时，$dT < 0$，$(dQ_r - dQ_g) < 0$，亦有

$$\frac{dQ_r}{dT} > \frac{dQ_g}{dT}$$

系统温度又回复到 a 点。故定态稳定操作点应具有如下两个条件

$$Q_r = Q_g \qquad (3\text{-}103)$$

$$\frac{dQ_r}{dT} > \frac{dQ_g}{dT} \qquad (3\text{-}104)$$

式（3-103）和式（3-104）仅是定态稳定性的必要条件而不是充分条件，这是因为 Q_r 线和 Q_g 线的交点操作状态，是从动态方程按定常条件处理，并在 c_A（或 x_A）值一定的特定条件下导得的，因而沿 Q_g 线只能有特定的扰动而不能有任意的扰动。反之，$\dfrac{dQ_g}{dT} > \dfrac{dQ_r}{dT}$，则为不稳定态的充分条件，因为任何离开定态的倾向，本身就是不稳定性的证明。

在全混釜中进行的放热反应，如果定态稳定点 c 的温度过高，不适用于热敏性物料，而若在 a 点操作，温度太低，反应速率太小，也不适宜。因此，常常要求在 b 点的温度下操作，为此，需使 b 点满足式（3-103）和式（3-104）两个条件。改善 b 点稳定性的措施，如图 3-42 所示，一方面应使 $\dfrac{UA}{V}$ 值较大，即增加单位反应器

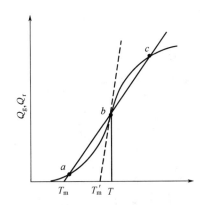

图 3-42　改善 b 点稳定性的措施

容积所具有的传热面积，另一方面要求冷却介质温度从 T_m 提高到 T_m'。如图上通过 b 点的虚线所示，因为在进料温度 T_0 等于反应温度时，有

$$Q_g = k_0 e^{-E/RT} c_A^n (-\Delta H_r)$$

$$Q_r = \frac{UA}{V}(T - T_m)$$

按照热定常条件，需使 $Q_g = Q_r$，故

$$k_0 e^{-E/RT} c_A^n (-\Delta H_r) = \frac{UA}{V}(T - T_m) \tag{3-105}$$

而按照热稳定条件，需使 $\dfrac{dQ_r}{dT} > \dfrac{dQ_g}{dT}$

$$\frac{UA}{V} > k_0 e^{-E/RT} c_A^n \frac{E}{RT^2}(-\Delta H_r) \tag{3-106}$$

式(3-105) 除以式(3-106) 便得

$$\Delta T = T - T_m < \frac{RT^2}{E} \tag{3-107}$$

此式说明为了保证全混釜内处于定态热稳定点操作，应该使釜内温度 T 与夹套温度 T_m 之间最大温差 ΔT 小于 RT^2/E。同样，如果增加惰性物料的含量，使 c_{pA} 增加，也会使 b 线移至 b' 线，故惰性物料的含量也不能随意增加。

以上热稳定性的讨论，对于深入理解釜式反应器各参数间的相互影响有帮助，读者须认真理解。

例 3-14　一级反应 $A \longrightarrow P$ 在容积为 10m^3 的全混流反应器中进行。进料反应物浓度 $c_{A0} = 5\text{kmol/m}^3$，进料流量 $v = 10^{-2}\text{m}^3/\text{s}$，反应热 $\Delta H_r = -2 \times 10^7 \text{J/(K·mol)}$，反应速率常数 $k = 10^{13} e^{-12000/T}$，溶液的密度 $\rho = 850\text{kg/m}^3$，溶液的比热容 $c_p = 2200\text{J/(kg·℃)}$（假定 ρ 与 c_p 在整个反应过程可视为恒定不变），试计算在绝热情况下当系统处于定常态操作时，不同的进料温度（290K、300K、310K）所能达到的反应温度和转化率。

解

由式(3-95)
$$Q_g = \frac{(-\Delta H_r) F_{t0} y_{A0} V k}{v + V k}$$

由式(3-96)
$$Q_r = F_{t0} c_{pm}(T - T_i) \cdot$$
$$= v\rho c_p (T - T_i)$$

$$F_{t0} = c_{A0} v = 5 \times 10^{-2} \text{kmol/s}$$

$$Q_g = \frac{2 \times 10^7 \times 5 \times 10^{-2} \times 1 \times 10 \times 10^{13} e^{-12000/T}}{10^{-2} + 10^{14} e^{-12000/T}}$$

$$Q_r = 10^{-2} \times 850 \times 2200(T - T_i) = 18700(T - T_i)$$

当进料温度为 290K 时

$$Q_r = 18700(T - 290) = 18700T - 5423000$$

依上两式作 $Q_g(Q_r)$-T 图，其中 Q_r'、Q_r''、Q_r''' 分别为进料温度为 290K、300K、310K 时的散热线。由图可见：当 $T_i = 290$K 时，定态操作点只有一点 a，此时，反应温度 $T = 290.5$K

$$x_A = \frac{k\tau}{1+k\tau} = \frac{10^{13}e^{-12000/290.5}\left(\dfrac{10}{10^{-2}}\right)}{1+10^{13}e^{-12000/290.5}\left(\dfrac{10}{10^{-2}}\right)} = 0.011 = 1.1\%$$

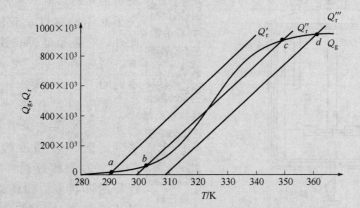

当 $T_i = 300K$ 时，定态操作点为 b、c，相应的反应温度为 $304K$ 及 $350K$，同样可求得相应的转化率为 6.7% 与 92.7%；

当 $T_i = 310K$ 时，定态操作点为 d，相应的反应温度为 $362K$，转化率为 97.5%。

3.7 搅拌釜中的流动与传热

釜式反应器由于釜内温度和浓度均一，且等于出口流的温度和浓度，给反应器的设计和放大带来极大方便，因而在工业生产上得到广泛的应用。为了达到以上性能，其根本条件是保证充分的搅拌，造成流体的流动和混合作用，使反应或传热、传质过程得到强化。通常，釜内的搅拌混合作用，不一定是对均相物料的，它大致具有以下几种效果。

① 拌合　用于互溶液体间的混合，以消除反应器内的温度和浓度梯度；

② 悬浮　使固体分散在流体中，如搅动浆态物料，搅拌盐块以促进盐类的溶解等；

③ 分散　将一种气体或液体分散在另一种流体中，如废水处理时的吹气，在萃取或乳化过程中液滴的形成等；

④ 传热　加剧混合物料或冷、热表面间的热交换等。

上述作用，有时在釜式反应器中是同时存在的，例如催化水合反应，必须使固体保持悬浮，气体被分散，同时还应及时移去反应热。对黏性或悬浮物料，如本体聚合或悬浮聚合，由于搅拌作用，将使釜内操作情况发生各种变化，特别对大反应釜更是如此。如目前工业上反应釜的容积最大的已超过 $200m^3$，因此，在放大过程中，更应引起足够的重视。本节拟着重讨论搅拌在混合及传热方面的基本概念和实际应用，并对搅拌的功率计算作简单介绍。

3.7.1 搅拌釜的结构和桨叶特性

搅拌釜的结构通常包括装盛液体的容器，用电动机传动的旋转轴，以及安装在中心轴上的桨叶。另外还有减速器、夹套、挡板等辅助部件，如图 3-43 所示。搅拌系统主件是桨叶，它随中心轴旋转而把机械能传给液体，推动液体运动。搅拌釜的性能及搅拌轴的功率消耗，不仅取决于桨叶的形状、大小和转速，也取决于液体的物性及釜的形状和大小。此外，它还和是否装置挡板等因素有关。桨叶的形状、大小各异，以适应不同的工艺条件要求。

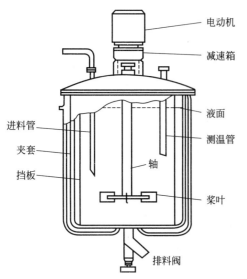

图 3-43　典型搅拌釜示意图

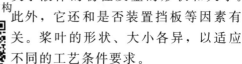

搅拌釜的结构

搅拌釜原理

旋转轴

常用的搅拌桨叶为螺旋桨式、涡轮式、平桨式或具有高切应力的桨叶。图 3-44 所示的锚式和螺带式是典型的低转速搅拌器；高转速搅拌器的形状多为螺旋桨式和涡轮式；平桨式和三叶后掠式的转速稍慢一些。表 3-7 示出不同工艺要求下几种桨叶的适用情况。

螺旋桨搅拌器多用于低黏度流体，因为它具有较大的轴向循环作用，如图 3-45 所示。对大型反应釜或有一定黏度的液体，如果要求较大的循环量，一般采用 420r/min 已经足够。对液层较高（$H > 4d$）或液体黏度 $\mu > 10\mathrm{Pa \cdot s}$ 时，需用双桨。低黏度流体采用单个螺旋桨可以保证上下翻动并冲刷釜底。桨叶端的圆周速度一般取 3～12m/s。

表 3-7　几种桨叶在不同工艺要求下的适用情况

过　程	桨叶形状	特征参数	要　　求	D/d	H/D	补　充　说　明
拌合过程	螺旋桨式 涡轮式 平桨式	容积/mL $0 \sim 3.785 \times 10^5$ $0 \sim 2.08 \times 10^5$ $0 \sim 7.57 \times 10^5$	容积循环	3～6	没有限制	单桨或多桨
固体悬浮过程	螺旋桨式 涡轮式 平桨式	固体含量/% $0 \sim 50$ $0 \sim 100$ $65 \sim 90$	固体循环 固体速度	2～3.5	1～0.5	和颗粒粒度有关
分散过程（不互溶系统）	螺旋桨式 涡轮式 平桨式	物料流量/(cm³/s) $0 \sim 1.90$ $0 \sim 63$ $0 \sim 0.19$	控制液滴再循环	3～3.5	1.0 多级装置 为 0.5	桨叶处于液相进料的中心线上
溶液反应（互溶系统）	螺旋桨式 涡轮式 平桨式	容积/cm³ $0 \sim 39.7 \times 10^3$ $0 \sim 75.7 \times 10^3$ $0 \sim 189 \times 10^3$	功率强度容积循环	2.5～3.5	1～3	单桨或多桨

续表

过 程	桨叶形状	特征参数	要 求	D/d	H/D	补 充 说 明
溶解过程	螺旋桨式 涡轮式 平桨式	容积/L $0\sim3.97\times10^3$ $0\sim37.85\times10^3$ $0\sim37.85\times10^3$	切应力,容积循环	1.6~3.2	0.5~2	桨叶处于液相进料的中心线上
气液过程	螺旋桨式 涡轮式 平桨式	气体流量/(L/s) $0\sim236$ $0\sim2360$ $0\sim47.2$	控制切应力循环,高流动速度	2.5~4.0	4~1	用多桨时,最下桨叶距底部的距离等于桨叶直径。用自吸式时,桨叶全部在液面下
高黏性流体流动	螺旋桨式 涡轮式 平桨式	黏度范围/Pa·s $0\sim80$ $0\sim1000$ $800\sim1000$	容积循环,低流动速度	1.5~2.5	0.5~2	单桨或多桨,
传热过程	螺旋桨式 涡轮式 平桨式	容积/L $0\sim37.85\times10^3$ $0\sim75.7\times10^3$ $0\sim19\times10^3$	容积循环,高流速流过传热面	和其他装置有关		单桨或多桨,用盘管时注意桨叶位置
结晶或沉淀过程	螺旋桨式 涡轮式 平桨式	容积/L $0\sim37.85\times10^3$ $0\sim75.7\times10^3$ $0\sim75.7\times10^3$	循环 低速度 控制切应力	2~3.2	2~1	单桨处于液相进料的中心线上

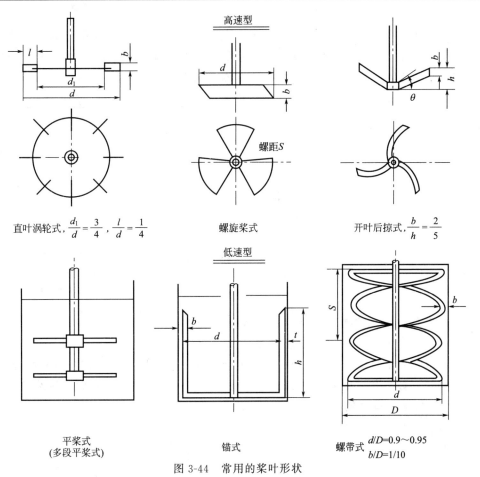

图 3-44 常用的桨叶形状

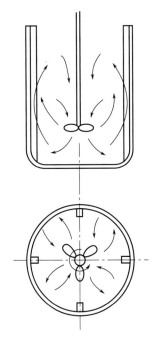

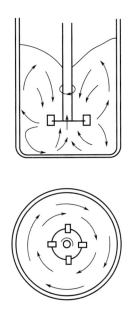

图 3-45 螺旋桨叶转动时的液体循环   图 3-46 涡轮桨叶转动时的液体循环

（有挡板时阻抑了旋涡液面）   （无挡板时生成旋涡液面）

涡轮式桨叶使液体产生径向运动，如图 3-46 所示。其输液速度头引起的剪切作用能使液体获得良好的混合，甚至达到微观混合的程度。因此，涡轮式搅拌器非常适用于全混流反应器，其定型的几何尺寸比值如图 3-47 所示，标准叶片转速为 $180\sim360\mathrm{r/min}$。总之，转速视釜径而异，釜径增大，则转速可减小。

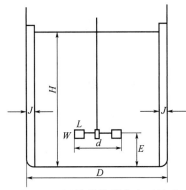

图 3-47 涡轮搅拌器的定型尺寸

$d/D=1/3.3$ $H/D=1$ $E/d=1$

$W/d=1/5$ $L/d=1/4$ $J/D=\dfrac{1}{10}\sim\dfrac{1}{12}$

3.7.2 搅拌釜内的混合过程

搅拌的目的是为了使物料均匀地混合。一般认为，以桨叶大小及转速计算的搅拌雷诺数 Re_d 愈大，搅拌器混合作用的效果愈好。但是，由于 Re_d 增加，将导致功率消耗的增加，因而，应该针对具体情况寻求经济上的最优状态。这就需要对釜内的流体流动情况进行分析研究。

（1）流体力学 在搅拌釜式反应器的放大过程中，首先要求所设计的生产装置和模型装置保持几何相似，这就意味着相应的几何尺寸大小比值一定。由于保持几何相似，因此，生产装置内表示物料流动状况的 Re_d 如果和模型装置内 Re_d 相等就意味着保持流体力学相似。显然，完整的流体力学相似尚需要有同样的 Fr_d。

桨叶的 Re_d 和 Fr_d 分别为

$$Re_d=\frac{nd^2}{v}=\frac{nd^2\rho}{\mu}$$

(3-108)

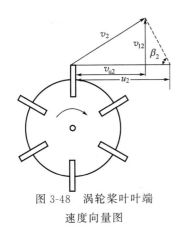

图 3-48　涡轮桨叶叶端
速度向量图

$$Fr_d = \frac{n^2 d}{g} \tag{3-109}$$

式中，n 为桨叶转速，s^{-1}；d 为桨叶直径，m；ρ 为液体密度，kg/m^3；μ 为黏度，$Pa \cdot s$。

搅拌桨的作用和离心泵的叶轮相似，其差别仅在于没有泵壳及出、入口。图 3-48 表示涡轮桨叶转动时离开桨叶外缘的流体速度。按离心泵原理，从叶轮外缘流出的径向体积流量 Q_v 和转速及叶轮直径的三次方成正比，即

$$Q_v \propto nd^3$$

这种情况可参考离心泵的无量纲容积系数，对搅拌桨叶采用循环因数 N_v

$$N_v = \frac{Q_v}{nd^3} \tag{3-110}$$

循环因数取决于桨叶直径、叶片数目、桨叶曲率或螺距，以及桨叶对流体旋转速度的比值。有挡板时的几种桨叶的 N_v 值如下。

对螺旋桨叶：$N_v = 0.5$

对六叶涡轮桨叶，叶片宽度和直径之比为 1/5 时，当 $Re_d > 10^4$

$$N_v = 0.93 \frac{D}{d}$$

式中，D 为釜直径。

和搅拌桨的功率数 N_p 相类似，N_v 亦可用 Re_d 做标绘。增大 N_v 值意味着增加流体循环量，亦即减少混合所需时间。N_p 和 N_v 与 Re_d 标绘的图 3-49，说明 N_p 和 N_v 的比值可用来估计搅拌器的有效程度。

（2）釜式反应器内的混合概念　作为连续釜式反应器有两种混合概念应予以区别。第一种是不同停留时间物料间的混合，也就是返混。全混釜就是返混达到最大的一种反应器，其特性前面已经讲过。作为全混流的经验标准，对一般黏性流体，要求从叶轮外缘流出的径向流量 Q_v 为进料流量 Q_p 的 5～10 倍。对一级快速反应，有人提出应使 $\dfrac{Q_v}{Q_p} > 5k\tau$。因此，如果反应快速，或在反应器内的平均停留时间 τ 比较短，则要求达到全混流所需的 $\dfrac{Q_v}{Q_p}$ 比值较大。

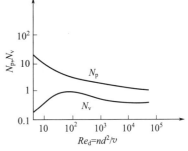

图 3-49　八叶桨叶的 N_p、N_v
与 Re_d 的关系

另一种混合概念是指两种互溶液体达到分子规模均匀的程度。如将染色的水和清水混合，达到消除颜色差别所需的时间，或消除光干涉纹影所需的时间，称作混合时间，以 t_{mix} 表示。

在湍流条件下，间歇搅拌釜内的混合时间，可用下式估算

$$t_{mix} = \frac{V}{Q_v}$$

式中，V 为反应器内的液体体积。对于连续流动的搅拌釜，由于流体流动必能促进混合，故如按间歇釜的混合时间计算，当然是安全的。因此，可将全混釜的平均停留时间 τ 和混合时间相联系。

$$\tau = \frac{V}{Q_F} = \frac{Q_v t_{mix}}{Q_F}$$

所以
$$\frac{Q_v}{Q_F} = \frac{\tau}{t_{mix}} > 5 \sim 10 \tag{3-111}$$

这一关系对一般非快速反应的溶液相动力学研究具有一定指导作用。它要求在进行均相反应动力学测定以前，必须保证物料均匀混合，即迅速预混合的时间需小于平均停留时间 τ 的 $10\% \sim 20\%$。对溶液相的快速反应，甚至要求在 10^{-3} s 内完成预混合，才能测定反应动力学参数。在有挡板时，达到完全混合所需的时间远比没有挡板时为短。

3.7.3 搅拌功率的计算

计算搅拌器功率时，常用一个无量纲的功率数关联

$$N_p = \frac{P}{\rho n^3 d^5} \tag{3-112}$$

式中，N_p 为功率数，它是 Re_d 的函数。图 3-50 及图 3-51 分别为六叶涡轮桨叶和三叶螺旋桨叶用于牛顿型流体的功率数关联图。

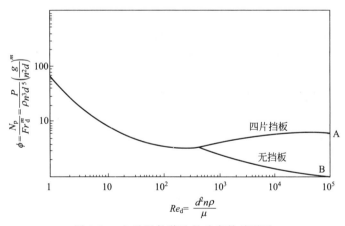

图 3-50 六叶涡轮桨叶的功率数关联图

相应的特征数关联式为

$$\frac{P}{\rho n^3 d^5} = f\left(\frac{nd^2\rho}{\mu}, \frac{n^2 d}{g}, S_1, S_2 \cdots\right)$$

或
$$N_p = f(Re_d, Fr_d, S_1, S_2 \cdots) \tag{3-113}$$

以上功率数可按指数函数作关联或采用 $\dfrac{N_p}{Fr^m} = \phi(Re_d)$ 标绘作图。诸 S 值均为无量纲几

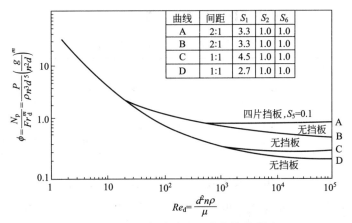

图 3-51　三叶螺旋桨叶的功率数关联图

何参数，见图 3-50。图 3-51 中的 $S_1 = \dfrac{D}{d} = 3.3$，$S_2 = \dfrac{F}{d} = 1$，$S_3 = \dfrac{L}{d} = \dfrac{1}{4}$，$S_6 = \dfrac{H}{D} = 1$，四片挡板，$S_5 = \dfrac{J}{D} = \dfrac{1}{10}$。图 3-51 中的无量纲几何参数除图上所示外，$S_5 = \dfrac{1}{10}$。

在 $Re_d > 300$ 时，如果无挡板，则 Fr_d 的影响显著，指数 m 值做如下改变

$$m = \frac{b - \lg Re_d}{a} \tag{3-114}$$

两图中的 a、b 值见表 3-8。

表 3-8　式 (3-114) 中的 a、b 值

图	线	a	b	图	线	a	b
3-50	B	1.0	40.0	3-51	C	0	18.0
3-51	B	1.7	18.0	3-51	D	2.3	18.0

对几何参数一定，不论有挡板还是无挡板的搅拌釜，在低 Re_d 下的功率数标绘在同一根曲线上，其在对数坐标纸上的斜率为 -1。在这种层流流动情况下，液体的密度不起影响，指数函数式成为

$$N_p Re_d = \frac{P}{n^2 d^3 \mu} = K_L = \psi_L(S_1, S_2 \cdots S_n)$$

所以

$$P = K_L n^2 d^3 \mu \tag{3-115}$$

以上计算公式适用于 $Re_d < 10$ 时。

对几何参数一定且有挡板的搅拌釜，如果 $Re_d > 10000$，功率数的指数函数式便和 Re_d 无关，因而黏度不再是一个影响因素。改变 Fr_d 亦无作用。在这种完全湍流的情况下

$$N_p = K_T = \varphi_T(S_1, S_2 \cdots S_n)$$

所以

$$P = K_T n^3 d^5 \rho \tag{3-116}$$

对几种搅拌桨叶，当采用四片挡板，挡板宽度等于釜直径 $\dfrac{1}{10}$ 时的 K_L 及 K_T 值见表

3-9。对非牛顿型流体的搅拌功率计算可参见本书第 9 章。

表 3-9　有挡板搅拌釜的 K_L 及 K_T 值

桨 叶 型 式	K_L	K_T	桨 叶 型 式	K_L	K_T
螺旋桨式,平直叶,三叶	41.0	0.32	风扇涡轮式,六叶	70.0	1.65
螺距式,三叶	43.5	1.00	平桨式,二叶	36.5	1.70
涡轮式,六平叶	71.0	6.30	圆盘涡轮式,六弯叶	97.5	1.08
六叶后掠弯叶	70.0	4.80	有导向器,无挡板	172.5	1.12

例 3-15　在一直径为 1.2m，液深为 2.0m，内装有四块挡板（$J/D=0.10$）的反应釜内，采用一个三翼螺旋桨以 300r/min 的转速进行搅拌，反应液密度为 1300kg/m³，黏度为 13×10^{-3}Pa·s，螺旋桨直径为 $d=0.4$m，求：（1）所需的搅拌功率为多少？（2）若改用同样直径的六叶涡轮桨，转速不变，搅拌功率为多少？（3）若釜内没有装设挡板，搅拌功率发生怎样的变化？

解　（1）先计算搅拌雷诺数

$$Re_d=\frac{\rho n d^2}{\mu}=\frac{1300\times\dfrac{300}{60}\times0.4^2}{13\times10^{-3}}=80000$$

因为 $Re_d>10000$，故可用式(3-116)

$$P=K_T n^3 d^5 \rho$$

查表 3-9，$K_T=0.32$

所以　　　　　　　　$P=0.32\times1300\times0.4^5\times5^3=549\text{W}\approx0.55\text{kW}$

（2）如改用六叶涡轮桨，由于 n、d 不变，Re_d 亦不变，故仍用式(3-116)，查表 3-9，$K_T=6.30$

$$P=6.30\times1300\times5^3\times0.4^5$$
$$=10300\text{W}=10.3\text{kW}$$

可见它比螺旋桨的搅拌强度增加约 $\dfrac{10.3}{0.55}=18.8$ 倍。

（3）不用挡板时，Fr_d 的影响显著，幂数 m 值可计算为

$$m=\frac{b-\lg Re_d}{a}$$

查表 3-8，$b=40$，$a=1$

$$m=\frac{40-\lg80000}{1}=35.1$$

$$Fr_d=\frac{n^2 d}{g}=\frac{5^2\times0.4}{9.807}=1.02$$

$$Fr_d^m=1.02^{35.1}=1.98$$

查图 3-50，$Re_d=80000$，$\phi=1.2$

$$P=1.98\times1.2\times1300\times5^3\times0.4^5=790\text{W}=0.79\text{kW}$$

可见挡板对搅拌的影响是很大的。

3.7.4　搅拌釜的传热

搅拌釜内的液体和釜壁或盘管间的传热，已有大量的研究。在湍流情况下，一般用以下特征数关联

$$Nu = \frac{hD}{\lambda} = Re^{\frac{2}{3}} Pr^{\frac{1}{3}} \left(\frac{\mu_{\mathrm{w}}}{\mu}\right)^{-0.14} \tag{3-117}$$

上式适用于 $Re > 200$，式中常数 C 取决于搅拌器型式和是否采用挡板。对各种混合系统的计算公式可集中地表示在图 3-52 上。上部曲线表示径向流或切向流搅拌器在采用挡板或圆柱形排列的盘管时的结果，一般 C 值在 $0.7 \sim 0.9$ 之间，适用于流体和釜壁或流体和盘管间的传热。右上中间一段曲线，$C = 0.5$，适用于轴向流动的搅拌器（如多层螺旋桨叶，间距 $P/d = 1$），下部曲线表示不用挡板时的螺旋桨叶、直叶涡轮、平桨等搅拌器，$C = 0.35 \sim 0.40$，左下曲线为锚式桨叶，μ_{w}/μ 的指数为 -0.18。在 $Re = 1$ 时，螺带桨叶的 Nu 数为锚式桨叶的 2 倍。

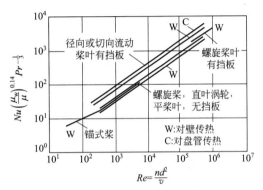

图 3-52　流动状况和混合系统对传热的影响

实验测定 h 和 P/V 的关系，在湍流流动和几何尺寸相似的条件下，对同样的物料组成，可有

$$h \propto (P/V)^{\frac{2}{9}} D^{-\frac{1}{9}} \tag{3-118}$$

式(3-118) 表明 h 受 P/V 的影响不大，对 D 也是小的。

对反应器来说，由于热效应与几何尺寸 D 成三次方关系，而釜壁传热与几何尺寸 D 成二次方关系。当 P/V 一定时，h 随 D 的变化很小，因此，比较大的搅拌反应器必须增装盘管。

习　　题

1. 在一等温操作的间歇反应器中进行某一级液相反应，13min 后反应物转化掉 70%。今若把此反应移至平推流反应器或全混流反应器中进行，为达到相同的转化率，所需的空时和空速各是多少？

2. 在 555K 及 3kgf/cm² 下，在平推流反应器中进行反应：A ——→P，已知进料中含 30%A(摩尔分数)，其余为惰性物料，加料流量为 6.3mol/s，动力学方程为 $(-r_{\mathrm{A}}) = 0.27 n_{\mathrm{A}} [\mathrm{mol/(m^3 \cdot s)}]$，为了达到 95% 转化率，试求：(1) 所需空速为多少？(2) 反应器容积大小。

3. 化工厂尾气中有毒化学物质的净化已成为当今环境治理的重要课题。PH_3 是一种高毒、易燃的气体，即使少量排放于大气中，也会带来明显的安全隐患。净化 PH_3 的技术之一就是将其催化分解为磷和氢气。众所周知，高纯磷和氢气具有很高的工业价值，因此，催化分解法处理磷化氢不仅具有极高的环保价值，同时也具有良好的经济意义。650℃下磷化氢（A）气体分解反应及动力学方程如下

$$4PH_3 \longrightarrow P_4(\mathrm{g}) + 6H_2, (-r_{\mathrm{A}}) = (10\mathrm{h}^{-1}) c_{\mathrm{A}}$$

试求：在 649℃、11.4atm 下，进口物流包含 2/3 的磷化氢和 1/3 的惰性气体，磷化氢流量为 10 mol/h，达到 75% 转化率时，所需平推流反应器体积为多少？

4. 液相反应 A ——→ P 在一间歇反应器中进行，反应速率如下所示：

c_A/(mol/L)	0.1	0.2	0.3	0.4	0.5	0.6	0.7	0.8	1.0	1.3	2.0
$(-r_A)$/[mol/(L·min)]	0.1	0.3	0.5	0.6	0.5	0.25	0.10	0.06	0.05	0.045	0.042

试求：（1）若 $c_{A0}=1.3$mol/L，$c_{Af}=0.3$mol/L，则反应时间为多少？（2）若反应移至平推流反应器中进行，$c_{A0}=1.5$mol/L，$F_{A0}=1000$mol/h，求 $x_A=0.80$ 时所需反应器大小。（3）当 $c_{A0}=1.2$，$F_{A0}=1000$mol/h，$x_A=0.75$，求所需的全混流反应器大小。

5. 乙二醇为重要的化工原料之一，全球每年的乙二醇产量可达几千亿吨。生产的乙二醇产品约一半用于制造防冻剂，另一半则用于制造聚酯。其中生产的聚酯产品 88% 用于涤纶纤维制造，其余 12% 用于制造瓶子和胶片。

若采用 CSTR 生产乙二醇，将浓度为 700kg/m³ 的环氧乙烷水溶液和等体积流率的浓度为 1000kg/m³ 的 H_2SO_4 水溶液加入到反应器中，在等温条件下操作，产量要求达到 9 万吨/年。反应速率常数是 0.311min^{-1}。

反应按下述方程式进行，求转化率达到 80% 时，所需的 CSTR 体积。

$$H_2C\overset{O}{-}CH_2 + H_2O \xrightarrow{H_2SO_4} \begin{array}{c} H_2C-OH \\ | \\ H_2C-OH \end{array}$$

6. 在美国生产的所有化学物质中，乙烯的年产量排名第四。乙烯的主要用途为制造塑料树脂，还可以用于生产环氧乙烷、卤代烷烃和乙二醇等有机产品，以及用作溶剂和用于纤维制造。

在一个平推流反应器中，由纯乙烷进料裂解制造乙烯，年生产能力为 14 万吨乙烯，反应是不可逆的一级反应，要求乙烷的转化率达到 80%，反应器在 1100K 等温、600kPa 恒压下操作。已知反应活化能为 347.3kJ/mol，1000K 时，$k=0.0725$s^{-1}。

试求：（1）反应器体积为多少？（2）若采用内径 50mm、长 12m 的管子并排操作，共需多少根？

7. 均相气相反应 A ——→ 3P，服从二级反应动力学。在 5kgf/cm²、350℃ 和 $V_0=4$m³/h 下，采用一个 2.5cm 内径、2m 长的实验反应器，能获得 60% 转化率。为了设计工业规模反应器，当处理量为 320m³/h，进料中含 50%A，50% 惰性物料时，在 25kgf/cm² 和 350℃ 下反应，为了获得 80% 转化率，试求：（1）需用 2.5cm 内径、2m 长的管子多少根？（2）这些管子应以平行还是串联方式连接？

假设流动状况为平推流，忽略压降，反应气体符合理想气体行为。

8. 丙烷热解为乙烯的反应可表示为

$$C_3H_8 \longrightarrow C_2H_4 + CH_4（忽略副反应）$$

在 772℃ 等温反应时，动力学方程为 $-\dfrac{dp_A}{dt}=kp_A$

其中 $k=0.4$h^{-1}。若系统保证恒压，$p=1$kgf/cm²，$v_0=800$L/h(772℃，1kgf/cm²)，求当 $x_A=0.5$ 时，所需平推流反应器的体积大小。

9. 理想气体分解反应 A ——→ P+S，在初始温度为 348K 的间歇恒容反应器中进行，压力为 5kgf/cm²，反应器容积为 0.25m³，反应的热效率在 348K 时为 −5815J/mol，假定各物料的比热容在反应过程中恒定不变，且分别为 $c_{pA}=126$J/(mol·K)，$c_{pP}=105$J/(mol·K)，反应速率常数如下表所示。

T/K	345	350	355	360	365
k/h^{-1}	2.33	3.28	4.61	7.20	9.41

试计算在绝热情况下达到 90% 转化率所需的时间。

10. 气相反应 $A+B \Longrightarrow P$，反应的动力学方程为

$$(-r_A) = k\left(p_A p_B - \frac{p_P}{K}\right)\left[\text{mol}/(\text{h} \cdot \text{m}^3)\right]$$

式中 $k = k_0 e^{-E/RT}$，$k_0 = 1.26 \times 10^{-4}$，$E = 21.8 \times 10^3$，$K = 7.18 \times 10^{-7} e^{29.6 \times 10^3/RT}$。已知 $p_{A0} = 0.5\text{kgf}/\text{cm}^2$，$p_{B0} = 0.5\text{kgf}/\text{cm}^2$，$p_{P0} = 0$，$p = 1\text{kgf}/\text{cm}^2$。求最优温度与转化率的关系。

11. 一级反应 $A \longrightarrow P$，在一体积为 $-V_p$ 的平推流反应器中进行，已知进料温度为 $150℃$，活化能为 $84\text{kJ}/\text{mol}$，如改用全混流反应器，其所需体积设为 V_m，则 V_m/V_p 应有何关系？若转化率分别为 0.6 和 0.9，如要使 $V_m = V_p$，反应温度应如何变化？如反应级数分别为 $n = 2, 1/2, -1$ 时，全混流反应器的体积将怎样改变？

12. 某一反应，在间歇釜中进行实验测定，得到下列数据：

时间/h	0	1	2	3	4	5	6	7
转化率 x_A	0	0.27	0.50	0.68	0.82	0.90	0.95	0.97

试预测：(1) 三个全混流反应器串联，每个反应器停留时间为 2h，(2) 一个全混流反应器，停留时间为 6h，其所能达到的转化率为多少？

13. 某一分解反应

$$A \begin{cases} \longrightarrow P & r_P = 2c_A \\ \longrightarrow S_1 & r_{S_1} = 1 \\ \longrightarrow S_2 & r_{S_2} = c_A^2 \end{cases}$$

已知 $c_{A0} = 1\text{mol}/\text{L}$，且 S_1 为目的产品，求：(1) 全混釜；(2) 平推流；(3) 你所设想的最合适的反应器或流程所能获得的最高 S_1 浓度 c_{S_1} 为多少？

14. 如果例题 3-14 的反应中进料流量增加一倍，温度为 300K 时，就不能得到高的转化率。如果进料流量为 $2 \times 10^{-2} \text{m}^3/\text{s}$，进料温度升至 310K，证明此时可得到大于 90% 的转化率，而在开车时不需要加热。

15. 对一可逆放热反应，从热稳定观点，如何考虑散热方案，请用 Q-T 图表示。

16. 六叶直叶涡轮桨装在垂直釜内，釜径 1.83m、涡轮直径 0.61m，装在离釜底 0.61m 处。釜内装深度为 1.83m、浓度为 50% 的碱液，温度为 $65.6℃$，黏度为 $0.012\text{Pa} \cdot \text{s}$，$\rho = 1498\text{kg}/\text{m}^3$，涡轮转速 $90\text{r}/\text{min}$，釜内未装挡板。求混合所需功率。

参 考 文 献

[1] Levenspiel O. 化学反应工程. 3 版 (影印版). 北京：化学工业出版社，2002.

[2] Smith J M. Chemical Engineering Kinetics. 2nd ed. New York：McGraw Hill，1970.

[3] Kramers H，Westerterp K R. Elements of Chemical Reactor Design and Operation. Netherland University Press，1963.

[4] 渡会正三. 工业反应装置. 2 版. 东京：日刊工业新闻社，1960.

[5] Walas S M. Reaction Kinetics for Chemical Engineers. New York：McGraw Hill，1959.

[6] Rase H F. Chemical Reactor Design for Process Plants. Vol 1. New York：John Wiley，1977.

[7] 《化学工程手册》编辑委员会. 化学工程手册：搅拌与混合. 3 版. 北京：化学工业出版社，2019.

第4章

非理想流动

4.1 反应器中的返混现象与停留时间分布

物料在反应器中的流动与混合情况可以是各不相同的，这是众所周知的事实。如果按照理想流动来考虑，当反应的动力学方程已经确定，则反应器的设计计算就可以比较方便地按照第3章所讨论的方法进行处理。理想流动的主要特点，对于平推流，即是所有物料颗粒在反应器内的停留时间是相同的；对于全混流，则是反应器内各处浓度相同且等于出口物料的浓度，各物料颗粒在反应器内具有一定的停留时间分布。由于化学反应又与停留时间和物料的浓度关系十分密切。因此，如果流动状况发生了偏离理想流动的变化，反应的结果也将随之发生变化。实际的反应装置，特别是大型装置，其中物料的流动状况将会出现哪些改变？为什么会引起这些变化？与以上两种理想流动相比，将会导致多大的偏差？如何测定与描述这些现象？这是本章所要讨论的内容。

从第3章的讨论中我们已经知道，在间歇操作的反应釜以及平推流反应器中，器内物料粒子的停留时间都是相同的，反应物浓度随着物料停留时间的增长而减小，产物浓度则随之增大。而在连续操作的全混釜中，物料浓度在整个反应釜中是均匀的，而且等于排出料液的浓度，即处在一个最低的反应物浓度下操作。因此反应速率比间歇釜或平推流反应器的情况要慢，这种连续操作的搅拌釜的特征，就是典型的返混现象，加进反应釜中去的新鲜的具有高浓度的反应物料，一进入反应釜后，就与存留在那里的已反应的物料发生混合而使浓度降低。其中有的物料粒子在激烈的搅拌下，可能迅速到达出口位置而排出反应釜；而另有一些物料，则可能要停留较长时间才排出，即有所谓的停留时间分布，在全混釜中，这种停留时间的分布是一定的。而这种具有不同停留时间物料间的混合，通常称为返混。全混釜是能达到瞬间全部混匀的一种极限状态，故返混程度为最大；平推流是前后物料毫无返混的另一种极限状况，其返混程度为零；许多反应器中的返混程度是介于这两者之间的。

应当着重指出的是，凡是流动状况偏离平推流和全混流这两种理想情况的流动，统称为非理想流动，都有停留时间分布的问题，但不一定都是由返混引起的。比如层流就是有停留时间分布的非理想流动，但并无返混，其他如短路、死角等都能引起停留时间上的差异，因此非理想流动比返混具有更广泛的意义。为了进一步掌握连续操作反应器的性能，必须了解反应器内的非理想流动问题。

4.1.1　非理想流动与停留时间分布

虽然不少工业生产反应器可以按照第 3 章介绍的平推流与全混流反应器处理，但是仍有许多因素会使反应器中实际流动偏离理想流动，这些因素大致如图 4-1 所示。设备中的死角，必然引起不同停留时间之间的物料混合；物料流经反应器时出现的短路、旁路或沟路等，都是导致物料在反应器中停留时间不一的因素。

一般说来，非理想流动的起因无非是两方面：一是由于反应器中物料颗粒的运动（如搅拌、分子扩散等）导致与主体流动方向相反的运动；二是由于设备内各处速度的不均匀性。非理想流动使得物料在反应器中的停留时间有长有短，形成停留时间分布，引起反应器内各个物料微元的反应进程不均一，对反应速率和产品的产量、质量产生一定的影响。间歇操作的反应器，所有物料的停留时间完全相同，而对连续操作的反应器，总是伴有停留时间分布的。这个概念是相当重要的，在生产实践中，曾有这样的例子，当某反应过程从间歇操作改为连续操作后，原料转化率

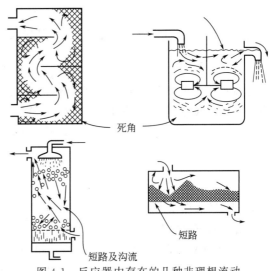

死角

短路及沟流

短路

图 4-1　反应器中存在的几种非理想流动

不仅没有提高，反而降低了；产品质量不仅得不到改善，反而恶化了。所以，连续化仅仅提供了强化生产的可能性，连续化本身并不意味着强化。因此，对流动系统，必须考虑物料在反应器中的流动状况与停留时间分布的问题。

物料在反应器中的停留时间分布，完全是一个随机过程，根据概率理论，我们可以借用两种概率分布以定量地描绘物料在流动系统中的停留时间分布，这两种概率分布就是停留时间分布密度函数 $E(t)$ 和停留时间分布函数 $F(t)$。

在一个稳定的连续流动系统中，在某一瞬间同时进入系统的一定量流体，其中各流体粒子将经历不同的停留时间后依次自系统中流出，而 $E(t)$ 的定义就是：在同时进入的 N 个流体颗粒中，其中停留时间介于 t 和 $t+dt$ 间的流体颗粒所占的分率 dN/N 为 $E(t)dt$，或以某一时刻出口的 N 个流体颗粒来定义也是一样。如果把函数 $E(t)$ 用曲线表示，则图 4-2(a) 中所示阴影部分的面积值也就是停留时间介于 t 和 $t+dt$ 之间的流体分率。

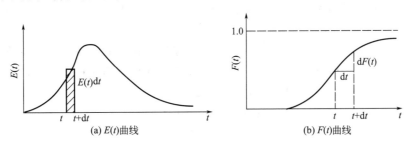

(a) $E(t)$曲线

(b) $F(t)$曲线

图 4-2　常见的 E 曲线和 F 曲线

由于讨论的是稳定的流动系统，因此在不同瞬间同时进入系统的各批 N 个流体颗粒均具有相同的停留时间分布密度。所以流过系统的全部流体中或系统在任一瞬间的出口流中，物料停留时间的分布密度显然是为同一个 $E(t)$ 所确定，根据 $E(t)$ 的定义，它必然具有归一化的性质

$$\int_0^\infty E(t)\mathrm{d}t = 1$$

即

$$\sum \frac{\Delta N}{N} = 1 \tag{4-1}$$

另一个停留时间分布函数是 $F(t)$，其定义是

$$F(t) = \int_0^t E(t)\mathrm{d}t \tag{4-2}$$

即流过系统的物料中停留时间小于 t 的（或说成停留时间介于 $0 \sim t$ 之间的）物料的百分率等于函数值 $F(t)$。根据这一定义，可知停留时间趋于无限长时，$F(t)$ 也趋于 1。

$E(t)$ 和 $F(t)$ 之间的关系，如图 4-2 所示，可有

$$\frac{\mathrm{d}F(t)}{\mathrm{d}t} = E(t) \tag{4-3}$$

式(4-3)表明 E 函数在任何停留时间 t 的值实际上也就是在 F 曲线上对应点的斜率。

$E(t)$ 和 $F(t)$ 是两个最常用的函数，此外，还有年龄分布密度 $I(t)$ 和年龄分布函数 $y(t)$，其意义与前述的 $E(t)$、$F(t)$ 相同，只是年龄分布是对器内流体而言，而 $E(t)$、$F(t)$ 是对出口处而言，故也称为寿命分布密度与寿命分布函数。年龄分布也同样有如下关系

$$I(t) = \frac{\mathrm{d}y(t)}{\mathrm{d}t} \tag{4-4}$$

$$y(t) = \int_0^1 I(t)\mathrm{d}t$$

$$\int_0^\infty I(t)\mathrm{d}t = 1 \tag{4-5}$$

4.1.2 停留时间分布的实验测定

（1）脉冲示踪法 当被测定的系统达到稳定后，在系统的入口处，瞬间注入一定量 Q 的示踪流体（注入的时间需远小于平均停留时间值），同时开始在出口流体中检测示踪物料的浓度变化。

根据 $E(t)$ 的定义，可知在 $t=0$ 时注入的示踪物，其停留时间分布密度必按 E 函数分配，因此，可以预计停留时间介于 t 和 $t+\mathrm{d}t$ 间那部分示踪物料量 $QE(t)\mathrm{d}t$，必将在 t 和 $t+\mathrm{d}t$ 间自系统的出口处流出，其量为 $vc(t)\mathrm{d}t$，故

$$QE(t)\mathrm{d}t = vc(t)\mathrm{d}t$$

$$E(t) = \frac{V}{Q}c(t) \tag{4-6}$$

典型的 E 曲线如图 4-3(a) 所示。

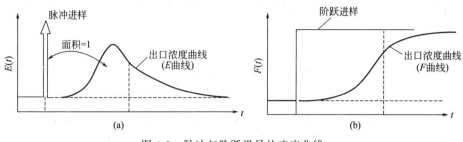

图 4-3　脉冲与阶跃讯号的响应曲线

（2）阶跃示踪法　当系统内的流体达到稳定流动后，将原来在反应器中流动的流体切换为另一种在某些性质上有所不同而流动不发生变化的含示踪物的流体（如第一种流体为水，以 A 表示，含示踪物的流体可用有色的高锰酸钾溶液，以 B 表示），从 A 切换为 B 的同一瞬间，开始在出口处检测出口物料中示踪剂浓度的变化（出口的响应值）。如以出口流中 B 所占的分率对 t 作图，即得如图 4-3（b）所示的 F 曲线。

设在出口处测得的 B 的分率为 $c(t)$，例如其值为 0.15，它表明在出口液中，B 占 15%，其余的 85% 为 A，在 15% 的 B 中，停留时间不一定相同，但肯定都小于 t，因为此时系统中尚不可能有年龄大于 t 的物料 B 存在，同样，在 85% 的 A 中，停留时间肯定都是大于 t 的，因此，$c(t)$ 正好代表停留时间小于 t 的物料分率 $F(t)$。

脉冲示踪和阶跃示踪测出的都是寿命分布。年龄分布可以从寿命分布推导而得，以阶跃示踪法测定过程为例，对示踪物作物料衡算，从切换为示踪物料 B 时算起，经过 t 时后，进入系统的示踪物料量为 vt 或写成 $v\int_0^t \mathrm{d}t$；从系统中流出的示踪物料所占的分率为 $F(t)$，故流出量为 $v\int_0^t F(t)\mathrm{d}t$；留在系统中的示踪物料，其年龄均小于 t，因为物料 A 的年龄只能大于 t，所以，年龄分布密度函数 $I(t)$ 在 0~t 之间的积分值正是留在系统中示踪物料所占的分率，则示踪物料量应为 $V\int_0^t I(t)\mathrm{d}t$；故

$$v\int_0^t \mathrm{d}t - v\int_0^t F(t)\mathrm{d}t = V\int_0^t I(t)\mathrm{d}t \tag{4-7}$$

因 $V/v = \tau$ = 平均停留时间，整理上式得

$$1 - F(t) = \tau I(t) \tag{4-8}$$

所以，知道了 $F(t)$ 就可据此求得 $I(t)$。

除了这两个测定方法外，还有其他一些测试方法，比如注入讯号采用周期性变化的示踪浓度，从出口液中测定该注入讯号的衰减和相位滞后，这样可使那些在进料速率和混合方面不可避免的微弱变动平均化，使测定结果有较小的误差。但无论采取什么方法，所选择的示踪物料，应具有如下性质：①对流动状况没有影响；②示踪物料在测定过程中应该守恒，即不参与反应、不挥发、不沉淀或吸附于器壁；③易于检测。

4.1.3　停留时间分布函数的数学特征

为了对不同流动状况下的停留时间函数进行定量比较，可以采用随机函数的特征值予以表达，随机函数的特征值有两个最重要的，即"数学期望"和"方差"。

（1）数学期望 $\hat{t}$　对 E 曲线，数学期望就是对于原点的一次矩，也就是平均停留时间 τ。

$$\hat{t} = \frac{\int_0^\infty tE(t)\mathrm{d}t}{\int_0^\infty E(t)\mathrm{d}t} = \int_0^\infty tE(t)\mathrm{d}t \tag{4-9}$$

数学期望 $\hat{t}$ 为随机变量的分布中心，在几何图形上，也就是 E 曲线上这块面积的重心在横轴上的投影。根据 E 函数和 F 函数的相互关系，可将上式写成

$$\hat{t} = \int_0^\infty t\frac{\mathrm{d}F(t)}{\mathrm{d}t}\mathrm{d}t = \int_{F(t)=0}^{F(t)=1} t\,\mathrm{d}F(t) \tag{4-10}$$

若将图 4-2(b) 的坐标轴旋转 90° 来看，可以发现，式(4-10) 中最后一项正是图中介于 F 曲线和 $F(t)=1$ 直线间的面积，而这部分面积可由式(4-8) 证明其值为 V/v。

在作实验测定时，如每隔一段时间取一次样，所得的 E 函数一般为离散型的，即各个等时间间隔下的 E，此时，式(4-9) 应改写为

$$\hat{t} = \frac{\sum tE(t)\Delta t}{\sum E(t)\Delta t} = \frac{\sum tE(t)}{\sum E(t)} \tag{4-11}$$

从上面讨论可以看出，确定物系在系统中的平均停留时间，可以根据实验测定的 E 函数，从式(4-9) 或式(4-11) 求得。

（2）方差　所谓方差是指对于平均值的二次矩，也称为散度，以 σ_t^2 表示

$$\sigma_t^2 = \frac{\int_0^\infty (t-\hat{t})^2 E(t)\mathrm{d}t}{\int_0^\infty E(t)\mathrm{d}t} = \int_0^\infty (t-\hat{t})^2 E(t)\mathrm{d}t = \int_0^\infty t^2 E(t)\mathrm{d}t - \hat{t}^2 \tag{4-12}$$

方差是停留时间分布分散程度的量度，σ_t^2 愈小，则流动状况愈接近平推流，对平推流，物料在系统中的停留时间相等且等于 V/v，$t=\hat{t}$，故 $\sigma_t^2=0$。

对于等时间间隔取样的实验数据，同样可改写式(4-12) 为

$$\sigma_t^2 = \frac{\sum t^2 E(t)}{\sum E(t)} - \hat{t}^2 \tag{4-13}$$

4.1.4　用对比时间 θ 表示的概率函数

若上述各函数自变量采用对比时间 $\theta = \dfrac{t}{\tau} = \dfrac{vt}{V}$，这一时标的改变产生了下列影响

（1）平均停留时间 $\bar{\theta} = \dfrac{t}{\tau} = 1$。

（2）在对应的时标处，即 θ 和 $\theta\tau = t$，停留时间分布函数值应该相等，$F(\theta)=F(t)$，此处 $F(\theta)$ 表示以对比时间 θ 为自变量的停留时间分布函数。

（3）$E(\theta)$ 表示以 θ 为自变量的停留时间分布密度，则可有

$$E(\theta) = \frac{\mathrm{d}F(\theta)}{\mathrm{d}\theta} = \frac{\mathrm{d}F(t)}{\mathrm{d}(t/\tau)} = \tau\frac{\mathrm{d}F(t)}{\mathrm{d}t} = \tau E(t) \tag{4-14}$$

此即表明以 θ 为自变量的寿命分布密度比以 t 为自变量的值大 V/v 倍，而其归一化性质依然存在。

$$\int_0^\infty E(\theta)\,\mathrm{d}\theta = 1$$

（4） $I(\theta)$ 与 $I(t)$ 的关系　在 θ 到 $\theta+\mathrm{d}\theta$ 年龄范围内的物料分率应与对应的 t 和 $t+\mathrm{d}t$ 年龄范围内的分率相等，即

$$I(\theta)\mathrm{d}\theta = I(t)\mathrm{d}t = I(t)\mathrm{d}(\tau\theta) = \tau I(t)\mathrm{d}\theta$$

$$\frac{I(\theta)}{I(t)} = \tau = \frac{V}{v} \tag{4-15}$$

（5） $I(\theta)$ 与 $F(\theta)$ 的关系

由于 $I(t) = \dfrac{v}{V}[1-F(t)]$ 和 $\dfrac{I(\theta)}{I(t)} = \tau$

所以

$$I(\theta) = 1 - F(\theta) \tag{4-16}$$

（6）设 σ^2 为随机变量 θ 的方差，则 σ^2 和 σ_t^2 的换算关系为

$$\begin{aligned}
\sigma^2 &= \int_0^\infty (\theta-1)^2 E(\theta)\mathrm{d}\theta = \int_0^\infty (\theta-1)^2 E(t)\tau\mathrm{d}\theta \\
&= \frac{1}{\tau^2}\int_0^\infty (t-\hat{t})^2 E(t)\mathrm{d}t \\
&= \frac{\sigma_t^2}{\tau^2}
\end{aligned} \tag{4-17}$$

有了以上关系，显然，对全混流，$\sigma^2 = 1$

对平推流，$\sigma^2 = \sigma_t^2 = 0$

对一般实际流况，$0 \leqslant \sigma^2 \leqslant 1$

所以，用 σ^2 来评价分布的分散程度比较方便。

例 4-1　今有某一均相流动反应器中测定的下列一组数据（见下表第一栏和第二栏），实验采用 $v = 40.2\mathrm{mL/min}$，示踪剂加入量 $Q = 4.95\mathrm{g}$，实验完毕时测得反应器内存料量 $V = 1785\mathrm{mL}$，求 σ^2。

解

原始数据及数据处理

t/min	$c(t)\times10^3/(\mathrm{g/mL})$	$E(t)\times10^3 = \dfrac{v}{Q}c(t)\times10^3/\mathrm{min}^{-1}$	$tE(t)$	$t^2E(t)$
0	0	0	0	0
5	0	0	0	0
10	0	0	9	0
15	0.113	0.52	0.014	0.21
20	0.863	7.00	0.140	2.80
25	2.210	17.95	0.449	11.24
30	3.340	27.10	0.813	24.40
35	3.720	30.20	1.056	37.00
40	3.520	28.26	1.145	45.80
45	2.840	23.10	1.040	46.80
50	2.270	18.45	0.922	46.10
55	1.755	14.26	0.783	43.00
60	1.276	10.37	0.622	37.30
65	0.910	7.39	0.481	31.20
70	0.619	5.03	0.352	24.60
75	0.413	3.36	0.252	18.90
80	0.300	2.44	0.195	15.00
85	0.207	1.68	0.143	12.10
90	1.131	1.07	0.096	8.65
95	0.094	0.76	0.072	6.88

续表

$t/\min$	$c(t)\times10^3/(g/mL)$	$E(t)\times10^3=\dfrac{v}{Q}c(t)\times10^3/\min^{-1}$	$tE(t)$	$t^2E(t)$
100	0.075	0.61	0.061	6.10
105	0	0	0	0
110	0	0	0	0
$\sum$		200.30	8.636	418.70

从数据处理可得

$$\hat{t}=\frac{\sum tE(t)}{\sum E(t)}=\frac{8.636}{200.3\times10^{-3}}=43.1\min$$

$$\frac{V}{v}=\frac{1785}{40.2}=44.4\min$$

所以测出的数据基本上是可靠的。

随机变量 t 的方差 σ_t^2 可计算得

$$\sigma_t^2=\frac{\sum t^2E(t)}{\sum E(t)}-\hat{t}^2=\frac{418.7}{200.3\times10^{-3}}-43.1^2=237\min^2$$

随机变量 θ 的方差 σ^2 为

$$\sigma^2=\frac{\sigma_t^2}{\hat{t}^2}=\frac{237}{43.1^2}=0.128$$

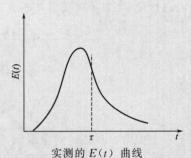

实测的 $E(t)$ 曲线

小的 σ^2 值表明该反应器内的返混是较小的。

4.2　流动模型

工业生产上的反应器总是存在一定程度的返混从而产生不同的停留时间分布，影响反应的转化率。那么，在反应器的设计中，就需要考虑非理想流动的影响。

返混程度的大小，一般是很难直接测定的，总是设法用停留时间分布来加以描述。但是，由于停留时间与返混之间不一定存在对应的关系，也就是说，一定的返混必然会造成确定的停留时间分布；但是，同样的停留时间分布可以是不同的返混造成的。因此，不能直接把测定的停留时间分布用于描述返混的程度，而要借助于模型方法。

为了在反应器计算中考虑非理想流动的影响，一般程序是基于对一个反应过程的初步认识。首先分析其实际流动状况，从而选择较合理简化的流动模型，并用数学方法关联返混与停留时间分布的定量关系。然后通过停留时间分布的实验测定，来检验所假设的模型的正确程度，确定在假设模型时所引入的模型参数。最后结合反应动力学数据来估计反应效果。

所谓模型法，就是通过对复杂的实际过程的分析，进行合理的简化，然后用一定的数学方法予以描述，使其符合实际过程的规律性，此即所谓的数学模型，然后加以求解。但是，由于化工生产过程的复杂性，尤其是涉及多因素、强交联（如温度、浓度、反应速度等的相互影响）以及边界条件难以确定等因素，如果严格考虑，仍有不少困难。

① 方程组十分庞大，如裂解反应可能有 100 多个反应同时发生，因此，所建立的方程

组极其庞大。

②　几何形状复杂，边界条件难以确定。如最简单的填充床反应器，由于在圆管中堆放了催化剂，其几何形状就变得十分复杂，在数学上边界条件就无法确定，因为其中的气体通道，是无法细加描述的。最常见的搅拌釜式反应器，要确定其边界条件，也是十分困难的。

③　物性参数是变化的。由于在反应器中各点的温度和组成都在变化，因此物性数据也跟着在变化，这就使问题趋于复杂化。

基于上述困难，用数学方程分析求解显然是行不通的，这就使反应器的设计放大一度停留在经验放大，也就是通常所指的逐级放大上。近年来，由于计算机的推动，有些原来不好计算的，现在可以借助计算机计算了，方程组庞大的困难也可以解决了，但是，边界条件与物性参数的确定，计算机是无能为力的。于是提出了一些简化的定性模型，比如，对填充管内的流体流动，提出了毛细管模型，它设想气体通过床层的通道，相当于通过当量直径为 d_e 的毛细管；又如研究填充管内的返混，设想为平推流叠加轴向混合，并用有效轴向扩散系数 E_z 来表示轴向混合的大小。经过这样的一些简化，边界条件就可以确定了。当然，在简化模型时所引入的参数，是需要靠实验测定的。有了定性模型，然后再结合有关的数学方程，从而使复杂的过程得以简化，并能予以定量计算。在模型化中，最重要的是合理的"简化"，把复杂的实际过程简化为比较简单清晰的物理图形，即具有能用数学方式表达的物理模型，然后再变为数学模型。简化必须是合理的，并要符合实际过程的规律性。建立数学模型就是在准确性与简单性之间，寻求妥善的解决方案。而要提出合理的简化，必须对过程有深入的认识。

4.2.1　常见的几种流动模型

（1）平推流与全混流模型　这是两种极端的理想模型，已如第 3 章所述。这里再进一步讨论这两种模型的停留时间的概率分布。

①　平推流　平推流的 E 线与 F 线如图 4-4 所示。

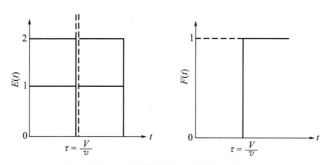

图 4-4　平推流的 E 线与 F 线

由于 $\tau = \dfrac{V}{v}$，曲线下的面积为 1。

$$t < \tau,\ F(t) = 0,\ E(t) = 0,\ I(t) = \frac{1}{\tau};$$

$$t = \tau,\ \theta = 1,\ F(t) = 1,\ E(t) = \infty,\ I(t) = 0$$

圆管内的层流流动，亦无前后返混的现象，但在截面上的流速是呈抛物线型，如在径向

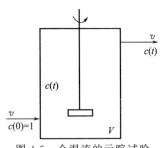

图 4-5　全混流的示踪试验

位置 r 处的流速 u_r 与管中心流速 u_0 的关系为

$$u_r = u_0[1-(r/R)]^2$$

式中，R 为管径，这种情况虽非齐头并进的平推流，但亦比较易于解析。

②全混流　一般连续釜式反应器可以选用本模型。如图 4-5 所示，在某一瞬间即 $t=0$ 时，用示踪物料 B 切换原来的物料 A，并同时测定出口流中示踪物料占的分率 $c(t)$，从前面讨论已知 $c(t)=F(t)$。

在 $t=0$ 时，因为物料 A 全部切换为物料 B，故进口处示踪物料占的分率 $c(0)=1$，在 t 至 $t+\mathrm{d}t$ 时间间隔内作示踪物料 B 的物料衡算，可有：

加入量　$vc(0)\mathrm{d}t$

流出量　$vc(t)\mathrm{d}t$

存留在反应器中的量　$V\mathrm{d}c(t)$

在定常态流动中

$$v\mathrm{d}t = vc(t)\mathrm{d}t + \mathrm{d}c(t)V$$

$$\frac{\mathrm{d}c(t)}{\mathrm{d}t} = \frac{v}{V}[1-c(t)]$$

积分得

$$-\ln[1-c(t)] = \frac{v}{V}t$$

边界条件为

$$t=0 , c(t)=0$$

所以

$$1-c(t) = \mathrm{e}^{-t/\tau}$$

$$c(t) = F(t) = 1-\mathrm{e}^{-t/\tau} \tag{4-18}$$

$$E(t) = \frac{\mathrm{d}F(t)}{\mathrm{d}t} = \frac{1}{\tau}\mathrm{e}^{-t/\tau} \tag{4-19}$$

或

$$E(\theta) = \mathrm{e}^{-\theta} \tag{4-19'}$$

式(4-18) 和式(4-19) 可标绘成图 4-6 的形状。

当 $t=\tau$ 时，$F(t)=0.632$，即有 63.2% 的物料停留时间小于 τ。

由于

$$I(t) = \frac{v}{V}[1-F(t)]$$

所以

$$I(t) = \frac{v}{V}[1-F(t)]$$

$$= \frac{1}{\tau}\mathrm{e}^{-t/\tau} = E(t) \tag{4-20}$$

根据

$$\sigma_t^2 = \int_0^\infty (t-\hat{t})^2 E(t)\mathrm{d}t$$

可求得

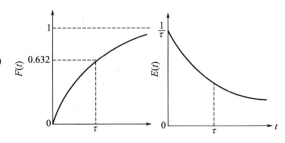

图 4-6　全混流的 E 线及 F 线

$$\sigma_t^2 = \tau^2 \tag{4-21}$$

$$\sigma^2 = \frac{\sigma_t^2}{\tau^2} = 1 \tag{4-22}$$

（2）多级混合模型　如图 4-7 所示为多级混合模型，它是以每级内为全混流、级间无返混、各级存料量 V 相同的假定为前提的，其 F 曲线可通过物料衡算而导得。

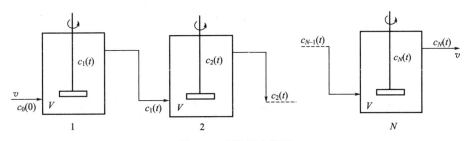

图 4-7　多级混合模型

先考虑较简单的二级串联情况。从物料 A 切换为示踪物料 B 的瞬间算起，在某一 $\mathrm{d}t$ 时间内，进入第二级的量为 $vc_1(t)\mathrm{d}t$，离开第二级的量为 $vc_2(t)\mathrm{d}t$，在第二级中累积量为 $V\mathrm{d}c_2(t)$，物料衡算得

$$c_1(t) - c_2(t) = \frac{V}{v}\frac{\mathrm{d}c_2(t)}{\mathrm{d}t}$$

初始条件：

$t=0$，第一级进口处所占分率为 $c_0(0)=1$；

$t=0$，$c_2(t)=0$。

$$\frac{\mathrm{d}c_2(t)}{\mathrm{d}t} + \frac{v}{V}c_2(t) = \frac{v}{V}c_1(t)$$

因为 $c_1(t) = F(t) = (1 - \mathrm{e}^{-t/\tau_s})$，此处 τ_s 是对单个釜而言的平均停留时间。故

$$\frac{\mathrm{d}c_2(t)}{\mathrm{d}t} + \frac{1}{\tau_s}c_2(t) = \frac{1}{\tau_s}(1 - \mathrm{e}^{-t/\tau_s}) \tag{4-23}$$

式（4-23）为一阶线性微分方程，解之可得

$$c_2(t) = F_2(t) = 1 - \mathrm{e}^{-t/\tau_s}(1 + t/\tau_s) \tag{4-24}$$

同理推广到 N 釜，各釜对示踪物料 B 作物料衡算，可得

$$\left. \begin{aligned} c_0 &= c_1 + \tau_s \frac{\mathrm{d}c_1}{\mathrm{d}t} \\ c_1 &= c_2 + \tau_s \frac{\mathrm{d}c_2}{\mathrm{d}t} \\ c_2 &= c_3 + \tau_s \frac{\mathrm{d}c_3}{\mathrm{d}t} \\ c_{N-1} &= c_N + \tau_s \frac{\mathrm{d}c_N}{\mathrm{d}t} \end{aligned} \right\} \tag{4-25}$$

方程组（4-25）的初始条件为

$$t=0 \text{ 时}，c_1(0) = c_2(0) = \cdots = c_N(0) = 0 \tag{4-26}$$

$$t=0 \text{ 时}，c_0(0) = 1$$

解方程组可得

$$c_1(t) = \frac{c_1}{c_0} = 1 - e^{-t/\tau_s}$$

$$c_2(t) = \frac{c_2}{c_0} = 1 - e^{-t/\tau_s}(1 + t/\tau_s)$$

$$c_3(t) = \frac{c_3}{c_0} = 1 - e^{-t/\tau_s}\left[1 + \frac{t}{\tau_s} + \frac{1}{2}\left(\frac{t}{\tau_s}\right)^2\right]$$

$$\cdots$$

所以

$$F(t) = \frac{c_N}{c_0} = 1 - e^{-t/\tau_s}\left[1 + \frac{t}{\tau_s} + \frac{1}{2!}\left(\frac{t}{\tau_s}\right)^2 + \frac{1}{3!}\left(\frac{t}{\tau_s}\right)^3 + \cdots + \frac{1}{(N-1)!}\left(\frac{t}{\tau_s}\right)^{N-1}\right] \tag{4-27}$$

$$E(t) = \frac{dF(t)}{dt} = \frac{N^N}{(N-1)!\ \tau}\left(\frac{t}{\tau}\right)^{N-1}e^{-Nt/\tau} \tag{4-28}$$

其中 $\tau = N\tau_s$ 代表整个系统的平均停留时间。上式换算为无量纲时则为

$$E(\theta) = \frac{N^N}{(N-1)!}\theta^{N-1}e^{-N\theta} \tag{4-29}$$

将 $E(\theta)$ 对 θ 作图，可得如图 4-8 所示形状，可见 N 愈大，峰形愈窄，当釜数 N 趋于无限大时，则接近平推流的情况。

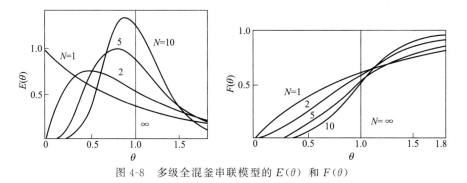

图 4-8　多级全混釜串联模型的 $E(\theta)$ 和 $F(\theta)$

随机变量 θ 的方差 σ^2 可由下式求得

$$\sigma^2 = \frac{\displaystyle\int_0^\infty (\theta-1)^2 E(\theta)d\theta}{\displaystyle\int_0^\infty E(\theta)d\theta} = \int_0^\infty [\theta^2 E(\theta)d\theta] - 1$$

$$= \int_0^\infty \frac{\theta^2 N^N \theta^{N-1}}{(N-1)!}e^{-N\theta}d\theta - 1 = \frac{1}{N} \tag{4-30}$$

从式(4-30)可以看出，随机变量分布与平均值的离散程度和级数的关系，当 $N \to \infty$ 时，$\sigma^2 \to 0$。多釜串联停留时间分布曲线的性质见图 4-9。

实际上结构分级的设备，其结构上所分的级数 N' 不一定与测定的 N 相等。此处 N 为模型参数，它仅代表相当于 N 个全混釜内返混的程度。求得 N 值后，就可按第 3 章介绍的

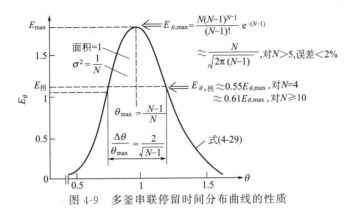

图 4-9　多釜串联停留时间分布曲线的性质

方法求得转化率了。

例 4-2　今有一设备，用脉冲示踪测定停留时间分布，得到如下数据：

时间 t/min	0	5	10	15	20	25	30	35
出口示踪浓度/(g/L)	0	3	5	5	4	2	1	0

若将此设备用作反应器时，能按多级混合模型处理，试求模型参数 N。

解　设该设备中流体的流量恒定且等于 v，加入示踪剂的总量 Q 为

$$Q = \sum vc\Delta t = (3+5+5+4+2+1)(5)v = 100v$$

$$E(t) = \frac{vc(t)}{Q} = \frac{c(t)}{100}$$

t	0	5	10	15	20	25	30	35
$c(t)$	0	3	5	5	4	2	1	0
$E(t)$	0	0.03	0.05	0.05	0.04	0.02	0.01	0

$$\hat{t} = \frac{\sum tE(t)\Delta t}{\sum E(t)\Delta t} = 15\text{min} \qquad \sigma^2 = \frac{\sigma_t^2}{\hat{t}^2} = 0.211$$

$$\sigma_t^2 = \frac{\sum t^2 E(t)}{\sum E(t)} - \hat{t}^2 = 47.5 \qquad N = \frac{1}{\sigma^2} = \frac{1}{0.211} = 4.74$$

（3）轴向分散模型　所谓分散模型，即是仿照一般的分子扩散中用分子扩散系数 D 来表征那样，用一个轴向有效扩散系数 E_z 来表征一维的返混，也就是在平推流流动中叠加一个涡流扩散项并假定：

a. 与流体流动方向垂直的每一个截面上，具有均匀的径向浓度；

b. 在每一个截面上和沿流体流动方向，流体速度和扩散系数均为恒定值；

c. 物料浓度为流体流动距离的连续函数。

扩散模型是描述非理想流动的主要模型之一，特别适用于返混程度不大的系统，如管式、塔式以及其他非均相体系。

① 模型的建立　如图 4-10 所示，考虑一流体以 u 的速度通过无限长管子中的一段，

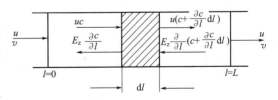

图 4-10　扩散模型示意图

流体进入管子的截面位置 $l=0$，离开管子的位置 $l=L$，管子的直径为 D，从 $l=0$ 到 $l=L$ 这一段的体积为 V，在无反应的情况下，对 dl 微元管段作物料衡算，可有

进入量
$$\left[uc+E_z\frac{\partial}{\partial l}\left(c+\frac{\partial c}{\partial l}dl\right)\right]\frac{\pi D^2}{4}$$

出去量
$$\left[u\left(c+\frac{\partial c}{\partial l}dl\right)+E_z\frac{\partial c}{\partial l}\right]\frac{\pi D^2}{4}$$

积累量
$$\frac{\partial c}{\partial t}\left(\frac{\pi D^2}{4}\right)dl$$

$$进入量＝出去量＋积累量$$

整理得

$$\frac{\partial c}{\partial t}=E_z\frac{\partial^2 c}{\partial l^2}-u\frac{\partial c}{\partial l} \tag{4-31}$$

如写成无量纲的形式，利用

$$c=\frac{c}{c_0}\ ,\ \theta=\frac{t}{\tau}\ ,\ Z=\frac{l}{L}$$

则
$$\frac{\partial c}{\partial \theta}=\left(\frac{E_z}{uL}\right)\frac{\partial^2 c}{\partial Z^2}-\frac{\partial c}{\partial Z}=\left(\frac{1}{Pe}\right)\frac{\partial^2 c}{\partial Z^2}-\frac{\partial c}{\partial Z} \tag{4-32}$$

式中，$Pe=\dfrac{uL}{E_z}$，称为贝克莱（Peclet）数。它的倒数 $\dfrac{E_z}{uL}$ 是表征返混大小的无量纲特征数。Pe 愈大，则返混愈小。

② 轴向分散系数的求取　具体的边界条件取决于示踪剂加入方法和检测位置以及进出口处物料的流动状况等，参见图4-11，式（4-32）一般难以解析求解，但是，在各种进料情况下的数学期望和方差与 Pe 的关系，本章文献 [1] 中已有综述。

a. 返混很小的情况　如果对设备中流动的流体进行阶跃示踪试验，则式（4-31）可有解析解。

初始条件为

$$c=\begin{cases}0 & 在\ l>0\ ,\ t=0 \\ c_0 & 在\ l<0\ ,\ t=0\end{cases} \tag{4-33}$$

边界条件为
$$c=\begin{cases}c_0 & 在\ l=-\infty\ ,\ t\geq 0 \\ 0 & 在\ l=\infty\ ,\ t\geq 0\end{cases} \tag{4-34}$$

此时，可用下式取代偏微分方程（4-31）

$$\alpha=\frac{l-ut}{\sqrt{4E_z t}} \tag{4-35}$$

取代后即为

$$\frac{d^2 c}{d\alpha^2}+2\alpha\frac{dc}{d\alpha}=0 \tag{4-36}$$

此处 c 为无量纲浓度 $\dfrac{c}{c_0}$，边界条件相应为

$$c=\begin{cases}1 & \alpha=-\infty \\ 0 & \alpha=\infty\end{cases} \tag{4-37}$$

式(4-36) 和式(4-37) 很容易解得 c 为 α 的函数，或通过式(4-35) 取代为 l 和 t 的函数，若在 t 时 $l=L$，则其解为

$$c_{l=L}=\frac{c}{c_0}=\frac{1}{2}\left[1-\mathrm{erf}\left(\frac{1}{2}\sqrt{\frac{uL}{E_z}}\frac{1-\dfrac{t}{(L/u)}}{\sqrt{t/\left(\dfrac{L}{u}\right)}}\right)\right] \tag{4-38}$$

平均停留时间 $\tau=\dfrac{L}{u}$，$\theta=\dfrac{t}{\tau}$，代入式(4-38) 则为

$$\frac{c}{c_0}=\frac{1}{2}\left[1-\mathrm{erf}\left(\frac{1}{2}\sqrt{\frac{uL}{E_z}}\frac{1-\theta}{\sqrt{\theta}}\right)\right] \tag{4-39}$$

式中，erf 为误差函数，其定义为

$$\mathrm{erf}(y)=\frac{2}{\sqrt{\pi}}\int_0^y \mathrm{e}^{-x^2}\mathrm{d}x$$

$$\mathrm{erf}(\pm\infty)=\pm 1$$
$$\mathrm{erf}(0)=0$$

其值可从一般数学表中查得　　　　$\mathrm{erf}(-y)=-\mathrm{erf}(y)$

返混较小时，其数学期望和方差分别为

$$\overline{\theta}=1 \tag{4-40}$$

$$\sigma^2=\frac{\sigma_t^2}{\tau^2}=2\left(\frac{E_z}{uL}\right)=\frac{2}{Pe} \tag{4-41}$$

$\dfrac{E_z}{uL}$ 是曲线的一个参数，图 4-11 表示了几种从实验曲线估计该参数的方法；从曲线的最高点 E_{max} 的位置，或从拐点 $E_{拐}$ 的位置求出 $\dfrac{E_z}{uL}$；也可从拐点之间的宽度以及曲线的方差定出 $\dfrac{E_z}{uL}$。

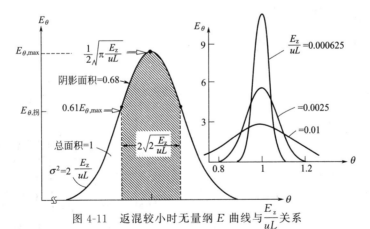

图 4-11　返混较小时无量纲 E 曲线与 $\dfrac{E_z}{uL}$ 关系

此外，对于返混程度较小的情况，E 曲线的形状受边界条件的影响很小，无论系统是"开"式操作或"闭"式操作（如图 4-12 所示），方差具有加成性，如图 4-11 所示，可有

$$\tau_{总}=\tau_a+\tau_b+\tau_c+\cdots+\tau_N$$

$$(\sigma_t^2)_{总} = (\sigma_t^2)_a + (\sigma_t^2)_b + (\sigma_t^2)_c + \cdots + (\sigma_t^2)_N \tag{4-42}$$

$$\Delta\sigma_t^2 = (\sigma_t^2)_{出} - (\sigma_t^2)_{进} \tag{4-43}$$

$$\frac{\Delta\sigma_t^2}{\tau^2} = \Delta\sigma^2 = 2\left(\frac{E_z}{uL}\right) = \frac{2}{Pe} \tag{4-44}$$

b. 返混较大的情况　返混程度愈大，c 曲线就愈不对称，通常在后部拖有一条"尾巴"。当示踪剂注入处和检测处的流动状态不同时，c 曲线的形状也发生很大差异，图 4-12 表示示踪测定的几种不同边界状况。

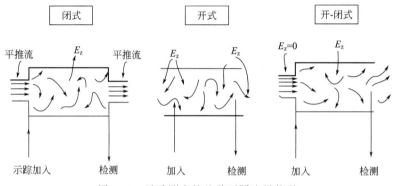

图 4-12　示踪测定的几种不同边界状况

今用脉冲示踪法在出口处连续检测示踪剂的浓度，对于"闭"式容器，可有

$$\overline{\theta} = 1 \tag{4-45}$$

$$\sigma^2 = \frac{\sigma_t^2}{\tau^2} = 2\left(\frac{E_z}{uL}\right) - 2\left(\frac{E_z}{uL}\right)^2 (1 - e^{-uL/E_z})$$

$$= \frac{2}{Pe} - 2\left(\frac{1}{Pe}\right)^2 (1 - e^{-Pe}) \tag{4-46}$$

图 4-13 为"闭"式容器的 $\dfrac{c}{c_0}$ 曲线。

对于"开"式容器，有解析解

$$c = \frac{1}{2\sqrt{\pi\theta\left(\dfrac{E_z}{uL}\right)}} \exp\left[-\frac{(1-\theta)^2}{4\theta\left(\dfrac{E_z}{uL}\right)}\right] \tag{4-47}$$

$$\overline{\theta} = 1 + 2\left(\frac{E_z}{uL}\right) = 1 + \frac{2}{Pe} \tag{4-48}$$

$$\sigma^2 = \frac{\sigma_t^2}{\tau^2} = 2\left(\frac{E_z}{uL}\right) + 8\left(\frac{E_z}{uL}\right)^2 \tag{4-49}$$

$$= \frac{2}{Pe} + 8\left(\frac{1}{Pe}\right)^2$$

对于"开-闭"式容器，有

$$\overline{\theta} = 1 + \frac{E_z}{uL} = 1 + \frac{1}{Pe} \tag{4-50}$$

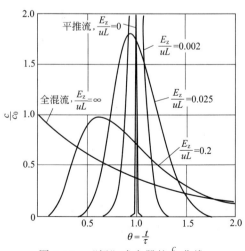

图 4-13　"闭"式容器的 $\dfrac{c}{c_0}$ 曲线

$$\sigma^2 = \frac{\sigma_t^2}{\tau^2} = 2\left(\frac{E_z}{uL}\right) + 3\left(\frac{E_z}{uL}\right)^2 = \frac{2}{Pe} + 3\left(\frac{1}{Pe}\right)^2 \tag{4-51}$$

这样，只要从实验测定了 E 曲线，便可由它计算出 σ_t^2，然后按上述不同边界条件的公式求出 Pe 数值。

例 4-3 今有一液-液搅拌釜式反应器，已知其中装有料液 $V = 1320\text{mL}$，当搅拌釜转速为 600r/min、$v = 45\text{L/h}$ 时，测得如下停留时间分布的实验数据：

t/min	0.25	0.50	0.75	1.00	1.25	1.50	2.0	2.5	3.0
$E(t)$	0.010	0.147	0.302	0.383	0.364	0.323	0.224	0.142	0.093
t/min	3.5	4.0	4.5	5.0	5.5	6.0	7.0	8.0	9.0	10.0
$E(t)$	0.055	0.032	0.021	0.012	0.005	0.002	0.002	0.001	0	0

今用分散模型关联，求 Pe 数。

解

$$\tau = \frac{V}{v} = \frac{1320}{45 \times 10^3 / 60} = \frac{1320}{750} = 1.76\text{min}$$

换算为无量纲时标，$\theta = \dfrac{t}{\tau}$，则得下表数据。

t/min	0.25	0.50	0.75	1.00	1.25	1.50	2.0	2.5	3.0	3.5	4.0	4.5	5.0	5.5	6.0	7.0	8.0	9.0
θ	0.142	0.285	0.426	0.57	0.711	0.855	1.14	1.42	1.70	1.98	2.26	2.55	2.84	3.14	3.42	3.99	4.55	5.20

将实验数据标绘成曲线，然后读取 $\Delta\theta$ 等间隔时的诸 E 值，见下表。

θ	$E(\theta)$	$\theta E(\theta)$	$\theta^2 E(\theta)$	θ	$E(\theta)$	$\theta E(\theta)$	$\theta^2 E(\theta)$
0.1	0	0	0	2.1	0.045	0.0945	0.198
0.2	0.055	0.011	0.0022	2.2	0.038	0.0839	0.184
0.3	0.150	0.045	0.0135	2.3	0.032	0.0735	0.169
0.4	0.265	0.106	0.0424	2.4	0.028	0.0670	0.160
0.5	0.360	0.180	0.0900	2.5	0.023	0.0575	0.144
0.6	0.385	0.231	0.138	2.6	0.019	0.0490	0.138
0.7	0.368	0.256	0.180	2.7	0.015	0.0405	0.109
0.8	0.334	0.266	0.213	2.8	0.012	0.0335	0.094
0.9	0.293	0.264	0.237	2.9	0.008	0.0231	0.067
1.0	0.257	0.257	0.257	3.0	0.007	0.0210	0.063
1.1	0.225	0.247	0.272	3.1	0.006	0.0186	0.057
1.2	0.200	0.240	0.288	3.2	0.005	0.0160	0.051
1.3	0.170	0.220	0.286	3.3	0.004	0.0130	0.043
1.4	0.146	0.205	0.285	3.4	0.003	0.0102	0.035
1.5	0.122	0.183	0.274	3.5	0.002	0.0070	0.025
1.6	0.104	0.160	0.266	3.6	0.002	0.0070	0.025
1.7	0.089	0.152	0.256	3.7	0.002	0.0070	0.024
1.8	0.074	0.134	0.240	3.8	0.001	0.0038	0.014
1.9	0.061	0.116	0.221	3.9	0.001	0.0038	0.014
2.0	0.052	0.104	0.208	Σ	3.96	4.01	5.38

$$\sigma^2 = \frac{\sum \theta^2 E(\theta)}{\sum E(\theta)} = \left[\frac{\sum \theta E(\theta)}{\sum E(\theta)}\right]^2 = 0.33$$

$$Pe = 4.8$$

③ 化学反应的计算　定态情况下平推流反应器的物料衡算式为

$$u\,dc_A - (-r_A)\,dl = 0$$

对定态系统的非理想流动，同样可作微元段的物料衡算

$$E_z \frac{d^2 c_A}{dl^2} - u \frac{dc_A}{dl} - k c_A^n = 0 \tag{4-52}$$

若用无量纲参数表示

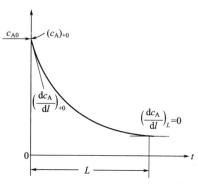

图 4-14　分散模型的边界条件

$$c_A = c_{A0}(1 - x_A)$$

$$z = \frac{l}{L} = \frac{l}{u\tau}$$

这样式 (4-32) 可改写为

$$\frac{1}{Pe} \frac{d^2 x_A}{dz^2} - \frac{dx_A}{dz} - k\tau c_{A0}^{n-1}(1 - x_A)^n = 0 \tag{4-53}$$

式 (4-52) 或式 (4-53) 在图 4-14 所示的边界条件下，即

$$l = 0，z = 0，u c_{A0} = u(c_A)_{+0} - E_z \left(\frac{dc_A}{dl}\right)_{+0}$$

$$l = L，z = 1，\left(\frac{dc_A}{dl}\right)_L = 0$$

对一级反应可得解析解

$$\frac{c_A}{c_{A0}} = 1 - x_A = \frac{4\alpha \exp\left(\frac{Pe}{2}\right)}{(1 + \alpha)^2 \exp\left(\frac{\alpha}{2} Pe\right) - (1 - \alpha)^2 \exp\left(-\frac{\alpha}{2} Pe\right)} \tag{4-54}$$

式中，$\alpha = \sqrt{1 + 4k\tau\left(\frac{1}{Pe}\right)}$。

图 4-15 即为式 (4-54) 的标绘，根据不同的 Pe 数值，可以方便地找出转化率。图中 $Pe = 0$ 及 $Pe = \infty$ 的两线分别代表两种理想流动反应器全混流与平推流的情况。

图 4-16 是结合平推流的结果而绘制成的另一种型式的图，它表示了具有一定返混的反应器与平推流反应器为达到一定转化率所需的体积比。

对于二级反应，用数值法求得的结果，表示在图 4-17 和图 4-18 中。

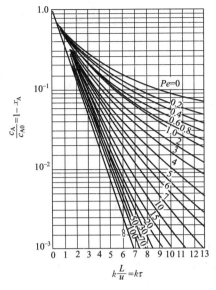

图 4-15　分散模型的一级反应的未转化率

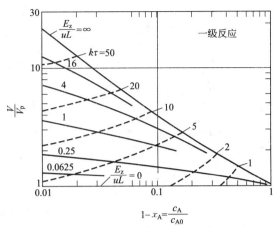

图 4-16　分散模型的一级反应的结果

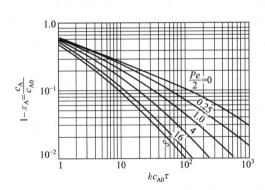

图 4-17　分散模型的二级反应的未转化率

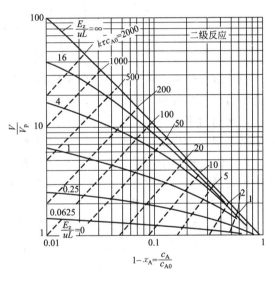

图 4-18　分散模型的二级反应的结果

例 4-4　溶剂热分解法是制备尺寸可控、分散良好的纳米材料的有效方法，如纳米 ZnO 即可通过热分解 $Zn(Ac)_2 \cdot 2H_2O$ 制得，而制备过程中的反应时间对最终获得的颗粒形貌有显著影响。今用一管式反应器进行某液相分解反应以制备纳米材料，其反应动力学方程为

$$(-r_A) = kc_A$$

$$k = 0.307 min^{-1}$$

用脉冲示踪法测定出口流体中示踪剂浓度的变化如下。

t/min	0	5	10	15	20	25	30	35
$c(t)/(g/L)$	0	3	5	5	4	2	1	0

其平均停留时间为 15min，如用扩散模型，求其转化率。若用多级混合模型，其转化率为多少？

解
$$\sigma_t^2 = \frac{\sum t^2 E(t)\Delta t}{\sum E(t)\Delta t} - \tau^2$$

$$= [5^2 \times 0.03 + 10^2 \times 0.05 + \cdots + 30^2 \times 0.01] \times 5 - 15^2 = 47.5$$

$$\sigma^2 = \frac{\sigma_t^2}{\tau^2} = \frac{47.5}{15^2} = 0.211$$

$$\sigma^2 = 0.211 = \frac{2}{Pe} - 2\left(\frac{1}{Pe}\right)(1 - e^{-Pe})$$

用试差法可算得 $Pe = 8.33$

$$k\tau = 0.307 \times 15 = 4.6$$

故由图 4-15 可求得 $\dfrac{c_A}{c_{A0}} = 0.035$

$$x_A = 1 - 0.035 = 0.965 = 96.5\%$$

若为多级混合模型

$$N = \frac{1}{\sigma^2} = \frac{1}{0.211} = 4.76$$

即相当于 4.76 个等容积的全混釜，故

$$\frac{c_A}{c_{A0}} = \frac{1}{(1+k\tau)^N} = \frac{1}{\left(1 + 0.307\,\dfrac{15}{4.76}\right)^{4.76}} = 0.040$$

$$x_A = 1 - 0.040 = 0.96 = 96\%$$

（4）组合模型　对于许多实际反应器，上述模型有时还未能令人满意地表达流动状况。为此，出现多参数的多种组合模型，它是把真实反应器内的流动状况设想为几种简单模型的组合。比如由平推流、全混流、死区、短路、循环流等组合而成，有的甚至还加上错流、时间滞后等因素，构成多种模型，图 4-19 列举了其中的几种。

由于组合模型中各单独部分的 E 函数前面已有所介绍，因此，原则上各组合模型的 E 函数也可推导出来。现将图 4-19 中的模型做些说明。

图 4-19(a) 表示在平推流的同时有死区存在，若死区体积为 V_d，故实际流通的体积为 $V_p = V - V_d$，它与一般平推流的差别仅是停留时间的相应减少。

图 4-19(b) 表示平推流和全混流的组合，其 E、F 曲线如图 4-4 与图 4-6 所示。

图 4-19(c) 表示两个平推流的并联，其 E、F 关系亦可推导。

图 4-19(d) 表示循环流的情况，设循环比为 β，则流出器外的流体中再循环回去的流体占 $\dfrac{\beta}{1+\beta} = a$，流出去的部分为 $1 - a = \dfrac{1}{\beta+1} = b$，故通过一次的停留时间为 $\dfrac{V}{(1+\beta)v}$。

$$\theta = \frac{V/[(1+\beta)v]}{\tau} = \frac{1}{1+\beta} = b$$

第一次循环流 $\dfrac{\beta}{1+\beta}$ 中有

$$\frac{\beta}{1+\beta}\frac{1}{1+\beta} = \frac{\beta}{(1+\beta)^2}$$

在第二次通过后流出器外，它的停留时间便是 $2b$，第三次循环回去的量为

$$\frac{\beta}{1+\beta}\frac{\beta}{1+\beta} = a^2$$

如此继续下去，即如图 4-19 所示的那种情况。

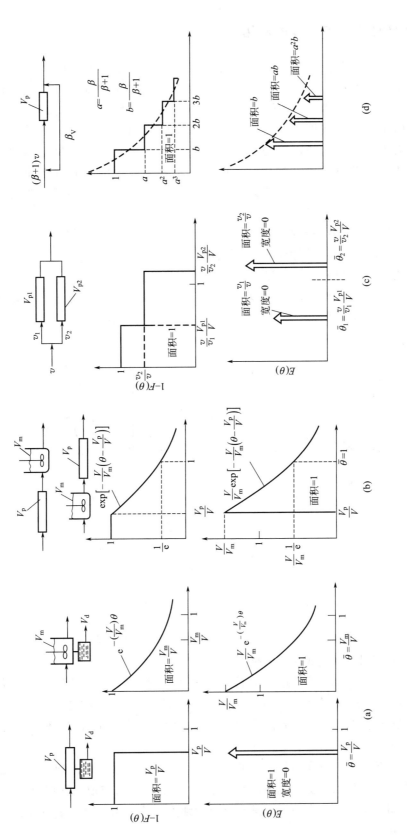

图 4-19 组合模型示意图

4.2.2　停留时间分布曲线的应用

反应器内的流动状况，无非是平推流、全混流以及介于上述两者之间的非理想流动。从反应器设计和放大的角度来看，总是希望反应器内的流况属于或接近理想流况（即平推流或全混流），这样，在设计和放大上都比较简便，而且把握较大。虽然上一节中介绍了描述各种非理想流动的模型，但在实际应用上，往往不是如何寻找一个复杂的模型去描述非理想流动，而是如何设法避免非理想流动，在反应器的结构等方面予以改进以期接近于理想流动状况。所以，根据测定的停留时间分布曲线形状来定性地判断反应器内的流动状况，具有实际意义。图 4-20 所示的几种停留时间分布曲线形状，可以做如下分析：

① 曲线的峰形、位置与预期的相符合；

② 出峰太早，说明反应器内可能有短路或沟流现象；

③ 出现几个递降的峰形，表明反应器内可能有循环流动；

④ 出峰太晚，可能是计量上的误差，或为示踪剂在反应器内被吸附于器壁而减少所致；

⑤ 反应器内有两股平行的流体存在。

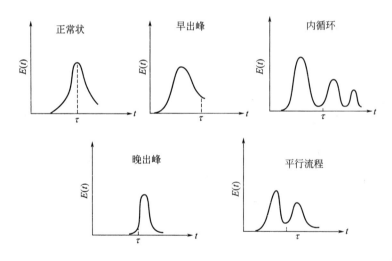

图 4-20　接近平推流的几种 E 曲线形状

又如图 4-21 是接近于全混流的曲线形状，也同样有正常形状、出峰太早、内循环、出峰太晚、由于仪表滞后而造成时间的推迟等。

从停留时间分布曲线形状进行分析后，就可以针对存在的问题，设法克服或加以改进。比如用增加反应管的长径比、加入横向挡板或将一釜改为多釜串联等手段，可使流动状况更接近于平推流。反之，设法加强返混，亦可使流动状况接近于全混流。

总之，测定停留时间分布曲线的目的，在于可以对反应器内的流动状况作出定性判断，以确定是否符合工艺要求或提出相应的改善方案。另外，通过求取数学期望和方差，以作为返混的量度，进而求取模型参数。对某些反应，则可直接运用 $E(t)$ 函数进行定量的计算，这将在下节讨论。

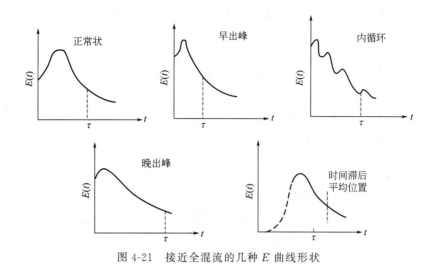

图 4-21　接近全混流的几种 E 曲线形状

4.3　流体的混合态及其对反应的影响

4.3.1　流体的混合态

混合是两种或更多的物料在同一容器中通过采用搅拌等措施，使之达到均匀的过程。比如在一个容器中加入等量的物料 A 和等量的物料 B，然后取样分析，来评价混合的程度。从理论上分析，由于 A 和 B 相互混合，故物料 A 的浓度应为 $c_{A0}=\dfrac{1}{1+1}=0.5$，若分析所得的 c_A 值为 0.4，则令比值 $S=\dfrac{c_A}{c_{A0}}=\dfrac{0.4}{0.5}=0.8$，称为调匀度，总平均调匀度应为各次取样结果的平均值

$$\overline{S}=\frac{S_1+S_2+\cdots+S_n}{n} \tag{4-55}$$

调匀度 S 不是评价混合程度的唯一指标。尤其对于非均相系统，比如两种固体颗粒之间的混合，当取样规模较大时，可以认为混合已达均匀，调匀度为 1，而当取样规模较小时，比如只取几颗颗粒，调匀度可能为零，可见单用调匀度来衡量混合程度是不够的。混合的均匀程度，应以达到分子规模的完全混合为极限，也就是无论怎样取样以及取样的规模如何，总是 A 中有 B，B 中有 A，达到难以区分的分子均匀程度。迄今为止，所进行的分析和计算，都是建立在这种物料颗粒呈分子状均匀分散的概念上的，对大多数均相系统来讲，都可以这样处理。但如果把两种黏度相差很大的液体搅在一起，在没有达到充分的均匀之前，一部分流体常是成块、成团地存在于系统之中，即使采用搅拌等措施，也可能无法达到分子状的均匀分散。进一步讲，即使是外表均一的一种流体，其中不同的分子也可能是部分离集（segregation）成微小的集团而存在着的，至于极限情况，比如油滴悬浮在水中，两者互不混溶，这就是完全离集的流体，这种离集流体的流动，称为离集式流动。如果流体中所有分子都以分子状态均匀分散，这种流体称为微观流体，即达到完全的微观混合；反之，如果全部以离集态存在，即只有宏观混合，又称为宏观流体。前面所讨论的返混，是在微观流体与

宏观流体中均存在的，它是指不同停留时间的流体之间的混合问题，与表征流体中分散均匀尺度的混合态，是两个不同的概念，千万不能混淆。

4.3.2　流体的混合态对反应过程的影响

研究不同混合态对反应过程的影响，需要先考察一级和二级简单反应在宏观混合和达到完全的微观混合情况下反应结果的区别。

对一级反应来讲，动力学方程式为$(-r_A)=kc_A$，若为宏观流体，即只有宏观混合，其中的一部分物料浓度为c_{A1}，另一部分物料为c_{A2}，由于只存在宏观混合，浓度为c_{A1}的物料和浓度为c_{A2}的物料之间不混合、凝并和扩散，故它们在反应器中以各自的停留时间进行反应，而出口的总反应速率，显然为该两部分流体反应速率的平均值，即

$$(-r_{总})=\frac{(-r_1)+(-r_2)}{2}=\frac{kc_{A1}+kc_{A2}}{2}$$

若为微观流体，即达到完全的微观混合，浓度为c_{A1}的物料与浓度为c_{A2}的物料完全混合均匀，它们的浓度变为$(c_{A1}+c_{A2})/2$，经历一定反应时间后，出口的总反应速率为

$$(-r_{总})=k\left(\frac{c_{A1}+c_{A2}}{2}\right)=(kc_{A1}+kc_{A2})/2$$

可见对一级反应来说，两者情况完全相同，宏观混合或微观混合的差别对反应没有影响。

对二级反应来讲，动力学方程式为$(-r_A)=kc_A^2$，若为宏观流体，则有

$$(-r_{总})=\frac{(-r_1)+(-r_2)}{2}=\frac{kc_{A1}^2+kc_{A2}^2}{2}=\frac{k}{2}(c_{A1}^2+c_{A2}^2) \tag{4-56}$$

若为微观流体，则有

$$(-r_{总})=k\left(\frac{c_{A1}+c_{A2}}{2}\right)^2=\frac{k}{4}(c_{A1}^2+2c_{A1}c_{A2}+c_{A2}^2) \tag{4-57}$$

比较式(4-56) 和式(4-57)，两者的结果是不相同的。不同的混合态对不同反应会有不同的影响，这与系统的线性或非线性性质有关。

在进行示踪测定试验时，如果进入的为一个脉冲讯号，则在出口处必然检测到示踪浓度随时间的变化曲线，其形状如E曲线，当进入的脉冲讯号增加一倍时，出口示踪浓度变化曲线也将增加一倍（曲线的峰形），如图4-22所示。

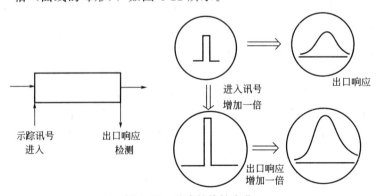

图4-22　示踪的线性变化

假如过程符合上述的关系，也就是

$$\frac{\Delta \text{响应}}{\Delta \text{讯号}} = \frac{d(\text{响应})}{d(\text{讯号})} = \text{常数} \tag{4-58}$$

则这样的过程为线性性质的，反之则不是线性性质。对流动过程，一般均符合线性关系；而对反应过程则不一定。若反应为一级反应时

$$\frac{c_A}{c_{A0}} = e^{-k\tau}$$

当 t 相同时，c_{A0} 增加一倍，c_A 也增加一倍，故符合线性关系。若反应为二级时

$$\frac{c_A}{c_{A0}} = \frac{1}{1 + kc_{A0}\tau}$$

此时，c_{A0} 增加一倍，c_A 不是增加一倍，故不符合线性关系。

工业上的实际反应器，总是包括流动过程与反应过程的。若两者皆符合线性关系，则整个系统亦为线性系统。若有一个过程为非线性的，则整个系统也是非线性的。

凡线性系统皆具有两个线性性质：①在一个系统中，如果有一些相互独立的线性过程在同时进行，则其总结果仍然表现为线性；②对于线性系统，它们的总结果可以分别研究个别过程的结果，通过某种叠加而获得。

由于线性系统具有叠加性质，而非线性系统不具有叠加性质，故对一级反应，可将其流动特征（E 函数）与在间歇反应器中获得的动力学数据（表示反应特征）加以叠加，获得流动反应器的总反应结果，即

$$\frac{\overline{c_A}}{c_{A0}} = \int_0^\infty \frac{c_A}{c_{A0}}(t)E(t)dt \tag{4-59}$$

或写成

$$\overline{x_A} = \int_0^\infty x_A(t)E(t)dt \tag{4-59'}$$

这是因为寿命在 t 和 $t+dt$ 之间的物料分率为 $E(t)dt$，而它的转化率为 $x_A(t)$，它们的乘积总和是在全部停留时间内的积分值，也就是平均转化率。

对于宏观流体，如果已经求得 $E(t)$-t 的函数关系，则出口的平均转化率或平均浓度也可如式(4-59)所示，这是因为在反应釜内，各独立运动单元是彼此不相干的，它们的停留时间是各不相同的，各分子微团对反应过程所做出的贡献等于它们各自的停留时间与反应动力学关联的加和。前面一级反应之所以按宏观与微观流体来计算都得到相同的结果，就是因为它是线性过程，而二级反应不是线性过程，故不能应用式(4-59)，按宏观与微观流体计算，结果也不相同。

如果在一反应釜内，返混为无限大，微观混合也达到无限大，即分子规模均匀，故可用第 3 章的方法按浓度计算。若微观混合为无限大，而返混程度介于平推流与全混流之间，则应选择流动模型，求取模型参数，从而计算非理想流动对反应过程的影响。

由于微观混合导致浓度的变化，因此，它将影响反应的速率。对级数大于 1 的反应，微观混合降低了反应的转化率；对级数小于 1 的反应，微观混合将提高反应的转化率。微观混合程度对反应的影响，只能有一个定性的认识，而在两个极端情况下，即不存在微观混合与微观混合达到无限大时，才有定量的结果。

通过以上讨论，可以明确以下几点。

（1）线性反应过程，即一级反应，反应结果为反应动力学与停留时间分布的函数，它与微观混合程度及混合迟早无关，可以直接应用式(4-59)计算反应的转化率。

（2）非线性反应过程，即反应级数 $n \neq 1$，反应结果不但和动力学特征及停留时间分布函数有关，而且也和微观混合的程度有关，一般不能直接应用式(4-59)计算反应的转化率。且由于微观混合无法定量表达，只能作定性分析。但对完全离集式流体，如固体颗粒反应，由于不存在微观混合，故也可利用式(4-59)进行计算。

（3）当微观混合有利于反应过程时，如快反应、$n < 1$ 的反应等，一般可考虑使反应物在进入反应器之前先进行预混合，以求达到分子规模均匀，特别当反应装置是管式反应器时，增加预混合装置可使反应过程一直保持在有利条件下进行。

（4）对平推流，微观混合对反应也没有影响。因为这时即使存在微观混合，在平推流情况下，这种微观混合只能是停留时间相同的物料之间的混合，故不影响反应的总结果。而返混越大，微观混合的影响也越大。

（5）若整个反应过程转化率很低，则微观混合的影响也较小，转化率越高，微观混合对反应过程的影响也越突出。

例 4-5　如例 4-2 的数据，试直接从停留时间分布实验数据求平均停留时间为 15min 时的反应转化率，并与平推流反应器进行比较。

解　加入示踪剂的总量 Q 为

$$Q = \sum v c(t) \Delta t$$
$$= (3+5+5+4+2+1)(5)v = 100v \ (g)$$

根据 $E(t) = \dfrac{v}{Q} c(t)$ 可得

t/min	0	5	10	15	20	25	30
$E(t)/\text{min}^{-1}$	0	0.03	0.05	0.05	0.04	0.02	0.01

据此数据可作图如附图所示。

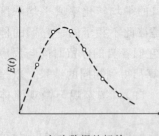

实验数据的标绘

对一级反应

$$-\frac{dc_A}{dt} = k c_A$$

$$\frac{c_A}{c_{A0}} = e^{-kt}$$

应用式(4-59)得

$$\frac{\bar{c}_A}{c_{A0}} = \int_0^\infty \frac{c_A}{c_{A0}}(t) E(t) dt = \sum e^{-kt} E(t) \Delta t$$

计算结果如下

t	$E(t)$	kt	e^{-kt}	$e^{-kt}E(t)\Delta t$	t	$E(t)$	kt	e^{-kt}	$e^{-kt}E(t)\Delta t$
5	0.03	1.53	0.2154	0.0323	20	0.04	6.14	0.0021	0.0004
10	0.05	3.07	0.0464	0.0116	25	0.02	7.68	0.0005	0.0001
15	0.05	4.60	0.0100	0.0025	30	0.01	9.21	0.0001	0
									$\sum 0.0469$

$$\frac{\bar{c}_A}{c_{A0}}=4.69\%$$

转化率

$$x_A=1-\frac{\bar{c}_A}{c_{A0}}=95.3\%$$

若反应器为平推流的，则转化率为

$$x_A=1-\frac{c_A}{c_{A0}}=1-e^{-kt}=1-e^{-0.307\times15}=99\%$$

例 4-6　假设分散的液滴（$c_{A0}=2\text{mol/L}$）在流经反应器时相互间不会产生聚并，且液滴内发生如下反应 $[A\longrightarrow R,(-r_A)=kc_A^2,k=0.5\text{L/(mol}\cdot\text{min)}]$。如脉冲示踪测得的液滴通过反应器的停留时间分布如下图所示，求离开反应器时液滴中剩余 A 的平均浓度。

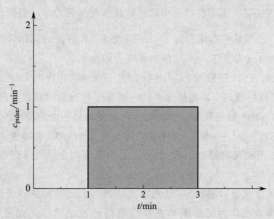

解　因每个液滴都可视为一个单独的间歇反应器，故剩余浓度可由式(4-59) 求得。该反应为二级反应，相关的方程为

$$\frac{c_A}{c_{A0}}=\frac{1}{1+kc_{A0}t}=\frac{1}{1+0.5\times2t}=\frac{1}{1+t}$$

当 $1<t<3$ 时，$E=0.5$；其余时间对应的 $E=0$。

由式(4-59) 可得

$$\frac{\bar{c}_A}{c_{A0}}=\int_0^\infty\left(\frac{c_A}{c_{A0}}\right)_{\text{batch}}E\text{d}t=\int_1^3\frac{1}{1+t}\times0.5\text{d}t=0.5\ln2=0.347$$

习　题

1. 根据全混釜的 E 曲线形状，$E(t)$ 的最大值在 $t=0$ 处出现，而其他设备都不是这样，试解释其原因并说明其物理意义，是否有其他反应器的 E 曲线形状与全混釜的 E 线形状相近？

2. 脉冲示踪测得如下数据，求 E、F。

t/min	0	1	2	3	4	5	6	7	8	9	10
$c(t)/(\text{g/L})$	0	0	3	5	6	6	4	3	2	1	0

3. 因事故，一桶有毒放射性物质 α（其半衰期大于 10 年）在某河流的上游 A 地点被倒入河中。为监

测该河流被污染的情况，环保部门立即在距离 A 地点 200km 的下游 B 地点开始监测 α 的浓度。假设监测期间水流速度恒定为 3000m³/s，在 B 地点监测到的 α 物质浓度随时间的关系如下图所示，求：（1）在 A 地点倒入河中的 α 物质的质量？（2）地点 A 和 B 之间的河水总体积？

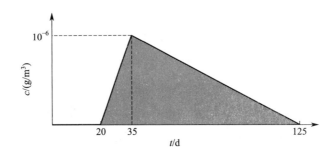

4. 从 E 曲线估计 τ 是否必要？实际反应器中的平均停留时间是否都可根据 $\tau = \dfrac{V}{v}$ 来计算？

5. 有一全混流反应器，已知反应器体积为 100L，流量为 10L/min，试估计离开反应器的物料中，停留时间分别为 0～1min、2～10min 和大于 30min 的物料所占的分率。

6. 有固定床管式反应器，已知管径为 2.54cm，长为 150cm，管数为 1320 根，管内充填 0.6mm 的催化剂颗粒。为了测定轴向扩散系数，今以同样大小的一根管子进行示踪试验，气流自管子上部向下通过催化剂床层。在距示踪进口 30cm 处设置第一个检测点，在距离第一个检测点 90cm 处设置第二个检测点，根据实验数据，求得 $\sigma_{t1}^2 = 39s^2$，$\sigma_{t2}^2 = 64s^2$，若床层空隙率为 0.4，气流空塔速度为 1.2cm/s，求 E_z/uL。

7. 一个封闭容器，已知流动时测得 $E_z/uL = 0.2$，若用串联的全混流反应器表示此系统，则串联釜的数目应为多少？

8. 有一用于气液反应的反应釜（860L），气泡在容器内向上运动并从顶部逸出，液体以 300L/min 的速度从一侧流入并从另一侧流出。为了解流体在反应器内的流动状态，在液体入口处加入脉冲示踪剂（$Q = 150g$）并在出口处测量示踪剂含量，所得结果如下图所示。试求：（1）液相的 E 曲线并作图；（2）反应釜内的液相体积分数；（3）定性分析反应釜内的流动状态。

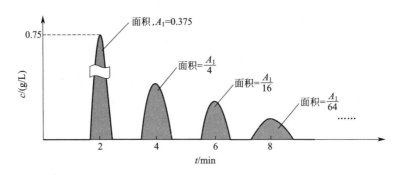

9. 一根 12m 长的管子中，其中的 1m 充填有 2mm 的颗粒，9m 充填 1cm 的颗粒，另外 2m 充填 4mm 的颗粒，假定床层空隙率相同，且 $E_z/ud_p = 2$，流体通过的时间为 2min，试估计出口的方差。

10. 有一反应器，用阶跃示踪测定其停留时间分布，获得如下数据：

θ	0	0.50	0.70	0.875	1.00	1.50	2.0	2.5	3.0
$F(\theta)$	0	0.10	0.22	0.40	0.57	0.84	0.94	0.98	0.99

（1）若此反应器内的流体流动能用扩散模型描述，试求 E_z/uL。

（2）若反应器内的流体为离集流，反应为一级反应，已知 $k = 0.1s^{-1}$，$\tau = 10s$，求其转化率为多少？

（3）若能用扩散模型描述，其转化率为多少？

11. 有一反应器被用于某一级反应，对该反应器进行示踪-应答试验，在进口处加入 δ 函数，示踪物在出口处的响应为：

t/s	10	20	30	40	50	60	70	80
$c(t)$	0	3	5	5	4	2	1	0

已知该反应在全混釜中进行时，在同样 τ 下，$x_{Af}=0.82$，求本反应器所能获得的 x_{Af}。

12. 液液均相反应是制备无机和有机材料的一种重要方法，如氢氧化钠与硝酸发生中和反应（$NaOH+HNO_3 =\!=\!= NaNO_3 + H_2O$）生成硝酸钠。现有初始浓度相同的氢氧化钠与硝酸在某反应器中进行反应并假设其为不可逆基元反应，已知脉冲示踪法测得该反应器内的停留时间分布数据如下表所示：

t/s	1	2	3	4	5	6	8	10	15	20	30	41	52	67
$c(t)$	9	57	81	90	90	86	77	67	47	32	15	7	3	1

另外，如果该反应在一体积相同的平推流反应器中进行，可得转化率为 99%，求：（1）用扩散模型时，转化率为多少？（2）假定多级混合模型可用，求釜的数目及所能达到的转化率。

参 考 文 献

[1]　陈甘棠，梁玉衡. 化学反应技术基础. 北京：科学出版社，1981.

[2]　Levenspiel O. 化学反应工程. 3 版（影印版）. 北京：化学工业出版社，2002.

第 5 章

催化剂与催化动力学基础

5.1 催化剂

5.1.1 概述

气-固相反应中最重要的是气-固相催化反应，物料以流体状流经固体颗粒的催化剂床层而实现反应。视催化剂的运动情况可分为固定床、流化床等装置形式。

化学工业之所以能够发展到今天这样庞大的规模，生产出许许多多种类的产品，在国民经济中占有如此重要的地位，是与催化剂的发明和发展分不开的。从合成氨等基本无机产品到三大合成材料，大量的化工产品是从煤、石油和天然气这些基本原料出发，中间经过各式各样的催化加工而得到的。因此，催化剂的研制往往成为过程开发中首先遇到的关键问题，而催化反应器的设计则是工程技术中的一项重大任务。虽然催化作用的理论和实验研究都有了很多进展，摆脱了过去那种完全只靠试探的状况，但要最后确定出一种最好的催化剂，仍然需要做大量的筛选工作。在催化剂的制备过程中，如在浸渍、洗涤、焙烧、活化等阶段，都要严格遵守操作规程，以求制得的每批催化剂都具有相同的性能。当然，在这些制备过程中，也包含了许多化学工程方面的问题。形成了所谓催化剂工程，专门阐述在催化剂制备中的各种工程问题。在本章中，除介绍一些最基本的知识外，将着重介绍气-固相反应动力学的分析和研究方法，而从第 6 章起，则将动力学的结果应用到反应器的设计上。

催化剂是能改变化学反应速率而本身在反应前后却并不发生组成上变化的物质。它的特点是能降低该反应的活化能，使它进行得比均相时更快，但是它并不影响该化学反应的平衡。对于平衡系统，它既促进了正反应，同时也加速了逆反应。

由于不同催化剂对不同反应的促进情况大不相同，因此，除了代表反应速率大小的活性这一基本因素外，还有选择性这一极其重要的性质需要考虑。在不少情况下，它甚至比活性更为重要。因为它对原料消耗以及整个生产过程的成本常具有决定性的影响。催化剂之所以有如此重要的价值，还在于它所需要的用量是极少的，反应物在它上面反应以后就离去了，所以少量的催化剂能够周而复始地连续作用，从而生产出大量的产品来。还有少数使反应速率减慢的负催化剂，例如均相连锁反应中，那些能与游离基很快结合从而抑制链的传播的物质。但一般来讲，人们对催化剂的理解常是指能促进反应的物质，而把那些减缓反应的物质称作抑制剂。在固相催化剂中，许多是多组分的。除主要组分外，还少量添加一种或几种组分，使其组成或结构改变，以加速主反应、减少某些副反应，或者改善催化剂的力学性能

（如强度、热稳定性等）。这些组分通常称作助催化剂。例如在乙苯脱氢的催化剂中，Fe_2O_3 是主要组分，约占 90%，其余的 Cr_2O_3、CuO、K_2O 是助催化剂，Cr_2O_3 能提高催化剂的热稳定性，而 K_2O 能促进水煤气反应，从而消除高温反应时催化剂表面上的结炭，延长催化剂的使用时间。

在表 5-1 中简要地概括了若干元素及其化合物的重要催化作用。详细的资料可看各种催化剂手册，见文献 [1]。表 5-2 为若干重要催化反应及所用的催化剂示例。可以看出，催化剂一般包括金属（导体）、金属氧化物和硫化物（半导体）以及盐类或酸性催化剂（其中绝缘体较多）等几种类型，它们分别对不同种类的反应起到催化作用。

表 5-1　若干元素及其化合物的重要催化作用

第 I 族		第 V 族	
A	B	A	B
Li 聚合	Cu 加氢,脱氢,氧化	H_3PO_4 脱水,烷基化,异构化,水合,聚合	V_2O_3,V_2O_4,V_2O_5 氧化
Na 聚合	CuO 加氢,脱氢,脱卤,氧化		
Na_2CO_3 热分解,缩合,脱 CO_2	CuCl,$CuCl_2$ 氧化,聚合,缩合	$SbCl_6$ 卤化	$VOCl_3$ 聚合
NaOH 缩合,水解		第 VI 族	
K 聚合	Ag 氧化,还原,分解	A	B
KOH 缩合	Ag_2O 氧化	O_2,O_3 氧化,聚合	Cr_2O_3 脱氢,环化,还原
第 II 族		H_2O_2 聚合	MoO_2,MoO_3 氧化,异构化
MgO 脱水,还原	ZnO 脱水,加氢,脱氢	H_2SO_4 脱水,酯化,异构化,缩合,水合,水解	MoS_2,MoS_3 加氢
CaO 脱水,水解,脱 CO_2	$ZnCl_2$ 卤化,缩合,烷基化		
$CaCO_3$ 脱 CO_2,水解	ZnS 脱氢	SeO_2 氧化	WO_2,WO_3 水合,脱水,加氢
BaO 脱 CO_2,水解	$HgSO_4$ 水合	第 VII 族	
$BaCl_2$ 脱卤,加卤	$HgCl_2$ 氢氯化	A	B
第 III 族		HCl 水解,异构化,脱水	MnO_2 氧化,脱氢
A	B	HBr 氧化,溴化	Mn 的有机酸盐,氧化
BF_3 烷基化,聚合	CeO_2 脱水	第 VIII 族	
Al_2O_3 脱水,水合,热分解,环化	ThO_2 脱水,脱氢	B	B
$AlCl_3$ 烷基化,异构化,卤化烷基铝,聚合		Fe 加氢,卤化	Ni 加氢,还原,氧化
第 IV 族		FeO 加氢,还原	Pd 加氢,还原,氧化
A	B	$FeCl_2$,$FeCl_3$ 氧化,卤化	Pt 加氢,还原,氧化
SiO_2（硅胶,陶土,白土,天然砂）热分解,脱水,异构化	TiO_2 脱水,缩合	Co 加氢,还原	Pt 重整
	$TiCl_3$,$TiCl_4$ 聚合	Co 羰基合成	
	ZrO_2 脱水		

表 5-2　若干重要催化反应及所用的催化剂示例

反 应	反 应 式	催化剂举例	大致反应条件	催化毒物
合成氨	$N_2+3H_2 \Longrightarrow 2NH_3$	95% 氧化铁（FeO 及 Fe_2O_3）助催化剂：Al_2O_3,K_2O,CaO	400~500℃，约 300kgf/cm² （1kgf/cm²=98.06kPa）	S,P 及 As 化合物,卤素,CO,CO_2,O_2,H_2O
水煤气变换	$CO+H_2O \Longrightarrow CO_2+H_2$	Fe_2O_3(80%)-Cr_2O_3（约 9%）	约 500℃	S,P 化合物
甲烷转化	$CH_4+H_2O \Longrightarrow CO+3H_2$	NiO-耐火 Al_2O_3	600~800℃ 30~40atm （标准大气压 1atm=101.3kPa）	S,As 及 Pb 化合物,卤素

续表

反 应	反 应 式	催化剂举例	大致反应条件	催化毒物
氨的氧化	$4NH_3 + 5O_2 \rightleftharpoons 4NO + 6H_2O$	Pt-Rh(1%～10%)丝网	约 1025℃	氯及砷化合物
二氧化硫氧化	$2SO_2 + O_2 \rightleftharpoons 2SO_3$	V_2O_5(8%)-K_2O(13.5%)在硅藻土上	400～600℃	氟化物,氯化物,Te,As
合成甲醇	$CO + 2H_2 \rightleftharpoons CH_3OH$	74%ZnO 及 23%Cr_2O_3	300～400℃ 200～400kgf/cm²	H_2S, COS, CS_2, 铁,镍
合成乙醇	$C_2H_4 + H_2O \rightleftharpoons C_2H_5OH$	65%～75%磷酸-硅藻土	250～300℃ 约 70kgf/cm²	O_2[720ppm(1ppm$=1×10^{-6}$)];NH_3, 有机碱,二烯烃等
丁烯氧化脱氢	$C_4H_8 \rightleftharpoons C_4H_6 + H_2$	磷钼酸铋	470～490℃	S 化合物,O_2,P, 卤化物
乙苯脱氢	![苯环-CH₂CH₃ ⇌ 苯环-CH=CH₂ + H₂]	Fe_2O_3 及 10%～20%K_2O,3%Cr_2O_3	560～600℃	
丙烯氨氧化	$C_3H_6 + NH_3 + \frac{3}{2}O_2 \rightleftharpoons$ $CH_2=CHCN + 3H_2O$	磷钼铋铈	约 470℃	
乙炔氢氯化	$C_2H_2 + HCl \rightleftharpoons C_2H_3Cl$	$HgCl_2$-活性炭	150～180℃	P,S 化合物
乙炔法合成醋酸乙烯	$C_2H_2 + CH_3COOH \rightleftharpoons$ $CH_3COOCH=CH_2$	$(CH_3COO)_2Zn$-活性炭	约 180℃	
乙烯法合成醋酸乙烯	$C_2H_4 + CH_3COOH + \frac{1}{2}O_2 \rightleftharpoons$ $CH_3COOCH + H_2O$ $\parallel$ CH_2	Pd(0.2%～2.0%)在氧化铝或硅胶上	150～200℃ 5～10kgf/cm²	重金属,CO,氰化合物
乙烯氧氯化	$C_2H_4 + 2HCl + \frac{1}{2}O_2 \rightleftharpoons$ $C_2H_4Cl_2 + H_2O$	CuCl,在活性氧化铝上	200～250℃	
乙烯直接氧化	$C_2H_4 + \frac{1}{2}O_2 \rightleftharpoons C_2H_4O$	AgO 在耐火球上	250～280℃	S 化合物,二烯烃,乙炔
萘氧化	![萘 + $\frac{9}{2}O_2$ ⇌ 邻苯二甲酸酐 + 2CO₂ + 2H₂O]	10%V_2O_5 在氧化铝上	360～370℃	
催化裂化	油品裂解成较小分子的产品	硅酸铝,交换型的合成分子筛	450～500℃ 1～2atm	有机碱,有机金属化合物
催化重整	脱氢,异构化,环化及加氢裂解等反应	0.5%～1.0%Pt 在氯化物处理过的 Al_2O_3 或分子筛上	400～500℃ 15～30atm	As,Cu 及 Pb 的化合物,S 化合物,CO,过量水
加氢精制	脱 S,N 及 O 的化合物及加氢饱和	CoO(3%～4%)-MoO_3(13%～19%)在 Al_2O_3 上等	345～430℃ 35～105atm	重质烃,SiO_2,CO, CO_2,H_2S,Pb,As,V, Ni,Na 等化合物

　　由于反应是在催化剂的表面上进行的，所以除少数活性极高、反应速率极快，只需要少量催化剂表面的情况（如 NO 氧化成 NO_2 时用铂丝作为催化剂）外，一般都需要将催化剂组分分布在载体（或担体）的表面上。载体一般是多孔性物质，其孔径的大小和孔内表面积的多少，视不同的载体种类而异。表 5-3 即为一些常用载体的代表性数据。不同来源的同一

载体，它们的参数也可能有许多差异。

表 5-3 一些常用载体的代表性数据

种 类	比表面积/(m²/g)	种 类	比表面积/(m²/g)
活性炭	500~1500	硅藻土	4~20
硅胶	200~600	V_2O_5-Al_2O_3	30~160
SiO_2-Al_2O_3(裂化用)	200~500	Fe(合成氨用)	4~11
活性白土	150~225	骨架 Ni	25~60
活性 Al_2O_3	150~350	CuO,熔融 Al_2O_3	0.0026~0.30

从表中的数据可以看出，有些是低比表面积的，有些是高比表面积的（如活性炭和硅胶等）。根据不同的要求，可以选用不同的载体，而催化剂组分分布在这些载体的内外表面之上。当然，对于多孔性的物质来说，粒子外表面积与粒内微孔中的内表面积相比通常小得可以忽略不计。由于使用了载体，所以只需很少量的催化剂即能获得极大的反应表面积。应当指出，载体不一定在化学上是绝对惰性的，有时也对反应有一定的催化作用。此外，它常是一些热容量较大和具有相当机械强度的物质，因此能对床层温度的变化起到一定的缓冲作用，并避免催化剂在使用中途轻易地粉碎而造成堵塞。

5.1.2 催化剂的制法

催化剂种类繁多、性质有别、制法各异，本书仅简要叙述。

（1）混合法 即将催化剂的各个组分制成浆状，经过充分的混合（如在混炼机中）后成型干燥而得。如上述的乙苯脱氢催化剂就是用这种方法制造的。此外，也有与载体一起混炼进行制备的催化剂。

（2）浸渍法 即将高比表面积的载体在催化剂的水溶液中浸渍，使有效组分吸附在载体上。如乙炔法制氯乙烯的催化剂就是活性炭浸渍氯化汞的水溶液而制得的。有时一次浸渍还达不到规定的吸附量，需要在干燥后再浸。此外，要将几种组分按一定比例浸渍到载体上去也常采用多次浸渍的办法。

（3）沉淀法或共沉淀法 即在充分搅拌的条件下，向催化剂的盐类溶液中加入沉淀剂（有时还加入载体），即生成催化剂的沉淀。本法的影响因素有温度、溶液及沉淀剂的浓度、pH 值、沉淀剂的种类以及加入速度、搅拌速度和沉淀生成后的放置时间（老化）等，这些条件都能影响生成沉淀粒子的均匀性。制成沉淀以后，再经过过滤及水洗除去有害离子，为了便于除尽，也常用 NH_3 及氨盐作为沉淀剂，然后煅烧成所需的催化剂。例如低压合成甲醇的催化剂，其活性组分为 Cu-ZnO-Cr_2O_3，它就是在硝酸铜、硝酸锌和硝酸铬的水溶液中加入沉淀剂碳酸钠制成的，最后再在反应器内通氢气进行活化，然后使用。

有时催化剂的组分要有两种以上。当沉淀剂加入到这些盐类的混合水溶液中时，常常是一种组分先沉淀出来而导致沉淀物的组成不够均匀。为此可采取相反的做法，即向一定 pH 值的沉淀剂溶液中加入混合的盐类水溶液，这样可以提高沉淀的均匀性。不过在添加盐类水溶液时，pH 值要发生变化，可能使前期和后期生成的沉淀有所差异。所以更好一点的办法是将盐类的混合液与沉淀剂水溶液均按一定的速度送入 pH 一定的缓冲溶液中去，同时保持充分的搅拌和恒温，这样所得的催化剂就比较均一了。

（4）共凝胶法 此法与沉淀法类似，它是把两种溶液混合生成凝胶。如合成分子筛就是将水玻璃（硅酸钠）和铝酸钠的水溶液与浓氢氧化钠溶液混合，在一定的温度和强烈搅拌下生成凝胶，再静置一段时间使之晶化，然后过滤、水洗、干燥而得。根据不同的配料比和制备条件，可得出不同型号的分子筛，以供不同用途之需。此外，由于这些分子筛的表面含有大量正（Na^+）离子，有些是易于解离的，故可与过渡金属离子（如 Mg^{2+}、Cu^{2+}、Ni^{2+}等）进行交换，使之连接在硅酸盐的表面上成为各种交换型的分子筛。它们具有高的活性和选择性，并有良好的抗毒性和耐热性，在炼油工业中应用很多。

（5）喷涂法及滚涂法　这是将催化剂溶液用喷枪或其他手段喷射于载体上而制成，或者将活性组分放在可摇动的容器中，再将载体加入，经过滚动，使活性组分黏附其上而制得。这类方法的目的在于利用载体的外表面，避免催化的活性组分进入微孔内部造成反应的选择性降低（如乙烯氧化制环氧乙烷时需避免深度氧化成二氧化碳）。其之所以不用低比表面积的载体，主要是为了传热上的考虑。有关微孔对反应的影响，将在以后谈到。

（6）溶蚀法　加氢、脱氢用的著名催化剂骨架镍即用此法制成。先将 Ni 与 Al 按比例混合熔炼，制成合金，粉碎以后再用 NaOH 溶液溶去合金中的 Al，即形成骨架镍，其中镍原子由于价键未饱和而十分活泼，能在空气中自燃，故须保存在酒精等溶液中，按理还可以有另一些金属，也能用同法制备成催化剂，但工业上只有骨架镍催化剂具有比较重要的意义。

（7）热熔法　即将主催化剂及助催化剂组分放在电炉内熔融后，再把它冷却和粉碎到需要的尺寸，如合成氨用的熔铁催化剂。

此外还有热解法（如将草酸镍加热分解成高活性的镍催化剂）等催化剂的制备方法。制成的催化剂有的还需要经过一定的焙烧（如 $\alpha\text{-}Al_2O_3 \cdot 3H_2O$ 在 600℃ 煅烧成活性的 $\gamma\text{-}Al_2O_3$ 等）才能使用。还有一些催化剂，如加氢用的金属催化剂，焙烧后得到的氧化物，需要在临使用前在反应器中通氢气进行活化，因为只有达到相当的还原程度后才有适当的催化性能。总之，催化剂的制备方法虽有多种，但其目的都是要获得最合适的反应效果。一种催化剂之所以能对某一个化学反应起特定的催化作用，主要是因为这两者之间有结构上与能量上的适应性，因此，催化剂的实际化学组成、结构形式和分散的均匀性等都对其性能有重要影响，催化剂制备中必须严格遵守各个步骤的操作规程的原因即在于此。

5.1.3　催化剂的性能

工业催化剂必备的三个主要条件是活性好、选择性高、寿命长。活性好，则催化剂的用量少、能够转化的物料量大，这当然是很期望的；但也应注意，对于强放热反应，过高的活性有时反而是不受欢迎的，因为在小试或中试时，设备小而散热大，即使对放热反应，也往往还要外加供热，才能维持反应的温度。一旦放大到生产规模，如何移除热量和控制温度往往成为棘手的问题。所以应当考虑反应器的实际传热能力而不宜过高地追求活性。因为如果床层的传热能力跟不上，就会造成"飞温"，控制不住温度的上升而使催化剂被烧坏，甚至还可能发生意外。

选择性的优劣往往比活性的高低更为重要，因为副产物一多，不仅使原料损耗增大，而且要增加分离或处理这些副产物的装备和费用，使整个过程的经济指标大大恶化。一般来说，要制备选择性高的催化剂比制备活性高的更困难一些。许多催化剂之所以未能工业化的原因常在于此。

至于寿命问题，也很重要，如要更换固定床反应器中的催化剂就得停产，所以使用催化剂的寿命至少要有一年半以上。催化剂的失活原因可能是多种多样的，如因局部过热而使有效组分挥发、结晶变化、微孔熔合和比表面积减小等，而最重要的是中毒。如果原料气纯度不够，带入了像硫、磷或砷等化合物时（参见表 5-2），它们往往能牢牢地吸附在催化剂的活性中心上，造成该部分的永久失活。如果由于催化剂表面结炭使活性中心被暂时掩盖而失活，那么可以采用隔一定时间通入空气或水蒸气以烧去结炭的办法使催化剂再生。如石油的催化裂化，在几分钟内，催化剂就因结炭而迅速失活，必须送去再生，因此采用双器流化床的方法，让催化剂在反应器和再生器之间不断循环流动，才实现了工业化。不过不论是什么催化剂，在长期使用或再生过程中，终不免要逐步发生一些物理和化学上的变化，活性会有所降低。这时往往用逐渐提高反应温度的办法来进行补偿，最后，当温度已提高到所能允许的上限时，就只好更换催化剂了。

　　最后，还应注意机械强度的问题。固定床用的催化剂应能承受得住床层的载荷和振动而不致破碎和造成床层的阻塞；流化床用的催化剂则更应能经受得住长期的摩擦而不至于很快变成细粉而被吹走，因此催化剂的强度问题也是工业应用必须考虑的。

5.2　催化剂的物化性质

5.2.1　物理吸附和化学吸附

　　固体催化剂之所以能起催化作用，乃是由于它与各个反应组分的气体分子或者是其中的一类分子能发生一定的作用，而吸附就是最基本的现象。实验研究表明，气体在固体表面上的吸附有两种不同的类型，即物理吸附与化学吸附。两者是很不相同的（参看表 5-4），物理吸附在低温下才较显著，类似于冷凝过程。气体分子与固体表面间的吸力很弱，吸附热约为 $8\sim25kJ/mol$，与冷凝热相当，吸附的活化能很小，常在 $4kJ/mol$ 以下。由于所需能量小，达到平衡快，且吸附力很弱，所以除一些只需要很小活化能的原子或游离基反应外，物理吸附不能解释与一般固体催化的活化能相差很多的现象。

表 5-4　物理吸附与化学吸附的比较

项　　目	物　理　吸　附	化　学　吸　附
吸附剂	所有的固体物质	某些固体物质
吸附的选择性	临界温度以下的所有气体	只吸附某些能起化学变化的气体
温度范围	温度较低，近于沸点。对于微孔中的情况可高于沸点	温度较高，远高于沸点
吸附速率及活化能	很快，活化能低，$<4kJ/mol$	非活化的，低活化能；活化的，高活化能，$>40kJ/mol$
吸附热	$<8kJ/mol$，很少超过冷凝热	$>40kJ/mol$，与反应热的数量级相当，也有例外
覆盖情况	多分子层	单分子层
可逆性	高度可逆	常不可逆
重要性	用于测定表面积及微孔尺寸	用于测定活化中心的面积及阐明反应动力学规律

　　升高温度可使物理吸附的能力迅速降低，在物质临界点以上，一般物理吸附已极微，因而也就说明它不是催化中的重要因素，但是它在研究催化剂的表面积、微孔大小及其分布方面却是极有用的方法。

　　化学吸附与物理吸附不同，它的吸附热大，常在 $40\sim200kJ/mol$ 之间，有的甚至超过 $400kJ/mol$。与一般化学反应热相当，因此可以设想化学吸附时有类似于价键力的存在，对于这种已被吸附的分子，它的反应活化能就比它以分子状态进行反应时所需的活化能小得多，所以它是一种处于活化状态的分子。这种吸附称作活化吸附。除此以外，也有少数活化能极低的非活化吸附的情况。在低温下，化学吸附很慢而物理吸附很快，当温度升高时，物理吸附迅速减弱，而化学吸附逐渐变得显著起来，直至完全是化学吸附。实际进行反应的温度也正是在化学吸附的温度范围之内。化学吸附还是有选择性的，只有那些能够起到催化作用的表面才能与反应气体起化学吸附。因此研究固体表面的吸附是研究气-固相催化反应动力学的一项重要基础。

5.2.2　吸附等温线方程

为了描述在一定温度下气体吸附量与压力的关系，曾提出多种吸附等温模型，著名的有①朗缪尔（Langmuir）型；②弗罗因德利希（Freundlich）型；③焦姆金（Teмкин）型；④BET(Brunauer，Emmett，Teller）型。

今作一简要叙述。

（1）朗缪尔吸附等温线型　此模型应用甚广，其基本假定如下所述。

① 均匀表面（或称理想表面），即催化剂表面各处的吸附能力是均一的，或者说是能量均匀的表面。每一活性点吸附一个分子，吸附热与表面已被吸附的程度无关。对于真实的非均匀表面，如各活性中心具有相同的吸附性，而其余部分的活性可以不计，或者全表面可用平均活性代表，那么本模型仍可适用。

② 单分子层吸附，因为在化学吸附时，被吸附的分子与固体催化剂表面间存在类似于化学键的结合，所以催化剂表面最多能吸附一层。

③ 被吸附的分子间互不影响，也不影响其他分子的吸附。

④ 吸附的机理均相同，吸附形成的络合物亦均相同。

在吸附时，气体分子不断撞击到催化剂表面上而有一部分被吸附住，但由于分子的各种动能，也有一些被吸附的分子脱附下去，最后达到动态的平衡。设固体表面被吸附分子所覆盖的分率（覆盖率）为 θ，则裸露部分的分率为 $(1-\theta)$。吸附上去的速率 r_a 应与裸露面积的大小及气相分压（即代表气体分子与表面的碰撞次数）成正比，因此对于分子 A 在活性点 σ 上的吸附，其机理可写成

$$A + \sigma \underset{k_d}{\overset{k_a}{\rightleftharpoons}} A\sigma \tag{5-1}$$

吸附速率为

$$r_a = k_a p_A (1 - \theta_A) \tag{5-2}$$

脱附速率为

$$r_d = k_d \theta_A \tag{5-3}$$

当达到吸附平衡时，$r_a = r_d$，故可得吸附等温线式

$$\theta_A = \frac{K_A p_A}{1 + K_A p_A} \tag{5-4}$$

式中，$K_A = \dfrac{k_a}{k_d}$，为 A 的吸附平衡常数。如 v 及 v_m 分别表示 A 的实际吸附量和所有活性点全被 A 吸满时的饱和吸附量，则 $\theta_A = v/v_m$。

对于低覆盖率的情况，$K_A p_A \ll 1$，上式可写为

$$\theta_A = K_A p_A \tag{5-5}$$

如吸附的机理不同，则 θ 的表示式亦不相同。譬如当吸附时发生解离（如 $O_2 \rightleftharpoons 2O$）

$$A + 2\sigma \underset{k_d}{\overset{k_a}{\rightleftharpoons}} 2A_{1/2}\sigma \tag{5-6}$$

则 $r_a = k_a p_A (1-\theta_A)^2$，$r_d = k_d \theta_A^2$。

在平衡时，$r_a = r_d$，故可得

$$\theta_A = \frac{(K_A p_A)^{\frac{1}{2}}}{1+(K_A p_A)^{\frac{1}{2}}} \tag{5-7}$$

可见如 A 为解离吸附，则 $(K_A p_A)$ 项为 1/2 次方。

如果多分子同时被吸附，则裸露活性点所占的分率为 $\theta_v = 1 - \sum\limits_i \theta_i$。如为非解离性吸附，则不难相应地导出

$$\theta_v = 1 - \sum_i \theta_i = \frac{1}{1+\sum\limits_i K_i p_i} \tag{5-8}$$

而

$$\theta_i = \frac{K_i p_i}{1+\sum\limits_i K_i p_i} \tag{5-9}$$

从朗缪尔吸附等温线可以看出吸附量（或覆盖率）与压力的关系是双曲线型。辛雪乌（Hinshelwood）利用本模型成功地描述了许多气-固相催化反应，所以又被称作朗-辛（L-H）机理。其后又得到豪根（Hougen）-华生（Watson）一派的发展，成为应用很广的一类方法。

（2）弗罗因德利希型　根据实验测定的结果，发现吸附热随吸附量而变化，这就反映出催化剂的表面未必是均匀的。为了描述非均匀表面的吸附性质，假定吸附热随表面覆盖度的增加而按幂数关系减少。于是吸附速率和脱附速率分别写为

$$r_a = k_a p_A \theta_A^{-\alpha} \tag{5-10}$$

$$r_d = k_d \theta_A^{\beta} \tag{5-11}$$

由此可以得出

$$\theta_A = b p_A^{1/n} \tag{5-12}$$

式中，α、β、b、n 均为常数，而且

$$\left.\begin{array}{l} \alpha+\beta=n, n>1 \\ b=(k_a/k_d)^{1/n} \end{array}\right\} \tag{5-13}$$

式（5-13）适用于低覆盖率的情况，它的形式比较简单，因此应用亦较广。

（3）焦姆金型　吸附等温线方程是按吸附及脱附速率与覆盖率成指数函数的关系而导出的。其式如下

吸附

$$r_a = k_a p_A e^{-g\theta_A} \tag{5-14}$$

脱附

$$r_d = k_d e^{h\theta_A} \tag{5-15}$$

当吸附平衡时，便得

$$\theta_A = \frac{1}{f}\ln(a p_A) \tag{5-16}$$

其中

$$\left.\begin{array}{l} f = h + g \\ a = k_a/k_d \end{array}\right\} \tag{5-17}$$

式中，h、g、a、f 均为常数。

（4）BET 型　对于物理吸附的情况，最成功的式子是 BET 模型。它们以朗缪尔模型为基础，把它推广到多分子层吸附的情况。例如式（5-4）可以改写成

$$\frac{p}{v} = \frac{1}{K v_m} + \frac{p}{v_m} \tag{5-18}$$

而 BET 式则为

$$\frac{p}{v(p_0 - p)} = \frac{1}{v_m C} + \frac{(C-1)p}{v_m C p_0} \tag{5-19}$$

式中，C 为常数；p_0 为在该温度下吸附组分的饱和蒸气压。

图 5-1 是吸附等温线的几种主要型式。可以看出，朗缪尔式、弗罗因德利希式以及焦姆金式所代表的等温线在形式上是相近的；另外滞后型的曲线在一段范围内也可以用这些式子来表示。应当指出，BET 式只适用于物理吸附，焦姆金式只适用于化学吸附，但朗缪尔式及弗罗因德利希式对两者都可应用，但一般不能在整个压力范围内都做到贴合。譬如在压力高时，弗罗因德利希式就不适用，因为吸附量是不可能随着压力的增高而无限增大的。

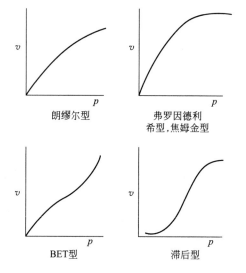

图 5-1　吸附等温线的几种主要型式

5.2.3　催化剂的物理结构

催化剂的物理结构主要是指催化剂的比表面积（以每克催化剂的全部表面积表示）以及孔结构，后者包括孔径的大小和分布。由于催化剂的外表面积与内表面积相比，常常可以忽略，而反应气体分子又必须扩散进入这些小孔，再在内孔表面上进行反应，因此比表面积大小和孔结构对反应的结果具有很重要的影响，而对它们的测定也就成为研究催化过程中不可缺少的一项工作。

（1）比表面积　测定比表面积的经典方法是 BET 法，本法是利用低温下测定气体（如 N_2）在固体上的吸附量和平衡分压值，然后应用 BET 式算出比表面积。从式（5-19）可知，如将 $\dfrac{p}{v(p_0 - p)}$ 对 $\dfrac{p}{p_0}$ 作图，应为一直线，其斜率为 $\dfrac{C-1}{v_m C}$，截距为 $\dfrac{1}{v_m C}$。由此即可求出 v_m 及 C，从 v_m 计算吸附的分子个数，再乘以每一吸附分子所覆盖的面积 α，即得比表面积 S_g。

$$S_g = \left(\frac{v_m N_0}{v}\right)\alpha \tag{5-20}$$

式中，N_0 为阿伏伽德罗常数（$6.02 \times 10^{23} \text{mol}^{-1}$）；$v$ 是在相同于 v_m 的条件下气体的摩尔体积。由于 v_m 是 1g 样品在标准态下的吸附量，故 $v = 22400 \text{mL/mol}$。习惯上用 N_2 在其沸点（$-195.8℃$）下进行测定，故 $\alpha = 15.8(\text{Å})^2$（$1\text{Å} = 10^{-10}\text{m}$），代入式(5-20) 得

$$S_\text{g} = 4.25 v_\text{m} \quad (\text{m}^2/\text{g}) \tag{5-21}$$

也有人采用 $\alpha = 16.2(\text{Å})^2$，这时 $S_\text{g} = 4.35 v_\text{m}$。

（2）孔容与孔径分布　一粒疏松介质的颗粒（单颗粒），粒内的微孔已占有相当的体积比例，而由若干这样的粒子压制成型的一颗组合颗粒（如挤压成圆柱状的催化剂颗粒）在单颗粒间还存在许多较大的空隙（称二次孔），它与单颗粒内微孔体积（称一次孔）之和称为粒内的孔容。最简便的测定方法是将已知质量的试样在液体（如水）中煮沸，排尽孔内空气，然后拭干表面并称重，增加的质量除以液体的密度即得孔容。

较精确的方法是氦-汞法。即先测定试样粒子所取代的氦体积，然后将氦除去，再测定颗粒所能取代的汞体积。因常压下汞不能进入小孔，故两者体积之差就是试样中的孔体积。由每克颗粒的孔体积 V_g 和粒子的质量 m_p 可求得其固相的密度 ρ_s，于是颗粒的空隙率 ε_p 即

$$\varepsilon_\text{p} = \frac{\text{颗粒的孔体积}}{\text{颗粒的总体积}} = \frac{m_\text{p} V_\text{g}}{m_\text{p} V_\text{g} + (m_\text{p}/\rho_\text{s})} = \frac{V_\text{g} \rho_\text{s}}{V_\text{g} \rho_\text{s} + 1} \tag{5-22}$$

如将 m_p 除以被取代的汞体积，即得粒子的密度 ρ_p，故 ε_p 为

$$\varepsilon_\text{p} = V_\text{g}/(1/\rho_\text{p}) = \rho_\text{p} V_\text{g} \tag{5-23}$$

不同孔径的孔内，气体扩散情况的不一将影响到反应的结果，因此需要了解孔径的分布情况。压汞法的原理是压力愈高，汞能进入的小孔的直径也愈细。如图 5-2 所示，做力的平衡，有

$$\pi a^2 p = -2\pi a \sigma \cos\theta \tag{5-24}$$

或
$$a = -2\sigma\cos\theta/p$$

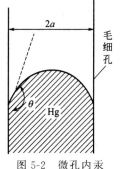

图 5-2　微孔内汞的状况示意

式中，σ 是汞的表面张力。对不同的固体，$-2\sigma\cos\theta$ 之值都可取 7.61×10^{19} 而不致有多大误差，故 $a(\text{Å}) = 7.6 \times 10^{19}/p(\text{Pa})$。这样，只要测出不同压力下汞的压入量，即可求得孔径分布。此法适用的孔径下限为 $100 \sim 200\text{Å}$，孔径再小，压力将不易达到。

另一种方法为氮解析法，根据低温下氮在微孔中凝缩的毛细现象，即孔径愈小，孔内的分压也愈小的情况，在最细的孔内将首先发生凝缩。故在压力达到饱和压力 p_0 时，使所有孔内全被凝缩的氮充满，然后再逐渐降压，则最粗孔内的氮将首先释出。压力与孔半径 $a(\text{Å})$ 间的关系可用下式表示

$$a = 7.34\left(\ln\frac{p_0}{p}\right)^{-\frac{1}{3}} + 9.52\left(\ln\frac{p_0}{p}\right)^{-1} \tag{5-25}$$

这样，测得不同压力下释出氮的体积也就可以求得孔径分布了。如全面地进行氮的吸附和脱附试验，就可测定出比表面积和孔径分布。而且反应的主要场所也在这些孔内；但对组合粒子，需要测定 $10 \sim 1000\text{Å}$ 全范围内的情况时，需把以上两方法结合起来才行。

5.3　气-固相催化反应动力学

5.3.1　反应的控制步骤

气体在催化剂存在下进行化学反应可以设想是由下列各个步骤组成的（参考图5-3）：

① 反应物从气流主体扩散到催化剂的外表面（外扩散过程）；

② 反应物进一步向催化剂的微孔内扩散进去（内扩散过程）；

③ 反应物在催化剂的表面上被吸附（吸附过程）；

④ 吸附的反应物转化成反应的生成物（表面反应过程）；

⑤ 反应生成物从催化剂表面上脱附下来（脱附过程）；

⑥ 脱附下来的生成物分子从微孔内向外扩散到催化剂外表面处（内扩散过程）；

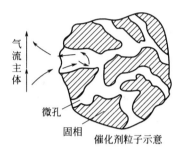

图5-3　催化反应过程示意图

⑦ 生成物分子从催化剂外表面处扩散到气流主体中被带走（外扩散过程）。

如果其中某一步骤的速率与其他各步的速率相比要慢很多，以致整个反应速率就取决于这一步的速率，那么该步骤就称为控制步骤。譬如吸附控制的过程其反应速率等于吸附速率，其他各步的速率都相对较快。以致内、外扩散的阻力完全可以忽略不计，组分在催化剂表面上的分压就等于它们在气流主体中的分压，而且表面上的化学反应始终达到平衡状态。又如对于表面反应控制的过程，则只有表面上的化学反应是最慢的，其他吸附等各个步骤就都可认为达到了平衡的状态。由于吸附、脱附及表面反应都是与催化剂的表面直接有关的。故吸附控制、表面反应控制和脱附控制称为动力学控制，以与外扩散控制及内扩散控制的情况相区别。应当指出，工业催化过程，除少数反应速率飞快的情况（如氨在铂丝上的氧化）外，一般都不会采用在外扩散控制的条件（如很低的流速）下操作，因为这样就不能体现出催化剂的作用了，但是内扩散的影响却往往是相当重要的。有关这方面的问题将在后面介绍。

如果反应的各步速度相差不太大，那么就没有哪一步可作为控制步骤，而其余各步也不能认为已达到平衡状态。前述有控制步骤的那些情况也只是其中的一些特例，不过采用有控制步骤的方法来处理气-固相动力学问题常是合适的。

由于吸附表面有理想表面与非理想表面两类不同假定，吸附等温线的方程形式亦因此而异，所以导得的动力学方程式也就不相同了。

5.3.2　双曲线型的反应速率式

在气-固相催化反应中，反应速率一般是以单位催化剂的质量为基准的。如反应 A $\longrightarrow$ B，组分 A 的反应速率的定义为

$$(-r_A) = \frac{-1}{W} \times \frac{dn_A}{dt}$$

（5-26）

对于不同的控制步骤，根据朗-辛机理，可以进行不同的分析处理。

5.3.2.1　表面反应控制

以反应　$A+B \longrightarrow R+S$ 为例，可设想其机理步骤如下

A 的吸附	$A+\sigma \rightleftharpoons A\sigma$	(1)
B 的吸附	$B+\sigma \rightleftharpoons B\sigma$	(2)
表面反应	$A\sigma+B\sigma \overset{}{\nrightarrow} R\sigma+S\sigma$	(3)
R 的脱附	$R\sigma \rightleftharpoons R+\sigma$	(4)
S 的脱附	$S\sigma \rightleftharpoons S+\sigma$	(5)

其中，σ 为吸附活性点；$\nrightarrow$ 表示控制步骤，其他各步则都被认为是达到了平衡。

因表面反应速率是与吸附的 A 与 B 的量成正比的，即

$$r=(-r_A)=k_r\theta_A\theta_B \tag{5-27}$$

式中，k_r 是表面反应速率常数。将式(5-9)代入即得

$$r=\frac{k_r K_A p_A K_B p_B}{(1+K_A p_A+K_B p_B+K_R p_R+K_S p_S)^2}$$

$$=\frac{k p_A p_B}{(1+K_A p_A+K_B p_B+K_R p_R+K_S p_S)^2} \tag{5-28}$$

式中，$k=k_r K_A K_B$。

对于表面覆盖率极低（各组分的吸附极弱）的情况，则 $(K_A p_A+K_B p_B+K_R p_R+K_S p_S)\ll 1$，于是式(5-28)便简化成与一般均相反应速率式相同的形式

$$r=k p_A p_B \tag{5-29}$$

如可逆反应　$A+B \rightleftharpoons R+S$，并且还有可能被吸附的惰性分子 I 存在，而且反应控制步骤为

$$A\sigma+B\sigma \underset{k_2}{\overset{k_1}{\rightleftharpoons}} R\sigma+S\sigma$$

则可写出反应速率式为

$$r=(-r_A)=k_1\theta_A\theta_B-k_2\theta_R\theta_S=k_1\left(\theta_A\theta_B-\frac{\theta_S\theta_R}{K_r}\right)$$

$$=\frac{k(p_A p_B-p_R p_S/K)}{(1+K_A p_A+K_B p_B+K_R p_R+K_S p_S+K_I p_I)^2} \tag{5-30}$$

式中，$K_r=k_1/k_2$，为化学平衡常数。

$k=k_1 K_A K_B$，$K=\dfrac{k_1 K_A K_B}{k_2 K_R K_S}$，从分子中的这两项可推知是可逆反应，从分母的各项可推知 A、B、R、S、I 五种物质都是被吸附的，而从括弧上的平方就可以知道控制步骤是牵涉两个活性点之间的反应的。

如 A 在吸附时解离，则有

$$A_2+2\sigma \rightleftharpoons 2A\sigma$$

及

$$2A\sigma+B\sigma \underset{k_2}{\overset{k_1}{\rightleftharpoons}} R\sigma+S\sigma+\sigma$$

因此反应速率式为

$$r=(-r_A)=k_1\theta_A^2\theta_B-k_2\theta_S\theta_R\theta_v$$

$$=\frac{k(p_Ap_B-p_Rp_S/K)}{(1+\sqrt{K_Ap_A}+K_Bp_B+K_Rp_R+K_Sp_S)^3} \tag{5-31}$$

从分母中含$\sqrt{K_Ap_A}$项就可知道 A 是解离吸附的，而 3 次方则表示有 3 个活性点参加此控制步骤的反应。

如果有反应　$A+B\longrightarrow R+S$，B 在气相，它与吸附的 A 之间的反应速率是控制步骤，则机理可设想为

$$A+\sigma\Longrightarrow A\sigma \tag{1}$$

$$A\sigma+B\xrightarrow{k_r}R+S+\sigma \tag{2}$$

则反应速率式为

$$r=(-r_A)=k_r\theta_Ap_B=\frac{k_rK_Ap_Ap_B}{1+K_Ap_A} \tag{5-32}$$

如 $K_Ap_A\gg1$，则 $r=k_rp_B$，即反应对 A 为零级，对 B 为一级；如 $K_Ap_A\ll1$，则 $r=k_rK_Ap_Ap_B$，反应对 A、B 均为一级。

5.3.2.2　吸附控制

仍以反应 $A+B\Longrightarrow R+S$ 为例，如 A 的吸附是控制步骤，其机理可设想为

$$A+\sigma\underset{k_2}{\overset{k_1}{\rightleftharpoons}}A\sigma \tag{1}$$

$$B+\sigma\Longrightarrow B\sigma \tag{2}$$

$$A\sigma+B\sigma\Longrightarrow R\sigma+S\sigma \tag{3}$$

$$R\sigma\Longrightarrow R+\sigma \tag{4}$$

$$S\sigma\Longrightarrow S+\sigma \tag{5}$$

反应速率即等于 A 的净吸附速率，而 A 的吸附速率是与 A 的分压及裸露的活性点数成正比例的，脱附速率则与 A 的覆盖率成正比，故净吸附速率为

$$r=r_a-r_d=k_1p_A\theta_v-k_2\theta_A \tag{5-33}$$

由于其余各步都达到了平衡状态，故有

$$\frac{\theta_B}{p_B\theta_v}=K_B \tag{5-34}$$

$$\frac{\theta_R\theta_S}{\theta_A\theta_B}=K_r \tag{5-35}$$

$$\frac{\theta_R}{p_R\theta_v}=K_R \tag{5-36}$$

$$\frac{\theta_S}{p_S\theta_v}=K_S \tag{5-37}$$

另外 $$\theta_v+\theta_A+\theta_B+\theta_R+\theta_S=1 \tag{5-38}$$

由这五个方程式即可解出各组分的 θ。即：

由式(5-34)　　　　　　　　　$$\theta_B=K_Bp_B\theta_v \tag{5-39}$$

由式(5-36)　　　　　　　　　$$\theta_R=K_Rp_R\theta_v \tag{5-40}$$

由式(5-37)　　　　　　　　　$$\theta_S=K_Sp_S\theta_v \tag{5-41}$$

代入式(5-35)
$$\theta_A = \frac{\theta_R \theta_S}{K_r \theta_B} = \frac{K_R K_S}{K_B K_r} \times \frac{p_R p_S}{p_B} \theta_v \qquad (5-42)$$

代入式(5-38) 得

$$\left(1 + \frac{K_R K_S}{K_B K_r} \frac{p_R p_S}{p_B} + K_B p_B + K_R p_R + K_S p_S\right)\theta_v = 1$$

于是知

$$\theta_v = \frac{1}{1 + K_{RS} \dfrac{p_R p_S}{p_B} + K_B p_B + K_R p_R + K_S p_S} \qquad (5-43)$$

式中，$K_{RS} = \dfrac{K_R K_S}{K_B K_r}$。

将式(5-42) 及式(5-43) 代入式(5-33) 即得

$$r = \frac{k_1\left(p_A - \dfrac{p_R p_S}{p_B K}\right)}{1 + K_{RS} \dfrac{p_R p_S}{p_B} + K_B p_B + K_R p_R + K_S p_S} \qquad (5-44)$$

式中，$K = \dfrac{k_1 K_r K_B}{k_2 K_R K_S}$。

另一种推导方法是假定相界面上 A 的分压为 p_A^*（以与其他各组分由于达到了平衡而其界面分压等于主气流中分压的情况相区别），但根据界面上化学平衡的关系，有

$$p_A^* = \frac{p_R p_S}{p_B K} \qquad (5-45)$$

式中，$K = \dfrac{K_r K_A K_B}{K_R K_S}$。

此外覆盖率式中 A 组分的分压都应当用 p_A^* 来代替，即

$$\theta_A = \frac{K_A p_A^*}{1 + K_A p_A^* + K_B p_B + K_R p_R + K_S p_S} \qquad (5-46)$$

$$\theta_v = \frac{1}{1 + K_A p_A^* + K_B p_B + K_R p_R + K_S p_S} \qquad (5-47)$$

将式(5-45)～式(5-47) 的关系代入式(5-33) 中即得式(5-44)。

再以 A 的解离吸附为控制步骤的 A $\Longrightarrow$ R 反应为例，其机理步骤为

$$A + 2\sigma \underset{k_2}{\overset{k_1}{\rightleftharpoons}} 2A_{1/2}\sigma \qquad (1)$$

$$2A_{1/2}\sigma \Longrightarrow R\sigma + \sigma \qquad (2)$$

$$R\sigma \Longrightarrow R + \sigma \qquad (3)$$

反应速率式为

$$r = k_1 p_A \theta_v^2 - k_2 \theta_A^2 \qquad (5-48)$$

由式(3) 的关系，有

$$\frac{\theta_R}{p_R \theta_v} = K_R \qquad (5-49)$$

故

$$\theta_R = K_R p_R \theta_v \tag{5-50}$$

而由式（2）的平衡关系，有

$$\frac{\theta_R \theta_v}{\theta_A^2} = K_r \tag{5-51}$$

故

$$\theta_A = \sqrt{\theta_R \theta_v / K_r} = \theta_v \sqrt{K_R p_R / K_r} \tag{5-52}$$

又因，$\theta_v + \theta_A + \theta_R = 1$

故可得

$$\theta_v = \frac{1}{1 + \sqrt{\dfrac{K_R}{K_r} p_R} + K_R p_R} \tag{5-53}$$

$$\theta_A = \frac{\sqrt{\dfrac{K_R}{K_r} p_R}}{1 + \sqrt{\dfrac{K_R}{K_r} p_R} + K_R p_R} \tag{5-54}$$

将上两式代入式（5-48），得

$$r = \frac{k_1(p_A - p_R / K)}{(1 + \sqrt{K_R' p_R} + K_R p_R)^2} \tag{5-55}$$

式中，$K = \dfrac{k_1 K_r}{k_2 K_R}$；$K_R' = \dfrac{K_R}{K_r}$。

5.3.2.3　脱附控制

以 $A \Longrightarrow R$ 的反应为例，如机理为

$$A + \sigma \Longrightarrow A\sigma \tag{1}$$

$$A\sigma \Longrightarrow R\sigma \tag{2}$$

$$R\sigma \underset{k_2}{\overset{k_1}{\rightleftharpoons}} R + \sigma \tag{3}$$

于是

$$r = k_1 \theta_R - k_2 p_R \theta_v \tag{5-56}$$

令（1）、（2）步均达到平衡，故有

$$\frac{\theta_A}{p_A \theta_v} = K_A \tag{5-57}$$

与

$$\theta_R = K_r \theta_A \tag{5-58}$$

的关系，同前加以处理，最后便得

$$r = \frac{k(p_A - p_R / K)}{1 + K_A' p_A} \tag{5-59}$$

式中，$k = k_1 K_r K_A$；$K = k_1 K_r K_A / k_2$；$K_A' = K_A + K_r K_A$。

利用以上所讲的方法，不难写出不同的反应机理和控制步骤相应的反应速率式。表 5-5 所

举的只是部分例子，其中每一反应速率都是以其对应的机理步骤式为控制步骤时所得的结果。对于本表未包括的情况，必要时读者可自行推导。譬如对反应 $A+B \longrightarrow R$，若催化剂表面上存在两类不同的活性中心 σ_1 及 σ_2 时，如其中 σ_1 吸附 A，而 σ_2 吸附 B 及 R，则必有

$$\theta_{A1}+\theta_{v1}=1 \tag{5-60}$$

$$\theta_{B2}+\theta_{R2}+\theta_{v2}=1 \tag{5-61}$$

表 5-5　气-固相催化反应机理及其反应速率方程举例

化 学 式	机 理	以左方机理式为控制步骤时的相应反应速率方程
$A \Longrightarrow R$	$A+\sigma \Longrightarrow A\sigma$	$r=\dfrac{k\left(p_A-\dfrac{k_2}{k_1}\dfrac{K_R}{K_r}p_R\right)}{1+K_R p_R+\dfrac{K_R}{K_r}p_R}$
	$A\sigma \Longrightarrow R\sigma$	$r=\dfrac{k(p_A-p_R/K)}{1+K_A p_A+K_R p_R}$
	$R\sigma \Longrightarrow R+\sigma$	$r=\dfrac{k(p_A-p_R/K)}{1+K_A' p_A}$
$A \Longrightarrow R$	$2A+\sigma \Longrightarrow A_2\sigma$	$r=\dfrac{k(p_A^2-p_R^2/K^2)}{1+K_R p_R+K_R' p_R^2}$
	$A_2\sigma+\sigma \Longrightarrow 2A\sigma$	$r=\dfrac{k(p_A^2-p_R^2/K^2)}{(1+K_R p_R+K_A p_A^2)^2}$
	$A\sigma \Longrightarrow R\sigma$	$r=\dfrac{k(p_A-p_R/K)}{1+K_A' p_A^2+K_A p_A+K_R p_R}$
	$R\sigma \Longrightarrow R+\sigma$	$r=\dfrac{k(p_A-p_R/K)}{1+K_A' p_A^2+K_A p_A}$
$A \Longrightarrow R$	$A+2\sigma \Longrightarrow 2A_{1/2}\sigma$	$r=\dfrac{k(p_A-p_R/K)}{(1+\sqrt{K_R p_R}+K_R' p_R)^2}$
$A \Longrightarrow R$	$2A_{1/2}\sigma \Longrightarrow R\sigma+\sigma$	$r=\dfrac{k(p_A-p_R/K)}{(1+\sqrt{K_A p_A}+K_R p_R)^2}$
	$R\sigma \Longrightarrow R+\sigma$	$r=\dfrac{k(p_A-p_R/K)}{1+\sqrt{K_A p_A}+K_A' p_A}$
$A+B \Longrightarrow R+S$	$A+\sigma \Longrightarrow A\sigma$	$r=\dfrac{k[p_A-p_R p_S/(Kp_B)]}{1+K_{RS}p_R p_S/p_B+K_B p_B+K_R p_R+K_S p_S}$
	$B+\sigma \Longrightarrow B\sigma$	$r=\dfrac{k[p_B-p_R p_S/(Kp_A)]}{1+K_{RS}p_R p_S/p_A+K_B p_A+K_R p_R+K_S p_S}$
	$A\sigma+B\sigma \Longrightarrow R\sigma+S\sigma$	$r=\dfrac{k(p_A p_B-p_R p_S/K)}{(1+K_A p_A+K_B p_B+K_R p_R+K_S p_S)^2}$
	$\left.\begin{array}{l}R\sigma \Longrightarrow R+\sigma \\ S\sigma \Longrightarrow S+\sigma\end{array}\right\}$	$r=\dfrac{k[(p_A p_B/p_S)-p_R/K]}{1+K_A p_A+K_B p_B+K_R p_R+K_{AB}p_A p_B/p_S}$
$A+B \Longrightarrow R+S$	$A+2\sigma \Longrightarrow 2A_{1/2}\sigma$	$r=\dfrac{k[p_A-p_R p_S/(Kp_B)]}{[1+(K_{RS}p_R p_S/p_B)^{1/2}+K_B p_B+K_R p_R+K_S p_S]^2}$
	$B+\sigma \Longrightarrow B\sigma$	$r=\dfrac{k[p_B-p_R p_S/(Kp_A)]}{1+\sqrt{K_A p_A}+(K_{RS}p_R p_S/p_A)+K_R p_R+K_S p_S}$

化　学　式	机　　理	以左方机理式为控制步骤时的相应反应速率方程
$A+B \Longleftrightarrow R+S$	$2A_{1/2}\sigma + B\sigma \Longleftrightarrow R\sigma + S\sigma + \sigma$	$r = \dfrac{k(p_A p_B - p_R p_S / K)}{(1 + \sqrt{K_A p_A} + K_B p_B + K_R p_R + K_S p_S)^3}$
	$R\sigma \Longleftrightarrow R + \sigma$	$r = \dfrac{k(p_A p_B / p_S - p_R / K)}{1 + \sqrt{K_A p_A} + K_B p_B + (K_{AB} p_A p_B / p_S) + K_S p_S}$
	$S\sigma \Longleftrightarrow S + \sigma$	$r = \dfrac{k(p_A p_B / p_R - p_S / K)}{1 + \sqrt{K_A p_A} + K_B p_B + K_R p_R + K_{AB} p_A p_B / p_R}$

下标 1 及 2 分别表示两类不同的活性中心。如为表面反应控制，则利用上面讲过的方法，最后可得出如下形式的结果

$$r = k_1 \theta_{A1} \theta_{B2} = \frac{k p_A p_B}{(1 + K_A p_A)(1 + K_B p_B + K_R p_R)} \tag{5-62}$$

总之根据本法导出的动力学方程式其一般形式为

$$r = \frac{k(\text{推动力项})}{(\text{吸附项})^n} \tag{5-63}$$

从分子与分母所含的各项以及方次等可以明确看出所设想的机理，包括反应涉及的分子的种类、活性中心的种类、哪些吸附、哪些不吸附、是否解离、反应时只涉及一个活性吸附点还是多个吸附点、反应是否可逆、哪一步是控制步骤等，因此本法所得的动力学方程式是机理性的方程式，得到特别广泛的应用。

5.3.3　幂数型反应速率方程

描述非均匀表面的吸附与脱附速率的焦姆金型公式是

吸附
$$r_a = k_a p_A e^{-g\theta_A} \tag{5-14}$$

脱附
$$r_d = k_d e^{h\theta_A} \tag{5-15}$$

及
$$\theta = \frac{1}{f} \ln(a p_A) \tag{5-16}$$

焦姆金用它成功地得出了合成氨的动力学方程。假定铁催化剂上氨的合成反应

$$\frac{1}{2} N_2 + \frac{3}{2} H_2 \Longleftrightarrow NH_3 \tag{1}$$

其控制步骤是 N_2 的解离吸附，其机理可简示为

$$N_2 + 2\sigma \Longleftrightarrow 2N\sigma \tag{2}$$

$$N\sigma + \frac{3}{2} H_2 \Longleftrightarrow NH_3 + \sigma \tag{3}$$

按式（5-16）可写出

$$\theta_{N_2} = \frac{1}{g+h} \ln(K_{N_2} p_{N_2}^*) \tag{5-64}$$

$p_{N_2}^*$ 即催化剂表面上 N_2 的分压。由于表面反应达到平衡，故

$$p_{N_2}^* = \frac{p_{NH_3}^2}{K_p^2 p_{H_2}^3} \tag{5-65}$$

因反应速率等于净吸附速率，故

$$r = r_a - r_d = k_a p_{N_2} e^{-g\theta_{N_2}} - k_d e^{h\theta_{N_2}}$$

$$= k_a p_{N_2} (K_{N_2} p_{N_2}^*)^{-g/(g+h)} - k_d (K_{N_2} p_{N_2}^*)^{h/(g+h)}$$

$$= k_1' p_{N_2} (p_{N_2}^*)^{-\alpha} - k_2' (p_{N_2}^*)^{\beta}$$

$$= k_1' p_{N_2} \left(\frac{p_{NH_3}^2}{K_p^2 p_{H_2}^3} \right)^{-\alpha} - k_2' \left(\frac{p_{NH_3}^2}{K_p^2 p_{H_2}^3} \right)^{\beta}$$

$$= k_1 p_{N_2} \left(\frac{p_{H_2}^3}{p_{NH_3}^2} \right)^{\alpha} - k_2 \left(\frac{p_{NH_3}^2}{p_{H_2}^3} \right)^{\beta} \tag{5-66}$$

式中，各 k 均代表不同常数，$\alpha = g/(g+h)$，$\beta = h/(g+h)$，显然，$\alpha + \beta = 1$。根据实验结果，定出 $\alpha = \beta = 0.5$，故得合成氨动力学的焦姆金方程式为

$$r = k_1 \frac{p_{N_2} p_{H_2}^{1.5}}{p_{NH_3}} - k_2 \frac{p_{NH_3}}{p_{H_2}^{1.5}} \tag{5-67}$$

式(5-67)沿用至今，仍不失为一个最合适的方程。

类似地，还可以导出脱附控制或表面反应控制等不同情况下的相应反应速率式。

此外，也可以用弗罗因德利希式(5-12)来导出各种情况下的反应速率式。譬如，对于控制步骤为

$$A\sigma + B \xrightarrow{\quad} R + S + \sigma$$

的反应，便可写出

$$r = k' p_B \theta_A = k' p_B \beta p_A^{1/n} = k p_A^a p_B \tag{5-68}$$

式中，$k = k'\beta$，$a = 1/n$。这就是一种幂数型的方程式。

一般人们常直接用

$$r = k p_A^a p_B^b p_C^c \cdots\cdots \tag{5-69}$$

型式的经验式来关联动力学研究的结果，可见也不是没有依据的。不过这一类幂数型的动力学方程式不如前节双曲线型的机理性动力学方程那样能够较清晰地反映出机理的情况，而这一点对于科学技术人员来说，往往是很有指导意义的。但严格来讲，这种机理也不是绝对的。均匀表面的假设本来就与实际情况有所出入，许多参数的确定也都是从实验数据定出，这相当于已作了一定的修正。幂数型的方程式与实验数据的相符性不比双曲线型的差，且其形式简单，计算处理方便，在自控方面比较合适。因此，有些研究者将同一套数据处理成这两种不同形式的动力学方程式，以供需要者任加选用。

表 5-6 中举出了若干重要催化反应的动力学方程式，可供参考。

表 5-6　若干重要催化反应的动力学方程式举例

反　应	催化剂与操作条件	反应速率方程举例
丁烯脱氢制丁二烯 $C_4H_8 \rightleftharpoons C_4H_6 + H_2$	磷钼铋催化剂 410~470℃	$r = k p_{C_4H_8}$
乙苯脱氢制苯乙烯 $C_6H_5C_2H_5 \rightleftharpoons$ $C_6H_5CH = CH_2 + H_2$	氧化铁催化剂 600~640℃	$r = k(p_E - p_S p_H/K)$　下标： E—乙苯 S—水蒸气 H—氢

反　　应	催化剂与操作条件	反应速率方程举例
乙炔法合成氯乙烯 $C_2H_2 + HCl \longrightarrow C_2H_3Cl$	$HgCl_2$-活性炭 $100\sim180℃$	$r = \dfrac{kK_H p_A p_H}{1 + K_H p_H + K_{V_C} p_{V_C}}$　　下标： 　H—HCl 　A—C_2H_2 　V_C—C_2H_3Cl
苯加氢制环己烷 $C_6H_6 + 3H_2 \longrightarrow C_6H_{12}$	Ni $100\sim200℃$	$r = \dfrac{kK_H^3 K_B p_H^3 p_B}{(1 + K_B p_B + K_H p_H + K_N p_N + K_C p_C)^4}$　　下标： 　H—H_2 　B—苯 　N—惰性气 　C—C_6H_{12}
合成光气 $CO + Cl_2 \longrightarrow COCl_2$	活性炭催化剂	$r = \dfrac{kK_{CO}K_{Cl_2} p_{CO} p_{Cl_2}}{(1 + K_{Cl_2} p_{Cl_2} + K_{COCl_2} p_{COCl_2})^2}$ 或　$r = kp_{CO}(p_{Cl_2})^{1/2}$
乙烯氧氯化制二氯乙烷 $C_2H_4 + 2HCl + \frac{1}{2}O_2 \longrightarrow$ $C_2H_4Cl_2 + H_2O$	$CuCl_2$-Al_2O_3 约230℃	$r = \dfrac{kK_E K_O^{1/2} p_E p_O^{1/2}}{[1 + K_E p_E + (K_O p_O)^{1/2}]^2}$　　下标： 　E—C_2H_4 　O—O_2
乙烯气相合成醋酸乙烯 $C_2H_4 + CH_3COOH + \frac{1}{2}O_2 \longrightarrow$ $CH_3COOC_2H_3 + H_2O$	Pd 系催化剂 $160\sim180℃$ $6\sim8kgf/cm^2$	$r = \dfrac{kp_A p_B^{1/2} p_C}{[1 + K_A p_A + (K_B p_B)^{1/2}]^2}$　　下标： 　A—乙烯 　B—氧 　C—醋酸
乙炔法合成醋酸乙烯 $C_2H_2 + CH_3COOH \longrightarrow$ $CH_3COOC_2H_3$	$(CH_3COO)_2Zn$-活性炭 约200℃	$r = \dfrac{kp_A}{1 + K_C p_C}$　　下标： 　A—乙炔 　C—醋酸乙烯
丙烯氨氧化制丙烯腈 $C_3H_6 + NH_3 + \frac{3}{2}O_2 \longrightarrow$ $C_2H_3CN + 3H_2O$	磷钼铋铈催化剂 约470℃	$r = kp_{C_3H_6}$
萘氧化制苯酐 　　（图示结构）$+ O_2 \longrightarrow$（图示结构）$+2CO_2+2H_2O$	钒催化剂 $330\sim420℃$	$r = \dfrac{k_O c_O k_n c_n}{k_O c_O + \beta k_n p_n}$　　下标： 　O—氧 　n—萘 　β—常数
合成氨 $\frac{1}{2}N_2 + \frac{3}{2}H_2 \Longleftrightarrow NH_3$	Fe 催化剂 $400\sim500℃$，$300kgf/cm^2$	$r = k_1 p_{N_2}\left(\dfrac{p_{H_2}^3}{p_{NH_3}^2}\right)^{0.5} - k_2\left(\dfrac{p_{NH_3}^2}{p_{H_2}^3}\right)^{0.5}$
水煤气反应 $CO + H_2O \Longleftrightarrow CO_2 + H_2$	Fe_2O_3 约540℃	$r = k_1 p_{CO}\left(\dfrac{p_{H_2O}}{p_{H_2}}\right)^{0.5} - k_2 p_{CO_2}\left(\dfrac{p_{H_2}}{p_{H_2O}}\right)^{0.5}$
二氧化硫氧化 $2SO_2 + O_2 \longrightarrow 2SO_3$	钒催化剂 $400\sim600℃$	$r = k_1 p_{O_2}\left(\dfrac{p_{SO_2}}{p_{SO_3}}\right)^{0.5} - k_2\left(\dfrac{p_{SO_3}}{p_{SO_2}}\right)^{0.2}$
合成甲醇 $CO + 2H_2 \longrightarrow CH_3OH$	ZnO-Cr_2O_3 $325\sim375℃$ $220\sim300kgf/cm^2$	$r = k\dfrac{p_{H_2} p_{CO}^{0.35}}{p_{CH_3OH}^{0.25}}$

　　最后还应指出，对于同一反应，文献上报道的动力学式可能有很大的不同。这一方面是由于动力学实验比较困难，精确度有限；另一方面对于同一套数据，往往有多个方程式都能同样近似地表达；最后，还由于催化剂制备过程中的某些差异，即使配方完全相同，活性也有差别，所以数据也会不一样。因此，与均相反应的情况不同，固体催化剂的动力学方程式

不能盲目搬用文献资料而应自己实测，制备上有了改变，便需再测，如果没有机理上的变化，那么只要修正方程中的参数就可以了。

5.3.4　反应速率的实验测定法

要测定真实的反应速率，必须首先排除内、外扩散的影响。为此可先做一些预备实验。譬如要确定外扩散影响是否存在，可如图 5-4 所示那样，在反应管内先后放不同质量（如 W_1 及 W_2）的催化剂，然后在同一温度下改变流量（F_{A0}）（进料组成不变），测其转化率（x_A）。如两者的数据按 x_A-W/F_{A0} 作图，实验点落在同一曲线上[图 5-4(a)]即表明在这两种情况下，尽管有线速度的差别，但不影响反应速率，因此可能不存在外扩散影响。如实验点分别落在不同曲线上[图 5-4(b)]，则外扩散影响还未排除。如在高流速区域，两者才一致 [图 5-4(c)]，那么实验就应选择在这一流速区间内进行，才能保证不受外扩散的影响。另一个检验方法是同时改变催化剂装量和进料流量，但保持 W/F_{A0} 不变，如无外扩散影响存在，则以转化率对线速度作图将是一条水平线，否则就表示有外扩散影响存在。不过上述这些检验方法，在 $Re_p = d_p u \rho / \mu$ 小于 50 时，是不甚敏感的，这一点亦应引起注意。

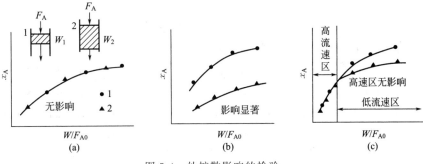

图 5-4　外扩散影响的检验

检验内扩散影响是否存在，可改变催化剂的粒度（直径 d_p），在恒定的 W/F_{A0} 下测转化率，以 x_A 对 d_p 作图（图 5-5）。如无内扩散影响，则 x_A 不因 d_p 而变，如图中 b 点左面的区域那样。在 b 点右侧，d_p 增大，x_A 降低，这就表示有内扩散的影响，因此实验用的 d_p 应比 b 点时为小才好。

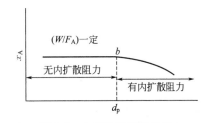

图 5-5　内扩散影响的检验

还应注意气体的流况，避免产生沟流或部分返混，故研究用的反应器需保证为完全返混或者是平推流式，否则数据不够准确。对于固定床的反应管，管内径至少应为催化剂粒径的 8 倍以上，层高至少为粒径的 30 倍以上，并需充填均匀。

根据所研究的反应的特性，如热效应的大小、反应产物的种类、催化剂失活的快慢、转化率范围等以及根据研究的目标范围，应当选用专门设计的实验反应器。这主要是从取样和分析是否方便可靠、是否能够维持等温、物料停留时间能否测准、过程是否稳定、设备制作是否简便等角度来考虑的。目前常用的反应器有如下几类。

微分反应器

（1）固定床积分反应器和微分反应器　通常是用玻璃管或不锈钢管制成，管的材质应保证不起催化作用。在催化剂层之前，常有一段预热区，有的做成盘管的形式，有的是一层惰性的填料，务必使反应气在进入催化剂时已预热到反应温度。反应管要足够的细，管外的传热要足够的好，力求床层内径向和纵向的温度一致。对于强放热反应，有时还用等粒度的惰性物质来稀释催化剂以减轻管壁的传热负担，甚至在不同的部位用不同的稀释比，以求床层

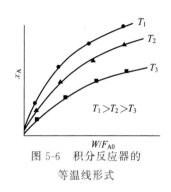

图 5-6　积分反应器的
等温线形式

尽量接近等温，因为温度上的差异往往就是实验误差的主要来源。为了强化管外传热，可根据反应温度的范围选用不同的传热方式。如有的是液体（如水、油、石蜡等）的恒温浴，有的是固体颗粒的流化床，有的则在管外包铜（铝）块。总之，如何维持恒定的反应温度，是实验技术上要下功夫的问题。

积分反应器是指一次通过后转化率较大（如 $x_A > 25\%$）的情况。实验时改变流量，测定转化率，按 x_A-W/F_{A0} 作图（见图 5-6）即得代表反应速率的等温线。取一床层微层做反应组分 A 的物料衡算，有

$$(-r_A)\mathrm{d}W = F_{A0}\mathrm{d}x_A$$

或

$$(-r_A) = \mathrm{d}x_A / \mathrm{d}(W/F_{A0}) \tag{5-70}$$

可见这些等温线上的斜率就代表该点的反应速率。

积分反应器结果简单，实验方便，由于转化率高，不仅对取样和分析要求不高，而且对于产物有阻抑作用和存在反应的情况，也易于全面考察，对于过程开发，这也是颇为重要的。但另一方面，对于热效应很大的反应，管径即使很小，仍难以消除温度梯度而使数据的精确性受到严重影响。此外，数据处理比较繁复，也是一个缺点。

微分反应器与积分反应器在构造上并无原则区别，只是转化率低（一般在 10% 以下，特殊情况也有稍高的），催化剂用量也相应地减少（有的甚至不到 1g），因此可假定在该转化率范围（从进口的 x_{A1} 到出口的 x_{A2}）内，反应速率可当作常数，于是

$$(-r_A) = \frac{F_{A0}}{W}(x_{A2} - x_{A1}) \tag{5-71}$$

此处 $(-r_A)$ 便是相当于组成等于平均转化率（$x_{A1} + x_{A2}$)/2 时的反应速率。如要求得整个实验转化率范围内的反应速率值，就得用配料的方法。即将进料气配得与各种转化率下的组成相当；另一种方法是在微分反应器前加预反应器，让部分物料先经过预转化，再与其余物料混合而进入微分反应器中，调节两股流体的流量，便可获得各种进料组成。

微分反应器的优点是可以直接求出反应速率，催化剂用量少，转化率又低，所以容易做到等温。但分析精度相应的要高得多，这一点往往成为主要困难。另外配料较费事，如有副反应物生成，其量更微，难以考察。此外，由于床层较薄，一旦有沟流，其影响甚大，所以装料时要力求均匀。

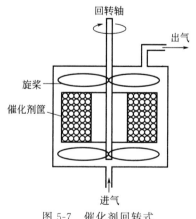

图 5-7　催化剂回转式
反应器示意图

　　(2) 催化剂回转式反应器　如图 5-7 所示，把催化剂夹在框架中快速回转，从而排除外扩散影响和达到气相完全混合及反应器等温的目的。反应可以是分批的，也可以是连续的。催化剂用量可以很少，理论上甚至 1 粒也可以。气-固相的接触时间也能测准。由于是全混式，数据的计算和处理也很方便。但是要把催化剂夹持起来和保持密封，装置结构自然要复杂一些，而且所有催化剂与气流的接触程度应保持相同。此外，如何使装置迅速达到反应规定的条件而消除过渡阶段带来的误差，也是不容易的。

　　(3) 流动循环（无梯度）式反应器　为了既能消除温度梯度和浓度梯度，使实验的准确性提高，又能克服由于转化率低而造成的分析困难，采用把反应后的部分气体循环回去的方法。循环比愈大，床层进出口的转化率相差就愈小，以致终于达到与无梯度相接近的程度，但是新鲜进料和最终出料间的浓度差别还是很大，因此分析也不困难。其反应速率可直接由下式算出

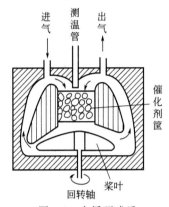

$$(-r_A) = \frac{F_{A0}(x_{A2} - x_{A0})}{W} \qquad (5-72)$$

　　近来采用的内部循环的反应器，如图 5-8 所示即为其中的一种型式。这方面有各式各样的设计，但都是依靠回转的桨叶使气体在器内强制循环而通过催化剂层的。由于结构紧凑，克服了外循环法中的一些缺点因而得到了发展。

图 5-8　内循环式反应器示意图

　　这类全混流反应器与平推流式固定床反应器相比的一个优点是它不受 $\frac{管径}{粒径} > 8$ 的限制。工业固定床用的催化剂粒径较大，如把催化剂粉碎，则内扩散程度与大粒子不同，因此反应速率也会有差别，但在全混流式装置中却可直接用大粒子催化剂进行测定。全混流反应器中由于有相当大的空间，而且流体停留时间的分布很宽，所以对于在均相中也能因热而发生反应，有副反应，甚至副反应的产物还能使催化剂中毒的情况，全混流反应器就不合适了。

　　(4) 脉冲反应器　这是将反应器和色谱仪结合起来的做法，一种是将试料脉冲式地注入载流中，任其带入到反应器中，而在反应器之后连一色谱柱，将产物直接检测和记录下来；有的则将催化剂放在色谱柱中，反应和分离在那里同时进行，称为催化色谱。采用这样的技术，试料用量很少，且测试迅速，对于评价催化剂的瞬时活性，考查吸附性能和机理以及副反应的情况是很方便的。但不是各种反应都能适用，尤其用于动力学研究时还有些困难，这不仅是由于热效应大的反应会出现温度差，还因为脉冲进料，反应组分的吸附不像正常流通状态时那样处于定态，而是一个交变过程。一粒上如此，全床也如此，吸附组分的种类也会变化从而使反应的选择性改变。如产物有阻抑作用，脉冲法中就显现不出，因此测得的反应速率偏高。除非已经肯定不论吸附情况如何都不影响反应结果，或者对所有组分的影响都是同等程度的，否则结果就不能贸然应用。

　　除此之外，还要提一下用流化床反应器作动力学研究的问题。由于在流化床中，气、固两相的流况均难保证是理想流动的，因此所得到的反应结果包括了反应动力学与传递过程两方面的因素，难以把其中真正属于动力学的部分分离出来。所以要应用这种结果进行放大时，由于传递过程的状况不同，就必然会出现差异。因此，与其应用这种动力学与传递过程两不知的结果，还不如排除传递过程的干扰，确切抓住动力学这一端，而在实用和放大过程

中，再专门考虑传递方面的因素。即使出现一些偏差，也易于从传递过程方面寻找原因，加以解决。特别是在数学模拟时，这两者都必须明确的掌握，因此，还是用流动状况为平推流的固定床微型反应器进行动力学研究为宜，即使对于将来要应用于流化床中的催化剂也是如此。

综上所述，对于一般非失活的催化剂，回转催化剂式（分批或连续操作）及内循环的全混流反应器较好；如热效应不大，固定床管式反应器最简便；如反应不复杂，产物分析容易，中间产物的制备也不困难，那么用微分反应器是最方便的。

5.3.5　动力学方程的判定和参数的推定

根据动力学的实验结果，测得了不同温度和不同进料组成（或分压）下，原料组分的转化率以及产物组分的生成率与接触时间的关系。对于微分反应器来讲，可以直接算出各实验点相应的反应速率值，但对于积分反应器，必须从积分反应的等温线（参看图5-6）上求出各点的反应速率。如果图上微分法不能满足精度的要求时，还可以用其他方法，譬如可用多项式来代表该曲线。

$$x_A = a(W/F_{A0}) + b(W/F_{A0})^2 + c(W/F_{A0})^3 + \cdots \tag{5-73}$$

然后用最小二乘法定出 a，b，c，$\cdots$ 常数，将式（5-73）微分后得

$$(-r_A) = \mathrm{d}x_A / \mathrm{d}(W/F_{A0}) = a + 2b(W/F_{A0}) + 3c(W/F_{A0}) + \cdots \tag{5-74}$$

据此即可算出曲线上任意位置处的反应速率。

有了相应于各组分（由此可算出各组分的分压）的反应速率值后，就要设法定出合适的动力学方程来。与此同时，还必须确定方程式中各参数的具体数值。下面对这两方面做一些说明。

5.3.5.1　动力学方程式的判定

豪根-华生的方法是先设想所有可能的反应机理，推导出相应的方程式，然后用实验数据来检验这些方程式，要求方程式中各系数全为正值，对有负值的式子进行舍去，再在全为正系数的各式中选取误差最小的式子。当参加反应的分子数多于1个时，反应的可能机理很多，如果不用计算机，则计算的工作量就很大了。杨光华与豪根提出按初反应速率 r_0（即外推到转化率 $x=0$ 时的反应速率）对总压 p 的依赖关系来判断机理的办法，譬如对反应

$$A + B \Longrightarrow R$$

因初期生成物还很少，故逆反应可忽略，生成物的吸附项亦可略去。设反应为 A 吸附控制，则可得初反应速率式的形式为

$$r_0 = \frac{p}{a + bp} \tag{5-75}$$

a、b 为常数。如 A 为脱附控制，则

$$r_0 = \frac{p}{(a + bp)^2} \tag{5-76}$$

如为 Aσ 与 Bσ 的表面反应控制，则

$$r_0 = \left(\frac{p}{a + bp}\right)^2 \tag{5-77}$$

可见机理不同，r_0 对 p 的曲线形状也不同。图 5-9 即为不同机理的 r_0-p 曲线的形状，可供参考。

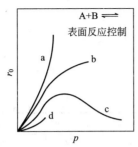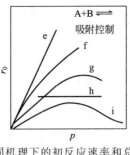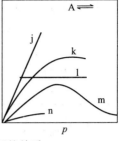

图 5-9　不同机理下的初反应速率和总压的关系

a—B 不吸附；b—A、B 均吸附；c—均吸附，A 解离；d—均相反应；e—A 吸附控制，B 不吸附；

f—B 吸附控制，A 解离；g—A 吸附控制；h—生成物吸附控制的不可逆反应；i—A 解离吸

附控制；j—A 吸附控制；k—表面反应控制（单一活性点）；l—生成物脱附控制的

不可逆反应；m—表面反应控制（双活性点）；n—均相反应

用 r_0-p 曲线形状来判断的方法，需要改变总压进行试验，也需花费不少时间。由于计算机的普及，减轻了人们筛选方程式时的工作量，所以对某一反应，设想出多个以至几十个动力学方程来加以筛选判定的例子也很多，并且是主要的方法之一。如果根据实验资料的分析，结合前人工作与个人的经验，能够事先对可能的与不可能的机理类型作出初步判断，那么往往可使搜索的范围大大减小，并迅速获得结果。

5.3.5.2　动力学方程参数的推定

动力学方程参数的推定可有多种情况，对于积分的式子，可在积分后分别定出其参数。如方程

$$(-r_A) = \frac{kK_A p_A}{1 + K_A p_A} \tag{5-78}$$

对于积分反应器，由式（5-70）可知

$$\frac{W}{F_{A0}} = \int_0^{x_A} \frac{\mathrm{d}x_A}{(-r_A)} = \int_0^{x_A} \frac{\mathrm{d}x_A}{kK_A p_A} + \int_0^{x_A} \frac{1}{k}\mathrm{d}x_A = af_1 + bf_2 \tag{5-79}$$

因式（5-78）中的 p 也可改写成 x_A 的函数，故可以积分出来。式中 f_1 和 f_2 即为常数项 a 及 b 分别提出以后的积分结果。根据实验测得的各个 x_A 及 W/F_{A0} 的对应值，便可用最小二乘法来定出 a 和 b，从而算出 k 及 K_A。如式（5-79）不能直接积分，也可用数值法或图解法求解。

对未能直接积分的情况，往往先把动力学式线性化，如对下式

$$(-r_A) = \frac{kK_A K_B p_A p_B}{(1 + K_A p_A + K_B p_B)^2} \tag{5-80}$$

可改写成

$$\sqrt{\frac{p_A p_B}{(-r_A)}} = \frac{1}{\sqrt{kK_A K_B}} + \frac{K_A}{\sqrt{kK_A K_B}}p_A + \frac{K_B}{\sqrt{kK_A K_B}}p_B$$
$$= a + bp_A + cp_B \tag{5-81}$$

即为线性方程，然后根据实测的各个 p 与 $(-r_A)$ 的对应值，用最小二乘法定出 a、b、c，从而算得 k、K_A 和 K_B。

对于 $r = k p_A^a p_B^b p_C^c$ 这一类经验式，可先写成

$$\ln r = \ln k + a\ln p_A + b\ln p_B + c\ln p_C \tag{5-82}$$

的线性化式，然后用最小二乘法定各参数。

例 5-1 CO 与 Cl$_2$ 在活性炭表面上催化合成光气的反应

$$CO + Cl_2 \longrightarrow COCl_2$$

$$\text{(A)} \quad \text{(B)} \qquad \text{(C)}$$

反应是不可逆反应，实验测定的反应速率数据如下：

p_A/atm	p_B/atm	p_C/atm	r/[mol/(h·g 催化剂)]	p_A/atm	p_B/atm	p_C/atm	r/[mol/(h·g 催化剂)]
0.406	0.352	0.226	0.00414	0.253	0.218	0.522	0.00157
0.396	0.363	0.231	0.00440	0.610	0.118	0.231	0.00390
0.310	0.320	0.356	0.00241	0.179	0.608	0.206	0.00200
0.287	0.333	0.367	0.00245				

设反应为表面反应控制，CO 在活性炭表面上的吸附与 Cl$_2$ 及 COCl$_2$ 相比要弱得多，试确定出动力学的最优参数。

解 参照式(5-28)，可写出动力学的形式为

$$r = \frac{kK_A K_B p_A p_B}{(1 + K_A p_A + K_B p_B + K_C p_C + K_1 p_1)^2} \tag{1}$$

不考虑极少量惰性组分的影响，并忽略分母中的 $K_A p_A$ 项，则得

$$r = \frac{kK_A K_B p_A p_B}{(1 + K_B p_B + K_C p_C)^2} \tag{2}$$

或写成

$$1 + K_B p_B + K_C p_C = \sqrt{kK_A K_B} \sqrt{p_A p_B / r} \tag{3}$$

如令 $x = p_B, y = p_C, z = \sqrt{p_A p_B / r}, A = K_B, B = K_C, C = \sqrt{kK_A K_B}, R$ 为实验误差，则上式便成为如下形式

$$1 + Ax + By - Cz = R \tag{4}$$

今将 N 组实验数据代入并求其平方和，则有

$$N + A^2 \sum x^2 + B^2 \sum y^2 + C^2 \sum z^2 + 2A \sum x + 2B \sum y -$$
$$2C \sum z + 2AB \sum xy - 2AC \sum xz - 2BC \sum yz = \sum R^2 \tag{5}$$

将此式分别对 A、B、C 微分，并令其等于 0，即得下列三式

$$A \sum x^2 + \sum x + B \sum xy - C \sum xz = 0 \tag{6}$$

$$B \sum y^2 + \sum y + A \sum xy - C \sum yz = 0 \tag{7}$$

$$-C \sum z^2 + \sum z + A \sum xz + B \sum yz = 0 \tag{8}$$

在下面的附表中，将各组实验数据的一些加和值分别算出，代入式(6)～式(8)，得

$$0.9008A + 0.6673B - 14.595C + 2.315 = 0$$

$$0.6673A + 0.7370B - 12.890C + 2.145 = 0$$

$$14.595A + 12.890B - 256.3C + 41.99 = 0$$

联解，得

$$A = 2.61, \quad B = 1.60, \quad C = 0.393$$

由此可得

$$K_B = 2.61, \quad K_C = 1.60, \quad \sqrt{kK_A K_B} = 0.393$$

故最后所得方程为

$$r = \frac{0.0592 p_A p_B}{(1+2.61 p_B + 1.60 p_C)^2}$$

按此式算得的结果列于附表中，与实验值的误差不大于 5%。

附　表

$r \times 10^3$	p_A	$x(=p_B)$	$y(=p_C)$	$Z=\sqrt{p_A p_B/r}$	x^2	y^2	z^2	xy	yz	xz	Z(计算值)
4.14	0.406	0.352	0.226	5.88	0.1239	0.0511	34.52	0.0796	1.329	2.070	5.80
4.40	0.396	0.363	0.231	5.72	0.1318	0.0534	32.67	0.838	1.321	2.076	5.89
2.41	0.310	0.320	0.356	6.42	0.1024	0.1267	41.16	0.1139	2.285	2.054	6.12
2.45	0.287	0.333	0.367	6.25	0.1109	0.1347	39.01	0.1222	2.294	2.081	6.25
1.57	0.253	0.218	0.522	5.93	0.0475	0.2725	35.13	0.1138	3.096	1.293	6.11
3.90	0.626	0.118	0.231	4.41	0.0146	0.0562	19.42	0.0287	1.045	0.534	4.31
2.0	0.179	0.608	0.206	7.38	0.3697	0.0424	54.42	0.1253	1.520	4.487	7.42
Σ		2.312	2.139	41.99	0.9008	0.7370	256.3	0.6673	12.890	14.595	

注：本例参考 V G Jenson and G V Jeffreys. Mathematical Methods in Chemical Engineering. 2nd ed. Academic Press, 1963：364-368.

例 5-2　反应 $NO + H_2 \longrightarrow \frac{1}{2} N_2 + H_2O$ 在 400℃、1atm 和装有 $W=1.066g$ 的 CuO-
　　　　　　(A) 　(B)
ZnO-Cr₂O₃ 催化剂的微分反应器中进行，气体总流量（标准状态）为 2000mL/min，在不同入口分压 $p_{A,0}$ 及 $p_{B,0}$ 下测得转化率 x_A，如附表中的前三列所示。试求：（1）相应各点的反应速率。（2）以幂数形式表示的反应速率方程。（3）如设想反应为吸附的 NO 与气相中的 H_2 的反应控制，或者是吸附的 NO 与吸附的 H_2 的表面反应所控制，试比较哪个较合适。

解　（1）由式(5-71)，知

$$(-r_A) = F_{A,0} \Delta x_A / W = (2.0 p_{A,0}/22.4) x_A / 1.066 = 0.08376 p_{A,0} x_A \tag{1}$$

按此即可将各点的 $(-r_A)$ 值算出，列于下表右侧第一列中。

附　表

$p_{A,0}/atm$	$p_{B,0}/atm$	$x_A/\%$	$(-r_A \times 10^5)_{实测}$ /[mol/(min·g)]	式(4)	$(-r_A \times 10^5)_{计算}$ 式(9)
0.0500	0.00659	0.602	2.52	2.84	2.54
0.0500	0.0113	1.006	4.21	2.83	3.87
0.0500	0.0228	1.293	5.41	5.63	6.02
0.0500	0.0311	1.579	6.61	6.68	6.93
0.0500	0.0402	1.639	6.86	7.69	7.55
0.0500	0.0500	2.100	8.79	8.67	7.93
0.0100	0.0500	4.348	3.64	3.58	3.63
0.0153	0.0500	3.724	4.77	4.52	4.87
0.0270	0.0500	2.924	6.61	6.18	6.61
0.0361	0.0500	2.627	7.94	7.25	7.35
0.0482	0.0500	1.938	7.88	8.50	7.88
		标准误差		±0.44	±0.45

（2）以幂数形式表示

$$(-r_A) = k p_A^a p_B^b \tag{2}$$

取对数使之线性化，则为

$$\ln(-r_A) = \ln k + a \ln p_A + b \ln p_B \tag{3}$$

取 $p_{A,0} = 0.05$ 的六点以 $\ln(-r_A)$ 对 $\ln(p_{B,0})$ 作图，如图（a）所示，由此定出直线的斜率为

$$b = 0.556$$

截距为

$$\ln[k(0.05)^2] = 3.803$$

同样取 $p_{B,0} = 0.05$ 的六点以 $\ln(-r_A)$ 对

$\ln(p_{A,0})$ 作图，则如图（b）所示，由此可得

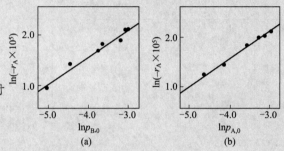

$$a = 0.542, \quad \ln[k(0.05)^b] = 3.815$$

这样，可以分别求出两个 k 值，即 227×10^{-5} 及 240×10^{-5}，取其平均值 234×10^{-5}。另外，近似地可取 $a = b = 0.55$，于是式(2)便为

$$(-r_A) = 0.00234(p_A p_B)^{0.55} [\text{mol}/(\text{min} \cdot \text{g 催化剂})] \tag{4}$$

按此算得之值列于附表右侧第二列中。由于有 11 组实验值，待定参数为 k、a、b 三个，故标准误差可如下计算

$$\left\{ \sum [(-r_A)_{\text{实测}} - (-r_A)_{\text{计算}}]^2 / (11 - 3) \right\}^{\frac{1}{2}}$$

结果标准误差为 ± 0.44。

（3）如控制步骤为吸附的 A 与气相中的 B 反应，则在低转化率下，生成物的影响可以忽略时，不难立刻写出其速率式的形式为

$$(-r_A) = k p_B \theta_A = k K_A p_A p_B / (1 + K_A p_A + K_B p_B) \tag{5}$$

当控制步骤为吸附的 A 与吸附的 B 的表面反应时，则为

$$(-r_A) = k K_A K_B p_A p_B / (1 + K_A p_A + K_B p_B)^2 \tag{6}$$

将（5）、（6）两式线性化，分别得

$$\frac{1}{(-r_A)} = \frac{1}{C} \times \frac{1}{p_A p_B} + \frac{K_A}{C} \times \frac{1}{p_B} + \frac{K_B}{C} \times \frac{1}{p_A} \tag{7}$$

及

$$\frac{1}{\sqrt{(-r_A)}} = \frac{1}{\sqrt{C'}} \sqrt{\frac{1}{p_A p_B}} + \frac{K_A}{\sqrt{C'}} \sqrt{\frac{p_A}{p_B}} + \frac{K_B}{\sqrt{C'}} \sqrt{\frac{p_B}{p_A}} \tag{8}$$

式中，$C = k K_A$，$C' = k K_A K_B$。

利用附表中的实验值，用最小二乘法确定参数，得出 C 值为负，舍去；而由式(8)则得到

$$1/\sqrt{C'} = 0.9116, \quad K_A/\sqrt{C'} = 47.63, \quad K_B/\sqrt{C'} = 46.44$$

由此得

$$K_A = 52.2 \text{atm}^{-1}, \quad K_B = 50.9 \text{atm}^{-1}, \quad k = 4.52 \times 10^{-4} \text{mol}/(\text{min} \cdot \text{g})$$

故最后得

$$(-r_A) = 1.201 p_A p_B / (1 + 5.22 p_A + 50.9 p_B)^2 [\text{mol}/(\text{min} \cdot \text{g})] \tag{9}$$

用本式算得的结果列于附表的最后一列中，其标准误差为 ± 0.45，与幂数法不相上下，但本法能对机理有所考虑，而前法处理比较简便。

例 5-3　在总压 1atm 及 130~150℃ 范围内用积分反应器测定了乙炔与氯化氢在 $HgCl_2$-活性炭上合成氯乙烯的转化率与进料量的关系

$$C_2H_2 + HCl \longrightarrow C_2H_3Cl$$
$$\text{(A)} \quad \text{(B)} \qquad \text{(C)}$$

表中只列出了 175℃ 下一组数据作为代表，$T=175℃$。

已知在实验条件下，反应基本上为不可逆，HCl 及 C_2H_3Cl 的吸附均远比 C_2H_2 强，试写出其动力学方程。

分子比 $m=\dfrac{HCl}{C_2H_2}$	$p_{A,0}$/atm	x_A	$W/F_{A,0}$	分子比 $m=\dfrac{HCl}{C_2H_2}$	$p_{A,0}$/atm	x_A	$W/F_{A,0}$
1.25	0.401	0.934	18.0	1.14	0.463	0.955	23.7
1.23	0.405	0.955	21.3	1.24	0.463	0.909	15.5
1.23	0.405	0.898	14.3	1.24	0.463	0.875	13.1
1.14	0.463	0.995	47.0	1.24	0.463	0.834	10.8

解　假设吸附的氯化氢与气相中的乙炔反应是控制步骤

$$HCl + \sigma \Longleftrightarrow HCl\sigma$$
$$HCl\sigma + C_2H_2 \xrightarrow{\quad\quad} C_2H_3Cl\sigma$$
$$C_2H_3Cl\sigma \Longleftrightarrow C_2H_3Cl + \sigma$$

其相应的动力学方程为

$$(-r_A) = \frac{kK_B p_A p_B}{1 + K_B p_B + K_C p_C} \quad [\text{mol}/(\text{g} \cdot \text{h})] \tag{1}$$

将各分压改写成转化率的形式，取 1mol 的 C_2H_2 为基准，则

初始时　　$\dfrac{C_2H_2}{1}\ \dfrac{HCl}{m}\ \dfrac{C_2H_3Cl}{0}$　　总计 $1+m$

转化或生成　$-x$　$-x$　$+x$

剩余　　　$1-x$　$m-x$　x　　总计 $1+m-x$

因总压为 1atm，故 $p_{A,0}=1/(1+m)$

$$p_A = (1-x_A)/(1+m-x_A) = p_{A,0}(1-x_A)/(1-p_{A,0}x_A)$$
$$p_B = (m-x_A)/(1+m-x_A) = p_{A,0}(m-x_A)/(1-p_{A,0}x_A)$$
$$p_C = x_A/(1+m-x_A) = p_{A,0}x_A/(1-p_{A,0}x_A)$$

将它们代入式(1)，即得

$$(-r_A) = \frac{p_{A,0}^2(1-x_A)(m-x_A)}{a(1-p_{A,0}x_A)^2 + bp_{A,0}(1-p_{A,0}x_A)(m-x_A) + cp_{A,0}(1-p_{A,0}x_A)x_A} \tag{2}$$

式中，$a=1/(kK_B)$；$b=1/k$；$c=K_C/(kK_B)$。 \tag{3}

对积分反应器，有

$$\frac{W}{F_{A,0}} = \int_0^{x_A} \frac{dx_A}{(-r_A)} \tag{4}$$

将式(2)代入后可以积分而得到

$$W/F_{A,0} = af_1 + bf_2 + cf_3 \tag{5}$$

式中

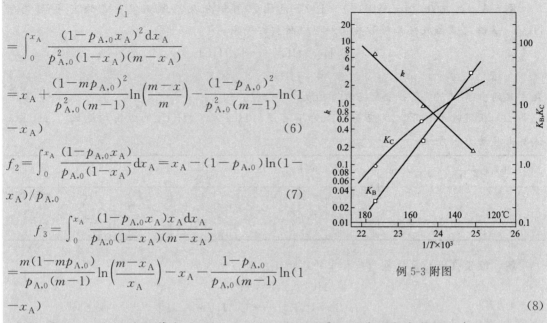

$$f_1$$
$$=\int_0^{x_A}\frac{(1-p_{A,0}x_A)^2\mathrm{d}x_A}{p_{A,0}^2(1-x_A)(m-x_A)}$$
$$=x_A+\frac{(1-mp_{A,0})^2}{p_{A,0}^2(m-1)}\ln\left(\frac{m-x}{m}\right)-\frac{(1-p_{A,0})^2}{p_{A,0}^2(m-1)}\ln(1-x_A) \tag{6}$$

$$f_2=\int_0^{x_A}\frac{(1-p_{A,0}x_A)}{p_{A,0}(1-x_A)}\mathrm{d}x_A=x_A-(1-p_{A,0})\ln(1-x_A)/p_{A,0} \tag{7}$$

$$f_3=\int_0^{x_A}\frac{(1-p_{A,0}x_A)x_A\mathrm{d}x_A}{p_{A,0}(1-x_A)(m-x_A)}$$
$$=\frac{m(1-mp_{A,0})}{p_{A,0}(m-1)}\ln\left(\frac{m-x_A}{x_A}\right)-x_A-\frac{1-p_{A,0}}{p_{A,0}(m-1)}\ln(1-x_A) \tag{8}$$

例 5-3 附图

这样从实验数据可以直接算出 f_1、f_2 及 f_3，然后用最小二乘法定出式（5）中的 a、b、c，从而可求得 k，K_B 及 K_C。

对于 130℃、150℃ 也可同样求得相应的值，然后对 $1/T$ 作图，如附图所示，最后定出各常数值的计算式如下

$$\left.\begin{array}{l}k=1.714\times10^{14}\exp(-13860/T)\quad\mathrm{mol/(g\cdot h\cdot atm)}\\K_B=1.108\times10^{-20}\exp(19920/T)\quad(\mathrm{atm}^{-1})\\K_C=1.783\times10^{-6}\exp(6500/T)-2.53\quad(\mathrm{atm}^{-1})\end{array}\right\} \tag{9}$$

附图中 K_C 亦可作为直线处理，但精确度要差一些。

以上将方程式线性化，并根据系数必须为正值的原则来确定方程式及其系数的方法是比较简单的，也可手算，因此较常采用。但也有一些令人非议之处，譬如测定的各个变数，其精确可靠程度是不一致的，或者说不是等权的。如将这一点考虑进去，将不同可靠度的参数分别乘以相应的"权"，然后再按最小二乘法计算时，可能原来要出现负系数的情况变成了全是正系数的情况，另外多组分吸附时，各吸附组分之间并不是都像朗缪尔假设的那样是互不相干的，而可能有时互相加强，有时互相削弱。譬如 B 的吸附导致 A 的吸附加强时，A 的覆盖率可写成

$$\theta=\frac{kp_A}{1+K_Ap_A-K_Bp_B} \tag{5-83}$$

这时出现负值。最后还有一个重要问题，即经过线性化以后的误差情况与原来式子的误差情况是不一致的，譬如使式（5-81）左端的 $\sqrt{p_Ap_B/(-r_A)}$ 为最小而定出的各个常数，未必会使式（5-80）（$-r_A$）的误差为最小。所以最好是直接用式（5-80）这一非线性式子定出其中的各参数来，使（$-r_A$）的误差为最小。即所谓非线性最小二乘法，这类方法近年来发展很快。

除此之外，也有将反应速率用多项式来近似的，譬如对于双变数的速率方程，可写成

$$r = b_0 + b_1 x_1 + b_2 x_2 + b_{12} x_1 x_2 + b_{11} x_1^2 + b_{22} x_2^2 \tag{5-84}$$

式中，x_1、x_2 可为分压或温度等独立变数，而各个 b 值均由实验数据回归定出。

应当指出，经验式与机理式并不是绝对的。通过机理式能对过程的实质做深入的了解，但所表示的机理仍然只具有相对真理的性质，尤其是方程式中的各个参数，都是靠实验求定的，其中多少有一些经验修正的意味。此外，对于同一组动力学数据，也往往可以有不止一种机理的几个方程式能够同等精度地吻合，即使误差略有不同，其出入也可能只在实验误差范围之内。除非对反应过程深入进行微观动力学的研究，才能就其内在的机理有更清晰的了解。但那样做，旷日废时，特别对复杂的反应，仍很难解决。故这里介绍的化学工程的动力学研究法还是比较切实可行的，尤其因为在工业规模上，各方面因素都起着错综复杂的作用，所以事先常要进行适当的模拟或放大研究，这时还要作若干方面的调整，包括动力学参数在内。因此对动力学结果的要求如何，运用怎样的方法来实现它，应当是与准备应用它来达到怎样的目的相配合的，不应过于拘泥。

5.3.6　催化剂的内扩散

（1）扩散系数　多孔物质催化剂粒内的扩散现象是很复杂的。除扩散路径的长短极不规则外，孔的大小不同时，气体分子的扩散机理亦会有所不同。孔径较大时，分子的扩散阻力是由于分子间的碰撞所致，这种扩散就是通常所谓的分子扩散或容积扩散；但当微孔的孔径小于分子的自由程（约 $0.1 \mu m$）时，分子与孔壁的碰撞机会超过了分子间的相互碰撞，从而前者成了扩散阻力的主要因素，这种扩散就称努森（Knudson）扩散。

对于沿 z 方向的一维扩散，扩散通量 $N[(kg \cdot mol)/(s \cdot m^2)]$ 与浓度梯度成正比，而该比例常数就是扩散系数 D，今以 A、B 两组分气体混合物为例。

$$N_A = -D_{AB} \frac{dc_A}{dz} = -D_{AB} c_T \frac{dy_A}{dz}$$

$$= -\frac{p}{RT} D_{AB} \frac{dy_A}{dz} \tag{5-85}$$

式中，c_T 表示总浓度；p 为系统压力（大气压）；y_A 为 A 组分的摩尔分率。分子扩散系数 D_{AB} 可用查普曼-恩斯考（Chapman-Enskog）式计算

$$D_{AB} = 0.001858 T^{\frac{3}{2}} \frac{(1/M_A + 1/M_B)^{\frac{1}{2}}}{p \sigma_{AB}^2 \Omega_{AB}} \quad (cm^2/s) \tag{5-86}$$

式中，Ω_{AB} 称碰撞积分，它是 $k_B T / \varepsilon_{AB}$ 的函数（表 5-7）；k_B 是玻尔兹曼（Boltzmann）常数；ε 和 σ 称为伦纳德-琼斯（Lennard-Jones）势能函数的常数（见表 5-8）。不同分子对的 σ_{AB} 和 ε_{AB} 可由下式算出

$$\sigma_{AB} = \frac{1}{2}(\sigma_A + \sigma_B) \tag{5-87}$$

$$\varepsilon_{AB} = (\varepsilon_A \varepsilon_B)^{\frac{1}{2}} \tag{5-88}$$

表 5-7　碰撞积分 Ω_{AB}

$k_B T/\varepsilon_{AB}$	Ω_{AB}	$k_B T/\varepsilon_{AB}$	Ω_{AB}	$k_B T/\varepsilon_{AB}$	Ω_{AB}	$k_B T/\varepsilon_{AB}$	Ω_{AB}
0.30	2.662	2.00	1.075	4.5	0.8610	20	0.6640
0.40	2.318	2.5	0.9996	5.0	0.8422	50	0.5756
0.50	2.066	3.0	0.9490	6	0.8124	100	0.5130
1.00	1.439	3.5	0.9120	8	0.7712	200	0.4644
1.50	1.198	4.0	0.8836	10	0.7424	400	0.4170

表 5-8　伦纳德-琼斯势能函数常数

化合物	$(\varepsilon/k_B)/K$	$\sigma/\text{Å}$	化合物	$(\varepsilon/k_B)/K$	$\sigma/\text{Å}$	化合物	$(\varepsilon/k_B)/K$	$\sigma/\text{Å}$	化合物	$(\varepsilon/k_B)/K$	$\sigma/\text{Å}$
空气	78.6	3.711	甲烷	148.6	3.758	氢	59.7	2.827	丙烯	298.9	4.678
氨	558.3	2.900	乙炔	231.8	4.033	氧	106.7	3.467	苯	412.3	5.349
一氧化碳	91.7	3.690	乙烷	215.7	4.443	氮	71.4	3.798	氯仿	340.2	5.389
二氧化碳	195.2	3.941	乙烯	224.7	4.163	水	809.1	2.641	乙醇	362.6	4.530
氯	316	4.217	丙烷	237.1	5.118	二氧化硫	335.4	4.112	氰化氢	569.1	3.630

注：$1\text{Å}=10^{-10}\text{m}$。

对于表中未列出的物质，读者如有需要，可参考文献 [3]。

对于极性气体，或压力在临界压力 0.5 倍以上的情况，上式的误差可能大于 10%。对于多组分气体，分子分率为 y_1 的组分其扩散系数 D_{1m} 可由下式计算

$$D_{1m} = (1-y_1) \bigg/ \sum_{i=1}^{m}(y_i/D_{1m}) \qquad (5-89)$$

对于努森扩散系数 D_K 的计算可用下式

$$D_K = 9700 a (T/M)^{\frac{1}{2}} \ (\text{cm}^2/\text{s}) \qquad (5-90)$$

式中，a 为微孔半径，cm；T 为温度，K；M 为分子量。对于圆筒形微孔，容积/表面积的比值为 $a/2$，故可由粒子密度 ρ_p（g/cm^3）、比表面积 S_g（cm^2/g）及孔隙率 ε_p 来表示

$$a = \frac{2V_g}{S_g} = \frac{2\varepsilon_p}{S_g \rho_p} \qquad (5-91)$$

代入式(5-90)，得

$$D_K = 19400 \frac{\varepsilon_p}{S_g \rho_p}(T/M)^{1/2} \ (\text{cm}^2/\text{s}) \qquad (5-92)$$

当分子扩散与努森扩散同时存在时，则式(5-85)中的扩散系数可用综合扩散系数 D 来代替

$$D = \frac{1}{(1-a y_A)/D_{AB} + 1/(D_K)_A} \qquad (5-93)$$

式中

$$a = 1 + \frac{N_B}{N_A} \qquad (5-94)$$

对 $A \longrightarrow B$ 等类型的反应，在圆管内进行定常态的反应与扩散时，由于是等分子的逆向扩散，故 $N_B = -N_A$；于是 $a=0$，综合扩散系数为

$$D = \frac{1}{1/D_{AB} + 1/(D_K)_A} \qquad (5-95)$$

显然，当孔径颇大时，$D_K \to \infty$，而 $D = D_{AB}$；反之，如孔径甚小，则为努森扩散控制，$D = D_K$。由于式(5-93)中 D 值与气体组成 y_A 有关，而微孔内又有浓度梯度存在。因此，D 也应当是个变量，这在计算时是十分不便的，好在通常 D 值对浓度的依赖性不大，所以一般就用与组成无关的公式，如式(5-95)来计算。

近年来发展了多种沸石催化剂（常称分子筛），其微孔结构和尺寸十分规整。一般孔径为 $5 \sim 10 \text{Å}$，与分子本身的尺寸为同一数量级，因此只有结构尺寸比孔径小的分子得以扩散通过而较大的则不能，这种选择性称为（构）形选（择）性。在图 5-10 中即表示了不同孔径下的扩散区及其扩散系数的数量级情况。

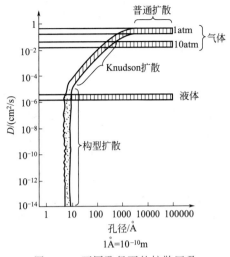

图 5-10 不同孔径下的扩散区及扩散系数的关系

例 5-4 在 200℃ 下，苯在 Ni 催化剂上加氢，如催化剂微孔的平均孔径为 $50 \times 10^{-10} \text{m}$，求总压为 1atm 及 30atm 下氢的扩散系数。

解 由表 5-8，查得：

$$H_2：\varepsilon/k = 59.7\text{K}, \sigma = 2.827\text{Å} = 2.827 \times 10^{-10} \text{m}$$

$$C_6H_6：\varepsilon/k = 412.3\text{K}, \sigma = 5.349\text{Å} = 5.349 \times 10^{-10} \text{m}$$

设本系统可由苯与氢的二组分系统代表，则由式(5-87)及式(5-88)，得

$$\sigma_{AB} = \frac{1}{2}(2.827 + 5.349) = 4.088$$

$$\varepsilon_{AB} = k(59.7 \times 412.3)^{\frac{1}{2}} = 157.0k$$

故
$$kT/\varepsilon_{AB} = 473/157.0 = 3.01$$

由表 5-7，查得 $\Omega_{AB} = 0.9483$，代入式(5-86) 得

$$D_{H_2-C_6H_6} = 0.001858 \times 473^{\frac{3}{2}} \frac{\left(\frac{1}{2.016} + \frac{1}{78.11}\right)^{\frac{1}{2}}}{p \times 4.088^2 \times 0.9483} = \frac{0.860}{p} \ (\text{cm}^2/\text{s})$$

当 $p = 1\text{atm}$ $\quad D_{H_2-C_6H_6} = 0.860\text{cm}^2/\text{s}$

$p = 30\text{atm}$ $\quad D_{H_2-C_6H_6} = 0.0287\text{cm}^2/\text{s}$

对于努森扩散系数则由式(5-90) 计算，它与总压是无关的。

$$D_K = 9700(50 \times 10^{-8})\left(\frac{473}{2.016}\right)^{\frac{1}{2}} = 0.0706\text{cm}^2/\text{s}$$

可见在 1atm 时，分子扩散的影响可以忽略，微孔内由努森扩散控制，而当压力增高到 30atm 时，两者都是重要的，这时综合扩散系数可由式(5-93) 求取

$$D = 1 / \left(\frac{1}{0.0287} + \frac{1}{0.0706}\right) = 0.0202\text{cm}^2/\text{s}$$

催化剂颗粒中气体的有效扩散系数 D_e 可以用实验按式(5-85)进行测定。方法是在一定的压力下，让气体从厚度为 Δl 的催化剂颗粒的一侧扩散到另一侧去，测得定常态时的扩散量及两侧的气相组成 $(y_A)_2$ 及 $(y_A)_1$，便可计算出 D_e。

$$D_e = -\frac{N_A RT}{p}\left[\frac{\Delta l}{(y_A)_2 - (y_A)_1}\right] \tag{5-96}$$

由于有效扩散系数是一个重要参数，但往往缺乏实验数据，因此需要有一些估算方法。通常是以单孔中的扩散式为基础，设想催化剂颗粒内的孔结构模型，然后加以近似的处理。譬如所谓的类似微孔模型是把催化剂粒内的微孔按式(5-91)算出其平均孔径 $\bar{a}$，按式(5-22)计算出颗粒的空隙率 ε_p，而所有的微孔都看成是类似的。至于代表真实扩散途径的粒内微孔，在各处的截面积和长度都是不尽相同的，而且相当复杂。为此，用与扩散方向的颗粒长度 l 成某种比例的长度 x_L 来加以表征，其比例因子称为微孔形状因子（或称迷宫因子或曲折因子）τ。

$$x_L = \tau l \tag{5-97}$$

于是式(5-85)可改写成为如下的形式

$$(N_A)_e = \frac{-p}{RT}\left(\frac{\varepsilon_p D}{\tau}\right)\frac{dy_A}{dl}$$

$$= \frac{-p}{RT}D_e\frac{dy_A}{dl} \tag{5-98}$$

$(N_A)_e$ 表示催化剂粒子中的扩散通量，以便与单孔内的扩散通量相区别。在这里

$$D_e = \frac{\varepsilon_p D}{\tau} \tag{5-99}$$

D 值由式(5-95)算出，τ 值则由实验求得，但其值相当分散，一般在 $1\sim6$ 之间，甚至更大一些，作为工程上的估算，在无表面扩散的情况下可取 $\tau = 2\sim4$。

（2）等温催化剂的有效系数 η　为了减少床层流体阻力，工业固定床用的催化剂粒度都较大（如 $d_p = 2\sim8mm$），一般为球形或圆柱形。由于颗粒大，微孔中的扩散距离亦相应增加，因此有可能使粒内浓度不一，从而造成反应速率和温度的不一。根据反应体系和微孔结构情况的不同，这种不一的程度也就不同，今定义催化剂的有效系数 η 为

$$\eta = \frac{催化剂颗粒的实际反应速率}{催化剂内部的浓度和温度与其外表面上的相等时的反应速率} = \frac{r_p}{r_s} \tag{5-100}$$

式中，下标 s 是指外表面状态下的情况；r_s 即无内扩散阻力时的反应速率。下面从简单的例子出发来加以分析。

设有半径为 R 的球形催化剂颗粒，在粒内进行等温不可逆的 m 级反应，取任一半径 r 处厚度为 dr 的壳层做物料衡算（图5-11），则

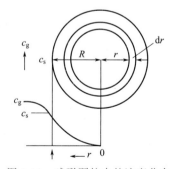

图 5-11　球形颗粒内的浓度分布

$$\underbrace{4\pi(r+dr)^2 D_e\frac{d}{dr}\left(c+\frac{dc}{dr}dr\right)}_{(r+dr)\text{ 面进入量}} - \underbrace{4\pi r^2 D_e\frac{dc}{dr}}_{r\text{ 面出去量}} = \underbrace{4\pi r^2 dr k_v c^m}_{\text{反应掉的量}}$$

或

$$\frac{d^2 c}{dr^2} + \left(\frac{2}{r}\right)\frac{dc}{dr} = \left(\frac{k_v}{D_e}\right)c^m \tag{5-101}$$

式中，k_v 是以颗粒体积作基准的反应速率常数。边界条件为

$$r = 0 \qquad \frac{dc}{dr} = 0 \tag{5-102}$$

$$r = R \qquad c = c_s \tag{5-102'}$$

今定义一无量纲的内扩散模数 ϕ_s［或称西勒（Thiele）模数］如下

$$\phi_s = R \sqrt{\frac{k_v c_s^{m-1}}{D_e}} \tag{5-103}$$

是表征内扩散影响的重要参数。对于一级反应，$m = 1$，则

$$\phi_s = R \sqrt{k_v / D_e} \tag{5-104}$$

于是式（5-101）成为

$$\frac{d^2 c}{dr^2} + \left(\frac{2}{r}\right)\frac{dc}{dr} = \left(\frac{k_v}{D_e}\right)c = \left(\frac{\phi_s}{R}\right)^2 c = b^2 c \tag{5-105}$$

式中，$b = \phi_s / R$。如令 $c = \zeta / r$，则上式为

$$d^2 \zeta / dr^2 = b^2 \zeta \tag{5-106}$$

其解

$$\zeta = cr = A_1 e^{br} + A_2 e^{-br} \tag{5-107}$$

或

$$c = \frac{1}{r}(A_1 e^{br} + A_2 e^{-br}) \tag{5-108}$$

式中，A_1、A_2 为积分常数，根据边界条件式（5-102）知

$$A_1 = -A_2$$

故

$$c = \frac{A_1}{r}(e^{br} - e^{-br}) = \frac{2A_1}{r}\sinh(br) \tag{5-109}$$

又根据边界条件式（5-102'），可知

$$c_s = \frac{2A_1}{R}\sinh(bR) \tag{5-110}$$

将上两式相除，消去 A_1，即得

$$\frac{c}{c_s} = \frac{\sinh\left(\phi_s \dfrac{r}{R}\right)}{(r/R)\sinh\phi_s} \tag{5-110'}$$

即粒内的浓度分布式，完全由 r/R 及 ϕ_s 值决定。

由于整个颗粒内的反应速率应等于从颗粒外表面定常扩散进去的速率，故

$$r_p = 4\pi R^2 D_e (dc/dr)_{r=R} \tag{5-111}$$

而由式（5-110）可得

$$\frac{dc}{dr} = \frac{c_s(\phi_s/R)\cosh(\phi_s r/R) - (c_s/r)\sinh(\phi_s r/R)}{(r/R)\sinh\phi_s} \tag{5-112}$$

故

$$\left(\frac{dc}{dr}\right)_{r=R} = \frac{c_s(\phi_s\cosh\phi_s - \sinh\phi_s)}{R\sinh\phi_s}$$

$$= \frac{c_s\phi_s}{R}\left(\frac{1}{\tanh\phi_s} - \frac{1}{\phi_s}\right) \tag{5-113}$$

代入式（5-111），得

$$r_p = 4\phi_s \pi R D_e c_s \left(\frac{1}{\tanh\phi_s} - \frac{1}{\phi_s} \right) \tag{5-114}$$

另外，如整个颗粒内浓度均与外表面上的浓度相等，则反应速率为

$$r_s = \left(\frac{4}{3} \right) \pi R^3 k_v c_s \tag{5-115}$$

于是由式(5-100)的定义，可得

$$\eta = \frac{3}{\phi_s} \left(\frac{1}{\tanh\phi_s} - \frac{1}{\phi_s} \right) \tag{5-116}$$

（球形颗粒，一级反应）

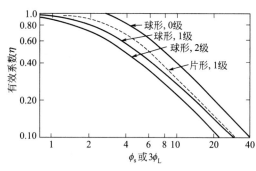

图 5-12　催化剂的有效系数

可见在这种情况下，η 之值完全由 ϕ_s 决定，图 5-12 中即绘出了这一曲线。

当 ϕ_s 大时，$\tanh\phi_s \rightarrow 1$〔如 $\phi_s = 2.65$ 时，$\tanh\phi_s = 0.99$〕，$\eta \rightarrow 3/\phi_s$。当 ϕ_s 小时，$\eta \rightarrow 1$。这从物理意义上讲，即球径 (R) 愈大、反应速率 (k_v) 愈快或扩散 (D_e) 愈慢，则 ϕ_s 愈大，此时粒内的浓度梯度就愈大。反之，当 ϕ_s 小时，内外浓度近于均一，故 $\eta \rightarrow 1$。通常在 $\phi_s < 1$ 时，内扩散影响可忽略不计，从这里就可以看到 ϕ_s 值的物理含义了。以上都是针对球形颗粒和一级反应而言的，0 级和 2 级反应的结果亦表示在图 5-13 中。

对于片状催化剂，如厚度为 L，一面与气体接触，或厚度为 $2L$，两面均与气体接触，一样可推算出 η 的关系（具体推导从略）。这时定义内扩散模数为

$$\phi_s = L \sqrt{k_v c_s^{m-1}/D_e} \tag{5-117}$$

对一级不可逆反应，其结果为（图 5-12 的曲线）

$$\eta = \tanh\phi_R / \phi_L （片状，一级反应） \tag{5-118}$$

对于长圆柱形（半径 R）颗粒，也可用片形颗粒的曲线，但取 $L = R/2$；对于高、径相等的短圆柱形颗粒，则取 $L = R/3$ 即可。从图中这些曲线可以看出，决定性的影响因素是 ϕ，颗粒形状的影响则是比较小的。

在表 5-9 中举出若干催化剂的有效系数值，其中有的还不到 0.5，可见大颗粒催化剂的实际催化效果会大打折扣。对于这些催化剂，如强化设备的生产能力，就可在床层阻力降允许的条件下减少粒度。如径向合成氨塔就是在缩短流体路程的同时，采用小粒度催化剂来提高催化剂的利用率的。又如流化床反应器由于用细粒催化剂，使其内表面充分得到利用从而使某些反应得到强化。

表 5-9　催化剂有效系数举例

催化剂	反应	条件	粒径/mm	有效系数
硅铝催化剂	石油裂解	480℃	4.4	0.55
铬铝催化剂	环己烷脱氢	478℃	6.2	0.48
铁催化剂	合成氨	450~480℃ 330~360atm	3.7	0.65
			1.2~2.3	0.89~0.98
			10	0.15~0.40
ZnO-Cr$_2$O$_3$	合成甲醇	330~410℃ 280atm	5×16	0.52~0.95
铬铝催化剂	丁烷脱氢	530℃	3.2	0.70

催化剂	反应	条件	粒径/mm	有效系数
HgCl$_2$-活性炭	乙炔氢氯化	170℃	3×8	0.357(x=0.916)
				0.766(x=0.739)
		150℃		0.166(x=0.989)
				0.462(x=0.918)
				x 为乙炔转化率

要确定出某一种粒度催化剂的有效系数，可有下列三种方法：

① 用不同粒径的催化剂分别测定其反应速率，当粒径再小，而反应速率不变时，即表示已达到 $\eta=1$ 了。然后用大颗粒的实测反应速率与之比较，便得出 η 值。

② 如只用两种粒径（R_1，R_2）的颗粒，则在分别测定其反应速率（r_{p1}，r_{p2}）后，根据

$$R_1/R_2=\phi_1/\phi_2 \quad \text{和} \quad r_{p1}/r_{p2}=\eta_1/\eta_2 \tag{5-119}$$

的关系，便可利用图 5-12 上的相应曲线来找出（η_1/η_2）的关系。也可以先假定一个 η 值，利用图 5-12 及式（5-119）反复计算拟合。

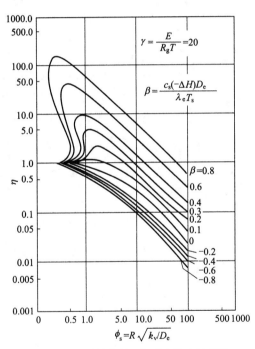

图 5-13　球形催化剂一级反应的有效系数

③ 如果只使用一种粒度的测定值来定 η，则可用下法：把包含有未能直接测定的数值 k_v 和 ϕ 改为一个包含有能够直接测定的反应速率 $\left(-\dfrac{1}{V_c}\times\dfrac{dn}{dt}\right)$ 数值的新的内扩散模数 ϕ。

球形　$\Phi_s=\dfrac{R^2}{D_e}\left(-\dfrac{1}{V_c}\dfrac{dn}{dt}\right)\dfrac{1}{c_s}$ （5-120）

片形　$\Phi_L=\dfrac{L^2}{D_e}\left(-\dfrac{1}{V_c}\dfrac{dn}{dt}\right)\dfrac{1}{c_s}$ （5-121）

当反应级数 m 是整数时，则

$$\Phi_s=\phi_s^2\eta \quad 及 \quad \Phi_L=\phi_L^2\eta \tag{5-122}$$

将 ϕ 的定义式（5-103）代入

$$-\dfrac{1}{V_c}\dfrac{dn}{dt}=k_v c_s^m\eta=\dfrac{c_s D_e}{R^2}\phi_s^2\eta \tag{5-123}$$

如 m 已知为整数，则当 $\eta<0.1$ 时，$\eta=1/\Phi_L$（对于球形颗粒，$\eta=3/\phi_s=9/\Phi_s$）；当 η 值较大时，则可用图 5-12 及式（5-123）逐次近似而定出 η 值。或者更方便一些可从相关的图上直接查出。对等温的情况，只要用 $\beta=0$

的曲线就好了（因为这相当于 $\lambda_e=\infty$）。至于 c_s，可认为等于气流中的浓度，因为一般都是在排除了外扩散的条件下进行反应的。

> **例 5-5**　某催化反应在 500℃ 的催化剂颗粒中进行，已知反应速率式为
>
> $$(-r_A)=7.5\times10^{-3}p_A^2 \quad [\text{mol}/(\text{s}\cdot\text{g 催化剂})]$$
>
> A 为主要成分，p 的单位是 atm，如颗粒为圆柱形，高度与直径为 0.5cm，颗粒密度 $\rho_p=0.8\text{g/cm}^3$，颗粒外表面上 A 的分压 $p_{A,s}=0.1$atm，粒内 A 组分的扩散系数为 $D_e=$

$0.025cm^2/s$，求催化剂有效系数。

解 用浓度表示时

$$(-r_A) = 7.5 \times 10^{-3} \rho_p (RT)^2 c_A^2 = k_v c_A^2$$

故

$$k_v = 7.5 \times 10^{-3} \times 0.8 \times (82.05 \times 773.2)^2 = 2.416 \times 10^7$$

由于图5-12中有球状颗粒的二级反应曲线，故可近似地应用，而将代表的直径用当量圆球的直径加以表示，故

$$R = \frac{d_p}{2} = \frac{1}{2}\left(\frac{6V_p}{A_p}\right) = \frac{1}{2}\left[\frac{6(\pi/4) \times 0.5^2 \times 0.5}{\pi \times 0.5 \times 0.5 + 2(\pi/4) \times 0.5^2}\right] = 0.25cm$$

代入式(5-103)，得

$$\phi_s = R\sqrt{\frac{k_v c_{AS}}{D_e}} = R\sqrt{\frac{k_v p_{AS}}{RTD_e}}$$

$$= 0.25\sqrt{\frac{(2.416 \times 10^7) \times 0.1}{82.05 \times 773.2 \times 0.025}} = 9.76$$

于是从图5-12中查得：$\eta = 0.21$

例5-6 分子量为120的某组分在360℃的催化剂上进行一级反应，表面上的平均浓度为$1.0 \times 10^{-5} mol/mL$，实际测得反应速率为$1.20 \times 10^{-5} mol/(mL \cdot g$催化剂$)$；已知颗粒为球形，$d_p = 2mm$，$\varepsilon_p = 0.50$，$\rho_p = 1.0g/cm^3$，$S_g = 450m^2/g$，微孔孔径$30 \times 10^{-10} m$，迷宫因子$\tau = 3.0$。试估算催化剂的有效系数。

解 由于孔径很细，可以设想为努森扩散控制，故由式(5-92)及式(5-99)

$$D_e = D_K = 19400 \frac{0.50^2}{3.0 \times 450 \times 10^4 \times 1.0}\sqrt{\frac{273 + 360}{120}}$$

$$= 8.25 \times 10^{-4} cm^2/s$$

由式(5-120)

$$\Phi_s = \frac{0.1^2}{8.25 \times 10^{-4}}(1.20 \times 10^{-5})\frac{1}{1.0 \times 10^{-5}} = 14.53$$

因

$$\Phi_s = \phi_s^2 \eta$$

故由 $\phi_s^2 \eta = 14.53$ 及图5-12的相应曲线，可以通过试算法求得

$$\phi_s = 5.85, \eta = 0.42$$

前面所讲的是反应速率式可用幂数形式表示的某些情况。对于动力学方程为双曲线型的情况，目前也有一些研究，可参考文献[5]。

（3）非等温催化剂的有效系数　对于放（吸）热反应，粒内可能会有一定的温差。如对粒内某一壳层作定常态下的热量衡算，则该层内的净扩散量应等于其反应量，而放出的热量必在层内以一定的温差传出，故可写出

$$D_e (dc/dr)(-\Delta H) = -\lambda_p(dT/dr) \tag{5-124}$$

式中，λ_p是由实验测定的颗粒有效热导率；ΔH为反应热。对于非金属载体的催化剂，λ_p的数量级在$10^{-1} J/(s \cdot m \cdot K)$，互相差别不大。将上式积分后，得

$$\Delta T = T - T_s = \frac{(-\Delta H)D_e}{\lambda_p}(c_s - c) \tag{5-125}$$

此式表示粒内温度和浓度的依赖关系。如 $c=0$，即将物料在粒内全部反应完毕时可能达到的最大温差 $\Delta T_{\max}$，故

$$\Delta T_{\max} = \frac{(-\Delta H)D_e}{\lambda_p} c_s \tag{5-126}$$

据此便可对粒内温度情况作出估计。对于一般反应，实际上粒内温差常可忽略，但对于强放（吸）热反应，温差有时可高达几十甚至 $100 ℃$ 以上。

要求催化剂的有效系数，需把物料衡算式与热量衡算式联立求解。以球形颗粒为例，前者即式(5-101)，而后者亦不难类似地导出为

$$\mathrm{d}^2 T/\mathrm{d}r^2 + (2/r)\mathrm{d}T/\mathrm{d}r = (\Delta H/\lambda_p)k_v c^m \tag{5-127}$$

边界条件为

$$\left.\begin{array}{l} r=0, \mathrm{d}T/\mathrm{d}r=0 \\ r=R, T=T_s \end{array}\right\} \tag{5-128}$$

通过数值解，求得浓度分布和温度分布后，便可进一步算出有效系数。其结果可通过无量纲参数 ϕ_s、β 及 γ 表达成如图 5-13 的形状（$\gamma=20$），其中有

热效参数 $$\beta = \frac{(-\Delta H)D_e c_s}{\lambda_p T_s} \tag{5-129}$$

阿伦尼乌斯数 $$\gamma = E/RT \tag{5-130}$$

对于等温反应，$\beta=0$；吸热反应，$\beta<0$；放热反应，$\beta>0$。因吸热反应时颗粒内部温度只能比表面温度低，故 $\eta<1$。β 愈负、ϕ 愈大时，η 愈小。但对放热反应，η 可大于 1，因为粒内温度增高的影响可能超过浓度降低的影响。此外对强放热和 ϕ 小的区域，同一 ϕ 处可有三个 η 值，即有三个热量平衡的形态存在。但中间一点是不稳定的，遇有扰动，就可能使放热剧增，温度猛升，直到成为扩散控制为止；或者放热剧减，温度下降，直到成为表面反应控制。不过在实际的催化过程中，落在这个区间的状况是罕见的。

例 5-7 同例 5-6 的情况，颗粒的热导率 $\lambda_e = 3.59 \times 10^{-3} \mathrm{J}/(\mathrm{cm \cdot K \cdot s})$，反应热 $\Delta H = -170000 \mathrm{J/mol}$，问作为等温颗粒处理是否适当？

解 由式(5-129)，热效应系数为

$$\beta = \frac{(-\Delta H)D_e c_s}{\lambda_p T_s} - \frac{170000 \times 8.24 \times 10^{-4} \times 1.0 \times 10^{-5}}{3.59 \times 10^{-3} \times 633}$$

$$= 6.16 \times 10^{-4}$$

因此粒内可能的最大温差 $\Delta T_{\max} = \beta T_s = 6.16 \times 10^{-4} \times 633 = 0.390 \mathrm{K}$，即在这种中等放热程度的反应中，粒内温差是可以忽略的。

由于 β 值接近于 0，故在图 5-13 中所得 η 值亦与等温时没有差别，因此在这种情况下，当作等温颗粒处理是完全适当的。

5.3.7 内扩散对反应选择性的影响

催化反应难免都有一些副反应同时发生，而反应的选择性如何，又对该催化过程的经济性影响很大，因此了解内扩散对反应选择性的影响，不仅对于反应器的设计是必要的，而且对进一步改进催化剂，使之具有更优秀的性能是极其重要的。下面对几种不同的情况做一些

分析。

（1）两个独立并存的反应

$$A \xrightarrow{k_1} B+C \quad （主反应）$$

$$R \xrightarrow{k_2} S+W$$

如含丙烷的正丁烷的脱氢就是一例。在一定温度下达到定温态时，粒外扩散速率应与粒内扩散速率相等，即

$$r=k_s a(c_0-c_s)=\eta k_1 c_s \tag{5-131}$$

式中，k_s 为传质系数；a 为单位体积催化剂的外表面积；c_0 为气流主体中的组分浓度。在上式中消去颗粒表面浓度 c_s 后，得

$$r=\frac{1}{1/k_s a+1/\eta k_1}c_0 \tag{5-132}$$

式中分母的两项即分别代表了粒外和粒内传质阻力的影响。对两个反应，此式都是适用的。于是可写出反应的选择性 S 为

$$S=\frac{r_1}{r_2}=\frac{[1/(k_s)_R a+1/\eta_2 k_2](c_A)_0}{[1/(k_s)_A a+1/\eta_1 k_1](c_R)_0} \tag{5-133}$$

当内外扩散阻力都不存在时，则

$$S=k_1(c_A)_0/k_2(c_R)_0 \tag{5-134}$$

由于 $(k_s)_A$ 与 $(k_s)_R$ 出入不大，一般 $k_1>k_2$（因 k_1 代表主反应），故将以上两式进行比较，就可以知道粒外传质阻力的存在将使选择性降低。又因 k 大者 ϕ 大，因而 η 小，故 $\eta_1<\eta_2$，因此内扩散阻力的存在亦使反应的选择性降低。由式（5-133）可以看出内、外扩散的影响是可以分开处理的，所以下面就进一步对内扩散影响问题做一分析。

当内阻很大，譬如 $\eta\leqslant 0.2$ 时，$\eta\rightarrow 3/\phi_s$，这时

$$r=\frac{3}{\phi_s}k_1 c_0=\frac{3}{R}\sqrt{k_1 D_e}c_0 \tag{5-135}$$

$$S=\frac{r_1}{r_2}=\frac{\sqrt{k_1 (D_A)_e}(c_A)_0}{\sqrt{k_2 (D_R)_e}(c_R)_0} \tag{5-136}$$

忽略 A 与 R 在有效扩散系数上的差别，则

$$S=\sqrt{\left(\frac{k_1}{k_2}\right)}\frac{(c_A)_0}{(c_R)_0} \tag{5-137}$$

与式（5-134）比较，可见对内扩散阻力大的体系，选择性减小为 $\sqrt{k_1/k_2}$。

（2）平行反应

$$A\overset{k_1}{\underset{k_2}{<}}\begin{matrix}B \quad （主反应）\\ C\end{matrix}$$

如乙醇同时发生脱氢、脱水而生成乙醛与乙烯的反应即为一例。如两反应均为一级，则内扩散不影响其选择性，在粒内任意位置，反应速率之比均为 k_1/k_2；但如两个反应的级数不同，譬如生成 B 的反应为一级，而生成 C 的反应为二级，则内扩散的影响将使后者的反应速度降低得比前者更多，增加了反应的选择性。反之，如主反应的级数较高，则结果是使选择性降低。

（3）连串反应

$$A \xrightarrow{k_1} B(目的产物) \xrightarrow{k_2} D$$

如丁烯脱氢生成丁二烯又进一步变成聚合物即是一例。其次氧化、卤代、加氢等许多反应都属于这种类型。对于一级反应，这时选择性为

$$S = \frac{\text{B 的净生成速率}}{\text{A 的消失速率}} = \frac{dc_B}{-dc_A} = 1 - \frac{k_2}{k_1} \frac{c_B}{c_A} \tag{5-138}$$

在粒内各处 c_B/c_A 的值不同，故 S 值也各处不一。由于内扩散阻力的影响，从颗粒外表面愈往粒内则 c_A 愈小，而生成物 B 的浓度则因扩散途径相反而愈往内愈大，因此愈往粒内，生成 B 的选择性就愈小。

如将粒内 A 及 B 组分的浓度分布求出，便可能求出全颗粒总括的选择性。譬如对内扩散阻力大（$\eta \leqslant 0.2$）而有效扩散系数相等的情况，可导出为

$$S = \frac{r_B}{(-r_A)} = \frac{(k_1/k_2)^{\frac{1}{2}}}{1 + (k_1/k_2)^{\frac{1}{2}}} - \left(\frac{k_2}{k_1}\right)^{\frac{1}{2}} \frac{(c_B)_0}{(c_A)_0} \tag{5-139}$$

比较式(5-138) 及式(5-139)，可见由于内扩散的影响，反应选择性显著降低。在进口处，$(c_B)_0/(c_A)_0$ 最小，如进料中不含 B 时，则该处 $c_B = 0$，故由式(5-138) 知 $S = 1$，但由式(5-139) 可知当有强的内扩散阻力时，则

$$S = \frac{(k_1/k_2)^{\frac{1}{2}}}{1 + (k_1/k_2)^{\frac{1}{2}}} \tag{5-140}$$

所以选择性降低，(k_1/k_2) 愈小者，降低得亦愈多。

针对这种内扩散阻力大而 B 的选择性又低的情况，改进的方法是制造孔径较大的催化剂（或将细孔载体进行扩孔处理）和使用细颗粒的催化剂；但对内扩散阻力很大（如达到 $\eta \leqslant 0.2$ 的情况，则因式(5-139) 对所有 $\eta \leqslant 0.2$ 的情况都是适用的，所以就没有什么效果了。此外采用细颗粒，要考虑到固定床中的压降将大为增加，因此只有流化床反应器才使用很细的颗粒。

近年来根据内扩散对反应选择性的影响，正在发展活性组分非均匀分布的催化剂。如有的集中在颗粒表面（蛋壳型），有的集中在中心（蛋黄型），有的则集中在离外表面某一适当距离处（夹心型）等。

5.3.8　催化剂的失活

催化剂的失活，可能是由于长期处在反应的环境下，使得它的表面或晶体结构发生了一定的物理变化；也可能是由于在活性中心上吸附了某些有毒物质而遭到了破坏所致。后者是在工程上更常遇到而且是难以完全避免的问题，也是我们这里讨论的对象。造成这种失活的原因可能是原料中夹带有某些有毒物质（如硫化物、磷化物或 CO 等），它们能牢牢地吸附在活性中心上，甚至发生了某种作用，以致无法把它们除去而造成催化剂的永久失活；也可能是由于原料组分在催化剂表面上发生了某种副反应而造成了失活。最常见的是烃类裂解而使催化剂结炭，炭遮住了活性中心，使催化剂效能降低。但如到一定时期，通入空气或水蒸气，使结炭烧去或转化成 CO_2，则催化剂的活性还能得到恢复，故这种失活是非永久性的。

催化剂的失活通常是一个复杂的渐变过程，即中毒的部分可能从外向内或从内向外形成一个渐进性的浓度梯度。为了描述实际的有失活的催化反应速率，文献中曾提出过多种速率式，大体上有下列几种类型

$$r = r_0 - \beta_1 t \qquad (5\text{-}141)$$

$$r = r_0 \exp(-\beta_2 t) \qquad (5\text{-}142)$$

$$r = 1/r_0 + \beta_3 t \qquad (5\text{-}143)$$

$$r = \beta_4 \theta^{-t} \qquad (5\text{-}144)$$

$$\frac{\mathrm{d}x}{\mathrm{d}t} = \beta_5 \exp(\beta_6 x) \qquad (5\text{-}145)$$

式中，r_0 是新鲜催化剂的活性；$\beta_1 \sim \beta_6$ 是实验定出的常数，不同的反应可能适用不同的方程式。此外，还有一种据称能概括多种失活机理的方法是通过失活因子

$$\psi = \frac{\gamma}{\gamma_0} \qquad (5\text{-}146)$$

的关系式来表达的。如对 A $\longrightarrow$ R 型的 n 级反应，反应速率式为

$$-\frac{\mathrm{d}c_A}{\mathrm{d}t} = k c_A^n \psi \qquad (5\text{-}147)$$

失活速率式为

$$-\frac{\mathrm{d}\psi}{\mathrm{d}t} = k_d c_i^m \psi^d \qquad (5\text{-}148)$$

式中，k_d 为失活速率常数，与反应速率常数 k 均符合阿伦尼乌斯关系式；下标 i 是指与失活相联系的气相中的组分；m 与 n 一般当作与分子计量数相同。对下面四类失活情况，分别有

① 平行失活　A $\longrightarrow$ R+P$\downarrow$　　$-\dfrac{\mathrm{d}\psi}{\mathrm{d}t} = k_d c_A^m \psi^d$

② 串联失活　A $\longrightarrow$ R，R $\longrightarrow$ P$\downarrow$　　$-\dfrac{\mathrm{d}\psi}{\mathrm{d}t} = k_d c_R^m \psi^d$

③ 分行失活　A $\longrightarrow$ R，P $\longrightarrow$ P$\downarrow$　　$-\dfrac{\mathrm{d}\psi}{\mathrm{d}t} = k_d c_P^m \psi^d$

④ 与浓度无关的失活　$-\dfrac{\mathrm{d}\psi}{\mathrm{d}t} = k_d \psi^d$

当进料中的杂质吸附极牢以及对 P 无内扩散阻力时，$d \approx 0$；

当平行失活且对 A 无内扩散阻力时，$d = 1$；

当平行失活且对 A 有强内扩散阻力时，$d \rightarrow 3$；

当串联失活时，$d \approx 1$。

5.4　非催化气-固相反应动力学

非催化气-固相反应种类甚广，其中有的在反应时固体颗粒的体积基本不变，如硫化矿的焙烧、氧化铁的还原等。另一些则在反应时体积缩小，如煤炭的燃烧造气、从焦炭与硫黄蒸气制造二硫化碳等，描述这些气-固相非催化反应的模型有两类：

① 整体连续转化模型　即整个固体颗粒内各处都连续进行反应的情况，此时没有内扩

散阻力而反应相对缓慢；

② 渐进模型　即反应从固体颗粒的外表面起逐层向中心推进的情况，如图 5-14 所示。

根据一般对实际固体反应情况的剖析，渐进模型较接近于真实的固体反应过程。虽然在反应壳层与反应核之间并不像模型所简化的那样具有一条清晰的分界线。

理论上渐进模型可以分为固体颗粒粒径不变的缩核模型和粒径逐渐缩小的缩粒模型。

5.4.1　粒径不变的缩核模型

设在一球形颗粒中进行如下气-固相反应

$$A(气) + bB(固) \longrightarrow R$$

整个过程可设想为由下列一系列步骤串联组成（参见图 5-14）。

① A 经过气膜扩散到固体表面。

② A 经过反应完的所谓的灰层扩散到未反应核的表面。

③ A 与固体间反应。

④ 生成的气态产物扩散通过灰层到颗粒表面。

⑤ 生成物扩散通过气膜进入到流体的本体中。

实际情况不一定都包括五步，譬如无气态产物生成或为不可逆时，第④、⑤步就不用考虑了。此外各步的阻力往往相差很大，当某步阻力最大时，就可以认为是该步控制的了。下面我们分别加以讨论。先讨论颗粒体积不变的情况。

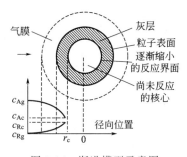

图 5-14　渐进模型示意图

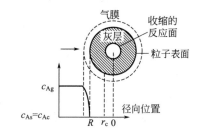

图 5-15　气膜扩散控制情况示意图

（1）气膜扩散控制　如图 5-15 所示。此时固体表面上气体反应组分的浓度可视为零，反应期间 c_{Ag} 是恒定的，按单个颗粒计的传质速率为

$$-\frac{1}{4\pi R^2} \times \frac{dn_B}{dt} = -\frac{b}{4\pi R^2} \times \frac{dn_A}{dt} = bk_G(c_{Ag} - c_{As})$$

$$= bk_G c_{Ag} \tag{5-149}$$

如固体中 B 的密度为 ρ_m，颗粒体积为 V_p，则颗粒中 B 的量为 $\rho_m V_p$。由于固体物质 B 的减少表现为未反应核的缩小，故

$$-dn_B = -b\,dn_A = -\rho_m dV_p$$

$$= -4\pi\rho_m r_c^2 dr_c \tag{5-150}$$

将式(5-149)与式(5-150)联立，可得未反应核半径的变化式为

$$\frac{-\rho_m r_c^2 dr_c}{R^2 dt} = bk_G c_{Ag} \tag{5-151}$$

利用边界条件：$t=0$，$r_c=R$，积分得

$$t=\frac{\rho_m R}{3bk_G c_{Ag}}\left[1-\left(\frac{r_c}{R}\right)^3\right] \tag{5-152}$$

如颗粒全部反应完毕所需的时间为 τ，则只要在上式中令 $r_c=0$ 即可求出 τ，而转化率 x_B 又可以用 t/τ 来表示，因

$$1-x_B=\frac{4}{3}\pi r_c^3\bigg/\left(\frac{4}{3}\pi R^3\right)=\left(-\frac{r_c}{R}\right)^3 \tag{5-153}$$

$$\frac{t}{\tau}=1-\left(\frac{r_c}{R}\right)^3=x_B \tag{5-154}$$

式中，$(r_c/R)^3$ 即全颗粒中未反应核部分所占的体积分数。

（2）灰层扩散控制　如图 5-16 所示。反应过程中，反应组分 A 和未反应界面都在向球形颗粒的中心方向移动，但与组分 A 的传质速率相比，界面的移动速率要小得多，因此，可以把它相对地看成静止的。于是 A 的反应速率可以它在灰层内任意半径（r）处的扩散速率来表示，即在定常态下

$$-\frac{dn_A}{dt}=4\pi r^2 D_A\frac{dc_A}{dr}=\text{恒值} \tag{5-155}$$

式中，D_A 是 A 在灰层内的扩散系数。灰层从 R 积分到 r_c，得

$$-\frac{dn_A}{dt}-\left(\frac{1}{r_c}-\frac{1}{R}\right)=4\pi D_A c_{As} \tag{5-156}$$

如将式（5-150）代入式（5-156），积分得

$$-\rho_m\int_R^{r_c}\left(\frac{1}{r_c}-\frac{1}{R}\right)r_c^2 dr_c=bD_A c_{Ag}\int_0^t dt \tag{5-157}$$

故

$$t=\frac{\rho_m R^2}{6bD_A c_{Ag}}\left[1-3\left(\frac{r_c}{R}\right)^2+2\left(\frac{r_c}{R}\right)^3\right] \tag{5-158}$$

此即未反应核半径随时间而变化的关系。同样，以 τ 表示反应完毕的时间，则

$$\frac{t}{\tau}=1-3\left(\frac{r_c}{R}\right)^2+2\left(\frac{r_c}{R}\right)^3 \tag{5-159}$$

或以 B 的转化率 x_B 表示，则为

$$\frac{t}{\tau}=1-3(1-x_B)^{\frac{2}{3}}+2(1-x_B) \tag{5-160}$$

（3）表面反应控制　如图 5-17 所示。由于是化学反应控制，故与灰层的存在与否无关而与未反应核的表面积成正比。取未反应核的单位面积为反应速率定义的基准，则

$$-\frac{1}{4\pi r_c^2}\frac{dn_B}{dt}=-\frac{b}{4\pi r_c^2}\frac{dn_A}{dt}=bk_s c_{Ag} \tag{5-161}$$

式中，k_s 是表面反应速率常数。将式（5-150）代入，得

$$-\frac{1}{4\pi r_c^2}\rho_m 4\pi r_c^2\frac{dr_c}{dt}=-\rho_m\frac{dV_c}{dt}=bk_s c_{Ag}$$

积分得

$$t=-\frac{\rho_m}{bk_s c_{Ag}}(R-r_c) \tag{5-162}$$

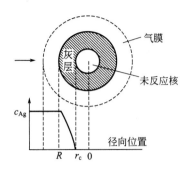

图 5-16　灰层扩散控制情况

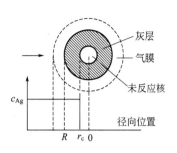

图 5-17　表面反应控制情况

由此可得

$$\frac{t}{\tau}=1-\frac{r_{\mathrm{c}}}{R}=1-(1-x_{\mathrm{B}})^{\frac{1}{3}} \tag{5-163}$$

5.4.2　颗粒体积缩小的缩粒模型

由于反应时固体表面逐渐形成气体产物而离去，故体积缩小，并无灰层存在，这时不存在通过灰层的扩散问题。如果过程是化学反应控制，那么情况与前述颗粒不缩小时是一样的，如图 5-18 所示。如果气膜扩散控制，则气流中分子分率为 y 的组分对自由落下的颗粒的传质系数可用下式表示

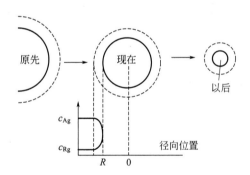

图 5-18　颗粒体积收缩的情况示意图

$$\frac{k_{\mathrm{G}}d_{\mathrm{p}}y}{D}=2.0+0.6(Sc)^{\frac{1}{3}}(Re)^{\frac{1}{2}}=2.0+0.6\left(\frac{\mu}{\rho D}\right)\left(\frac{d_{\mathrm{p}}u\rho}{\mu}\right)^{\frac{1}{2}} \tag{5-164}$$

由于反应过程中粒径在变，所以 k_{G} 亦在变，要严格处理较困难。一般 k_{G} 随气速的增加和粒径的减小而增加，其关系为

小颗粒 $\qquad (Sc)^{\frac{1}{3}}(Re)^{\frac{1}{2}}\ll 3.3 \quad k_{\mathrm{G}}\propto\dfrac{1}{d_{\mathrm{p}}}$ $\qquad$ (5-165)

大颗粒 $\qquad (Sc)^{\frac{1}{3}}(Re)^{\frac{1}{2}}\gg 3.3 \quad k_{\mathrm{G}}\propto\dfrac{u^{\frac{1}{2}}}{d_{\mathrm{p}}^{\frac{1}{2}}}$

由于 $\qquad -\mathrm{d}n_{\mathrm{B}}=-\rho_{\mathrm{m}}\mathrm{d}V_{\mathrm{p}}=-4\pi\rho_{\mathrm{m}}r^{2}\mathrm{d}r$

而

$$-\frac{1}{4\pi r^2}\frac{dn_B}{dt}=\frac{-4\pi r^2\rho_m dr}{4\pi r^2 dt}=-\rho_m\frac{dr}{dt}=bk_Gc_{Ag} \tag{5-166}$$

而在小颗粒的情况下，式(5-164)中右侧最后一项可忽略，故

$$k_G=\frac{2D}{d_p y}=\frac{D}{ry} \tag{5-167}$$

代入上式积分得

$$\int_R^r r\,dr=\frac{bc_{Ag}D}{\rho_m y}\int_0^t dt \tag{5-168}$$

或

$$t=\frac{\rho_m yR^3}{2bc_{Ag}D}\left[1-\left(\frac{r}{R}\right)^2\right] \tag{5-169}$$

颗粒全部反应完毕的时间 τ 即为 $r=0$ 的情况，故可得

$$\frac{t}{\tau}=1-\left(\frac{r}{R}\right)^2=1-(1-x_B)^{\frac{2}{3}} \tag{5-170}$$

如为大颗粒，式(5-164)右侧以末项为主，故

$$k_G=K(u/d_p)^{\frac{1}{2}} \tag{5-171}$$

式中，K 便是一个常数。按同样方法可以求出

$$t=\frac{K'R^{\frac{3}{2}}}{c_{Ag}}\left[1-\left(\frac{r}{R}\right)^{\frac{3}{2}}\right] \tag{5-172}$$

式中，K' 是另一个常数，最后得

$$\frac{t}{\tau}=1-(r/R)^{\frac{3}{2}}=1-(1-x_B)^{\frac{1}{2}} \tag{5-173}$$

在图 5-19 及图 5-20 中分别画出了以上各种情况的结果，将实验测得的结果与图中曲线相对照，便可以判断出反应的控制步骤。

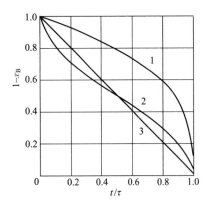

图 5-19　单粒子反应的反应面变化

1—气膜控制；2—灰层控制；3—表面反应控制

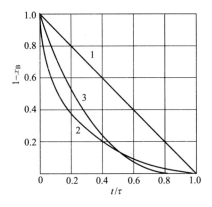

图 5-20　单粒子反应的转化率变化

1—气膜控制；2—灰层控制；3—表面反应控制

习　题

1. 某催化剂在 $-195.8℃$ 下以 N_2 吸附法测得其吸附量如下：

压力 p/mmHg	吸附量 v/cm³（标准状态）	压力 p/mmHg	吸附量 v/cm³（标准状态）
6	67	285	215
25	127	320	230
140	170	430	277
230	197	505	335

已知 N_2 在该温度下的蒸气压为 1atm，求催化剂的比表面积。

2. 乙炔与氯化氢在 $HgCl_2$-活性炭催化剂上合成氯乙烯的反应如下

$$C_2H_2 + HCl \Longrightarrow C_2H_3Cl$$
$$\text{(A)} \quad \text{(B)} \quad \text{(C)}$$

其动力学方程可有如下 4 种形式：

① $r = k(p_A p_B - p_C/K)/(1 + K_A p_A + K_B p_B + K_C p_C)^2$

② $r = k K_A K_B p_A p_B/[(1 + K_B p_B + K_C p_C)(1 + K_A p_A)]$

③ $r = k K_A p_A p_B/(1 + K_A p_A + K_B p_B)$

④ $r = k K_B p_A p_B/(1 + K_B p_B + K_C p_C)$

试说明各式所代表的反应机理和控制步骤。

3. 在 $510℃$ 进行异丙苯的催化分解反应

$$C_6H_5CH(CH_3)_2 \Longrightarrow C_6H_6 + C_3H_6$$
$$\text{(A)} \qquad\qquad \text{(R)} \quad \text{(S)}$$

测得总压 p 与初反应速率 r_0 的关系如下：

r_0/[mol/(h·g 催化剂)]	4.3	6.5	7.1	7.5	8.1
p/atm	0.98	2.62	4.27	6.92	14.18

如反应属于单活性点的机理，试写出反应机理式并判断其控制步骤。

4. 在 $Pd-Al_2O_3$ 催化剂上用乙烯和醋酸（AcOH）合成醋酸乙烯的反应为

$$C_2H_4 + CH_3COOH + \frac{1}{2}O_2 \Longrightarrow CH_3COOC_2H_3 + H_2O$$

实验测得的初反应速率数据如下：

$115℃$，$p_{AcOH} = 200mmHg$，$p_{O_2} = 92mmHg$

$p_{C_2H_4}$/mmHg	70	100	195	247	315	465
$r_0 \times 10^5$/[mol/(h·g 催化剂)]	3.9	4.4	6.0	6.6	7.25	5.4

如反应机理设想为

$$AcOH + \sigma \Longrightarrow AcOH\sigma$$
$$C_2H_4 + \sigma \Longrightarrow C_2H_4\sigma$$
$$AcOH\sigma + C_2H_4\sigma \Longrightarrow HC_2H_4OAc\sigma + \sigma$$
$$O_2 + 2\sigma \Longrightarrow 2O\sigma$$
$$HC_2H_4OAc\sigma + O\sigma \xrightarrow{A} C_2H_3OAc\sigma + H_2O\sigma$$
$$C_2H_3OAc\sigma \Longrightarrow C_2H_3OAc + \sigma$$
$$H_2O\sigma \Longrightarrow H_2O + \sigma$$

试写出反应速率式并检验上述部分数据是否与之符合。

5. 1-丁醇 催化脱水反应据研究为表面反应控制，其初反应速率式为

$$r_0 = kK_A f/(1+K_A f)^2 \quad [\text{mol/(h·g 催化剂)}]$$

式中，f 为逸度，求常数值 k 及 K_A。

部分实验数据如下：

r_0	p/atm	f/p	r_0	p/atm	f/p
0.27	15	1.00	0.76	3845	0.43
0.51	465	0.88	0.52	7315	0.46
0.76	915	0.74			

6. 在 30.6℃ 和常压下 6～8 目的活性炭催化剂上进行光气合成反应：

$$CO + Cl_2 \longrightarrow COCl_2$$
$$(A) \quad (B) \qquad (C)$$

实测反应速率数据如下：

反应速率 /[mol/(h·g 催化剂)]	分压/atm		
	p_A	p_B	p_C
0.00414	0.406	0.352	0.226
0.00440	0.396	0.363	0.231
0.00241	0.310	0.320	0.356
0.00245	0.287	0.333	0.376
0.00157	0.253	0.218	0.522
0.00390	0.610	0.113	0.231
0.00200	0.179	0.608	0.206

设反应控制步骤是由吸附的 Cl_2 与 CO 间的表面反应，CO 在催化剂上的吸附很慢，以致与 Cl_2 及 $COCl_2$ 的吸附相比可以忽略。(1) 导出以气流中的分压表示的速率方程；(2) 写出速率方程的各常数值。

7. 异丙苯在催化剂上裂解而生成苯，如催化剂为微球状，$d_p = 0.40\text{cm}$，$\rho_p = 1.06\text{g/cm}^3$，$\varepsilon_p = 0.52$，$S_g = 350\text{m}^2/\text{g}$。求在 500℃、1atm 时，异丙苯的微孔中的有效扩散系数。已知微孔的迷宫因子 $\tau = 3$，异丙苯-苯的分子扩散系数为 $0.155\text{cm}^2/\text{s}$。

8. 现有直径为 0.2cm、高 0.2cm 及直径为 0.8cm、高 0.8cm 的两种催化剂颗粒分别在等温的管中进行测试，填充体积为 150cm³，床层空隙率 0.40，所用反应气流量均为 $3\text{cm}^3/\text{s}$，颗粒空隙率均为 0.35，迷宫因子 0.20，反应为一级不可逆，直径为 0.2cm 催化剂达到的转化率为 66%，而直径为 0.8cm 的催化剂则为 30%，如气体密度不变，求：(1) 这两种床层催化剂的有效系数是多少？(2) 气体真实的扩散系数为多少？

9. 异丙苯在 $SiO_2\text{-}Al_2O_3$ 催化剂上裂解的反应速率式如下

$$(-r_A) = \eta k p_A/(1 + K_A p_A + K_R p_R) \quad [\text{mol/(s·g 催化剂)}]$$

式中，下标 A 代表异丙苯，R 代表苯，p 的单位为大气压。今在 510℃，总压 1atm，$p_A = 0.563\text{atm}$，$p_R = 0.219\text{atm}$ 及 H_2 的存在下，改变催化剂粒径，测得反应速率后，得结果如下：

粒径 d_p/cm	0.045	0.133	0.43	0.54
$\eta k \times 10^4$	1.8	0.45	0.36	0.29

已知 $K_A = 1.07$，$K_R = 3.7$，颗粒密度 $\rho_p = 1.15\text{g/cm}^3$，如粒内等温，求粒内的扩散系数及各有效系数。

10. 在 640℃、1atm 下，液化石油气在当量直径为 0.86mm 的裂解催化剂上以 60h^{-1} 的液体时空速率通过时转化率为 50%，如液化石油气及分解气的平均分子量分别为 260g/mol 及 68g/mol，液化石油气的密度 $\rho = 0.870\text{g/mL}$，颗粒的 $\rho_p = 0.95\text{g/cm}^3$，$\rho_B = 0.70\text{g/mL}$，$S_g = 350\text{m}^2/\text{g}$，$\varepsilon_p = 0.46$，取微孔形状系数 $\tau = 30$，按平均反应速率及平均组成，求催化剂的有效系数。

11. 某一加氢催化反应，在 1atm 及 80℃ 下进行，如颗粒的 $\rho_p = 1.16\text{g/cm}^3$，$\lambda_e = 1.465 \times 10^{-1}$ W/(m·K)，H_2 在粒内的扩散系数 $D_e = 3.0 \times 10^{-2}\text{cm}^2/\text{s}$，反应热 $\Delta H = -180\text{kJ/mol}$，反应的活化能为

62.8kJ/mol，如反应组分在进料气中占 20%，而用无内扩散影响的细粒子测得的反应速率为 10×10^{-7} mol/(s·g 催化剂)，试估算在粒度为 $d_p = 1.30$cm 时的反应速率。

12.（1）对于壳层渐进模型，试导出同时考虑气膜扩散阻力、灰层扩散阻力及表面反应阻力时的反应时间与未反应核半径之间的关系式。

（2）利用（1）的结果计算在 600℃、1atm 下，用纯 H_2 对 $d_p = 2.0$mm 及 6.0mm 的磁铁矿粉进行还原时

$$Fe_3O_4 + 4H_2 \Longrightarrow 3Fe + 4H_2O$$

反应完毕所需时间以及随着转化率的增大，灰层扩散阻力与表面反应阻力的比值的变化情况。

已知 $k_s = 0.160$cm³ 流体/(s·cm² 固体)，$D = 0.03$cm³ 流体/(s·cm 固体)，$\rho_p = 4.6$g/cm³。

参 考 文 献

[1]　Yang K H（杨光华）. Houge Eng Prog, 1976, 46: 143.

[2]　Seinfeld J H, Lapidus L. Mathmatical Methods in Chemical Engineering. Vol3. Chap7. Prentiee-Hall, 1974.

[3]　Smith J M. Chemical Engineering Kinetics. McGraw-Hill, 1970: 404-409.

[4]　Satterfield C V. Mass Transfer in Heterogeneous Catalysis. MIT Press, 1970: 13-15.

[5]　Levenspiel O. 化学反应工程. 3 版（影印版）. 北京：化学工业出版社，2002.

[6]　刘大壮，孙培勤. 催化工艺开发. 北京：气象出版社，2002.

[7]　王尚弟，孙俊全. 催化剂工程导论. 3 版. 北京：化学工业出版社，2015.

第 6 章

固定床反应器

6.1 概述

凡是流体通过固定的固体物料所形成的床层而进行反应的装置都称作固定床反应器，其中尤以用气态的反应物料通过由固体催化剂所构成的床层进行反应的气-固相催化反应器占最主要的地位。譬如炼油工业中的裂解、重整、异构化、加氢精制等；基本化学工业中的合成氨、硫酸生产、天然气转化等；石油化工中的乙烯氧化制环氧乙烷、乙烯水合制酒精、乙苯脱氢制苯乙烯、苯加氢制环己烷等。也有若干强放热的催化反应，如萘氧化制苯酐、丙烯氨氧化制丙烯腈和乙烯氧氯化制二氯乙烷等，在工业上兼有固定床和流化床两类装置。但总的来看，气-固相催化反应以用固定床的为最多。此外还有不少非催化的气-固相反应，如向红热的焦炭中通入水蒸气以生成水煤气，氮与电石反应生成石灰氮（$CaCN_2$）以及许多矿物的焙烧、还原等，炼铁的高炉也是一个气-固相反应器。在固定床中催化剂不易磨损而可长期使用（除非失活），是一大优点，但更主要的是床层内流体的流动接近于平推流，因此与返混式的反应器相比，它的反应速率较快，可用较少量的催化剂和较小的反应器容积来获得较大的生产能力。此外，由于停留时间可以严格控制，温度分布可以适当调节，因此特别有利于达到高的选择性和转化率，在工业化生产过程中，这一点具有重大优势。

另一方面，固定床中传热较差，催化剂的载体又往往是导热不良的物质，化学反应均伴有热效应，而且反应结果对温度的依赖性又很强，因此对于热效应大的反应过程，传热与控制温度问题就成为固定床技术中的难点和关键，形形色色的技术方案几乎都是对这一问题深思熟虑的结果。固定床技术的另一个薄弱点是催化剂的更换必须停产进行，影响其经济效益，而且还有劳动保护问题。因此用于固定床反应器的催化剂，必须有足够长的寿命。

还有一种移动床反应装置，气-固两相一般是逆流接触。譬如以固体加工为目标的一些连续焙烧装置以及需要连续替换催化剂的反应装置通常采用这样的反应器。由于固体粒子在反应器中是朝一个方向移动的，空隙率基本不变，因此它在许多方面都与固定床的情况相类似。

下面对各种型式的固定床反应器做一些简单的介绍和讨论。

图 6-1 是绝热床反应器的示意图。它的结构简单，催化剂均匀堆置于床内，床内没有传热装置，预热到适当温度的反应物料流过床层即可进行反应。对于热效应不大、反应温度的允许变化范围又较宽的情况，用绝热式反应器最为方便。而且在放大时只要保持相同的停留

时间并注意避免沟流和偏流，因此值得优先考虑。对于快速放热反应也有用绝热床的，图 6-2 是甲醇在银或铜催化剂上用空气氧化制取甲醛的一种反应器，尽管反应放热量达 170kJ/mol，而且反应速率很快，但采用薄层绝热床并在原料甲醇中加 10%～20% 的水以防止催化剂床层升温过高，在气体离开床层后，又实行急冷，以防甲醛分解，这样就使问题得到了解决。另一个更极端的例子是氨的氧化，气体只通过金属网的催化，反应就完成了，然而这种情况只能作为特例。

如图 6-1 所示的典型例子是乙苯脱氢制苯乙烯。反应需供热 140kJ/mol，依靠加入 2.6 倍（质量）于乙苯的高温（710℃）水蒸气来供应。乙苯与水蒸气混合后在 630℃ 入床，而离床时则因反应吸收热量而降到 565℃。在这里使用水蒸气是因为它可被安全地预热到高温，热容量又大，因此可以带入大量的显热，而且温度下降，系统压力降低，使反应的平衡向更有利于生成苯乙烯的方向移动，提高单程转化率。此外，水蒸气还起着使催化剂上的结炭随时得到再生从而保持反应器得以长期连续运转的功能。而反应后的气体只要通过简单的冷凝，便可以方便地把水与产物分离开。

图 6-1　乙苯脱氢的绝热床反应器

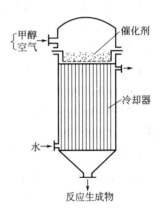

图 6-2　甲醇氧化的薄层反应器

除单层绝热床外，工业上还常用多段绝热床。图 6-3 即是多段绝热床的几种形式。图 6-3(a) 是在两个单层绝热反应器之间加换热器来调节温度的。如炼油工业中的重整就有用四台反应器的，而在每两台之间有一加热炉，把因吸热而降温的物料重新加热升温，以进入下一台反应器反应。图 6-3 中（b）的情况与（a）相仿，水煤气转化及二氧化硫的氧化就常用（b）或（a）的方式。图 6-3(c) 是在层间加入换热盘管的方式。由于这种换热装置效率不高，而且层间容积不能太大，因此只适用于换热量要求不太大的情况。如环己醇脱氢制环己酮及丁二醇脱水制丁二烯等。图 6-3 中的（d）与（e）是中间直接冷激的方式，如乙炔加氢，放热 177kJ/mol，为防止温度上升使乙烯收率下降，故在层间喷水，利用水的汽化来吸收热量。另外还将大量气体循环，只补充约 3% 的乙炔与氢，这样才使温度得到控制。图 6-3(e) 是用原料气进行中间冷激的方式，如焦油的高压气相加氢，在 12 层催化剂的层间都通入冷氢以使反应温度维持在 400～450℃ 之间；近代的大型合成氨反应器也采用中间冷激的多段绝热床的形式。总之，不论是吸热还是放热反应，绝热床的应用是相当广泛的，特别对大型的、高温的或高压的反应器，希望结构简单，同样大小的装置内能容纳尽可能多的催化剂以增加生产能力（减少换热空间），而绝热床正好符合这种要求。不过绝热床的温度变化总是比较大的，而温度对反应结果的影响也是举足轻重的，因此如何取舍，要综合分析并根据实际情况决定。此外还应注意到绝热床的高径比不宜过大，务使床层充填均匀，并要注意气流的预分布，以保证气流在床层内的均匀分布。

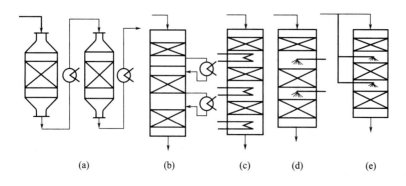

多段绝热式
固定床反应器

  (a)   (b)   (c)   (d)   (e)

图 6-3 多段绝热床的几种形式

  比绝热床应用更多的是换热式反应器，其中尤以列管式为多。它们通常是在管内放催化剂，管间走热载体（用高压水或高压蒸汽作热载体时，则把催化剂放在管间，而使管内走高压流体），管径的大小应根据反应热和允许的温度情况而定，一般为直径 25～50mm 的管子，但不宜小于 25mm。催化剂的粒径应小于管径的 1/8，以防近壁处出现沟流，但粒径愈小，流体流动时的压降愈大，而床层压降往往在实际生产中是一项限制因素，因此通常固定床用的粒径约为 2～6mm，不小于 1.5mm。传热所用的热载体视所需控制的温度范围而异，一般用强制循环进行换热。水是最常用的热载体，调节其压力，沸腾水可以用于 100℃ 以上直至 300℃ 的温度范围。联苯与联苯醚的混合物以及从石油中提炼出来的以烷基萘为主的一些石油馏分能用于 200～350℃ 的范围。无机熔盐（硝酸钾、硝酸钠及亚硝酸钠的混合物）可用于 300～400℃ 的情况。在个别情况下，还有用熔融金属（如铅、锂、钠）及沸腾金属（如汞）等作为热载体的，它们的传热系数很大，但设备的密封性要求非常高，不是一般场合所能轻易采用的。对于 600～700℃ 的高温反应，只能用烟道气作为热载体了。在图 6-4 中举出了几种对外换热式反应器的实例。如乙炔与氯化氢合成氯乙烯就是如图 6-4(a) 的方式，

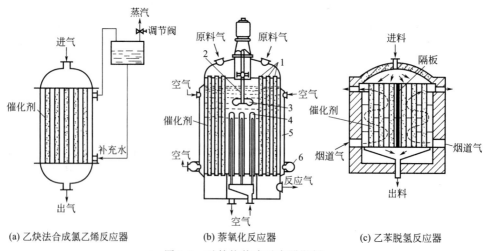

(a) 乙炔法合成氯乙烯反应器 (b) 萘氧化反应器 (c) 乙苯脱氢反应器

图 6-4 对外换热式反应器举例

1—催化剂管；2—熔盐；3—旋桨；4—空气冷管；5—空气冷却夹套；6—空气总管

反应放热 109kJ/mol，管外用沸腾水传热，使管内温度控制在 150～180℃，水的循环是靠位能或外加循环泵来实现的，水温则靠蒸汽出口的调节阀控制一定的压力来保持，应使床层处于热水或沸腾水的条件下进行换热，如果压力控制不当，可能使水很快全部汽化，床层外面进行气体换热而使传热效率降低。图 6-4（b）是萘氧化制苯酐的一种固定床反应器，温度 360～370℃，靠熔盐强制循环带走热量，除图中所示的这种形式外，也有把熔盐冷却用的换热器单独设在反应器之外的。图 6-4（c）是乙苯脱氢的管式反应器示意图，它与绝热式不同，是靠燃料气在各个喷嘴中燃烧所得的烟道气来供热的，反应温度在 600℃左右。

　　列管式反应器由于传热较好，管内温度较易控制，再加具有固定床一般反应速率较快、选择性较高等优点，对于原料成本高、副产物价值低以及分离不是十分容易的情况，就特别有价值。所以人们宁愿在反应器制作上增加一些费用（它在整个投资中所占的比例是很小的）也喜欢采用列管式装置。另外，它只要增加管数，便可有把握地进行放大，特别为技术开发者所采用。近年来，大型固定床

列管式反应器

反应器中有几千根甚至两万根反应管，管径小的只有 25mm，以加强传热保证热点（反应床内温度最高之点）温度不超过规定值。对于热效应极大的放热反应，还可用同样粒度的惰性物料来稀释催化剂，甚至可以分段稀释，各段稀释程度可以根据反应气浓度随着反应进程降低的程度（即反应速率变小的量）而相应地改变。当然，这样做不能认为就是最理想的办法。除此以外，还可以考虑用复合床的办法，即在反应前期，转化率不高而反应速率快、放热量大的时候应用属于全混式流况的流化床反应器，利用其返混特性和强的传递性能，由于转化率不高，所以返混对容积效率的降低不大；而在这以后串联一固定床，因为这时放热已较少，但转化率和选择性的要求变得突出起来，因此用平推流式反应器。这种根据主要矛盾在反应前后期有所不同而采用相应的设备的办法是很可取的，这在原则上与均相反应器的组合是一样的，不过要防止固定床被从流化床中带来的细粒所堵塞。

　　除上述的对外换热式反应器外，还有反应前后的物料在床层中自己进行换热的自热式反应器。合成氨及合成甲醇用的就是这类反应器。根据床层内外流体流向的不同，有顺流与逆流之别，根据套管数目的多少，又有单管、双套管和三套管之分。图 6-5 为它们的示意图，并可与冷激式及中间间接换热式的情况做比较。从图可知单管逆流式结构较简单，气体在管中上升时，吸收床层中的反应热量使温度一直上升，但从进入床层往下流动后，温度却先升后降，中间有一热点。这是因为在初进床层这一段，反应速率快，放热多，但管内外温差较小，移热不够而使温度上升。但以后反应速率减慢，管内外温差加大，故温度逐渐下降，其结果是使床层下部过冷，偏离最佳温度线较远，因此不够理想。如为单管并流式，即冷原料气自上而下经过换热管再从另一通道送到床顶空间，然后向下流经床层，这样，在床层下部，管内外温差变小了，床层温度可较接近于最佳温度线，但床层上部，管内外温度差大了，不能使催化剂迅速升温到最优温度，再加结构也比较复杂，因此亦不理想。

　　双套管并流式能够综合以上两者的优点，既能使下部床层温度维持得较高，又能使上部床层较迅速地达到最优温度，有时还在内冷管上部再设置一绝热层，这样升温就更快了。此外，还有所谓三套管式。在两层预热管之间，再加一封闭的隔热套管，以调整反应层内外的温差。以上所述反应器，都是以使床层中的温度分布接近于理想温度分布为目标的，它们曾是合成氨反应器的主要形式。

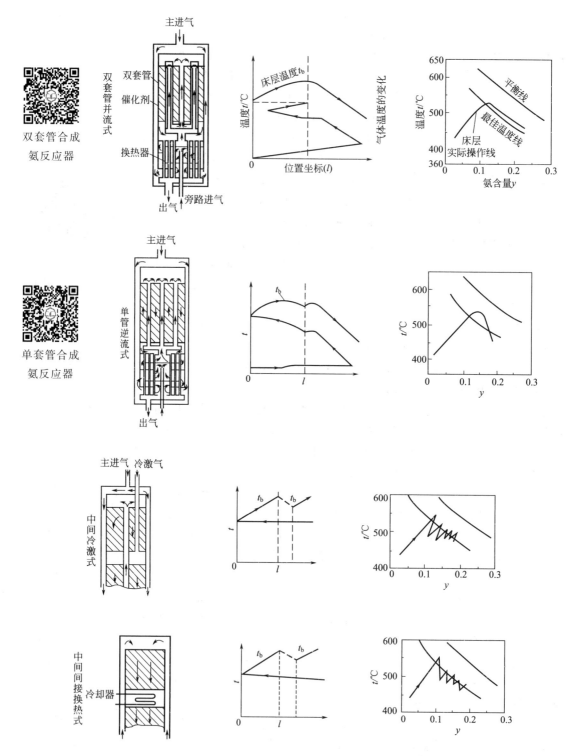

图 6-5　合成氨反应器的结构与工况示意

应当指出，自热式的反应一般热效应都不太大，所以能够做到自热平衡。特别对高压反应，要在反应器之外另加一个换热器，在设备上也不合算。不过在催化剂层内安上许多内冷管，却减少了催化剂的装填量，影响高压反应筒的生产能力。因此近来的大型装置采用中间冷激的多段绝热床，这对气体每经过一层床，其温度与氨含量就如图 6-5 中所示的曲线那样发生一次变化，但各层总的温度趋势还是遵循最佳分布线的。这种型式的反应器，温度分布线即使稍多一点也可，因为最优化是从整体的利益来评断的。

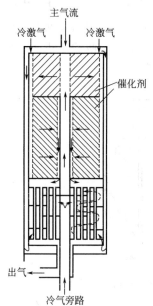

图 6-6 径向反应塔示意图

此外，一般固定床中由于压降的限制、催化剂粒度不能太小，故在承受高压的细长型合成塔内都用大颗粒催化剂，但催化剂的有效系数降低了，未能充分发挥作用，因此还有一种径向反应塔，如图 6-6 所示，气体通过多孔的分气管作径向流动，由于流程短了，就可以用较细的粒子而压降不大，节省了动力，提高了催化剂的有效系数。但保证装置中气体分布的均匀性往往是很重要的。

以上只是简单地从传热的观点分析了固定床反应器的几种形式。至于对催化剂的要求，除一般化学性能的要求外，还要求有一定的强度，以免粉碎和堵塞通道，造成压降增大，气体在各管内的流量不均，从而使得各管温度不一，活性不同，最终严重地影响到反应的结果。在装填催化剂时，也必须按规定的程序进行，务使各管的阻力相等，这样做看来费事，但却是必要的。

固定床用的催化剂必须有较长的寿命，有时为了延长反应器的运转周期，有意识地增加催化剂装填量，以求在反应后期，仍能达到规定的生产能力，这种措施虽然是不够积极的，但尚未能找到进一步延长催化剂寿命的方案时，也在工业上有所采用。

目前描述固定床反应器的数学模型可分为拟均相的和非均相的两大类。前者忽视床层中粒子与流体间温度与浓度的差别，故称为拟均相。根据流况与温差的情况它又可分为平推流的一维模型，有轴向返混的一维模型和同时考虑径向混合和径向温差的二维模型。至于非均相模型，则又考虑了气流与粒子表面间的温度差和浓度差，对于放（吸）热甚强及扩散有影响的情况，这种区别有时是必要的。非均相模型亦根据其是否考虑径向上的区别而有一维和二维之分。在一维模型中除考虑粒外界面温度和浓度梯度外，还有进一步包括粒内梯度的模型。以上模型都应根据反应的具体特性和对模型要求的严格程度选用。

应当指出，尽管在固定床的数学模型方面有了许多进展，人们可从实验测定的小试数据直接进行大装置的计算，进行高倍数的放大，但是不应忘记，动力学或传递过程的资料未必完全可靠，有些数据常是间接估算或关联得到的。

在技术开发中还常采用单管试验的方法，即用与工业反应器中同样大小的一根管子来做试验以取得数据，这往往可以免除上述由于估算等带来的不可靠性，因此如与数模的工作相配合，就更为理想了。

以上讲的固定床反应器都是指气-固相反应器，工业上还有气-液-固三相的固定床反应器，可用于许多加氢反应的过程中，譬如炼油工业中的加氢裂解和加氢精制。加氢用的催化剂堆在反应器中，形成一固定床，而原料油和氢气则同时流过催化剂层，氢气需要溶入到液相中，再与液相组分一起扩散到催化剂的固体表面上进行反应。通常液体是从上往下流，而气体则与之并流或逆流，因此此类反应器常称为滴流床反应器（见图6-7）。它设计中的主要问题是要努力使液体分布均匀，气液接触良好，同时要设法防止反应层中的温度由于加氢时的放热而超过允许的限度。通常对于高床层的反应器也采用多段中间冷激的方式。这类反应一般液量较小，保证催化剂表面得到充分地均匀润湿是十分必要的。

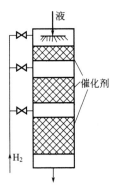

图 6-7 滴流床焦油加氢裂解装置示意图

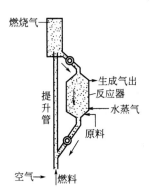

图 6-8 移动床示意图

至于如图 6-8 所示的移动床反应器，物料从顶上加入，整体往下移动，经过反应区而最后从底部排出。为了调节粒子的流量和保证均匀流动，有的还加有专门的阀门等装置。此外为了充分利用热量，有的在反应区之上设有预热段，而在反应区之下设有冷却段，它们也都是移动床。对于这种催化剂在流动的反应器，当然不是固定床，但是从气体在固体粒子间的流况、压降、质量传递与反应的情况来看，却很接近固定床的状况，只是由于粒子也有一个运动速度而使气固接触时间及相对流速都要加以修正。总之，不论是催化的还是非催化的，固定床的反应工程问题具有广泛而重要的意义。

下面将首先介绍固定床中的各项传递现象，然后再把它与前一章中的动力学部分结合起来，介绍反应器的设计计算方法和数学模型。

6.2 固定床中的传递过程

6.2.1 粒子直径和床层空隙率

首先我们需要明确固体粒子究竟是怎样来表征的。通常催化剂的密度 ρ_p 是指包括粒内微孔在内的粒子密度。如除去微孔容积，则为固体的真密度。假设以单位床层体积中粒子的质量来定义，则称为床层密度或堆积密度，以 ρ_B 表示。由于粒子大小和形状都影响床层的空隙率 ε_B（即粒子间的空隙所占床层容积的分率），因此 ρ_B 也就变了。

表征颗粒体系的重要参数是粒径，通常以 d_p 表示。其实除圆球形粒子外，可有各种不同的定义。如较常用的是将粒径定义为具有相同体积的球粒子的直径。设粒子的体积为 V_p，则体积当量直径 d_v（有时直接写作 d_p）为

$$d_v = (6V_p/\pi)^{\frac{1}{3}} \tag{6-1}$$

另一种定义是以外表面积 a_p 相同的球形粒子的直径来作为代表的，称作面积当量直径 d_a

$$d_a = \sqrt{a_p/\pi} \qquad (6-2)$$

还有以相同比表面积 S_v 的球粒子直径来表示的。因

$$S_v = a_p/V_p \qquad (6-3)$$

故比表面当量直径 d_s 为

$$d_s = 6/S_v = 6V_p/a_p \qquad (6-4)$$

因此究竟 d_p 指的哪一种是应当讲明的。

对于非球形粒子，其外表面积 a_p 必然大于同体积球形粒子的外表面积 $a_s (a_s = \pi d_r^2)$。故可定义颗粒的形状系数（或称球形系数）φ_s 为

$$\varphi_s = a_s/a_p \qquad (6-5)$$

除球体的 $\varphi_s = 1$ 外，其他形状颗粒的 φ_s 均小于 1，它的大小也就反映了颗粒形状与圆球的差异程度。表 6-1 中列出了若干种非球形颗粒的形状系数，对于未列入的其他种类的颗粒，如不作实测，也可参照此表进行估计。应当注意，也有人用别的关系式来定义形状系数，得到的数值自然也就不同了。

表 6-1　非球形颗粒的形状系数

物　料	形　状	φ_s	物　料	形　状	φ_s
鞍形填料	—	0.3	砂		0.75
拉西环	—	0.3	各种形状,平均	尖角状	0.65
烟(道)尘	球状	0.89	硬砂	尖片状	0.43
	聚集状	0.55	砂	圆形	0.83
天然煤灰	大至 10mm	0.65	砂	有角状	0.73
破碎煤粉	—	0.75	碎玻璃屑	尖角状	0.65

各当量粒径之间的关系如下

$$\varphi_s d_v = d_s = 6V_p/a_p \qquad (6-6)$$

$$\varphi_s = (d_v/d_a)^2 \qquad (6-7)$$

对于大小不等的混合粒子，其平均直径可用筛分分析数据按下式求出

$$d_d = 1 \bigg/ \left(\sum_{i=1}^{n} \frac{x_i}{d_i} \right) \qquad (6-8)$$

式中，x_i 为直径等于 d_i 的颗粒所占的质量分数。表 6-2 是国际上较通用的泰勒筛的部分规格。各筛分颗粒的平均直径是以其上、下筛目的两个尺寸的几何平均值来代表的。

表 6-2　泰勒（Tyler）筛的部分规格

目　数	孔径/μm	目　数	孔径/μm	目　数	孔径/μm
10	1.68/mm	42	354	115	125
20	841	48	297	170	88
24	707	60	250	250	63
28	595	80	177	325	44
32	500	100	149	400	37

固定床的当量直径 d_e 定义为水力半径 R_H 的 4 倍，而水力半径可由床层空隙率及单位床层体积中颗粒的润湿表面积来求得。如忽略粒间接触点的这一部分表面积，则单位床层中

颗粒外表面积（床层比表面积）S_e 为

$$S_e = (1 - \varepsilon_B)(a_p / V_p) = 6(1 - \varepsilon_B)/d_s \tag{6-9}$$

于是

$$d_e = 4R_H = 4 \frac{\varepsilon_B}{S_e} = \frac{2}{3}\left(\frac{\varepsilon_B}{1 - \varepsilon_B}\right)d_s = \frac{2}{3}\left(\frac{\varepsilon_B}{1 - \varepsilon_B}\right)\varphi_s d_v \tag{6-10}$$

床层空隙率是一个重要参数，它随粒子的形状、大小而异。图 6-9 的数据可供参考。其实床层径向的空隙率分布是不均匀的，大致在离壁一个粒子直径处的空隙率最大。所以，气流速度也有一个相应的分布（见图 6-10）。在壁面处尽管空隙率大，但因有壁的摩擦阻力，故流速又降低到 0。由于床层空隙率的不均引起的流速不一，结果使各处传热情况和停留时间也不一样，最终便影响到反应的结果。因此规定反应管径至少要在粒径的 8 倍以上，就是为了消除这种不均匀的影响。此外，中空的拉西环和鞍形填料，其空隙率分布比较均匀，因此可以减少气液的偏流而广泛被应用于填料塔中。在催化剂的制造上也有人做这样的改进，不仅有助于流速的均匀分布，还能减少内扩散距离从而提高催化剂的有效系数，但必须保证有足够的机械强度才行。

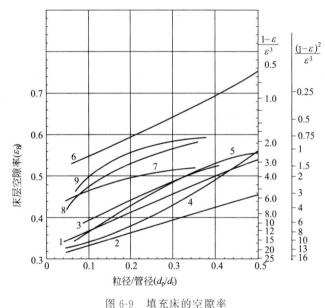

图 6-9 填充床的空隙率

球形：1—光滑，均一尺寸；2—光滑，非均一尺寸；3—黏土
圆柱形：4—光滑，均一尺寸；5—刚玉，均一尺寸；
6—1/4 英寸陶质拉西环
不规则形：7—熔融磁铁；8—熔融刚玉；9—铝砂

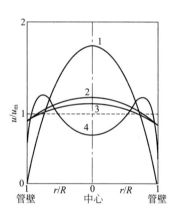

图 6-10 管内径向流速分布示意

1—空管内层流；2—空管内湍流；
3—填充层内液体流动；4—填充
层内气体流动（u_m 为平均流速）

6.2.2 床层压降

流体通过床层的空隙形成的通道时，与通道周壁摩擦而产生压降。因此，可仿照流体在空管中的压降公式而导出固定床中压降表示式

$$\frac{\Delta p}{L} = f'\left(\frac{\rho u_m^2}{d_s}\right)\left(\frac{1 - \varepsilon_B}{\varepsilon_B^3}\right) \tag{6-11}$$

式中，摩擦系数 f' 与修正的雷诺数 Re_M 的关系由试验求得

$$f' = (150/Re_M) + 1.75 \tag{6-12}$$

式中，$Re_M = d_s \rho u_m / [\mu(1-\varepsilon_B)]$，$u_m$ 为空床平均流速。将式(6-12)代入式(6-11)得

$$\left(\frac{\Delta p}{\rho u_m^2}\right)\left(\frac{d_s}{L}\right)\left(\frac{\varepsilon_B^3}{1-\varepsilon_B}\right) = \frac{150}{Re_M} + 1.75 \tag{6-13}$$

当 $Re_M < 10$ 时，上式等号右侧的第二项可以略去；而在 $Re_M > 1000$ 的充分湍流区，右侧第一项可以略去。用本式计算的结果一般是偏于保险的。

另一个比较可靠的计算式

$$\Delta p = \frac{2f_m G^2 L (1-\varepsilon_B)^{3-n}}{d_p \rho \varphi_s^{3-n} \varepsilon_B^3} \tag{6-14}$$

式中，d_p 是以 d_v 代表的；G 为质量流速（$G = \rho u_m$）；摩擦系数 f_m 及指数 n 可以从图 6-11 中查得。

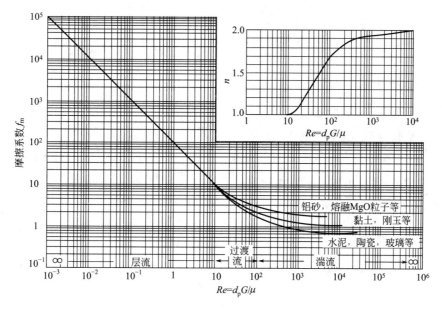

图 6-11　固定床的摩擦系数式(6-14)

对于高压流体，则应作为可压缩流体而用下式来计算 1、2 两点间的压差

$$p_1^2 - p_2^2 = \frac{2ZRG^2T}{M}\left[\ln\frac{V_2}{V_1} + \frac{2f_m L(1-\varepsilon_B)^{3-n}}{\varphi_s^{3-n}\varepsilon_B^3 d_p}\right] \tag{6-15}$$

式中，Z 是压缩因子，可从一般热力学书上查到；M 是流体的分子量；V_1、V_2 分别为上游及下游处单位质量流体的体积。

由于在生产流程中，流体的压头有限，床层压降往往有重要影响，因此一般固定床中的压降不宜超过床内压力的 15%。所以粒子不能太小，而且最好都能做成圆球状，气流速度也应适宜，因为流速与压降成平方关系，它比其他因素对压降的影响更大。

如果填充物料是一些不同尺寸的粒子，或是一些细长形的粒子，则易产生局部空隙率太大而形成偏流。对于列管式反应器，往往有上千根管子都要装填催化剂。因此要求各管装填量相同、压降均等。否则气体偏流的结果，将使各管反应程度、温度及失活速率不一，从而使产品的数量和质量都受到严重影响。

例 6-1 在内径为 50mm 的列管内装有 4m 高的熔铁催化剂层，其粒度情况见下表，形状系数 $\varphi_s = 0.65$。在反应条件下气体的物性：$\rho = 2.46 \times 10^{-3} \text{g/cm}^3$，$\mu = 2.3 \times 10^{-4} \text{g/(cm·s)}$，若气体以 $G = 6.20 \text{kg/(m}^2 \cdot \text{s)}$ 的质量速率通过，求床层压降。

例 6-1 附表

粒径/mm	3.40	4.60	6.90
质量分率 x	0.60	0.25	0.15

解 平均粒径

$$\overline{d_v} = \frac{1}{\sum_i \dfrac{x_i}{d_i}} = \frac{1}{\dfrac{0.60}{3.40} + \dfrac{0.25}{4.60} + \dfrac{0.15}{6.90}} = 3.968 \text{mm}$$

$$\overline{d_s} = \varphi_s \overline{d_v} = 0.65 \times 3.968 = 2.579 \text{mm} = 0.2579 \text{cm}$$

$$\overline{d_s}/d_t = 0.2579/5.0 = 0.0516$$

由图 6-9 估得 $\varepsilon_B \approx 0.44$

令　　$Re_M = d_s G/[\mu(1-\varepsilon_B)] = 0.2579 \times 6.20 \times 10^{-1}/[(2.3 \times 10^{-4})(1-0.44)]$
$$= 1.242 \times 10^3 \ (>1000)$$

故代入式（6-11）时等号右侧第一项可以略去

因　　$u_m = G/\rho = 6.20 \times 10^{-1}/(2.46 \times 10^{-3}) = 252 \text{cm/s}$

故　　$\Delta p = \dfrac{\rho u_m^2 L(1-\varepsilon_B)}{\overline{d_s} \varepsilon_B^3} \times 1.75 = \dfrac{(2.46 \times 10^{-3}) \times 252^2 \times 400 \times (1-0.44) \times 1.75}{0.257 \times 0.44^3}$
$$= 2.797 \times 10^6 \text{g/(cm·s}^2) = 2.797 \times 10^5 \text{Pa}$$

6.2.3 固定床中的传热

不论是催化的还是非催化的反应，床层的传热性能对于床内的温度分布、产物的生成速率和组成分布都具有决定性的意义，因此必须予以阐明。由于反应是在粒内进行的，因此固定床的传热实质上包括了粒内传热、颗粒与流体间的传热以及床层与器壁的传热三个方面。今将颗粒与流体间的给热系数以 h_p 表示，管壁处的给热系数以 h_w 表示。当固定床单纯作为换热装置使用时，也常以床层的平均温度 t_m 与管壁的温差作为推动力来定义总括给热系数 h_0。至于床层之内，一般还存在轴向与径向的温差。在拟均相模型中，把包括颗粒与流体的床层看作均一的物质，用一个有效热导率 λ_e 来表征其传热特性，有时还因混合扩散情况的差异，需要进一步区分轴向的与径向的有效热导率（分别以 λ_{ez} 及 λ_{er} 表示）。λ_e 应当是流体流速的函数（流体静止时的值以 λ_e^0 表示）。至于颗粒本身的热导率 λ_p 与固体本性和粒内孔隙情况有关，ε_B 愈大，热导率愈小。一般由实验测定，表 6-3 中的数据可供参考。

表 6-3　催化剂颗粒的热导率 λ_p 举例

催 化 剂	λ_p(粒)×10^3 /[J/(cm·s·℃)]	λ_p(粉)×10^3 /[J/(cm·s·℃)]	密度/(g/cm³)	
			颗粒	粉末
Ni/W	4.69	3.05	7.66	6.19
Co/Mo(脱氢用载体为 α-Al$_2$O$_3$,比表面积 180m²/g,CoO 3.6%,MoO 7.1%)	3.47	2.13	6.82	6.52
Co/Mo(脱氢用载体为 β-Al$_2$O$_3$,比表面积 128m²/g,CoO 3.4%,MoO 11.3%)	2.42	1.38	6.45	4.56
Si/Al(热分解用)	3.60	1.80	5.23	3.43
Pt/Al$_2$O$_3$(重整用)	2.22	1.295	4.81	3.68
活性炭	2.68	1.675	2.72	2.18

下面分别介绍关于 h_p、λ_c 和 h_w 的情况。

（1）颗粒与流体间的传热系数 h_p　在这方面可推荐下列一些公式

$$\varepsilon_B J_H = 2.876/(d_p G/\mu) + 0.3023/(d_p G/\mu)^{0.35} \tag{6-16}$$

式中，$J_H = (h_p/c_p G)(c_p \mu/\lambda)^{2/3}$ 称为传热因子，为无量纲数；λ 为流体的热导率。据称此式可统一适用于固定床及流化床，其范围为

$$d_p G/\mu = 10 \sim 10000$$

$$(h_p d_p/\lambda) = 3.22/(d_p G/\mu)^{\frac{1}{3}}(c_p \mu/\lambda)^{\frac{1}{3}} + 0.117(d_p G/\mu)^{0.8}(c_p \mu/\lambda)^{0.4} \tag{6-17}$$

式(6-17)适用于 $d_p G/\mu > 40$。

$$\left. \begin{array}{ll} J_H = 0.904 Re^{-0.51} & 0.01 < Re < 50 \\ J_H = 0.613 Re^{-0.51} & 50 < Re < 1000 \end{array} \right\} \tag{6-18}$$

式中

$$Re = G/(S_e \varphi \mu) = d_s G/[6(1-\varepsilon_B)\varphi \mu] \tag{6-19}$$

这里的 φ 是对床层比表面积 S_e 的一项校正。因为除球体为点接触、其他形状的粒子相互间还有线接触或面接触，床内还可能有死区，因此有效表面积小于几何表面积。对于球形粒子，$\varphi=1$；对于圆柱形，$\varphi=0.9$；片状体，$\varphi=0.81$；无定形粒子，取 $\varphi=0.90$。

以上的 h_p 是包括辐射的影响的，在 d_p 小于 6mm 及温度低于 400℃ 时，它们都是适用的。

利用给热系数式可以算出颗粒与流体间的温差。如反应速率及反应热分别为 r_A（以单位质量催化剂为基准）及 ΔH_A，则根据热量平衡，有

$$\Delta H_A r_A = h_p a_m \varphi(t_G - t_s) = h_p a_m \varphi \Delta t \tag{6-20}$$

式中，$a_m = S_e/\rho_B$，即为单位质量催化剂的外表面积；S_e（cm²/cm³ 床层）的值可见表 6-4。将式(6-20)与 J_H 的定义式结合，可得

$$\Delta t = \frac{r_A \Delta H_A}{a_m \varphi h_p} = Q(Pr)^{\frac{2}{3}}/J_H \tag{6-21}$$

式中，$Q = r_A \Delta H_A/(a_m \varphi c_p G)$，称为传热数。对于气体，$Pr = c_p \mu/\lambda = 0.6 \sim 1.0$，液体 $Pr = 2 \sim 400$，由式(6-18)及式(6-21)可作出图 6-12，从 Pr、Re 及 Q 值，可找出 Δt_0、r_A，ΔH_r 愈大及 G 愈小时，Δt 就愈大。一个极端的例子是丙烯在 Ni-硅藻土上的加氢，温差竟达 250~400℃。但对一般反应，Δt 常可忽略。作为一种判据，只要 $(|\Delta H_A|)r_A \rho_B d_p^2 E/[(h_p d_p)T^2 R] \leqslant 0.6$，则用气流温度作为颗粒温度计算的反应速率值，其误差就不超过 10%。

表 6-4 固定床的比表面积（球形或圆柱形颗粒）

d_p/cm	床层比表面积 S_e/(cm²/cm³ 床层)		
	30	40	50
	空隙率/%		
1.27	3.31	2.8	2.36
1.016	4.12	3.53	2.95
0.763	5.50	4.71	3.93
0.508	8.25	7.07	5.90
0.254	16.5	14.2	11.8
0.127	33.0	28.3	23.6

（2）固定床的有效热导率 床层的有效热导率实际上是颗粒与流体间的对流传热、颗粒及流体本身的导热以及床层内的辐射传热等几类作用的综合表现。它是流体及固体颗粒特性以及流动状态的函数，与颗粒的有效热导率是不一样的，因为那指的是颗粒本身的热导率。那个"有效"是指颗粒固体部分与粒内空隙部分总括计算，而床层的有效热导率还包括了在粒外空隙中流动的流体所起的作用。通常固定床的热量主要是在中心与管壁间作径向的传递，因此 λ_e 一般常是指 λ_{er}，除少数强放热等情况外，轴向导热影响可忽略不计，因此，轴向的 λ_{ez} 常不做考虑。

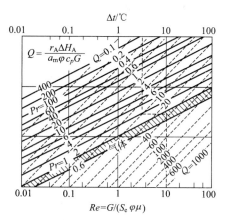

图 6-12 固定床中流体与
粒子外表面间的温差

应当指出，有效热导率的概念是根据拟均相模型提出来的。即把包含有固体颗粒和流动气体的非均相系统看作均相系统。对于一般情况来说，用拟均相的模型就已经可以了。

确定有效热导率的方法是先测定床层中的温度分布，然后根据传热方程式反求出 λ_e。由于 λ_e 与反应无关，因此可在无反应的情况下进行测定。实验测得的 λ_e 值一般常归纳为 Re 与 Pr 的函数关系，其形式如下

$$\lambda_e/\lambda = a + b(Re)(Pr) \tag{6-22}$$

式中，λ_e 是气体的有效热导率；a、b 为实验常数。

为了从理论上阐明有效热导率与构成填充床传热的各项因素（包括传热、对流和辐射）之间的关系，曾成功地发展了一些计算方法。

图 6-13 填充床的
流动模型

具体的计算公式是

$$\lambda_e/\lambda = \lambda_e^0/\lambda + (\alpha\beta)Re_pPr \tag{6-23}$$

式中，λ_e^0 代表流体静止时床层的热导率，式中后一项代表流体流动混合对径向传热的增值。如图 6-13 的模型所示，α 的物理意义代表横向传质与流动方向传质速度之比，β 代表颗粒间距与粒径比的影响，$(\alpha\beta)$ 的值可从图 6-14 读出。λ_e^0 的值则用下式计算

$$\frac{\lambda_e^0}{\lambda} = \varepsilon_B\left(1 + \frac{h_{rv}d_p}{\lambda}\right) + \frac{1-\varepsilon_B}{\dfrac{1}{\dfrac{1}{\phi} + \dfrac{h_{rs}d_p}{\lambda}} + \dfrac{2}{3}\left(\dfrac{\lambda}{\lambda_s}\right)} \tag{6-24}$$

式中右侧第一项代表床层空隙部分对传热的贡献，第二项代表颗粒部分的贡献，h_{rv} 及 h_{rs} 分别为空隙及颗粒的辐射给热系数，可按下式计算

$$h_{rv}=0.227\,\frac{1}{1+\dfrac{\varepsilon_B}{2(1-\varepsilon_B)}\left(\dfrac{1-\sigma}{\sigma}\right)}\left(\frac{T_m}{100}\right)^3 \ \left[\mathrm{W/(m^2\cdot K)}\right]$$

(6-25)

$$h_{rs}=0.227\left(\frac{\sigma}{2-\sigma}\right)\left(\frac{T_m}{100}\right)^3 \ \left[\mathrm{W/(m^2\cdot K)}\right]$$

(6-26)

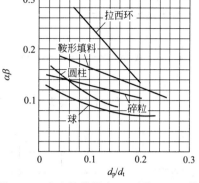

图 6-14 求有效热导率 λ_e 时的 $(\alpha\beta)$ 值

式中，λ_s 及 λ 分别为颗粒与流体的热导率；σ 为粒子表面的热辐射率；T_m 为床层的平均温度，K；ϕ 代表颗粒接触点处流体薄膜的导热影响，它可由图 6-15 及式(6-27)求得

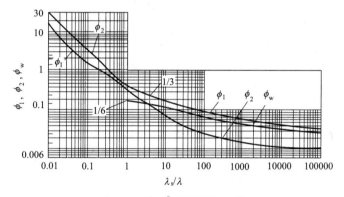

图 6-15 求 λ_e^0 时所用的 ϕ 值

$$\phi=\phi_2+(\phi_1-\phi_2)\frac{\varepsilon_B-0.26}{0.216}$$

(6-27)

对于 d_p 很小、温度在常温以下以及含有液体的情况，h_{rv} 及 h_{rs} 两项均可忽略而得简化式如下

$$\frac{\lambda_e^0}{\lambda}=\varepsilon_B+\frac{1-\varepsilon_B}{\phi+\dfrac{2}{3}(\lambda/\lambda_e)}$$

(6-28)

但对粒径在 5mm 以上的大粒子及温度较高时，辐射传热的影响就显著了，在真空下则完全由辐射传热主导。

至于轴向的床层有效热导率 λ_{ez} 则另有下列二式可供计算使用

$$\frac{\lambda_{ez}}{\lambda}=\frac{\lambda_e^0}{\lambda}+\delta Re_p Pr \ ; \ \delta=0.7\sim0.8$$

(6-29)

或

$$\frac{\lambda_{ez}}{Gc_p d_p}=\frac{\lambda_e^0/\lambda}{Re_p Pr}+\frac{14.5}{d_p\left(1+\dfrac{C}{Re_p Pr}\right)}$$

(6-30)

式中，$C=0\sim5$，视体系而异。

（3）床层与器壁间的给热系数 h_w 及 h_o 在一维模型中，床层径向温度被认为是一致的。给热速度式以床层平均温度 t_m 与壁温 t_w 之差来定义，即

$$q = h_o A(t_m - t_w) \tag{6-31}$$

式中，A 为传热面积。h_o 的计算可用下式

$$h_o d_p / \lambda = (d_p / d_t)(\lambda_e / \lambda)[a_1^2 + \Phi(b)/y] \tag{6-32}$$

式中，a_1^2 及 $\Phi(b)$ 均为无量纲数 b 的函数，可由图 6-16 上读出，而

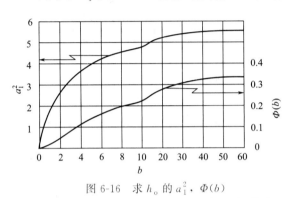

图 6-16　求 h_o 的 a_1^2，$\Phi(b)$

$$b = \frac{h_w/(d_t/2)}{\lambda_e} = \frac{(1/2)(d_t/d_p)(h_w d_p/\lambda)}{\lambda_e/\lambda} \tag{6-33}$$

又

$$y = \frac{4\lambda_e L}{G c_p d_t^2} = \frac{4(d_p/d_t)(L/d_t)(\lambda_e/\lambda)}{Pr Re_p} \tag{6-34}$$

式中，L 是该段床层的长度。上法适用于 $y > 0.2$ 的情况，故对一般固定床也常是适用的。

在二维模型中，需要考虑径向温度分布，故以靠近壁处流体温度 t_R 与壁温之差来定义，即

$$q = h_w A(t_R - t_w) \tag{6-35}$$

h_w 可按下式计算

$$\frac{h_w d_p}{\lambda} = \frac{h_w^0 d_p}{\lambda} + \frac{1}{\dfrac{1}{h_w^* d_p/\lambda} + \dfrac{1}{\alpha_w Pr Re_p}} \tag{6-36}$$

式中

$$h_w^* d_p / \lambda = C Pr^{\frac{1}{3}} Re_p^{\frac{1}{2}} \tag{6-37}$$

对液体：$C = 2.6$；气体：$C = 4.0$。α_w 代表管壁附近流体横向混合的比例。对圆筒形固定床的内表面，取 $\alpha_w = 0.054$；对插入床层的圆管外表面，则取 $\alpha_w = 0.041$。h_w^0 是流体静止时管壁的给热系数，按下式计算

$$\frac{1}{h_w^0 d_p/\lambda} = \frac{1}{\lambda_w^0/\lambda} - \frac{0.5}{\lambda_e^0/\lambda} \tag{6-38}$$

而

$$\frac{\lambda_w^0}{\lambda} = \varepsilon_w \left(2 + \frac{h_{rv} d_p}{\lambda}\right) + \frac{1 - \varepsilon_w}{\dfrac{1}{\dfrac{1}{\phi_w} + \dfrac{h_{rs} d_p}{\lambda}} + \dfrac{1}{3}(\lambda/\lambda_s)} \tag{6-39}$$

式中，ε_w 为离壁 $d_p/4$ 处的平均空隙率，一般 $\varepsilon_w = 0.7$；ϕ_w 由图 6-15 查出。

计算 h_w 的另一较简便的式子是

$$\frac{h_w d_p}{\lambda} = 2.58 \left(\frac{d_p G}{\mu}\right)^{\frac{1}{3}} \left(\frac{c_p \mu}{\lambda}\right)^{\frac{1}{3}} + 0.094 \left(\frac{d_p G}{\mu}\right)^{0.8} \left(\frac{c_p \mu}{\lambda}\right)^{0.4} \tag{6-40}$$

此式适用范围为：$d_p G/\mu > 40$。

应当指出，h_w 是不容易测准的，这是由于要在极靠近壁面的地方安置热电偶是相当困难的，而且会影响该处的床层空隙率，从而引起流速的变化。所以该处的床层温度分布常由

外推得出，因此用文献上不同关联式算得的 h_w 值往往有较大的差异。

例 6-2　在内径 10cm 的圆管内置有直径为 4.0mm 的球形颗粒，已知床层的平均空隙率 $\varepsilon_B=0.40$，平均温度 120℃，$\lambda_s=0.345\text{W/(m·K)}$，辐射率 $\sigma=0.90$，$\lambda=0.0325\text{W/(m·K)}$，$Pr=0.70$，求在 $Re_p=d_p G/\mu=120$ 下，(1) 床层的有效热导率 λ_e；(2) 管壁给热系数 h_w；(3) 床层总高为 4m 时的总括给热系数。

解　(1) 由式(6-25)

$$h_{rv}=0.227 \times \frac{1}{1+\dfrac{0.40}{2(1-0.40)}\left(\dfrac{1-0.90}{0.90}\right)}\left(\frac{120+273}{100}\right)^3=13.6\text{W/(m}^2\text{·K)}$$

$$h_{rs}=0.227 \times \left(\frac{0.90}{2-0.90}\right)\left(\frac{120+273}{100}\right)^3=11.3\text{W/(m}^2\text{·K)}$$

因

$$\lambda_s/\lambda=0.345/0.0325=10.6$$

故由图 6-15 查得　$\phi_1=0.152$，$\phi_2=0.060$

由式(6-27)

$$\phi=0.060+(0.152-0.060)\frac{0.40-0.26}{0.216}=0.1198$$

又

$$h_{rv}d_p/\lambda=13.6(4.0\times10^{-3})/0.0325=1.674$$

$$h_{rs}d_p/\lambda=11.3(4.0\times10^{-3})/0.0325=1.390$$

故由式(6-24)

$$\lambda_e^0/\lambda=0.40(1+1.637)+\frac{1-0.40}{\dfrac{1}{\dfrac{1}{0.1196}+1.390}+\dfrac{2}{3}\left(\dfrac{0.0325}{0.345}\right)}$$

$$=4.674$$

因　$d_p/d_t=4.0/100=0.04$

故由图 6-14 查得 $(\alpha\beta)=0.11$

由式(6-29)

$$\lambda_e/\lambda=4.674+0.11\times120\times0.70=13.91$$

故

$$\lambda_e=0.0325\times13.91=0.452\text{W/(m·K)}$$

(2) 由图 6-15 查得在 $\lambda_s/\lambda=10.6$ 时的 $\phi_w=0.11$

故由式(6-39)

$$\frac{\lambda_w^0}{\lambda}=0.7(2+1.674)+\frac{1-0.7}{\dfrac{1}{\dfrac{1}{0.11}+1.390}+\dfrac{1}{3}\left(\dfrac{0.0325}{0.345}\right)}$$

$$=4.916$$

代入式(6-38)

$$\frac{1}{h_w^0 d_p/\lambda}=\frac{1}{4.916}-\frac{0.5}{4.674}=0.0964$$

故

$$h_w^0=\frac{0.0325}{(4.0\times10^{-3})\times0.0964}=84.3\text{W/(m}^2\text{·K)}$$

又由式(6-37)

$$h_w^* d_p / \lambda = 4.0 \times 0.70^{\frac{1}{3}} \times 120^{\frac{1}{2}} = 38.9$$

代入式(6-36)

$$\frac{h_w d_p}{\lambda} = \frac{1}{0.0964} + \cfrac{1}{\cfrac{1}{38.9} + \cfrac{1}{0.054 \times 0.70 \times 120}}$$

$$= 14.44$$

故

$$h_w = 14.44 \times 0.0325 / (4.0 \times 10^{-3}) = 117.3 \text{W}/(\text{m}^2 \cdot \text{K})$$

（3）由式(6-33)

$$b = 117.3 (10 \times 10^{-2}/2) / 0.452 = 12.98$$

由图 6-16 查得 $a_1^2 = 5.02$，$\Phi(b) = 0.25$

又由式(6-34)

$$y = \frac{4(0.40/10)(400/10)(0.452/0.0325)}{0.70 \times 120} = 1.06 (>0.2)$$

故可用式(6-32)

$$\frac{h_o d_p}{\lambda} = \left(\frac{0.40}{10}\right) \times 13.91 \times \left(5.02 + \frac{0.25}{1.06}\right) = 2.92$$

故

$$h_o = 2.92 \times 0.0325 / (4.0 \times 10^{-3}) = 23.73 \text{W}/(\text{m}^2 \cdot \text{K})$$

6.2.4　固定床中的传质与混合

本节介绍颗粒与流体间的传质以及固定床内的混合扩散问题。

（1）颗粒与流体间的传质　在单位体积（或质量）的催化剂上着眼组分 A 的传质速率 N_A 可用该组分在气流与颗粒表面的浓度差或分压来表示

$$N_A = k_{CA} a (c_{GA} - c_{SA}) = k_{GA} a (p_{GA} - p_{SA}) \tag{6-41}$$

式中，a 为以单位体积（或质量）的催化剂作基准的传质表面积；k_{CA} 及 k_{GA} 分别为以浓度及分压来表示的 A 组分的传质系数，它们的关系是

$$k_{GA} = k_{CA} / (RT) \tag{6-42}$$

由于一般总是指某一组分的传质，因此下标 A 也可省略不写。

传质系数常通过一个无量纲的传质因子 J_D 来关联，J_D 因子的定义如下

$$J_D = \left(\frac{k_C \rho}{G}\right)\left(\frac{\mu}{\rho D}\right)^{\frac{2}{3}} = \left(\frac{k_G p}{G_M}\right)\left(\frac{\mu}{\rho D}\right)^{\frac{2}{3}} \tag{6-43}$$

式中，$\mu/(\rho D)$ 又称施密特数（Sc），其中 D 是分子扩散系数。对于气体，Sc 数常在 0.5～3 的范围内，而对液体则大于 1，而且范围很广。

根据实验结果，文献中曾提出过多种 J_D 与 Re 的关系式，如

$$\left.\begin{array}{ll} J_D = 0.84 Re^{-0.51} & 0.05 < Re < 50 \\ J_D = 0.57 Re^{-0.41} & 50 < Re < 1000 \end{array}\right\} \tag{6-44}$$

式中，$Re = G/(S_e \varphi \mu)$，与式(6-18) 相比较，可知

$$J_H / J_D = 1.076 \approx 1 \tag{6-45}$$

根据这一关系，可在给热系数与传质系数之间进行互算，并且也表明了传热与传质的类似性。

另一个被认为比较准确的关系式是

对气体

$$\varepsilon_B J_D = 0.357 (d_p G/\mu)^{-0.359} \tag{6-46}$$

对 $\varepsilon_B = 0.35 \sim 0.75$ 范围内的液体

$$\varepsilon_B J_D = 0.25 (d_p G/\mu)^{-0.31},\ 55 < (d_p G/\mu) < 1500 \tag{6-47}$$

$$\varepsilon_B J_D = 1.09 (d_p G/\mu)^{\frac{2}{3}},\ 0.0016 < (d_p G/\mu) < 55 \tag{6-48}$$

式(6-42) 的适用范围是 $Sc = 165 \sim 70600$。这些式子包括了气-固相及液-固相床层中的传质，但不适用于气-液-固三相并存的情况。

利用 J_D 的关系也可计算出进行化学反应时气流中与催化剂颗粒表面上的分压差。这时反应的速率应与扩散速度相等，故

$$N_A = r_A = k_{GA} a_m \varphi (p_{GA} - p_{SA}) = k_{CA} a_m \varphi \Delta p_A \tag{6-49}$$

如反应式写成一般的形式：$a A + b B \longrightarrow m M + n N$，则 J_D 式中 p 应当用下式中的 p_{fA} 代替

$$p_{fA} = p - p_A \left(\frac{a + b - m - n}{a} \right) \tag{6-50}$$

当为等分子逆向扩散时，$p_{fA} = p$，如将式(6-49) 写成

$$\Delta p_A = \frac{f_A}{k_{GA} a_m \varphi} = \left(\frac{r_A}{a_m \varphi G_M} \right) p_{fA} (Sc)^{\frac{2}{3}}_A \Big/ J_D \tag{6-51}$$

或以摩尔分数 $y_A = p_A / p$ 来表示，则为

$$\Delta y_A = \left(\frac{r_A}{a_m \varphi G_M} \right) y_{fA} (Sc)^{\frac{2}{3}}_A \Big/ J_D \tag{6-52}$$

图 6-17 就是结合式(6-52) 与式(6-44) 作出的，据此即可求出气流与催化剂粒子表面上的分压差。有人曾对 14 个常见的气-固相催化反应做过计算，将结果用 $\Delta p/p$ 表示，其值在 $0.0005 \sim 8$ 大气压之间。故除表面反应速率极快的情况外，一般这一差别可以不计。

根据一般常识，为了使催化剂能发挥其促进反应速率的作用，人们所选择的流速等条件必然不希望使粒外的扩散速率起到控制作用，也就是说外扩散应足够地快，总的速率应完全受催化剂的水平所限制，所以一般总是属于动力学（吸附、表面反应或脱附）控制或内扩散控制的情况。但是也有少数例外，如铂网上的氨氧化，高温下的炭燃烧以及用氨、天然气及空气混合物合成氰化氢等极快速的反应是属于外扩散控制的。这时的反应速率等于外扩散速率，如对床层微元高度 dz 做反应物的物料平衡得

$$-G_M dy = \rho_B (r) dz = k_G a (p_A - 0) dz = k_G a p y dz \tag{6-53}$$

这里催化剂表面上的分压对不可逆反应而言可当作零。对床层高度进行积分求得出口及入口反应物的摩尔分率 y_2 与 y_1 的关系为

$$\ln(y_1/y_2) = (k_G a p/G_M) z$$

将式(6-43) 及式(6-46) 的关系代入，则得

$$\ln \frac{y_1}{y_2} = \frac{J_D a z}{(Sc)^{\frac{2}{3}}} = \frac{0.357 a z}{\varepsilon_B (d_p G/\mu)^{0.359} (Sc)^{\frac{2}{3}}} \tag{6-54}$$

这样求得了反应物分率的变化后自然也就可算出转化率了。

在实际应用时，为了避免金属网催化剂在操作中的破损，总是多用几层的。

（2）固定床中流体的混合扩散　当流体流经填充床时，不断发生着分散与汇合，在径向

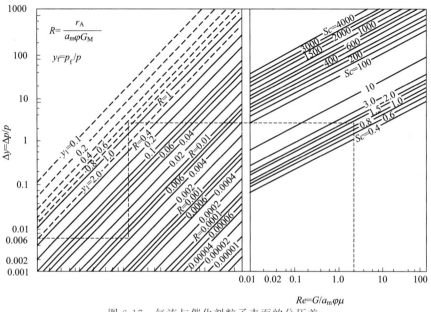

图 6-17　气流与催化剂粒子表面的分压差

比轴向更为显著。在一般简化的模型中，常把固定床中流体的流动看作是平推流式的，没有返混。但是随着流速的提高和粒径的增大，径向和轴向的混合程度也增大，而从数学模型精度的要求来看，有时就需要把这一影响包括在内。表征这种现象的参数是径向和轴向的混合扩散系数 E_r 和 E_z，通常是用无量纲数 $Pe_r = d_p u_m / E_r$ 及 $Pe_z = d_p u_m / E_z$ 的形式来表示的。这里 u_m 是指平均流速。

　　根据理论分析以及实测的结果，Pe_r 之值在 $5\sim13$ 之间，在不同的 Re 下近于常数。在多数的反应装置内，流体处于充分的湍流状态，故取 $Pe_r = 10$ 不致有太大的误差。至于轴向的混合扩散系数则要比径向的小，一般可取 $Pe_z = 2$（气体）或 $Pe_z = 0.5\sim1$（液体），它们亦近似于一常数值。有关 Pe_r 及 Pe_z 的应用将在 6.4 节中谈到。

6.3　拟均相一维模型

　　拟均相一维模型是把固体颗粒与流体当作均相物系来考虑，而且只有在流体流动的方向（轴向）上有温度和浓度的变化，与流向垂直的截面（径向）上则是等温和等浓度的。这样的一维模型在计算上比较简单，而且在许多情况下它是适用的，下面就来逐一地加以说明。

6.3.1　等温反应器的计算

　　当反应热效应不大，管径较细，管外用传热良好的恒温流体进行控温时，反应管内各处可近似地视作等温。通常所谓的等温反应器是指这种情况。由于它的计算特别简单，因此有时也被用来对实际上不是等温的反应器做粗略的估算。对平推流式反应器，只要将物料衡算式积分就可以了。譬如以反应组分 A 作为着眼组分时，则有

$$F_{A0} dx_A = (-r_A) dW \tag{6-55}$$

如进口处 $x_A = 0$，则积分后得

$$\frac{W}{F_{A0}} = \int_0^{x_A} \frac{dx_A}{(-r_A)} \tag{6-56}$$

因此，只要知道动力学方程的形式，把它写成 x_A 的函数后，不论用解析法或数值法，总可求得达到一定转化率所需的催化剂质量，而床层的体积就等于 W/ρ_B。当选定了管径以后，床层高度也就确定了。如求得的床层过高，则可将几个反应器串联来解决。

有时物料衡算式也写成如下的形式

$$-u\, dc_A/dl = \rho_B(-r_A) \tag{6-57}$$

于是床层的高度 L 为

$$L = \int_0^L dl = \frac{u}{\rho_B} \int_{c_A}^{c_{A0}} \frac{dc_A}{(-r_A)} \tag{6-58}$$

在这里 u 是作为常数的，这对一般情况来说，不会对结果造成太大的误差。

6.3.2　单层绝热床的计算

对于单层的绝热床，除物料衡算式(6-55) 或式(6-57) 外，还常列出一热量衡算式如下

$$\sum_i F_i c_{pi} dT = F\overline{c_p} dT = (-\Delta H_A) F_{A0} dx_A \tag{6-59}$$

式中用总的恒分子流量 F 及平均比热容 $\overline{c_p}$ 来代表也是可以的。如在床层的 1、2 两处的截面间积分，则得

$$T_2 = T_1 + (-\Delta H_A)\left(\frac{F_{A0}}{F\overline{c_p}}\right)(x_{A2} - x_{A1}) \tag{6-60}$$

此即描述绝热操作时温度与转化率的关系式，称为绝热线方程。把它与前面的物料衡算式联立求解，即得床内沿轴向的温度和转化率的变化情况。

如以质量速度 G 及平均比热容 $\overline{c_p}$ 表示，则可写成

$$G\overline{c_p} dT = -u\, dc_A(-\Delta H_A)$$

于是积分后得

$$T_2 = T_1 + [(-\Delta H_A)/\overline{c_p}\rho](c_{A1} - c_{A2}) \tag{6-61}$$

式中，ρ 为流体的密度（$G = \rho u$）。此式与式(6-60) 是等价的。

将式(6-60) 或式(6-61) 与式 (6-57) 联解，即可求得床层高度。

例 6-3　用中间间接冷却的两级绝热床进行二氧化硫的氧化反应

$$SO_2 + \frac{1}{2}O_2 \longrightarrow SO_3$$

所用催化剂为载于硅胶上的 V_2O_5，其反应动力学方程如下

$$r = (k_1 p_{SO_2} p_{O_2} - k_2 p_{SO_3} p_{O_2}^{\frac{1}{2}})/p_{SO_2}^{\frac{1}{2}} \; [\mathrm{mol/(s \cdot g\ 催化剂)}] \tag{1}$$

$$\ln k_1 = 12.07 - \frac{129000}{RT} \tag{2}$$

$$\ln k_2 = 22.75 - \frac{224000}{RT} \tag{3}$$

式中，T 为温度，K；R 为气体常数，J/(mol·K)；k_1 为一级反应速率常数，mol/

$(s \cdot g$ 催化剂 $\cdot atm^{3/2})$；k_2 为二级反应速率常数，$mol/(s \cdot g$ 催化剂 $\cdot atm)$。进料的分子组成为：$SO_2 8.0\%$；$O_2 13.0\%$；$N_2 79.0\%$。总压：$1atm$。第一级进气温度370℃；第一级出气温度560℃，第二级进气温度370℃。SO_2 总转化率99%。

如在此温度范围内，混合气的比热容可认为基本不变，并等于 $1.045J/(g \cdot K)$，反应热与温度的关系如下

$$\Delta H = -102.9 + 8.34 \times 10^{-3} T \text{ (kJ/mol)} \tag{4}$$

此外，床层堆积密度 $\rho_B = 0.6 g/cm^3$，反应器内径 $1.825m$，如进料的摩尔流量为 $243kmol/h$，求所需的床层高度。

解 进料气体的平均分子量为 $0.08 \times 64 + 0.13 \times 32 + 0.79 \times 28 = 31.4$

在床层中气体的质量流速可认为是不变的，故

$$G = (243/3600) \times 31.4 / \left(\frac{\pi}{4} \times 1.825^2\right) = 0.810 kg/(m^2 \cdot s)$$

由于反应时有分子数的变化，故按膨胀因子法表示时，有

$$u = u_0(1 + \delta_A z_{A0} x_A)$$

$$c_A = c_{A0} \frac{1 - x_A}{1 + \delta_A z_{A0} x_A}$$

式中，δ_A 为对组分 $A(SO_2)$ 而言的膨胀因子；z_{A0} 为 A 在进料中的摩尔分数。

代入物料衡算式

$$\mathrm{d}(u c_A)/\mathrm{d}l = \rho_B(r)$$

简化得

$$c_{A0} u_0 (\mathrm{d}x_A/\mathrm{d}l) = \rho_B r \tag{5}$$

又热量衡算式为

$$G c_p (\mathrm{d}T/\mathrm{d}l) = \rho_B(r)(-\Delta H) \tag{6}$$

此外，由于反应在 $1atm$ 下进行，故各组分的分压在数值上即等于其摩尔分数，因此可以写出在 SO_2 转化率为 x_A 时各组分的摩尔分数，如下所示：

项 目	SO_2	O_2	N_2	SO_3	总 计
初始物质的量/mol	8.0	13.0	79.0	0	100
转化率为 x_A 时的物质的量/mol	$8.0(1-x_A)$	$13.0 - \dfrac{8.0}{2}x_A$	79.0	$8.0 x_A$	$100 - 4.0 x_A$
摩尔分数	$\dfrac{8.0(1-x_A)}{100-4.0x_A}$	$\dfrac{13.0 - \dfrac{8.0}{2}x_A}{100-4.0x_A}$	$\dfrac{79.0}{100-4.0x_A}$	$\dfrac{8.0x_A}{100-4.0x_A}$	

故代入式（1）得：

$$r = \frac{k_1\left[\dfrac{8.0(1-x_A)}{100-4.0x_A}\right]\left(\dfrac{13.0-4.0x_A}{100-4.0x_A}\right) - k_2\left(\dfrac{8.0x_A}{100-4.0x_A}\right)\left(\dfrac{13.0-4.0x_A}{100-4.0x_A}\right)^{\frac{1}{2}}}{\left[\dfrac{8.0(1-x_A)}{100-4.0x_A}\right]^{\frac{1}{2}}} \tag{7}$$

联解式（5）、式（6）、式（7）及式（2）、式（3），便可求出随床高转化率及温度的分布，将式（5）与式（6）结合，得

$$G c_p \frac{\mathrm{d}T}{\mathrm{d}l} = (-\Delta H) c_{A0} u_0 \frac{\mathrm{d}x_A}{\mathrm{d}t}$$

积分得

$$Gc_p(T-T_0)=(-\Delta H)c_{A0}u_0(x_A-x_{A0}) \tag{8}$$

$c_{A0}u_0$ 即为 A 组分的摩尔通量，即

$$\frac{(243\times1000)\times0.08}{3600\times\left(\dfrac{\pi}{4}\right)\times1.825^2}=2.06\text{mol}/(\text{m}^2\cdot\text{s})$$

将各具体数值代入式(8)

$$(0.809\times10^3)\times1.045\times(T-T_0)=(102.9-8.34\times10^{-3}T)\times10^3\times2.06\times(x_A-x_{A0})$$

简化，得

$$T-T_0=(252-0.0204T)(x_A-x_{A0})$$

或

$$T=\frac{T_0+252(x_A-x_{A0})}{1+0.0204(x_A-x_{A0})} \tag{9}$$

又式(5)、式(7) 结合而得

$$\frac{c_{A0}u_0}{\rho_B}\frac{\mathrm{d}x_A}{\mathrm{d}l}=\frac{k_1[8.0\times(1-x_A)]^{\frac{1}{2}}(13.0-4.0x_A)}{(100-4.0x_A)^{\frac{3}{2}}}-\frac{k_2(8.0x_A)(13.0-4.0x_A)^{\frac{1}{2}}}{[8.0(1-x_A)]^{\frac{1}{2}}(100-4.0x_A)}$$

将各具体数值代入后，整理并写成差分的形式

$$\frac{\Delta x_A}{\Delta l}=\frac{1.438\times10^{11}(1-x_A)^{\frac{1}{2}}(13-4.0x_A)}{\mathrm{e}^{15600/T}(100-4.0x_A)^{\frac{3}{2}}}-\frac{6.25\times10^{15}x_A(13-4.0x_A)^{\frac{1}{2}}}{\mathrm{e}^{27000/T}(1-x_A)^{\frac{1}{2}}(100-4.0x_A)} \tag{10}$$

如将等号右侧部分用 $1/B$ 表示，则

$$\Delta l=B_{av}(\Delta x_A)$$

B_{av} 是指这一区间头尾两端之值的平均。

譬如在进口处，$x_A=0$，$T_0=370℃=643\text{K}$，代入，得

$$B_0=18.35$$

取转化率区段 $\Delta x_A=0.05$，则由式(9) 得该段出口温度为

$$T_1=\frac{643+252\times0.05}{1+0.0204\times0.05}=655\text{K}$$

因此出口处的 B 值为

$$B_1=1/\left[\frac{1.438\times10^{11}(1-0.05)^{\frac{1}{2}}(13-4.0\times0.05)}{\mathrm{e}^{15600/655}(100-4.0\times0.05)^{\frac{3}{2}}}-\right.$$

$$\left.\frac{6.25\times10^{15}\times0.05\times(13-4.0\times0.05)^{\frac{1}{2}}}{\mathrm{e}^{27000/655}(1-0.05)^{\frac{1}{2}}(100-4.5\times0.05)}\right]=12.25$$

故

$$\Delta l=l_1-0=\left(\frac{18.35+12.25}{2}\right)\times0.05=0.765\text{m}$$

如此继续进行，仍取 $\Delta x_A=0.05$，则 $x_{A2}=0.10$

$$T_2=\frac{643+252\times0.10}{1+0.0204\times0.10}=667\text{K}$$

而按此温度算得 $B_2=8.35$

故

$$\Delta l=l_2-l_1=\left(\frac{12.25+8.35}{2}\right)\times0.05=0.515\text{m}$$

故

$$l_2=0.765+0.515=1.280\text{m}$$

如此继续往下计算，其结果列于计算结果表的左侧，由此可知出口为 560℃（833K）时的床高为 2.582m，这时的转化率为 0.81。

利用同样的步骤可以计算第二级的床高，这时式（9）的形式成为

$$T = \frac{643 + 252(x_A - 0.81)}{1 + 0.0204(x_A - 0.81)}$$

将此式与式（10）结合就可以算出第二级中的详细结果，列于计算结果表的右侧，从上述结果，可以看到第二级中转化率虽只提高了 18 个百分点，但所需催化剂量却约为第一级的 3.4 倍，尤其是从 98% 转化到 99%，这 1% 的转化率所需的催化剂占 13.97%。

计算结果表

第 一 级			第 二 级		
x_A	T/K	催化剂床高/m	x_A	T/K	催化剂床高/m
0	643	0	0.81	643	0
0.05	655	0.765	0.83	648	1.025
0.10	667	1.280	0.85	653	1.940
0.15	679	1.633	0.87	657	2.78
0.20	691	1.881	0.89	662	3.55
0.25	703	2.05	0.91	667	4.28
0.30	714	2.18	0.93	672	4.99
0.35	726	2.27	0.95	676	5.73
0.40	738	2.34	0.97	681	6.60
0.45	750	2.39	0.98	684	7.21
0.50	761	2.43	0.985	685	7.65
0.55	773	2.46	0.9875	685	8.00
0.60	785	2.49	0.99	686	8.80
0.65	796	2.51			
0.70	808	2.54			
0.75	820	2.55			
0.80	831	2.58			
0.81	833	2.582			

6.3.3　多层绝热床的计算

对于多层（或多台串联）的绝热床，每一层的计算方法原则上都与上节中所介绍的一样。只不过从上层出来的物料在进入到下一层之前，如果由于放热（或吸热）的关系使其温度升高（或降低）而需要在中间加以冷却（或加热），或者直接引入另一股物料使之混合，同时改变了它的温度或浓度时，就要根据层间所进行的这种调节措施，通过简单的物料衡算和热量衡算，求出这时物料的温度和浓度（或转化率）来作为下一层的进料状态。譬如图 6-18 是层间直接冷激的情况，进料状态以 a 点表示，经过第一层，温度按式（6-58）沿直线 ab 上升到 b 点。这时遇到一定量的冷激气，不仅温度降低了，而且反应物的浓度也增加（相当于总的转化率降低）了，于是状态就变到了 c 点，这就是下一层的进料状态。所以每经过一层，就要这样变化一次。再看图 6-19，这是层间间接冷却的情况，由于没有新鲜气的加入，所以每次只有温度的降低，而没有浓度（转化率）的变动，因此图中的 bc 线等都是垂直的。

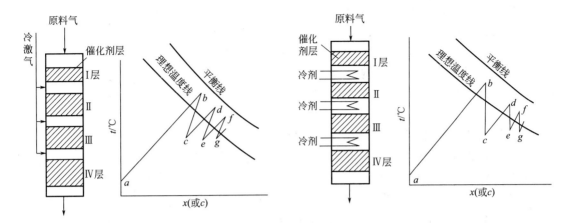

图 6-18 层间直接冷激式多段绝热床　　　　图 6-19 层间间接冷却式多段绝热床

如果层间冷激不用原料气而用其他种类的气体，那么冷激后也没有转化率的改变，情况与图 6-19 所示的一致。

6.3.4 多层床的最优化问题

对于可逆放热反应，要使反应速率尽可能地保持最大，必须随着转化率的增高，按理想温度曲线相应地降低温度，所谓理想或最佳温度曲线与平衡温度线一样是可从反应速率式的关系算出来的。譬如对于反应 $A+B \underset{k_2}{\overset{k_1}{\rightleftharpoons}} R+S$，向右的正反应和向左的逆反应速率式可分别写成

$$r_1 = k_1 f_1(c_A \cdot c_B) = A_1 e^{-E_1/(RT)} f_1(c_A \cdot c_B) \tag{6-62}$$

$$r_2 = k_2 f_2(c_R \cdot c_S) = A_2 e^{-E_2/(RT)} f_2(c_R \cdot c_S) \tag{6-63}$$

当达到反应平衡时，净速度为：$r = r_1 - r_2 = 0$，即：$r_1 = r_2$，故令式(6-62)与式(6-63)相等，并考虑到 $-\Delta H = E_2 - E_1$ 的关系，便可得平衡温度 T_{eq} 为

$$T_{eq} = \frac{-(-\Delta H)}{R \ln\{A_1 f_1(c_A \cdot c_B)/[A_2 f_2(c_R \cdot c_S)]\}} \tag{6-64}$$

而反应速率为最快的温度，即所谓的最优温度 T_{opt} 则可令 $\partial r/\partial T = 0$ 而求出，即

$$\left(\frac{\partial r}{\partial T}\right)_{c_A \cdot c_B \cdot c_R \cdot c_S} = A_1 f_1 e^{-E_1/(RT)} \left(\frac{E_1}{RT^2}\right) - A_2 f_2 e^{-E_2/(RT)} \left(\frac{E_2}{RT^2}\right) = 0 \tag{6-65}$$

解得 T 即为 T_{opt}，故得

$$T_{opt} = -(-\Delta H) \bigg/ \left[R \ln\left(\frac{A_1 E_1 f_1}{A_2 E_2 f_2}\right)\right] \tag{6-66}$$

因此，对应于一定的组成，可分别由式(6-64)及式(6-66)求出相应的平衡温度和最优温度，图 6-18 及图 6-19 中的平衡线及理想温度线就是这样绘出的。此外，从式(6-64)及式(6-66)还可以得出 T_{eq} 与 T_{opt} 的关系如下

$$\frac{T_{eq} - T_{opt}}{T_{eq} T_{opt}} = \frac{R}{E_2 - E_1} \ln\frac{E_2}{E_1} \tag{6-67}$$

不论 $E_2 - E_1$ 为正或负，此式左边总是正值，故总是 $T_{opt} < T_{eq}$，而且随着温度的变化，它

们的变化倾向也都是一致的。

由于要使床层温度尽可能地接近于最优温度分布，以便使催化剂的用量尽可能地少，就必须有尽可能多的层数。但另一方面，层数愈多，装置结构等方面所花的费用也愈多，而且层数继续增加，效果也越来越小，所以一般很少有超过四层的。

多层绝热床的最优化问题通常是在一定数目的床层内，对于一定的进料和最终转化率，选定各段的进出口温度和转化率以求总的催化剂用量为最少。

图 6-20 代表一中间冷却的多段绝热床的情况。对于第 i 段而言，该段所需的催化剂用量 W_i 可根据式（6-56）写出

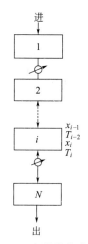

图 6-20　多段绝热床示意

$$\frac{W_i}{F_{A0}} = \int_{x_{i-1}}^{x_i} \frac{\mathrm{d}x}{(-r_i)} \tag{6-68}$$

式中，$(-r_i)$ 是 i 段床层中按绝热操作时原料中的着眼组分 A 的转化速率，它是 x 与 T 的函数，故从床层进口到出口是一个变数，遵循物料衡算与热量衡算的关系。令 $Z = W/F_{A0}$，W 为全部催化剂的总质量。如最优化的目标函数是使 Z 为最小，则问题是要定出各段的 x 与 T。

因

$$Z = \sum_i Z_i = \sum_i \int_{x_{i-1}}^{x_i} \frac{\mathrm{d}x}{(-r_i)} \tag{6-69}$$

将 Z 分别对各段的 x 及 T 微分，并令其等于零，以求极值，则有

$$\frac{\partial Z}{\partial T_i} = \frac{\partial}{\partial T_i} \int_{x_{i-1}}^{x_i} \frac{\mathrm{d}x}{(-r_i)} = \int_{x_{i-1}}^{x_i} \frac{\partial}{\partial T_i}\left(\frac{1}{-r_i}\right)\mathrm{d}x = 0 \quad i = 1,2,\cdots,N \tag{6-70}$$

$$\frac{\partial Z}{\partial x_i} = \frac{\partial}{\partial x_i} \int_{x_{i-1}}^{x_i} \frac{\mathrm{d}x}{(-r_i)} + \frac{\partial}{\partial x_i} \int_{x_i}^{x_{i+1}} \frac{\mathrm{d}x}{(-r_i)}$$

$$= \left(\frac{1}{-r_i}\right)_{x=x_i} - \left(\frac{1}{-r_{i+1}}\right)_{x=x_i} = 0 \qquad i = 1,2,\cdots,N-1 \tag{6-71}$$

从式（6-71）可以看出，这条件是要求前一段出口的反应速率与后一段进口的反应速率相等。另外从式（6-70）还可以看出另一个条件来，将该式按中值定律写成如下的形式

$$\int_{x_{i-1}}^{x_i} \frac{\partial}{\partial T_i}\left(\frac{1}{-r_i}\right)\mathrm{d}x = (x_i - x_{i-1})\left\{\frac{\partial}{\partial T_i}\left(\frac{1}{-r_i}\right)\right\}_{x=x_{i-1}+\theta(x_i-x_{i-1})} \tag{6-72}$$

此式即表示在 x_{i-1} 与 x_i 之间，必有 $\dfrac{\partial}{\partial T_i}\left(\dfrac{1}{-r_i}\right) = 0$ 的一点存在，也就是说各段的入口操作点位于理想操作线的低温一侧，而出口操作点则位于其高温一侧。当段数无限大时，这个差别趋于无限小，温度的变化也就与理想温度线相一致了。

当反应存在最高允许温度的限制时，则各段出口的温度应保证不超过此温度。

根据以上原则，可参考图 6-19，将设计的步骤归纳如下：

① 根据进口条件的 x、T，在图上定出 a 点。

② 根据绝热操作线方程式（6-60）或式（6-61），作直线 ab，b 点的位置应当在理想温度

线之上，但不超过最高允许温度，而且最后还可根据是否满足总转化率与段数的要求而加以调整。

③从 b 点作垂线到 c 点，要求 c 点处的反应速率与 b 点处的反应速率相同，这可通过计算或从反应速率线图上查出。据此，可以确定对段间冷却的要求。

④从 c 点再按②的步骤定出 d 点。

⑤如此按前述顺序继续进行下去，一直到出口转化率为止。要求同时满足转化率与段数的规定。如果不符，重新调整 b 点、d 点等位置，直到符合为止。

需要指出的是以上的讨论都是以反应动力学方程式或反应速率数据为依据的。如果实际催化剂存在有效系数，那么应按校正后的实际反应速率进行计算。

6.3.5　自热式反应器的设计方法

自热式反应器可有多种型式，图 6-21 是几种自热式反应器的示意图。图中的（a）及（b）是单管逆流式，（c）是单管并流式，（d）及（f）分别为双套管及三套管逆流式，而（e）则为 U 形管式。它们的流动路径从示意图中可以明确地看出。只需指出，采用不同自热方式，其主要目的都是为了使催化剂床层中的温度分布尽可能地接近于理想分布线，即要使进床层的原料气预热到足够的温度，以便一进床层进行反应后，其反应热能够使它迅速地升温到理想的反应温度，而随着物料的不断转化，床层温度又要沿着理想温度分布线逐渐降低。尤其是在床层尾部，要保持温度不致过低，以便充分发挥催化剂的作用。要做到以上这一切，完全是靠把反应散出的热量传递到原料气上去，没有其他的调节方式。但由于反应放出的热量不是与温度成线性关系的，而气体的加热或冷却是线性关系，因此不得不设计出复杂的流路以求尽量能够靠近理想温度分布，甚至在床层进口一段采用绝热式，让它不进行对外换热以提高该部位的温度等，但结构终究更为复杂了，反应器中放催化剂的有效空间减少了，而且由于床层内外热量的相互牵制，装置的调节能力也严重受到限制。

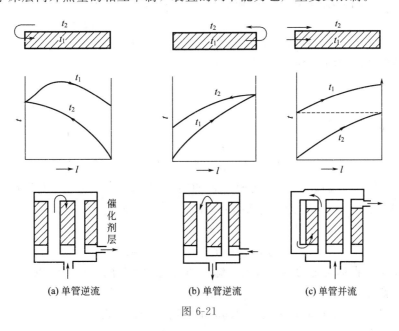

(a) 单管逆流　　　(b) 单管逆流　　　(c) 单管并流

图 6-21

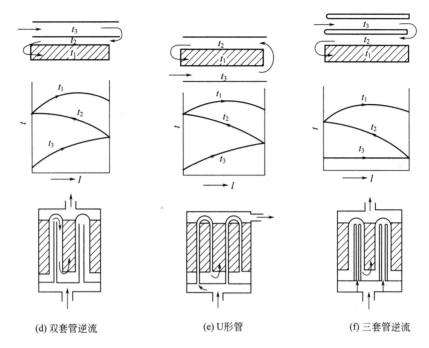

(d) 双套管逆流　　　　　　　(e) U形管　　　　　　　(f) 三套管逆流

图 6-21　自热式反应器示意图

（a）、（d）、（e）、（f）有温度极值；（c）温度分布较平坦；（a）、（d）、（e）、（f）为常用形式

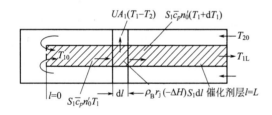

图 6-22　自热式反应器热平衡示意

计算自热式反应器的方法可以单管逆流式的情况为例，如图 6-22 所示，以下标 1 代表催化剂层，下标 2 代表层外的换热管，则对于单一反应，并取反应产物 j 作为着眼成分时，物料衡算式为

$$n_0' \mathrm{d}y_j = \rho_B(r_j)\mathrm{d}l \tag{6-73}$$

注意 n_0' 是以单位床层截面为基准的总气体摩尔流量。催化剂床层内的热量衡算式为

$$S_1 \overline{c_p} n_0' \frac{\mathrm{d}T_1}{\mathrm{d}l} = \rho_B r_j(-\Delta H)S_1 - UA_1(T_1 - T_2) \tag{6-74}$$

预热管内的热量衡算式为

$$-S_2 \overline{c_p} n_0' \frac{\mathrm{d}T_2}{\mathrm{d}l} = UA_1(T_1 - T_2) \tag{6-75}$$

式中，S_1 及 S_2 分别表示床层及预热管的截面积。$\overline{c_p} n_0'$ 有时也写作 $\overline{c_p}G$，$UA_1(T_1 - T_2)$ 有时写作 $h_w A_1(T_1 - T_w)$，这都是一样的。

初始条件为

$$l = 0；\quad T_1 = T_2 = T_{10}；\quad Z_j = Z_{j0} \tag{6-76}$$

式中的 T_{10} 要根据规定的冷物料入口温度和反应后物料的出口温度以及转化率的关系，通过总的热量衡算确定。

如将式（6-73）～式（6-75）中的 r_j 及 $\mathrm{d}l$ 消去后积分，便得

$$T_1 - T_2 = \frac{-\Delta H}{c_p}(Z_i - Z_{i0}) \tag{6-77}$$

而从式（6-73）及式（6-74）中消去 $\mathrm{d}l$，并应用式（6-77），可得

$$\frac{\mathrm{d}T_1}{\mathrm{d}Z_j} = \frac{-\Delta H}{c_p}\left[1 - \frac{UA_1}{S_1 c_p}\left(\frac{Z_i - Z_{i0}}{\rho_B r_j}\right)\right] \tag{6-78}$$

解此式，便得出 T_1 与 Z_j 的关系。又因 r_j 是 T_1 与 Z_i 的函数，故从下式

$$L = \frac{n_0'}{\rho_B}\int_{Z_{i0}}^{Z_i}\frac{\mathrm{d}Z_i}{r_j} \tag{6-79}$$

即可设法积分而求出床层的高度。譬如可用有限差分法逐段求解，即先设定一 T_{10} 值，并规定 ΔZ_i 的值，假定床层内该处的温度为 $T_1(T_{10} + \Delta T_1)$，根据该区段的平均温度 $(T_{10} + T_1)/2$，可以算出相应的 r_j，代入式（6-73）中，算出 ΔT_1，应与原来假定的相符；然后再按式（6-72），求出相应的 T_2，由式（6-74）求出相应的 l 值。如此逐段计算下去，直到规定的 Z 值为止，应使求得的 T_{20} 与进料气温度相同，否则需重新假定 T_{10} 直到符合为止。通常这种数值解法，以用电子计算机为便。

对于存在一个以上反应的体系，则需对各个反应组分列出物料衡算式，同时在热量衡算式的反应热这一项中，将各个反应的热效应均考虑进去。此外，对于其他流向的自热式反应器，其处理方法在原则上都是一样的，只不过需要联解的方程数及床层进出口处的边界条件等要作相应的改动。有的还要考虑催化剂的有效系数和它受温度和浓度的影响，反应物料分子数或热容量的变化，或者在换热层之上还专设有一段绝热床层以提高进床层的气温等，因此最终写出的数学模型方程式的数目和复杂的程度也就各不相同了。

如果不是自热式而是一般的对外换热式反应器，则由于床层内外的两股流体都是独立的，虽然设计基础式仍相同，但初始条件不同了，这时

$$l = 0；T_1 = T_{10}, T_2 = T_{20}；Z_j = Z_{j0} \tag{6-80}$$

T_{10} 与 T_{20} 是独立设定的。

如果床层管外的热载体温度不变（如靠液体的蒸发，或由于流量大，温度变化可以忽略），则 T_2 为恒值，这时只要联解物料衡算及管内热量衡算这两个式子就可以了。

6.3.6　热稳定性和参数敏感性

在第 3 章中，曾经讨论过全混釜的热稳定性问题。对固定床反应器来讲，也有与此相类似的一些情况。对平推流这种没有返混的理想流动情况，如果不是自热式的，即使床内偶尔出现扰动，也不会波及其他部分，所以不可能出现不稳定的情况。但如存在有轴向的扩散和导热时，那么局部的扰动就会波及其他地方，而有可能出现不稳定的状态。对于自热式反应器，由于床层内外是同一股流体，利用反应生成的热量以预热原料，因此一旦出现扰动，就会影响反应器的整体性能。图 6-23 即为应用焦姆金动力学方程对单管逆流式合成氨反应器进行计算的结果。在计算

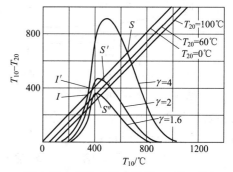

图 6-23　自热式反应器 $T_{10} - T_{20}$ 及 T_{10} 与传热性能的关系

时，先假定了各种床顶温度 T_{10}，然后算出相应的 T_{20} 及 T_{1L}（L 表示末端）。并且将代表床层向冷却管传热量大小的（$T_{10}-T_{20}$）对 T_{10} 作图，图中的参数 γ 是由式(6-75) 改写成下式而来的

$$\frac{\mathrm{d}T_2}{\mathrm{d}\eta}+\gamma(T_1-T_2)=0 \tag{6-81}$$

式中，$\eta=l/L$；$\gamma=UA_1L/(S_2\bar{c}_p n_0')$。

图中的三条曲线相当于不同的传热能力（γ）下，在不同床顶温度时床层对原料的传热量。三条直线则表示不同进口温度 T_{20} 下，传热量与 T_{10} 的关系。直线与曲线的交点即为方程组的解。譬如对于 $T_{20}=20℃$，$\gamma=4$ 的情况，就有 I 及 S 两个解。但 I 点是不稳定的操作点，一旦 T_{10} 因外部扰动而有所增高，则将有更多的热量传到管外流体而使 T_{10} 进一步增高，直到 S 点才能稳定下来。在 S 点，反应放出的热量与传出的热量相等，而且温度偶有波动，能够自动恢复，因此 S 点才是真正的稳定操作点。当 γ 值减小时，I 与 S 两点的位置将逐渐靠近，最后合为一点（如图中的 S''）。最好的操作点应在这附近。但这时如进气温度进一步降低，或催化剂逐渐失活，都将使（$T_{10}-T_{20}$）对 T_{10} 的曲线向下移动而导致反应的"熄灭"。为了克服这一点，在连续操作时，要相应地提高传热容量参数 γ，因此需适当减小管内的质量流速，使管内温度升高。最后当失活程度已达到了在经济上不合适的程度，就只好更换催化剂。

至于参数的敏感性是指某些参数（如进料温度或浓度、传热系数、壁温、冷剂温度等）的少许变化，对床层内的温度或浓度状态的影响程度。根据前面的计算公式，对各项参数的敏感性大小是可以计算的。对于固定床反应器，往往只有某些参数才是敏感的，而且只有当这些参数达到一定的范围时，才显得特别敏感。譬如图 6-24 是某一个反应的计算例子。由图可以看出，当壁温从 300K 增加到 335K，床内温度分布都比较平坦，一旦升到 335K 以上，温度分布就发生急剧的变化而出现极值，称作"热点"。壁温再高，热点温度也就更高，并向床层入口方向移动。当然，如不用壁温而用管外冷料的温度来表示也是一样的。一般而言，进料温度和壁温（或冷剂温度）常是对床层的热状态最为敏感的参数。在有"热点"存在的可能时，更需严加控制，勿使其超过允许的限度。此外，加大流速，使停留时间缩短和传热加强，也可将"热点"推后或压低，但压降增加，转化率降低，即使生产能力在一定的范围内还有所增加，但是否合算也是问题，所以实用上过高的空速是不采用的。为了抑制强放热反应的"热点"，

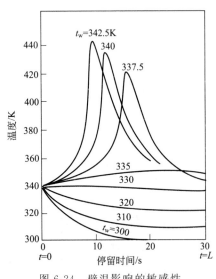

图 6-24 壁温影响的敏感性

改善温度分布，通常采用小的管径（最小的达到 25mm），有的甚至用惰性物料将催化剂稀释，这在前面已经讲过了。

总之，对于反应器，除了一般定常态设计外，它的操作稳定性和参数敏感性也是值得重视的问题。一般应选择在定态的稳定点操作，而且对那些参数在这一点附近的敏感性如何也要做到心中有数。

6.4　拟均相二维模型

　　前面介绍的一维模型其基本假定是在床层的半径方向没有温度梯度和浓度梯度存在，事实上如果管径不是那么小，反应热也比较大的话，径向的温差往往是相当可观的，甚至高达几十度的情况亦非罕见。因此对于这些情况，一维模型就不能满足要求了。由于在生产中固定床反应器一般都是圆柱形的，而且是轴对称的，所以可用径向及轴向这二维来作坐标加以描述。所谓的拟均相二维模型就是假定催化剂粒子与气流之间没有温度及浓度上的差别，可以当作均相处理。

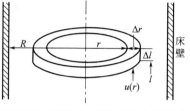

图 6-25　固定床中环状微元体积示意

　　如果在床层中取一环状的微元体积，对反应组分 A 作物料衡算，则按图 6-25 可写出

l 面进入量　　　　r 面进入量

$$2\pi r\,\mathrm{d}r\left(uc_A-E_z\frac{\partial c_A}{\partial l}\right)+2\pi r\,\mathrm{d}l\left(-E_r\frac{\partial c_A}{\partial r}\right)-$$

$l+\Delta l$ 面离开量

$$\left\{2\pi r\,\mathrm{d}r\left(uc_A-E_z\frac{\partial c_A}{\partial l}\right)+\frac{\partial}{\partial l}\left[2\pi r\,\mathrm{d}r\left(uc_A-E_z\frac{\partial c_A}{\partial l}\right)\right]\mathrm{d}l\right\}-$$

$r+\Delta r$ 面离开量

$$\left\{2\pi r\,\mathrm{d}l\left(-E_r\frac{\partial c_A}{\partial r}\right)+\frac{\partial}{\partial r}\left[2\pi r\,\mathrm{d}l\left(-\frac{E_r\partial c_A}{\partial r}\right)\right]\mathrm{d}r\right\}-2\pi r\,\mathrm{d}r\,\mathrm{d}l\rho_B(-r_A)=0 \qquad (6\text{-}82)$$

环体内反应掉的量

或写成微分的形式

$$\frac{1}{r}\frac{\partial}{\partial r}\left(rE_r\frac{\partial c_A}{\partial r}\right)+\frac{\partial}{\partial l}\left(E_z\frac{\partial c_A}{\partial l}\right)-\frac{\partial}{\partial l}(uc_A)-\rho_B(-r_A)=0 \qquad (6\text{-}83)$$

　　可以写出热量衡算方程为

$$\frac{1}{r}\frac{\partial}{\partial r}\left(r\lambda_{er}\frac{\partial T}{\partial r}\right)+\frac{\partial}{\partial l}\left(\lambda_{ez}\frac{\partial T}{\partial l}\right)-\frac{\partial}{\partial l}(\bar{c}_pGT)+\rho_B(-r_A)(-\Delta H_A)=0 \qquad (6\text{-}84)$$

　　如果床层内混合扩散系数、有效热导率、流速及气体比热容等变化不大，均可当作常数，则上二式可简化成

$$E_r\left(\frac{\partial^2 c_A}{\partial r^2}+\frac{1}{r}\frac{\partial c_A}{\partial r}\right)+E_z\frac{\partial^2 c_A}{\partial l^2}-u\frac{\partial c_A}{\partial l}-\rho_B(-r_A)=0 \qquad (6\text{-}85)$$

$$\lambda_{er}\left(\frac{\partial^2 T}{\partial r^2}+\frac{1}{r}\frac{\partial T}{\partial r}\right)+\lambda_{ez}\frac{\partial^2 T}{\partial l^2}-\bar{c}_pG\frac{\partial T}{\partial l}+\rho_B(-r_A)(-\Delta H_A)=0 \qquad (6\text{-}86)$$

如前所述，对于实际的固定床反应器来说，轴向的导热和扩散常常是可以忽略的，这样就得到了如下常用的方程组形式

$$u\frac{\partial c_A}{\partial l}=E_r\left(\frac{\partial^2 c_A}{\partial r^2}+\frac{1}{r}\frac{\partial c_A}{\partial r}\right)-\rho_B(-r_A) \qquad (6\text{-}87)$$

$$\bar{c}_pG\frac{\partial T}{\partial l}=\lambda_{er}\left(\frac{\partial^2 T}{\partial r^2}+\frac{1}{r}\frac{\partial T}{\partial r}\right)+\rho_B(-r_A)(-\Delta H_A) \qquad (6\text{-}88)$$

由于转化率 $x_A = u(c_{A0} - c_A)/(uc_A)$，又 $uc_{A0} = (G/M_{av})z_{A0}$，$z_{A0}$ 是进料中着眼组分 A 的摩尔分率，因此式（6-82）也可以写成用转化率表示的形式

$$\frac{\partial x_A}{\partial l} = \frac{E_r}{u}\left(\frac{\partial^2 x_A}{\partial r^2} + \frac{1}{r}\frac{\partial x_A}{\partial r}\right) + \frac{\rho_B(-r_A)M_{av}}{Gz_{A0}} \tag{6-89}$$

解方程组所用的边界条件是

$$l = 0, 0 < r < R；c_A = c_{A0}，T = T_0 \tag{6-90}$$

$$r = 0, 0 < l < L；\frac{\partial c_A}{\partial r} = \frac{\partial T}{\partial r} = 0 \tag{6-91}$$

$$r = R, 0 < l < L；\frac{\partial c_A}{\partial r} = 0 \tag{6-92}$$

$$-\lambda_e\left(\frac{\partial T}{\partial r}\right) = h_w(T - T_w) \tag{6-93}$$

有时还将式（6-87）及式（6-88）的坐标变换成无量纲的形式，譬如用 $\xi = r/R$，$\eta = l/L$ 及 $\tau = T/T_0$ 来代替，这样得出的无量纲方程组，在计算及应用时更具有一般化的性质，因此亦广为应用，但它们都不过是前述基础方程组的演绎而已。

需要指出的是上述基础方程组是对只有单一反应的情况而言的，如果不止一个反应，参加反应的组分也不只是 A，那么就需要对每一反应组分都按式（6-85）那样写出其物料衡算式，而在式（6-86）的热量衡算式中，也应当把反应项 $\rho_B(-r_A)(-\Delta H_A)$ 改写成 $\rho_B\sum_i(-r_i)(-\Delta H_i)$，$i$ 表示各个反应。

要解上述的偏微分方程组，已有许多专门的研究，如解析法、图解法及数值法等。由于反应速率与组分浓度和反应温度呈非线性关系，因此使方程组成为非线性而得不到解析解。为此曾有人用各种近似的线性速率式来求解，但终因根本的动力学方程偏离实际太大，所以解析结果误差大。此外也可用图解法，但精确度较差，所以目前常用的方法还是数值解法，主要是采用显式差分法或隐式差分法将偏微分方程式差分化，建立差分方程，然后逐段逐点地计算或组成联立方程组求解。目前已有专门的计算程序和软件可以方便计算。

6.5 计算流体力学模拟

前述拟均相模型是假定流体与固体颗粒之间不存在温度梯度及浓度梯度，所以可把它当作均相那样来处理。如果考虑到它们之间存在着梯度，甚至在颗粒内部也存在着非等温和内扩散问题时，情况就变得更复杂了。描述这类情况的模型便称为非均相模型。根据对径向梯度的考虑与否，模型也有一维与二维之分，譬如可以写出一维及二维的非均相模型如下。

一维模型

流体
$$-u\frac{dc_A}{dl} = k_Ga_v(c_A - c_A^S) \tag{6-94}$$

$$\bar{c}_pG\left(\frac{dT}{dl}\right) = ha_v(T_s^S - T) - h_wA_l(T - T_w) \tag{6-95}$$

颗粒
$$\rho_B(-r_A) = k_Ga_v(c_A - c_A^S) \tag{6-96}$$

$$(-\Delta H)\rho_B(-r_A)=ha_v(T_s^S-T) \tag{6-97}$$

边界条件

$$l=0;c_A=c_{A0};T=T_0 \tag{6-98}$$

式中，下标 s 表示固相粒子；上标 S 表示粒子外表面；a_v 为比表面积。

二维模型

流体

$$u\frac{\partial c_A}{\partial l}=E_r\left(\frac{\partial^2 c_A}{\partial r^2}+\frac{1}{r}\frac{\partial c_A}{\partial r}\right)-k_Ga_v(c_A-c_A^S) \tag{6-99}$$

$$\bar{c}_pG\frac{\partial T}{\partial l}=\lambda_{er}^f\left(\frac{\partial^2 T}{\partial r^2}+\frac{1}{r}\frac{\partial T}{\partial r}\right)+ha_v(T_s^S-T) \tag{6-100}$$

颗粒

$$k_Ga_v(c_A-c_A^S)=\eta\rho_B(-r_A) \tag{6-101}$$

$$ha_v(T_s^S-T)=\eta\rho_B(-r_A)(-\Delta H)+\lambda_{er}^S\left(\frac{\partial^2 T_s}{\partial r^2}+\frac{\partial T_s}{\partial r}\right) \tag{6-102}$$

边界条件

$$\left.\begin{array}{l}
l=0;c_A=c_{A0};T=T_0\\[4pt]
r=0,0<l<L;\partial c_A/\partial r=0\\[4pt]
\partial T/\partial r=\partial T_s/\partial r=0\\[4pt]
r=R,0<l<L;\partial c_A/\partial r=0\\[4pt]
h_w^f(T-T_w)=-\lambda_{er}^f(\partial T/\partial r)\\[4pt]
h_w^S=(T_s-T_w)=-\lambda_{er}^S(\partial T_s/\partial r)
\end{array}\right\} \tag{6-103}$$

式中，上标 f 及 S 分别指流体与颗粒；G 为质量流速；η 是催化剂有效系数，它一般是以颗粒表面的 T_s^S 及 c_A^S 来表示的。

可见，上述模型是建立在连续介质概念上，流体相和颗粒相的传质和传热方程均是基于衡算 Navier-Stokes 方程表达式。

6.6 滴流床反应器

6.6.1 概述

滴流床（trickle bed）实际上也是一种固定床，是有气体和液体同时流过填充的催化剂床。如图6-26所示即为重质油加氢的工业滴流床示意图。在多数情况下，气液两相是同向往下流动的，但也有同向往上流动和逆向流动的情况。工业上应用滴流床规模最大的是炼油工业中的许多加氢过程，如重油或渣油的加氢脱硫和加氢裂解以制取航空煤油；润滑油的加氢精制以脱除含硫和含氮的有机物等。这些油品都因沸点很高，不能在气相状态下进行加氢，故采用滴流床的方式。工业上高压加氢脱硫的具体操作范围大致如下：液体的空时速度 LHSV（即单位容积反应器中每小时加入液体进料的体积）$1.4\sim8.0h^{-1}$，温度 $365\sim420℃$，压力 $3.33\sim6.67MPa(34\sim68kgf/cm^2)$，$H_2$ 循环率 $180\sim720$ 标准 m^3/m^3 油，反应器直径 $1.2\sim2.1m$，也有大于 3m 的；多层绝热床，每层高度从 2.5m 到 6.4m 不等，上层较薄，下面各层逐渐加厚，一般用三层，也有多至五层的；层间用氢气冷激以控制反应温度，与一般气固相多层绝热床原理相似，氢气是大大过量的，其目的主要是为了控制温度，另一方面也是为了改善液体分布和延长催化剂的使用期限。

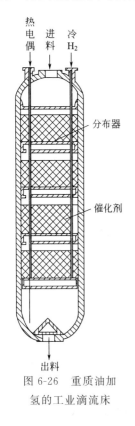

图 6-26　重质油加氢的工业滴流床

（图标注：热电偶、进料、冷 H_2、分布器、催化剂、出料）

在化学工业中也有应用滴流床的，但规模比炼油工业中要小得多，譬如用乙炔与甲醛水溶液（8%～12%）同向下流通过浸渍在硅胶载体上的乙炔铜催化剂以合成丁炔二醇就是一个例子。反应温度约 90～110℃，压力为 490.3kPa(5kgf/cm^2)，反应是放热反应（反应热 230kJ/mol），故也需在床层中各部位引入冷乙炔以控制温度。除此以外，还有烷基蒽醌还原成氢醌，含丁二烯的 C_4 烃选择加氢以去除其中的乙炔等。在化学工业中也曾有用气液同向上流的操作方式的，因为这时催化剂颗粒能得到充分的润湿，而这一点正是影响滴流床效率的重要因素，此外，这样还可以把可能生成的焦油从上部冲洗出去，而不淤塞在催化剂层中。但另一方面，为了减少催化剂颗粒中的扩散阻力，颗粒直径一般都不大（如＜4mm），如气液同向上流，其流速就必然受到很大的限制，否则颗粒将被带走，同时气体以气泡形式通过床层，也使催化剂层易受扰动，故目前一般都采用同向下流的操作方式。

气、液、固三相同时接触的另一类反应器是所谓的浆态反应器（slurry reactor）及三相流化床，它们不是固定床，催化剂是微细粒子，悬浮在液相之中，反应器分别为釜式及塔式。如油脂的加氢等就是在釜式的浆态反应器中进行的。这种反应方式由于颗粒细，内扩散阻力几乎没有，故催化剂有效系数大，另外传热和控温也比较方便。但也有一些缺点，如停留时间接近于全混式，如不用多级而要达到高的转化率是困难的，催化剂的过滤也是一项麻烦的工作，有时还会造成堵塞，此外，液固比高，使均相的一些副反应也容易产生。总之，目前气、液、固三相接触的反应技术仍处于发展之中，需进一步研究。

6.6.2　滴流床的流体力学

滴流床中的流体力学状况与一般填料吸收塔有所不同，这是因为后者气、液流量都要大得多，而且常是逆流的，填料又是非多孔性的，构型特殊，故床层空隙率很大。但滴流床则恰恰相反，气、液常是并流的，流量亦小得多，颗粒是多孔性的催化剂，而且粒内还蕴藏着不少的液体，所以床层内有些流体是流动的，有些则几乎是不动的。在实验室及中试装置中，气、液流量小，液体在催化剂表面上呈薄膜或小溪状流动，气体则在床层空隙间以连续相通过。在一般工业装置中，气量或液量较大，故流体可为波浪式的流动或脉动流动；至于在某些化学工业中，液量甚大而气量颇小时，液体成了连续相，而气体则以气泡状通过。气体为连续相到液体为连续相的这种转变发生在液体质量流速 L 大于 $30kg/(m^2 \cdot s)$ 和气体质量流速 G 小于 $1kg/(cm^2 \cdot s)$ 的区域。由于滴流床中流体流动的这种复杂性，造成了它的设计和放大上的困难。

滴流床的压降可用下式进行计算

$$\lg\left(\frac{\Delta p_{LG}}{\Delta p_G}\right)^{\frac{1}{2}} = 0.5\lg(1+x)^2 + \frac{0.208}{(\lg x)^2 + 0.666} \qquad (6\text{-}104)$$

式中，$x=(\Delta p_{L}/\Delta p_{G})^{1/2}$；$\Delta p_{G}$ 及 Δp_{L} 分别为气体或液体单独流过床层时的压降；Δp_{LG} 则为气液两相流动时的压降。

当液体往下流动时，有逐渐流向塔壁的倾向，在实验室及中试的小塔中，约经半米左右，壁流才趋于稳定，其量可占总液量的 30% 到 60%。如塔径放大，塔径/催化剂粒径这一比值增大，那么壁流量的比例就相应地减少了。此外，它还与颗粒的形状有关，球形的比圆柱形的好，不规则形的更好。总之液体流向四壁的现象是要防止的，因为它不像填料塔中的吸收，那时器壁照样可起到与填料表面一样的作用，而滴流床的器壁不是催化剂，是完全不起作用的，所以在工业装置中，催化剂层必须分段，而在层与层之间要设置分布板设法把壁流的液体收集起来，重新加以均匀分配。

在滴流床中催化剂的粒内持液率最大可达到与粒内微孔容积相等的程度，而粒外的持液量又可分为可以排得出的动持液率与排不尽的残持液率。动持液率的大小与气液流量、液体性质和催化剂粒子的形状有关，它大致与 $L^{0.5}$ 及 $Re_{L}^{0.76}$ 成正比，需由实验测定。

至于床层内液体和气体的轴向返混问题，一般都是可以忽略的。

6.6.3　滴流床中的传质

对于一般的加氢过程，氢气总是过量的，而且由于它在液相中的溶解度很小，所以可以认为在气、液相界面上它始终处于平衡状态，而气相中的传质阻力可以忽略。故传质阻力主要是在液相中及液-固相的界面上。图 6-27 为三相传质示意图，如写出在定常态下单位传质表面上的扩散量，则

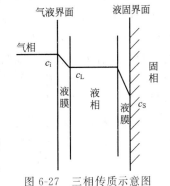

$$N=k_{L}(c_{i}-c_{L})=k_{S}(c_{L}-c_{S})=k_{LS}(c_{i}-c_{S}) \quad (6\text{-}105)$$

式中，k_{LS} 为总括传质系数，它与液相及固相表面分传质系数 k_{L} 及 k_{S} 的关系可以从上式中消去 c_{L} 而得出

$$\frac{1}{k_{LS}}=\frac{1}{k_{L}}+\frac{1}{k_{S}} \quad (6\text{-}106)$$

在这里假定了气液界面积和液固界面积是相等的。对于中等液流量的滴流床，这样的假定是合理的。对于波动流或脉动流，则可分别用 $k_{L}a$ 及 $k_{S}a$ 来算。$k_{L}a$ 及 $k_{S}a$ 的经验公式如下

图 6-27　三相传质示意图

$$\frac{k_{L}a}{D}=a_{L}\left(\frac{L}{\mu}\right)^{n_{L}}\left(\frac{\mu}{\rho D}\right)^{1/2} \quad (6\text{-}107)$$

$$\frac{k_{S}a}{D}=a_{S}\left(\frac{L}{\mu}\right)^{n_{S}}\left(\frac{\mu}{\rho D}\right)^{1/3} \quad (6\text{-}108)$$

式中，a_{L}、a_{S}、n_{L} 及 n_{S} 分别为实验确定的常数。如无 $k_{L}a$ 及 $k_{LS}a$ 的实验值，也可以直接用下式估算 $k_{LS}a$

$$k_{LS}a=\frac{Da_{t}^{2}}{H_{d}} \quad (6\text{-}109)$$

式中，a_{t} 是单位体积床层中颗粒全润湿时的总外表面积；H_{d} 为动持液率，即单位床层体积中停气后流下的液体体积，它可由实验求定，并有如下的经验关联式可用

$$H_{d}=A(u_{L})^{\frac{1}{3}}(100\mu)^{\frac{1}{4}} \quad (6\text{-}110)$$

式中，u_{L} 是液体流速；A 是试验常数。

6.6.4　滴流床的设计与放大

滴流床的理想模型假定：

① 液体是平推式流动，没有任何返混；

② 反应为动力学控制，传质阻力可忽略，液体与气体始终处于平衡状态；

③ 反应为一级、等温，而且只在固体表面上进行；

④ 催化剂颗粒全部润湿；

⑤ 没有冷凝和蒸发。

于是，微分的物料衡算式为

$$v_L c_0 \mathrm{d}x = (-r)\mathrm{d}V \tag{6-111}$$

式中，v_L 为液体的体积流量；c_0 为进料液体中反应组分的浓度。因是一级反应，故

$$(-r) = k_v c(1-\varepsilon_B) = k_v c_0 (1-x)(1-\varepsilon_B) \tag{6-112}$$

式中，k_v 的单位为 cm³ 液/(cm³ 催化剂颗粒体积·s)，将式(6-112)代入式(6-111)积分，得

$$\ln \frac{c_0}{c} = \ln\left(\frac{1}{1-x}\right) = \frac{V}{v_L}k_v(1-\varepsilon_B) = \frac{k_v(1-\varepsilon_B)}{u_0 L/t} = \frac{3600 k_v(1-\varepsilon_B)}{\mathrm{LHSV}} \tag{6-113}$$

因此可以根据液体空速（LHSV）求出转化率或出口浓度，但如何确定 k_v 却是一个复杂的问题。如果在全混式的浆态反应器中用分批式操作测定出 k_v，往往比实际的滴流床中按式(6-107)计算所得的 k_v 大很多，这主要是因为催化剂颗粒并不是完全湿润的，液流量增大，润湿面就愈多，故表现为 k_v 亦增大。因此此式所用的 k_v 是一个表观值，它是与催化剂颗粒的润湿程度有关的。液、固两相接触的效率如何，也就成为滴流床设计和放大中一项特别重要的因素。在工业反应器的结构设计中，都十分重视液体的均布，以保证放大时获得同样的效果。事实上由于放大后，床层高度比中试时可能要大十倍以上，所以在相同的 LHSV 下，工业装置中液体的质量流速就可能比中试时大到十倍以上，这样催化剂的润湿程度比中试时就更好，所以对实现放大是有利的。

有人提出了如下的模型

$$\lg \frac{c_0}{c} \propto Z^{0.82}(\mathrm{LHSV})^{-0.08} d_p^{0.18}\left(\frac{\mu}{\rho_L}\right)^{-0.05}\left(\frac{\sigma_c}{\sigma}\right)^{0.21}\eta \tag{6-114}$$

式中，η 是催化剂的有效系数；σ 为液体的表面张力；σ_c 为对特定填充物的临界表面张力值，即在该临界值下液体平铺在固体颗粒表面而接触角为零。然而对于转化率较高的其他工业反应过程，这些式子是否也能适用，还有待于进一步的验证。

习　题

1. 固定床内固体粒子的堆积密度为 1150kg/m³，颗粒密度为 1900kg/m³，已知气体通过固定床的表观流速为 0.26m/s，则气体在固定床内的真实流速为多少？

2. 反应气体以质量速度为 25000kg/(m²·h) 通过一填充高度为 4m 的催化剂固定床，如床层的球形粒子直径 d_p 为 3mm，床层空隙率 ε_B 为 0.45，气体密度 ρ 为 1.23×10^{-2} kg/m³，黏度 μ 为 1.80×10^5 Pa·s，求气体通过床层的压降。如球形粒子的直径 d_p 为 5mm，其余条件均保持不变，床层的压降为多少？

3. 一级可逆放热反应 A $\Longleftrightarrow$ P，在 210℃ 下反应速率常数 k_1 和 k_2 分别为 0.2s⁻¹ 和 0.5s⁻¹，反应热

$\Delta_r H = -130965 J/mol$，求在该温度下所能达到的最大转化率，若要使转化率等于 0.9，需采取何种措施？

4. 在一直径为 10cm 的反应管内，充填有平均粒径为 0.5cm 的催化剂，其高度为 1m，床层平均温度 400℃，气体以 2m/s 的空床流速通过，已知气体和催化剂的热导率分别为 0.0546W/(m·K) 及 0.581W/(m·K)，床层空隙率为 0.42，固体热辐射黑度 =1，求床层的有效热导率，床层与管壁间的给热系数以及总括的给热系数，气体的 Pr 数取 0.7。

5. 在一加氢脱硫装置中置有长、径约为 3mm 的催化剂粒子，反应在 3MPa 及 390℃下进行，含 H_2 的原料气以 0.160g/(cm²·s) 的质量速度通入，$\rho = 0.0166 g/cm^3$，$c_p = 3.77 J/(g·K)$，$\lambda = 0.228 W/(m·K)$，其平均分子量为 30.3，$\mu = 3.80 \times 10^{-5} Pa·s$，床层空隙率 $\varepsilon = 0.40$，反应物的 $Sc = 3.0$，如反应的放热速率为 0.103W/cm³，求粒子与气流间的传质系数和给热系数以及粒子和气流间的温差。

6. 不可逆反应 $2A + B \longrightarrow R$ 在恒温下进行，如按均相反应进行，其动力学方程为

$$(-r_A) = 3800 p_A^2 p_B [mol/(L·h)]$$

如在催化剂存在下反应，其动力学方程为 $(-r_A) = p_A^2 p_B / (0.00563 + 22.1 p_A^2 + 0.0364 p_R) [mol/(h·g 催化剂)]$，式中压力单位为大气压，如总压为 1atm，进料中组分分压为 $p_A = 0.05 atm$，$p_B = 0.95 atm$，催化剂堆积密度为 0.6g/cm³，问在平推流式反应器中使 A 转化到 93% 时，这两种情况所需反应器容积之比。

7. 乙炔与氯化氢在氯化汞-活性炭催化剂上合成氯化乙烯

$$C_2H_2 + HCl \longrightarrow C_2H_3Cl$$
$$\text{(A)} \qquad \text{(B)} \qquad \text{(R)}$$

测得在常压、175℃及进料摩尔比 HCl/C_2H_2 = 1.1/1 下的数据如下：

x_A	0	0.2	0.4	0.6	0.8	0.92	0.99
$(-r_A) \times 10^6/[mol/(s·g 催化剂)]$	5.73	4.92	4.17	3.06	1.75	0.389	0.0835

今在固定床反应器中要求达到 99% 的转化率，而且生产能力为 1000kg/h，设床内等温，并且为平推流式，催化剂堆积密度为 0.40g/cm³，求所需催化剂体积。如转化率为 90%，情况又如何？

8. 在氧化铝催化剂上进行乙腈的合成反应：

$$C_2H_2 + NH_3 \longrightarrow CH_3CN + H_2 + 92.2kJ$$
$$\text{(A)} \qquad \text{(B)} \qquad \text{(R)} \qquad \text{(S)}$$

设原料气的摩尔比为 $C_2H_2 : NH_3 : H_2 = 1 : 2.2 : 1$，采用三段绝热式反应器，段间间接冷却，使每段出口温度均为 550℃，而每段入口温度亦均相同，已知反应速率式可近似地表示为

$$(-r_A) = k(1 - x_A) [kmol\ C_2H_2/(h·kg 催化剂)]$$

其中 $k = 3.08 \times 10^4 \exp(-7960/T)$。流体的平均比热容为 $c_p = 128 kJ/(kmol·℃)$。如要求乙炔转化率达 92%，并且日产乙腈 20t，问需催化剂量多少？

9. 某气-固相催化反应 $A + B \longrightarrow R$，由于 B 极大地过量，故反应速率式与 p_B 无关而如下式

$$(-r_A) = k p_A / (1 + K_R p_R) [mol/(h·g 催化剂)]$$

式中，$k = 3.8 \times 10^4 \exp(-6500/T)$，$K_R = 2.8 \exp(2000/T)$。$p_A$、$p_R$ 的单位为 atm，在总压 1atm 下，用含 A 为 12%、B 为 88% 的原料气以每小时 40kmol 的流量通过多段绝热床进行反应，已知反应热 $\Delta H = -63.0 kJ/mol$，反应流体的平均比热容为 30J/(mol·K)，如流动状况属平推流，试求：(1) 各层温度范围定为 300～350℃而 A 的转化率要求达到 90%，问反应器需要有几段？(2) 如各段转化率增加的数值相等，且反应层出口温度为 350℃，求第一段反应层所需的催化剂量。

10. 二氧化硫的氧化反应

$$SO_2 + \frac{1}{2}O_2 =\!=\!= SO_3$$

在四段的中间间接换热式的反应装置中进行，所用钒催化剂的反应速率线图如附图所示，所用气体组成为

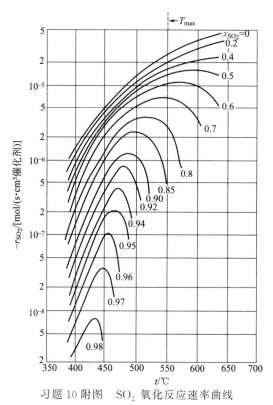

习题 10 附图　SO_2 氧化反应速率曲线

（钒催化剂，直径 5mm，高 5mm；入口气体组成：SO_2 为 8%，O_2 为 12%，N_2 为 80%）

SO_2 8%，O_2 12%，N_2 80%。反应热 $\Delta H = -96.4\text{kJ/mol}$，气体平均比热容 $\overline{c_p} = 33.1\text{J/(mol·℃)}$，如最终转化率要求达到 $x_{SO_2} = 0.97$，而且各段的入口条件如下表：

段数	x_{SO_2}	$T/℃$	段数	x_{SO_2}	$T/℃$
1	0	460	3	0.85	460
2	0.60	460	4	0.95	450

求各段的 V_r/F_0 值。

11. 在 350℃ 附近的工业 V_2O_5-硅胶催化剂上进行萘的空气氧化以制取邻苯二甲酸酐的反应

$$C_{10}H_8 + 4\frac{1}{2}O_2 \longrightarrow C_8H_4O_3 + 2H_2O + 2CO_2$$
$$(A)$$

其动力学方程可近似地表示如下

$$(-r_A) = 305 \times 10^5 p_A^{0.38} \exp(-14100/T) [\text{mol/(h·g 催化剂)}]$$

反应热 $\Delta H = -14700\text{J/g}$，但考虑到有完全氧化的副反应存在，放热量还要更多，如进料含萘 0.1%、空气 99.9%（摩尔分数），而温度不超过 400℃，则可取 $\Delta H = -20100\text{J/g}$ 来进行计算。

今在内径 2.5cm 的列管反应器中，将预热到 340℃ 的原料气，按 1870kg/(h·m²) 的质量通量通入，管内壁由于管外强制传热而保持在 340℃，所用催化剂为直径 0.50cm、高 0.50cm 的圆柱体，堆积密度为 0.80g/cm³，试按一维模型计算床层轴向的温度分布。

12. 试导出三、四段自热式反应管的操作设计基础式，并说明其解法。

参 考 文 献

[1] LeVa M. Fluidization. Chapter Ⅲ, 1959.

［2］　Gupta S N，et al. Chem Eng Sci，1974，29：839.

［3］　Yoshida F，et al. AIChE. J85，1962.

［4］　J M 史密斯. 化工动力学. 3 版. 王建华等译. 北京：化学工业出版社，1981.

［5］　Beck J. Advance in Chemical Engineering. Vol 3. 1962：203.

［6］　Satterfield C N. Chemical Reaction Engineering Reviews（H M Hulbert 主编）. AIChE，1975，21：209.

［7］　久保田宏. 充填层反应装置. 见小林晴夫编. 触媒装置および“设计”. 地人书馆，1966.

［8］　G F 费罗门特，K B 比肖夫. 反应器分析设计. 邹仁鋆等译. 北京：化学工业出版社，1985.

第7章

流化床反应器

7.1 概述

　　所谓流态化就是固体颗粒像流体一样进行流动的现象。除重力作用外，一般是依靠气体或液体的流动来带动固体颗粒运动的。流态化最重要的发展，要算第二次世界大战期间用石油进行流态化催化裂化以生产汽油的巨大成功，在 1942 年建成了一套日处理 13000 桶原油的装置。由于在裂化时表面迅速结炭的大量催化剂依靠流态化技术能连续地在反应器和再生器之间循环流动，才使这一工业化生产得以实现，并为流态化在工业中的广泛应用开创了局面。流态化的基本现象可以参看图 7-1。

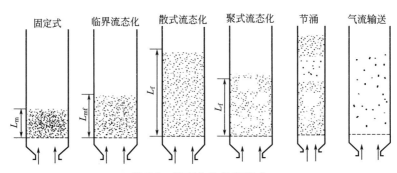

图 7-1　流态化的各种形式

固定床　　　　流化床　　　聚式流化床　　　节涌　　　　气输床

　　当流体向上流过颗粒床层时，如流速较低，则流体从粒间空隙通过时颗粒不动，这就是固定床。如流速渐增，则颗粒间空隙率将开始增加，床层体积逐渐增大，成为膨胀床。而当流速达到某一限值，床层刚刚能被流体托动时，床内颗粒就开始流化起来了，这时的流体空床线速称为临界（或最小）流化速度（u_{mf}）。

　　对于液-固系统，流体与颗粒的密度相差不大，故 u_{mf} 一般很小，流速进一步提高时，床层膨胀均匀且波动很小，颗粒在床内的分布也比较均匀，故称作散式流化床；但对气-固系统而言，情况很不相同，一般在气速超过临界气速后，将会出现气泡。气速愈高，气泡造成的扰动亦愈剧烈，使床层波动频繁，这种形态的流化床称聚式流化床或气泡床。

在流化床中，床面以下的部分称密相床，床面以上的部分因有一些颗粒被抛掷和夹带上去，故称稀相床。密相床中形如水沸，故又称沸腾床。如床径很小（如一般小试或中试中常见的那样）而床高与床径比较大时，气泡在上升过程中可能聚并增大甚至达到占据整个床层截面的地步，将固体颗粒一节节地往上柱塞式地推动，直到某一位置崩落为止，这种情况叫做节涌。但在大床中，这种节涌现象通常是不会发生的。

随着气速的加大，流化床中的湍动程度也跟着加剧，故有人称那时的情况为湍动床。而当气速一旦超过了颗粒的带出速度（或称终端速度 u_t），则粒子就会被气流所带走成为气输床，只有不断地补充新的颗粒，才能使床层保持一定的料面高度。工业上的丙烯氨氧化及Ⅳ型石油催化裂化装置中，操作线速就是大于带出速度的。近来对于某些快速反应，如分子筛催化裂化和某些燃烧反应等，采用一根垂直的气流输送管，在颗粒被输送的同时就完成了反应，这种反应器称作提升管反应器。也有人将一些在高气速区操作的流化床称作快速流化床等。

根据前述种种，可以看到从临界流态化开始一直到气流输送为止，反应器内装置的状况从气相为非连续相一直转变到气相为连续相的整个区间都属于流态化的范围，因此它的领域是很宽广的，问题也是很复杂的。

流态化技术之所以得到如此广泛的应用，是因为它有以下一些突出的优点。

① 传热效能高，而且床内温度易于维持均匀。这对于热效应大而对温度又很敏感的过程是很重要的，因此特别被应用于氧化、裂解、焙烧以及干燥等过程。

② 大量固体颗粒可方便地往来输送。这对于催化剂迅速失活而需随时再生的过程（如催化裂化）来说，正是实现大规模连续生产的关键。此外，单纯作为颗粒的输送手段，在各行业中也得到广泛应用。

③ 由于颗粒细，可以消除内扩散阻力，能充分发挥催化剂的效能。

但流化床也有一些缺点。

① 气流状况不均，不少气体以气泡状态经过床层，气-固两相接触不够有效，在要求达到高转化率时，这种状况更为不利。

② 颗粒运动基本上是全混式，因此停留时间不一。在以颗粒为加工对象时，可影响产品质量的均一性，且转化率不高。另外粒子的全混也造成气体的部分返混，影响反应速率和造成副反应的增加。

③ 颗粒的磨损和带出造成催化剂的损失，并要有旋风分离器等颗粒回收系统。

因此，是否选用流态化的方式，确定怎样的操作条件，都应当是在考虑了上述这些优缺点、并结合反应的动力学特性加以斟酌后才能正确决定的。

下面我们再介绍一些不同构型的流化床装置，它们表示在图 7-2 中。

图 7-2(a) 代表一般没有内部构件的所谓"自由"床，床的高径比一般以不超过 1.5 为宜，以保证流化均匀。它适用于反应的热效应不大，只需外壁换热的情况。如催化剂活性比较稳定，则可连续使用直到其活性降低到不堪使用时，再停车更换。如催化剂活性比较容易衰减，也可以连续地或每隔一定时间间隔排出一部分催化剂，并补充等量的催化剂。

图 7-2(b) 为乙炔法合成醋酸乙烯的一组反应器示例。催化剂为载于活性炭上的醋酸锌，活性较易衰减，因此采用气体并联、催化剂串联的操作方式（实际上催化剂是间歇地排放的）。为了补偿后两台反应器中催化剂活性的降低，还采取逐台升温的措施。在有些以固

相加工为目标的过程，如矿粉的焙烧、还原等，这种固体串联、气体并联的方式是常用的。

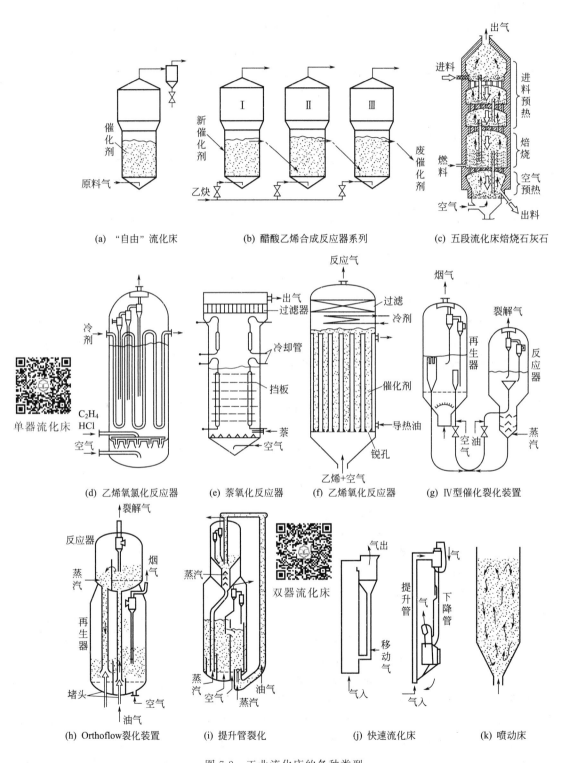

(a) "自由"流化床　　(b) 醋酸乙烯合成反应器系列　　(c) 五段流化床焙烧石灰石

(d) 乙烯氧氯化反应器　(e) 萘氧化反应器　(f) 乙烯氧化反应器　(g) Ⅳ型催化裂化装置

(h) Orthoflow裂化装置　(i) 提升管裂化　(j) 快速流化床　(k) 喷动床

图 7-2　工业流化床的各种类型

图 7-2(c) 是五段流化床焙烧石灰石的焙烧炉示意图，是多层床的反应器。在多层床中，各层的气相与固相在流量及组成方面都是互相牵制的，所以操作弹性较小，在要求比较高的那些反应中一般难以应用。

图 7-2(d) 乙烯氧氯化反应器是内加垂直管束的流化床。管束的作用一方面在于移热，另一方面在床层高径比大的情况下，能维持较好的流化状态并控制气泡的大小以便于放大。这是因为它是一些圆形的垂直表面，不甚影响固体粒子的上下循环，但却有限制气泡相互聚并的功效，甚至在有些反应器中，所加竖管的数量超出了传热的需要，目的就是为了控制气泡和保证流化质量。

图 7-2(e) 是兼有横向挡板和垂直管的流化床。如萘氧化制苯酐就使用了这种类型的反应器。其中垂直管是供传热之用，水平挡板则用以减少层内的返混和颗粒的带出，使流化床可在高的高径比和高的气速下操作。

挡板和垂直管都属于床层的内部构件，对它们的种类和性能，以后还要再作讨论。

图 7-2(f) 是多管式流化床。管的下端是锐孔，每一管相当于一个小流化床，它有很大的传热比表面积，有利于传热和控制温度，床层中返混程度也比较小。乙烯氧化制环氧乙烷曾采用这种类型的反应器，由于返混对本反应结果的影响太大，所以工业上生产环氧乙烷仍多用固定床反应器。

图 7-2(g) 是 IV 型催化裂化装置，它是双体流化床。催化剂在反应器和再生器之间的循环流动是由于在两根 U 形管中分别送入了油气及空气，因其密度不同形成压差而实现的。

图 7-2(h) 是 Orthoflow 裂化装置，反应器直接连在再生器之上，中间还有一稀相提升管，结构紧凑为其特色。

图 7-2(i) 是提升管式催化裂化装置的示意图。高活性的分子筛催化剂被油气从提升管中以稀相状态输送到顶部，在很短时间内，就完成了使油品裂解的任务，然后在再生器中烧去结炭，重新回到提升管底部进行循环。这种气输管在固体物料的输送和干燥方面也是常用的。

对于反应很快，热效应又很大的场合，如工业催化裂化，煤的燃烧与烃类裂解等都用气流输送的反应器 [如图 7-2(j)]。由于气速很大，超过了转相流化速度 u_{TF}，热质传递很快，通常称作快床或循环流化床。国际上相关学术会议开过多次，探讨了快速流态化的优缺点和其适用性，但从本质上来说它仍然属于气-固两相流系统中的一段，在一些领域中得到了应用。

图 7-2(k) 是气体从锥形的底部喷入而带动粒子循环运动的喷动床，它适用于粒度大而均一，一般不易均匀流化的场合，如谷物干燥等。但对催化反应未必适宜。

有些反应过程，固体颗粒粒度较大，而且尺寸的范围又很宽，为了使大小颗粒都能得到良好的流化，并促进颗粒的循环，也有用锥形床的，锥度很小，一般约为 $3°\sim5°$，但底部仍用一般的分布板。

对快速反应，除有用气流输送这种气相为连续相的装置外，一般流化床反应器都是一部分气体流动于固体粒子之间，而大部分气体则以气泡的形式通过床层。因此不管具体床型如何，造成流态化的基本动力是气泡，反应的结果完全取决于气体与颗粒间的接触状况，因此气泡的大小、速度、流量和它的物性是问题的一个重要方面。另一方面则为颗粒的密度、粒径分布状况、催化剂的活性和床高等因素。而床的结构（包括内部构件）则对这两者的状况和相互作用具有直接的影响。所以需要从这几个方面来分析和阐明流化床中的传递过程，然后再探讨有化学反应存在时的规律性。

下面我们先从气、固两相的力学行为说起，再讲流化床的传热和传质，最后讨论数学模型和放大问题。

7.2 流化床中的气、固运动

7.2.1 流化床的流体力学

（1）临界流化速度（u_{mf}） 所谓临界（或最小）流化速度是指刚刚能够使粒子流化起来的气体空床流速。它可以用测定床层压降变化的方法来确定。

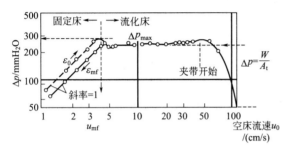

图 7-3 均匀砂粒的压降与气速的关系

图 7-3 是床层压降随着空床流速 u_0 的增加而改变的情况。在流速较低时为固定床状态，在双对数坐标上 Δp 与 u_0 约成正比，其计算公式即式（6-11）。当 Δp 增大到与静床压力（W/A_t）相等时，按理颗粒应开始流动起来，但由于床层中原来挤紧着的颗粒先要被松动开来，所以需要稍大一点的 Δp，等到颗粒已经松动，压降又恢复到（W/A_t）。如流速进一步增加，则压降基本不变，曲线就平直了（在小床中由于床壁的阻力影响，曲线稍有上升）。故流化床的压降为

$$\Delta p = \frac{W}{A_t} = L_{mf}(1-\varepsilon_{mf})(\rho_p-\rho)g \tag{7-1}$$

对已经流化的床层，如将气速减小，则 Δp 将循着图中的实线返回，不再出现极值，而且固定床的压降也比原先的要小，这是因为颗粒逐渐静止下来时，大体保持着流化时的空隙率所致。从图中实线的拐弯点就可定出起始（或称最小）流化速率 u_{mf}。

起始流化速率也可用公式计算。如将固定床压降式（6-13）与式（7-1）等同起来后，可以导出下式

$$\frac{1.75}{\varphi_s\varepsilon_{mf}^3}\left(\frac{d_p u_{mf}\rho}{\mu}\right)^2 + \frac{150(1-\varepsilon_{mf})}{\varphi_s^2\varepsilon_{mf}^3}\left(\frac{d_p u_{mf}\rho}{\mu}\right) = \frac{d_p^3\rho(\rho_p-\rho)g}{\mu^2} \tag{7-2}$$

对于小颗粒，左侧第一项可忽略，故得

$$u_{mf} = \frac{(\varphi_s d_p)^2}{150} \times \frac{\rho_p-\rho}{\mu}g\left(\frac{\varepsilon_{mf}^3}{1-\varepsilon_{mf}}\right), 如 Re_p < 20 \tag{7-3}$$

对于大颗粒，则左侧第二项可忽略，故得

$$u_{mf}^2 = \frac{\varphi_s d_p}{1.75} \times \frac{\rho_p-\rho}{\rho}g\varepsilon_{mf}^3, 如 Re_p > 1000 \tag{7-4}$$

ε_{mf} 可从图 7-4 中读出。

如果 ε_{mf} 及 φ_s 都不知道，则可近似地取

$$1/\varphi_s\varepsilon_{mf}^3 \approx 14 \quad 及 \quad \frac{1-\varepsilon_{mf}}{\varphi_s^2\varepsilon_{mf}^3} \approx 11 \tag{7-5}$$

而将前面三式分别写成

$$\frac{d_p u_{mf} \rho}{\mu} = \left[33.7^2 + 0.0408 \frac{d_p^3 \rho (\rho_p - \rho) g}{\mu^2} \right]^{\frac{1}{2}} - 33.7 \tag{7-6}$$

$$u_{mf} = \frac{d_p^2 (\rho_p - \rho)}{1650 \mu} g \quad (Re_p < 20) \tag{7-7}$$

对大颗粒

$$u_{mf}^2 = \frac{d_p (\rho_p - \rho)}{24.5 \rho} g \quad (Re_p > 1000) \tag{7-8}$$

用以上各式计算时，应将所得 u_{mf} 值代入 $Re_p = d_p u_{mf} \rho / \mu$ 中，检验其是否符合规定的范围。

另一便于应用而又较准确的公式是

$$u_{mf} = 0.695 \frac{d_p^{1.82} (\rho_p - \rho)^{0.94}}{\mu^{0.88} \rho^{0.06}} \quad (cm/s) \tag{7-9}$$

式(7-9)适用于 $Re_p < 10$。如 $Re_p > 10$，则需再乘以图 7-5 中的校正系数。

在实际的流化床中，往往不是单一尺寸的颗粒，故应取平均直径计算。虽然不够精确，但还比较简便实用。

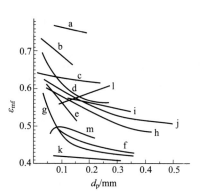

图 7-4 各种颗粒的临界空隙率

a—软砖；b—活性炭；c—碎拉西环；d—炭粉与玻璃粉；e—金刚砂；f—矿砂；g—卵圆形砂，$\varphi_s = 0.86$；h—尖角砂，$\varphi_s = 0.67$；i—费-托法合成催化剂，$\varphi_s = 0.85$；j—烟煤；k—普通砂，$\varphi_s = 0.86$；l—炭；m—金刚砂（l，m 为另一组数据）

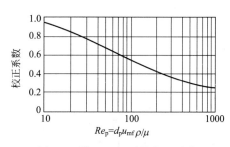

图 7-5 $Re_p > 10$ 时的校正系数

（2）带出速率 u_t 当气速增大到某一速度时，流体对颗粒的曳力与颗粒的重力相等，则颗粒就会被气流所带走。这一带出速度（或称终端速度）也等于颗粒的自由沉降速度。对于球形颗粒，有

$$\frac{\pi}{6} d_p^3 (\rho_p - \rho) = \frac{1}{2} C_D \frac{\rho}{g} \left(\frac{\pi d_p^2}{4} \right) u_t^2 \tag{7-10}$$

或写成

$$C_D (Re_p)^2 = \frac{4}{3} Ar \tag{7-11}$$

式中，Ar 为阿基米德数

$$Ar = \frac{d_p^3 \rho g (\rho_p - \rho)}{\mu^2} \tag{7-12}$$

C_D 称曳力系数。对球形颗粒

$$\left. \begin{array}{ll} C_D = 24/Re_p & \text{如 } Re_p < 0.4 \\ C_D = 10/Re_p^{\frac{1}{2}} & \text{如 } 0.4 < Re_p < 500 \\ C_D = 0.43 & \text{如 } 500 < Re_p < 200000 \end{array} \right\} \tag{7-13}$$

代入式(7-10)，得

$$u_t = \frac{d_p^2 (\rho_p - \rho) g}{18 \mu}, \text{如 } Re_p < 0.4 \tag{7-14}$$

$$u_t = \left[\frac{4}{225} \frac{(\rho_p - \rho)^2 g^2}{\rho \mu} \right]^{\frac{1}{3}} d_p, \text{如 } 0.4 < Re_p < 500 \tag{7-15}$$

$$u_t = \left[\frac{3.1 d_p(\rho_p - \rho)g}{\rho}\right]^{\frac{1}{2}}, \text{如} \ 500 < Re_p < 200000 \tag{7-16}$$

计算所得的 u_t 也需再代入 $Re_p(=d_p u_t \rho / \mu)$ 中以检验其范围是否相符。

对于非球形颗粒，C_D 可如下计算

$$C_D = \frac{24}{0.843 \lg \dfrac{\varphi_s}{0.065} Re_p} \quad (Re_p < 0.05) \tag{7-17}$$

$$C_D = 5.31 - 1.88\varphi_s \quad (2 \times 10^3 < Re_p < 2 \times 10^5) \tag{7-18}$$

当 $0.05 < Re_p < 2 \times 10^3$，$C_D$ 可由表 7-1 求出。

表 7-1　非球形颗粒的曳力系数

φ_s	Re_p					φ_s	Re_p				
	1	10	100	400	1000		1	10	100	400	1000
0.670	28	6	2.2	2.0	2.0	0.946	27.5	4.5	1.1	0.8	0.8
0.806	27	5	1.3	1.0	1.1	1.000	26.5	4.1	1.07	0.6	0.46
0.846	27	4.5	1.2	0.9	1.0						

根据前述的公式，还可以来考察对于大、小颗粒流化范围的大小。如对细颗粒：当 $Re_p < 0.4$

$$u_t / u_{mf} = \frac{\text{式}(7-14)}{\text{式}(7-7)} = 91.6$$

对大颗粒，当 $Re_p > 1000$

$$u_t / u_{mf} = \frac{\text{式}(7-16)}{\text{式}(7-8)} = 8.72$$

可见 u_t / u_{mf} 的范围大致在 $10 \sim 90$ 之间，颗粒愈细，比值也愈大，即表示从能够流化起来到被带走为止的范围就愈广，这也说明为什么流化床中用细的颗粒是比较适宜的。

另一在广泛范围内（$Re_p < 2 \times 10^5$）都颇准确而且也很方便的式子是

$$u_t = \frac{d_p^2(\rho_p - \rho)g}{18\mu + 0.61 d_p [d_p(\rho_p - \rho)g\rho]^{\frac{1}{2}}} \tag{7-19}$$

实用的操作气速 u_0 是根据具体情况来选定的。一般 u_0 / u_{mf}（称作流化数）在 $1.5 \sim 10$ 范围内，但也有高到几十甚至几百的。另外也有按 $u_0 / u_t = 0.1 \sim 0.4$ 来选取的。通常所用的气速在 $0.15 \sim 0.5 \text{m/s}$。对于热效应不大、反应速率慢、催化剂粒度细、筛分宽、床内无内部构件和要求催化剂带出量少的情况，宜选用较低气速。反之，宜用较高气速。

（3）床层的膨胀　设空床气速小于 u_{mf} 时的固定床高度为 L_0，床层空隙率为 ε_0，则在气速增加时，床层将发生膨胀现象。在临界流化速度 u_{mf} 时，床高成为 L_{mf}，床高的空隙率成为 ε_{mf}。对于粗粒床，ε_0 与 ε_{mf} 没有多少差别，即床层在流化以前，膨胀很少，但对于细粒床，则相差较大，有关粗粒床和细粒床的区分下面就会讲到。当流速增大超过 u_{mf} 而为实用的流化速度时，床高和空隙率又将分别进一步增大为 L_f 及 ε_t，这里 ε_t 是包括粒间的空隙和气泡在内的。

今定义床层的膨胀比 R 为

$$R = L_f / L_{mf} = (1-\varepsilon_{mf})/(1-\varepsilon_f) = \rho_{mf}/\rho_f \tag{7-20}$$

ρ_{mf} 及 ρ_f 分别为临界流态化和实际操作条件下的床层平均密度。R 值一般在 $1.15 \sim 2$ 之间。有时也有用 L_f/L_0 来作为膨胀比的,它们之间有所差别,但可以互相换算。

流化床层的实际高度(或膨胀比)及床层空隙率都是设计的重要数据,但由于具体测定和数据关联上的困难,还没有十分可靠的算法,只能举出一些作为参考。

① $\varepsilon = Ar^{-0.21}(18Re_p + 0.36Re_p^2)^{0.21}$ (7-21)

② 由图 7-6 可求得 L_f/L_{mf},而由式(7-20),可进一步算出空隙率。

③ 有斜片挡板或挡网的床

$$R = \frac{0.517}{1-0.76\left(\dfrac{u_0}{100}\right)^{0.192}} \tag{7-22}$$

有垂直管束的床

$$R = \frac{0.517}{1-0.67\left(\dfrac{u_0}{100}\right)^{0.114}} \tag{7-23}$$

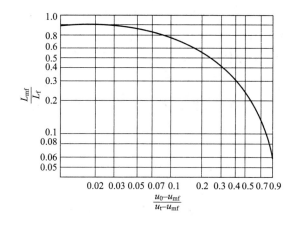

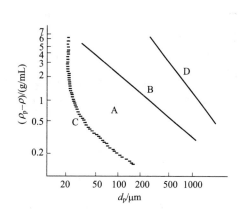

图 7-6　床层膨胀的关联曲线　　　　　图 7-7　根据流化特性的粒子分类

(4) 根据对颗粒的分类来计算床层膨胀比的方法。如图 7-7 将颗粒按不同的密度和直径,分为 A、B、C、D 四类,其中 C 类是不能流化的易黏结颗粒,D 类是大而重的颗粒,也不适合一般流化。A 是细颗粒(如催化裂化的颗粒),常在出现气泡之前,床层就有显著的膨胀,而一旦停气,则缓缓地崩坏。B 类属于较粗一点的颗粒,在气速达到或略微超过临界流化速度时就出现气泡,而一旦气流停止,床层便迅速崩落。

对于 A 类颗粒,先按下式计算其最大气泡直径

$$d_{Rmax} = 2u_t^2/g \tag{7-24}$$

如此值小于床径的一半(否则将发生节涌),则可按下式算出膨胀比

$$R = L_f/L_{mf} = 1+(u-u_{mf})/u_t \tag{7-25}$$

对于 B 类颗粒,可由图 7-8 求出 X,由图 7-9 求出 Y,然后再按下式求出 R。

$$R = 1+XY \tag{7-26}$$

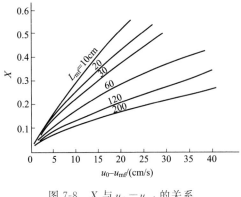

图 7-8　X 与 $u_0 - u_{mf}$ 的关系

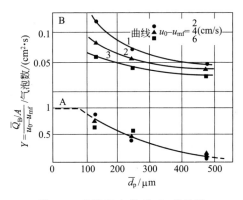

图 7-9　参数 Y 与粒径 d_p 的关系

结合细粒床的特性，在这里有必要提出一点补充。当空床气速超过最小流化速度后，多余部分的气体是以气泡的形式通过的，这一假定只对一般粗粒床的情况是符合的。但对于细粒床，则膨胀非常显著，而且气速要远大于临界流化气速后才出现气泡，这一气速称作最小鼓泡速度，以 u_{mb} 表示。例如对于 $d_p = 55\mu m$，$\rho_p = 0.95g/cm^3$ 的催化裂化用的催化剂，u_{mb}/u_{mf} 约为 2.8。颗粒愈细或颗粒与流体间的密度差愈小，这一比值就愈大。在最小流化速度到最小鼓泡速度之间的这一区域，床层相当于散式流态化的状态，不过极不稳定，只要引入小的气泡，就会使之崩坏。它对床层原来的经历、分布板的特性以及内部构件等都有很强的依赖性，因此比较难测准，一般设计中也很少采用。

例 7-1　一批固体颗粒，其粒度分布情况为：

样品的累计质量/g	最大粒径 $d_p/\mu m$	样品的累计质量/g	最大粒径 $d_p/\mu m$
0	50	270	125
60	75	330	150
150	100	360	175

今在 20℃ 和一个大气压下用空气进行流化，求最小空床气速和防止带出的最大允许气速。已知在该条件下，有关的物性数据：$\rho_p = 1g/cm^3$，$\varphi_s = 1$，$\rho = 0.001204g/cm^3$，$\mu = 1.78 \times 10^{-5} Pa \cdot s$，$\varepsilon_{mf} = 0.4$。

解　根据粒度分析，算出各级分布的情况如下：

粒径范围/μm	$d_{pi}/\mu m$	质量分数 x_i	$(x/d_p)_i$
50～75	62.5	$(60-0)/360 = 0.167$	$0.167/62.5 = 0.002672$
75～100	87.5	$(150-60)/360 = 0.250$	$0.250/87.5 = 0.002857$
100～125	112.5	$(270-150)/360 = 0.383$	$0.333/112.5 = 0.002962$
125～150	137.5	$(330-270)/360 = 0.167$	$0.167/137.5 = 0.001215$
150～175	162.5	$(360-330)/360 = 0.0833$	$0.0833/162.5 = 0.000513$
			$\sum = 0.010219$

故平均直径为 $d_p = 1/\sum_i (x/d_p)_i = 1/0.010219 = 98\mu m = 9.8 \times 10^{-5}$ m

估计 $Re_p < 20$，按式(7-3)计算 u_{mf}

$$u_{mf} = \frac{(1 \times 9.8 \times 10^{-5})^2}{150} \frac{(1-0.001204) \times 10^3}{1.78 \times 10^{-5}} \times 9.8 \times \left(\frac{0.4^3}{1-0.4}\right) = 3.76 \times 10^{-3} \text{ m/s}$$

校验 Re_p

$$Re_p = \frac{d_p u_{mf} \rho}{\mu} = \frac{(9.8 \times 10^{-5})(3.76 \times 10^{-3}) \times 1.204}{1.78 \times 10^{-5}} = 0.025 < 20$$

故用上式合宜。

如全床空隙率均匀，处于压力最低处的床顶层颗粒将首先被带出。今取最小颗粒 $d_p = 50 \mu m$ 来算，设 $Re_p < 0.4$，则由式(7-14)

$$u_t = \frac{(5.0 \times 10^{-5})^2 (1 - 0.001204) \times 10^3 \times 9.8}{18 \times (1.78 \times 10^{-5})} = 7.64 \times 10^{-2} \text{m/s}$$

校验

$$Re_p = d_p u_t \rho / \mu = (5.0 \times 10^{-5})(7.64 \times 10^{-2})(0.001204 \times 10^3)/(1.78 \times 10^{-5})$$
$$= 0.258 < 0.4$$

知上式符合，故得

最大允许气速 $= 7.64 \times 10^{-2}$ m/s，最小流化气速 $= 3.76 \times 10^{-3}$ m/s。

例 7-2 同例 7-1，但操作气速为 $u_0 = 10u_{mf}$，求床层的膨胀比。

解 (1) 如按式(7-21)计算，则因

$$u_0 = 10 \times 3.76 \times 10^{-3} = 3.76 \times 10^{-2} \text{m/s}$$

$$Re_p = d_p u_0 \rho / \mu = (9.8 \times 10^{-5})(3.76 \times 10^{-2}) \times 1.204/(1.78 \times 10^{-5}) = 0.249$$

$$Ar = d_p^2 \rho g (\rho_p - \rho)/\mu^2 = (9.8 \times 10^{-5})^3 \times 1.204 \times 98 \times (1000 - 1.204)/(1.78 \times 10^{-5})^2$$
$$= 35.0$$

故 $\quad \varepsilon_f = Ar^{-0.21}(18Re_p + 0.36Re_p^2)^{0.21} = 35.0^{-0.21} \times (18 \times 0.249 + 0.36 \times 0.249^2)^{0.21}$
$$= 0.650$$

故膨胀比 $R = L_f / L_{mf} = (1 - \varepsilon_{mf})/(1 - \varepsilon_t) = (1 - 0.4)/(1 - 0.650) = 1.714$

(2) 如用图7-7来分类，则因 $\rho_p - \rho \approx 1.0 \text{g/cm}^3$，$d_p = 98 \mu m$，故知颗粒属于 A 类，由式(7-24) $d_{Rmax} = 2u_t^2/g = 2 \times (7.64 \times 10^{-2})^2/9.8 = 1.193 \times 10^{-3}$ m，在一般情况下，此值远远小于床径的 1/2，不会出现节涌。故由式(7-25)，得

$$R = 1 + (u_0 - u_{mf})/u_t = 1 + (3.76 - 0.376)/7.64 \approx 1.443$$

它与方法 (1) 所得的结果是有一点差距，但考虑到实验与关联式中存在的误差，这也是可以理解的。

7.2.2 气泡及其行为

(1) 气泡的结构　如前所述，在一般情况下，除一部分的气体以临界流化速度流经颗粒之间的空隙外，多余的气体基本上都以气泡状态通过床层。因此人们常把气泡与气泡以外的密相床部分分别称作（气）泡相与乳（浊）相（或称散相）。气泡在上升途中，因聚并和膨胀而增大，同时不断与乳间间进行质量交换，即将反应组分传递到乳相中去，使其在催化剂上进行反应，又将反应生成的产物传到气泡中来。所以气泡不仅是造成床层运动的动力，也是携带物质的储存库，它的行为自然就是影响反应结果的一个决定性因素。为此，需要深入

一步了解气泡的形状，以便为流化现象的分析和建立数学模型提供基础。

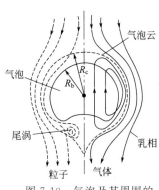

图 7-10 气泡及其周围的
流线情况

据研究，不受干扰的单个气泡的顶是呈球形的，尾部略为内凹（图 7-10），在尾部区域，由于压力比气泡稍低，粒子被卷了进来，形成局部涡流，这一区域称为尾涡。在气泡上升的途中，不断有一部分粒子离开这一区域，另一部分颗粒又补充进来，这样就把床层下部的粒子夹带上去而促进了全床颗粒的循环与混合。图 7-10 中还绘出了气泡周围粒子和气体的流线。研究表明，在气泡小，气泡上升速度低于乳相中气速时，乳相中的气流可穿过气泡上流。但当气泡大到其上升速度超过乳相气速时，就有部分气体穿过气泡形成环流，在泡外形成一层不与乳相气流混融的区域，这一层就称作气泡云。云层及尾涡都在气泡之外，且都伴随着气泡上升，其中所含颗粒浓度也与乳相中几乎相同。

（2）气泡的速度和大小　根据实测，流化床中单个气泡的上升速度 u_{br} 为

$$u_{br} = (0.57 \sim 0.85)(g d_b)^{\frac{1}{2}} \tag{7-27}$$

一般取平均值计算如下

$$u_{br} = 0.711(g d_b)^{\frac{1}{2}} \tag{7-28}$$

在实际床层中，常是气泡成群上升，气泡群的上升速度 u_b 一般用下式计算

$$u_b = u_0 - u_{mf} + 0.711(g d_b)^{\frac{1}{2}} \tag{7-29}$$

另一算式则反映了床径 d_t 对气泡上升速度的影响

$$u_b = \varphi(g d_b)^{\frac{1}{2}} \quad (cm/s) \tag{7-30}$$

其中

$$\varphi = \begin{cases} 0.64 & \text{如 } d_t < 10cm \\ 1.6 d_t^{0.4} & 10cm < d_t < 100cm \\ 1.6 & d_t > 100cm \end{cases}$$

气泡上升时不断增大，它的直径与它距分布板的高度距离 l 大致成正比，可用下式表示

$$d_b = al + d_{b0} \tag{7-31}$$

式中，d_{b0} 是离开分布板时的原始气泡直径。

不同的研究者所提供的 a 与 d_{b0} 的表示式是不同的，今举一例如下

$$a = 1.4 d_p \rho_p u_0 / u_{mf} \tag{7-32}$$

d_{b0} 视分布板的型式而异，如

多孔板　　　　　$$d_{b0} = 0.327[A_t(u_0 - u_{mf})/N_{0r}]^{0.4} \tag{7-33}$$

密孔板　　　　　$$d_{b0} = 0.00376(u_0 - u_{mf})^2 \tag{7-34}$$

式中，A_t 为床截面积；N_{0r} 为多孔板上的孔数。

气泡上升时不断增大，其直径与距分布板高度 l 的变化关系曾有过一些计算公式。今举二例如下

①　　　　　$$d_b = 0.835[1 + 0.272(u - u_{mf})]^{\frac{1}{3}}(1 + 0.0684l)^{1.21}$$

②　　　　　$$d_b = 1.28 \frac{u - u_{mf}}{g^{0.3}} \left[1 + \frac{1.5 g^{\frac{1}{7}}}{(u - u_{mf})^{\frac{2}{7}}} \left(\frac{A_t}{n_0}\right)^{\frac{4}{7}}\right]^{0.7}$$

式中，n_0 为分布板孔数；A_t 为床层截面积。

气泡的长大并不是无限的，如床径足够大，不致形成节涌，则当气泡长大到一定程度后就将失去其稳定性而破裂。有人认为，当 $u_{br}=u_t$ 时，颗粒就将被气泡带上，并可能从其底部进入气泡，而使气泡破裂。故当 $u_{br}<u_t$ 时为稳定气泡，$u_{br}>u_t$ 时为不稳定气泡，最大稳定气泡应在 $u_{br}=u_t$ 之时。于是得出最大稳定气泡直径 $d_{b,max}$ 的式子为

$$d_{b,max}=\left(\frac{u_t}{0.711}\right)^2 \frac{1}{g} \tag{7-35}$$

但实验表明，气泡的破裂常是由于粒子从气泡顶部侵入所致，故本式的可靠性尚有商榷的余地。

另一计算最大气泡直径的式子为

$$d_{b,max}=0.652[A_t(u_0-u_{mf})]^{\frac{2}{5}} \tag{7-36}$$

同时还提出计算任意床高 l 处的气泡直径的关系式如下

$$d_b=d_{b,max}-(d_{b,max}-d_{b0})e^{-0.30l/d_t} \tag{7-37}$$

式中，d_{b0} 即按式（7-33）或式（7-34）算出，在这两式中 d_b 及 $d_{b,max}$ 都与床面大小有关。

本式的关联范围为：$0.5cm/s<u_{mf}<20cm/s$，$60\mu m<d_p<450\mu m$，$u_0-u_{mf}<48cm/s$，$d_t<130cm$。

在实验室和中间试验装置内，床层高径比颇大，气泡的聚并常能达到使床内发生节涌的程度。判断节涌与否的一个准则方程式是

$$\frac{u_0-u_{mf}}{0.35(gd_t)^{\frac{1}{2}}}>0.2 \tag{7-38}$$

即当气速达到使此式左侧之值超过 0.2 时，除粒度很小（如 $<50\mu m$）的情况外，床内便将出现节涌。节涌床中返混较小，气固接触比较规则，但床层压降波动很大。对于床径较大的工业规模的流化床，节涌现象一般不会出现，只有插有密集的垂直管的局部床区可能出现。

（3）气泡云与尾涡 在 $u_{br}>u_t(=u_{mf}/\varepsilon_{mf}$，亦即乳相中的真实气速）时，气泡内外由于气体环流而形成的气泡云变得明显起来，其相对厚度可按下式计算

$$\left(\frac{R_c}{R_b}\right)^2=\frac{u_{br}+u_f}{u_{br}-u_f} \quad \text{（二维床）} \tag{7-39}$$

$$\left(\frac{R_c}{R_b}\right)^3=\frac{u_{br}+2u_f}{u_{br}-u_f} \quad \text{（三维床）} \tag{7-40}$$

R_c 及 R_b 分别为气泡云及气泡的半径。这里所谓的三维床就是一般的圆柱形床，而二维床则为截面狭长的扁形床，气泡能充满两壁，因壁面可专门由透明材料制成，所以便于观察气泡的动态。不过由于壁效应对气泡的行为有严重影响，故在形状、聚并和上升的速度上都与实际的三维床情况不同，结果容易使人产生错觉。因此尽管它便于观察和易于测定，但如何能与实际的三维床情况关联起来，还是个问题。

在气泡中，气体的穿流量 q 可用下式表示

$$q=4u_{mf}R_b=4u_f\varepsilon_{mf}R_b \quad \text{（二维床）} \tag{7-41}$$

$$q=3u_{mf}\pi R_b^2=3u_f\varepsilon_{mf}\pi R_b^2 \quad \text{（三维床）} \tag{7-42}$$

可见在同样大小的截面上，三维床中气泡内的气体穿流量为乳相中的三倍。

根据用 X 射线对三维床中气泡所拍摄的照片，可求出气泡尾涡的体积，表示在图 7-11

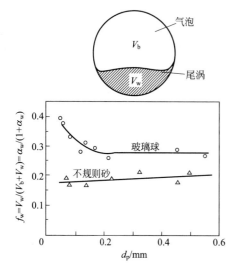

图 7-11　尾涡体积与粒径的关系

中。图中用尾涡的体积分率 f_w 来表示

$$f_w = \frac{V_w}{V_w + V_b} \tag{7-43}$$

当然，也可用体积比 $\alpha_w = V_w/V_b$ 表示。它们的关系是

$$f_w = \frac{\alpha_w}{1 + \alpha_w} \tag{7-44}$$

由图可见，对于像玻璃球这类圆球形和比较光滑的颗粒，f_w 较大。如 $d_p > 150\mu m$，则 f_w 约为 0.28。如粒径再小，则尾涡所占的体积分率增加，甚至可达 0.4 左右。对于不光滑、不规则形状的颗粒，如砂粒，f_w 约在 0.2 左右。对粗糙度介于两者之间的颗粒，可估计 f_w 在 0.2～0.3 之间，或 α_w 在 0.25～0.43 之间。

关于气泡云与气泡的体积比 α_c（$= V_c/V_b$），可根据式(7-40)算出。因此，如将包围在气泡处的气泡云及尾涡总称为气泡晕，则整个气泡晕与气泡的体积比 α 为

$$\alpha = (V_c + V_w)/V_b = \alpha_c + \alpha_w \tag{7-45}$$

至于全部气泡所占床层的体积分率 δ_b，可根据超出临界流化所需的部分均形成气泡、而总的气流量又等于气泡及乳相中气流量之和的这一假定而写出

$$u_0 = u_b \delta_b + u_{mf}(1 - \delta_b - \alpha\delta_b) \tag{7-46}$$

故可知

$$\delta_b = \frac{L_f - L_{mf}}{L_f} = \frac{u_0 - u_{mf}}{u_b - u_{mf}(1+\alpha)} \approx \frac{u_0 - u_{mf}}{u_b} \tag{7-47}$$

（4）气泡中的颗粒含量　在气泡中，颗粒的含量是很小的，如定义

$$r_b = \frac{全部气泡中颗粒的体积}{全部气泡的总体积} \tag{7-48}$$

则 r_b 的值为 0.001～0.01，通常忽略不计。

在气泡晕中存在大量颗粒，其所含颗粒与气泡体积之比 r_c 为

$$r_c = (1 - \varepsilon_{mf})\frac{V_c + V_w}{V_b} \tag{7-49}$$

因一般考虑气泡晕中的情况相当于临界流化状态，故将式(7-40)及式(7-28)的关系引入，最后可导得

$$r_c = (1 - \varepsilon_{mf})\left[\frac{3u_{mf}/\varepsilon_{mf}}{0.711(gd_b)^{\frac{1}{2}} - u_{mf}/\varepsilon_{mf}} + \frac{V_w}{V_b}\right] \tag{7-50}$$

其余的颗粒则全部在乳相之中，故乳相中颗粒体积与气泡体积之比 r_e 可由下式求出

$$r_e + r_b + r_c = \frac{1 - \varepsilon_f}{\delta_b} = \frac{(1 - \varepsilon_{mf})(1 - \delta_b)}{\delta_b} \tag{7-51}$$

例 7-3　有光滑的球形催化剂颗粒，其平均直径为 $98\mu m$，$\rho_p = 1.0 g/cm^3$，$\varepsilon_{mf} = 0.6$，在一直径为 1m 的等温三维自由流化床中流化，已知 $u_{mf} = 0.2 cm/s$，$u_0 = 5.0 cm/s$，所用的

分布板为多孔板，上有直径为 0.2cm 均匀分布的孔 750 个，试估算在离床高 0.2m 及 1.0m 处的气泡大小和气泡云的厚度。如改用 $u_0 = 2.0$cm/s，则会有什么变化？

解　由式(7-33) 可知

$$d_{b0} = 0.327 \left[\frac{\pi}{4} \times 100^2 (5.0 - 0.2)/750 \right]^{0.1} = 1.567 \text{cm}$$

由式(7-31) 及式(7-32) 可以计算出在床高 0.2m 处的气泡直径为

$$d_b = 1.4 \times 0.0098 \times 1 \times \frac{5.0}{0.2} \times 20 + 1.567 = 8.43 \text{cm}$$

由式(7-28)，得

$$u_{br} = 0.711 \times (980 \times 8.43)^{\frac{1}{2}} = 64.6 \text{cm/s}$$

再由式(7-40) 可以导出云层厚度的计算式为

$$\text{云层厚度} = \frac{d_c - d_b}{2} = \frac{d_b}{2} \left[\left(\frac{u_{br} + 2u_{mf}/\varepsilon_{mf}}{u_{br} - u_{mf}/\varepsilon_{mf}} \right)^{\frac{1}{3}} - 1 \right]$$

$$= \frac{8.43}{2} \left[\left(\frac{64.6 + 2 \times 0.2/0.6}{64.6 - 0.2/0.6} \right)^{\frac{1}{3}} - 1 \right] = 0.0217 \text{cm}$$

在床高 1m 处，气泡大小为

$$d_b = 1.4 \times 0.0098 \times 1 \times \left(\frac{5.0}{0.2} \right) \times 100 + 1.567 = 35.87 \text{cm}$$

即由于聚并的结果，气泡增大得很多，这时

$$u_{br} = 0.711 \times (980 \times 35.87)^{\frac{1}{2}} = 133.3 \text{cm/s}$$

于是可得云层厚度 $= \dfrac{35.87}{2} \left[\left(\dfrac{133.3 + 2 \times 0.2/0.6}{133.3 - 0.2/0.6} \right)^{\frac{1}{3}} - 1 \right] \approx 0.0448 \text{cm}$

如改用 $u_0 = 2.0$cm/s，则按同法可标出 $d_{b0} = 1.058$cm，在 0.2m 高度处，$d_b = 3.80$cm，$u_{br} = 43.4$cm/s，云层厚度为 0.0146cm。即随着操作气速的减小，气泡直径亦相应减小，上升速度变慢，而云层的厚度则较薄。

7.2.3　乳相的动态

流化床中的乳相是指气泡外面的那部分床层，那里有固体颗粒，也有在颗粒间渗流的气体。在许多过程中颗粒是催化剂，在另一些过程中颗粒本身就是加工的对象。因此乳相正是实际进行反应的区域，其动态如何，显然有重大关系，下面就来逐一加以阐述。

（1）床层中颗粒的流动　由于上升气泡的尾涡中夹带着颗粒，它们在途中又不断与周围的颗粒进行交换，所以在气泡流动剧烈的区域，大量颗粒被夹带上升，而在其余的区域颗粒下降，形成如图 7-12 所示的循环。这种循环相当剧烈，所以即使在直径几米的大床中，也不过几分钟就混匀了。所以自由床中粒子可认为是全混的。

图 7-12 中的颗粒运动图只是一种示意。在浅床层中，粒子在床层中心下降，在外围上升，而且相当对称稳定，

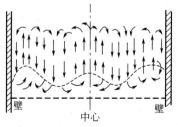
图 7-12　颗粒运动示意（虚线表示流速分布）

与一般深床层中颗粒在中心处上升、在靠壁处下流的情况是不同的。

在自由床内，颗粒的循环流动方便。在有垂直管的床中，颗粒的循环仍然良好，但有横向挡板或挡网的床层内，颗粒的自由运动就受到了阻碍，它的行程也就根据具体结构和操作条件的不一而变得十分复杂化了，关于这方面的研究目前还不透彻。

（2）粒度及粒度分布的影响　固体颗粒的粒度大小对床层流化性能有重大影响。细颗粒有如液体一般的良好流动性能，但粗颗粒则不然。此外，单一尺寸的颗粒流动性也不够好，需要有适当的粒度分布，流动性能才能改善。这是因为如有适当比例的细颗粒，将特别易于流化，能够向床层各处和大颗粒空隙间流动，并将其动能传递给大颗粒，从而促使整个床层流化更趋均匀，因此一定量的细颗粒在流化床反应器中是必不可少的。

以催化裂化装置的情况为例，催化剂属于细颗粒，其粒度分布大致是：$20\sim40\mu m$ 占 5% $\sim15\%$，$40\sim80\mu m$ 占 $50\%\sim70\%$，大于 $80\mu m$ 占 $20\%\sim40\%$。其中 $44\mu m$ 的级分被称作关键级分；又如乙烯氧氯化法制二氯乙烷的催化剂，要求小于 $30\mu m$ 的占 $8\%\sim15\%$，小于 $45\mu m$ 的占 $35\%\sim45\%$，小于 $80\mu m$ 的占 $85\%\sim94\%$。丙烯氨氧化法制丙烯腈的情况类似。全部采用过细的颗粒（小于 $50\mu m$）则易于凝结而产生沟流，而过大的颗粒易使床层波动剧烈，气-固两相接触不佳，输送管道易于堵塞和增加设备的磨损。所以只有粒度分布较宽并含相当比例细颗粒的床层（如含 $10\%\sim20\%40\mu m$ 以下的颗粒）才流化良好、操作稳定、便于放大。因为这样的床层膨胀较大，其中的细颗粒容易侵入气泡之内，而使气泡分散得都比较细，气-固接触和相间交换也较好。可见选择粒度及其适当的分布是一个重要的问题。

在连续运转时，流化床内颗粒由于自然磨损将达到一个定常态的粒度分布，称为平衡粒度分布，它与投料颗粒的分布是不一样的，有时为了弥补因细粒子被带走而影响平衡粒度分布中的细颗粒含量，还在床内特设一些装置（如蒸汽喷枪）以促使颗粒磨细，或者用一些其他方法来维持床层内的适当粒度分布。总之，不论在过程开发之初还是日常操作当中，粒度问题应予注意。有些装置中，流化状况不好，反应效果欠佳，与颗粒太粗和筛分太窄往往是有关系的。

（3）乳相中的气体流动情况　乳相中气流的情况比较复杂。在流速较小时，乳相中的气体以相当于临界流化状态的速度往上流动，但由于有一部分以超过临界气速的速度而向下回流的颗粒上的吸附和粒子间的裹挟，就使部分气体从上往下传递。因此乳相中存在着上流及回流两类区域，它的位置也是随机变动着的，但在定常态下，整个床截面上平均的上流和回流气量大致都应是恒定的。当操作气速增大时，回流部分的量相应增大，而在 u_0/u_{mf} 大于 $6\sim11$ 时（具体数值视气泡晕的情况而异），乳相中的回流气量超过了其中的上流气量，因此按净流动算，就成向下流的了。在工业上，这种流化数（u_0/u_{mf}）大于 6 的情况是不少的。

根据上述可知流化床内可能存在着四类区域，即气泡区、泡晕区、上流区及回流区。图 7-13 即是四区的示意图。操作条件不同，各区范围的大小也不同，甚至某些区可以忽略。例如流速小时，回流区可以忽略；气速很大时，则上流区可以忽略。

用特制的探头对乳相的流动情况进行测定，发现床内有两种环流（图 7-14），在床层上部有一比较大而稳定的环流，而在近分布板处有一较小的不稳定环流。前者使乳相从中央上升，靠器壁返回，而大气泡也正是与上升流一样的走法。至于近分布板处的环流，则是不稳定的，在三维空间中变动，在近壁处是无规律的。这种乳相的环流也就反映了乳相中气体的上下流动的一定规律性。

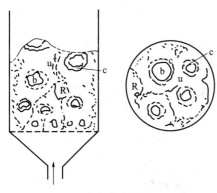

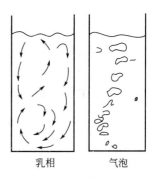

图 7-13　流化床内的四区示意

b—气泡区；c—泡晕区；u—上流区；R—回流区

图 7-14　流化床中气泡与乳相的运动

乳相　　气泡

尽管在实用的流化床中，大部分气体是以气泡的形式通过，乳相中的气量相对地要小得多，有时可忽略。但是它的返混对于化学反应方面的影响并不都是可以忽略的，应当具体情况具体分析，而这方面的深入探讨，目前还不够充分。

7.2.4　分布板与内部构件

（1）分布板　分布板设计的好坏对于流化床的操作有很大影响。碳化硅或多孔金属制成的密孔板能使气体分散得很细和很均匀，但压降太大，而且价格高、易堵、强度不高，故除实验室外，工业上很少应用。目前工业上使用的分布板形式大致如图 7-15 所示，其中图 7-15(a) 及图 7-15(b) 是单层的筛板设计。凹型筛板的目的是为了抵消气体易从床中心处偏流的倾向，强度也较高，能承受热膨胀，故在大直径床中采用。筛板虽可能漏料和在板上出现死区，但如粒子流动性能好，筛孔气速足够高，而且压降适当，那么还是适用的。尤其因其结构简单，令人重视。与此相近的是由保持适当间隙的多层筛板所组成的分布板结构 ［图 7-15(c)］，下层板孔大而数少，起控制压降的作用，愈往上的各层，孔数愈多而愈小，便于气体均布。这种结构效果很好，但加工费时，各层的间隙要有精心考虑，以防漏料。图 7-15 (d) 是有夹层填料的分布板，填料还能起到使原料气充分混合的作用。图 7-15(e) 是由管栅组成的分布器，如近代乙烯氧氯化法及丙烯氨氧化法等大装置中都采用。依靠管上严格制作的限流小孔来控制压降，以保证整个大床截面上的进气均匀。同时因空气与原料气可分路进入，一旦混合就已进入到了流化床中，因此避免了爆炸的可能性。图 7-15(f) 是一种泡帽板上的泡帽形式，上有水平或有向下斜的气孔，泡帽顶部要有一定锥度，防止物料停积。图 7-15(g) 是一种侧缝锥帽，气体在侧缝中吹出，其目的在于防止板面上有堆料死区。这种锥帽在安装时要力求各帽缝隙一致，以防偏流。由于泡帽和锥帽重量较大，在大直径装置上应用就要考虑了。总之，气体分布的方式可以很多，以分布均匀、防止积料、结构简单和材料节省为宜。

气体从分布板上的气孔中流出来时，由于气速很高，形成一股喷射流，它的影响范围大致在 250mm 的高度以内。再往上由于气泡的聚并，原始气泡分布状况的影响就不大了。所以对于反应快而传质慢的情况，分布板设计的影响较大，反之较小。

为了保证流化得均匀，分布板压降的选择是重要的，一般选取分布板压降 Δp_d 为床层压降 Δp_b 的 10%～20%，过高的压降未必是必要的，但也不应小于 35cm 水柱。通常分布板开孔率取约 1% 以下就是为了保证一定的压降。如果为了节省动力消耗而把 $\Delta p_d/\Delta p_b$ 降得过小，那么分布板不能对气流的波动或压力不均起到一定的制衡作用，结果可能失败。

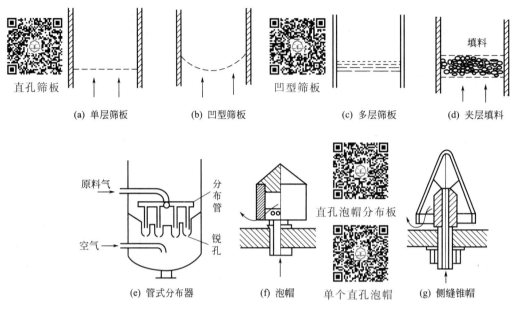

图 7-15　分布器的若干形式

设计筛孔分布板，可从图 7-16 先求出小孔阻力系数 C'_d，再按下式求出小孔气速 u_{0r}

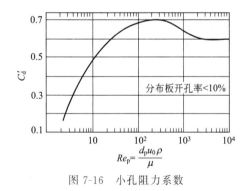

图 7-16　小孔阻力系数

$$u_{0r} = C'_d \left(\frac{2\Delta p_d}{\rho}\right)^{\frac{1}{2}} \tag{7-52}$$

然后根据空床气速 u_0 定出分布板单位截面上的开孔数 N_{0r}

$$N_{0r} = u_0 \left/ \left(\frac{\pi}{4}d_{0r}^2 u_{0r}\right)\right. \tag{7-53}$$

而 u_0/u_{0r} 即分布板的开孔率。

至于锥帽分布板等的压降计算请参考有关文献。

（2）内部构件　流化床中内部构件的类型有垂直管、水平管、多孔板、水平挡网和斜片百叶窗挡板（图 7-17）等。后者根据斜片的排列和方向，又有内旋、外旋和多旋之分。

水平管由于其下侧有薄的气垫而上侧有死区，故传热较垂直管差。除因使用低压降分布板而把水平管放入床底以求改善气体分布和薄床层的情况外，一般很少采用。垂直管比较方便、有效，它不仅是传热构件，还能控制气泡的聚并和维持流化状态的稳定，同时对减少床层颗粒的带出也能有所裨益。从小装置放大时，如床层的当量直径不变，效果相似，因此被广泛采用。但相邻两垂直面之间的间距应大于粒径的 30 倍以免发生沟流。

在设有各种横向挡板的床层中，虽在挡板与床壁之间留有空隙以便颗粒循环，但颗粒和气流的运动终究受到一定限制，床内返混减小、温差增大、颗粒分级加剧，其状况就像介于全混式和多级串联式之间。挡板的形状、尺寸、间距等因素的任何改变，都会使床内的流况改变，从而使得浓度分布、温度分布和停留时间分布发生改变，因此反应结果也就不一样了，所以尽管人们可以设想出种种挡板的形式或其他构件来影响气-固接触的状况，但如果不便于实现迅速放大，那么在过程开发中还不如垂直管方便。

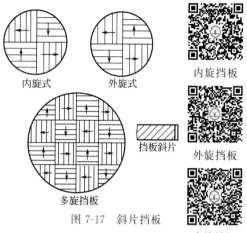

内旋式　外旋式

挡板斜片

多旋挡板

图 7-17　斜片挡板

内旋挡板

外旋挡板

多旋挡板

7.2.5　颗粒的带出、捕集和循环

（1）颗粒的带出　当气泡在密相床层中接踵上升到达上层表面而爆破时，将大量固体颗粒抛掷进稀相空间。如果床内粒径不一，那么夹带上去的颗粒也大小不一。气泡愈大，气速愈高，夹带量也愈多。

由于在床层径向截面上气速是不均匀的，而且还有波动，因此各处夹带上去的颗粒量也并不相同，随着气流的上升，颗粒将按粗细的顺序陆续地沉析下来。随着距离愈来愈高，粒子的含量也就愈来愈小。图 7-18 即为颗粒浓度随高度位置而变化的情况示意。当达到某一高度后，能够被重力分离下来的颗粒都已沉析下来，只有带出速度小于操作气速的那些颗粒才会一直被带上去。故在此以上的区域颗粒的含量就恒定了，这一高度便称作（沉降）分离高度（简称 TDH 或 H），而旋风分离器的第一级入口也理应安置在这一位置上。

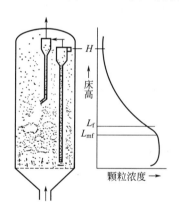

图 7-18　分离高度示意

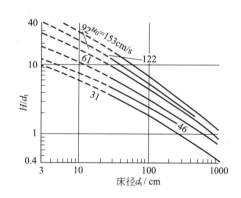

图 7-19　催化裂化装置的分离
高度 H 的经验曲线

在有些装置中，顶部用一个扩大段，使气速降低，以便让更多的颗粒沉析下来，减轻旋风分离器的负荷。尽管扩大段体积很大，并使总的高度增加，但在操作气速不是很高的情况下，这样做还是合宜的。

要确定分离高度，目前还缺少可靠的资料，特别是大装置的资料。图 7-19 是专门用于催化裂化装置的分离高度 H 经验曲线图，图 7-20 则为另一种经验关联曲线图，这些图可供参考。能否推用到其他场合，尚未可知。

另一分离高度 H 的计算式如下

$$H = 1.2 \times 10^3 L_0 Re_{\mathrm{p}}^{1.55} Ar^{-1.1} \ (\mathrm{m}) \tag{7-54}$$

式中，L_0 为静床高。

其范围为

$$15 < Re_p = d_p u \rho / \mu < 300$$

$$1.95 \times 10^4 < Ar$$

$$= \frac{d_p^3 \rho_g (\rho_p - \rho)}{\mu^2} < 6.5 \times 10^5$$

如有横向挡板，则

$$H = 730 L_0 Re^{1.45} Ar^{-1.1} \qquad (7\text{-}55)$$

与上式相比，可以看出横向挡板对减少颗粒夹带量和降低分离高度是有好处的。如在密相床层表面之上设置离心式的旋流挡板，防止气泡爆破将颗粒垂直抛上，并且利用气流本身的离心力，使大颗粒迅速分离下来，那么 TDH 可大大降低。

在分离高度以上位置的颗粒携带量即气流输送时的饱和携带量。以 F_s(g/s) 表示携出速率，则 $F_s / (A_t u_0)$ （g 固体粒子/cm³ 气体）即为携带颗粒浓度，以 e_s 表示。图 7-21 即为均一尺寸

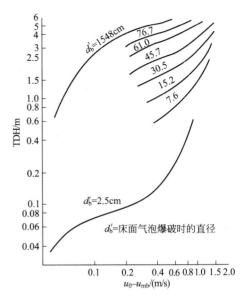

图 7-20　分离高度的经验关联曲线图

颗粒的饱和携带量的关联图。由图可以推得 u_0 的增大将使 e_s 迅速增大，因此提高操作气速，将会导致旋风分离器的负荷大为增加。

另一方面，气流连续通过床层，使床层内那些带出速度小于操作气速的粒子不断被带出，这种现象称为扬析，扬析速度可用下式表示

$$-\frac{1}{A_t} \frac{\mathrm{d}w}{\mathrm{d}t} = K_e \frac{w}{W} \qquad (7\text{-}56)$$

式中，w 为粒径为 d_p 的颗粒的质量；W 为床层颗粒的总质量；K_e 称为扬析常数，它与气体流速的关系大致为

$$K_e \propto u_0^n \qquad (7\text{-}57)$$

n 值约在 4～7 之间。当可被带走的颗粒占 4%～25% 时，K_e 值与颗粒浓度无关，在此范围以上，K_e 有所降低。

实验定出的 K_e 值如图 7-22 所示，或用下式表示

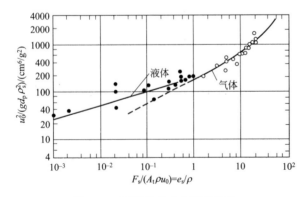

图 7-21　两相垂直或水平并流时
均一尺寸颗粒的饱和携带量曲线

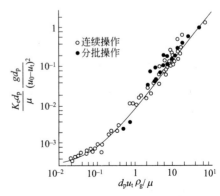

图 7-22　扬析常数关联曲线图

$$\left(\frac{K_e d_p}{\mu}\right)\frac{g d_p}{(u_0-u_t)^2}=0.0015\left(\frac{d_p u_t \rho_g}{\mu}\right)^{0.6}+0.01\left(\frac{d_p u_t \rho_g}{\mu}\right)^{1.2} \tag{7-58}$$

根据式(7-56)及式(7-57)便可求出不同粒径的颗粒的扬析速度了。

例 7-4　有一批混合颗粒，其中 $40\mu m$ 的占 40%，$60\mu m$ 的占 40%，$80\mu m$ 的占 20%，今在一直径为 1m 的自由床中流化，已知 $\rho_p=2.0\text{g/cm}^3$，$\rho=1.2\times10^{-3}\text{g/cm}^3$，$\mu=2\times10^{-4}\text{g/(cm}\cdot\text{s)}$，试求当 $u_0=40\text{cm/s}$ 及 60cm/s 时的饱和携带量。

解　先求这三种尺寸颗粒的带出速度。由式(7-15)，对于 $40\mu m$ 的颗粒有

$$u_t=\left[\frac{4}{225}\times\frac{(20-1.2\times10^{-3})^2\times980^2}{1.2\times10^{-3}(2\times10^{-4})}\right]^{\frac{1}{3}}(40\times10^{-4})=26.1\text{cm/s}$$

故　$Re_p=d_p u_t \rho/\mu=(40\times10^{-4})\times26.1\times(1.2\times10^{-3})/(2\times10^{-4})=0.626>0.4$
故用式(7-15)合适。

同样可以求得　$d_p=60\mu m$ 时，$u_t=39.5\text{cm/s}$

$d_p=80\mu m$ 时，$u_t=52.6\text{cm/s}$

当 $u_0=40\text{cm/s}$ 时，$40\mu m$ 及 $60\mu m$ 的颗粒可以被带出，但 $80\mu m$ 的不能被带出。

对于 $40\mu m$ 的颗粒：$u_0^2/(g d_p \rho_p^2)=40^2/[980\times(40\times10^{-4})\times2.0^2]=102$

由图 7-21 可以查得

$$F_s/(A_t \rho u_0)=0.34$$

或 $F_s/(A_t u_0)=0.34\times1.20\times10^{-3}=0.408\times10^{-3}$（g 颗粒/cm³ 流化气体），类似地可以求得对于 $60\mu m$ 的颗粒

$$u_0^2/(g d_p \rho_p^2)=68,\ F_s/(A_t \rho u_0)=0.14,\ F_s/(A_t u_0)=0.168\times10^{-3}$$

故总的携带量 $F_s=\dfrac{\pi}{4}\times100^2\times40\times(0.408\times10^{-3}\times0.40+0.168\times10^{-3}\times0.40)=72.4\text{g/s}$

如将 u_0 加大为 60cm/s，则因已超过了 $80\mu m$ 颗粒的带出速度，故所有颗粒都可被带出，按照同样的步骤，可以算得

d_p	$u_0^2/(g d_p \rho_p^2)$	$F_s/(A_t \rho u_0)$	$F_s/(A_t u_0)$
$40\mu m$	229	1.8	2.16×10^{-3}
$60\mu m$	144	0.6	0.72×10^{-3}
$80\mu m$	115	0.38	0.456×10^{-3}

于是得 $F_s=\dfrac{\pi}{4}\times100^2\times60\times(2.16\times0.40+0.72\times0.40+0.456\times0.20)\times10^{-3}=586\text{g/s}$

可见饱和携带量猛增为 $u_0=40\text{cm/s}$ 时的 8.1 倍。

(2) 颗粒的捕集　流化床中被气流夹带上去的颗粒，从经济的或环境保护的观点看，都是应当予以捕集下来的。旋风分离器是流化床回收颗粒最通用的设备（图 7-23）。根据对颗粒回收率的要求，可采用一级、二级甚至三级串联的旋风分离器。尽管第一级回收率可高达 99% 以上，但高气速操作的大装置中颗粒的跑损量还是可观的。旋风分离器可捕集到 $10\mu m$ 大小的颗粒（一般用沉降法则在 $200\mu m$ 以上），特殊设计的可捕集到 $3\mu m$ 的颗粒且有 $80\%\sim85\%$ 的效率。大抵旋风分离器直径小者效率高，大负荷的装置中往往采用多组并联使用，而不用一组大的，原因就在于此。旋风分离器入口一般为长方形，气体从切线方向进入，贴壁回旋而下时

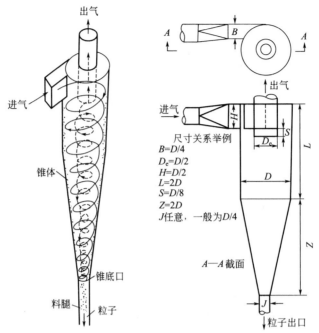

图 7-23　旋风分离器及其尺寸关系

将颗粒甩到壁上，而气体则从中心回旋而上，得到分离。一般入口线速度取 $15\sim25\mathrm{m/s}$，线速度再高，分离效率增加不多，而压降却增加很多，至于出口线速度约取 $3\sim8\mathrm{m/s}$。对第二级及第三级，因颗粒含量已大为减少，细颗粒比例增加，为维持较高的效率（如 90% 左右），则入口线速度需要更高，因此要获得高的回收率，就必须用高的压降作为代价。

目前旋风分离器已有多种定型的规范，可作选用时的参考。

对于一般旋风分离器不能捕集下来的细粉尘，或者某些完全不允许带出去的催化剂，可采用素烧陶瓷管或者包有多层玻璃布的多孔管将气体过滤。当过滤管上积粉过厚时，则用压缩气进行反吹，或者用多组过滤管进行切换以维持连续运转，不过这种方式的缺点是压降太大。此外，对于不需回收的颗粒，也可采用湿法除尘。总之，在流态化技术中，颗粒的捕集是一个重要的现实问题。

7.3　流化床中的传热和传质

7.3.1　床层与外壁间的给热

流化床的优点之一是传热效率高、床层温度均一。在一般情况下，自由流化床中是等温的。粒子与流体之间的温差，除特殊情况外，可以忽略不计，所以重要的是床层与外壁间的传热以及床层与浸没于床中的换热器表面间的传热。

流化床与外壁的给热系数 h_{w} 比空管及固定床中都高（图 7-24），一般在 $400\sim1600\mathrm{J/(m^2 \cdot h \cdot K)}$

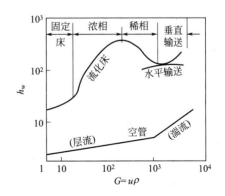

图 7-24　器壁给热系数示例

左右。在临界流化速度以上，h_w 随气速的增加而增大到一个极大值，然后下降，像一个倒 U 形。对不同的体系，曲线的形状都是相仿的。

确定 h_w 所用的给热系数的定义式为

$$q = h_w A_w \Delta T \tag{7-59}$$

式中，A_w 为传热面；ΔT 为整个床高温度的积分平均值。

即

$$\Delta T = \frac{\int_0^{L_f} (T - T_w) \mathrm{d}l}{L_f} \tag{7-60}$$

文献上关于 h_w 的关联式不少，举二例如下。

$$(1) \quad \frac{h_w d_p}{\lambda} = 0.16 \left(\frac{c_p \mu}{\lambda} \right)^{0.4} \left(\frac{d_p \rho u_0}{\mu} \right)^{0.76} \left(\frac{c_{ps} \rho_p}{c_p \rho} \right)^{0.4}$$

$$\left(\frac{n_0^2}{g d_p} \right)^{-0.2} \left(\frac{u_0 - u_{mf}}{u_0} \times \frac{L_{mf}}{L_f} \right)^{0.36} \tag{7-61}$$

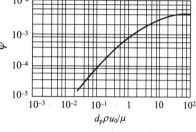

图 7-25 器壁给热系数关联曲线图

此式对许多物料都能适用，有 95% 的数据其误差在 ±50% 以内。

(2) 用图 7-25 进行计算。图中

$$\psi = \frac{(h_w d_p / \lambda) / [(1 - \varepsilon_f) c_{ps} \rho_p / (c_p \rho)]}{1 + 7.5 \exp[-0.44 (L_h / d_t)(c_p / c_{ps})]} \tag{7-62}$$

式中，L_h 为加热面高度；d_t 为管径。

设计时可取上两式分别计算，然后取其中较小的 h_w 值。

7.3.2 床层与浸没于床内的换热面之间的给热

(1) 垂直管

$$\frac{h_w d_p}{\lambda} = 0.01844 C_R (1 - \varepsilon_f) \left(\frac{c_p \rho}{\lambda} \right)^{0.43} \left(\frac{d_p \rho u_0}{\mu} \right)^{0.23} \left(\frac{c_{ps}}{c_p} \right)^{0.8} \left(\frac{\rho_p}{\rho} \right)^{0.66} \tag{7-63}$$

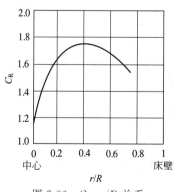

图 7-26 C_R-r/R 关系

注意式中 $(c_p \rho / \lambda)$ 是有量纲的，单位为 s/cm^2，C_R 是管子距床中心位置的校正系数，可由图 7-26 查得。本式的应用范围为 $d_p \rho u_0 / \mu = 10^{-2} \sim 10^2$，对 323 个数据，其平均偏差为 ±20%。

从式 (7-63) 和图 7-26 可以看出 h_w 与管径、管长、粒子形状及粒度分布都是无关的，而床层径向位置上以距中心轴的 1/3 半径处的给热系数最高。

(2) 水平管

如 $d_p \rho u_0 / \mu < 2000$

$$\frac{h_w d_{t0}}{\lambda} = 0.66 \left(\frac{c_p \mu}{\lambda} \right)^{0.3} \left[\left(\frac{d_{t0} \rho u_0}{\mu} \right) \left(\frac{\rho_s}{\rho} \right) \left(\frac{1 - \varepsilon_f}{\varepsilon_f} \right) \right]^{0.44} \tag{7-64}$$

如 $d_p \rho u_0 / \mu > 2500$

$$\frac{h_w d_{t0}}{\lambda} = 420 \left(\frac{c_p \mu}{\lambda}\right)^{0.3} \left[\left(\frac{d_{t0} \rho u_0}{\mu}\right)\left(\frac{\rho_s}{\rho}\right)\left(\frac{\mu^2}{d_p^3 \rho_p g}\right)\right]^{0.3} \qquad (7\text{-}65)$$

以上 d_{t0} 是水平管的外径。

由于上下排列着的水平管对颗粒与中间管子的接触起了一定的阻碍作用，因此水平管的给热系数比垂直管的约低 $5\% \sim 15\%$。流化床一般用竖管而少用水平管或斜管的原因，除传热方面的原因外，主要还在于它们要影响颗粒的流动和气-固的接触。此外管束排得过密或有横向挡板的存在，都会使颗粒运动受阻而降低给热系数；而分布板的结构如何也直接关系到气泡的大小和数量，因此对传热的影响也是显著的。

根据流化床与换热表面间传热的许多研究结果，可以得出各种参数与给热系数间的定性规律。

颗粒的热导率及床高对 h_w 没有多少影响；颗粒的比热容增大，h_w 也增大；粒径增大，h_w 降低。这种影响对细颗粒比粗颗粒更甚，圆球形的及表面光滑的颗粒 h_w 最大，因为它比较容易流动。流体的热导率对 h_w 具有最主要的影响，h_w 与 λ^n 成正比，$n = \frac{1}{2} \sim \frac{2}{3}$。床层直径的影响比较难判定，床内管子的管径细时 h_w 大，因为它上面的颗粒群更易于更替下来。管子的位置对 h_w 的影响不太大，主要应根据工艺上的考虑而定，但如管束排列过密，则 h_w 降低。对水平管束来说，错列的影响更大些，横向挡板使可能达到的 h_w 的最大值降低而相应的气速却需要提高。分布板的开孔情况影响气泡的数量和尺寸，在气速小于最佳值时，增加孔数和孔径将使与外壁面的 h_w 值降低。

例 7-5 在一内径为 $0.5m$ 的流化床内，器壁为冷却面，$L_h = 1m$，在床层中心以及中心与器壁的中间均有垂直冷却管，求各传热面的给热系数。已知数据如下：

平均粒径 $d_p = 0.1mm$，$\rho_p = 1000 kg/m^3$，$c_{ps} = 1.088 J/(g \cdot K)$，气体空床流速 $u_0 = 0.40 m/s$，流化床平均空隙率 $\varepsilon_f = 0.7$。

气体物性值：$c_p = 1.003 J/(g \cdot K)$，$\lambda = 0.0349 W/(m \cdot K)$

$$\mu = 2 \times 10^{-5} Pa \cdot s, \quad \rho = 0.5 kg/m^3$$

解
$$\frac{d_p u_0 \rho}{\mu} = \frac{(1 \times 10^{-4}) \times 0.40 \times 0.5}{2 \times 10^{-5}} = 1.0$$

由图 7-25，查得 $\psi = 8 \times 10^{-4}$

故
$$\frac{h_w d_p}{\lambda} = (8 \times 10^{-4}) \frac{\{1 + 7.5 \exp[-0.44(1/0.5)(1.003/1.088)]\}}{[(1-0.7) \times 1.088 \times 1000/(1.003 \times 0.5)]^{-1}} = 2.19$$

故
$$h_w = 2.19 \times 0.0349/(1 \times 10^{-4}) = 764 W/(m^2 \cdot K)$$

再求床中心处垂直管壁上的给热系数，这时 $C_R = 1$，由式(7-63)

$$\frac{h_w d_p}{\lambda} = 0.01844 \times 1 \times (1-0.7)\left(\frac{1.003 \times 0.5}{0.0349}\right)^{0.43} \times 1^{0.23} \times \left(\frac{1.088}{1.003}\right)^{0.8} \left(\frac{1000}{0.5}\right)^{0.66}$$

$$= 2.80$$

故 $h_w = 2.80 \times 0.0349/(1 \times 10^{-4}) = 977 W/(m^2 \cdot K)$

对于床中心与器壁中间的垂直管，因由图 7-26 查得 $C_R = 1.72$，故

$$h_w = 1.72 \times 977 = 1672 W/(m^2 \cdot K)$$

7.3.3 颗粒与流体间的传质

不论是作为反应器的流化床还是只进行传质过程的流化床，颗粒与流体间的传质系数 K_G 是一个重要的参数。根据传质速度的大小，可以判断过程的控制步骤。文献中对于这类传质系数有过许多报道，今举一推荐的关联式如下：如 $5 < \dfrac{d_p u_0 \rho}{\mu} < 500$

$$\frac{K_G}{u_0} \varepsilon \left(\frac{\mu}{\rho D}\right)^{\frac{2}{3}} = (0.81 \pm 0.05)\left(\frac{d_p u_0 \rho}{\mu}\right)^{-0.5} \tag{7-66}$$

如

$$50 < \frac{d_p u_0 \rho}{\mu} < 2000$$

$$\frac{K_G}{u_0} \varepsilon \left(\frac{\mu}{\rho D}\right)^{\frac{2}{3}} = (0.6 \pm 0.1)\left(\frac{d_p u_0 \rho}{\mu}\right)^{-0.43} \tag{7-67}$$

式(7-66)是以液体流化床 $\left(100 < \dfrac{\mu}{\rho D} < 1000, 0.43 < \varepsilon < 0.63\right)$ 的数据为主要依据的，而式(7-67)则以 $0.6 < \dfrac{\mu}{\rho D} < 2000$ 及 $0.43 < \varepsilon < 0.75$ 范围内的气体流化床和液体流化床的数据为依据。

7.3.4 气泡与乳相间的传质

在流化床反应器中，气泡相与乳相之间的气体交换作用非常重要，因为反应实际上是在乳相中的催化剂表面上进行的。相间传质速度与表面反应速度的快慢情况如何，与床型和操作参数都是直接相关的。

图 7-27 为相间交换示意图。从气泡经气泡晕到乳相的传递是一个串联过程。气泡在经历 dl（时间 dt）的距离内的交换速率（以组分 A 表示）为

$$-\frac{1}{V_b}\frac{dn_{Ab}}{dt} = -u_b \frac{dc_{Ab}}{dl} = (K_{bc})_b (c_{Ab} - c_{Ac})$$

$$= (K_{ce})_b (c_{Ac} - c_{Ae}) = (K_{be})_b (c_{Ab} - c_{Ae}) \tag{7-68}$$

式中，$(K_{be})_b$ 是总括交换系数；$(K_{bc})_b$ 及 $(K_{ce})_b$ 则分别为气泡与气泡晕及气泡晕与乳相间的交换系数。它们的含义是在单位时间内以单位气泡体积为基准所交换的气体体积。三者间的关系如下

$$\frac{1}{(K_{be})_b} \approx \frac{1}{(K_{bc})_b} + \frac{1}{(K_{ce})_b} \tag{7-69}$$

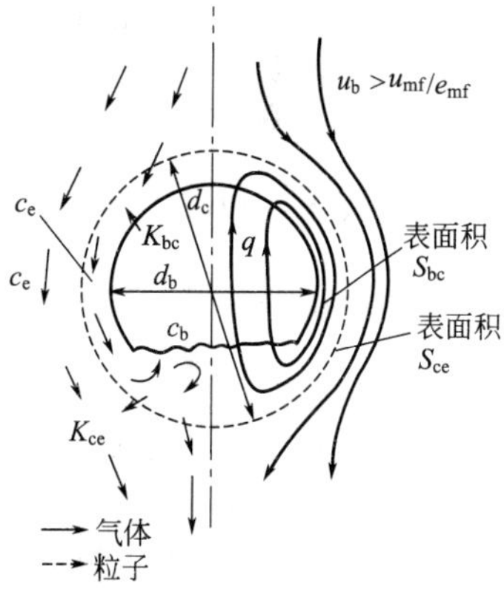

图 7-27 相间交换示意图

对于一个气泡而言，单位时间内与外界交换的气体体积 Q 可认为等于穿过气泡的穿流量 q 及相间扩散量之和，即

$$Q = q + \pi d_b^2 K_{bc} \tag{7-70}$$

q 值由式(7-42)表示，而传质系数 K_{bc} 可由下式估算

$$K_{bc} = 0.975 D^{\frac{1}{2}} (g/d_b)^{\frac{1}{4}} \,(\text{cm/s}) \tag{7-71}$$

D 为气体的扩散系数。将式(7-42)及式(7-71)代入式(7-70)得

$$(K_{bc})_b = \frac{Q}{(\pi d_b^3/6)} = 4.5\left(\frac{u_{mf}}{d_b}\right) + \left(5.85\,\frac{D^{\frac{1}{2}}g^{\frac{1}{4}}}{d_b^{\frac{5}{4}}}\right) \tag{7-72}$$

此外，$(K_{ce})_b$ 可由下式估算

$$(K_{ce})_b = \frac{k_{ce}S_{bc}(d_c/d_b)^2}{V_b} \approx 6.78\left(\frac{D_e\varepsilon_{mf}u_b}{d_b^3}\right)^{\frac{1}{2}} \tag{7-73}$$

式中，S_{bc} 为气泡与气泡晕的相界面；D_e 为气体在乳相中的扩散系数。在目前还缺乏实测数据的情况下，可取 $D_e = \varepsilon_{mf}D \sim D$ 之间的值。

应当指出，文献上有不同的相间交换系数及其关联式，这主要是根据不同的物理模型和不同的数据处理方法得出的。目前在这方面还没有统一的处理，因此在引用时需加注意。

> **例 7-6**　在一装有垂直管束的流化床反应器中，代表气泡直径控制为 10cm，已知 $u_{mf} = 0.20\text{cm/s}$，$D_e = 0.39\text{cm}^2/\text{s}$，求（1）操作气速 $u_0 = 5\text{cm/s}$ 时的相间交换系数。（2）如 d_b 控制为 20cm，则情况如何？（3）如 d_b 仍为 10cm，但 $u_0 = 50\text{cm/s}$，则情况又如何？
>
> **解**　（1）由式(7-28)及式(7-29)分别得
>
> $$u_{br} = 0.711(980\times10)^{\frac{1}{2}} = 70.4\text{cm/s}$$
>
> $$u_b = 5 - 0.20 + 70.4 = 75.2\text{cm/s}$$
>
> 故由式(7-72)
>
> $$(K_{bc})_b = 4.5\left(\frac{0.2}{10}\right) + \left(5.85\times\frac{0.39^{\frac{1}{2}}\times980^{\frac{1}{4}}}{10^{5/4}}\right) = 1.24\text{s}^{-1}$$
>
> 由式(7-73)
>
> $$(K_{ce})_b = 6.78\left(\frac{0.39\times0.6\times75.2}{10^3}\right)^{\frac{1}{2}} = 0.899\text{s}^{-1}$$
>
> 总括交换系数
>
> $$(K_{be})_b = 1\Big/\left[\frac{1}{(K_{bc})_b} + \frac{1}{(K_{ce})_b}\right] = 1\Big/\left(\frac{1}{1.24} + \frac{1}{0.899}\right) = 0.521\text{s}^{-1}$$
>
> （2）$d_b = 20\text{cm}$ 时，用同法可以算出
>
> $$u_{br} = 99.6\text{cm}，\quad u_b = 104.4\text{cm/s}，\quad (K_{bc})_b = 0.529\text{s}^{-1}，\quad (K_{ce})_b = 0.374\text{s}^{-1}，$$
>
> $(K_{be})_b = 0.219\text{s}^{-1}$，即不足于（1）中的一半数值。
>
> （3）$d_b = 10\text{cm}$，$u_0 = 50\text{cm/s}$ 时可同样算得
>
> $$u_b = 120.2\text{cm/s}，\quad (K_{bc})_b = 1.24\text{s}^{-1}，\quad (K_{ce})_b = 1.14\text{s}^{-1}，\quad (K_{be})_b = 0.595\text{s}^{-1}，即$$
>
> 气速虽然增加到了 10 倍，但相间交换系数的增大是不多的。

7.4　鼓泡流化床的数学模型

在前面各节中，我们介绍了流化床中各种基本物理现象的规律性，包括气泡的行为、乳相的动态、分布板与内部构件的影响、床层与器壁的传热以及相间的质量传递等，它们都是流化床设计的基础。然而作为化学反应器来讲，最重要的是确定反应的转化率和选择性。因

此需要进一步探讨流化床反应器的数学模型问题。

7.4.1　模型的类别

随着流化床反应器在工业上得到越来越多的应用，对流化床中的物理现象亦有了更多的研究及认识，对流化床的数学模型研究有了很大进展，按流化床中气相和乳相加以归类，如表 7-2 所示。流化床内流动为全混流的拟均相全混流模型因未考虑流化床中气泡的快速上升与传质，而导致模型计算所得的转化率比实际的还高，已被摒弃。

表 7-2　流化床反应器的数学模型类别

相　　　别		气　泡　情　况	流　　况	例
两 相	气相-乳相	不考虑具体气泡的情况	气相-平推流式 乳相-部分返混式	两相模型
			气相-平推流式 乳相-平推流式、全混式或部分返混式	统一两相模型
	上流相(气＋固)-回流相(气＋固)	不考虑具体气泡的情况	均为平推流式	逆流两相模型
	气泡相-乳相	单一的代表气泡直径	均为平推流式	气泡两相模型 及二区模型
			气泡相-平推流式 乳相-全混式	
		变径气泡	均为平推流式	气泡集团模型 修正气泡集团模型
		变径气泡	均为平推流式	气泡聚并模型
			气泡相-平推流式 乳相-全混式	
三 相	气泡相-上流相(气＋固)-回流相(气＋固)	不考虑具体气泡的情况	均为平推流式	三相模型
	气泡相-气泡晕相-乳相	变径气泡	气泡相-平推流式 乳相中气流情况的影响不计	鼓泡床模型
			均为平推流式	逆流返混模型
		单一的代表气泡直径	均为平推流式	三相聚并模型
四 相	气泡相-气泡晕相-上流相-回流相	单一的代表气泡直径	均为平推流式	四区模型

表 7-2 中各模型的主要区别在于下列几个方面。

① 选用的相　有的选气、乳两相；有的选气泡、气泡晕及乳相；有的更把乳相分成上流的及下流的两相；有的则把同向上流的气、固相作为一相，而把同向下流的气、固相作为另一相等。

② 气泡　有的两相模型根本不考虑气泡的具体情况；有的全床只用一个代表的气泡直径而不考虑气泡在床层中的聚并和长大；另一些则考虑到气泡的长大。但气泡直径随床高的变化有的采用线性的关系，有的则用非线性的表示等。

③ 相的流况　通常气泡相都采用平推流式，但乳相有的采用全混式，有的采用部分返混式，有的则采用平推流式，而借相间交换系数来表达相互间的影响。

虽然还不能确定哪种模型最好，但根据已有的实验测得床内的微观运动规律和气泡的结构特性来看，大致可以这样认为：流化床内存在着气泡、气泡晕、上流乳相和下流乳相等四个区（相）。根据物料体系和操作条件的不同，有的区可以相对地忽略不计，即对不同的体系，有其最适合的模型。一般而言，用两相模型描述就能比较简单地获得近似结果。模型预测的精确性不仅与模型本身的真实性有关，还与模型中的一些参数能否准确地确定有关，因此要提高数学模型的精确性需深入研究床层内的微观运动规律，掌握不同流况下的床层动态，得到最合理的物理模型，并测准有关的参数值。如能在中试或大装置上对数学模型进行检验和修正，可提高模型的预测准确度，真正满足理论和工业应用的要求。

下面就若干简单实用的模型加以说明。

7.4.2 两相模型

（1）不考虑具体气泡的两相模型 将流化床简单地设想成如图 7-28 所示的那样由 b（气泡）、e（乳相）两相组成，在相间有气相交换。这类模型不考虑气泡的具体情况如何而可按一般那样写出两相的物料衡算式如下。

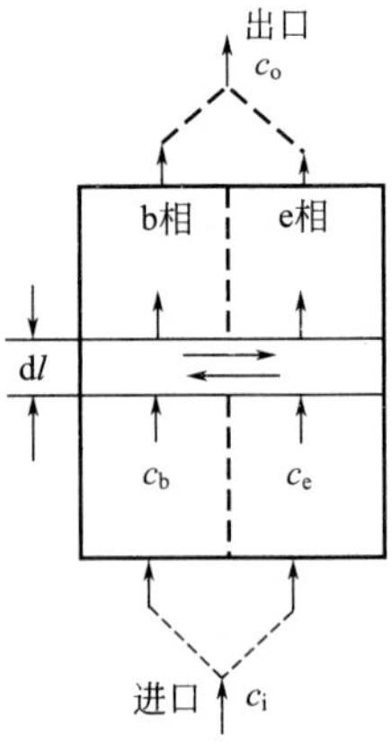

e 相（扩散模型）

$$\left(\frac{E_z}{L_f u_e}\right)\frac{(dc_e)^2}{d\xi^2} - \frac{dc_e}{d\xi} + r\frac{L_f}{u_e} - N(c_e - c_b) = 0 \qquad (7-74)$$

b 相（平推流式）

$$\frac{dc_b}{d\xi} - N\left(\frac{f}{1-f}\right)(c_e - c_b) = 0 \qquad (7-75)$$

图 7-28 两相模型示意图

式中，E_z 为 e 相的混合扩散系数；u_e 为 e 相中气体的空床流速；f 为经过 e 相部分的气体所占的体积分率；$\xi = l/L_f$，为一无量纲参数；r 为反应速率；N 为床层中相间交换的气量与 e 相气量之比。

边界条件

$$\left.\begin{array}{ll} \xi = 0 & dc_e/d\xi = \left(\dfrac{L_f u_e}{E_z}\right)(c_e - c_f) \\ & c_b = c_f(\text{进口浓度}) \\ \xi = 1 & dc_e/d\xi = 0 \end{array}\right\} \qquad (7-76)$$

式(7-74) 中的 r 是以 e 相体积为基础的反应物的生成速率，它是 c_e 的函数。将式(7-74)~式(7-76) 用数值法联解可求得不同床高处的 c_b 及 c_e，而床层出口处的气体浓度 c_o 为

$$c_o = f(c_e)_{\xi=1} + (1-f)(c_b)_{\xi=1} \qquad (7-77)$$

于是反应的转化率便为

$$x = 1 - \frac{c_o}{c_f} \qquad (7-78)$$

本法在计算上比较复杂，而且 N 及 E_z 的值需要事先另作专门的测定。

（2）气泡两相模型（Davidson-Harrison 模型） 本模型的基本假设有：

a. 以 u_0 的气速进入床层的气体中，一部分在乳相中以临界流化速度 u_{mf} 通过，而其余部分（$u_0 - u_{mf}$）则全部以气泡的形式通过；

b. 床层从流化前的高度 L_{mf} 增高到流化时的 L_f，完全是由气泡的体积增大所致；

c. 气泡相为向上的平推式流动，其中无催化剂粒子，故不起反应，气泡大小均一；

d. 反应完全在乳相中进行，乳相流况可假设为全混流或平推流；

e. 气泡与乳相间的交换量 Q（体积/时间）为穿流量 q 与扩散量之和；

$$Q = q + k_g S \tag{7-79}$$

式中，k_g 为气泡与乳相间的传质系数；S 为气泡的表面积。

设单位床层体积中的气泡个数为 N_b，每个气泡的体积为 V_b，其上升速度为 u_b，则由假设 a 可知

$$N_b V_b u_b = u_0 - u_{mf} \tag{7-80}$$

由假设 b，则有

$$L_f (1 - N_b V_b) = L_{mf} \tag{7-81}$$

从上二式中消去 $N_b V_b$，并应用式(7-29) 的关系，则气泡直径为

$$d_b = \frac{1}{g} \left(\frac{L_{mf}}{L_f - L_{mf}} \frac{u_0 - u_{mf}}{0.711} \right)^2 \tag{7-82}$$

下面对反应为一级的两种情况加以分析。

① 乳相全混　对床层高度为 l 处的单个气泡作物料衡算时

$$(q + k_g S)(c_e - c_b) = V_b \frac{dc_b}{dt} = u_b V_b \frac{dc_b}{dl} \tag{7-83}$$

利用边界条件　$l = 0$，$c_b = c_i$，则上式积分的结果为

$$c_b = c_e + (c_i - c_e) e^{-Ql/(u_b V_b)} \tag{7-84}$$

如按单位床层截面对乳化相作物料衡算，则因

a. 反应组分从气泡传到乳相的量为 $N_b Q \int_0^{L_f} c_b \, dl$；

b. 从乳相到气泡相的量为 $N_b Q L_f c_e$；

c. 从乳相底部进入的量为 $u_{mf} c_i$；

d. 从乳相顶部出去的量为 $u_{mf} c_e$；

e. 在乳相中的反应量为 $k_c L_f c_e (1 - N_b V_b)$，这里的 k_c 是以床层乳相的体积作基准来定义的。于是可写出其物料衡算的关系式为

$$a + c = b + d + e$$

化简后成

$$N_b V_b u_b (c_i - c_e)\left(1 - e^{-\frac{Q L_f}{u_b V_b}}\right) + u_{mf}(c_i - c_e) = k_c L_f c_e (1 - N_b V_b) \tag{7-85}$$

又，床层出气的总衡算式为

$$u_0 c_0 = (u_0 - u_{mf})(c_b)_0 + u_{mf}(c_e)_0 \tag{7-86}$$

故可根据式(7-83)～式(7-85) 和式(7-80) 及式(7-81) 最后求得反应的未转化率为

$$\frac{c_0}{c_i} = Z e^{-X} + \frac{(1 - Z e^{-X})^2}{k' + (1 - Z e^{-X})} \tag{7-87}$$

$$\left. \begin{array}{l} Z = 1 - \dfrac{u_{mf}}{u_0} \\[3mm] k' \, (\text{无量纲}) = \dfrac{k_c L_{mf}}{u_0} = \dfrac{k_r p W}{F} \\[3mm] X = \dfrac{Q L_f}{u_0 V_b} = \dfrac{6.34 L_{mf}}{d_b (g d_b)^{\frac{1}{2}}} \left[u_{mf} + 1.3 D^{\frac{1}{2}} (g/d_b)^{\frac{1}{4}} \right] \end{array} \right\} \tag{7-88}$$

式中，p 为总压力；W 为催化剂质量；F 为物料的摩尔流量；k_r 是以 $r = \dfrac{1}{W}\dfrac{dn}{dt} = k_r p$ 方程为定义的反应速率常数。

② 乳相为平推流 对床内任一处高度为 dl 的一段床层作物料衡算，有

$$u_{mf}\frac{dc_e}{dl} + (u_0 - u_{mf})\frac{dc_b}{dl} + k_c c_e(1 - N_b V_b) = 0 \tag{7-89}$$

如对气泡相作物料衡算，则仍为式(7-83)。从此二式中消去 c_e，并应用式(7-88)的记号，则有

$$L_f^2(1-Z)\frac{d^2 c_b}{dl^2} + L_f(X+k')\frac{dc_b}{dl} + k'X c_b = 0 \tag{7-90}$$

其解为

$$c_b = A_1 e^{-m_1 l} + A_2 e^{-m_2 l} \tag{7-91}$$

式中，m_1、m_2 为

$$m_{1,2} = \frac{(X+k') \pm \sqrt{(X+k')^2 - 4(1-Z)k'X}}{2L_f(1-Z)} \tag{7-92}$$

A_1、A_2 为积分常数，可由下列边界条件求出

$$l = 0 \quad c_b = c_i \quad \frac{dc_b}{dl} = 0 \tag{7-93}$$

故最后得到的结果为

$$\frac{c_o}{c_i} = \frac{1}{m_1 - m_2}\left[m_1 e^{-m_2 L_f}\left(1 - \frac{m_2 L_f}{X}\frac{u_{mf}}{u_0}\right) - m_2 e^{-m_1 L_f}\left(1 - \frac{m_1 L_f}{X}\frac{u_{mf}}{u_0}\right)\right] \tag{7-94}$$

臭氧分解反应的情况下将式(7-87)及式(7-94)做比较，并用 c_o/c_i 对 k' 作图时，发现两者所得的曲线相近，对于较快（k' 大）的反应，它们之间的差距就更小了，并与实验点一致。这主要是因为物料在乳相中已基本反应完全。

本法实际上只用了一个参数 d_b，计算相当简便。但用式(7-82)算得的 d_b 是否对其他反应也都能同样吻合，尚有待积累更多的资料来证明。另外，这些方程式十分敏感，数值上稍有出入，结果就会有很大的差异。

③ 两区模型 与上述气泡两相模型在概念上相似而具体算法上不同的是两区模型，它假定在气速较高的情况下可把床层当作由气泡区与下流区构成；而在气速较低的情况则当作由气泡区及上流区构成，两区均为平推流，区间有质量交换。本法也只用一个 d_b 作为参数，算法也还是相当简便的。譬如对于气速较低的情况，可写出在定常状态的一级反应，以单位床截面为基准的物料衡算式。

气泡区

$$v_b \frac{dc_b}{dl} + (K_{b0})_b \delta_b(c_b - c_u) = 0 \tag{7-95}$$

上流区

$$v_u \frac{dc_u}{dl} - (K_{b0})_b \delta_u(c_b - c_u) + \delta_0 k_v c_u = 0 \tag{7-96}$$

式中，k_v 是以上流区体积为基准的反应速率常数，它与以 $mol/(g \cdot h \cdot atm)$ 为单位的 k 的关系是

$$k_v = \rho_p(1 - \varepsilon_{mf})RTk \tag{7-97}$$

δ_b 及 δ_u 分别为气泡区及上流区所占床层的体积分率

$$\delta_b = (L_f - L_{mf})/L_f, \delta_u = 1 - \delta_b \tag{7-98}$$

v_b 及 v_u 分别为单位塔截面中气泡及上流区的气体流量，可按下式计算

$$v_u = u_{mf}\delta_u \tag{7-99}$$

$$v_b = u_0 - v_u \tag{7-100}$$

$(K_{bu})_b$ 则可当作 $(K_{bc})_b$ 那样来计算。

设

$$\left. \begin{array}{l} c_1 = c_b/c_i \\ c_2 = c_u/c_i \\ Z = L/L_f \end{array} \right\} \tag{7-101}$$

则式(7-95)及式(7-96)可写成

$$\frac{dc_1}{dZ} = A_1 c_1 + A_2 c_2 \tag{7-102}$$

$$\frac{dc_2}{dZ} = A_3 c_1 + A_4 c_2 \tag{7-103}$$

式中

$$\left. \begin{array}{l} A_1 = -(K_{bu})_b \delta_b L_f/v_b \\ A_2 = -A_1 \\ A_3 = (K_{bu})_b \delta_b L_f/v_u \\ A_4 = [-(K_{bu})_b \delta_b - k_v \delta_u] L_f/v_u \end{array} \right\} \tag{7-104}$$

联解式(7-102)及式(7-103)，可得

$$c_1 = M_1 e^{\lambda_1 Z} + M_2 e^{\lambda_2 Z} \tag{7-105}$$

$$c_2 = \alpha_1 M_1 e^{\lambda_1 Z} + \alpha_2 M_2 e^{\lambda_2 Z} \tag{7-106}$$

式中，λ_1、λ_2 为下式的根

$$\lambda^2 + P_1 \lambda + P_2 = 0 \tag{7-107}$$

而

$$P_1 = -A_1 - A_4, P_2 = A_1 A_4 - A_2 A_3 \tag{7-108}$$

又

$$\alpha_1 = (\lambda_1 - A_1)/A_2, \alpha_2 = (\lambda_2 - A_1)/A_2 \tag{7-109}$$

利用边界条件

$$\left. \begin{array}{l} Z = 0 \quad c_1 = 1 \\ u_0 = v_b c_1 + v_u c_2 \end{array} \right\} \tag{7-110}$$

可得出

$$M_1 = (u_0 - v_b - v_u \alpha_2)/[(\alpha_1 - \alpha_2)v_u] \tag{7-111}$$

$$M_2 = 1 - M_1$$

于是转化率为

$$x = 1 - \frac{1}{u_0}[v_b (c_1)_{z=1} + v_u (c_2)_{z=1}] \tag{7-112}$$

7.4.3 Levenspiel 鼓泡床模型

图 7-29 就是本模型的示意图，它相当于 $11 > u_0/u_{mf} > 6$ 时，乳相中气体全部下流的情

况。本模型假定床顶出气组成完全可用气泡中的组成代表。而不必计及乳相中的情况，因此只需计算气泡中的气体组成便可算出反应的转化率。

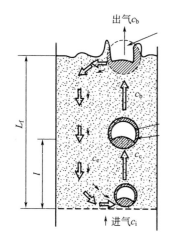

$$-\frac{\mathrm{d}c_b}{\mathrm{d}t}=-u_b\frac{\mathrm{d}c_b}{\mathrm{d}l}=(K_r)_b c_b=r_b k_r c_b+(K_{bc})_b(c_b-c_c)$$

总消 气泡中的 传到气泡
失量 反应量 晕中的量

$$(7\text{-}113)$$

对定态一级不可逆反应，可以写出气泡的物料衡算式。

$$(K_{bc})_b(c_b-c_c)\approx r_c k_r c_c+(K_{ce})_b(c_c-c_e)$$

传到气泡 气泡晕中的 传递到乳相
晕中的量 反应量 中去的量

$$(7\text{-}114)$$

$$(K_{ce})_b(c_c-c_e)\quad\approx\quad r_e k_r c_e$$

传递到乳相中来的量 乳相中的反应量

$$(7\text{-}115)$$

式中，k_r 是以固体颗粒的体积为基准的反应速率常数；$(K_r)_b$ 则为以气泡体积为基准的总括反应速率常数。

图 7-29　鼓泡床模型示意图
（$11>u_0/u_{mf}>6$）

将式(7-113)在边界条件 $l=0,c_b=c_i$ 下积分，得

$$c_b=c_i\exp[-K_f(l/L_f)]\qquad(7\text{-}116)$$

式中，K_f 是由式(7-113)～式(7-115)中消去 c_c 及 c_e 而得出的一个无量纲数

$$K_f=\frac{L_f(K_r)_b}{u_b}=\frac{L_f k_r}{u_b}\times\left[r_b+\cfrac{1}{\cfrac{k_r}{(K_{bc})_b}+\cfrac{1}{r_c+\cfrac{1}{\cfrac{k_r}{(K_{ce})_b}+\cfrac{1}{r_e}}}}\right]\qquad(7\text{-}117)$$

如写成转化率的关系，则为

$$1-x=\frac{(c_b)_{l=L_f}}{c_i}=\mathrm{e}^{-K_f}\qquad(7\text{-}118)$$

本模型也只用一个代表气泡直径为主要参数。选择一个适当的 d_b 值，常可使本模型算得的结果与实验的结果吻合。既有理论基础，又十分简明，为本模型特殊的优点。但事先如何确定 d_b 却没有可靠的方案，只能做些估计。与其说 d_b 具有物理的真实性，不如说它是一个供拟合用的可调参数。

此外，本模型对流化数不大（如小于 6cm）或气泡直径大（如大于 11cm）的情况，误差比较大。

例 7-7　臭氧分解为一级反应，今在一床层为 20cm 的流化床中进行，已知静床高 $L_0=35cm$，$u_{mf}=2.1cm/s$，$u_0=13.2cm/s$，$\varepsilon_0=0.45$，$\varepsilon_{mf}=0.5$，$D=0.204cm^2/s$。

设气泡中不含催化剂颗粒，$\alpha_w=0.47$，试计算在不同的反应速率常数值下的转化率，并与附图中的实验点相比较。

解　取 $d_b=3.7cm$、4.2cm 及 5.0cm 分别计算。

当 $d_b=3.7cm$ 时，由式(7-72)得

$$(K_{bc})_b=4.5\left(\frac{2.1}{3.7}\right)+5.85\frac{0.204^{\frac{1}{2}}\times980^{\frac{1}{4}}}{3.7^{\frac{5}{4}}}=5.43s^{-1}$$

由式(7-28) 得 $u_{br} = 0.711(980 \times 3.7)^{\frac{1}{2}} = 42.8 \text{cm/s}$

由式(7-29) 得 $u_b = 13.2 - 2.1 + 42.8 = 53.9 \text{cm/s}$

由式(7-73) 得 $(K_{ce})_b = 6.78 \left(\dfrac{0.5 \times 0.204 \times 53.9}{3.7^3} \right)^{\frac{1}{2}} = 2.23 \text{s}^{-1}$

由式(7-47) 得 $\delta = \dfrac{13.2 - 2.1}{53.9} = 0.206$

由式(7-49) 得 $r_c = (1-0.5) \left[\dfrac{3 \times 2.1/0.5}{0.711(3.7 \times 980)^{\frac{1}{2}} - 2.1/0.5} + 0.47 \right] = 0.40$

由式(7-51) 得 $r_e = (1-\varepsilon_{mf}) \dfrac{1-\delta}{\delta} - (r_b + r_c) = (1-0.5) \dfrac{1-0.206}{0.206} - 0.4 = 1.53$

在图中应用了无量纲反应速率常数的表示 $K_m = (1-\varepsilon_0)L_0 k_r / u_0$

故 $\qquad k_r = \dfrac{13.2}{(1-0.45) \times 34} K_m = 0.706 K_m$

又利用式(7-47) 的关系，可知

$$\frac{L_f k_r}{u_b} = \frac{L_{mf}}{(1-\delta) u_b} \frac{u_0}{(1-\varepsilon_{mf}) L_{mf}} K_m = \frac{u_0 K_m}{u_b (1-\delta)(1-\varepsilon_{mf})} = \frac{1}{(1-\varepsilon_{mf})} \left(\frac{u_0}{u_{br}} \right) K_m$$

故代入式(7-117)，得

$$K_f = \cfrac{\cfrac{1}{1-0.50} \left(\cfrac{13.2}{42.8} \right) K_m}{\cfrac{0.706 K_m}{5.44} + \cfrac{1}{0.40 + \cfrac{1}{\cfrac{0.706 K_m}{2.23} + \cfrac{1}{1.53}}}}$$

而由式(7-118)

$$1 - x = e^{-K_f}$$

这样就可对不同的 K_m 值算出 $1-x$，其结果绘于附图中。

按同样程序，可以计算出 $d_b = 4.2 \text{cm}$ 及 5.0cm 时的曲线，一并绘于附图中，可以看到用本法时，如选用适当的 d_b，是可以与实验结果相吻合的。

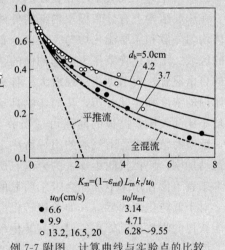

例 7-7 附图　计算曲线与实验点的比较

7.4.4　流化床反应器的开发与放大

流化床的开发与放大，国内外都有成功的经验，总体来看不外乎是催化剂性能、操作条件、床层结构方面的问题。下面就试做一些讨论。

首先，供流化床用的催化剂必须具有良好的活性、选择性和稳定性。活性太低固然不好，活性太高以致热量难以携出也是不希望的，有人主张以静止床层体积为基准的反应速率常数值 $k = 0.3 \sim 1.2 \text{s}^{-1}$ 为宜。对选择性和稳定性的要求本来是不言而喻的，但由于流化床中的返混大和停留时间分布宽的原因，易使副反应增多而选择性降低，甚至由于某些产物的生成或积累，促使失活加快，因此催化剂在流化床中所经受的考验比固定床中严峻得多。此外强度问题亦很重要，催化剂必须充分耐磨，才有工业化的前景。事实上，工业上使用的催化剂对稳定性和强度的要求更高，而活性往往并不要求太高。

催化剂的粒度和粒度分布对维持良好的流化质量十分重要，这在前面已着重指出过。细粒床（平均 $d_p=50\sim100\mu m$）比粗粒床（平均 d_p 约 $200\mu m$ 或其以上）具有显著优越的流化性能而特别适用于工业放大，因为放大后往往气速增大，床高增加，粗颗粒的流化不稳定性将大为加剧，甚至出现短路，严重影响反应效果。有人建议适宜的粒度分布大致是：$50\sim70\mu m$ 的占约 50%，小于 $44\mu m$ 的占 $25\%\sim35\%$，大于 $88\mu m$ 的占 $5\%\sim20\%$。

在放大时，操作条件往往需要有所改变，譬如由于气、固接触效率的下降而需要适当加高床层来增加接触时间。但高径比大了，易导致节涌，一般大床的高径比在 3 以下。也有为了促进流化、强化传热和混合作用而加大空床气速，但与此同时，接触时间也发生了变化。有时，放大后要适当增高温度，才能达到与小装置相同的某些指标，这是与返混及接触效率的降低有关的。由于床径放大，乳相中扩散系数增大，结果使乳相中纵向及径向的浓度梯度减小，直至消失。这种变化，在床径小时尤为显著，因此从小装置（直径 25 或 50mm）放大到中型装置（直径约 500mm）时，放大效应显著，表现为转化率及收率的下降，而从中型装置再进一步放大，就没有太大变化了。因此可以把 500mm 作为放大用的临界直径，冷模试验应当在等于或大于临界直径的装置中进行才较可靠。

在床层结构上有分布板及内部构件两方面的问题。分布板的重要性前已阐述，它能使气体均匀分散和床层流化均匀。在离分布板 250mm 以内的所谓影响区中也往往正是转化最快的区域。用垂直管束作为内部构件的特点是兼具传热和控制气泡大小的作用，它不影响床内的自由混合，便于迅速实现放大。各种型式横向挡板的作用是对气固的流动施加限制，改变床内的浓度和温度分布，从而影响其反应结果。但影响因素很多，放大比较困难。经验表明从小床到大床，挡板的间隔可适当放大，因为气速高的流化床中，乳相中的情况影响不大，反应的结果主要由气泡的组成所决定，而气泡总是平推式上流的。另外，放大以后床层的运动加剧，使挡板间距加大的影响有所抵消，特别在大床中，挡板间距在一定范围内的变化本来就不像在小床中那样会带来明显的影响。

对于低转化率的反应（如单程转化率在 20% 以下），流况的影响颇小，在流况上下功夫所能获得的收益也就较小。但对高转化率的反应，如烃类的高温氧化，原料往往接近全部转化。而另一原料（空气）大大过量，浓度变化亦较小，反应的目的产物往往也就是中间产物，这时返混就不利了。除非副反应的速率与主反应的相比要小得多，才不致有严重影响。

对表面反应快而相间传递慢、主反应比副反应速率快得多的情况就需要强化传质，而对于传质速率快而表面反应速率慢、单程转化率不高而副反应影响又大的情况，则宜采用低线速操作，强化的途径应从动力学因素入手，如改进催化剂的活性、增加接触时间和提高反应温度等。总之对于具体反应，必须具体分析，弄清控制步骤，才能做到措施得宜，立竿见影。

习　题

1. 某合成反应的催化剂，其粒度分布如下：

$d_p \times 10^3/\text{cm}$	40	31.5	25.0	16.0	10.0	5.0
质量分数/%	4.60	27.05	27.95	30.07	6.49	3.84

已知颗粒形状系数 $\varphi_s = 0.75$，$\varepsilon_{mf} = 0.55$，$\rho_p = 1.30\text{g/cm}^3$，在 120℃ 及 1atm 下，气体的密度 $\rho = 1.453 \times 10^{-3}\text{g/cm}^3$，$\mu = 1.368 \times 10^{-5}\text{Pa·s}$，求临界流化速度和带出速度。

2. 同题 1，（1）压力为 10atm，忽略 μ，求因压力的变化引起临界流化速度的变化。（2）压力仍为 1atm，但温度为 420℃，这时 $\mu = 3.2 \times 10^{-5}\text{Pa·s}$，结果又如何？（3）如压力为 10atm，温度为 420℃，则临界流化速度又为多少？

3. 试计算一直径为 8cm 的气泡在流化床中的上升速度以及气泡外的云层厚度。已知 $u_{mf} = 4\text{cm/s}$，$\varepsilon_{mf} = 0.5$。

4. 在一直径为 15cm 的流化床中，已知 $\rho_p = 2.2\text{g/cm}^3$，$\rho = 1 \times 10^{-3}\text{g/cm}^3$，求 $d_p = 0.1\text{mm}$ 及 0.2mm 时床内最大稳定气泡直径。

5. 在一直径为 2m，静床高为 2m 的流化床中，以空床线速 0.3m/s 的空气进行流化，已知数据如下：$d_p = 80\mu m$，$\varphi_s = 1$，$\rho_p = 2.2\text{g/cm}^3$，$\rho = 2 \times 10^{-3}\text{g/cm}^3$，$\mu = 1.9 \times 10^{-5}\text{Pa·s}$，求床层高度及所需的分离高度。

6. 兹需设计一直径为 3m 的流化床用的多孔分布板，已知数据如下：$\rho_p = 2.5\text{g/cm}^3$，$\varepsilon_{mf} = 0.50$，$L_{mf} = 3.2\text{m}$，$\rho = 2 \times 10^{-3}\text{g/cm}^3$，$\mu = 1.960 \times 10^{-5}\text{Pa·s}$，$u_0 = 70\text{cm/s}$，进气总压力 2bar，试确定开孔率、孔径与单位面积上孔数的关系。

7. 计算下列情况下均匀粒子的饱和携带量：

（1）$d_p = 2 \times 10^{-3}\text{cm}$；（2）$d_p = 20 \times 10^{-3}\text{cm}$。

已知 $\rho_p = 2.5\text{g/cm}^3$，$\rho = 5.5 \times 10^{-3}\text{g/cm}^3$，$u_0 = 46\text{cm/s}$，休止角 40°，试估算所需管径。

8. 在一直径为 1.6m 的流化床中置有一开有 1350 孔的多孔分布板，气体以 $u_0 = 24\text{cm/s}$ 的空床气速通过，此外，已知 $d_p = 0.15\text{mm}$，$u_{mf} = 1.2\text{cm/s}$，$\varepsilon_{mf} = 0.45$，$D_e = 0.95\text{cm}^2/\text{s}$，$L_f = 2.5\text{m}$，求在床高 $l = 40\text{cm}$ 及 100cm 处气泡与乳相间的交换系数。

9. 在一内径为 20cm 的流化床管中进行臭氧的催化分解，已知数据如下：$L_0 = 34\text{cm}$，$\varepsilon_m = 0.45$，$\varepsilon_{mf} = 0.5$，$K_r = 2\text{s}^{-1}$，$u_0 = 13.2\text{cm/s}$，$u_{mf} = 2.1\text{cm/s}$，$\alpha = 0.47$，$D = 0.204\text{cm}^2/\text{s}$，设气泡内没有催化剂粒子，代表气泡直径为 3.7cm，求反应的转化率。

10. 在一自由流化床中进行 $A \longrightarrow R + S$ 的反应，由于是裂解反应，故一般可作一级反应处理，在等温的床层中，$k_r = 5.0 \times 10^{-4}\text{mol/(h·atm·g 催化剂)}$，如总压为 1atm，临界床高 3m，$\varepsilon_{mf} = 0.5$，$u_{mf} = 12.5\text{cm/s}$，$u_0 = 25\text{cm/s}$，$\rho_p = 1.90\text{g/cm}^3$，$\rho_R = 0.760\text{g/cm}^3$，流化床高 $L_f = 3.4\text{m}$，催化剂总量 16.8t，气体进料量 $1.0 \times 10^5\text{mol/h}$。

此外，气体物性如下：$\rho = 1.4 \times 10^{-3}\text{g/cm}^3$，$\mu = 1.4 \times 10^{-5}\text{Pa·s}$，$D_e = 0.1200\text{cm}^2/\text{s}$，求反应的转化率。

11. 在流化床中进行乙烯加氢，估计在下述条件下反应气体的总转化率。

$u_0/(\text{cm/s})$	10	20	30
d_b/cm	3.5	5.3	7.1

已知 $d_p = 122\mu m$，$u_{mf} = 0.73\text{cm/s}$，$L_{mf} = 50\text{cm}$，$\varepsilon_{mf} = 0.5$，$\varepsilon_m = 0.45$，$D_e = 0.91\text{cm}^2/\text{s}$，$\alpha = 0.41$，$k_r = \dfrac{5}{1 - \varepsilon_m}(1/\text{s})$。

参 考 文 献

[1]　Geldart D. Fluidization Technology. Vol 1. Hemisphere Pub：237-244.

[2]　Kato K，Wen C Y. Bubble Assemblage Model for Fluidized Bed Catalytic Reactors. Chem Eng Sci，1969，24：1351.

［3］ Mori S，Wen C Y. AlChE 67th Annual Meeting，1974，1.

［4］ Davidson J F，Harrison D. Fluidized Particles. Cambridge Univ Press，1963.

［5］ Zenz F A，Othmer D F. Fluidization and Fluidparticle Systems. Reinhold，1960.

［6］ Beek W J. Fluidization. Academic Press，1971：444.

［7］ 陈甘棠. 化学反应技术开发的理论和应用石油化工，1977，6：650.

［8］ Mori S，Wen C Y. Fluidization Technology. Vol 1. Hemisphere Pub，1976：179.

［9］ 陈甘棠，王樟茂. 流态化的技术和应用. 杭州：浙江大学出版社，1996.

［10］ 郭慕孙，李洪钟. 流态化手册. 北京：化学工业出版社，2008.

第8章

多相流的反应过程

多相流反应过程指的是气液相反应、液液相反应、气液固三相反应等。所谓气液相反应是气相中的组分必须进入液相中才能进行的反应，反应组分可能分别在气相和液相，也可能都在气相，但需进入含有催化剂的溶液中才能进行反应。化学吸收就是气液相反应过程的一种，常用于去除气相中某一组分，如合成氨生产中除去二氧化碳、硫化氢等，以及从各种尾气中回收有用组分或除去有害组分等。由于这些吸收过程中伴有化学反应，故不同于物理吸收。另一类更重要的气液相反应则是以制备化学品为目的，如用氢气、氧气、氯气等气体进行的加氢、氧化、氯化（卤化）等有机合成反应过程，这是石油化学工业、无机化学工业以及生物化学工业等领域常见的化学品生产过程。同时，由于络合均相催化剂的应用、微生物化学工程的发展、环境保护的废气处理，使得气液相反应过程越来越显示出其重要性。

工业生产上还有一类液液相反应，如有机物的磺化与硝化等。由于磺化剂与硝化剂都是无机酸，它们与有机物不能互溶，因此也存在着两相。它们与气液相反应有一些相同的特点，即反应组分需通过相界面扩散到另一相中去才能进行反应。当然，它们也有不同于气液相反应的特点，比如，两相之间的浓度分配是以溶解度为极限的。对这一类反应过程的分析研究可以借助于气液相反应过程的一些普遍原则。另外，采用固体催化剂的气液固三相反应过程也是气相组分必须溶解进入液相中，才能在固体催化剂作用下发生反应，与气液相吸收过程有一些相似的特点。因此，在本章里，将着重分析气液相反应过程。

8.1 传质理论

研究气液相反应，首先要了解的是气液相间的传质问题。为此，有必要对相间传质理论作一简单回顾。这些理论，主要有双膜理论、溶质渗透理论和表面更新理论。

（1）双膜理论　双膜传质理论，亦称为双阻力理论或阻力叠加理论，如图8-1所示。双膜理论是把复杂的相际传质过程模拟成串联的两层稳定薄膜中的分子扩散。相际传质的

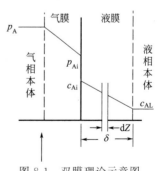

图 8-1　双膜理论示意图

总阻力，被简化为双膜阻力的叠加。这样，不但在概念上比较简单易懂，而且在理论上也便于对相际传质过程进行数学处理。应用双膜理论，不难导出膜传质系数与分子扩散系数之间

的关系，并可得出以不同的传质推动力定义的传质膜系数之间的关系。

今设对组分 A 的物理吸收速率（单位时间、单位相界面上吸收的物质的量）为 N_A，则

$$N_A = -D_{LA}\left(\frac{dc_A}{dZ}\right)_{Z=0}$$

$$= \frac{D_{LA}}{\delta_L}(c_{Ai} - c_{AL}) \tag{8-1}$$

又根据液膜传质系数的定义，$N_A = k_{LA}(c_{Ai} - c_{AL})$

故

$$k_{LA} = \frac{D_{LA}}{\delta_L} \tag{8-2}$$

同样，也可以写出以气膜中 A 的分压表示的速率式

$$N_A = \frac{D_{GA}}{\delta_G}(p_A - p_{Ai}) = k_{GA}(p_A - p_{Ai}) \tag{8-3}$$

则有

$$k_{GA} = \frac{D_{GA}}{\delta_G} \tag{8-4}$$

可见双膜理论中传质系数是与扩散系数成正比的。如果对式(8-1)、式(8-3)，用亨利定律 $p = Hc$ 表示气液相分压和浓度的平衡关系，则可用总传质系数表示传质速率

$$N_A = K_{GA}(p_A - H_A c_{AL}) = K_{LA}\left(\frac{p_A}{H_A} - c_{AL}\right) \tag{8-5}$$

式中，K_{GA}、K_{LA} 分别为以气相和液相的量表示的总传质系数，它们与膜传质系数的关系为

$$\frac{1}{K_{GA}} = \frac{1}{k_{GA}} + \frac{H_A}{k_{LA}}$$

$$\frac{1}{K_{LA}} = \frac{1}{H_A k_{GA}} + \frac{1}{k_{LA}} \tag{8-6}$$

在一些书中亨利系数是以 $c = Hp$ 定义的，与上述的相反，须注意区别。

（2）渗透理论　双膜理论是把吸收过程当作定态处理的，而 Higbie 的溶质渗透理论认为，在相际传质中，流体中的旋涡由流体的主体运动到相际界面，在界面上停留一段短暂而恒定的时间，然后被新的旋涡置换而又回到流体主体中去。当旋涡在界面上停留之时，溶质依靠不稳定的分子扩散而渗透到旋涡中去，从而发生相际传质作用。

按照 Higbie 的渗透理论，所有的旋涡在界面上具有相同的停留时间（或称作年龄）t_e，故在接触时间自 $0 \rightarrow t_e$ 内通过液膜的平均传质速率 $\overline{N_A}$ 为

$$\overline{N_A} = 2(c_{Ai} - c_{AL})\sqrt{\frac{D_{LA}}{\pi t}} \tag{8-7}$$

与传质速率一般式

$$N_A = k_{LA}(c_{Ai} - c_{AL})$$

相比，有

$$k_{LA} = 2\sqrt{\frac{D_{LA}}{\pi t}} \tag{8-8}$$

溶质渗透理论的结果是 $k_{LA} \propto \sqrt{D_{LA}}$，而双膜理论的结果是 $k_{LA} \propto D_{LA}$，这是两者不同之处。

另一种由丹克沃茨（Danckwerts）提出的表面更新理论引入了相际接触表面更新的概念。假定旋涡的年龄分布函数为指数分布，并规定分布函数的特征参数为在界面上旋涡微元的更新频率 s，为常数，则可求得通过液膜的平均传质速率 N_A 为

$$N_A = (c_{Ai} - c_{AL})\sqrt{sD_{LA}} \tag{8-9}$$

因此

$$k_{LA} = \sqrt{sD_{LA}} \tag{8-10}$$

可见从表面更新理论得到的结果也是 $k_{LA} \propto \sqrt{D_{LA}}$。

虽然非定态理论在机理上更接近实际，但解得的所有结果都与双膜理论十分接近。况且由于双膜理论早已为大家所熟悉，而且概念简明、数学处理方便。因此，和化学反应结合在一起时，经常采用双膜理论。

8.2　气液相反应过程

对气液相反应

$$A(气相) + bB(液相) \longrightarrow 产物$$

要实现这样的反应，需经历以下步骤：

① 反应物气相组分 A 从气相主体传递到气液相界面，在界面上假定达到气液相平衡；

② 反应物气相组分 A 从气液相界面扩散入液相，并且在液相内进行反应；

③ 液相内的反应产物向浓度梯度下降的方向扩散，气相产物则向界面扩散；

④ 气相产物向气相主体扩散。

可见，溶解的气相组分在液相中发生化学反应，其浓度因反应而降低，使浓度差增大，从而加速相间传递速率，因此，实际气液相反应速率是包括这些相间传递过程在内的综合反应速率，并不是纯粹的化学反应速率。这种速率关系称为宏观动力学，用以与描述化学反应真实速率的一般反应动力学相区别。当传递速率远大于化学反应速率时，实际的反应速率就完全取决于后者，这就叫做动力学控制。反之，如果化学反应的速率很快，而某一步的传递速率很慢时，例如经过气膜或液膜的传递阻力很大时，过程速率就完全取决于该步的传递速率，称为这一步的扩散控制。如果两者的速率具有相同的数量级，则两者都对过程速率具有显著的影响。

对上述 $A + bB \longrightarrow$ 产物，反应过程根据不同的传质速率和化学反应速率，可有各种不同情况，如图 8-2 所示的 8 种情况。

情况（a）：与传质速率相比较，反应是瞬间完成的。因为在液体微元中，只能含有 A 或 B，两者不能并存，故反应只能发生在含 A 的液相和含 B 的液相间的一个界面上。所以，A 和 B 扩散至此界面的速率就决定了过程的总速率。p_A 和 c_B 的变化将导致反应面位置的移动。

情况（b）：瞬间反应，但 c_B 的浓度高，此时，反应面就在气液相分界面上，总反应速率取决于气膜内 A 的扩散速率。

情况（c）：快速的二级反应，相当于情况（a）的反应面扩展成为一个反应区，在反应区内 A、B 并存。但由于尚属快反应，反应区仍在液膜内，并不进入液相主体。

情况（d）：快速反应，但 c_B 的浓度高，故可视为拟一级反应，即液膜内 c_B 的变化可以忽略。

情况（e）和（f）：中等速率反应，故在液膜和液相主体中都发生反应。

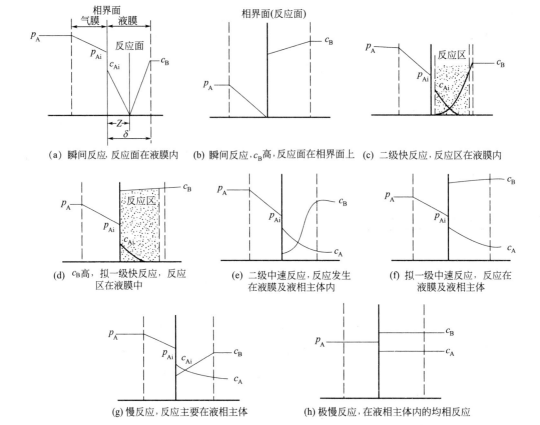

图 8-2　不同化学反应过程的浓度分布示意图

情况（g）：和传质速率相比较，反应缓慢，反应主要发生在液相主体内。但 A 传递入主体时的液膜阻力仍然起一定影响。

情况（h）：反应极其缓慢，传质阻力可以忽略不计，在液相中组分 A 和 B 是均匀的，反应速率完全取决于化学反应动力学。

下面主要围绕这八种情况讨论其宏观反应动力学。

8.2.1　基础方程

对典型的气液相反应

$$A(气相)+bB(液相)\longrightarrow 产品$$

首先是 A 在气相中扩散，其传质速率与 k_Ga 有关，然后透过气液相界面向液相扩散，同时进行反应。

当在液相内进行着较快的反应时，c_A 下降快，浓度梯度大，相当于液膜厚度减薄；若反应比较慢，c_A 变化小，浓度梯度小。同样，c_B 的变化也可类似地表示。浓度下降的快慢可从界面处的浓度曲线的斜率大小得知，所以，界面处的浓度变化率 $\dfrac{\mathrm{d}c_A}{\mathrm{d}Z}\Big|_{Z=0}$ 大，表明有了化学反应后，过程速率比物理吸收快。这样，在定态下，以单位表面积为基准的反应速率

$(-r_A')$ 就等于吸收速率，故仍然可以采用费克第一定律。

$$N_A = (-r_A') = -D_{LA} \frac{dc_A}{dZ}\bigg|_{Z=0} \tag{8-11}$$

但是，D_{LA} 已经不是单纯的分子扩散系数了。

可见只要求得界面上的浓度梯度，就可求得反应速率了。根据双膜理论，如图 8-1 中所示在液膜内任一处取单位截面积的微层，就吸收组分 A 作物料衡算，则有

单位面积扩散进入微层的量 $\quad -D_{LA} \dfrac{dc_A}{dZ}$

扩散出微层的量 $\quad -D_{LA} \dfrac{d}{dZ}\left(c_A + \dfrac{dc_A}{dZ}dZ\right)$

若在液相内有反应物 B，则单位时间内在微层中反应的量为 $(-r_A)dZ$，此处 $(-r_A)$ 是以体积为基准的反应速率，整理得

$$D_{LA} \frac{d^2 c_A}{dZ^2} = (-r_A) = kc_A c_B$$

或

$$D_{LA} \frac{d^2 c_A}{dZ^2} - kc_A c_B = 0$$

这里假定了反应对 A、B 均为一级。

同样对 B 作物料衡算可得

$$D_{LB} \frac{d^2 c_B}{dZ^2} - (-r_B) = 0$$

故也可得一对微分方程组

$$\begin{cases} D_{LA} \dfrac{d^2 c_A}{dZ^2} - kc_A c_B = 0 \\[2mm] D_{LB} \dfrac{d^2 c_B}{dZ^2} - bkc_A c_B = 0 \end{cases} \tag{8-12}$$

上述八种情况（图 8-2），在不同的边界条件下求解，即得反应相内的浓度分布。故基础方程式即在各种边界条件下，其扩散速率应等于反应速率。解此关系求得 c_{Ai} 即可求出各种情况下的结果。

（1）瞬间反应的情况 对瞬间不可逆反应，不存在 A、B 并存的区域，故可写

$$\begin{cases} 0 < Z < 反应面, D_{LA} \dfrac{d^2 c_A}{dZ^2} = 0 \\[2mm] 反应面 < Z < \delta, D_{LB} \dfrac{d^2 c_B}{dZ^2} = 0 \end{cases} \tag{8-13}$$

如图 8-2(a) 所示，边界条件为

$$Z = 0, c_A = c_{Ai}$$
$$Z = \delta, c_B = c_{BL}$$
$$Z = Z_R, c_A = c_B = 0, D_{LA} \frac{dc_A}{dZ} + \frac{1}{b}D_{LB} \frac{dc_B}{dZ} = 0$$

可解得浓度分布为

$$c_A = c_{Ai} \left\{ 1 - \left[1 + \left(\frac{D_{LB}}{D_{LA}} \right) \left(\frac{c_{BL}}{b c_{Ai}} \right) \right] \frac{Z}{\delta} \right\} \tag{8-14}$$

以单位相界面为基准而定义的反应速率为

$$N_A = (-r'_A) = -\frac{1}{S} \frac{dn_A}{dt} = D_{LA} \frac{dc_A}{dZ} \bigg|_{Z=0}$$

$$= \frac{D_{LA}}{\delta} c_{Ai} \left[1 + \left(\frac{D_{LB}}{D_{LA}} \right) \left(\frac{c_{BL}}{b c_{Ai}} \right) \right] \tag{8-15}$$

或写成

$$(-r'_A) = \beta_\infty k_{LA} c_{Ai} \tag{8-16}$$

式中

$$\beta_\infty = 1 + \frac{1}{b} \left(\frac{D_{LB}}{D_{LA}} \right) \left(\frac{c_{BL}}{b c_{Ai}} \right) \tag{8-17}$$

$$k_{LA} = \frac{D_{LA}}{\delta}$$

β_∞ 称作瞬间反应的增强系数，如果因气膜阻力较大而需加以考虑时，可消去 c_{Ai}，相平衡关系用分压表示，则式(8-16) 可写成

$$(-r'_A) = -\frac{1}{S} \frac{dn_A}{dt} = \frac{\left(\frac{D_{LB}}{D_{LA}} \right) \left(\frac{c_{BL}}{b} \right) + \frac{p_A}{H_A}}{\frac{1}{H_A k_{GA}} + \frac{1}{k_{LA}}} \tag{8-18}$$

对情况 (a)，若忽略气相阻力，取 $k_{GA} = \infty$，$p_A = p_{Ai}$，式(8-18) 简化为

$$(-r'_A) = \beta_\infty k_{LA} c_{Ai}$$

与物理吸收时最大速率 $(-r'_A) = N_A = k_{LA} c_{Ai}$ 相比较，可见伴有化学反应时速率大 β_∞ 倍，故称 β_∞ 为瞬间反应的增强系数。

对情况 (b)，当 c_{BL} 愈大时，β_∞ 也愈大，反应愈趋近于相界面，反应速率亦愈快。当 c_{BL} 足够大时，反应面与相界面重合，成为纯粹的气膜扩散控制，此时

$$(-r'_A) = N_A = k_{GA} p_A \tag{8-19}$$

（2）极慢反应的情况　对图 8-2(h) 的情况，过程为动力学控制，以单位液相体积计的反应速率为

$$(-r_A) = -\frac{1}{V_L} \left(\frac{dn_A}{dt} \right) = k c_{AL} c_{BL} \tag{8-20}$$

（3）中间速率反应的情况　相当于图 8-2 中情况 (c)、(d)、(e)、(f)、(g)，此时，式 (8-12) 可根据不同的边界条件求得不同的解。

① 不可逆二级中速反应　式(8-12) 的边界条件为

$$\begin{cases} Z = 0, c_A = c_{Ai} \\ Z = 0, \dfrac{dc_B}{dZ} = 0 \\ Z = \delta, c_B = c_{BL} \\ Z = \delta, -D_{LA} \dfrac{dc_A}{dZ} \bigg|_{Z=\delta} = k c_A c_B \left(\dfrac{1-\varepsilon}{a\delta} - 1 \right) \end{cases} \tag{8-21}$$

最后一个边界条件的意义是，进入液相主体的扩散量必等于在液相主体中反应的量。式中 a 是比相界面积，即单位气液混合物体积中的相间表面积，故单位床层体积内进入液相

主体的扩散量为 $-D_{LA}a\left.\dfrac{dc_A}{dZ}\right|_{Z=\delta}$；而在液相主体中反应的量 $(-r_A)=kc_Ac_B[(1-\varepsilon)-a\delta]$；其中 $(1-\varepsilon)$ 相当于液相主体体积，$a\delta$ 相当于液膜体积。

在式(8-21)的边界条件下，二阶微分方程（8-12）没有显式解，只有数值解。

② 不可逆拟一级中速反应　如上述情况，若反应中 B 的浓度很高，$c_{BL}\gg c_{Ai}$，在液相中的 c_B 可视为定值，反应表现为一级，式(8-12)的非线性微分方程就变为线性，可得显式解（推导从略）

$$\frac{c_A}{c_{Ai}}=\cosh(aZ)-\frac{\left(\dfrac{1-\varepsilon}{a\delta}-1\right)a\delta+\tanh(a\delta)}{\left(\dfrac{1-\varepsilon}{a\delta}-1\right)a\delta\tanh(a\delta)+1}\sinh(aZ) \tag{8-22}$$

其中

$$a=\sqrt{\frac{kc_{BL}}{D_{LA}}} \tag{8-23}$$

③ 不可逆二级快反应　此时，式(8-12)的边界条件为

$$\begin{cases} Z=0,\ c_A=c_{Ai} \\ Z=0,\ \dfrac{dc_B}{dZ}=0 \\ Z=\delta,\ c_A=0 \\ Z=\delta,\ c_B=c_{BL} \end{cases} \tag{8-24}$$

求得的近似解的 β 为

$$\beta=\frac{\gamma\sqrt{\dfrac{\beta_\infty-\beta}{\beta_\infty-1}}}{\tanh\left(\gamma\sqrt{\dfrac{\beta_\infty-\beta}{\beta_\infty-1}}\right)} \tag{8-25}$$

其中

$$\gamma=a\delta=\delta\sqrt{\frac{kc_{BL}}{D_{LA}}}=\frac{1}{k_{LA}}\sqrt{kc_{BL}D_{LA}} \tag{8-26}$$

于是

$$(-r'_A)=N_A=\beta k_{LA}c_{Ai} \tag{8-27}$$

式(8-25)是隐函数，求解较复杂，可直接用已制成的图 8-3。由图 8-3 可见：

a. 当 $\gamma>10\beta_\infty$ 时，即 $\sqrt{kc_{BL}D_{LA}}>10k_{LA}\left(1+\dfrac{D_{LB}c_{BL}}{bD_{LA}c_{Ai}}\right)$，则 $\beta=\beta_\infty$，这相当于反应速率常数 k 值比较大，反应液的浓度远低于气体的溶解度，或传质系数 k_{LA} 非常小的情况。可按瞬间飞快反应计算。

b. 当 $\gamma>3$ 和 $\gamma<0.5\beta_\infty$ 时，β 值都落在图中对角线附近，这相当于拟一级反应的情况。或者说，反应速率已足够慢，或传质系数足够大，以至于 c_B 在膜内外维持不变，

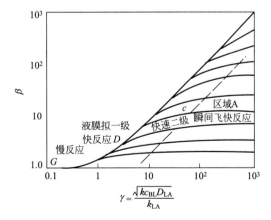

图 8-3　式(8-25)的标绘

均为 c_{BL}，这大致相当于情况（f）。

c. 在一定 β_{∞} 值时，增加 γ，则 β 也增加，最后 β 值趋近于 β_{∞}。

④ 一级或拟一级不可逆快速反应　此时，可将式（8-12）简化为

$$D_{LA}\frac{d^2 c_A}{dZ^2} - k c_A = 0$$

边界条件为

$$\begin{cases} Z=0, & c_A = c_{Ai} \\ Z=\delta, & c_A = 0 \end{cases}$$

解得

$$c_A = c_{Ai}\frac{\sinh\left[\sqrt{\dfrac{k}{D_{LA}}}\left(\dfrac{D_{LA}}{k_{LA}} - Z\right)\right]}{\sinh\left[\sqrt{\dfrac{k}{D_{LA}}}\left(\dfrac{D_{LA}}{k_{LA}}\right)\right]} \tag{8-28}$$

于是

$$(-r'_A) = N_A = -D_{LA}\frac{dc_A}{dZ}\Big|_{Z=0}$$

$$= k_{LA} c_{Ai}\left(\frac{\gamma}{\tanh\gamma}\right) = \beta k_{LA} c_{Ai} \tag{8-29}$$

其中

$$\beta = \frac{\gamma}{\tanh\gamma} \tag{8-30}$$

此式可标绘如图 8-4。由图可见：

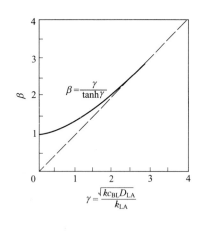

图 8-4　β-γ 关系图

$$\left.\begin{array}{l} \gamma \to 0, \ \beta \to 1 \\ \gamma \geqslant 3, \ \beta = \gamma \end{array}\right\} \tag{8-31}$$

对于快速反应，即情况（c）、（d），要同时考虑传质及反应速率。

情况（c）：

容积反应速率 $(-r_A) = -\dfrac{1}{V_L}\times\dfrac{dn_A}{dt} = k c_{AL} c_{BL}$

容积传质速率

$$(-r_A) = N_A a = k_{GA} a (p_A - p_{Ai}) = \beta k_{LA} a c_{Ai} \tag{8-32}$$

消去未知数 c_{Ai}，最后导得

$$(-r_A) = \frac{p_A}{\dfrac{H_A}{\beta k_{LA} a} + \dfrac{1}{k_{GA} a}} \tag{8-33}$$

式中 β 值见式（8-25）。

情况（d）：

同式（8-32），只不过其中 β 值为式（8-30）。

⑤ 慢速反应但仍需考虑传质的情况　此即情况（g），可根据传质与反应速率相组合而导得

$$
\left.
\begin{aligned}
(-r_{A}) &= -\frac{1}{V_{L}}\frac{dn_{A}}{dt} = \frac{p_{A}}{\dfrac{1}{k_{GA}a}+\dfrac{H_{A}}{k_{LA}a}+\dfrac{H_{A}}{kc_{BL}}} \\[4mm]
(-r'_{A}) &= -\frac{1}{S}\frac{dn_{A}}{dt} = \frac{p_{A}}{\dfrac{1}{k_{GA}}+\dfrac{H_{A}}{k_{LA}}+\dfrac{H_{A}a}{kc_{BL}}}
\end{aligned}
\right\}
\tag{8-34}
$$

或

8.2.2　气液非均相系统中的几个重要参数

（1）膜内转化系数 γ　由式(8-26) 可得

$$
\gamma^{2} = (a\delta)^{2} = \delta^{2}\,\frac{kc_{BL}}{D_{LA}} = \frac{\delta kc_{BL}}{\dfrac{D_{LA}}{\delta}} = \frac{\delta kc_{BL}}{k_{LA}}
$$

$$
= \frac{\delta kc_{BL}ac_{Ai}}{k_{LA}ac_{Ai}} = \frac{kc_{BL}c_{Ai}a\delta}{k_{LA}ac_{Ai}}
$$

$$
= \frac{液膜内可能最大反应量}{通过界面可能最大传质量}
$$

$$
= 膜内转化系数 \tag{8-35}
$$

可见 γ 的大小反映了在膜内进行的那部分反应可能占的比例。可利用此系数判断反应快慢的程度。有的书中常用 Ha 代表，$Ha=\sqrt{D_{LA}kc_{BL}/k_{LA}^{2}}$，有的书中以 M 表示，均反映了本征速率与传质速率的相对快慢，读者请勿混淆。

① $\gamma=a\delta>2$，$\gamma^{2}>4$，也就是膜内最大反应量大于 4 倍膜内最大传质量时，可认为反应在液膜内进行瞬间反应及快速反应（反应的快慢系相对于传质速率而言，不是以 k_{LA} 或 k 的大小来定义的），此时

$$
(-r_{A}) = \beta k_{LA}ac_{Ai}
$$

从图 8-4 可见，$\gamma>2$ 时，β 的最大值为 $\beta\approx\gamma$，因此

$$
(-r_{A}) = k_{LA}ac_{Ai}\gamma = \sqrt{kc_{BL}D_{LA}}\,ac_{Ai} \tag{8-36}
$$

由此可见，这时的反应速率 $(-r_{A})$ 与 k_{LA} 无关，而与 a 成正比，故对快反应，宜采用填料塔、喷洒塔等。同样，对瞬间飞快反应，在一定条件下，β_{∞} 为一定值，亦与反应速率常数 k 的大小无关。

② $\gamma<0.02$，反应全部在液相主体中进行，为慢反应的情况。由于慢反应时 k 值很小，$c_{Ai}=c_{AL}$，也就是浓度在膜内降低极小，故反应速率为

$$
(-r_{A}) = kc_{Ai}c_{BL}(1-\varepsilon)
$$

所以，一旦操作条件已经确定，则反应速率取决于单位体积反应器内反应相所占有的体积 $(1-\varepsilon)$，为此，必须提高反应相体积，即提高液存量，故最宜选用鼓泡塔。

③ $0.02<\gamma<2$，中等速率反应的情况。

若 $\dfrac{1-\varepsilon}{a\delta}\gg1$，即 $(1-\varepsilon)\gg a\delta$，表明主体内反应量大于膜内反应量。此时，$\beta$ 不但与 γ 有关，还与 $\dfrac{1-\varepsilon}{a\delta}$ 有关。

对中速反应，有关资料较少，故一般总是改变条件，使其变为快反应或慢反应，或者使 $(1-\varepsilon)$ 大，a 也尽量大，如选用带搅拌器的反应釜。

例 8-1　求慢反应时的气液反应速率。

已知气液相反应 $A(气)+B(液) \longrightarrow R(液)$ 的化学反应速率式为

$$(-r_A)=kc_A c_B \quad [\text{mol}/(\text{mL}\cdot \text{s})]$$

在反应温度 $70℃$ 下，$k=20$。今在一反应器内将含 A 为 10% 的气体，在总压 $2.0\text{kgf}/\text{cm}^2$ 下通入。已知 $a=3.0\text{cm}^2/\text{cm}^3$，$\varepsilon_L=0.85$，$D_{LA}=2.2\times 10^{-5}\text{cm}^2/\text{s}$，$H_A=110\text{L}\cdot\text{kgf}/(\text{cm}^2\cdot\text{mol})$，$k_{LA}=0.070\text{cm}/\text{s}$。若气相传质阻力可以忽略，液相中 A 的传质阻力仍有影响时，求在 $c_B=3.0\times 10^{-3}\text{mol}/\text{mL}$ 时以单位容积床层计的反应速率。

解　因为液相中 B 的浓度大，故可按拟一级反应处理，由式(8-26)

$$\gamma=\sqrt{kc_{BL}D_{LA}}/k_{LA}=\sqrt{20\times(3.0\times 10^{-3})(2.2\times 10^{-5})}/0.070=0.0164$$

故 $\gamma \leqslant 0.02$，虽属慢反应，但传质仍有影响。

$$(-r'_A)=\varepsilon_L(-r_A)=\varepsilon_L kc_A c_B=k_{LA}a(c_{Ai}-c_A)$$

即

$$c_A=c_{Ai}/[1+\varepsilon_L kc_B/(k_{LA}a)]$$

令

$$c_{Ai}=p_A/H_A=2.0\times 0.10/110=1.819\times 10^{-3}\text{mol}/\text{L}$$
$$=1.819\times 10^{-6}\text{mol}/\text{mL}$$

故

$$c_A=1.819\times 10^{-6}/[1+0.85\times 20\times(3.0\times 10^{-3})/(0.070\times 3.0)]$$
$$=1.460\times 10^{-6}\text{mol}/\text{mL}$$

因此，反应速率为

$$(-r'_A)=k_{LA}a(c_{Ai}-c_A)=0.070\times 3.0\times(1.819-1.460)\times 10^{-5}$$
$$=7.54\times 10^{-8}$$

(2) 增强系数 β　根据定义

$$\beta=\frac{\text{表观反应速率}}{\text{可能最大的物理传质速率}}=\frac{Ra}{k_{LA}a(c_{Ai}-c_{AL})}$$

$$=\frac{-D_{LA}a\left.\dfrac{\text{d}c_A}{\text{d}Z}\right|_{Z=0}}{k_{LA}ac_{Ai}} \tag{8-37}$$

有的书中增强系数以 E 来表示（定义为化学吸收速率与物理吸收速率之比），其意义雷同，请勿混淆。

对不同反应，β 的大小亦不同，归纳起来如下。

瞬间飞快反应
$$\beta_\infty=1+\frac{1}{b}\left(\frac{D_{LB}}{D_{LA}}\right)\left(\frac{c_{BL}}{c_{Ai}}\right) \tag{8-17}$$

不可逆一级快反应
$$\beta=\frac{\gamma}{\tanh\gamma} \tag{8-30}$$

不可逆二级快反应

$$\beta=\frac{\gamma\sqrt{(\beta_\infty-\beta)/(\beta_\infty-1)}}{\tanh[\gamma\sqrt{(\beta_\infty-\beta)/(\beta_\infty-1)}]} \tag{8-25}$$

此外，对零级反应，也可导得

$$\beta = 1 + \frac{kD_{\mathrm{LA}}}{2k_{\mathrm{LA}}^2 (c_{\mathrm{Ai}} - c_{\mathrm{AL}})} \tag{8-38}$$

而对可逆一级反应，有

$$\beta = \frac{1 + k(D_{\mathrm{LB}}/D_{\mathrm{LA}})}{1 + k(D_{\mathrm{LB}}/D_{\mathrm{LA}})\left(\dfrac{\tanh\gamma}{\gamma}\right)} \tag{8-39}$$

具体推导从略。

（3）反应相内部利用率 η 和气固相反应一样，对气液相反应，也存在一个内部利用率问题。其定义如下

$$\eta = \frac{N_{\mathrm{A}}a}{kc_{\mathrm{Ai}}c_{\mathrm{BL}}(1-\varepsilon)} = \frac{\text{吸收速率}}{\text{单位体积反应器中可能具有的最大反应速率}} \tag{8-40}$$

对一级反应，可将 $N_{\mathrm{A}} = -D_{\mathrm{AL}}\left.\dfrac{\mathrm{d}c_{\mathrm{A}}}{\mathrm{d}Z}\right|_{Z=0}$ 代入而解得

$$\eta = \frac{a\sqrt{kD_{\mathrm{AL}}}}{(1-\varepsilon)k}\left[\frac{\left(\dfrac{1-\varepsilon}{a\delta}-1\right)a\delta + \tanh(a\delta)}{\left(\dfrac{1-\varepsilon}{a\delta}-1\right)a\delta\tanh(a\delta)+1}\right] \tag{8-41}$$

对二级反应，只有数值解，如图 8-5 所示。

由图可见：

① γ 大，即反应快、传质慢，内部利用率降低，因为此时反应主要在液膜内进行，$c_{\mathrm{AL}}=0$，故反应相利用率差；

② $\dfrac{1-\varepsilon}{a\delta}$ 越大时，η 越小，但若此时 γ 小，则 $\left(\dfrac{1-\varepsilon}{a\delta}\right)$ 的增大导致的 η 的减小显得缓慢。

据此，对快反应，为了提高内部利用率，应使 $\left(\dfrac{1-\varepsilon}{a\delta}\right)$ 小，具体办法就是提高单位反应器体积内两相

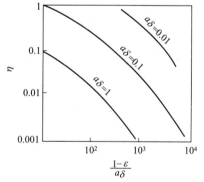

图 8-5 反应相内部利用率

接触表面积 a，如采用填料塔、喷洒塔。对慢反应，k 比较小，传质快，也就是 γ 较小，故内部利用率 η 较高。此时，要增加反应速率，必须提高单位反应器体积内反应相占有的体积，如采用鼓泡塔。

8.2.3 反应速率的实验测定

为了测定气液相反应在液相内的真实反应速率，在实验时要排除气相和液相中的扩散阻力，使反应在动力学控制范围内进行。

如果改变搅拌桨转速对反应速率没有影响，一般可以认为属缓慢反应。中速或快速反应的反应速率受搅拌桨转速或气体流量的影响，但转速或气量超过某一临界值后，反应速率不再增加。这可以认为是排除了传质的影响，在此条件下，可以测得真实的反应速率。

常用的反应速率测定装置为半间歇操作或连续操作的，在半间歇釜式反应器内要求反应

温度一定、气体流量一定、液相体积保持不变，分析不同反应时间下的气相进、出口的组成或从釜内液相取样分析。

从气相进、出口组成计算反应速率，一般宜用惰性气体流量为计算基准，按釜内液相体积计算的反应速率为

$$(-r_{AL}) = -\frac{1}{V_L} \times \frac{dn_A}{dt} = \frac{V_I p}{RTV_L}\left[\left(\frac{p_A}{p_I}\right)_i - \left(\frac{p_A}{p_I}\right)_o\right] \tag{8-42}$$

式中，下标 I、i 及 o 分别表示惰性介质、进入及排出。用式（8-42）可以计算不同反应时间后的瞬时反应速率。而从釜内取样分析液相浓度对时间作标绘就可用作图法求得不同浓度时的反应速率。

在连续釜式反应器内一般认为液相为全混流，即釜内液相浓度等于出料液浓度。改变液相流量，就是改变平均停留时间 $\bar{t}$。

对反应

$$A + bB \longrightarrow P$$

从液相进出口浓度 c_{B0} 及 c_B 也可以计算釜内平均反应速率

$$(-r_{BL}) = -\frac{1}{V_L} \times \frac{dn_B}{dt} = \frac{c_{B0}x_B}{\tau} = \frac{V_L(c_{B0}-c_B)}{V_L} \tag{8-43}$$

式中，V_L 为液相体积流量。

测定气液相反应速率的目的是为了区别反应的控制因素，亦即查明属于图 8-2 中所示的八种情况中的哪一种，并且确定化学反应的速率方程式和选择适宜的反应器型式，通过测定各种参数对反应速率的影响，即可区别这八种情况。

① 对极易溶解的气体，H 值很小，即在分压 p 一定时，溶液内有比较大的溶解度。这种情况一般属气膜控制。

对溶解度较小的气体，H 值很大，即在分压 p 一定时，溶液内溶解度较小，这种情况一般属液膜控制。

化学反应可对吸收过程有很大的帮助，但对气体仅能微溶的情况，仍然属液膜控制。

② 增加气相本身的扰动程度，如果能加快吸收或化学反应速率，往往属气膜控制；如果对反应速率没有影响，可以不计气膜阻力。

③ 液相体积保持一定，改变气液相界面大小或固定气液相界面大小、改变液相体积、测定单位时间内液相反应物 B 的转化量，也可以作为判定反应控制因素的方法。

如果在液相内 B 的反应速率和液相体积无关，但和反应界面大小 S 成正比，说明反应是快速的，甚至是瞬时的。这种是传质控制，完全排除了动力学因素，相当于 $\gamma^2 > 4$。

如果液相体积大小 V_L 和反应界面大小 S 对反应速率都有一定影响，说明传质和动力学都不能排除，相当于 $0.0004 < \gamma^2 < 4$。

如果反应速率和反应界面大小无关，但和液相体积成正比，说明反应是缓慢的，完全属动力学控制，属于情况（h）。相当于 $\gamma^2 < 0.0004$。

以上判别反应快慢程度的 γ 值，除了气相反应物在液相中的扩散系数 D_{LA} 外，主要的参数值为无反应时的液膜传质系数 $k_{LA}a$ 和反应速率常数 k。

测定 $k_{LA}a$ 可用一个半间歇搅拌釜，根据

$$\frac{1}{V} \times \frac{dn_A}{dt} = k_{LA}a(c_{Ai}-c_{AL})$$

由于

$$V = \frac{V_L}{1-\epsilon}, \quad c_A = \frac{n_A}{V_L}$$

将上式换写成液相浓度变化的关系，即

$$(1-\varepsilon)\frac{dc_A}{dt}=k_{AL}a(c_{Ai}-c_{AL})$$

设时间为 0 和 t 时，液相内 A 的浓度 c_{AL} 分别为 c_{A0} 和 c_{AL}，将上式积分，可得

$$k_{LA}a=\frac{(1-\varepsilon)}{t}\ln\frac{c_{Ai}-c_{A0}}{c_{Ai}-c_{AL}} \tag{8-44}$$

如果已知 a、ε 就可以求出 k_{LA} 值。

除搅拌釜外，还可以用湿壁塔、圆盘吸收器或射流等方法测定液膜传质系数 k_{LA} 值，并探讨气、液流体流动情况对伴有化学反应的传质过程的影响。这些装置的优点是具有固定的气液传质（或反应）界面，适合测定传质控制的化学吸收问题。

以下介绍一个缓慢或中速反应的实例。采用比较简单的方法，即在认为已排除扩散阻力后，用实验测定的数据归纳出真实反应速率。

例 8-2　气液相反应动力学方程的建立

空气在 120℃和常压下将甲基苯甲酸甲酯（A）液相氧化成对苯二甲酸一甲酯，所用催化剂为环烷酸钴。空气流量在 120～900L/h 范围内，保证在 600L/h 以上排除扩散阻力对反应速率的影响。因此，可以采用在 600L/h 的气量下测定反应动力学数据。用半连续操作法测定不同时间原料酯的浓度变化，便可作出 c_A-t 及 x_A-t 图。附图即为在 $T=180$℃下，催化剂浓度为 6.5×10^{-4}g·mol/L 时的实验结果 x_A-t 曲线。

设反应对 A 为 n 级，则

$$(-r_A)=-\frac{dc_A}{dt}=k'c_A^n$$

初始条件：$t=0$，$c_A=c_{A0}$

积分可得

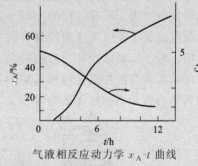

气液相反应动力学 x_A-t 曲线

$$\left(\frac{1}{c_A^{n-1}}\right)-\left(\frac{1}{c_{A0}^{n-1}}\right)=(n-1)k't$$

假定一个 n 值，将各 t 时的 c_A 值代入。若求得各个 k' 值恒定，说明所假定的 n 值正确。试算结果 $n=2.5$（计算值平均偏差±5%）。从而可以确定

$$k'=0.0122\ \text{h}^{-1}\left(\frac{\text{mol}}{\text{L}}\right)^{-1.5}$$

此 k' 值实际上包括氧浓度的影响。

今再在同一温度和气量下，即保证相同流况和传质条件下，在空气中添加氧或氮以改变氧分压 p_{O_2}。将 k' 对 $\lg p_{O_2}$ 作图，得到一直线，定出其斜率，结果

$$k'=kp_{O_2}^{0.5}$$

故

$$(-r_A)=kp_{O_2}^{0.5}c_A^{2.5}$$

并求得

$$k=0.0362\left[\text{h}^{-1}\left(\frac{\text{mol}}{\text{L}}\right)^{-1.5}(\text{kg/cm}^2)^{-0.5}\right]$$

再在 120～180℃范围内改变温度，求出各个温度下的 k 值。由阿伦尼乌斯公式，即将 $\ln k$-$\frac{1}{T}$ 标绘求取斜率及截距得

$$k=1.585\times10^6\exp(-16.6/RT)$$

故动力学方程为

$$(-r_A)=1.585\times10^6\exp(-16.5/RT)p_{O_2}^{0.5}c_A^{2.5}\quad[\mathrm{mol/(L\cdot h)}]$$

8.3　气液相反应器

8.3.1　气液相反应器的型式和特点

工业气液相反应器的结构型式和操作多种多样，具有不同性能，但概括起来主要有填料塔、板式塔、喷洒塔、湿壁塔、鼓泡塔和搅拌釜等几种型式，图 8-6 为几种常见的气液相反应器型式。由于气液相反应器包含气体和液体两相流体，故按气液相分散与接触方式可分为：①气体鼓泡分散为气泡在液相中流动的鼓泡型反应器，如鼓泡塔、板式塔和搅拌釜反应器；②液体喷洒分散为液滴在气相中流动的喷洒型反应器，如喷洒塔、喷射塔和文丘里反应器；③液体以液膜运动与气相进行接触的液膜型反应器，如填料塔、湿壁塔和降膜反应器。　填料吸收塔

气液相反应器的结构型式和操作方法主要取决于不同的化学工艺条件和物理过程的要求，这里所指的物理过程，主要包括传热过程、相间传质过程及混合过程等。比如对于快反应和慢反应，由于反应过程的控制步骤不同，就要求不同的反应器型式，比如化学吸收设备是按照吸收操作要求的一种气液相反应器，其型式多为填料塔或板式塔；对于以制取产品为目的的气液相反应过程，大多为慢反应过程，故广泛采用鼓泡塔与搅拌釜这两种反应器。同样，对于温度控制的要求、反应热和　鼓泡塔返混的影响等，不同过程有不同的要求，因此反应器结构和操作方法也各不相同。

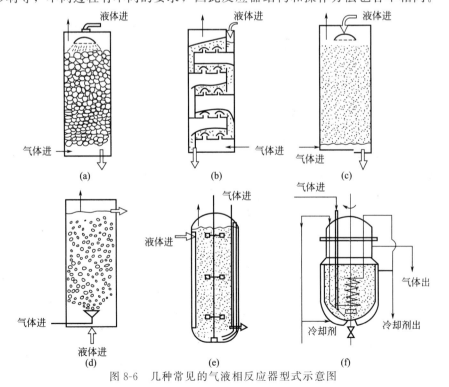

图 8-6　几种常见的气液相反应器型式示意图

8.3.2　气液相反应器型式的选择

一个适宜的反应器具有生产能力大、产品收率高和操作稳定等优点。在均相反应器中讨论过的一些概念和原则（如间歇与连续、平推流和全混流的比较等）同样可适用于多相反应过程。但由于在气液相反应中存在两个相，因而传递特性发生了变化，这些将在下面结合具体反应器型式加以讨论。目前工业上常用的典型气液相反应器的性能数据，如表 8-1 所示。

表 8-1　常用的典型气液相反应器的性能数据

型　　式		相界面积 $\left/\left(\dfrac{m^2}{m^3}\right)\right.$ 液相容积	相界面积 $\left/\left(\dfrac{m^2}{m^3}\right)\right.$ 反应器容积	液相所占的体积分率 $1-\varepsilon$	$Sh=\dfrac{k_1 d}{D}$	液相体积 $\dfrac{1-\varepsilon}{a\delta}$,膜体积
低液存量	喷洒塔	1200	60	0.05	10～25	2～10
	板式塔	1000	150	0.15	200～400	40～100
	填料塔	1200	100	0.08	10～100	40～100
	湿壁塔		50	0.15	10	10～50
高液存量	鼓泡塔	20	20	0.85	400～1000	4000～10000
	鼓泡搅拌釜	200	200	0.80	100～500	150～500

对于具有低存液量（高气液比）的喷洒塔、填料塔、板式塔和湿壁塔，其特点是单位液相体积的相界面积大；反之对于具有高存液量（低气液比）的鼓泡塔和鼓泡搅拌釜，其单位液相体积的相界面积小。对于气相为连续相而液相为分散相（液滴或液膜）的反应器（喷洒塔、填料塔、湿壁塔），其液相传质系数较小、气相传质系数较大；对于液相为连续相而气相为分散相（气相鼓泡型）的反应器（板式塔、鼓泡塔、鼓泡搅拌釜），其液相传质系数较大、气相传质系数较小。

首先从动力学角度来分析一下反应器的选型。以化学吸收净化气体为目的的气液相反应过程，大多属于快反应，过程的阻力主要在气相方面，因此，要选用气相为连续相、湍动程度较高、相界面大的型式。比如喷洒塔特别适用于气液比很大的情况，气相的压降小，但接触时间受液滴大小和气流速度的严格限制。填料塔中接触时间可以增大，气液比也可在较大范围内变动，故在化学吸收中得到广泛应用。又如气相中浓度很高，反应又快速，过程属液膜控制，其反应器多为板式塔，它既有较大的相界面积，流体又是连续相、湍动较大，有利于液相传质。

对石油化工工业中的液相氧化、氯化反应等，液气比较大，反应也不是瞬间完成的，多数为液膜控制。这些反应往往伴有较大的热效应，过程的温度控制要求较严格。因此，需采用液相为连续相，以具有流体容量较大的鼓泡塔或鼓泡搅拌釜为宜。对于反应极慢，传质足够快的动力学控制过程，增加相界面或加强搅拌就没有什么意义了。鼓泡塔结构简单，常用于高压系统或腐蚀性很强的气液相反应。通常在鼓泡塔内液相作为全混流，塔径愈大返混也愈大。气相一般作为平推流。对要求返混较小的过程可采用多塔串联以改善停留时间分布。

受篇幅的限制，本章仅介绍鼓泡塔和鼓泡搅拌釜反应器。

8.4　鼓泡塔反应器

图 8-7 为一典型的鼓泡塔反应器。在充有一定量液相的设备内，气体通过反应器下部设

置的气体分布器以气泡形式在液相中上升，气泡与液体之间
形成气液相间的传质界面。因此，鼓泡塔中最基本的因素是
气泡运动，它的行为决定了反应器的传递性能和反应结果。
与均相反应过程不同，在这种非均相反应过程中，必然伴有
反应物质的传递过程。

在鼓泡塔反应器内，除了化学反应本身的规律性以外，
需要研究的基本现象是气泡运动及其对液体流动的影响，包
括气泡的生长、气泡的聚并和破裂、气泡的大小、气泡的上
升速度、气含率、相界面大小、液体湍动、环流、返混、传
质和传热等，这些决定了反应器的传递性能和反应结果，是
鼓泡塔反应器设计和应用的关键。

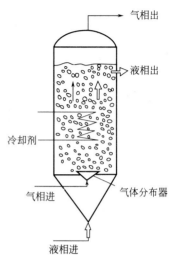

图 8-7　典型鼓泡塔反应器结构示意图

8.4.1　鼓泡塔的流体力学

鼓泡塔内的流体力学状况，一般是以空塔气速 u_{0G} 的大
小作为划分依据。对低黏度液体，$u_{0G} < 0.05 \sim 0.06 \text{m/s}$ 称为安静区。此时气泡大小比较均
匀，并作有规则的浮升，鼓泡区液体扰动并不显著。一般 $u_{0G} > 0.075 \text{m/s}$ 称为湍动区。此
时气泡运动不规则，鼓泡塔内液体湍动剧烈。因此，在不同操作区，其流体力学的规律是不
一样的，图 8-8 为流态分布图。

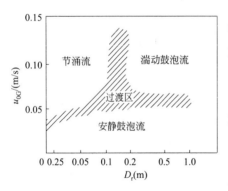

图 8-8　鼓泡塔内的流态分布图

（1）气泡直径　气体流量很小时在单孔口形成气
泡，长大到它的浮力与所受表面张力相平衡时，就离
开孔口上升，如果气泡较小且呈球形

$$V_b = \frac{\pi}{6} d_b^3 = \pi d_0 \sigma / [(\rho_L - \rho_G) g] \qquad (8\text{-}45)$$

或

$$d_b = 1.82 \{ d_0 \sigma / [(\rho_L - \rho_G) g] \}^{\frac{1}{3}} \qquad (8\text{-}46)$$

可见此时气泡直径 d_b 主要和小孔直径 d_0 有关。增
加流量与气泡频率成正比。气泡很小时（$d_b < 0.1 \text{cm}$），其性能像一个坚实的圆球。气泡较大时会发生变形，并且螺旋式地摆动上升。大
型的气泡形状如同笠帽，上圆下扁。只在极慢的气速下气泡才是一个个单独行动的，而在气
速稍大时，就会出现不同气泡之间的相互影响，式（8-46）就不确切了。由于实际操作条件
下的气泡直径是不均一的，因此一般采用当量比表面平均直径 d_{vs} 表示（又称气泡的 Sauter
平均直径）。所谓当量比表面平均直径即以该当量圆球的面积与体积的比值和全部气泡算在
一起时的这个比值相同。若 $n = \sum n_i$，即

$$\frac{n \pi d_{vs}^2}{n \frac{\pi}{6} d_{vs}^3} = \frac{\sum n_i \pi d_i^2}{\sum n_i \frac{\pi}{6} d_i^3}$$

故
$$d_{vs} = \frac{\sum n_i d_i^3}{\sum n_i d_i^2}\tag{8-47}$$

式中，n_i 是直径为 d_i 的气泡数。d_{vs} 与气含率 ε_G（气相所占气液混合物中的体积分率）和气液相的比相界面积 a（单位体积气液混合体中的相界面积）的关系为

$$\frac{\varepsilon_G}{a} = \frac{n\dfrac{\pi}{6}d_{vs}^3}{n\pi d_{vs}^2}$$

故
$$d_{vs} = \frac{6\varepsilon_G}{a}\tag{8-48}$$

实验证明，对空气-水系统当 $200 < Re_0 < 2100$ 时，小孔直径 d_0（m）和小孔气速 u_0（m/s）对气泡直径的经验关系式为

$$d_{vs} = 0.29 \times 10^{-1} d_0^{\frac{1}{2}} Re^{\frac{1}{3}}\ (\text{m})\tag{8-49}$$

在 $Re_0 = d_0 u_0 \rho_G / \mu_G > 2100$，气泡直径增大，并且有颇广的直径分布。

当 $Re_0 > 10000$ 时
$$d_{vs} = 0.71 \times 10^{-2} Re_0^{-0.05}\ (\text{m})\tag{8-50}$$

可见在高气速时，气速对气泡直径影响很小。

以上公式还说明气泡直径受液体黏度的影响较小，但受表面张力的影响较大。一般在电解质溶液中的气泡直径比较小，因而有较大的比相界面积。

秋田等提出用鼓泡塔塔径作关联，如图 8-9 所示，公式为

$$\frac{d_{vs}}{D} = 26 Bo^{-0.50} Ga^{-0.12}\left(\frac{u_{0G}}{\sqrt{gD}}\right)^{0.12}\tag{8-51}$$

式中，$Bo = (gD^2\rho_L/\sigma)$ 称为朋特（Bond）数；$Ga = (gD^3/\nu_L^2)$ 称为伽利略（Galileo）数；$\nu_L = \mu_L/\rho_L$；D 为鼓泡塔内径。式（8-51）一般在 D 小于 0.6m 时可作近似估算。

如果已知在水中鼓泡时的气泡直径，换算成其他液体时可用下式修正

$$\frac{d_{vs}}{(d_{vs})_{H_2O}} = \left(\frac{\rho_{L,H_2O}}{\rho_L}\right)^{0.26}\left(\frac{\sigma}{\sigma_{H_2O}}\right)^{0.50}\left(\frac{\nu_L}{\nu_{L,H_2O}}\right)^{0.24}$$
$$\tag{8-52}$$

工业鼓泡床内采用的小孔气速可达 50m/s 以上。这是因为气液表面张力的限制，具有最大的稳定气泡直径。因此在工业鼓泡床中采用较大的小孔气速是允许的。

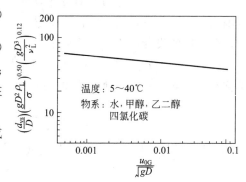

图 8-9　平均气泡直径的关联

（2）气泡上升速度　在单个气泡时，按力的平衡导出其自由浮升速度 u_t 为

$$u_t = \left[\frac{4}{3}\frac{g(\rho_L - \rho_G)d_b}{C_D \rho_L}\right]^{\frac{1}{2}} = \left(\frac{4}{3}\frac{g d_b}{C_D}\right)^{\frac{1}{2}}\tag{8-53}$$

式中，d_b 为球形气泡直径；C_D 为曳力系数，它是气泡雷诺数的函数。一般实验测定结果为 $C_D = 0.68 \sim 0.773$。对 d_b 在 $(0.32 \sim 0.64) \times 10^{-2}$（m）时，实测 $u_t = (24.4 \sim 27.4) \times 10^{-2}$（m/s）。

当 $0.7 \times 10^{-3}\text{m} < r_e < 3 \times 10^3\text{m}$（$r_e$ 为与气泡体积相同的球体半径）时，气泡不再是球形，

尾涡后的旋涡使浮升阻力增加，气泡上升速度在此半径范围内变化不大。

$$u_t = 1.35 \times 10^{-2} \left(\frac{\sigma}{r_e \rho_L} \right)^{\frac{1}{2}} (\text{m/s}) \tag{8-54}$$

当 $r_e > 0.3 \times 10^{-2}$ m 时，气泡呈圆帽形，随着气泡大小增加，气泡浮升速度增加为

$$u_t = 1.02 (g r_e)^{\frac{1}{2}} \tag{8-55}$$

如果用圆帽形气泡的曲率半径 r_e 计算，则

$$u_t = 0.67 (g r_e)^{\frac{1}{2}} \tag{8-56}$$

工业上鼓泡塔反应器内的气泡浮升速度一般可用下式计算

$$u_t = \left(\frac{\sigma}{r_e \rho_L} + g r_e \right)^{\frac{1}{2}} \tag{8-57}$$

式中，σ 为液体的表面张力，N/m；ρ_L 为液体密度，kg/L。

当有多个气泡一起上升时，气泡群的平均上升速度 u_b 和单个气泡的上升速度相差不大。在流动着的液体中，气泡与液体间的相对速度称滑动速度 u_s，$u_s = u_b - u_L$。液体流动与气泡上升方向相同时，u_L 为正值，反之为负值，u_s 可从气相与液相的空塔速度和气含率求得

$$u_s = \frac{u_{0G}}{\varepsilon_G} - \frac{u_{0L}}{1 - \varepsilon_G} \tag{8-58}$$

在安静区操作，分布器的设计对气泡影响明显，气泡直径通常在 $(0.2 \sim 0.65) \times 10^{-2}$ 范围内，而且比较均匀。Re_0 约在 $200 \sim 4000$ 之间，在湍动区操作时，孔径与 d_b 无关，因此，分布器的设计也不那么重要了。

（3）气含率 ε_G　液体不连续流动时，气含率称静态气含率 ε_{0G}，液体连续流动时，气含率称动态气含率 ε_G，它们之间的关系为

$$\varepsilon_G = \varepsilon_{0G} \left[1 - \frac{u_{0L}}{u_{0G}} \left(1 - \frac{\varepsilon_G}{1 - \varepsilon_G} \right) \right] \tag{8-59}$$

ε_{0G} 可从测量静液层高 H_0 和通气时液层高度 H 算出

$$\varepsilon_{0G} = \frac{H - H_0}{H} \tag{8-60}$$

ε_{0G} 可作为空塔气速和实际气速的联系

$$u_b = \frac{u_{0G}}{\varepsilon_{0G}} \tag{8-61}$$

单位高度床层的平均停留时间 τ_G 为

$$\tau_G = \frac{1}{u_b} = \frac{\varepsilon_{0G}}{u_{0G}} \tag{8-62}$$

气泡在整个鼓泡液层中的平均停留时间为

$$\bar{\tau}_G = \frac{\alpha H}{u_b} = \frac{\alpha H}{u_t + u_L} \tag{8-63}$$

液体空床流速和实际流速间的关系为

$$u_{0L} = u_L (1 - \varepsilon_G) \tag{8-64}$$

式中，α 为壁效应或浮升受阻碍的一种校正，其值如表 8-2 所示。

表 8-2　α 值

塔　型	塔　径<7.6cm	塔　径>30cm
空塔	2.5	0.7
有隔板的塔	—	0.85
有筛板的塔	—	1.0

结合以上三式可得

$$\varepsilon_G = \frac{\alpha u_{0G}}{u_t + \dfrac{u_{0L}}{1-\varepsilon_G}} \tag{8-65}$$

从 α 值可见，塔径增大，ε_G 减小；横向内部构件促使 ε_G 增大，筛板尤为显著，可增大 $40\%\sim50\%$。

在湍动区，ε_{0G} 和 u_{0G} 可从图 8-10 和图 8-11 查得。

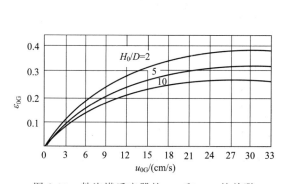

图 8-10　鼓泡塔反应器的 ε_{0G} 和 u_{0G} 的关联

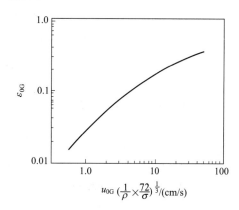

图 8-11　气液系统静态气含率 ε_{0G}-u_{0G}

Hughmark 测定了鼓泡塔直径为 $25\sim105$cm 和如下性质范围内液体中气含率的经验公式

$$\rho_L = (0.78\sim1.70)\times10^3 \, kg/m^3$$

$$\mu_L = (0.9\sim152)\times10^{-3} \, Pa\cdot s$$

$$\sigma = (25\sim76)\times10^{-3} \, N/m$$

图 8-11 即为在上述液体性质范围内，ε_{0G}-$u_{0G}\left(\dfrac{1}{\rho}\times\dfrac{72}{\sigma}\right)^{\frac{1}{3}}$ 的关联图。对空气-水系统

$$\varepsilon_G = \frac{u_{0G}}{30+2u_{0G}} \tag{8-66}$$

对其他物料

$$\varepsilon_G = \frac{u_{0G}}{30+2u_{0G}}\left(\frac{1}{\rho_L}\times\frac{72}{\sigma}\right)^{\frac{1}{3}} \tag{8-67}$$

实验证明，如果液体流量很小，向上或向下流速小于 200m/h，$\varepsilon_{0G}\approx\varepsilon_G$。

另外一种广泛适用的关联式为

$$\frac{\varepsilon_G}{(1-\varepsilon_G)^4} = 0.20Bo^{\frac{1}{8}}Ga^{\frac{1}{12}}\left(\frac{u_{0G}}{\sqrt{gD}}\right) \tag{8-68}$$

对电解质溶液，将常数 0.20 改为 0.25。

（4）比相界面积　对气液反应器如果过程为传质控制，一般采用 $k_G a$ 或 $k_L a$ 进行计算，k_G 或 k_L 可用以计算单位界面积的物质传递速率，而 $k_G a$ 或 $k_L a$ 可用以计算单位气液混合物体积内的物质传递速率。因此，比相界面积 a 是一个重要的传递参数。

对一般快速或中速反应，通常采用具有搅拌桨的或没有搅拌的气体鼓泡塔反应器，用以控制比相界面积。工业鼓泡塔反应器内的气液相界面较难测定，各方法测定的结果差别较大。

实际测定结果可用下式关联

$$a = 0.38\left(\frac{u_{0t}}{u_t}\right)^{\frac{7}{9}}\left[\frac{u_{0G}\rho_L}{\left(\frac{N}{A}\right)d_0\mu}\right]^{\frac{1}{8}}\left(\frac{\rho_L g}{d_0\sigma}\right)^{\frac{1}{3}} \tag{8-69}$$

实际测定 d_{vs} 在 $2.2\sim3.5\text{mm}$ 之间，a 值小于 $8\text{cm}^2/\text{cm}^3$。

对不同来源的实验结果，可归纳得误差范围在 $\pm15\%$ 以内的简化实用公式

$$a = 26.0(H_0/D)^{-0.3}K^{-0.003}\varepsilon_G \tag{8-70}$$

式中，H_0 为静液层高；D 为塔径；ε_G 为气含率；K 为液体模数。

$$K = \frac{\rho_L\sigma^3}{g\mu^4} \tag{8-71}$$

这一简化公式适用于 $u_{0G}\leqslant60\text{cm/s}$

$$2.2\leqslant\frac{H_0}{D}\leqslant24$$

$$5.7\times10^5 < K < 10^{11}$$

（5）鼓泡塔床层高度和返混　鼓泡塔床层高度 H 和直径 D 的比值，一般为

$$3 < \frac{H}{D} < 12 \tag{8-72}$$

当 $\frac{H}{D}$ 值太小时，分布器结构及气泡进入时的状态对过程影响较大，气泡离开床层时夹带的液体量也较多，故 $\frac{H}{D}$ 不能太小 $\left(\frac{H}{D}>3\right)$。若 $\frac{H}{D}$ 比值过大，由于气泡的汇合作用，在小直径塔中有可能形成节涌状态，故一般要求 $3<\frac{H}{D}<12$。

鼓泡塔内的返混，气相部分和液相部分情况各异。

① 气相的返混　对气液并流向上的鼓泡塔，当处于安静区操作时，气泡相属平推流，轴向混合可以不计。

对气液逆流操作的鼓泡塔，由于液体向下流速较大，必然夹带较小的气泡向下运动，因此存在一定的返混。

采用机械搅拌装置时，气相有可能为全混流。

② 液相的返混　在空床气速 u_{0G} 很小时，液相就存在返混。塔径越大，返混也越剧烈。通常在工业装置的操作条件下，鼓泡塔内的液相基本上都处于全混状态。

8.4.2　鼓泡塔的传热和传质

鼓泡塔内的上升气泡能产生显著的湍动，提高传热和传质速率。因此，对一些高压过

程。可以用气体鼓泡代替机械搅拌，从而避免机械搅拌反应器中的轴封问题。

（1）鼓泡塔内的传热　通常采用三种热交换方式：

① 采用夹套、蛇管或列管式冷却器，如并流式乙醛氧化生产醋酸的装置；

② 采用液体循环外冷却器，如外循环式乙醛氧化生产醋酸的装置；

③ 利用溶剂、反应物或产物的汽化带走热量，如乙基苯烃化塔靠蒸发过量的苯以带走反应热。

不论采用哪种传热方式，鼓泡塔反应器内的传热过程有以下特点。

① 由于气泡引起床层内液体的循环运动，促使床层内气液温度比较均一。热交换装置的几何形状及是否设置挡板均不影响传热。塔径大于 0.1m 的塔对传热也没有影响。

② 由于气泡引起流体的循环运动以及它能局部搅动传热表面使液膜具有湍流特征，因此，壁膜给热系数显著增加。一般说来，鼓泡塔内的传热速率和一般液相机械搅拌设备的相近。

③ 在相同的空塔气速 u_{0G} 时，以下三种不同的鼓泡状况导致不同的给热系数。若鼓泡仅在邻近器壁处进行，给热系数较大；若鼓泡在全部截面均匀进行，给热系数次之；当鼓泡仅在容器中部进行时，给热系数较小。逐渐增加空塔气速 u_{0G}，当 $u_{0G}<0.05\text{m/s}$ 时，即安静区范围，给热系数随气速的增加而迅速增大；在 $0.06\text{m/s}<u_{0G}<0.1\text{m/s}$ 时，操作处于湍动区，给热系数随 u_{0G} 的增加而缓慢增加。在 $10^{-4}\text{m/s}<u_{0G}<0.1\text{m/s}$ 范围内，比不鼓泡时的传热系数增加达 10 倍。

对于水-空气体系，鼓泡塔和热交换装置间的给热系数，如图 8-12 所示。或用公式

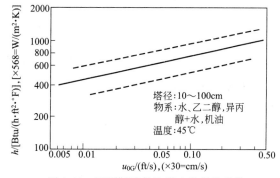

图 8-12　不同气液鼓泡塔中的给热系数

$$h = 6800 u_{0G}^{0.22} \quad (8\text{-}73)$$

式中，h 的单位为 $\text{W/(m}^2 \cdot \text{K)}$；$u_{0G}$ 的单位为 m/s。

对其他液体可引入 Pr 数进行修正

$$h_{\text{L}} = 6800 u_{0G}^{0.22} \left(\frac{Pr_{\text{H}_2\text{O}}}{Pr_{\text{L}}}\right)^{0.5} \quad (8\text{-}74)$$

式中，$Pr_{\text{H}_2\text{O}}$ 为在 26.7℃时水的 Pr 值。

也可用传热因子 J_{H} 的关联式进行计算

$$J_{\text{H}} = \left(\frac{h}{c_p u_{0G} \rho_{\text{L}}}\right)\left(\frac{c_p \mu_{\text{L}}}{\lambda_{\text{L}}}\right)^{0.6}$$

$$= 0.125\left(\frac{u_{0G}^3 \rho_{\text{L}}}{\mu_{\text{L}} g}\right)^{-0.25}(1-\varepsilon_{\text{G}})^m \quad (8\text{-}75)$$

亦可写为

$$h = 0.125 \frac{u_{0G}^{0.25} g^{0.25} \rho_{\text{L}}^{0.75} c_p^{0.4} \lambda_{\text{L}}^{0.6}}{\mu_{\text{L}}^{0.35}}(1-\varepsilon_{\text{G}})^m$$

式中，m 为小于 1 的常数。公式适用范围为 $u_{0G} = 0.000485\sim0.058\text{m/s}$，即适用于安静鼓泡区，因此气含率较小，故可取 $(1-\varepsilon_{\text{G}})^m \approx 1$。对空气-水、空气-乙醇体系，其精确度

在 5% 以内。

和上述相类似的实用公式还有

$$h=0.25\left(\frac{\rho_L^2 g c_p}{\mu_L}\right)^{\frac{1}{3}}\lambda_L^{\frac{2}{3}}\varepsilon_G^{0.2}$$

对完全湍动区（$u_{0G} > 0.1$）或泡沫较多的情况，可采用公式

$$h=0.25\left(\frac{\rho_L^2 g c_p}{\mu_L}\right)^{\frac{1}{3}}\lambda^{\frac{2}{3}} \tag{8-76}$$

说明 h 不受 u_{0G} 的影响，仅受液相物性数据的影响，并趋近一最大值。

（2）鼓泡塔内的传质　鼓泡塔内的传质过程，一般属液膜控制。此时，单位床层体积内的传质速率为

$$N_A a=k_L a(c_{Ai}-c_A)$$

若式中 $c_{Ai}=p_{Ai}/H_A$，且不计气膜阻力，$p_{Ai}=p_A$。

不同情况下的传质系数，用无量纲特征数关联如下。

① 在安静区，对单个小气泡 $d_b < 0.2 \times 10^{-2}$ m

$$Sh=\left(\frac{k_L d_b}{D_L}\right)=2.0+0.463Re_p^{0.484}Sc_L^{0.339}\left(\frac{d_b g^{\frac{1}{3}}}{D_L^{\frac{2}{3}}}\right)^{0.072} \tag{8-77}$$

式中

$$Re_p=\frac{d_b u_{0G}\rho_L}{\mu_L}$$

$$Sc_L=\frac{\mu_L}{\rho_L D_L}$$

对于一般气泡，其大小为 $0.2\text{cm} < d_b < 0.5\text{cm}$，气泡在上升过程中变形摇动，传质较快，则

$$Sh=2.0+0.061\left[Re_p^{0.484}Sc_L^{0.339}\left(\frac{d_b g^{\frac{1}{3}}}{D_L^{\frac{2}{3}}}\right)^{0.072}\right]^{1.61} \tag{8-78}$$

但在实际鼓泡塔内，由于气泡成群上升，相互影响，使传质系数降低，故式（8-78）中的系数 0.061 应改作 0.0187。

② 在湍动区操作时，若为单孔布气，$k_L a$ 可归纳成式（8-79）

$$\frac{k_L a D^2}{D_L}=0.6\left(\frac{v_L}{D_L}\right)^{0.5}\left(\frac{gD^2\rho}{\sigma}\right)^{0.62}\left(\frac{gD^3}{v_L^2}\right)^{0.31}\varepsilon_G^{1.4} \tag{8-79}$$

式中，$k_L \propto D_L^{\frac{1}{2}}$，与溶质渗透理论或表面更新理论所推得的结果一致。若已知系统的 $k_L a$ 及 D_L，可求得另一系统的 $k_L a$ 值。例如，已知在 25℃ 时 $O_2\text{-}H_2O$ 系统的分子扩散系数 $D_{L1}=2.49 \times 10^{-5}\text{cm}^2/\text{s}$，若取 $k_L a$ 以下标 1 表示为 $(k_L a)_1$，则另一系统的 $(k_L a)_2$ 可从下式求得

$$(k_L a)_2=(k_L a)_1\left(\frac{D_{L2}}{D_{L1}}\right)^{\frac{1}{2}} \tag{8-80}$$

8.4.3　鼓泡塔的发展

鼓泡塔反应器中最基本的因素是气泡运动，当气体流速较小（$< 0.05\text{m/s}$）时，气体分

布器的结构就决定了气体的分散状况、气泡大小、相界面积及传递性能和反应结果；当气体流速较大（＞0.1m/s 时），气体分布器的影响就无关紧要，气泡大小及其分布状况主要取决于气体流速，气速越快，气泡的凝聚与破裂越剧烈。此外，塔内液体随气泡群的浮升而夹带向上流动，近壁处液体则回流向下，在塔内构成局部的液体循环（图 8-13），呈现显著的液体返混。为了改善鼓泡塔内气液两相流动，鼓泡塔内可安装水平多孔隔板以提高气体分散程度和减少液体返混；也可在塔内安装同心导流筒或垂直隔板，气体在导流筒内上升或从导流筒外的环隙上升，从而在导流筒内外产生密度差使液体形成有序的整体环流，因此称为气升式环流反应器（内环流和外环流），图 8-14 显示了不同型式的气升式环流反应器。这类反应器具有结构简单、能耗低、剪切力小、混合好等优点，在石油化工、生物化工、环境化工等领域得到广泛应用。

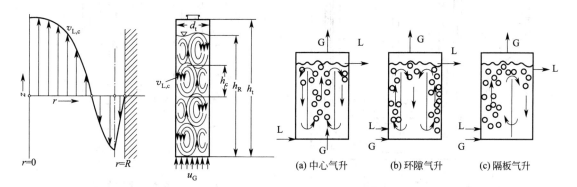

图 8-13　鼓泡塔内的液体环流示意图　　　　　图 8-14　不同型式的气升式环流反应器

　　工业上也常在鼓泡塔内安装搅拌桨叶，通过机械搅拌将气体分散为更小的气泡，增大相界面积，强化传质传热性能，并使液体充分混合。因此，这类反应器称为鼓泡搅拌釜。

8.5　鼓泡搅拌釜

　　鼓泡搅拌釜内装置的桨叶，其型式、数量、尺寸大小、转速可以各异。因此，比鼓泡塔具有更宽广的适应能力。搅拌可以强化传热与传质、促进气体分散良好，从而增大相界面和传质系数，并能使具有固体催化剂粒子的体系保持均匀悬浮。所以它不但适用于热效应较大和需要较高的气含率及贮液率的慢反应，也适用于返混有利于提高选择性的反应，并要求催化剂粒子处于均匀悬浮的气液反应等。

8.5.1　鼓泡搅拌釜的结构特征

　　在鼓泡搅拌釜中通常采用的桨叶是直叶涡轮式，用标准的六叶或四叶。在涡轮桨圆盘的下方，设有进气管，这种型式的搅拌桨能产生高度湍流并击碎气泡。另一种常用的桨叶是平桨，它适用于黏性液体或高浓度浆料。但是，在气体流量大时不宜采用。图 8-15 介绍了典型涡轮搅拌器的结构比例。

　　一般液层高度与釜径的比值 $\dfrac{H_0}{D}=1.0\sim1.2$。桨叶离釜底取 $\dfrac{D}{3}\sim\dfrac{D}{6}$。当 $\dfrac{H_0}{D}>1.8$ 时最好

用双桨或多层桨。涡轮式桨叶直径 d 和釜直径 D 的最佳比值视不同情况而异。一般对传质要求 $\dfrac{d}{D}=0.25\sim 0.4$，传热为 0.33，黏度增高则此比值增加，有固体颗粒悬浮时 $\dfrac{d}{D}=0.3\sim 0.5$。若过程同时要求满足传质、传热及固体颗粒悬浮，则取 $\dfrac{d}{D}=0.33$。

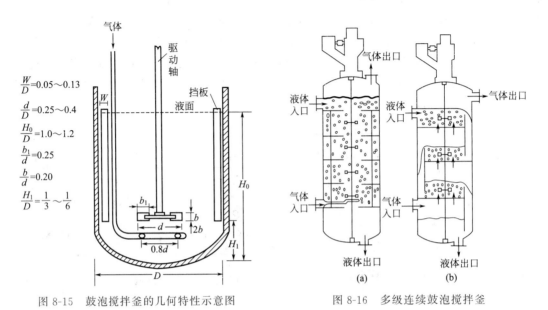

图 8-15　鼓泡搅拌釜的几何特性示意图　　　　　图 8-16　多级连续鼓泡搅拌釜

桨叶端的圆周速度一般取 $5\sim 7 \text{m/s}$，对颗粒沉降速度快且为稀薄浆料时，要求较快的转速。

挡板一般为四片，其宽度为 $\dfrac{D}{10}\sim\dfrac{D}{12}$，均匀设置在釜壁上。

若气体要求有较长的停留时间，则应采用具有多桨叶的高釜，如图 8-16 所示。在垂直塔内的桨间装横向隔板以减少返混，可接近于平推流。

8.5.2　鼓泡搅拌釜内的流体力学

对采用涡轮桨的搅拌釜，桨叶中圆盘的作用是防止气体沿轴短路上升。气泡从分布器的孔口喷出，就能立即被转动的桨叶刮碎并卷入叶片后面的涡流中，被涡流粉碎的气泡又同时沿半径方向迅速甩出，到达器壁后又折而向上、下两处循环并旋转，若遇到挡板，则再一次发生扰动。但由于气泡本身的浮力，它的行径并不与液流完全一致。在桨叶吐出处附近区域，是传质最强的区域，局部的气含率也最大，搅拌釜内的传质，主要靠此区域。其余空间传质效果大减。当然，对于慢反应，为了保证必要的反应时间，还要继续进行反应。

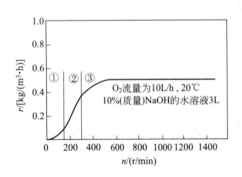

图 8-17　搅拌桨转速对丁硫醇氧化速率的影响

（1）搅拌桨的转速　实验研究表明，在某一区域范围内，搅拌桨转速对反应速率有明显的影响，如图 8-17 所示可能有两个临界转速：下临界转速与上临界转速。所谓下临界转速，是指搅拌桨的转速必须达到此值，气体才能分散均匀。在此转速以上，釜内气液都趋于完全混合，传质系数主要受搅拌速度所支配，气速大小已无直接影响。因此，下临界转速实质上是鼓泡作用和搅拌作用对总反应速率相对影响程度的一种界限，对快速反应或瞬时反应比较显著。用六叶平桨涡轮桨叶测得的临界转速下的经验公式

$$n_{0d} = (\sigma g/\rho_L)^{0.25}[1.22 + 1.25(D/d)] \tag{8-81}$$

表 8-3 即为 25℃ 时以水为介质 $[(\sigma g/\rho_L)^{0.25} = 16.55\text{cm/s}]$ 的临界转速。不同液体的 $(\sigma g/\rho_L)^{0.25}$ 值相差不多，故表 8-3 提供的数据可供估算其他物料的临界转速时参考。

表 8-3　以水为介质时的临界转速

$\dfrac{d}{D}$	n_{0d} /(cm/s)	桨尖速度 /(cm/s)	$n_0(D=1\text{m}$ 时$)$ /s^{-1}	$\dfrac{d}{D}$	n_{0d} /(cm/s)	桨尖速度 /(cm/s)	$n_0(D=1\text{m}$ 时$)$ /s^{-1}
0.2	123.6	389	6.13	0.4	72.6	228	1.81
0.3	89.1	280	2.97	0.5	61.5	193	1.23

在下临界转速以上，搅拌作用远远超过鼓泡作用，如图 8-17 所示。在区域②范围内，传质系数随转速的增加而增加。因此，气液传质系数和气体流量几乎没有直接的关联式。

从区域②进入区域③的转速称为上临界转速。此时，增加转速并不增加反应速率，表明此时过程已为反应动力学控制。

一般说来，对无限快速的瞬时反应，仅有区域①、②，而对比较缓慢的反应主要在区域③，对中间速度的反应，可能表现出三种阶段性变化。一般设计要求选用的转速应大于下临界转速，在测定真实反应动力学数据时，必须保证在上临界转速以上。

（2）通气量或空塔气速　如果在下临界转速以上，可以认为气速的影响不大。但气速取决于工艺上的要求，有时为了减少气态产物在液相中的溶解度并把它及时驱出而必须用超过反应需要的气速；有时为了把气相中的反应组分尽可能地一次转化完全而只能采用小的气速。但无论怎样，气速大小对搅拌功率、相界面、气含率、停留时间和传质等都有影响。如果气速过大，气体就不能很好地分散，桨叶被大量气体所包围，气体短路而上，而液层表面却出现腾涌，这种现象类似于液泛。这时的空塔气速称为泛点气速。对一定转速相应地有一个临界通气量，此时再增大气速，传质及反应速率不再增加。转速增快，泛点气速也相应提高。因此，对一定装置在一定转速下有一个最适宜的通气量。六叶涡轮桨的泛点通气量可用无量纲通气特征数 Nv 作关联如下

$$Nv_{\max} = v_{G,\max}/nd^3 = 0.19Fr^{0.75} \tag{8-82}$$

式（8-82）适用范围为

$$0.1 < Fr = \frac{n^2 d}{g} < 2.0$$

当工艺要求的气量超过了提高转速所能承受的气量时，可考虑用双桨双进气的方式，即在两层桨的下面各有一进气口，比双桨单进气时所能达到的气量大得多。

（3）气泡大小、气含率及比相界面积　表达鼓泡搅拌釜内吸收传质速率比较简单的方法是采用 $K_G a$ 值。若过程为液膜控制，可取 $K_G a = k_L a$。对伴有化学反应的传质过程可采用增强系数予以关联。在计算时必须了解比相界面积 a 的大小。此外，计算反应器容积和功率消耗时，必须掌握气含率的数据。因此，对不同液体在不同操作条件、不同桨叶型式、不

同转速和不同气体流量下的气含率、气泡大小和比相界面积，可用以下计算公式。

① 六叶平桨涡轮

$$d_{vs} = 4.15\left[\frac{\sigma^{0.6}}{(P_G/V)^{0.4}\rho_c^{0.2}}\varepsilon_G^{0.5}\right] + 0.09 \tag{8-83}$$

$$\varepsilon_G = \left(\frac{u_{0G}\varepsilon_G}{u_b}\right)^{\frac{1}{2}} + 0.0216\frac{(P_G/V)^{0.4}\rho_L^{0.2}}{\sigma^{0.6}}\left(\frac{u_{0G}}{u_b}\right)^{\frac{1}{2}} \tag{8-84}$$

$$a = 1.44\left[\frac{(P_G/V)^{0.4}\rho_c^{0.2}}{\sigma^{0.6}}\right]\left(\frac{u_{0G}}{u_b}\right)^{\frac{1}{2}} \tag{8-85}$$

式中，d_{vs} 为气泡的当量比表面平均直径，cm；σ 为表面张力，g/s^2；P_G/V 为单位体积的搅拌功率，g/(mm·s^3)（它的计算在后面讲到）；ρ_c 为连续相密度，g/mm^3；V 为液相体积，mm^3；u_{0G} 为空塔气速，mm/s；ε_G 为气含率，无量纲或 cm^3/cm^3；u_b 为气泡自由上升速度，cm/s。

以上三式的适用范围是

$$\left(\frac{d^2 n\rho_c}{\mu}\right)^{0.7}\left(\frac{nd}{u_{0G}}\right)^{0.3} < 20000$$

若 >20000，则液层上面的气体将被卷入液相中而使比相界面积增大为 a_0

$$\lg\frac{2.3a_0}{a} = 1.95\times10^{-5}\left(\frac{d^2 n\rho_c}{\mu}\right)^{0.7}\left(\frac{nd}{u_{0G}}\right)^{0.3} \tag{8-86}$$

② 六叶圆盘涡轮

$$\frac{\varepsilon_G}{1-\varepsilon_G} = 3.96\left(\frac{Fr^{\frac{1}{2}}}{Re_d}\right)^{0.87}(10Re_G)^{2\times10^7}(Fr/We)^{2.4}B +$$

$$\frac{1}{N_p}\left[0.25\ln Re_d - 1.4\left(\frac{Re_d}{We}\right)^{0.044}\right] \tag{8-87}$$

式中，$We = \rho_c n^2 d^3/\sigma$；$Re_G = v_G\rho_c^2/(\pi d\mu_G)$；$v_G$ 为通气流量；B 是一个常数。

$$当 Fr \leqslant 0.6，B = \left(\frac{Fr}{0.6}\right)^{0.667}$$

$$Fr \geqslant 0.6，B = 1$$

上式适用范围为

$$5.7\times10^2 \leqslant Re_d = \rho_c nd^2/\mu \leqslant 1.7\times10^3$$

$$1.8\times10^{-2} \leqslant Fr = n^2 d/g \leqslant 3.2$$

$$1.8\times10^3 \leqslant Re_d^2/We \leqslant 6.9\times10^6$$

（4）功率计算　当气体通入搅拌釜时，桨叶处流体的密度减小，故桨叶所消耗的功率也减小。如在气体通入之前就必须启动搅拌桨，则应根据不充气时所需的功率来考虑。如图 8-18 所示，图中不同曲线代表不同桨叶或不同 $\frac{d}{D}$ 值。

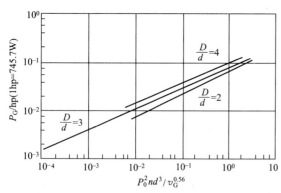

图 8-18　六叶平桨涡轮式气液搅拌的功率损耗

P_0—功率，hp

对六叶平桨涡轮桨叶 $\left(\dfrac{d}{D}=\dfrac{1}{3}\right)$ 鼓泡时消耗功率 P_G 可用以下经验公式表示

$$P_G = 0.08\left(\frac{P^2 n d^3}{v_G^{0.56}}\right)^{0.45} \tag{8-88}$$

式中，P、P_G 为不通气、通气时功率，hp（1hp $=0.746$kW）；n 为转速，r/min；d 为搅拌桨叶直径，ft（1ft $=0.3048$m）；v_G 为通气流量，ft^3/min（$1ft^3$/min$=0.02832m^3$/min）。

对多桨叶只适用于底桨，其他桨叶每桨用不充气时的功率乘以 $0.7\sim0.9$。

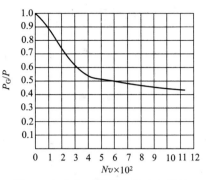

图 8-19　充气时搅拌桨的功率损耗

对一般简化处理方法可用图 8-19，即以（P_G/P）和通气特征数 Nv 作描绘 [$Nv = v_G/(nd^3)$]。从图可见随着通气量增加，功率迅速减少。在大气量时，所需功率约为不通气时的一半。

例 8-3　在一内径 2m 且有挡板的圆筒形容器内有一直径 0.667m 的涡轮搅拌桨，其转速为 180r/min。容器内装有 20℃ 的水，通入大气压的空气，其流量为 $100m^3$/h。试计算：（1）搅拌功率和每单位液体体积所输入的功率；（2）气含率；（3）平均气泡直径；（4）液体内的比相界面积；（5）最大通气流量。水的表面张力为 $72.75g/s^2$，气泡的浮升速度假定为 0.2m/s。

解　（1）先计算不通气时的搅拌功率，通气后的搅拌功率用图 8-19 计算。

已知条件为：$d=0.667$m，$n=3$r/s，$\rho=1000$kg/m^3，$\mu=1$cP$=1\times10^{-3}$Pa·s，$v_G=100m^3$/h。

所以　$Re_d = \dfrac{nd^2\rho}{\mu} = \dfrac{3\times0.667^2\times1000}{1\times10^{-3}} = 1.33\times10^6$

对这样大的 Re_d 值可用公式（3-51），从表 3-9 可查得 $K_T=6.3$。因而在不通气时所需功率为

$$P = K_T n^3 d^5 \rho = 6.3\times3^3\times0.667^5\times1000$$
$$= 22.45\times10^3 \text{J/s}$$

通气特征数　$Nv = \dfrac{v_G}{nd^3} = \dfrac{100}{3600\times3\times0.667^3} = 0.0311$

从图 8-19 查得 $P_G/P = 0.585$，故

$$P_G = 0.585\times22.45\times10^3 = 1.313\times10^4 \text{J/s}$$

按标准规定液层深度为 2m，故液体体积

$$V = \frac{\pi D^2 H_0}{4} = 2\pi = 6.28 m^3$$

因此，单位体积的搅拌功率

$$\frac{P_G}{V} = \frac{1.313\times10^4}{6.28} = 2.09\times10^3 \text{J/(m}^3\cdot\text{s)}$$

（2）气含率　搅拌器截面为 $\dfrac{\pi D^2}{4} = 3.142 m^2$，故空塔气速

$$u_{0G} = \frac{100}{3600 \times 3.142} = 0.00884 \text{m/s}$$

代入公式(8-84)，采用下列换算关系

$$1 \text{dyn/cm} = 1 \text{g/s}^2$$

$$1 \text{kg/m}^3 = 10^{-6} \text{g/mm}^3$$

$$1 \text{kW/m}^3 = 10^3 \text{g/(mm} \cdot \text{s}^3)$$

从已有数据

$$\sigma = 72.75 \text{g/s}^2, \quad v_L = \frac{\mu_L}{\rho_L} = 10^{-3} \text{g/mm}^3$$

$$\frac{P_G}{V} = 2.09 \times 10^3 \text{g/(mm} \cdot \text{s}^3)$$

气含率

$$\varepsilon_G = \left(\frac{u_{0G}\varepsilon_G}{u_b}\right)^{\frac{1}{2}} + 0.0216 \frac{(P_G/V)^{0.4} \rho_c^{0.2}}{\sigma^{0.6}} \left(\frac{u_{0G}}{u_b}\right)^{\frac{1}{2}}$$

$$= \left(\frac{0.00884}{0.2}\varepsilon_G\right)^{\frac{1}{2}} + 0.0216 \frac{(2.09 \times 10^3)^{0.4}(10^{-3})^{0.2}}{72.75^{0.6}} \left(\frac{0.00884}{0.2}\right)^{\frac{1}{2}}$$

求解这个二次方程式，可得气含率 $\varepsilon_G = 0.0768$。

（3）气泡的当量比表面直径 d_{vs}，可用公式(8-83)

$$d_{vs} = 4.15 \left[\frac{\sigma^{0.6}}{(P_G/V)^{0.4} \rho_c^{0.2}} \varepsilon_G^{0.5}\right] + 0.9$$

$$= 4.15 \left[\frac{72.75^{0.6}}{(2.09 \times 10^3)^{0.4}(10^{-3})^{0.2}} \times 0.0768^{0.5}\right] + 0.9$$

$$= 3.7 \text{mm}$$

（4）比相界面积 a

$$a = \frac{6\varepsilon_G}{d_{vs}} = \frac{6 \times 0.0768}{3.7} = 0.125 \text{mm}^{-1}$$

（5）最大通气流量 $v_{G,max}$

先计算 Fr 数

$$Fr = \frac{n^2 d}{g} = \frac{3^2 \times 0.667}{9.81} = 0.612$$

按公式(8-82)，因为 $0.1 < Fr < 2.0$，则有

$$v_{G,max} = N v_{max} n d^3$$

$$= 0.194 \times Fr^{0.75} \times nd^3$$

$$= 0.194 \times 0.612^{0.75} \times 3 \times 0.667^3$$

$$= 0.1195 \text{m}^3/\text{s} = 430 \text{m}^3/\text{h}$$

8.5.3 鼓泡搅拌釜的传热和传质

在同时通气和搅拌时，鼓泡搅拌釜内的传热公式可参考内壁给热系数 h 和搅拌功率的关联式(3-18)，即

$$h \propto P^{2/9}$$

设 P、P_G 分别为不通气和通气时所输入的搅拌功率，而 P_K 为气泡从釜底浮升至液面的膨

胀功（等于在绝热情况下将气体从液面压缩至底部所需功率）。若 h_G、h 分别代表通气和不通气时的内壁给热系数。可得以下近似关系式

$$h_G = h \left(\frac{P_G + P_K}{P} \right)^{0.25} \tag{8-89}$$

通常传热问题可与不通气时一样处理。

鼓泡搅拌釜内的气膜传质阻力一般可以忽略不计。对液膜传质系数 k_L 则可用下式计算

小气泡，$d_b < 4mm$
$$\frac{k_L d_b}{D_{LA}} = 2 + \left(\frac{d_b u_b \rho_L}{\mu_L} \right)^{\frac{1}{2}} \left(\frac{\mu_L}{\rho_L D_{LA}} \right)^{\frac{1}{3}} \tag{8-90}$$

大气泡，$d_b > 4mm$
$$\frac{k_L d_b}{D_{LA}} = 683 (d_b)^{1.376} \left(\frac{4 d_b u_b}{\pi D_{LA}} \right)^{\frac{1}{2}} \tag{8-91}$$

其中 u_b 为气泡浮升速度

$$u_b = \left(\frac{2\sigma}{\rho_L d_b} + \frac{g d_b}{2} \right)^{0.5} \tag{8-92}$$

8.5.4　鼓泡搅拌釜的放大

① 根据工艺要求及传递特性确定反应器型式、结构参数（包括 $\frac{H}{D}$，$\frac{d}{D}$，$\frac{H_0}{D}$，挡板型式、数量和位置，传热面积，桨叶数目和布气装置等）、操作参数（T，p，u_{0G}，n 等）和操作方式（半连续或连续，一釜或多釜）。对复杂反应，首先要弄清各项参数对主、副反应的影响程度，以改善选择性，提高收得率。

② 釜的液高 H_0 与釜径 D 之比可选取 $1.0 \sim 1.2$。如该比值超过 1.8，则应采用多桨。$d/D = 0.2 \sim 0.5$，通过取 $1/3$。离底高度与桨径相等，上下桨之间距离应大于桨径，挡板按不同流体黏度而装设，最多四块，布气装置应尽量避免气体短路。

③ 搅拌桨转速应大于下临界转速，而通气流量应低于泛点气量。釜径增大，转速可以减小。但放大时一般增加 $\frac{H}{D}$ 值，仍要求同样的气液比，空塔气速可能超过泛点气速，则应设法提高泛点值，例如加大转速、采用多桨和多进气等方式。

④ 本节介绍的计算公式的通用性较差，这是由于鼓泡搅拌釜的反应工艺、物性参数、操作状况、结构特征都比较复杂，特别是少量杂质或表面活性物质的存在，常使结果产生很大的差异。因此，这些公式仅能作为估算之用，在实际使用时应按中间工厂实测结果作关联，对这些公式作检验。

⑤ 鼓泡搅拌釜的放大可以按（P_G/V）一定、桨尖速度一定或 $k_L a$ 值一定，这三个准则放大。但是，这三个准则不可能同时满足，必须分清主次，有所取舍。一般用（P_G/V）比较安全，对液膜控制若采用 $k_L a$ 值一定也是合理的。

⑥ 若液相内需采用均相催化剂时，反应速率和催化剂浓度密切相关。催化剂用量的选择，在动力学控制时应该使真实反应速率等于最慢的扩散组分的传质速率。对快反应，则应选择催化剂浓度使气相扩散组分在液相内的浓度接近于零。在设计时只要测定气相组分中最慢的传质速率，便可以此选定适合于这个速率的催化剂浓度。

⑦ 对比较复杂的反应动力学，要得到一般的解析解通常不易做到，最好用数值法求解。

如果液体并非完全混合，则要用适宜的轴向扩散模型，用以计算传质梯度和反应速率。

8.6　气液相反应器的数学模型和设计

气液相反应器内气液两相的流动过程和传递过程都比较复杂，因而目前对气液相反应器的设计还不成熟。有关气液相反应器的数学模型和设计，主要基于理想流动模型和计算流体力学模型。

理想流动模型是根据气液相流体在反应器内的流动状况，将其假设为平推流或全混流而建立物料衡算方程。对于高径比较大的塔式反应器，因气体鼓泡上升（鼓泡塔、板式塔和气升式环流反应器等）或连续流动（填料塔、湿壁塔、降膜反应器、喷洒塔和文丘里反应器等），气相返混程度较小，气体流动往往可认为是平推流。只有在高径比较小的釜式反应器（喷射反应器、鼓泡搅拌釜反应器），气相返混大，气体流动可认为是全混流。而对于液含量较大的气液相反应器（鼓泡塔、喷射反应器、鼓泡搅拌釜反应器），液相返混较大，液相流动往往可认为是全混流；如果反应器直径较小，液相返混不大，液相可视为平推流。对于液含量较小的、液体喷洒分散为液滴在气相中流动的喷洒型反应器（喷洒塔、文丘里反应器）或液体以液膜运动与气相进行接触的液膜型反应器（填料塔、湿壁塔、降膜反应器），则气液两相流动均可假设为平推流。表 8-4 列举了不同操作情况下气相和液相的流动模型。以下介绍几种典型的理想流动模型和气液相反应器设计。

表 8-4　不同操作情况下气相和液相的流动模型

操 作 方 法	气相　　液相
连续	a 平推流—A 平推流 b 全混流—B 全混流
半连续	a 平推流—B 完全混合 b 全混流
间歇	b 完全混合—B 完全混合

8.6.1　气相为平推流、液相为全混流

多数鼓泡塔反应器和高径比较大的鼓泡搅拌反应釜属于此类。以气相反应物 A 和液相反应物 B 的反应体系（$aA+bB \longrightarrow$ 产物）为例，A 必须扩散到液相中与 B 反应，液相主体中反应物浓度恒定，气相中反应物 A 浓度随高度变化。

（1）连续操作　液体流动为全混流，可对反应器作液相中反应物 B 的物料衡算

$$V_L(-r_B)=V_L \frac{b}{a}(-r_A)=Q_L(c_{B0}-c_{BL}) \tag{8-93}$$

对液相中反应物 A 作物料衡算

$$Q_L(c_{A0}-c_{AL})=-K_G a V_T p \left(y_A-\frac{H_A c_A}{p}\right)+(-r_A)V_L \tag{8-94}$$

液相进料中如不含反应物 A，即其浓度 $c_{A0}=0$。如果化学反应过程为快速反应，液相中反应物 A 浓度 $c_{AL}=0$，此时式（8-94）可改写为

$$K_G a_p V_T p \left(y_A-\frac{H_A c_A}{p}\right)=(-r_A)V_L$$

气相在轴向为平推流，取微元对气相中反应物 A 进行物料衡算

$$F_G y_A - (F_G y_A - dF_G y_A) = N_A dZ$$

$$d(F_G y_A) = K_G a_p p \left(y_A - \frac{H_A c_A}{p} \right) dZ \tag{8-95}$$

若以空塔气速 u_{0G} 表示，则

$$-d\left(y_A \frac{p u_{0G}}{RT} \right) = K_G a_p p \left(y_A - \frac{H_A c_A}{p} \right) dZ \tag{8-96}$$

式中，V_L 为反应器内液体体积；V_T 为气液总体积；Q_L 为液体体积流量；F_G 为气体摩尔流速；u_{0G} 为空塔气速；K_G 为气相总传质系数；H_A 为亨利常数；a_p 为单位体积的气液相界面积。

如果气体体积变化不大，则上式可取平均值计算

$$-\overline{u_{0G}} \, d\left(y_A \frac{p}{RT} \right) = K_G a_p p \left(y_A - \frac{H_A c_A}{p} \right) dZ$$

对于给定的生产任务，可通过式(8-93) 和式(8-94) 计算获得反应器体积，对式(8-95) 积分可获得反应器高度。

（2）半连续操作

工业上往往采用半连续鼓泡塔或鼓泡搅拌釜生产小批量的产品，即反应器内液体批次投料、液体无进料和出料，气体连续通入，因此，液相中反应物 B 和反应物 A 浓度随时间而变化，可分别按物料衡算式(8-97) 和式(8-98) 计算

$$(-r_B) = -\frac{dc_B}{dt} = \frac{b}{a}(-r_A) \tag{8-97}$$

液相内反应物 A

$$K_G a_p V_T p \left(y_A - \frac{H_A c_A}{p} \right) - (-r_A) V_L = V_L \frac{dc_A}{dt} \tag{8-98}$$

液相反应物 B 的浓度从 c_{BL0} 下降到所需要的浓度时，反应时间通过式(8-97) 求得。

气相反应物 A 在轴向方向的变化可同样根据物料衡算式(8-95) 计算，可积分获得反应器高度。

8.6.2　气相和液相均为全混流

如果反应器内气液两相均有很大返混，可视为全混流。鼓泡搅拌釜就属于此类，在剧烈搅拌下气液两相均存在很大程度的返混。如果是连续操作，液相中反应物 B 和反应物 A 可同样采用衡算方程如式(8-93) 和式(8-94) 进行计算。气相也为全混流，对气相中反应物 A 作物料衡算

$$F_{G0} y_{A0} - F_G y_A = K_G a_p V_T p \left(y_A - \frac{H_A c_A}{p} \right) \tag{8-99}$$

如果是半连续操作，可分别采用衡算方程式(8-97)～式(8-99) 描述液相中反应物 B 和反应物 A 及气相中反应物 A 的浓度变化。

如果是间歇操作，可分别采用式(8-97) 和式(8-98) 计算液相中反应物 B 和反应物 A 的浓度随反应时间的变化。而气相中反应物 A 浓度随时间的变化为

$$-\frac{\mathrm{d}}{\mathrm{d}t}\left(\frac{y_A p V_T \varepsilon_G}{RT}\right)=K_G a_p V_T p\left(y_A-\frac{H_A c_A}{p}\right) \tag{8-100}$$

8.6.3 气相和液相均为平推流

对于液含量较小的、液体喷洒分散为液滴在气相中流动的喷洒型反应器（喷洒塔、文丘里反应器）或液体以液膜运动与气相进行接触的液膜型反应器（填料塔、湿壁塔、降膜反应器），气液两相返混很小，均可视为平推流。在反应器内对轴向微元高度 $\mathrm{d}Z$ 作物料衡算。

液相
$$-u_L \mathrm{d}c_B=(-r_B)\mathrm{d}Z \tag{8-101}$$

$$-u_L \mathrm{d}c_{AL}=\left[-K_G a_p p\left(y_A-\frac{H_A c_A}{p}\right)+(-r_A)\right]\mathrm{d}Z \tag{8-102}$$

气相
$$\mathrm{d}(F_G y_A)=K_G a_p p\left(y_A-\frac{H_A c_A}{p}\right)\mathrm{d}Z \tag{8-103}$$

对通过化学吸收净化气体的过程，目标是气相的出口浓度达到要求，过程的阻力主要在气相方面，因此要依据气相物料衡算方程计算其浓度变化，从而计算能完成净化目的的反应器高度，比如填料塔的设计，气相的衡算方程为

$$\frac{K_G a_p p \mathrm{d}Z}{F_G'}=\frac{\mathrm{d}Y_A}{(Y_A-Y_A^*)}$$

积分得
$$Z=\frac{F_G'}{K_G a_p p}\int_{Y_{A2}}^{Y_{A1}}\frac{\mathrm{d}Y_A}{(Y_A-Y_A^*)}$$

$$Z=\frac{F_G'}{(K_G a_p)_m}\frac{Y_{A1}-Y_{A2}}{(Y_A-Y_A^*)_{LM}}$$

式中，F_G' 为惰性气体的摩尔流速；Y_{A1} 和 Y_{A2} 分别为被吸收气体的进口和出口处的分子分数，下标 m 和 LM 分别表示平均值和对数平均值。

如果气液相反应过程以合成液相产品为目的，液气比较大，反应不是瞬间完成，多数为液膜控制，因此要依据液相物料衡算方程计算其浓度变化，并计算获得反应器高度。

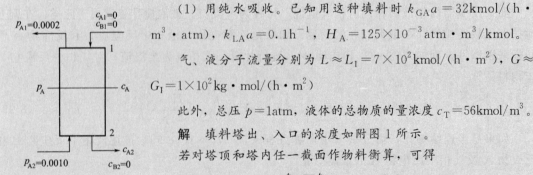

例 8-4　填料吸收塔高度计算

在一逆流操作的填料塔中用吸收的方法把某一尾气中的有害组分从 0.1% 的含量降低到 0.02%，试比较以下几种情况 ［用 $\mathrm{kmol/(h \cdot m^3 \cdot atm)}$ 为计算单位］，并逐一计算：

（1）用纯水吸收。已知用这种填料时 $k_{GA}a=32\mathrm{kmol/(h \cdot m^3 \cdot atm)}$，$k_{LA}a=0.1\mathrm{h^{-1}}$，$H_A=125\times10^{-3}\mathrm{atm \cdot m^3/kmol}$。

气、液分子流量分别为 $L\approx L_1=7\times10^2\mathrm{kmol/(h \cdot m^2)}$，$G\approx G_I=1\times10^2\mathrm{kg \cdot mol/(h \cdot m^2)}$

此外，总压 $p=1\mathrm{atm}$，液体的总物质的量浓度 $c_T=56\mathrm{kmol/m^3}$。

解　填料塔出、入口的浓度如附图 1 所示。

若对塔顶和塔内任一截面作物料衡算，可得

$$G\frac{p_A-p_{A1}}{p}=L\frac{c_A-c_{A1}}{c_T}$$

例 8-4 附图 1

或
$$p_A - 0.0002 = (7 \times 10^2 / 1 \times 10^2)(1/56)(c_A - 0)$$

即
$$8p_A - 1.6 \times 10^{-3} = c_A$$

对全塔作物料衡算，可知液体出口处的浓度为

$$c_{A2} = 8 \times 0.0010 - 1.6 \times 10^{-3} = 6.4 \times 10^{-3} \text{ kmol/m}^3$$

选择几个 p_A 值，按上式先算出 c_A 值。用亨利定律求得和 c_A 相平衡的 p_A^*，再算出总推动力 $\Delta p = p_A - p_A^*$ 如下：

p_A	$c_A \times 10^3$	$p_A^* = H_A c_A$	$\Delta p_A = p_A - p_A^*$
0.0002	0	0	0.0002
0.0006	3.2	0.0004	0.0002
0.0010	6.4	0.0008	0.0002

总体积传质系数用下式计算

$$\frac{1}{K_{GA}a} = \frac{1}{k_{GA}a} + \frac{H_A}{k_{LA}a}$$

$$= \frac{1}{32} + 125 \times 10^{-3}/0.1 = 1.283$$

所以
$$K_{GA}a = 0.780 \text{kmol/(h} \cdot \text{m}^3 \cdot \text{atm)}$$

从公式

$$\frac{G_g}{M_g} \mathrm{d}y_A = G \mathrm{d}y_A = G\frac{\mathrm{d}p_A}{p}$$

$$= K_{GA}a(y_A - y_A^*)p\mathrm{d}Z$$

$$= K_{GA}a(p_A - p_A^*)\mathrm{d}Z$$

所以
$$Z = \frac{G}{pK_{GA}a}\int \frac{\mathrm{d}p_A}{p_A - p_A^*}$$

$$= \frac{1 \times 10^2}{1 \times 0.78} \int_{0.0002}^{0.0010} \frac{\mathrm{d}p_A}{0.0002} = 513\text{m}$$

显然，用纯水吸收是行不通的。

（2）用高浓度反应组分 $c_B = 0.8 \text{kmol/m}^3$ 的水溶液吸收，反应极快，设 $k_{LA} = k_{LB} = k_L$。液体的总物质的量浓度 $c_T = 56 \text{kmol/m}^3$。

参考附图 2。设 A 和 B 反应的化学计量系数 $b = 1$。按气相中 A 的变化和液相中 B 的变化作物料衡算

$$G\frac{p_A - p_{Ai}}{p} = L\frac{c_{B1} - c_B}{c_T}$$

所以
$$p_A - p_{Ai} = \frac{(7 \times 10^2) \times 1}{(1 \times 10^2) \times 56}(0.80 - c_B)$$

或
$$8p_A = 0.8016 - c_B$$

对全塔作物料衡算，液体出塔处 B 的浓度为

$$c_{B2} = 0.8016 - 8 \times 0.0010 = 0.7936 \text{kmol/m}^3$$

在塔顶 $k_{GA}ap_A = 32 \times 0.0002 = 6.4 \times 10^{-3}$ kmol/(h · m³)

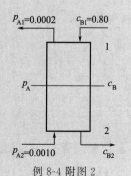

例 8-4 附图 2

$$k_{LB}ac_B = 0.1 \times 0.8 = 0.08 \text{kmol/(h·m}^3)$$

在塔底　　$k_{GA}ap_A = 32 \times 10^{-3}$

$$k_{LB}ac_B = 79.32 \times 10^{-3}$$

说明不论在塔顶还是塔底，气相传质速率比液相中慢，故为气膜控制，取 $p_A^* = 0$

$$(-r_A) = k_{GA}a\,dp_A$$

$$Z = \frac{G}{pk_{GA}a} \int_{0.0002}^{0.0010} \frac{dp_A}{p_A}$$

$$= \frac{1 \times 10^2}{1 \times 32} \int_{0.0002}^{0.0010} \frac{dp_A}{p_A} = 5.0\text{m}$$

可见由于有了很快的化学反应，传质阻力已转移到气相，塔高降到 5m，c_B 值过高。

（3）情况同（2），但用低浓度的溶液，$c_B = 0.03\text{kmol/m}^3$，并设 $k_{LA} = k_{LB} = k_L$。

物料衡算仍如附图 2 所示，但 $c_{B1} = 0.03\text{kmol/m}^3$

可得　　　　　　　　　$8p_A = 0.0336 - c_B$

故 B 在塔底的浓度为

$$c_{B2} = 0.0336 - 8 \times 0.0010 = 0.0256\text{kmol/m}^3$$

参考（2）的计算方法

在塔顶　　　　　　$k_{GA}ap_A = 6.4 \times 10^{-3}\text{kmol/(h·m}^3)$

$$k_{LB}ac_B = 3.2 \times 10^{-3}\text{kmol/(h·m}^3)$$

在塔底　　　　　　$k_{GA}ap_A = 32 \times 10^{-3}\text{kmol/(h·m}^3)$

$$k_{LB}ac_B = 2.56 \times 10^{-3}\text{kmol/(h·m}^3)$$

可见在塔顶和塔底，$k_{GA}p_A > k_{LB}c_B$，故可以认为在液膜内进行快速反应。设 $D_{LB} = D_{LA}$，$b = 1$，从公式（8-18）可得

$$(-r_A') = \frac{H_Ac_B + p_A}{\dfrac{1}{k_{GA}} + \dfrac{H_A}{k_L}} \quad [\text{kmol/(h·m}^2)]$$

选择几个 p_A 值，并按下表计算：

p_A	$c_B \times 10^3$	H_Ac_B	$p_A + H_Ac_B$
0.0002	32.0	0.0040	0.0042
0.0006	28.8	0.0036	0.0042
0.0010	25.6	0.0032	0.0042

故床层高度

$$Z = \frac{G}{p} \int_{p_{A1}}^{p_{A2}} \frac{dp_A}{(-r_A')a}$$

$$= \frac{G}{p} \int_{p_{A1}}^{p_{A2}} \frac{1/k_{GA}a + H_A/k_La}{H_Ac_B + p_A} dp_A$$

$$= 1 \times 10^2 \int_{0.0002}^{0.0010} \frac{1.283\,dp_A}{0.0042} = 24.4\text{m}$$

以上说明化学反应对吸收过程影响很大。通过计算可以确定合适的溶液浓度和相应的填

料层高度。例如，若用中等浓度的溶液 $c_B = 0.128 \text{kmol/m}^3$，有可能在塔上半部为气膜控制，在塔下半部为液膜控制，需要分段做计算。

例 8-5 在一内径为 6.61cm 的鼓泡塔内，以环烷酸钴为催化剂，在 120℃ 用空气（A）进行邻二甲苯（B）的连续氧化。原料邻二甲苯以 $5.22 \times 10^{-3} \text{m}^3/\text{h}$ 的流量从塔顶送入，其浓度为 $c_{B0} = 6.44 \text{kmol/m}^3$。空气被压缩到 4.227 绝对大气压，以 $1.925 \text{m}^3/\text{h}(25℃)$ 的流量从塔底通入。分布板上共有 81 个直径为 $1 \times 10^{-3} \text{m}$ 的小孔。如果要求邻二甲苯的转化率为 23.3%，尾气中（90℃）含氧量不超过 3%，试计算塔内各项参数并定出所需液层高度。根据实验结果，在该转化率范围内可作拟一级反应处理，即反应速率和邻二甲苯的浓度成线性关系

$$(-r_B) = k_2 c_A c_B = k_1 c_B$$

测定的 $k_1 = 0.1829 \text{h}^{-1}$，$\varepsilon_G = 0.20$，$\rho_L = 925 \text{kg/m}^3$，$\mu_L = 0.443 \times 10^{-3} \text{Pa·s}$，$\sigma = 24.3 \times 10^{-3} \text{N/m}$，$D_L = 1.46 \times 10^{-8} \text{m}^2/\text{s}$，$\mu_G = 0.0202 \times 10^{-3} \text{Pa·s}$，$\rho_G = 4.52 \text{kg/m}^3$，平均操作压力为 $4.132 \times 10^5 \text{Pa}$，试计算塔内的传递参数，反应控制步骤及所需床高。

解 （1）空塔气速 u_{0G}，忽略尾气中的少量 CO_2 和 H_2O，得尾气量

$$v_{\text{尾}} = 1.925 \times 0.79 + \frac{0.03}{1-0.03}(1.925 \times 0.79) = 1.567 \text{m}^3/\text{h}$$

塔内平均流量 $= (1.925 + 1.567)/2 = 1.746 \text{m}^3/\text{h}$

在操作工况下的平均空塔气速，由于塔截面积为 $3.429 \times 10^{-3} \text{m}^2$

$$u_{0G} = \frac{1.746}{3.429 \times 10^{-3} \times 3600}\left(\frac{1}{4.0}\right)\left(\frac{273 + \frac{90+25}{2}}{298}\right) = 0.0391 \text{m/s}$$

说明在安静区操作。

（2）空塔液速 u_{0L} 设离塔的氧化液体积与进料液相同，则

$$u_{0L} = 5.22 \times 10^{-3}/(3.429 \times 10^{-3}) = 1.52 \text{m/h}$$

（3）气泡平均直径 d_b 及浮升速度 u_t 分布板小孔气速及小孔流出 Re_0 数

$$u_0 = \frac{1.925/3600}{4.227 \times 81\left(\frac{\pi}{4}\right) \times 0.1^2 \times 10^{-4}} = 1.98 \text{m/s}$$

$$Re_0 = \frac{d_0 u_0 \rho_G}{\mu_G} = \frac{1 \times 10^{-3} \times 1.98 \times 4.52}{0.0202 \times 10^{-3}} = 453$$

由于 $200 < Re_0 < 2100$，公式（8-49）可以应用，求得平均气泡直径 d_{vs}(m)，d_0 亦以 m 计。

$$d_{vs} = 0.29 \times 10^{-1} d_0^{\frac{1}{2}} Re_0^{\frac{1}{3}} = 0.29 \times 10^{-1}(1 \times 10^{-3})^{\frac{1}{2}} \times 453^{\frac{1}{3}} = 7.04 \times 10^{-3} \text{m}$$

计算气泡浮升速度 u_t 可用公式（8-53），取曳力系数 C_D 为 0.773，取 $d_b = d_{vs}$，则

$$u_t = \left(\frac{4}{3} \times \frac{g d_b}{C_D}\right)^{\frac{1}{2}} = \left(\frac{4}{3} \times \frac{9.81 \times 7.03 \times 10^{-3}}{0.773}\right)^{\frac{1}{2}} = 0.345 \text{m/s}$$

（4）比相界面积 a 用公式（8-48）计算

$$a = \frac{6\varepsilon_G}{d_{vs}} = \frac{6 \times 0.20}{7.04 \times 10^{-3}} = 1.705 \times 10^2 \text{m}^2/\text{m}^3 \text{充气液}$$

（5）液相传质系数 气泡及液体间的相对滑动速度 u_s 用公式（8-58）

$$u_s = \frac{u_{0G}}{\varepsilon_G} - \frac{u_{0L}}{1-\varepsilon_G}$$

$$= \frac{0.0391}{0.20} - \frac{4.22 \times 10^{-6}}{0.80} = 0.195 \text{m/s}$$

在安静区气液间的液膜传质系数可用修正了的公式(8-77)计算

$$Sh = 2.0 + 0.0187 \left[Re_p^{0.484} Sc_L^{0.339} \left(\frac{d_b g^{\frac{1}{3}}}{D_L^{\frac{2}{3}}} \right)^{0.072} \right]^{1.61}$$

即

$$\frac{k_L d_b}{D_L} = 2 + 0.0187 \left\{ \left[\frac{7.04 \times 10^{-3} \times 0.195 \times 925}{0.443 \times 10^{-3}} \right]^{0.484} \times \right.$$

$$\left. \left[\frac{0.443 \times 10^{-3}}{925(1.46 \times 10^{-8})} \right]^{0.339} \times \left[\frac{7.04 \times 10^{-3} \times 9.81^{\frac{1}{3}}}{(1.46 \times 10^{-8})^{\frac{2}{3}}} \right]^{0.072} \right\}^{1.61} = 156$$

故液膜传质系数

$$k_L = 156(1.46 \times 10^{-8})/7.04 \times 10^{-3} = 3.24 \times 10^{-4} \text{m/s} = 1.165 \text{m/h}$$

因此，在安静区的体积传质系数

$$k_L a = 3.24 \times 10^{-4} \times 1.705 \times 10^2 = 0.0552 \text{s}^{-1} = 199 \text{h}^{-1}$$

（6）计算塔内应有液层高度　先对拟一级反应的控制步骤作出判断，用公式(8-26)

$$\gamma = \frac{\sqrt{k_c D_L}}{k_L} = \frac{\sqrt{0.1829(1.46 \times 10^{-8} \times 3600)}}{1.165} = 0.00266$$

由于 $\gamma < 0.02$，k_L 值很小，故为慢反应，属动力学控制。当转化率为 23.3% 时的反应速率为

$$(-r_B) = k_L c_B = 0.1829 \times 6.44 \times (1-0.233) = 0.905 \text{kmol/(m}^3 \cdot \text{h)}$$

设塔内液相为全混流，所需液体体积

$$V_L = v_L c_{B0} x_B / (-r_B)$$

$$= 5.22 \times 10^{-3} \times 6.44 \times 0.233/0.905$$

$$= 8.66 \times 10^{-3} \text{m}^3$$

静液层高

$$H_0 = 8.66 \times 10^{-3} / (3.429 \times 10^{-3}) = 2.52 \text{m}$$

充气液层高

$$H = \frac{H_0}{1-\varepsilon_G} = \frac{2.52}{1-0.2} = 3.15 \text{m}$$

实际反应器的充气液层高度为 3.07m。

例 8-6　对每小时生产二氯乙烷 183kmol 的乙烯液相氧氯化反应的半连续操作的鼓泡床反应器作经验设计计算。总反应式为

$$\underset{\text{(A)}}{C_2H_4(\text{气})} + \underset{\text{(B)}}{2HCl(\text{气})} + \underset{\text{(E)}}{\frac{1}{2}O_2(\text{气})} \xrightarrow{\text{CuCl}_2} \underset{\text{(R)}}{C_2H_4Cl(\text{气})} + \underset{\text{(S)}}{H_2O(\text{气})}$$

其动力学方程式为

$$(-r_A) = k[CuCl_2][CuCl_2 + CuCl]^{1.35}$$

$$k = 2.69 \times 10^{-4} \exp(-5700/T)$$

式中，[ ] 代表浓度，$kmol/m^3$。

工艺确定的操作条件为：$p = 21.4atm$，$T = 444K(171℃)$，$[CuCl_2] = 4.5$，$[CuCl] = 0.3$，乙烯单程转化率要求 99.9% 以上。为保持气相按平推流流动，要求在安静区操作，确定空床气速 $u_{0G} = 4.58 \times 10^{-2} m/s$。若已知 $k_{LA}a = 415h^{-1}$，$H_A = 3.20 \times 10^2 m^3 \cdot atm/(kg \cdot mol)$；$k_{LE}a = 356h^{-1}$，$H_E = 8.34 \times 10^2 m^3 \cdot atm/(kg \cdot mol)$。进料分子比 $C_2H_4 : HCl : O_2 = 1 : 2 : 0.7$。

解 物料衡算（kmol/h）

	进料	出料
C_2H_4	183	—
HCl	366	—
O_2	128	36.5
C_2H_4Cl	—	183
H_2O	—	183
总计	$F_0 = 677$	402.5

工况下进气的体积流量为

$$v_0 = 677 \times 22.4 \times 444/(273 \times 21.4) = 1152 m^3/h$$

出气的体积流量为

$$v = v_0(1 + \delta_A y_{A0} x_A)$$

$$= 1152\left[1 + \left(-1.5 \times \frac{183}{677} \times 0.999\right)\right] = 685.5 m^3/h$$

以 v_0 计算塔径

$$D = \left[\frac{v_0}{(\pi/4)u_{0G}}\right]^{\frac{1}{2}}$$

$$= [1152/(0.785 \times 4.58 \times 10^{-2} \times 3600)]^{\frac{1}{2}} = 2.98 m$$

平均空床气速为

$$\overline{u_{0G}} = [(1152 + 685.2)/2]/[(\pi/4) \times 2.98^2 \times 3600]$$

$$= 3.65 \times 10^{-2} m/s$$

由公式(8-65)计算气含率，取 $u_t = 24.4 \times 10^{-2} m/s$，从表 8-2 取 α 值为 0.7，并因 $u_L = 0$

$$\varepsilon_{0G} = \frac{\alpha u_{0G}}{u_t + u_L/(1 - \varepsilon_{0G})} = \frac{0.7 \times 3.65 \times 10^{-2}}{24.4 \times 10^{-2}} = 0.105$$

由于产物都是气态，作为催化剂的液相中反应速度恒定，设气膜阻力和反应物在液相中的溶解量可以不计，从乙烯的传质过程求取所需反应器内液体体积，已知条件为 $y_{A0} = \frac{183}{667} = 0.27$，$F_0 y_{A0} = 183$，$p_{A0} = p y_{A0} = 21.4 \times 0.27 = 5.78atm$，$\delta_A = -1.5$，$x_{A0} = 0$，$x_A = 0.999$，故

$$V_c = \frac{(1 - \varepsilon_{0G})(H_A)(F_0 y_{A0})}{k_{AL}a p_{A0}}\left[\delta_A y_{A0}(x_{A0} - x_A) - (1 + \delta_A y_{A0})\ln\frac{1 - x_A}{1 - x_{A0}}\right]$$

$$= \frac{(1 - 0.105)(3.2 \times 10^2) \times 183}{415 \times 5.78}[(-1.5 \times 0.27)(0 - 0.999) - (1 - 1.5 \times 0.27)\ln(1 - 0.999)]$$

$$= 98.4 m^3$$

同样地可以从氧（E）的传质过程计算 V_c；已知条件为：氧转化率 $x_{E0}=0$，$x_E=(128-36.5)/128=0.715$，$y_{E0}=\dfrac{128}{667}=0.189$，$p_{E0}=py_{E0}=21.4\times0.189=4.04atm$，$\delta_E=-3$，故连续相体积

$$V_c=\frac{(1-\varepsilon_{0G})(H_E)(F_0y_{E0})}{k_{EL}ap_{E0}}[(-3\times0.189)(0-0.715)-(1-3\times0.189)\ln(1-0.715)]$$
$$=62.6m^3$$

对比乙烯和氧的计算结果说明整个传质速度取决于乙烯，故应取 $98.4m^3$ 作为设计依据。此外尚需校核催化剂含量是否满足生产能力要求。从已知速率方程式可得

$$(-r_A)=2.69\times10^4\exp(-5700/444)\times4.5\times(4.5+0.3)^{1.35}=2.60kmol/(m^3\cdot h)$$

按以上计算的 V_c 值，生产能力为

$$V_c(-r_A)=98.4\times2.60=256kmol/h$$

大于183，可见是足够的。

静液层高

$$H_0=\frac{98.4}{\left(\dfrac{\pi}{4}\right)\times2.98^2}=14.1m$$

实际液层高 $H=H_0/(1-\varepsilon_{0G})=14.1/(1-0.105)=15.2m$，再加上分离高度、顶盖高度等即可定出全塔总高和总容积。

例 8-7　计算连续鼓泡搅拌釜内的液体容积

今在连续鼓泡搅拌釜内进行苯的氯化反应生产一氯化苯。反应式如下：

$$Cl_2+C_6H_6\longrightarrow C_6H_5Cl+HCl$$
$$\text{[A]}\quad\text{[B]}\qquad\text{[R]}$$

为了生成的副产物不致过多，确定苯的转化率为 45%。设年产 83500t 一氯化苯，每年以工作 8000h 计，一氯化苯的收率为 0.953kg/kg C_6H_6。在反应条件下测得单位液体体积的气液界面积 $a'=2175m^{-1}$。$\rho_{LA}=1.2\times10^3kg/m^3$，$\rho_{LB}=0.81\times10^3kg/m^3$，$D_{LA}=7.57\times10^{-9}m^2/s$，$c_{Ai}=1.034kmol/m^3$，$k_{LA}=3.73\times10^{-4}m/s$。液相内的反应速率方程为 $(-r_A)=(-r_B)=kc_Ac_B$。实验测定 $k=2.083\times10^{-4}m^3/(kmol\cdot s)$。求釜内液体容积为多少？

解　按生产任务要求（一氯化苯的分子量为 112.55）：

$$\text{苯消耗量}=\frac{63500\times1000}{8000\times112.55}\times\frac{1}{0.953}\times\frac{1}{3600}=0.0206kmol/s$$

$$\text{苯进料量}=\frac{0.0206}{0.45}=0.0458kmol/s$$

$$=\frac{0.0458\times78.11}{0.81\times10^3}=4.417\times10^{-3}m^3/s$$

$$=v_B$$

（1）确定反应的控制步骤　公式（8-6）是二级不可逆反应控制步骤的判别式。由于进料为纯苯，故浓度 $c_{B0}=\dfrac{0.81\times10^3}{78.11}=10.37kmol/m^3$，将已知的 k、D_{LA}、k_{LA} 值代入

$$\gamma=\frac{\sqrt{kc_{B0}D_{LA}}}{k_{LA}}=\frac{\sqrt{2.083\times10^{-4}\times10.37\times7.57\times10^{-9}}}{3.73\times10^{-4}}=0.011$$

$\gamma<0.02$，故为慢反应，反应在液相主体内进行。

（2）对氯及苯作物料衡算　从气相传入液相中的氯量包括反应掉和随液带出的量。设釜内液相中 A 的浓度为 c_A，对单位体积液体作物料衡算，可得以下公式。

式①：$k_{LA}a'(c_{Ai}-c_A)V_C=kc_Ac_BV_C+vc_A$（kmol Cl$_2$/s），式中 v 为出料液体流量，其值为进苯体积流量 v_B 和在反应器中进入液体氯的量 v_A 之和（氯的分子量为 70.91）。

式②：$$v=v_A+v_B=k_{LA}a'V_C(c_{Ai}-c_A)\times\frac{70.91}{\rho_{LA}}+v_B(\text{m}^3/\text{s})$$

对苯作物料衡算，可得

式③：$$-r_BV_C=0.02055=kc_Ac_BV_C(\text{kmol C}_6\text{H}_6/\text{s})$$

从离釜液体中苯的浓度计算，可得

式④：$$c_B=\frac{0.0458(1-0.45)}{v}=\frac{0.0252}{v}(\text{kmol/m}^3)$$

以上四个计算关系式中的未知数为 c_A、c_B、v、V_C。可以用试算法求解。但计算关系式需作调整、简化

从式②　$$(v-v_B)\frac{\rho_{LA}}{70.91}=k_{LA}a'V_C(c_{Ai}-c_A)$$

从式①　$$(v-v_B)\frac{\rho_{LA}}{70.91}=kc_Ac_BV_C+vc_A$$

从式③　$(v-4.41\times10^{-3})\dfrac{1.2\times10^3}{70.91}=0.02055+vc_A$，即 $v=\dfrac{0.0951}{16.923-c_A}$

故假定一个 c_A 值即可求得 v 值，并从式④求得 c_B 值。最后从式③求得 V_C。再将 v、c_B、V_C 代入式②检验所设 c_A 值是否正确。计算结果如下

$$c_A=1.033\text{kmol/m}^3 \text{ 或 } 1.0326\text{kmol/m}^3$$
$$c_B=4.21\text{kmol/m}^3$$
$$v=5.98\times10^{-3}\text{m}^3/\text{s}$$
$$V_C=22.67\text{m}^3$$

在计算时以 c_A 为第一个假定值，可以避免计算过程有效数字的误差。因为慢反应的特点是 $(c_{Ai}-c_A)$ 值很小，采用其他初始假定值复算时较难符合。

习　题

1. 对极易溶于水的气体，如 NH$_3$、SO$_3$ 等，假设在 10℃时其亨利常数 $H=0.01$atm·L/mol，而对于微溶于水的气体，如 CO、O$_2$、H$_2$、CH$_4$、N$_2$ 等，其亨利常数为 $H=1000$atm·L/mol。如这些气体直接用水吸收，并假定不发生任何化学反应，且气相和液相传质系数 k_G 和 k_L 分别约为 10^{-1}m/s 和 10^{-5}m/s。求：（1）气膜和液膜的相对阻力为多少？（2）哪种阻力控制吸收过程？（3）计算吸收速率时应该采用什么速率方程式？（4）哪种气体的化学反应可以加速吸收过程速率？（5）难溶气体的溶解度如何影响它在水中的吸收速率？

2. 以 25℃的水用逆流接触方式从空气中脱除 CO$_2$，有关 CO$_2$ 在空气和水中的传质数据如下：

$k_{GA}a=80\,mol/(h\cdot L\cdot atm)$，$k_{LA}a=25h^{-1}$，$H=30kg\cdot L/(cm^2\cdot mol)$，试求：（1）对这一吸收操作，气膜和液膜的相对阻力为多少？（2）在设计吸收塔时，拟用速率方程式的最简化型式是怎样的？

3. 如上题为了使从空气中脱除 CO_2 的反应加速，拟用 NaOH 溶液代替水，假设反应是瞬间的并且可用以下反应式表示

$$CO_2+2OH^-\longrightarrow H_2O+CO_3^{2-}$$

试求：（1）当 $p_{CO_2}=0.01kgf/cm^2$，而 NaOH 的浓度为 2mol/L，应当采用什么形式的速率方程式？（2）和用纯水的物理吸收做比较，吸收加快了多少？

4. 含有 $0.1\%\,H_2S$ 的尾气在 $20kgf/cm^2$，$20℃$ 时用含有 0.25mol/L 甲醇胺的溶液进行吸收，H_2S 和甲醇胺间的反应为

$$H_2S+RNH_2\longrightarrow HS^-+RNH_3^+$$

由于这是一个酸碱中和反应，可以当作不可逆瞬间的反应。已有数据：
$k_{LA}a=0.030$，$k_{GA}a=6\times10^{-5}\,mol/(cm^3\cdot s\cdot atm)$，$D_{LA}=1.5\times10^{-5}\,cm^2/s$，$D_{LB}=10^{-5}\,cm^2/s$，$H_A=0.115atm\cdot L/mol$（对 H_2S-H_2O）。试求：（1）确定适用于操作条件下的吸收反应过程速率方程式的形式；（2）如果尾气中 H_2S 含量为 0.25%，采用浓度为 0.1mol/L 甲醇胺溶液进行吸收，给出该条件下的吸收反应过程速率方程式。

5. 在填料塔内用纯水吸收氨，若单位塔体积的吸收速率可用下式表示

$$(-r_A)=(-r'_A)a=-\frac{1}{V}\times\frac{dn_A}{dt}=K_{GA}ap_A$$

式中，$K_{GA}a$ 为总传质系数。试求：

（1）假定在水中加入一种酸帮助吸收，设反应为瞬时反应，说明 $K_{GA}a$ 随酸浓度应如何变化。将 $K_{GA}a$ 对酸浓度进行描绘，并据此估算物理吸收的各个传质系数。

（2）已有在 25℃ 的数据如下：

$K_{GA}a/[mol/(h\cdot L\cdot atm)]$	300	310	335	350	370	380
酸的浓度	0.4	1.0	1.5	2.0	2.8	4.2

从这些数据算出对空气中的氨进行物理吸收，气膜阻力在总传质阻力内所占百分率。

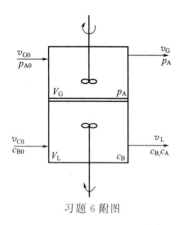

习题 6 附图

6. 今有一气液反应器如附图所示，上部为气相、下部为液相，分隔处为气液分界面。设气相及液相均处于全混流，气液相间进行的快速反应式如下

$$A(气相)+B(液相)\longrightarrow 产物$$

实验条件为 $15.5℃$，1atm；气液分界面为 $100cm^2$，得到实验结果为：$p_{A0}=0.5atm$，$v_{G0}=30cm^3/min$，$v_G=15.79cm^3/min$，$c_{B0}=0.20mol/L$，$v_{L0}=5cm^3/min$。计算：液相出口中 B 的浓度 c_B，吸收速率 $(-r'_A)$ 和反应速率 $(-r_A)$。

7. 以溶有反应物 B 的水溶液吸收气体中的 A，反应式如下

$$A(气相)+B(液相)\longrightarrow P$$

已知 A 和 B 在水中的扩散系数相等，并且 A 的亨利系数

$$H_A=2.5atm\cdot L/mol$$

若采用上题的气液反应器且气液相界面为 $100cm^2$。调节进入的气、液相流量，实验测定反应器中的操作条件及计算所得吸收速率如下：

实验次数	p_A/atm	$c_B/(mol/cm^3)$	$(-r'_A)/[mol/(s\cdot cm^3)]$	实验次数	p_A/atm	$c_B/(mol/cm^3)$	$(-r'_A)/[mol/(s\cdot cm^3)]$
1	0.05	10×10^{-6}	15×10^{-6}	3	0.10	4×10^{-6}	22×10^{-6}
2	0.02	2×10^{-6}	5×10^{-6}	4	0.01	4×10^{-6}	4×10^{-6}

从以上吸收和化学反应的实验结果，对反应动力学和实验控制步骤可以得到哪些看法？

8. 气体中含有杂质 A 1%，要求和含有反应物 B（$c_B = 3.2 mol/m^3$）的液体通过逆流接触使气体中 A 的浓度下降至 2ppm（2×10^{-6}，摩尔分数）。反应是快速的 A＋B ⟶ P

已有数据为：$k_{GA}a = 32000 mol/(h \cdot m^3 \cdot atm)$，$k_{LA}a = k_{LB}a = 0.5 L/h$，$G = 1 \times 10^5 mol/(h \cdot m^2)$，$L = 7 \times 10^5 mol/(h \cdot m^2)$，$H_A = 1.125 \times 10^{-3} atm \cdot m^3/mol$，进料总摩尔浓度 $c = 56000 mol/m^3$。试求：（1）所需塔高；（2）对液相浓度 c_B 还可以有哪些改进？（3）液体进料中 B 的浓度为多少时塔高为最小？这时的塔高为多少？

9. 110℃和 3atm（绝对）的乙烯气体在一涡轮搅拌器内被分散在水内，容器的直径为 3m，贮液最高深度为 3m。如果乙烯流量为 $1000 m^3/h$（操作条件下），确定搅拌桨叶的直径及转速，所需功率及容许水量最大值为多少？

10. 已知在 $\dfrac{d}{D} = \dfrac{2}{5}$ 的六叶涡轮搅拌釜内，对液液相分散程度，即液滴大小可用下式关联：

$$\frac{\overline{d}_p}{d} = 0.06(1 + 9\varepsilon_d)\left(\frac{\sigma g_c}{n^2 d^3 \rho_c}\right)^{0.6}$$

式中，ε_d 为分散相在釜内所占体积分数。今在釜内装 20L 苯和 200L 水，在 20℃时要求将苯分散成平均液滴 $\overline{d}_p = 15\mu m$。试确定釜的尺寸、桨叶直径、桨叶转速和所需功率（$\sigma = 35 \times 10^{-3} kg/s^2$）。

11. 在一浆态反应器内，已知颗粒直径为 $100\mu m$，密度为 $2.0 g/cm^3$。如果液体密度 $\rho_L = 1.0 g/mL$，黏度为 1.0cP。若按斯托克斯定律，进行自由沉降，求取液固间的传质系数 k_c（已知 $D_L = 10^{-5} cm^2/s$）。

参 考 文 献

[1] Levenspiel O. Chemical Reaction Engineering. 3 版（影印版）. 北京：化学工业出版社，2002.

[2] Sherwood T K, et al. Mass Transfer. New York：McGraw-Hill，1975.

[3] Danckwerts P V. Gas-Liquid Reactions. New York：McGraw-Hill，1970.

[4] 八田四郎次. 反应生伴ラ吸收. 日刊工业新闻社，1957.

[5] Carberry J J. Chemical and Catalytic Reaction Engineering. New York：McGraw-Hill，1976.

[6] Shah Y T. Gas-Liquid Solid Reactor Design. New York：McGraw-Hill，1979.

[7] 陈甘棠，王樟茂. 多相流反应工程. 杭州：浙江大学出版社，1996.

[8] 谭天恩，金一中，骆有寿. 传质反应过程. 杭州：浙江大学出版社，1990.

第9章

聚合反应工程基础

合成高分子材料的出现，开辟了化学的新纪元。近代的化学工业，特别是石油化学工业的巨大发展，就是与合成树脂、合成橡胶与合成纤维这三大合成高分子材料的发展分不开的。合成高分子材料由于其优良的机械物理性能以及耐腐蚀性，而获得广泛的应用，目前已深入到国民经济的各个部门。因此，作为化学反应工程的一个新兴分支，聚合反应工程发展十分迅速，成为目前最活跃的化工材料领域之一。

纵观高分子材料的合成，有如下一些特点：

① 聚合物品种极其丰富，聚合的方法也多种多样，聚合物的性能各不相同，这些都反映了聚合反应过程的复杂性。

② 与一般低分子物不同，它除了单体转化率或转化程度外，还多了聚合物平均分子量、分子量分布及序列组成分布等问题，它们都直接影响到产品的性能而必须加以控制，这些反映出聚合在动力学方面的复杂性。

③ 多数高聚物体系黏度都是很高的，有的则是多相体系。它们的流动、混合以及传热、传质等都与低分子体系有很大的不同；而且根据物系特性和产品性能的要求，反应装置的结构往往也需作一些专门的考虑，这些就反映出聚合反应装置中传递过程的复杂性了。

④ 由于聚合物品种与牌号很多，分子量又不均一，而且还常常有溶剂等其他物质并存，因此体系的各种物性数据都很缺乏，这就使得设计工作首先遇到了困难。

以上这些特点和由此引起的一些困难，造成了今日的聚合反应工程还没有达到能圆满地、定量地解决工业装置放大设计的程度。人们不得不在相当程度上依靠经验。然而解决这些困难的方法和途径，正由于整个反应工程科学的进展而在不断丰富之中，目前就已有一些专门的著述问世，再加上数据和经验的积累，一个能全面地、定量地描述聚合过程方面问题的学科正在逐步形成。

9.1 聚合反应和聚合方法概述

9.1.1 聚合反应的类别

根据反应机理的不同，高分子材料的合成主要可分下述两大类型：

（1）缩（合）聚（合）或称逐步缩合反应，其特点是靠单体两端具有的活泼基团相互作用而缩去小分子后连接起来。如从己二胺及己二酸生成聚酰胺"尼龙 66"是靠缩去 H_2O 分子而成的。另外乙二醇与对苯二甲酸二甲酯生成聚酯"涤纶"是靠缩去甲醇而生成的等。

$$nH_2N(CH_2)_6NH_2 + nHOOC(CH_2)_4COOH \longrightarrow H[HN(CH_2)_6NHCO(CH_2)_4CO]_nOH + (2n-1)H_2O$$

尼龙 66

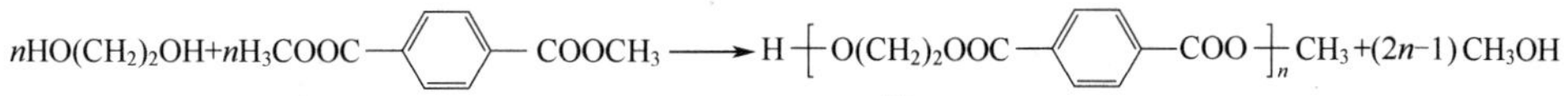

$$nHO(CH_2)_2OH + nH_3COOC-\bigcirc-COOCH_3 \longrightarrow H[O(CH_2)_2OOC-\bigcirc-COO]_nCH_3 + (2n-1)CH_3OH$$

涤纶

这类反应一般用酸或碱作催化剂。反应物与生成物之间有平衡关系存在，只有不断地从反应物系中将小分子除去，才能使聚合物的分子量继续增大。

缩聚反应在工业上有着广泛的应用，特别在合成纤维方面占有主要的地位。

（2）加成聚合反应　单体由于相互加成而生成聚合物，这通常是通过单体中的不饱和链而实现的。根据反应机理的不同，又可分为游离基（或称自由基）聚合及离子型聚合两大类。

① 游离基聚合　以苯乙烯在引发剂过氧化苯甲酰（BPO）作用下的聚合为例，其过程如下。

引发剂分解

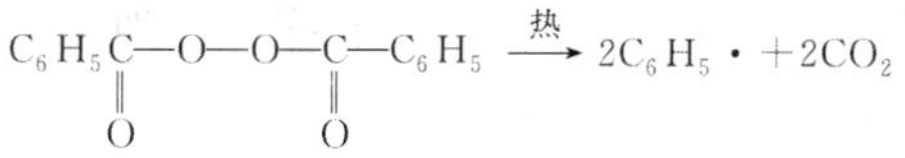

$$C_6H_5-\overset{\underset{\displaystyle O}{\parallel}}{C}-O-O-\overset{\underset{\displaystyle O}{\parallel}}{C}-C_6H_5 \xrightarrow{热} 2C_6H_5\cdot + 2CO_2$$

（BPO）

链的引发

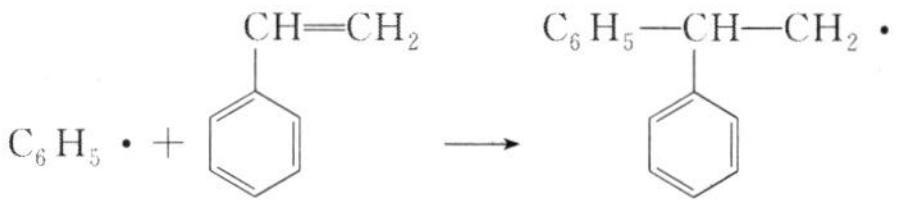

链的生长

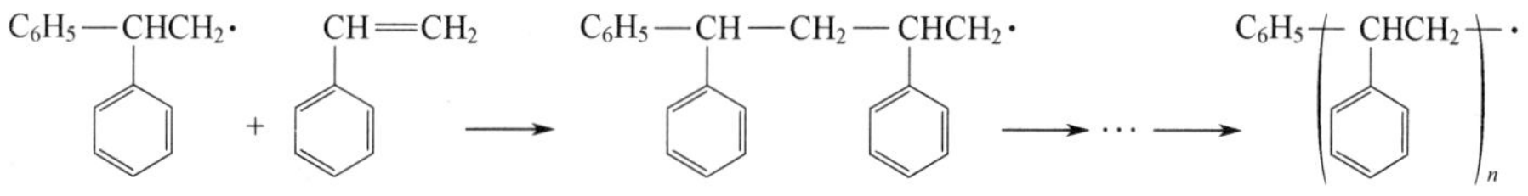

链的终止

偶合

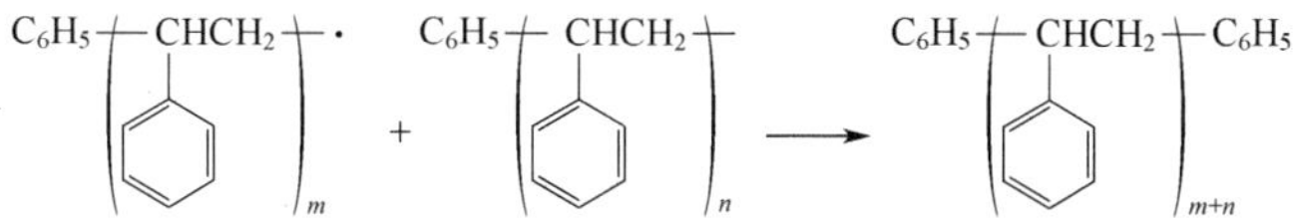

歧化

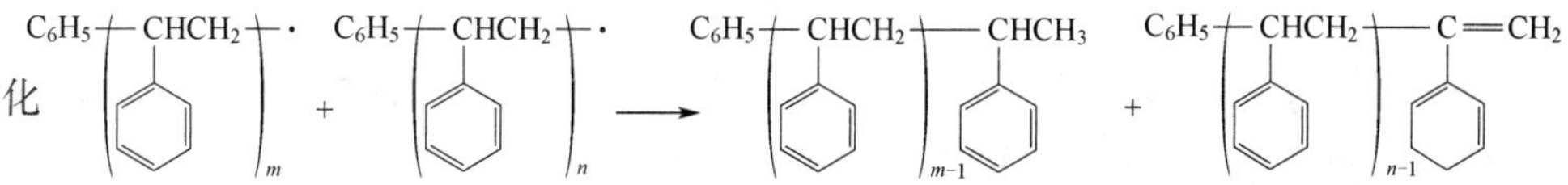

链的转移

向单体转移

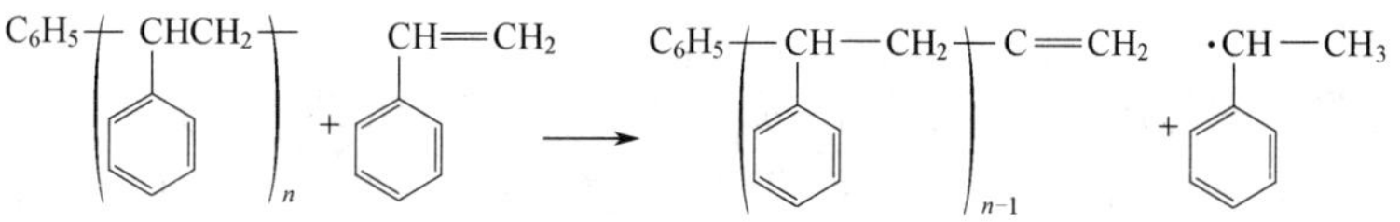

如果以符号表示，上述机理可写成

引发剂分解	$I \longrightarrow 2R\cdot$
引发	$R\cdot + M \longrightarrow P_1\cdot$
生长	$P_j\cdot + M \longrightarrow P_{j+1}\cdot$
偶合终止	$P_m\cdot + P_n\cdot \longrightarrow P_{m+n}$
歧化终止	$P_m\cdot + P_n\cdot \longrightarrow P_m + P_n$
向单体转移	$P_j\cdot + M \longrightarrow P_j + P_1\cdot$

在反应过程中链是通过游离基而生长的。这类反应有不同的引发方法，譬如用引发剂、光、热或辐照等。此外，终止反应也因物系不同而可能不一，而链的转移更是多种多样，除向单体进行链转移的这种可能外，还有向溶剂分子或者向聚合体分子进行的链转移。由于反应的机理不同，动力学的结果也就不同，这在后面将专门讨论。

游离基聚合过程是目前高聚物生产中应用范围最广和产量最大的一类。

② 离子型聚合　它是通过形成离子的过程来实现链的生长的，根据离子性质的不同，又分阳离子聚合和阴离子聚合两类。

阳离子聚合　通常用 $SnCl_4$、$ZnCl_2$、$TiCl_4$ 或 BF_3 等所谓的路易斯（Lewis）酸为催化剂，在微量水或醚类存在下产生阳离子而引发反应，如

$$SnCl_4 \cdot 2H_2O \longrightarrow H^+ + SnCl_4 \cdot H_2O \cdot OH^-$$

引发

$$SnCl_4 \cdot 2H_2O + CH_2=CHX \longrightarrow HCH_2-\overset{\underset{\displaystyle X}{|}}{\overset{\displaystyle H}{\underset{}{C}}}{}^{\pm} \cdot SnCl_4 \cdot H_2O \cdot OH^-$$

生长

$$HCH_2-\overset{H}{\underset{X}{C}}{}^{\pm}\cdot SnCl_4\cdot H_2O\cdot OH^- + CH_2=CHX \longrightarrow CH_3-\overset{H}{\underset{X}{C}}-CH_2-\overset{H}{\underset{X}{C}}{}^{\pm}\cdot SnCl_4\cdot H_2O\cdot OH^-$$

终止

$$CH_3-\overset{}{\underset{X}{C}}H\sim\sim CH_2-\overset{H}{\underset{X}{C}}{}^+ ---SnCl_4\cdot H_2O\cdot OH^- \Big\langle\begin{array}{l}\sim CH=\underset{X}{C}H + SnCl_4\cdot 2H_2O\\ \sim CH_2-\underset{X}{C}H-OH + SnCl_4\cdot H_2O\end{array}$$

转移

$$\sim\sim CH_2-\overset{H}{\underset{X}{C}}{}^+ + 2H_2O \longrightarrow \sim\sim CH_2-\underset{X}{C}H-OH + H_3O^+$$

阴离子聚合　以碱金属（Na、K、Li 等）或有机金属化合物（如 LiR、RMgX 等）为催化剂。通过生成的阴离子使链生长，如

$$R_4NOH \longrightarrow R_4N^+OH^- \xrightarrow{CH_2=CHX} HOCH_2\overset{H}{\underset{X}{C}}{}^-[N^+R_4] \longrightarrow \longrightarrow HO\left(CH_2-\underset{X}{C}H\right)_n CH_2-\overset{H}{\underset{X}{C}}{}^-[N^+R_4]$$

近年来迅速发展的低压聚乙烯、聚丙烯和顺（式）丁（二烯）、异戊（二烯）橡胶等是应用齐格勒（Ziegler）-纳塔（Natta）型催化剂〔如 $Al(C_2H_5)_3\text{-}TiCl_4$、$Al(C_2H_5)_3\text{-}TiCl_3$

等等]，通过配位络合聚合而生成的，生成的聚合物具有立体同构的特性，故又称定向聚合。虽然反应的详细机理迄今还没有彻底搞清楚，但一般认为可作为阴离子聚合的一类，反应原则上是在催化剂的固体表面引起的。不妨用示意的形式表示如下

$$AlR_3 + TiCl_4 \longrightarrow RTiCl_3 + R_2AlCl$$

除上述这些反应机理外，还有不生成小分子的逐步加成聚合、开环聚合、异构化聚合等，这里就略去不提了。

此外，为了改善产品的性能，常采用两个或者多个单体进行共聚合的方法。譬如丁苯橡胶就是丁二烯与苯乙烯的共聚体。加入苯乙烯后可以提高橡胶的强度；丁腈橡胶是丁二烯与丙烯腈的共聚体，加入丙烯腈的结果是使橡胶具有良好的耐油性能。由于单体种类多，配方和聚合方法等又有充分的变动余地，因此共聚的方案几乎是无限的，从这一点我们就可以窥见高分子这一领域是何等的宽广了。

9.1.2　聚合方法与设备

（1）聚合方法　聚合反应的主要特点之一是放热较大（表 9-1）且对热十分敏感。温度升高，聚合物的分子量便迅速降低，分子量分布变宽，机械物理性能往往变差，从而使产品不合格。尤其对于某些速率极快的离子型聚合，这一矛盾更加突出，因此如何有效地携走热量和控制温度是选定聚合方法和设计及操作中的一项关键问题。

表 9-1　若干单体的聚合热/(kJ/mol)

单体	聚合热	单体	聚合热
乙烯	106.2~109	丙烯腈	72.5
丙烯	86	醋酸乙烯	89.2
异丁烯	51.5	甲基丙烯酸甲酯	54.5~57
丁二烯(1,4加成)	78.4	甲醛	56.5
异戊二烯	74.6	氧化乙烯	94.7
苯乙烯	67~73.4	氯丁二烯	67.8
氯乙烯	96.4	丙烯酸	62.8~77.5
偏二氯乙烯	60.4		

工业上的聚合方法主要有：本体聚合、溶液聚合、乳液聚合和悬浮聚合，它们的特点列在表 9-2 中。人们可以根据反应本身的特性、对产品质量的要求和设备的特性来选择适当的聚合方法。

表 9-2　四种常用聚合方法的比较

聚合方法		本 体 法	溶 液 法	乳 液 法	悬 浮 法
引发剂种类		油溶性	油溶性	水溶性	油溶性
温度调节		难	稍易，溶剂为载热体	易，水为载热体	易，水为载热体
分子量调节		难，分布宽，分子量大	易，分布窄，分子量小	易，分子量很大，分布窄	难（同本体法），分布宽，分子量大
反应速度		快，初期需低温，使反应徐徐进行	慢，因有溶剂	很快，选用乳化剂使速度加快	快，靠水温及搅拌调节
装置情况		温度高，要强搅拌	要有溶剂回收、单体分离及造粒干燥设备	要有水洗、过滤	干燥设备
聚合物性质		高纯度，可直接成型，混有单体，可塑性大	要精制，溶剂连在聚合物端部，有色、聚合度低	需除乳化剂，分离未反应单体易，热与电稳定性差	高纯度，宜于成型，直接得粒状物，水洗，易干燥，可制发泡物，比本体法含单体少
实例	聚合物溶于单体	聚甲基丙烯酸甲酯、聚苯乙烯、聚乙烯基醚、聚丙烯酸酯	中压聚乙烯、聚醋酸乙烯、聚丁二烯、聚丙烯酸、乙丙橡胶	丁苯橡胶、丁腈橡胶、聚氯乙烯、丙烯腈-丁二烯-苯乙烯共聚体	聚苯乙烯、聚醋酸乙烯、聚甲基丙烯酸甲酯、聚丙烯酸酯
	聚合物不溶于单体	高压聚乙烯、聚氯乙烯	低压聚乙烯、丁基橡胶、聚异丁烯		聚氯乙烯、聚丙烯腈

本体聚合的最大优点是产品纯，不需要多少后处理设备，这在实际上往往是很重要的因素。但本体聚合不易传热，尤其转化率增高后黏度增大，搅拌和传热就更困难了。因此通常分作两段聚合，在预聚合时流体黏度还比较小，故采用搅拌釜；而当黏度增大到一定程度以后就引入专门设计的后聚合器（塔式或螺旋挤压式等）完成反应。但不管怎样，终因前后温度变化较大，使分子量分布变宽而影响到产品的性能。

悬浮聚合的本质与本体聚合相同，只是把单体分散成悬浮于水中的液滴。这样传热问题就好解决了，但设备能力相应降低，并要用分散剂稳定液滴和增加后处理的手续。

乳液聚合是使单体溶入乳化剂所形成的胶束中而进行的。反应速率快，分子量很大，传热也不成问题，只是乳化剂不易从产品中洗净而影响产品质量，一般只用于对制品纯度要求不高的情况。

溶液聚合的应用越来越多，尤其在离子型聚合方面更是如此。因为催化剂不能遇到水，而反应速率又很快，因此只能用溶剂的强制对流或直接蒸发来解决传热和温度控制问题。如异丁烯在 BF_3 催化剂下于 $-100℃$ 的聚合几乎是瞬间完成的，它是靠液态乙烯作溶剂，由它的气化来携热控制温度的。其他如丁基橡胶也是低温下的离子型聚合。在大型装置中如何解决传热问题常常是技术开发中的关键。此外，溶剂在某些聚合过程中并不完全是惰性的，它的极性能影响聚合速度，有时还有链转移的作用，对聚合物的粘壁（挂胶）也有影响。此外，由于使用了大量溶剂，必然也使单体及溶剂的回收以及聚合物的干燥和后处理任务相应地增加了。

除了上述四种最通用的方法外，近来还有用流化床进行气-固相催化聚合制备聚烯烃的方法。原料烯烃以气态循环地通过固体催化剂（金属卤化物-烷基金属化合物或金属氧化物）的流化床中，在连续进入的催化剂粒子上生成聚合物并长大，连续排出。

　　至于操作方式是选用分批式还是连续式，则不仅要看生产能力的大小，而且更重要的是根据动力学的特性来考虑，因为这将牵涉到分子量、分子量分布以及序列组成分布的问题，在以后将加以说明。

　　(2) 聚合设备　实现聚合反应的设备有许多型式，其中以釜式为最多，塔式和管式较少。其实不论釜式或塔式，实质性的问题是物料的流动和混合情况，与之紧密联系的就是传热问题。此外在塔式反应器中也有无搅拌装置和有搅拌装置两类，还有一些特殊结构型式的聚合反应器，它们各有特点，下面简要地加以说明。

　　① 釜式　对低黏度的物系，常使用平桨、涡轮桨及螺旋桨，平桨用于搅拌速度低（桨端速度在 3m/s 以下）的情况；螺旋桨用于高转速（桨端速度 5~15m/s）的情况；涡轮桨则介于其间。这种搅拌釜可用于均相，也可以用于非均相体系，不过在悬浮聚合及乳液聚合中搅拌速度对粒子的分散和反应都有影响，所以比较复杂。此外，当液深与釜径之比大于1.3 时，需使用二级或多级搅拌桨，级间距离约为桨径的 1.5~4 倍，视物料黏度而异，对黏度低的物料此值可取得大一些。

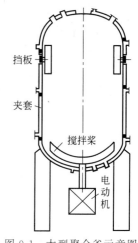

　　对于低黏度的体系，除了使用与一级低分子物系相同的搅拌釜外，有时还有一些专门的设计，例如近代大型化的悬浮聚合制聚氯乙烯的釜，容积已达200m³，甚至还更大。釜内的搅拌、传热等都有许多专门的考虑。如图 9-1 即为大型聚合釜的示意图，为了避免搅拌轴太长，故改从下部插入。所用的三叶后掠式桨能进行良好的搅拌而减少由于桨叶间的涡流而造成的功率消耗。采用中心通冷水的指型或 D 型挡板。一方面是为了帮助液-液相之间的混合，另一方面也加强了热量的传出。此外，由于结构设计尽量采用圆滑的外形，有些容量较小的聚合釜内壁还涂有搪瓷，所以可以减少粘壁现象的发生。桨端速度约 9m/s。

图 9-1　大型聚合釜示意图

　　对于高黏度的聚合物，往往采用螺带或螺轴型反应器，见图9-2 及图 9-3。前者可用到黏度为 20Pa·s 左右的情况。黏度高时，则以用螺带反应器为宜，它能把物料上下左右地搅动起来而得到良好的混合。此外，为了减少物料停留在器壁而使传热能力减小，还用带有刮片的所谓刮壁式反应器（见图 9-4），轴每转一圈，上下的刮片便将器壁上的聚合物刮掉一次，这样传热效率就大大提高了。

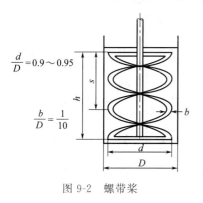

图 9-2　螺带桨

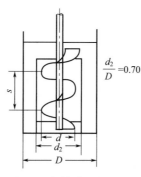

图 9-3　螺轴桨（低速型）

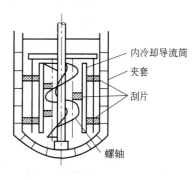

图 9-4　有刮壁式桨的一种搅拌釜

在连续操作时，有用单釜或多釜串联的，视情况而定。如乳液聚合法生产丁苯橡胶，以及溶液聚合法生产顺丁（二烯）橡胶或聚醋酸乙烯等都是多釜串联的。选择一釜或多釜串联操作的原则，除第 3 章中已讲过的那些基本概念外，对高分子体系还要考虑分子量的控制与黏度改变等因素。譬如丁苯聚合中就根据反应的进程而分别在第一釜加入引发剂与活化剂，在相当于转化率为 15%、30% 与 45% 的各釜中加入适量的分子量调节剂，而在聚合到 60% 时加入终止剂以结束反应。又如溶液聚合制高聚物，由于聚合度增高时物料黏度亦大大增高，故用多釜串联操作时，前后各釜包括搅拌器在内的结构型式和操作条件等都需有很大的不同。有关这方面设计与放大中的一些考虑，我们将在本章最后一节中专门讨论。

② 管式　这方面一个突出的代表是高压法管式反应器制备聚乙烯，反应管是由直径为 5mm 的管子连接而成，长达 1000m，管内压力约 2400Pa，各节管外都有夹套，分别通以不

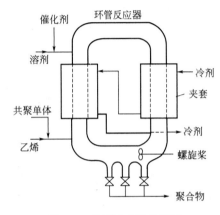

图 9-5　环管反应器示意图

同温度的水以调节各处温度，而催化剂则分多处加入。整个反应管内温度变化的范围为 100~300℃。此外，为了防止管壁上粘附聚合物，影响传热和产品质量，在操作时采取周期性变压脉冲的方法把它们一次又一次地冲刷出去。

与管式反应器相似的另一种反应器是所谓的环管反应器（loop reactor），它在聚烯烃生产中得到了应用。如图 9-5 所示即为乙烯共聚物的一种生产装置的示意图。乙烯与共聚单体从一处进入，溶剂（如异丁烷）及催化剂从另一处进入，依靠螺旋桨的作用使物料在环内循环，生成的聚合物粒子则在底部沉析出来并排出器外。为了控制反应

温度，环外有夹套，内通冷剂以携走聚合热。如需要的反应管比较长，则可多绕几圈组成一个回路。

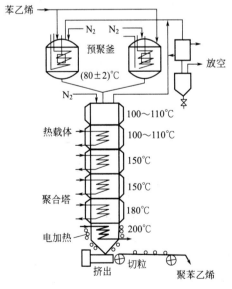

图 9-6　苯乙烯连续聚合塔

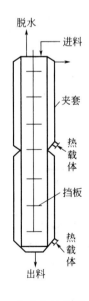

图 9-7　尼龙 6 的连续缩聚塔——"VK 塔"

③ 塔式　图 9-6 是苯乙烯本体连续聚合的装置示意图。物料初期黏度还小，故先在有搅拌的预聚釜中进行聚合，约转化到 33%～35%，然后引入塔内。此塔是只有换热管而没有搅拌装置的空塔，随着转化率的增大，黏度愈来愈大，为了维持约 0.15m/h 的流动速度，塔的下部温度要逐渐提高，到出口处为 200℃聚合完毕。

图 9-7 是尼龙连续聚合用的一种所谓的"VK 塔"（VK 为德文简单、连续二字的缩写）。塔内有一些简单的搅拌装置，以便促进缩聚时所生成的水分子的排出。在将近 30h 的聚合中，物料以 0.33m/h 的速度向下流动，与此同时，黏度逐渐增大。从入口处的几帕·秒到出口处的一两千帕·秒。

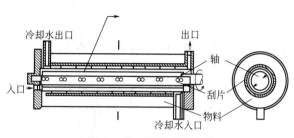

图 9-8　横型刮壁式聚合器

由于水分的排出是关键，所以除用搅动来不断创造出新的表面之外，同时还要抽真空来尽量帮助水分排出。

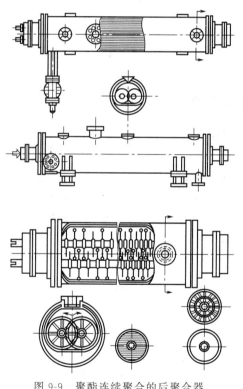

图 9-9　聚酯连续聚合的后聚合器

④ 特殊形式的聚合反应器　这种形式的反应器相当多，它们大多是用于溶液聚合或者本体聚合的后阶段，那时黏度很高、流动与传热都很困难。如果是缩聚反应，还必须把生成的小分子物除去，因此便设计出了许多形式的反应器以满足不同的需要，下面略举几种。

图 9-8 是一种称作"Votator"的横型的刮壁式聚合器，物料在环隙内运动，外面是传热夹套，可通冷却水以去除反应热。图 9-9 是制造聚酯用的后聚合器的一种，从塔式前聚合器来的高黏度物料在配置有前疏后密的多圆盘的两轴式表面更新型的后聚合器中完成最终的缩聚过程，器内物料的流速约为 0.5m/h。图 9-10 则为双螺杆挤压式聚合器，在聚乙烯醇及某些本体聚合中应用，螺型及螺距前后可以不同，物料薄膜的厚度则视螺杆间隙而定。图 9-11 则是烯烃气相聚合所用的流化床反应器。譬如循环的丙烯气体从进气管进入，经过格子板分布进入许多根下小上大的锥形扩散管，从上部加入的催化剂 [3.5 份 $TiCl_3$、5 份 $Al(Et)_2Cl$、5 份丙烯配合]，在

这里进行流化接触，催化剂粒子上就生成聚合物而逐渐长大，最后就能从格子板中落下而在底部排出。各锥形管的外面是公共的冷却室，通入沸腾的丙烷以除去热量。此外还有专门的管子可将冷剂直接喷入床内进行除热。除这种形式的流化床外，还有其他一些结构型式，在这里就不一一叙述了。

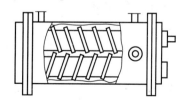

图 9-10　双螺杆挤压式聚合器

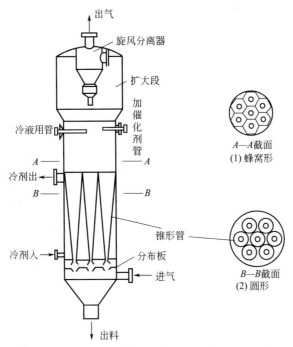

图 9-11　一种生产聚烯烃的流化床反应器

9.1.3　聚合物的分子结构、分子量和分子量分布

最重要的高分子多数是线型结构的，即分子头尾相连，形成一个长链。又由于各个高分子长短不一，所以往往用平均分子量来代表，或者用一个高分子平均有 n 个单体数的所谓平均聚合度来代表。不过实际得到的高分子有时会有一些支链存在，有些甚至在各高分子链之间生成了联结的支链，称作交联，这样高分子就将逐渐失去它的弹性和塑性而变成不可塑的。因此高分子的结构如何，它的平均分子量多大，分子量分布的情况如何是对聚合物性能至关重要的因素。对共聚反应，得到的聚合物还有序列组成单元分布，本章暂不讨论。

根据实验测定方法的不同，有如下几种的分子量定义：

用端基滴定法、冰点下降法、沸点上升法或渗透压法测得的是数量平均分子量 $\overline{M_n}$，简称数均分子量 $\overline{M_n}$

$$\overline{M_n} = \sum_{j=1}^{\infty} M_j N_j \Big/ \sum_{j=1}^{\infty} N_j \tag{9-1}$$

式中，N_j 为由 j 个单体所组成的分子数；M_j 为它的分子量；$\sum N_j$ 为全部的分子数，故 $\overline{M_n}$ 为数均分子量。也可用每个分子中的平均单体个数即数均聚合度 $\overline{P_n}$ 来代表其大小，可写成

$$\overline{P_n} = \sum_{j=1}^{\infty} j[P_j] \Big/ \sum_{j=1}^{\infty} [P_j] \tag{9-2}$$

式中，$[P_j]$ 是聚合度为 j 的分子的浓度。

显然

$$\overline{M_n} = M_j \overline{P_n} \tag{9-3}$$

用光散射法测得的是重量平均分子量简称重均分子量$\overline{M}_w$

$$\overline{M}_w = \sum_{j=1}^{\infty} M_j^2 N_j \Big/ \sum_{j=1}^{\infty} M_j N_j \tag{9-4}$$

同样，重均聚合度可表示为

$$\overline{P}_w = \sum_{j=1}^{\infty} j^2 [P_j] \Big/ \sum_{j=1}^{\infty} [P_j] \tag{9-5}$$

如定义 m 次矩为

$$\mu_m = \sum_{j=1}^{\infty} j^m [P_j] \tag{9-6}$$

则 0 次矩为 $\mu_0 = \sum\limits_{j=1}^{\infty} [P_j]$，即聚合物分子的总浓度，1 次矩为 $\mu_1 = \sum\limits_{j=1}^{\infty} j[P_j]$，2 次矩为 $\mu_2 = \sum\limits_{j=1}^{\infty} j^2 [P_j]$ 等，因此数均聚合度及重均聚合度有时也写成

$$\overline{P}_n = \mu_1 / \mu_0, \overline{P}_w = \mu_2 / \mu_1 \tag{9-7}$$

用沉降平衡法测得的是 Z 均分子量$\overline{M}_Z$

$$\overline{M}_Z = \sum_{j=1}^{\infty} M_j^3 N_j \Big/ \sum_{j=1}^{\infty} M_j^2 N_j \tag{9-8}$$

或 Z 均聚合度为

$$\overline{P}_Z = \mu_3 / \mu_2 \tag{9-9}$$

用黏度法测得的为黏均分子量$\overline{M}_v$

$$\overline{M}_v = \Big(\sum_{j=1}^{\infty} M_j^{\alpha+1} N_j \Big/ \sum_{j=1}^{\infty} M_j N_j \Big)^{1/\alpha} \tag{9-10}$$

或黏均聚合度$\overline{P}_v$

$$\overline{P}_v = (\mu_{\alpha+1} / \mu_1)^{1/\alpha} \tag{9-11}$$

式中，α 是黏度式中的系数，如 $\alpha = 1$，则 $\overline{M}_v = \overline{M}_w$。

至于分子量的分布，亦可按数量或质量作基准而定义如下

数量基准的分布

$$F(j) = [P_j] \Big/ \sum_{j=1}^{\infty} [P_j] \tag{9-12}$$

质量基准的分布

$$W(j) = j[P_j] \Big/ \sum_{j=1}^{\infty} j[P_j] \tag{9-13}$$

一般而言，$\overline{P}_Z > \overline{P}_w > \overline{P}_n$。如分子量的分布是正态分布，则 $\overline{P}_Z : \overline{P}_w : \overline{P}_n = 3 : 2 : 1$。如所有分子大小相等，则 $\overline{P}_Z = \overline{P}_w = \overline{P}_n$，否则 $\overline{P}_w$ 与 $\overline{P}_n$ 必有差别，因此通常用 $\overline{P}_w / \overline{P}_n$ 这一比值的大小来衡量分子量分布的情况，并称为"分散指数"，此值愈大，分子量的分布愈宽。

对于不同的聚合方法所得聚合物的分散指数大致如下：

聚合方法	游离基聚合	热聚合	离子型聚合	齐格勒型催化剂
$\overline{P}_w / \overline{P}_n$	1.5～2 以上	1.08～3	1.03～1.5	2～40

以上这些定义都是指聚合到一定程度后将所有分子加以计算的积分值。实际上在任一反应瞬间，都生成许多大小不等的分子，它们也有一个分布，因此还要定义瞬间的聚合度及瞬间的分布函数与上述的一些积分值相区别，现在用小写的符号来表示它们。

瞬间数均聚合度

$$\bar{p}_n = \frac{\sum\limits_{j=1}^{\infty} j r_{p_j}}{\sum\limits_{j=1}^{\infty} r_{p_j}} = \frac{-r_M}{r_{p_0}} \tag{9-14}$$

式中，r_{p_0} 表示死聚体的生成速率；$-r_M$ 表示单体的消耗速率。

瞬间重均聚合度

$$\bar{p}_w = \frac{\sum\limits_{j=1}^{\infty} j^2 r_{p_j}}{\sum\limits_{j=1}^{\infty} j r_{p_j}} = \frac{\sum\limits_{j=1}^{\infty} j^2 r_{p_j}}{-r_M} \tag{9-15}$$

瞬间 Z 均聚合度

$$\bar{p}_Z = \frac{\sum\limits_{j=1}^{\infty} j^3 r_{p_j}}{\sum\limits_{j=1}^{\infty} j^2 r_{p_j}} \tag{9-16}$$

瞬间数均聚合度分布

$$f(j) = \frac{r_{p_j}}{\sum\limits_{j=1}^{\infty} r_{p_j}} = \frac{r_{p_j}}{r_{p_0}} = \frac{\bar{p}_n r_{p_j}}{-r_M} \tag{9-17}$$

它与 $F(j)$ 的关系为

$$F(j) = \frac{1}{[p]} \int_0^{[p]} f(j) \mathrm{d}[p] = \frac{1}{x} \int_0^x f(j) \mathrm{d}x \tag{9-18}$$

同样有瞬间重均聚合度分布

$$w(j) = \frac{j r_{p_j}}{\sum\limits_{j=1}^{\infty} j r_{p_j}} = \frac{j r_{p_j}}{-r_M} = \frac{j f(j)}{p_n} \tag{9-19}$$

而 $w(j)$ 与 $W(j)$ 亦同样是微分与积分的关系。

在分子量分布方面，尽管有许多从理论上推导的方程式，但最可靠的还是实测。近年来由于凝胶色谱（GPC）的发展，高聚物分子量分布的测定变得快速易行了，而这方面实验数据的积累也就为深入探索聚合过程的基本规律奠定了重要的基础。

9.2　均相聚合过程

9.2.1　游离基聚合的反应动力学基础

聚合反应动力学的研究目的是要解决三大问题，即：

① 反应速率，即单体消失的速率；

② 产品的平均分子量或平均聚合度；

③ 产品的分子量分布。

当然，这些也都是与反应机理有直接联系的。与一般低分子的情况相比这里多了②、③两点。如果链的引发、转移或者终止的机理不同，其结果也就各不相同。今将若干种基元反应及其反应速率式用符号表示如下：

机　　理		反应速率式	
引发			
光引发	$M \xrightarrow{\quad} P_1 \cdot$	$r_i = f(I)$	(9-20)
引发剂引发	$I \xrightarrow{k_d} 2R \cdot$	$r_d = 2fk_d[I]$	(9-21)
	$R \cdot + M \xrightarrow{k_i} P_1 \cdot$	$r_j = k_j[R \cdot][M]$	(9-22)
双分子热引发	$M + M \xrightarrow{k_i} P_1 \cdot + P_1 \cdot$	$r_i = 2k_i[M]^2$	(9-23)
生长	$P_j \cdot + M \xrightarrow{k_p} P_{j+1} \cdot$	$r_p = k_p[M][P \cdot]$	(9-24)
转移			
向单体转移	$P_j \cdot + M \xrightarrow{k_{fm}} P_j + P_1 \cdot$	$r_{fm} = k_{fm}[M][P \cdot]$	(9-25)
向溶剂转移	$P_j \cdot + S \xrightarrow{k_{fs}} P_j + S \cdot$	$r_{fs} = k_{fs}[S][P \cdot]$	(9-26)
终止			
单基终止	$P_j \cdot \xrightarrow{k_{t1}} P_j$	$r_{t1} = k_{t1}[P \cdot]$	(9-27)
双基终止			
歧化	$P_j \cdot + P_i \cdot \xrightarrow{k_{td}} P_j + P_i$	$r_{td} = k_{td}[P \cdot]^2$	(9-28)
偶合	$P_j \cdot + P_i \cdot \xrightarrow{k_{tc}} P_{j+i}$	$r_{tc} = k_{tc}[P \cdot]^2$	(9-29)

注意式(9-20)中"(I)"表示光的强度，而式(9-21)中的"$[I]$"则表示引发剂的浓度，f 表示引发效率。

在多数实际情况下，都可用定常态的假设。反应过程中引发的速率与终止的速率相等，活性链的浓度不变。据研究，一般在反应开始后的极短时间内，过程就进入了定常态，因此是符合实际的。有了这一假设，就为动力学的分析带来了很大的简化。以引发剂引发和歧化、终止的情况为例，即有

$$k_i[R \cdot][M] = k_{td}[P \cdot]^2 \tag{9-30}$$

$$k_i[R \cdot][M] = 2fk_d[I] \tag{9-31}$$

故活性链的总浓度为

$$[P \cdot] = (2fk_d[I]/k_{td})^{\frac{1}{2}} \tag{9-32}$$

在生成高分子的情况下，总的反应速率 $-d[M]/dt$ 可认为等于链生长的速率，故

$$r = -d[M]/dt \approx r_p = k_p[M][P \cdot] \tag{9-33}$$

将上式代入，即得

$$-d[M]/dt = k_p(2fk_d/k_{td})^{\frac{1}{2}}[I]^{\frac{1}{2}}[M] \tag{9-34}$$

可见对这种情况，反应速率是与引发剂浓度的 1/2 次方和单体浓度的一次方成正比的。

数均聚合度即生长速率与终止速率之比，如只有向单体链转移及歧化这两种终止方式存

在，则瞬间的数均聚合度 $\overline{p_n}$ 为

$$\overline{p_n} = \frac{r_p}{r_{td} + r_{fm}} = \frac{k_p[P\cdot][M]}{k_{td}[P\cdot]^2 k_{fm}[P\cdot][M]} \tag{9-35}$$

将式（9-32）关系代入后，可写成

$$\frac{1}{\overline{p_n}} = (2fk_d k_{td})^{\frac{1}{2}}[I]^{\frac{1}{2}}/k_p[M] + k_{fm}k_p \tag{9-36}$$

由此可见，平均聚合度是与引发剂浓度的 1/2 次方成反比的。即引发剂用量多了，反应速率虽然可以加快，但平均分子量降低。此外转化率高了，[M] 就小，这时得到聚合物的平均分子量也小了。这些规律对指导生产都是很重要的，在一定转化率下得到的平均聚合度是瞬间聚合度的积分平均值，故可以写出

$$\frac{1}{\overline{P_n}} = \frac{1}{[M_0] - [M]} \int_{[M]}^{[M_0]} \frac{1}{\overline{p_n}} d[M] \tag{9-37}$$

至于分子量的分布问题，可先写出各不同聚合度的活性分子的物料衡算式，如下（机理同前）：

$$d[P_1\cdot]/dt = 2fk_d[I] + k_{fm}[M][P\cdot] - k_p[M][P_1\cdot] - k_{fm}[M][P_1\cdot] - k_{td}[P_1\cdot][P\cdot] = 0$$

$$d[P_2\cdot]/dt = k_p[M][P_1\cdot] - k_p[M][P_2\cdot] - k_{fm}[M][P_2\cdot] - k_{td}[P_2\cdot][P\cdot] = 0$$

$$\vdots \qquad \vdots \qquad \vdots \qquad \vdots \qquad \vdots$$

$$d[P_j\cdot]/dt = k_p[M][P_{j-1}\cdot] - k_p[M][P_j\cdot] - k_{fm}[M][P_j\cdot] - k_{td}[P_j\cdot][P\cdot] = 0$$

将式（9-32）的关系代入，则可写成

$$2fk_d[I]\left[1 + \frac{k_{fm}[M]}{(2fk_d k_{td})^{\frac{1}{2}}[I]^{\frac{1}{2}}}\right] = k_p[M][P_1\cdot]\left[1 + \frac{k_{fm}}{k_p} + \frac{(2fk_d k_{td})^{\frac{1}{2}}[I]^{\frac{1}{2}}}{k_p[M]}\right]$$

$$\vdots \qquad\qquad \vdots$$

$$k_p[M][P_{j-1}\cdot] = k_p[M][P_j\cdot]\left[1 + \frac{k_{fm}}{k_p} + \frac{(2fk_d k_{td})^{\frac{1}{2}}[I]^{\frac{1}{2}}}{k_p[M]}\right]$$

将各式相乘（亦即逐个代入），则得

$$2fk_d[I]\left[1 + \frac{k_{fm}[M]}{(2fk_d k_{td})^{\frac{1}{2}}[I]^{\frac{1}{2}}}\right] = k_p[M][P_j\cdot]\left[1 + \frac{k_{fm}}{k_p} + \frac{(2fk_d k_{td})^{\frac{1}{2}}[I]^{\frac{1}{2}}}{k_p[M]}\right]$$

或

$$[P_j\cdot] = \left(\frac{2fk_d[I]}{k_{td}}\right)^{\frac{1}{2}}\left[\frac{k_{fm}}{k_p} + \frac{(2fk_d k_{td})^{\frac{1}{2}}[I]^{\frac{1}{2}}}{k_p[M]}\right]\left[1 + \frac{k_{fm}}{k_p} + \frac{(2fk_d k_{td})^{\frac{1}{2}}[I]^{\frac{1}{2}}}{k_p[M]}\right]^{-j}$$

$$= \left(\frac{2fk_d[I]}{k_{td}}\right)^{\frac{1}{2}}\xi(1+\xi)^{-j} \tag{9-38}$$

式中

$$\xi = \frac{k_{\text{fm}}}{k_{\text{p}}} + \frac{(2fk_{\text{d}}k_{\text{td}})^{\frac{1}{2}}[\text{I}]^{\frac{1}{2}}}{k_{\text{p}}[\text{M}]} = \frac{1}{\bar{p}_{\text{n}}} \tag{9-39}$$

上式即为 j 聚体活性分子的浓度。至于死的 j 聚体的生成速率则由链转移及终止（本例是歧化）决定，故

$$d[\text{P}_j]/dt = k_{\text{fm}}[\text{M}][\text{P}_j \cdot] + k_{\text{td}}[\text{P} \cdot][\text{P}_j \cdot]$$

将式(9-32) 及式(9-38) 代入，可得

$$d[\text{P}_j]/dt = k_{\text{p}}[\text{M}](2fk_{\text{d}}[\text{I}]/k_{\text{td}})^{\frac{1}{2}}\xi^2(1+\xi)^{-j} \tag{9-40}$$

如将式(9-32) 及式(9-33) 引入，则有

$$\frac{d[\text{P}_j]/dt}{-d[\text{M}]/dt} = -\frac{d[\text{P}_j]}{d[\text{M}]} = \xi^2(1+\xi)^{-j} = \phi([\text{M}]) \tag{9-41}$$

$\phi([\text{M}])$ 是表示单体浓度的函数。将此式积分即可求出 $[\text{P}_j]$，以 $[\text{P}_j]$ 对 j 作图即为数量分布曲线；而以 $j[\text{P}_j]$ 对 j 作图，即为质量分布曲线。其形状大致如图 9-12 所示。尽管按数量分布来说小分子的个数比大分子的多，但按质量分布来说曲线都呈峰形。分子大小愈均一，则峰形愈窄。对于合成纤维来说，分子量分布要求窄，以保证纤维强度的均一；但对于合成橡胶来说，则要求有适当宽度的分布。

将式(9-34) 用初始条件，$t=0$，$[\text{M}]=[\text{M}]_0$ 积分后得

$$[\text{M}]/[\text{M}]_0 = 1 - x = \exp[-k_{\text{p}}(2fk_{\text{d}}[\text{I}]/k_{\text{td}})^{\frac{1}{2}}t] \tag{9-42}$$

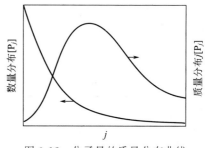

图 9-12　分子量的质量分布曲线与数量分布曲线

此即分批操作时的计算式。

对于其他引发或终止机理也可类似地求得结果，列于表 9-3 中，以供应用。如有未包括在内的某种机理的组合，读者亦可自己推演。

在某些系统中，可能还有向溶剂、引发剂、杂质甚至死聚体分子进行链转移的可能，它们都应被考虑在内。例如除歧化终止外，同时有向单体及溶液的链转移时，数均聚合度式应为

$$\begin{aligned}
\frac{1}{\bar{p}_{\text{n}}} &= \frac{k_{\text{fm}}[\text{M}][\text{P} \cdot] + k_{\text{fs}}[\text{S}][\text{P} \cdot] + k_{\text{td}}[\text{P} \cdot]^2}{k_{\text{p}}[\text{M}][\text{P} \cdot]} \\
&= \frac{k_{\text{fm}}}{k_{\text{p}}} + \frac{k_{\text{fs}}[\text{S}]}{k_{\text{p}}[\text{M}]} + \frac{k_{\text{td}}r_{\text{p}}}{k_{\text{p}}^2[\text{M}]^2} \\
&= C_{\text{M}} + C_{\text{S}}[\text{S}]/[\text{M}] + k_{\text{td}}r_{\text{p}}/k_{\text{p}}^2[\text{M}]^2
\end{aligned} \tag{9-43}$$

式中，$C_{\text{M}} = k_{\text{fm}}/k_{\text{p}}$，$C_{\text{S}} = k_{\text{fs}}/k_{\text{p}}$，分别称为向单体及溶液的链转移常数，亦代表转移和生长的速率之比，此值愈大，分子量就愈小。生产上就是用 C_{S} 值很大的物质（硫醇）作为分子量的调节器，在聚合到一定程度时适量加入，以控制产品的分子量。

根据上述，只要知道了反应机理和各基元反应的速率常数，就可算出分批操作时的转化率、平均分子量及分子量分布了。关于动力学的研究方法，这里就不提了，读者可另找文献查阅。表 9-4～表 9-7 中列出了部分速率常数。

表 9-3　定常态下游离基动力学的一些结果

r_t	r_1	$[P\cdot]$	$r=-\mathrm{d}[M]/\mathrm{d}t$	$1/\bar{p}_n$	$\mathrm{d}[P_j]/-\mathrm{d}[M]$	$[M]/[M]_0$	$[P_j]/([M]_0-[M])$①
$k_{tl}[P\cdot]$	$f(\mathrm{I})$	$f(\mathrm{I})/k_{tl}$	$\dfrac{f(\mathrm{I})k_p[M]}{k_{tl}}$	$\dfrac{k_{fm}}{k_p}+\dfrac{k_{tl}}{k_p[M]}$	$\xi^2(1+\xi)^{-j}$②	$\exp\left[\dfrac{-f(\mathrm{I})k_p t}{k_{tl}}\right]$	$\dfrac{[P_j]/([M]_0-[M])}{k_{tl}}-jk_p([M]_0-[M])\left[\dfrac{\exp\left(\frac{-jk_{tl}}{k_p[M]}\right)}{\exp\left(\frac{-jk_{tl}}{k_p[M]_0}\right)}\right]$
	$2fk_d[\mathrm{I}]$	$\dfrac{2fk_d[\mathrm{I}]}{k_{tl}}$	$\dfrac{2fk_d k_p[\mathrm{I}][M]}{k_{tl}}$	同上	同上	$\exp\left(\dfrac{-2fk_d k_p[\mathrm{I}]t}{k_{tl}}\right)$	同上
	$k_i[M]^2$	$k_i[M]^2/k_{tl}$	$k_i k_p[M]^3/k_{tl}$	同上	同上	$\left(1+\dfrac{2k_i k_p[M]_0^2 t}{k_{tl}}\right)^{-\frac12}$	同上
$k_{td}[P\cdot]^2$（歧化）	$f(\mathrm{I})$	$\left[f(\mathrm{I})/k_{td}\right]^{\frac12}$	$k_p\left[\dfrac{f(\mathrm{I})}{k_{td}}\right]^{\frac12}[M]$	$\dfrac{k_{fm}}{k_p}+\dfrac{[f(\mathrm{I})k_{td}]^{\frac12}}{k_p[M]}$	$\xi^2(1+\xi)^{-j}$	$\exp\left\{-k_p\left[\dfrac{f(\mathrm{I})}{k_{td}}\right]^{\frac12}t\right\}$	$\dfrac{[f(\mathrm{I})k_{td}]^{\frac12}}{jk_p([M]_0-[M])}\left\{\exp\left(\dfrac{-j[f(\mathrm{I})k_{td}]^{\frac12}}{k_p[M]_0}\right)-\exp\left(\dfrac{-j[f(\mathrm{I})k_{td}]^{\frac12}}{k_p[M]}\right)\right\}$
	$2fk_d[\mathrm{I}]$	$\left(\dfrac{2fk_d[\mathrm{I}]}{k_{td}}\right)^{\frac12}$	$k_p\left(\dfrac{2fk_d[\mathrm{I}]}{k_{td}}\right)^{\frac12}[M]$	$\dfrac{k_{fm}}{k_p}+\dfrac{(2fk_d k_{td}[\mathrm{I}])^{\frac12}}{k_p[M]}$	同上	$\exp\left\{-k_p\left(\dfrac{2fk_d[\mathrm{I}]}{k_{td}}\right)^{\frac12}t\right\}$	$\dfrac{(2fk_d k_{td}[\mathrm{I}])^{\frac12}}{jk_p([M]_0-[M])}\left\{\exp\left(\dfrac{-j(2fk_d k_{td}[\mathrm{I}])^{\frac12}}{k_p[M]_0}\right)-\exp\left(\dfrac{-j(2fk_d k_{td}[\mathrm{I}])^{\frac12}}{k_p[M]}\right)\right\}$
	$k_i[M]^2$	$\left(\dfrac{k_i}{k_{td}}\right)^{\frac12}[M]$	$k_p\left(\dfrac{k_i}{k_{td}}\right)^{\frac12}[M]^2$	$\dfrac{k_{fm}}{k_p}+\dfrac{(k_i k_{td})^{\frac12}}{k_p}$	同上	$\left[1+k_p\left(\dfrac{k_t}{k_{td}}\right)^{\frac12}[M]_0 t\right]^{-j}$	$\dfrac{k_i k_{td}}{k_p^2}f(\mathrm{I})\left[1+\dfrac{(k_i k_{td})^{\frac12}}{k_p}\right]^{-j}$
$k_{tc}[P\cdot]^2$（结合）	$f(\mathrm{I})$	同歧化	同歧化	$\dfrac{k_{fm}}{k_p}+\dfrac{[f(\mathrm{I})k_{tc}]^{\frac12}}{2k_p[M]}$	$\left\{\dfrac{[f(\mathrm{I})k_{tc}]^{\frac12}}{2k_p[M]}+\dfrac{k_{fm}}{k_p}\xi\right\}\xi^2(j-1)+\dfrac{k_{fm}}{k_p}\xi^2(1+\xi)^{-j}$	$\exp\left\{-k_p\left[\dfrac{f(\mathrm{I})}{k_{tc}}\right]^{\frac12}t\right\}$　将上式中的 $f(\mathrm{I})$ 以 $2fk_d[\mathrm{I}]$ 代入即可	$\dfrac{k_{tc}f(\mathrm{I})}{2k_p^2}\left\{\left[[M]^{-1}+\dfrac{k_p}{j[f(\mathrm{I})k_{tc}]^{\frac12}}\right]\dfrac{[M]_0}{[M]}\exp\left(\dfrac{-j[f(\mathrm{I})k_{tc}]^{\frac12}}{k_p[M]}\right)\left[1+\dfrac{1}{2}\dfrac{(k_i k_{tc})^{\frac12}}{k_p}(j-1)\right]\right\}$
	$2fk_d[\mathrm{I}]$			$\dfrac{k_{fm}}{k_p}+\dfrac{(2fk_d k_{tc}[\mathrm{I}])^{\frac12}}{2k_p[M]}$	同上		
	$k_i[M]^2$			$\dfrac{k_{fm}}{k_p}+\dfrac{(k_i k_{tc})^{\frac12}}{k_p}$	$\left[\dfrac{(2k_i/k_{tc})^{\frac12}}{k_p}[M]+\dfrac{k_{fm}}{k_p}\xi\right]\xi^2(j-1)+\dfrac{k_{fm}}{k_p}\xi^2(1+\xi)^{-j}$	$\left[1+k_p\left(\dfrac{k_i}{k_{tc}}\right)^{\frac12}[M]_0 t\right]^{-j}$	$\dfrac{1}{2}\dfrac{(k_i k_{tc})^{\frac12}}{k_p}(j-1)$

① $[P_j]/([M]_0-[M])$ 项中忽略链转移；

② 除结合中止外，$\xi=1/\bar{p}_n$。

表 9-4　若干引发剂的分解速率常数 k_d

引　发　剂	溶　剂	温　　度	k_d/s^{-1}
过氧化苯甲酰（BPO）	苯	60℃	1.95×10^{-6}
	苯	TK	$6.0 \times 10^{14} \exp[-30700/(RT)]$
偶氮二异丁腈（ABIN）	各种溶剂	60℃	11.5×10^{-6}
过氧化十二苯酰（LPO）	苯	60℃	9.17×10^{-4}
过氧化氢异丙苯（CHP）	苯-苯乙烯	TK	$2.7 \times 10^{12} \exp[-30400/(RT)]$

表 9-5　若干引发剂的引发效率 f

单　　体	引　发　剂	条　　件	f
苯乙烯	BPO	本体 60℃	0.52
	BPO	苯中 60℃	1.00
	ABIN	本体 60℃	0.70
	ABIN	苯中 60℃	0.435
丙烯腈	ABIN	95% 乙醇中 55℃	1.00
醋酸乙烯	ABIN	本体 55℃	0.83
	ABIN	54% 乙醇中 55℃	0.64
氯乙烯	ABIN	67% 丙酮中 55℃	0.77
	ABIN	52% 丙酮中 55℃	0.70

表 9-6　若干生长速率与终止速率常数

单　　体	$k_p/[L/(mol \cdot s)]$		E_p /(kJ/mol)	A_p $\times 10^{-7}$	$k_t \times 10^{-7}/[L/(mol \cdot s)]$		E_t /(kJ/mol)	$A_t \times 10^{-7}$
	30℃	60℃			30℃	60℃		
醋酸乙烯	1240	3700	30.5	24	3.1	7.4	21.8	210
苯乙烯	55	176	30.5	2.2	2.5	3.6	10.05	1.3
甲基丙烯酸甲酯	143	367	26.3	0.51	0.61	0.93	11.72	0.7
氯乙烯	—	12300	—	—	—	2300	—	—
丁二烯	—	100	38.9	12	—	—	—	—
异戊二烯	—	50	38.9	12	—	—	—	—

表 9-7　若干链转移常数（60℃）

项　　目	溶剂或引发剂	苯　乙　烯	甲基丙烯酸甲酯	醋酸乙烯	丙烯腈
$C_S \times 10^5$	溶剂				
	苯	0.18	0.40	29.6	24.6
	甲苯	1.25	1.70	208.9	58.3
	乙苯	6.7	7.66	551.5	357.3
	丙酮	<5	1.95	117.0	11.3
	四氯化碳	920	9.25	—	8.5
	正十二碳硫醇	15×10^3	—	—	—
$C_M \times 10^5$		6.0	1.0	19.0	2.6
C_I	引发剂				
	ABIN	0	0	—	—
	BPO	0.048~0.055	—	—	—
	CHP	0.063			

应当说明，虽然 k_t 较 k_p 大 3~5 个数量级，但由于 [M·] 极低（如只有 $10^{-7} \sim 10^{-8}$ mol/L），

远小于 [M]（约 10mol/L），所以增长速率 [如 $10^{-4}\sim10^{-3}$mol/(L·s)] 比终止速率 [如 $10^{-8}\sim$ 10^{-7}mol/(L·s)] 仍要大 3～4 个数量级，因此能够生成聚合度为 $10^3\sim10^4$ 的高聚物。

还应指出，物料中的杂质有时也会发生链转移作用而使聚合度降低，有的甚至直接使游离基死亡，起了阻聚作用。杂质是难以控制的因素，因此聚合反应对单体纯度的要求特别高，甚至到 99.99% 以上，宁愿在必要时再专门加入调节剂来调节分子量或者加阻聚剂（如对苯醌等）来终止反应。此外多加些引发剂虽能提高反应速率，但它会使聚合度降低，另外还可能使聚合物歧化甚至交联起来，成为凝胶，所以得不偿失。在小装置放大时，引发剂用量多了而搅拌程度未能达到使它迅速分散而出现局部引发剂浓度偏高及温度偏高时，也会造成同样的后果，因此引发剂宁愿少些，但要好一些，所以就有必要研究新的高效引发剂了。

9.2.2　理想流动的连续操作分析

对理想流动的操作，其分析和计算方法与第 3 章中所述一样，只不过由于反应动力学的不同而产生了一些区别，因此可以直接引用第 3 章中的一些结果来计算转化率与时间的关系，这里就不再作重复推导了。例如对等温下的分批聚合及平推流的连续聚合，可用表 9-3 中的结果来直接计算。

（1）双分子热引发及双基（歧化和结合）终止

分批式或平推流式

$$x=1-[M]/[M_0]=1-1/[1+k_p(k_i/k_t)^{\frac{1}{2}}[M]_0t] \tag{9-44}$$

式中，$k_t=k_{td}+k_{tc}$。对分批式，t 代表釜内反应时间；对平推流式，t 即物料停留时间。连续全混式

$$[M_0]-[M]=rt=k_p(k_i/k_t)^{\frac{1}{2}}[M]^2t$$

故

$$x=1-[M]/[M]_0=1+\frac{1-[1+4k_p(k_i/k_t)^{\frac{1}{2}}[M]_0t]^{\frac{1}{2}}}{2k_p(k_i/k_t)^{\frac{1}{2}}[M_0]t} \tag{9-45}$$

（2）光引发，双基终止时

分批式或平推流式

$$x=1-\exp\left[-k_p\left(\frac{f[I]}{k_t}\right)^{\frac{1}{2}}t\right] \tag{9-46}$$

连续全混式

$$x=1-\frac{1}{1+k_p(f[I]/k_t)^{\frac{1}{2}}t} \tag{9-47}$$

（3）引发剂引发，双基终止时

分批式或平推流式

$$x=1-\exp[-k_p(2fk_d[I]/k_t)^{\frac{1}{2}}t] \tag{9-48}$$

连续全混式

$$x=1-\frac{1}{1+k_p(2fk_d[I]/k_t)^{\frac{1}{2}}t} \tag{9-49}$$

导出上两式时假定了引发剂浓度是常数。但由于引发剂分解后留在高分子的一端，故严

格地讲，$[I]$ 也是在变的。作为一级反应，应有

$$-d[I]/dt = 2fk_d[I] = k_1[I] \tag{9-50}$$

式中，$k_1 = 2fk_d$。

利用 $t = 0$，$[I] = [I]_0$ 的关系，上式积分后得

$$[I] = [I]_0 e^{-k_1 t}$$

因　　$$r = -d[M]/dt = k_p(2fk_d[I]/k_t)^{\frac{1}{2}}[M] = k_p[(k_1/k_t)[I]_0 e^{-k_1 t}]^{\frac{1}{2}}[M] \tag{9-51}$$

积分得

$$-\ln\frac{[M]}{[M]_0} = \frac{2}{k_1}k_p(k_1[I]_0/k_t)^{\frac{1}{2}}(1 - e^{k_1 t})^{\frac{1}{2}} \tag{9-52}$$

由此可得

分批式或平推流式

$$x = 1 - \exp\left[-2k_p\left(\frac{[I]_0}{2fk_dk_t}\right)^{\frac{1}{2}}(1 - e^{-k_t/2})\right] \tag{9-53}$$

连续全混式：因　　　　$$[I] = [I]_0/(1 + 2fk_dt) \tag{9-54}$$

故　　　　$$x = 1 - \frac{1}{1 + k_p\left[\dfrac{2fk_d}{k_t}(1 + 2fk_d)\right]^{\frac{1}{2}}[I]_0^{\frac{1}{2}}t} \tag{9-55}$$

如将 $(1 - e^{-k_1 t})^{1/2}$ 展开，则式(9-52) 可写成

$$-\ln\frac{[M]}{[M]_0} = k_p\left(\frac{k_1}{k_t}\right)^{\frac{1}{2}}[I]_0^{\frac{1}{2}}t\left[1 - \frac{k_1 t}{2\times 2!} + \frac{(k_1 t)^2}{2^2\times 3!}\cdots\right] \tag{9-56}$$

因 k_1 很小（如 60℃下 BPO 的 $k_d = 2.0\times 10^{-6}\text{s}^{-1}$），故右侧括号内的第 2 项以下与第 1 项相比可以忽略，故式(9-53) 与式(9-48) 相同，可见一般把引发剂浓度当作常数来处理是可以的，这从每引发一个分子，就要接上去成千成百个分子来想象也是可以理解的，只有在引发速率很快而聚合度又较小的时候才必须用式(9-53) 及式(9-55)。

类此，可导出其他引发和终止机理所构成的游离基聚合在分批式（或平推流连续式）及连续全混式操作时的转化率公式。对于串联的多釜操作，则可逐釜计算。

关于聚合物的平均分子量，一般而言，都是随着转化率的增大而减小的，只是减小程度不同。至于分子量的分布，对平推流式与全混式则有很大不同，其原因是两者停留时间和浓度的经历不同，但影响孰大，需视反应的机理而定。譬如，以向单体链转移而使聚合链终止时，在相同容积下平推流式的转化率就高，分子量分布较窄。但如链的终止是由于双基终止，那么全混流的分子量分布较窄。对于一般情况来说，活性链的平均寿命小于连续釜中的平均停留时间，但停留时间差别的影响很小，而浓度的影响却是决定性的。因此在这种情况下，连续全混釜所得产品的分子量分布较窄。反之，如活性链的寿命长，那么停留时间分布的影响占上风，其结果就会是连续全混釜的分子量分布比分批式的更宽了。

以上所讨论的情况都有一个基本前提，即各基元反应速率常数是一个恒值，不因分子链的增长而改变。可是这种假定，并不尽然，如有些体系在转化率增高到某种程度后，出现反应速率加快的所谓"自动加速"现象，直到转化率很高时才大大减慢下来。这种现象在本体及悬浮聚合中是常见的。其原因为随着转化率的增大，体系的黏度增大，大分子运动受阻，使双基终止变得困难（故 k_t 变小）；而另一方面，小分子的单体仍能出入自如（故 k_p 不

变）；这样 k_p/k_t 值增大，因此反应速率就增大了，到了很高的转化率时，黏度大得使单体分子的运动也受到了严重的阻碍，因此反应速率才一直下降。

此外，在计算转化率或分子量分布时，往往在转化率较高时的结果与实际偏差更大，然而工业上的实际转化率往往就是较高的，根据这样的情况，需要设法进行修正。如曾将 k_t 表示成体系黏度的函数来处理。对苯乙烯在甲苯中以 ABIN 为引发的分批釜聚合，已得出体系黏度 μ 与温度 $T(\mathrm{K})$、溶液浓度 $S(\mathrm{mol/L})$、聚合物质量分数 P_F 和聚合物数均链长 $\bar{r}_n$（单体链节数，即数均聚合度）的关系为

$$\lg\mu = 17.66 - 0.311\lg(1+S) - 7.72\lg(T) - 10.23\lg(1-P_F) - 11.82[\lg(1-P_F)]^2 -$$
$$11.22[\lg(1-P_F)]^3 + 0.839\lg(\bar{r}_n) \tag{9-57}$$

可以看到，P_F 是最重要的因素。

此外，引发效率及终止速率常数与黏度的关系如下

$$\lg(f/f_0) = -0.133\lg(1+\mu) \tag{9-58}$$
$$\lg(k_t/k_{t0}) = -0.133\lg(1+\mu) - 0.0777[\lg(1+\mu)]^2 \tag{9-59}$$

下标"0"是指初始值。根据这样的关系式算得的转化率和分子量分布与不经过黏度校正时算得的相比与实验更加吻合，这从图 9-13 和图 9-14 上可以清楚地看出。由此可见，各种理论的分子量分布模型之所以有许多局限性，与实际值不尽相合，就是因为缺乏这样的校正。但可惜这方面的工作还报道得太少。

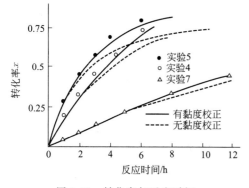

图 9-13 转化率与反应时间

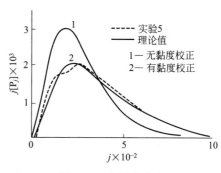

图 9-14 分子量分布

关于非等温时的情况，可以用第 3 章中的一些结果来计算。对于非理想流动的问题，原则上一样可以引用第 4 章的结果，特别是扩散模型及多釜串联模型是比较有用的，问题是非要有实测的基本参数（混合扩散系数等）不可。此外高黏度物系的混合态问题也很重要，但这方面的研究还很不够。

例 9-1 甲基丙烯酸甲酯用 ABIN 引发，在 60℃ 下进行本体聚合，已知 $k_d = 1.16 \times 10^{-5}\mathrm{s}^{-1}$，$f = 0.52$，$k_p = 367\mathrm{L/(mol \cdot s)}$，$k_t = 0.93 \times 10^7\mathrm{L/(mol \cdot s)}$（双基终止），如引发剂浓度为 $3 \times 10^{-3}\mathrm{mol/L}$，求：（1）用分批法预聚合到转化率 10% 所需的时间；（2）在连续式全混釜中以 30L/min 的流速达到 10% 转化率所需的釜容积；（3）如将预聚合液放在模框中，在 60℃ 下转化到 95% 所需的时间；（4）求预聚合的分子量分布。

解 （1）分批式

$$t = \left(\frac{1}{k_p} \right) \left(\frac{k_t}{2fk_d[I]} \right)^{\frac{1}{2}} \ln \left(\frac{1}{1-x} \right)$$

$$t = \frac{1}{367} \left[\frac{0.93 \times 10^7}{2 \times 0.52 \times (1.16 \times 10^{-5})(3 \times 10^{-3})} \right]^{\frac{1}{2}} \cdot \ln \left(\frac{1}{1-0.1} \right)$$
$$= 43700 \times 0.105 = 4590s = 1.274h$$

（2）连续式

得
$$t = \frac{1}{k_p} \left(\frac{k_t}{2fk_d[I]} \right)^{\frac{1}{2}} \left(\frac{1}{1-x} - 1 \right) = 4850s = 1.345h$$

$$釜容积 = \frac{30}{60} \times 4850 = 2430L = 2.43m^3$$

（3）因仍为分批式，故模内聚合时间为

$$t = 43700 \ln \left(\frac{1}{1-0.95} \right) - 4590 = 126300s = 35h$$

（4）由表 9-3 最后一列中间可找得 $[P_j]/([M]_0 - [M])$ 的表达式，今设 $[M]_0 = 9.50mol/L$，则 $[M] = 0.950mol/L$，将各有关值代入后可求得各种 j 下的 $[P_j]$ 值，从而作出数量分布曲线如图 9-14 所示，由图可见分布是很宽的。

9.2.3　游离基共聚合

通过引入一个或几个单体进行共聚以改变聚合物的性能是高分子一个极其广阔的领域，它具有重大的理论和实用意义。了解其聚合过程的内在规律性并根据它来进行工程控制是反应工程的一项任务，为此，必先了解共聚反应的动力学。

设有 M_1 及 M_2 两种单体进行共聚，生长反应可有如下四种情况

$$M_1 \cdot + M_1 \xrightarrow{k_{11}} M_1 \cdot \quad 速率常数: k_{11}[M_1 \cdot][M_1]$$

$$M_1 \cdot + M_2 \xrightarrow{k_{12}} M_2 \cdot \qquad\qquad k_{12}[M_1 \cdot][M_2]$$

$$M_2 \cdot + M_1 \xrightarrow{k_{21}} M_1 \cdot \qquad\qquad k_{21}[M_2 \cdot][M_1]$$

$$M_2 \cdot + M_2 \xrightarrow{k_{22}} M_2 \cdot \qquad\qquad k_{22}[M_2 \cdot][M_2]$$

其中 $M_1 \cdot$ 及 $M_2 \cdot$ 分别表示末端为 M_1 及 M_2 的活性分子。

单体 M_1 及 M_2 的消失速率为

$$-d[M_1]/dt = k_{11}[M_1 \cdot][M_1] + k_{21}[M_2 \cdot][M_1]$$

$$-d[M_2]/dt = k_{12}[M_1 \cdot][M_2] + k_{22}[M_2 \cdot][M_2]$$

两式相除，得

$$\frac{-d[M_1]}{-d[M_2]} = \frac{k_{11}[M_1 \cdot][M_1] + k_{21}[M_2 \cdot][M_1]}{k_{12}[M_1 \cdot][M_2] + k_{22}[M_2 \cdot][M_2]} \tag{9-60}$$

在定常态时，$[M_1 \cdot]$ 及 $[M_2 \cdot]$ 保持恒定，故

$$k_{12}[M_1 \cdot][M_2] = k_{21}[M_2 \cdot][M_1] \tag{9-61}$$

因此前式可写成

$$\frac{-\mathrm{d}[M_1]}{-\mathrm{d}[M_2]}=\frac{(k_{11}/k_{12})[M_1]/[M_2]+1}{1+(k_{22}/k_{21})[M_2]/[M_1]}$$

或写成

$$\frac{[m_1]}{[m_2]}=\frac{-\mathrm{d}[M_1]}{-\mathrm{d}[M_2]}=\frac{[M_1]}{[M_2]}\frac{\gamma_1[M_1]+[M_2]}{\gamma_2[M_2]+[M_1]} \tag{9-62}$$

式中，$\gamma_1=k_{11}/k_{12}$，$\gamma_2=k_{22}/k_{21}$，它们代表两种单体反应活性之比，称为竞聚率，由实验求定。如 γ_1 即表示末端为 M_1 的活性链与同种单体相结合的速率和它与异种单体相结合的速率的一种比例，而 γ_2 则为末端为 M_2 的活性链生长时的这种比例。由式(9-61) 可以从一定的单体浓度比求出瞬间进入聚合物中的单体比 $[m_1]/[m_2]$（即瞬间的单体消失比 $-\mathrm{d}[M_1]/-\mathrm{d}[M_2]$，也是该瞬间生成的聚合物中两种单体组成之比）。对于聚合转化程度很小的情况以及稳定操作的连续式全混釜，可用上式来进行计算，但对转化率较高的一般分批式操作，则需要加以积分。其结果为

$$\ln\frac{[M_1]}{[M_1]_0}=\frac{1-\gamma_1\gamma_2}{(1-\gamma_2)(1-\gamma_1)}\ln\frac{(\gamma_1-1)\dfrac{[M_2]}{[M_1]}-\gamma_2+1}{(\gamma_1-1)\dfrac{[M_2]_0}{[M_1]_0}-\gamma_2+1} \tag{9-63}$$

式中，$[M_1]_0$ 及 $[M_2]_0$ 分别为 1、2 两种单体的起始浓度。上式也可写成如下的形式

$$\gamma_2=\frac{\ln\dfrac{[M_2]_0}{[M_2]}-\dfrac{1}{p}\ln\dfrac{(1-p[M_1]/[M_2])}{(1-p[M_1]_0/[M_2]_0)}}{\ln\dfrac{[M_1]_0}{[M_1]}+\ln\dfrac{(1-p[M_1]/[M_2])}{(1-p[M_1]_0/[M_2]_0)}} \tag{9-64}$$

本式中的 $p=(1-\gamma_1)/(1-\gamma_2)$

如果用几种不同的起始组成实验，测得与 $[M_1]$ 相应的 $[M_2]$，这样便可利用上述方程或通过试凑和作图等方式定出 γ_1 及 γ_2。表 9-8 中举出了一些竞聚率值，可供参考。

表 9-8　游离基共聚的竞聚率值

M_1	M_2	γ_1	γ_2	$\gamma_1\gamma_2$	$T/℃$
苯乙烯	丁二烯	0.78 ± 0.01	1.39 ± 0.03	1.08	60
苯乙烯	甲基丙烯酸甲酯	0.520 ± 0.026	0.460 ± 0.026	0.24	60
醋酸乙烯	氯乙烯	0.23 ± 0.02	1.68 ± 0.08	0.38	60
丙烯腈	丁二烯	0.00 ± 0.04	0.35 ± 0.08	<0.016	50
偏二氯乙烯	氯乙烯	1.8 ± 0.5	0.2 ± 0.2		45
丁二烯	对氯苯乙烯	1.07	0.42	0.5	50
四氟乙烯	三氟氯乙烯	1.0	1.0		60

设 f 为某一时刻单体中 M_1 的分子分率，F_1 为该瞬间生成的共聚体中 M_1 的分子分率，则

$$f_1=\frac{[M_1]}{[M_1]+[M_2]} \tag{9-65}$$

$$F_1=\frac{\mathrm{d}[M_1]}{\mathrm{d}[M_1]+\mathrm{d}[M_2]} \tag{9-66}$$

于是式(9-61) 可以改写成为下式

$$F_1 = \frac{(\gamma_1-1)f_1^2 + f_1}{(\gamma_1+\gamma_2-2)f_1^2 - 2(1-\gamma_2)f + \gamma_2} \tag{9-67}$$

图 9-15 即为 F_1 与 f_1 的关系图。其形状与气液平衡曲线相似。曲线 a 为 $\gamma_1>1$ 和 $\gamma_2<1$ 的情况，即表示 M_2 结合到 $M_1\cdot$ 或 $M_2\cdot$ 上去的能力都比 M_1 弱，因此共聚物中 M_1 的分子分率比单体中更高一些，而曲线 d 的情况与之相反。曲线 b 及 c 都有与对角线相交的所谓"共沸点"。在这一点上单体与共聚体的组成是一样的，等于

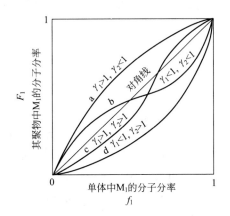

图 9-15　单体组成与共聚物组成的关系

$$F_1 = f_1 = (1-\gamma_2)/(2-\gamma_1-\gamma_2) \tag{9-68}$$

对于多数的游离基共聚体系，属于 $\gamma_1<1$，$\gamma_2<1$ 或 $\gamma_1>1$，$\gamma_2<1$（也有相反 $\gamma_1<1$ 而 $\gamma_2>1$ 的），即图中的 a、c、d 类型，而在离子型共聚中，几乎都是 $\gamma_1>1$，$\gamma_2<1$（也有 $\gamma_1<1$，$\gamma_2>1$ 的），即 a 及 d 的类型，像 b 那样 $\gamma_1>1$，$\gamma_2>1$ 的情况则是极其罕见的。此外 $\gamma_1\gamma_2$ 这一乘积几乎都小于 1，而当 $\gamma_1\gamma_2=1$ 时称为理想共聚，这时 M_1 与 M_2 两种单体完全无规律地进入共聚体中，不像一般总有一定的交互性。不过对于离子型共聚，$\gamma_1\gamma_2$ 乘积近于 1 的情况是常见的。

以上的处理方法对于竞聚率差别不太大，单体组成之比不趋于极端的场合，在转化率不高时常是可用的，譬如在转化率 10% 左右，单体组成和共聚体组成几乎没有多少变化。但除去"共沸"体系，对一般情况而言，在较高的转化率时，组成的改变却是不可忽视的。

现对微时间内单体总浓度 $[M]=[M_1]+[M_2]$ 中的 M_1 组分作物料衡算，则有

$$f_1[M] - (f_1+df_1)([M]+d[M]) = -F_1 d[M] \tag{9-69}$$

略去二阶微分项，并改写得

$$d[M]/[M] = df_1/(F_1-f_1)$$

利用初始条件 $f_{10}=[M_1]_0/[M]_0$，$[M_0]=[M_1]_0+[M_2]_0$，将上式积分，得

$$\ln\frac{[M]}{[M]_0} = \int_{f_1}^{f_{10}} \frac{df_1}{F_1-f_1} \tag{9-70}$$

如定义共聚的转化率 x_c 为

$$x_c = 1-[M]/[M_0] = 1-([M_1]+[M_2])/([M_1]_0+[M_2]_0) \tag{9-71}$$

则前式亦可写成

$$\ln(1-x_c) = \int_{f_1}^{f_{10}} df/(F_1-f_1) \tag{9-72}$$

因此，只要知道 f_1 与 F_1 的关系，不论任何共聚体系，都可用此式通过图解或数值积分，求得从 f_{10} 变到 f_1 时的共聚转化率 x_c。如以 $\overline{F}_1$ 表示直到此时所生成的共聚物中 M_1 的平均组成，则由物料衡算可求得 $\overline{F}_1$ 值

$$f_{10}[M]_0 - f_1(1-x_c)[M]_0 = \overline{F}_1 x_c [M]_0$$

故 $M_3 \cdot$
$$\bar{F}_1 = \frac{f_{10} - f_1(1 - x_c)}{x_c} \tag{9-73}$$

在等温定容分批操作时，则将式(9-66)代入式(9-71)中积分后可得出

$$x_c = 1 - \left(\frac{f_1}{f_{10}}\right)^\alpha \left(\frac{1-f_1}{1-f_{10}}\right)^\beta \left(\frac{f_{10} - \delta}{f_1 - \delta}\right)^\gamma \tag{9-74}$$

式中，$\alpha = \gamma_2/(1-\gamma_2)$；$\beta = \gamma_1/(1-\gamma_1)$；$\gamma = (1-\gamma_1\gamma_2)/[(1-\gamma_1)(1-\gamma_2)]$；$\delta = (1-\gamma_2)/(2-\gamma_1-\gamma_2)$。

上式适用于 $\gamma_1 \neq 1$，$\gamma_2 \neq 1$ 的情况，故一般都是合用的。

在分批操作时，因共聚物组成在不断地变化，因此要达到一定的共聚物组成，就需规定好起始的单体浓度比和转化程度；或者采取分次投料的方式，即在聚合进程中，陆续补加活性较强的单体以保持较恒定的单体组成，这样共聚物组成也就较为一定了。

对于多元共聚，也可类似地推导。譬如含 M_1、M_2、M_3 三种单体的三元共聚，则可有 9 个生长反应

$$
\left.
\begin{array}{ll}
\text{反应} & \text{反应速率} \\[4pt]
M_1 \cdot + M_1 \xrightarrow{k_{11}} M_1 \cdot & k_{11}[M_1 \cdot][M_1] \\[4pt]
M_1 \cdot + M_2 \xrightarrow{k_{12}} M_2 \cdot & k_{12}[M_1 \cdot][M_2] \\[4pt]
M_1 \cdot + M_3 \xrightarrow{k_{13}} M_3 \cdot & k_{13}[M_1 \cdot][M_3] \\[4pt]
M_2 \cdot + M_1 \xrightarrow{k_{21}} M_1 \cdot & k_{21}[M_2 \cdot][M_1] \\[4pt]
M_2 \cdot + M_2 \xrightarrow{k_{22}} M_2 \cdot & k_{22}[M_2 \cdot][M_2] \\[4pt]
M_2 \cdot + M_3 \xrightarrow{k_{23}} M_3 \cdot & k_{23}[M_2 \cdot][M_3] \\[4pt]
M_3 \cdot + M_1 \xrightarrow{k_{31}} M_1 \cdot & k_{31}[M_3 \cdot][M_1] \\[4pt]
M_3 \cdot + M_2 \xrightarrow{k_{32}} M_2 \cdot & k_{32}[M_3 \cdot][M_2] \\[4pt]
M_3 \cdot + M_3 \xrightarrow{k_{33}} M_3 \cdot & k_{33}[M_3 \cdot][M_3]
\end{array}
\right\} \tag{9-75}
$$

各单体的消耗速率为

$$
\left.
\begin{array}{l}
-d[M_1]/dt = k_{11}[M_1 \cdot][M_1] + k_{21}[M_2 \cdot][M_1] + k_{31}[M_3 \cdot][M_1] \\[4pt]
-d[M_2]/dt = k_{12}[M_1 \cdot][M_2] + k_{22}[M_2 \cdot][M_2] + k_{32}[M_3 \cdot][M_2] \\[4pt]
-d[M_3]/dt = k_{13}[M_1 \cdot][M_3] + k_{23}[M_2 \cdot][M_3] + k_{33}[M_3 \cdot][M_3]
\end{array}
\right\} \tag{9-76}
$$

如对 $[M_1 \cdot]$、$[M_2 \cdot]$ 及 $[M_3 \cdot]$ 的定常态假定成立，则

$$
\left.
\begin{array}{l}
k_{12}[M_1 \cdot][M_2] + k_{13}[M_1 \cdot][M_3] = k_{21}[M_2 \cdot][M_1] + k_{31}[M_3 \cdot][M_1] \\[4pt]
k_{21}[M_2 \cdot][M_1] + k_{23}[M_2 \cdot][M_3] = k_{12}[M_1 \cdot][M_2] + k_{32}[M_3 \cdot][M_2] \\[4pt]
k_{31}[M_3 \cdot][M_1] + k_{32}[M_3 \cdot][M_2] = k_{13}[M_1 \cdot][M_3] + k_{23}[M_2 \cdot][M_3]
\end{array}
\right\} \tag{9-77}
$$

解式(9-75)及式(9-76)，即可求得三元共聚物的瞬间组成关系如下

$$d[M_1] : d[M_2] : d[M_3] = [m_1] : [m_2] : [m_3]$$

$$= [M_1]\left(\frac{[M_1]}{\gamma_{31}\gamma_{21}} + \frac{[M_2]}{\gamma_{21}\gamma_{32}} + \frac{[M_3]}{\gamma_{31}\gamma_{23}}\right)\left([M_1] + \frac{[M_2]}{\gamma_{12}} + \frac{[M_3]}{\gamma_{13}}\right) :$$

$$\left[M_2\right]\left(\frac{\left[M_1\right]}{\gamma_{12}\gamma_{31}}+\frac{\left[M_2\right]}{\gamma_{12}\gamma_{32}}+\frac{\left[M_3\right]}{\gamma_{32}\gamma_{13}}\right)\left(\left[M_2\right]+\frac{\left[M_1\right]}{\gamma_{21}}+\frac{\left[M_3\right]}{\gamma_{23}}\right):$$

$$\left[M_3\right]\left(\frac{\left[M_1\right]}{\gamma_{13}\gamma_{21}}+\frac{\left[M_2\right]}{\gamma_{23}\gamma_{12}}+\frac{\left[M_3\right]}{\gamma_{13}\gamma_{23}}\right)\left(\left[M_3\right]+\frac{\left[M_1\right]}{\gamma_{31}}+\frac{\left[M_2\right]}{\gamma_{32}}\right)$$

$$\text{(9-78)}$$

式中，$\gamma_{12}=k_{11}/k_{12}$；$\gamma_{13}=k_{11}/k_{13}$；$\gamma_{21}=k_{22}/k_{21}$；$\gamma_{23}=k_{22}/k_{23}$；$\gamma_{31}=k_{33}/k_{31}$；$\gamma_{32}=k_{33}/k_{32}$。

所以只要有了二元系统的竞聚率值，就可以计算多元系统的瞬间组成了。

关于共聚速率和共聚度的分析，可以下述的典型机理为例。

	反应	反应速率	
引发	$I\xrightarrow{k_d}2R\cdot$	$r_i=2k_d[I]$	
	$R\cdot+M_1\xrightarrow{k_{11}}M_1\cdot$	r_{i1}	(9-78a)
	$R\cdot+M_2\xrightarrow{k_{12}}M_2\cdot$	r_{i2}	
生长	$M_1\cdot+M_1\xrightarrow{k_{11}}M_1\cdot$	$k_{11}[M_1\cdot][M_1]$	
	$M_1\cdot+M_2\xrightarrow{k_{12}}M_2\cdot$	$k_{12}[M_1\cdot][M_2]$	(9-78b)
	$M_2\cdot+M_1\xrightarrow{k_{21}}M_1\cdot$	$k_{21}[M_2\cdot][M_1]$	
	$M_2\cdot+M_2\xrightarrow{k_{22}}M_2\cdot$	$k_{22}[M_2\cdot][M_2]$	
终止	$M_1\cdot+M_1\cdot\xrightarrow{k_{t11}}\sigma P$	$k_{t11}[M_1\cdot]^2$	
	$M_1\cdot+M_2\cdot\xrightarrow{k_{t12}}\sigma P$	$k_{t12}[M_1\cdot][M_2\cdot]$	(9-78c)
	$M_2\cdot+M_2\cdot\xrightarrow{k_{t22}}\sigma P$	$k_{t22}[M_2\cdot]^2$	

式中，P 为无活性聚合物，偶合终止时 $\sigma=1$，歧化终止时 $\sigma=2$。假定定常态，则两种游离基浓度恒定，且引发速率与终止速率相等，故

$$k_{12}[M_1\cdot][M_2]=k_{21}[M_2\cdot][M_1] \tag{9-79}$$

$$r_i=r_{i1}+r_{i2}=r_t=k_{t11}[M_1\cdot]^2+k_{t12}[M_1\cdot][M_2\cdot]+k_{t22}[M_2\cdot]^2 \tag{9-80}$$

于是可以解得游离基浓度为

$$[M_1\cdot]=r_i^{\frac{1}{2}}\frac{[M_1]}{k_{12}}(\delta_1^2\gamma_1^2[M_1]^2+2\phi\gamma_2\gamma_1\delta_1\delta_2[M_1][M_2]+\delta_2^2\gamma_2^2[M_2]^2)^{-\frac{1}{2}} \tag{9-81a}$$

$$[M_2\cdot]=r_i^{\frac{1}{2}}\frac{[M_2]}{k_{21}}(\delta_1^2\gamma_1^2[M_1]^2+2\phi\gamma_1\gamma_2\delta_1\delta_2[M_1][M_2]+\delta_2^2\gamma_2^2[M_2]^2)^{-\frac{1}{2}} \tag{9-81b}$$

式中

$$\left.\begin{array}{l}\delta_1=(2k_{t11}/k_{11}^2)^{\frac{1}{2}}\\[2mm]\delta_2=(2k_{t22}/k_{22}^2)^{\frac{1}{2}}\\[2mm]\phi=k_{t12}/[2(k_{t11}k_{t22})^{\frac{1}{2}}]\end{array}\right\} \tag{9-82}$$

ϕ 值的大小表示交互终止与同类游离基终止的速率比例。

又因总的共聚速率可用生长速率来代表（因 $r_p \gg r_i$、r_t、r_{t2}），故

$$-\frac{d([M_1]+[M_2])}{dt} = r_p = k_{12}\frac{[M_1 \cdot]}{[M_1]}(r_1[M_1]^2 + 2[M_1][M_2] + r_2[M_2]^2) \tag{9-83}$$

将 $[M_1 \cdot]$ 的关系代入，即得

$$-\frac{d([M_1]+[M_2])}{dt} = \frac{r_i^{\frac{1}{2}}(\gamma_1[M_1]^2 + 2[M_1][M_2] + \gamma_2[M_2]^2)}{(\delta_1^2\gamma_1^2[M_1]^2 + 2\phi\gamma_1\gamma_2\delta_1\delta_2[M_1][M_2] + \delta_2^2\gamma_2^2[M_2]^2)^{\frac{1}{2}}} \tag{9-84}$$

对于其他反应机理，也可类似地导出反应速率式。

瞬间平均聚合度 $\overline{P_n}$ 等于总的单体消失速率与无活性聚合物的生成速率之比，故

$$\overline{P_n} = -\frac{d([M_1]+[M_2])}{dt}\bigg/\frac{d[P]}{dt} \tag{9-85}$$

当不存在链转移时

$$\overline{P_n} = -\frac{d([M_1]+[M_2])}{dt}\bigg/(\sigma r_t) \tag{9-86}$$

因 $r_i = 2r_t$，故由式(9-82)及式(9-85)可得

$$\overline{P_n} = \frac{\gamma_1[M_1]^2 + 2[M_1][M_2] + \gamma_2[M_2]^2}{\left(\frac{1}{2}\sigma\right)r_i^{\frac{1}{2}}(\delta_1^2\gamma_1^2[M_1]^2 + 2\phi\gamma_1\gamma_2\delta_1\delta_2[M_1][M_2] + \delta_2^2\gamma_2^2[M_2]^2)^{\frac{1}{2}}} \tag{9-87}$$

如有向单体的链转移存在，则

$$\overline{P_n} = \frac{-d([M_1]+[M_2])/dt}{\sigma r_t + r_{fm}} \tag{9-88}$$

因

$$M_1 \cdot + M_1 \xrightarrow{k_{M11}} P + M_1 \cdot$$

$$M_1 \cdot + M_2 \xrightarrow{k_{M12}} P + M_2 \cdot$$

$$M_2 \cdot + M_1 \xrightarrow{k_{M21}} P + M_1 \cdot$$

$$M_2 \cdot + M_2 \xrightarrow{k_{M22}} P + M_2 \cdot$$

故 $r_{fm} = k_{M11}[M_1 \cdot][M_1] + k_{M12}[M_1 \cdot][M_2] + k_{M21}[M_2 \cdot][M_1] + k_{M22}[M_2 \cdot][M_2]$ (9-89)

将式(9-87)取倒数，并把式(9-83)和式(9-88)代入，消去 $[M_1 \cdot]$、$[M_2 \cdot]$，最后可得

$$\frac{1}{\overline{P_n}} = \frac{1}{\overline{P_{n0}}} + \frac{C_{M11}\gamma_1[M_1]^2 + (C_{M12}+C_{M21})[M_1][M_2] + C_{M22}\gamma_2[M_2]^2}{\gamma_1[M_1]^2 + 2[M_1][M_2] + \gamma_2[M_2]^2} \tag{9-90}$$

式中，$\overline{P_{n0}}$ 是没有链转移的瞬间平均聚合度，而

$$C_{M11} = k_{M11}/k_{11}, \quad C_{M22} = k_{M22}/k_{22}$$

$$C_{M12} = k_{M12}/k_{12}, \quad C_{M21} = k_{M21}/k_{21}$$

均为链转移常数。对于只有向溶剂链转移的情况，也可类似地加以推导，其结果是

$$\frac{1}{\overline{P_n}} = \frac{1}{\overline{P_{n0}}} + \frac{(C_{S1}\gamma_1[M_1] + C_{S2}[M_2])[S]}{\gamma_1[M_1]^2 + 2[M_1][M_2] + \gamma_2[M_2]^2} \tag{9-91}$$

式中，$C_{S1} = k_{S1}/k_{11}$，$C_{S2} = k_{S2}/k_{22}$，k_{S1} 及 k_{S2} 分别为 $M_1 \cdot$ 及 $M_2 \cdot$ 向溶剂 S 的链转移速度常数。

从以上分析可以看出，对于共聚合动力学的处理，就是以均聚的方法为基础的，但因参数较多，运算繁复，读者如有需要可参考文献。

例 9-2 （1）有含氯乙烯（M_2）85%（质量）及醋酸乙烯（M_3）15%（质量）的配料在 60℃下共聚，当聚合到单体混合物中含氯乙烯 0.7（摩尔分数）时，试求总的转化率、此时的瞬间聚合物组成和累计的组成。

（2）如为丙烯腈（M_1）-氯乙烯-醋酸乙烯三元共聚，以 BPO 为引发剂，在 60℃时，$\gamma_{12}=3.28$，$\gamma_{21}=0.02$，$\gamma_{13}=4.05$，$\gamma_{31}=0.33$，$\gamma_{23}=0.23$，$\gamma_{32}=0.23$，求单体组成为 $M_1:M_2:M_3=0.512:0.366:0.122$ 时的共聚组成。

解　（1）根据配料的质量组成，可算得氯乙烯的摩尔分数为

$$f_{20}=\frac{85}{62.5}\bigg/\left(\frac{85}{62.5}+\frac{15}{86.1}\right)=0.886$$

今 $f_2=0.7$，由式（9-73）及表 9-8 得 $\gamma_2=1.68$，$\gamma_3=0.23$

$$\alpha=0.23/(1-0.23)=0.299$$
$$\beta=1.68/(1-1.68)=-2.47$$
$$\gamma=(1-0.68\times0.23)/[(1-1.68)(1-0.23)]=-1.611$$
$$\delta=(1-0.23)/(2-1.68-0.23)=8.56$$

总转化率

$$x_{\mathrm{c}}=1-\left(\frac{0.7}{0.886}\right)^{0.299}\left(\frac{1-0.7}{1-0.886}\right)^{-2.47}\left(\frac{0.886-8.56}{0.7-8.56}\right)^{-1.611}=0.971$$

由式（9-72），得

$$\overline{F_2}=\frac{0.886-0.7(1-0.971)}{0.971}=0.891$$

由式（9-66）得

$$F_2=\frac{(1.68-1)\times0.7^2+0.7}{(1.68+0.23-2)\times0.7^2+2(1-0.23)\times0.7+0.23}=0.817$$

可见随着转化率的增大，共聚体中氯乙烯的比例是不断降低的。

（2）由式（9-77），按瞬间组成计算

$$d[M_1]:d[M_2]:d[M_3]=[m_1]:[m_2]:[m_3]$$

$$=0.512\left(\frac{0.512}{0.33\times0.02}+\frac{0.366}{0.02\times0.23}+\frac{0.122}{0.33\times0.23}\right)$$
$$\left(0.512+\frac{0.366}{3.28}+\frac{0.122}{4.05}\right):$$
$$0.366\left(\frac{0.512}{3.28\times0.33}+\frac{0.366}{3.28\times0.23}+\frac{0.122}{0.23\times4.05}\right)$$
$$\left(0.366+\frac{0.512}{0.02}+\frac{0.122}{0.23}\right):$$
$$0.122\left(\frac{0.512}{4.05\times0.02}+\frac{0.366}{0.23\times3.28}+\frac{0.122}{4.05\times0.23}\right)$$
$$\left(0.122+\frac{0.512}{0.33}+\frac{0.366}{0.23}\right)$$
$$=52.7:10.56:2.76=79.8\%:15.99\%:4.18\%$$
$$（实验值：80.35\%:13.29\%:6.36\%）$$

9.2.4 离子型溶液聚合

离子型聚合一般都是溶液聚合，溶剂分子的极性对反应机理有重要的影响，由于离子型聚合与游离基聚合在机理上不同，所以必然会反映到反应速率、平均分子量和分子量分布等一系列问题上来。因此如按一般游离基聚合的方法来处理，往往许多现象得不到统一的解释。已经知道，根据溶剂化程度的大小，催化剂及反应物分子可以以离子对或自由离子的形态存在。所谓自由离子是指阴、阳两种离子可以自由独立运动，例如催化剂分子 C 可以分解成两自由离子 A^V 及 $B^\wedge$，符号 "V" 及 "$\wedge$" 表示相反的两种离子。于是可写出反应过程的机理如下

分解 $\qquad\qquad\qquad C \rightleftharpoons A^V + B^\wedge$

$$\frac{[C]}{[A][B]} = K$$

式中，K 为平衡常数。

然后生成的离子再按通常步骤反应下去，包括引发、生长、转移、终止等。

另一类是离子对的形态，首先原来的紧离子对（以符号 ⦂ 隔开表示）受溶剂的作用而活化成为松离子对（以符号 ⦙ 隔开表示），然后单体分子络合到中间去再生成新的离子对。如以符号表示，这类反应的机理可写成如下形式

引发 $\qquad C \underset{k'_d}{\overset{k_d}{\rightleftharpoons}} A^V \vdots B^\wedge \overset{(1)}{\underset{松弛}{\rightleftharpoons}} A^V \vdots B^\wedge \overset{(2)}{\underset{+M 络合}{\longrightarrow}} A^V \vdots M \vdots B^\wedge \overset{(3)}{\underset{结合}{\longrightarrow}} P_j^V B^\wedge$

$\qquad\qquad\qquad\quad$ 紧离子对 $\qquad\quad$ 松离子对

这里可有两类不同情况，当步骤（2）为控制步骤时，则 $r_i = k_i[A^V][M]$；当由步骤（1）或（3）控制时，则

$$r_i = k_i[A^V]$$

根据机理上的这种差异，最终动力学结果也不一样。读者如有兴趣可参考相关文献。离子型聚合速率的通式为

$$r = k[M]^m[C]^n \qquad\qquad (9\text{-}92)$$

式中，$m = 0 \sim 3$，$n = 0 \sim 2$；对于大多数情况来讲，$m = 1$ 或 2，$n = 1$，这与离子型聚合体系的大量实测结果是吻合的。

下面再讨论平均聚合度的问题，以单体络合控制的情况为例，并设同时存在有向单体及溶剂进行的链转移，这时瞬间平均聚合度可写出为

$$\overline{P}_n = \frac{r_p}{r_{t1} + r_{fm} + r_{fs}} = \frac{k_p[M]}{k_{t1} + k_{fm}[M] + k_{fs}[S]} \qquad\qquad (9\text{-}93)$$

故积分平均聚合度为

$$\frac{1}{\overline{P}_n} = \frac{1}{[M]_0 - [M]} \int_0^{[M_0]} \frac{1}{\overline{P}_n} d[M]$$

$$= \frac{k_{fm}}{k_p} + \frac{1}{[M]_0 - [M]} \left(\frac{k_{t1} + k_f[S]}{k_p} \right) \ln \frac{[M]_0}{[M]} \qquad\qquad (9\text{-}94)$$

如用转化率 $x = 1 - \dfrac{[M]}{[M_0]}$ 的关系表示，则为

$$\frac{1}{\overline{P}_n} = \frac{k_{fm}}{k_p} + \left(\frac{k_{t1} + k_{fs}[S]}{k_p}\right)\frac{1}{[M]_0 x}\ln\left(\frac{1}{1-x}\right) \tag{9-95}$$

对于各类离子型聚合，可以求出它们的累积平均聚合度表达式。其通式如下

$$\frac{1}{\overline{P}_n} = \alpha + \frac{\beta}{[M]_0 x}\ln\left(\frac{1}{1-x}\right) + \gamma \tag{9-96}$$

式中，α、β 均为只包括各基元反应速率常数或溶剂浓度与催化剂浓度的常数项；γ 项多数情况下为零，某些情况下则为 x 的函数。

如果将各基元反应速率常数都用阿伦尼乌斯的关系代入，则最后可导出平均聚合度与温度的关系的通式为

$$\ln\overline{P}_n = a + b/T \tag{9-97}$$

式中，a、b 均为常数。本式说明了在离子型聚合中，温度对聚合度有严重的影响，升高温度将使聚合度大为降低。

根据理论指导，适当地选择体系的组分、用量，并恰当地控制或调节温度，就可能使分子量的大小及其分布移向所期望的目标。只是由于体系黏度对基元反应速率的影响，实际生产中的温度梯度和非理想流动等问题还不够明确，因此理论计算的结果还难免与实际值之间有一定的差距，有待进一步研讨。

例 9-3　一离子型溶液聚合体系，已知其反应速率式如下

引发
$$C + M \longrightarrow P_j^V \vdots B^\wedge$$

$$r_i = k_i[C][M]，k_i = 1.3\times10^{11}\exp\left(-\frac{10570}{T}\right)[L/(mol\cdot s)]$$

生长
$$P_j^V \vdots B^\wedge + M \longrightarrow P_j^V \vdots B^\wedge \overset{M}{\underset{\wedge}{\longrightarrow}} P_j^V \vdots M \vdots B^\wedge \longrightarrow P_{j+1}^V \vdots B^\wedge$$

$$r_p = k_p[P^V][M]，k_p = 9.0\times10^9\exp\left(-\frac{6640}{T}\right)[L/(mol\cdot s)]$$

向单体转移
$$P_j^V \vdots B^\wedge + M \longrightarrow P_j + P_j^V \vdots B^\wedge$$

$$r_{fs} = k_{fm}[P^V][M]，k_{fm} = 2.3\times10^9\exp\left(-\frac{9320}{T}\right)[L/(mol\cdot s)]$$

向溶剂转移
$$P_j^V \vdots B^\wedge + S \longrightarrow P_j + S^V \vdots B^\wedge$$

$$r_{fs} = k_{fs}[P^V][S]，k_{fs} = 5.5\times10^{10}\exp\left(-\frac{10150}{T}\right)[L/(mol\cdot s)]$$

终止
$$P_j^V \vdots B \longrightarrow P_j，r_{t1} = k_{t1}[P^V]，$$

$$k_{t1} = 2.7\times10^8\exp\left(-\frac{7650}{T}\right)(s^{-1})$$

如 $[M]_0 = 2.50 mol/L$，$[S] = 6.60 mol/L$，$[C] = 1.40\times10^{-4} mol/L$，在 60℃ 等温的搅拌釜中进行分批聚合，试求：(1) 单体浓度及转化率随时间而变化的情况；(2) 平均聚合度随转化率而变化的情况，如要得到平均聚合度为 7.5×10^2 的产品，需聚合几分钟？这时的

转化率为多少？

解 在60℃时，算得

$$k_i = 2.15 \times 10^{-3} \text{L/(mol·s)}, \quad k_p = 20.1 \text{L/(mol·s)}$$

$$k_{fm} = 1.59 \times 10^{-3} \text{L/(mol·s)}, \quad k_{fs} = 3.56 \times 10^{-3} \text{L/(mol·s)}$$

$$k_{t1} = 2.76 \times 10^{-2} \text{s}^{-1}$$

（1）单体的消耗速率

$$-d[M]/dt = k_p[P^V][M] + k_{fm}[P^V][M] + k_i[C][M] \tag{1}$$

在定常态下，$d[P^V]/dt = k_i[C][M] - k_{t1}[P^V] = 0$

故
$$[P^V] = k_i[C][M]/k_{t1}$$

代入式（1），得

$$-\frac{d[M]}{dt} = (k_p + k_{fm})\frac{k_i}{k_{t1}}[C][M]^2 + k_i[C][M]$$

考虑到生成高分子时，上式右侧第2、3项与第1项相比可以忽略，故

$$-d[M]/dt = (k_p k_i / k_{t1})[C][M]^2 \tag{2}$$

利用初始条件 $t=0$，$[M]=[M]_0$，上式积分的结果是

$$[M] = [M]_0 \bigg/ \left(1 + \frac{k_i k_p}{k_{t1}}[M]_0[C]t\right) \tag{3}$$

而转化率式为

$$x = 1 - [M]/[M]_0 \tag{4}$$

将各值代入后可算得其结果，如附图（a）所示。

（2）本例的平均聚合度可直接用式(9-94)来求，即

$$\frac{1}{\overline{P}_n} = \frac{k_{fm}}{k_p} + \left(\frac{k_{t1} + k_{fs}[S]}{k_p}\right)\frac{1}{[M]_0 x}\ln\left(\frac{1}{1-x}\right) \tag{5}$$

将各值代入，得

$$\frac{1}{\overline{P}_n} = 7.90 \times 10^{-5} + (1.03 \times 10^{-3}/x)\ln[1/(1-x)]$$

据此算得不同转化率下的平均聚合度值如附图（b）所示，由此得出当 $\overline{P}_n = 7.6 \times 10^2$ 时，$x = 0.36$，而从附图（a）中可读出相应的反应时间为18min。

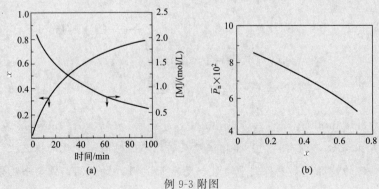

例9-3 附图

9.3　非均相聚合过程

9.3.1　悬浮聚合

一个典型的悬浮聚合过程就是聚氯乙烯的生产，由于反应放热量大，故将氯乙烯单体以细粒子的状态悬浮于水相中，使反应放出的热能迅速传入水相再经器壁移出。尽管这样的传热方式看来已经不错，但如操作控制不当，也有可能使反应温度剧烈上升而造成损失。

由于悬浮聚合的反应完全是在油相的单体液滴内进行，因此反应动力学的规律与本体聚合相同，故可同样计算。但有时这样算得的转化率比实测的还要小一些，据研究，这主要是因为在搅拌情况下，除了正常大小的液滴（直径在 0.1mm 以上）以外，还存在一些粒径很小（如 0.3μm 左右）的乳化粒子，单体在乳化粒子中的聚合速率比较快，其原因在下一节中将要说明。液滴在转化率低时受搅拌桨的作用，频繁地发生碎裂和合并，但当转化率达到 20% 以上，特别是在 30%～60% 这一段范围内，物性变化很大，液滴逐渐成固体，黏性增大，相互间很容易黏结成块，妨碍稳定操作。因此悬浮聚合体系中必须加分散剂来保护液滴。分散剂通常是难溶于水的微粉或者水溶性的高分子化合物，如聚氯乙烯中常用的是聚乙烯醇或明胶。它们可以防止单体液滴的聚并。等到转化率已高，粒子变得坚实，合并的现象就不会发生了。直到最后，聚合物都成固体粒子了。需要指出，上面提到的微细乳粒虽能加速一点反应，但由于最后它们都会较强地附着于聚合物粒子之上，难以洗涤下来而影响产品的质量，在选择操作条件时应防止其生成为宜。

由于液滴的大小影响滴内的温度梯度，而液滴与水相对运动状况不仅影响液滴和水相间的传热，而且也影响液滴的碎裂和合并，因此搅拌条件对悬浮聚合具有直接的意义。通常粒径 d_p 与搅拌转速 n 的关系大致为 $d_p \propto n^{-1.2} \sim n^{-1.4}$，而在一定的搅拌条件下，存在三种界限粒径，即再小就会合并的最小粒径 $d_{p,\min}$，再大就会被打碎的最大粒径 $d_{p,\max}$ 和再大就会出现两相分层的最大粒径 $d'_{p,\max}$，据研究

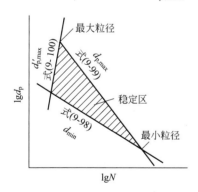

图 9-16　悬浮体系的液滴稳定区

$$d_{p,\min} \propto \frac{1}{\rho_d^{\frac{3}{8}} n^{\frac{3}{4}} d^{\frac{1}{2}}} \propto n^{-\frac{3}{4}} \tag{9-98}$$

$$d_{p,\max} \propto \left(\frac{\sigma}{\rho_c n^2 d^{\frac{4}{3}}}\right)^{\frac{3}{5}} \propto n^{-\frac{6}{5}} \tag{9-99}$$

$$d'_{p,\max} \propto \left(\frac{\rho_c}{\rho_d - \rho_c}\right)^3 n^6 d^4 \propto n^6 \tag{9-100}$$

式中，d 为桨叶直径；σ 为界面张力；ρ_c 及 ρ_d 分别为连续相和分散相的密度。图 9-16 表示了这三种粒径的关系。可看出随着转速增高到某一临界值（n_c）以上，物料将不再分层。此 n_c 与两相密度和釜径 D 的关系如下

$$n_c \propto D^{-\frac{2}{3}} (\mu/\rho_c)\left[(\rho_c - \rho_d)/\rho_c\right]^{0.26} \tag{9-101}$$

由于 d 与 D 是成比例的，故桨径增大，n_c 迅速减小。随着转速的增大，$d_{p,\max}$ 及 $d_{p,\min}$ 都减小，而且逐渐趋于相近，即能稳定存在的粒子大小相近，图中的阴影部分为稳定操作区，

实用的搅拌速度应处在这一区域内。

有关液-液两相的分散与搅拌的关系，目前已有的研究还是很不充分的。大致说来，影响因素包括物料的物性、两相的体积比（ϕ）、搅拌釜的几何形状和搅拌条件等。在几何相似的搅拌釜中，平均液滴直径 d_p 与各项因素之间的关系可用无量纲特征数的关系式表示

$$\frac{d_p}{D}=f\left(Re,Fr,We,N_p,\frac{\mu_d}{\mu_c},\phi\right) \tag{9-102}$$

$$Re=D^2 n\rho_c/\mu_c,\ Fr=Dn\rho_c/(\Delta\rho g)$$

$$We=n^2 D^3 \rho_c/\sigma,\ N_p=P/(D^2 n^3 \rho_c)$$

式中，P 为功率；下标 d 和 c 分别表示分散相和连续相。如对于甲基丙烯酸甲酯的悬浮聚合，有人得出生成固体聚合物颗粒的平均直径与搅拌条件的关系如下

$$\frac{d_p}{D}\propto Re^{0.5}Fr^{-0.1}We^{-0.9}\left(\frac{\mu_M}{\mu_w}\right)^{0.1} \tag{9-103}$$

式中，μ_M 和 μ_w 分别表示单体及水的黏度。由本式可见，影响粒径最重要的因素是包含表面张力因素在内的 We 数。此外，不难想象，在搅拌转速一定的情况下，在聚合过程中，随着物料物性的变化，稳定的平均粒径是逐渐变大的。

9.3.2　乳液聚合

乳液聚合的显著特点是反应速率快，分子量大，这与它的机理是分不开的。乳化剂都是表面活性物质。乳化剂分子除少数附着于单体液滴上外，绝大部分都在水相中形成胶束（图 9-17）。从液滴溶入水中的单体是很少的，但它能扩散经过水相而进到胶束中去。因为乳化剂分子的一端也是烃类结构，很容易将单体分子纳入其中而形成如图中所示的那种溶有单体的胶束。在那里水溶性引发剂所引发的初级游离基的进入引起聚合，于是单体不断扩散进来，聚合物粒子也不断长大。而另一方面，单体粒子逐渐变小以至消失，最后胶束亦消失。在链生长过程中，只有另一游离基侵入到乳胶粒中时，才会发生双基终止，因此乳液聚合在如此分散的体系中进行，终止机会又比较少，所以就导致了高的反应速率与极高的分子量。

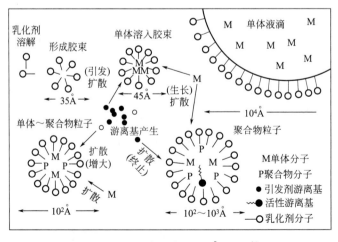

图 9-17　乳液聚合示意图（1Å＝10^{-10} m）

如果单体是亲水性的，如醋酸乙烯、丙烯酸等，那么单体不仅可在乳化剂分子形成的胶束中

进行聚合，还会有一些在水相中聚合，情况更复杂一些。但绝大多数单体是疏水性的，如苯乙烯、丁二烯、偏二氯乙烯及甲基丙烯酸甲酯等，它们在水中的溶解度很小，所以完全可以当作是反应全部在胶束中进行。据研究，乳液聚合的单体转化速率可用下式表示

$$r_p = k_p \left(\frac{[N]}{2}\right)[M] \tag{9-104}$$

式中，$[N]$ 为单位料液体积中乳胶粒子的个数；$[M]$ 为粒内单体浓度。平均聚合度为

$$\overline{P}_n = k_p[N][M]/\rho \tag{9-105}$$

式中，ρ 是游离基产生的速率。通常 ρ 约为 $10^{15} \sim 10^{16}$ 个/(L·s)，$[N]$ 约为 $10^{16} \sim 10^{18}$ 个/L，在每 $10 \sim 10^3$ s 内进入一个游离基。在全部聚合物粒子中约有半数是有游离基的，故 $r_p \propto [N]/2$。聚合粒子数与游离基生成速率及乳化剂的表面积有如下关系

$$[N] = A(\rho/\mu)^{0.4}(a_S[S])^{0.6} \tag{9-106}$$

式中，A 为常数（$0.37 \sim 0.53$）；μ 为聚合粒的体积增加速度；a_S 为 1g 乳化剂的吸附面积；$[S]$ 为乳化剂浓度；$a_S[S]$ 即表示生成粒子的总面积。由此可见

$$[N] \propto \rho^{0.4}[S]^{0.6} \tag{9-107}$$

因 $\rho \propto [I]$，故结合式(9-103) 与式(9-104)，可知

$$r_p \propto [I]^{0.4}[S]^{0.6} \tag{9-108}$$

$$\overline{P}_n \propto [I]^{-0.8}[S]^{0.6} \tag{9-109}$$

这就是乳液聚合中各主要因素间的定量关系。

图 9-18 是苯乙烯乳液聚合时单体转化率、反应速率和平均聚合度变化的一个例子（见文献 [6]）。图中第 1 阶段表示诱导期，这时聚合粒子数渐增，所以反应速率逐渐加快；第 2 阶段表示粒子数 N 及粒内单体浓度 $[M]$ 维持一定的阶段，故反应速率保持一定，相当于 0 级反应的情况；阶段 3 表示单体浓度逐渐减少，所以反应速率也相应减小，与 1 级反应的情况相当。图中（4）表示在有些系统中出现自动加速现象的一点。

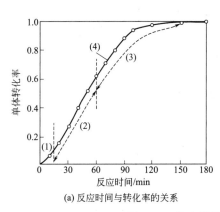
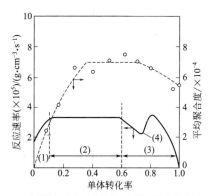

(a) 反应时间与转化率的关系　　(b) 单体转化率与反应速率、平均聚合度的关系

图 9-18　苯乙烯乳液聚合过程变化图

(1)诱导区；(2)0 级反应区；(3)1 级反应区；(4)自动加速点

反应条件为 700r/min，60℃；配方：H_2O 620g，苯乙烯 145g，油酸钠 6.25×10^{-3} g·mol/L，

$K_2S_2O_8$ 2.55×10^{-3} g·mol/L

还有人考察过在苯乙烯乳液聚合的中途分别添加引发剂、乳化剂、单体或乳化反应

液对反应速率与平均聚合度这两方面的影响。发现除添加引发剂对平均聚合度有降低作用外，其他一律不起作用，这也说明在 0 级反应区域内，聚合物粒子外面的乳化剂分子是不足的，新添加进去的乳化剂都吸附到原有的粒子上去了，而没有形成胶束和产生新的聚合中心。

搅拌在乳液聚合中有显著影响。在反应初期，如搅拌过快，会使单体液滴更细，表面积更大，耗去较多的乳化剂分子从而使能够形成胶束的乳化剂量减少，这样就使反应速率减慢。到了第二阶段，聚合粒的形成已经结束，膨润的聚合物粒子逐步夺走单体液滴上的乳化剂分子，使后者变得不稳定而易于合并，从而使表面积减小，反应受单体通过水相而向聚合物粒子扩散的过程所控制，故增加搅拌速度时，反应速率也增加了。到了第三阶段，反应速率仍是随搅拌速度的增加而增加的，这是因为聚合粒界面增大后，乳化剂量不足以使颗粒稳定，故与单体液滴相碰而合并，单体分子不必经过水相扩散而可直接供给进去，因此反应速率就增快了。一般认为在乳液聚合初期，搅拌速度宜适当低些，待聚合粒形成后，再加强搅拌以维持单体液滴的稳定分散并促进扩散，防止单体合并或出现单体层的分离。但太强的搅拌也是不适当的，因为这将破坏胶束的存在和乳化剂在粒子上的吸附，同时还可能将液面上的空气卷入液内，促进氧的扩散而起阻聚作用，这些都将使反应速率和聚合度降低，因此是不希望的。在用多釜串联操作时，应在第一釜中保持能适当乳化的搅拌强度或者在前面加一个预混合釜。

9.4 缩聚反应过程

9.4.1 缩聚平衡

缩聚反应的一个重要特点是它的可逆性，譬如己二酸与己二胺缩聚成聚酰胺"尼龙66"时，放出小分子的水，而水也能使聚合物水解。这种可逆性的存在，使得排除这些小分子就成为制得高分子的一个重要问题；另一方面这些缩聚过程常常是先缩聚成低聚体，然后再相互进一步缩合而成为高聚体的，因此在反应初期的短时间内，单体的转化率就已经相当高了，但聚合物的分子量却不大，以后随着时间的延长，分子量继续增长，但转化率的提高却是有限的。

下面以聚酰胺为例做些说明，假定初始时羧基官能团的数目为 N_0，而在反应到一定程度时还存留的羧基官能团数为 N，则可以定义一个反应率 p 如下

$$p = \frac{\text{消失的羧基官能团数}}{\text{初始的羧基官能团数}} = \frac{N_0 - N}{N_0} = 1 - \frac{1}{N_0/N} = 1 - \frac{1}{\overline{P}_n} \tag{9-110}$$

或者
$$\overline{P}_n = 1/(1-p) \tag{9-111}$$

此即平均缩合度与反应率的关系。

当原料中的羧基与氨基官能团数相等时，则在平衡时，有

$$-NH_2 + HOOC- \underset{k_2}{\overset{k_1}{\rightleftharpoons}} -NHOC- + H_2O$$

$$(1-p) \quad (1-p) \qquad\qquad p \qquad n$$

n 为水的物质的量，反应的平衡常数 K 定义如下

$$K = \frac{k_1}{k_2} = \frac{pn}{(1-p)^2} \tag{9-112}$$

令 $\beta = K/n$，则可得出

$$p = \left(\frac{1}{2\beta}\right)(1+2\beta - \sqrt{1+4\beta})$$

故缩合度为

$$\overline{P}_n = \frac{1}{1-p} = \frac{2\beta}{\sqrt{1+4\beta}-1} \tag{9-113}$$

因一般 $\beta \gg 1$，故上式近似为

$$\overline{P}_n \approx \sqrt{\beta} = \sqrt{K/n}$$

可见缩聚物分子量是随系统平衡常数的增大和系统中水分子的减少而增大的。对于聚酰胺而言，260℃时，$K=305$，为了获得高分子量的产物，就必须不断搅动以排出低分子量的蒸气。在后期还要抽真空到 20mmHg 绝压来帮助水蒸气从黏性增高了的物料中逸出。至于聚酯反应，它的平衡常数更小，在 265℃时只有 4.0，所以脱低分子物（甲醇）的要求也就更高了。在逐步升温的同时不断提高真空度，直到 $10 \sim 10^{-1}$ mmHg 的绝压，才得到 $\overline{P}_n$ 约 100 的产品。在许多缩聚体系中，常采用多段聚合的方法，即在前段和后段分别采用不同的反应器形式和保持不同的操作条件以适应缩聚平衡和物料黏性的变化，这样才能获得一定聚合度的产物。

9.4.2　缩聚动力学

严格地讲，缩聚反应的动力学是相当复杂的，但从工程的要求来看，可以按低分子物来处理。因为缩聚的速率基本上与分子链的长短无关而与官能团的浓度有关。对于像聚酯那样不用外加强酸来催化的体系，二元酸本身即起到催化剂的作用，这时酯化速率可以用羧基的消失速率来表示，反应速率式可写成

$$-\mathrm{d}[COOH]/\mathrm{d}t = k[COOH][COOH][OH] \tag{9-114}$$

如羧基与羟基的浓度相等时，均以 c 表示，则上式便成

$$-\mathrm{d}c/\mathrm{d}t = kc^3 \tag{9-115}$$

根据初始条件 $t=0$，$c=c_0$，积分后的结果为

$$2kt = \frac{1}{c^2} - \frac{1}{c_0^2} \tag{9-116}$$

又因 $p = (c_0 - c)/c_0$，故上式可写成

$$2c_0^2 kt = 1/(1-p)^2 - 1 = \overline{p}_n^2 - 1 \tag{9-117}$$

故若以 $1/(1-p)^2$ 对 t 作图，便应为一直线。

另一种情况是需要外加强酸作为催化剂，这时反应速率式可写成

$$-\mathrm{d}[COOH]/\mathrm{d}t = k'[COOH][OH]$$

或

$$-\mathrm{d}c/\mathrm{d}t = k'c^2 \tag{9-118}$$

同样，积分后可得到

$$c_0 k' t = 1/(1-p) - 1 = \overline{p}_n - 1 \tag{9-119}$$

故若以 $1/(1-p)$ 对 t 作图，将为一直线。

注意，在以上的讨论中，虽然忽略了初期逆反应的影响，但除了反应初期外，在其余相当长时间内都还是适用的。

9.4.3 分子量及其分布

在 9.4.1 节中已有式(9-110) 表示了平均聚合度与反应率的关系，但没有分子量分布的关系。下面从统计的观点来进行分析，统计方法乃是从理论上分析高分子聚合过程的一种重要方法。

假定在时间 t 时，一个官能团被反应掉的概率为 p，那么它不被反应掉的概率就是 $1-p$。如果有等官能团数目的 A 与 B 两种分子进行缩聚，它要生成有 j 个 A 官能团的分子，就必须要有 $j-1$ 次是连续被反应掉，而最后一次不被反应掉，因此可以写成

$$\underbrace{\overset{(j-1)次反应掉}{\overbrace{\underset{p\ \ p\ \ p\ \ \ \ \ \ p}{BABABA\ \cdots\cdots\ A}}}\ \overset{未反应掉}{\overbrace{\underset{(1-p)}{B\ \ \ \ \ A}}}}_{p^{j-1}}$$

即它的概率应当是 $p^{j-1}(1-p)$。设 A 官能团的最初数目为 N_0，生成的高分子数为 N（亦等于 A 未反应的官能团数），则 $N=N_0(1-p)$，而缩合度为 j 的高分子数 N_i 可由下式表示

$$N_i=Np^{j-1}(1-p)=N_0p^{j-1}(1-p)^2 \tag{9-120}$$

而 j 聚体的质量分数为

$$W_j=jN_j/N_0=jp^{j-1}(1-p)^2 \tag{9-121}$$

图 9-19 及图 9-20 即表示在不同反应程度下的数量及质量分布情况。由图可见，对数量分布而言，不论反应率如何增大，总以单体的分子数为最多，但对质量分布而言，则随着反应率的增高，低分子缩合物将愈来愈少。

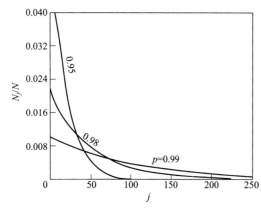

图 9-19 三种反应率下的缩合度数量分布

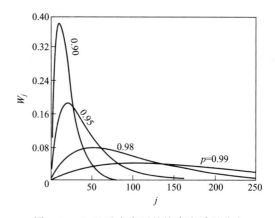

图 9-20 四种反应率下的缩合度质量分布

根据上述结果，可以写出数均缩合度 $\overline{P}_n$ 为

$$\overline{P}_n = \sum_{j=1}^{\infty} jN_j/N = \sum_{j=1}^{\infty} jp^{j-1}(1-p) = \frac{1-p}{(1-p)^2} = \frac{1}{1-p} \qquad (9\text{-}122)$$

它与式(9-110)是一样的，故反应率与反应概率是一致的。重均聚合度可以写为

$$
\begin{aligned}
\overline{P}_w &= \sum_{j=1}^{\infty} jW_j = \sum_{j=1}^{\infty} j^2 p^{j-1}(1-p)^2 \\
&= (1-p)^2 \sum_{j=1}^{\infty} j^2 p^{j-1} \\
&= (1-p)^2 (1+p)/(1-p)^3 \\
&= (1+p)/(1-p) \qquad (9\text{-}123)
\end{aligned}
$$

而分散指数为

$$\overline{P}_w/\overline{P}_n = 1+p \qquad (9\text{-}124)$$

当反应率很大时 $p \rightarrow 1$，$\overline{P}_w/\overline{P}_n = 2$，即相当于正态分布。

例 9-4　Taylor 曾对"尼龙66"的样品进行了仔细的分级，得出了质量分布的实验数据，表示在附图中的各点上，试与理论分布的情况做比较。

解　根据式(9-121)，质量分布式为

$$W_j = jp^{j-1}(1-p)^2$$

今选择 $p = 0.9900$ 及 0.9925 两值进行计算，得出的结果以曲线表示在附图中，其结果与实验值十分吻合，其出入在实验误差的范围之内。

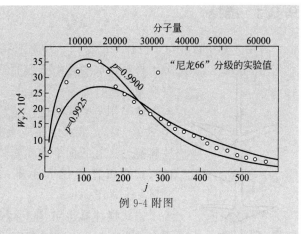

例 9-4 附图

9.5　聚合反应器的设计放大和调节

不同的聚合体系在不同的操作条件下经历了不同时间的反应后，得出的结果各不相同。如何事先规划这一过程并保证其在工业规模实现是聚合反应工程的核心问题，在目前的阶段，即使对于牛顿流体的低分子反应过程，要完美地达到那种程度都还有距离，复杂的高分子体系更不待言。然而理论和实践之间，特别是与工业规模的实践之间的差距总是有的，只是程度上的不同。一个完善的理论也是经过实践得到补充和修正而发展形成的。从得出概念到定性和定量地阐明各项因素对过程的影响，都是理论中不可缺少的部分，因此尽管人们常常不能直接从理论上算出与实践完全吻合的结果，但它仍然对实践起重要的指导作用。因此，下面就来对聚合过程的规划和设计放大问题做一些讨论。

聚合过程规划的主要目标是要获得某种聚合度和分子量分布的产品，当然也牵涉到反应速率上的问题。可供具体选择的方面包括：

① 聚合方法（本体聚合、溶液聚合、悬浮聚合、乳液聚合等）；

② 操作方法（连续式、分批式或半连续式）；

③ 流动状况（平推流式、全混式或部分返混式）；

④ 传热控温方法（间壁换热、直接换热以及它们的具体形式和热负荷分配）；

⑤ 反应时间　在本章前面各节中，曾简要地介绍过各种聚合方法的特点，可以作为选择的依据。聚合方法虽然是一项工艺问题，但同样也是一项工程问题。因为聚合方法不同，它的工程问题也就截然不同。其次我们前面也对不同聚合过程的动力学特性做过介绍和分析，从那里看得出各项参数之间的依赖关系，主要是浓度和时间的依赖关系。因此虽然包含有一些简化的假定和使用范围上的限制，但仍然能起到半定量的指导作用；并且通过这些动力学的分析，使我们对连续操作或分批操作的差别以及返混的影响等有了明确的概念。但总的来讲，前面对于流动、混合、传热等传递过程方面的内容介绍不多，而这些也是在进行设计放大和调节控制时需要了解的，本节将在这些方面做一些补充。一般在化工流体力学中已介绍过的多种流动模型及圆管内流动的压降和速度分布等问题就不重复了。

9.5.1　搅拌

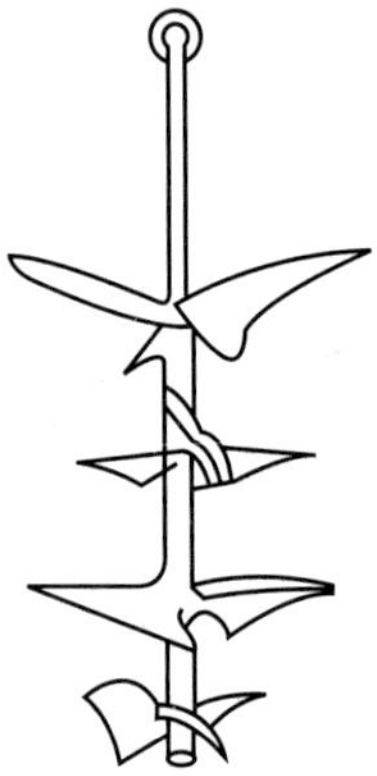

图 9-21　一种特殊
形式的搅拌桨
（SABRE 桨）

在第 3 章中曾经对于搅拌桨的型式、功率消耗以及釜内的流动混合等有过介绍，但在高分子材料合成中，由于包括高黏度的以及非牛顿型的流体，所以这里再略做一些补充。

如采用平桨式的搅拌器，用在高黏度物料时，桨径/釜径之比需大于 0.9，桨高/液深之比应大于 0.8，并且以加挡板为宜，这样才能使物料搅匀。有的把平桨和旋桨的作用结合起来，设计成如图 9-21 所示的形式，而且桨径大小不一，以改善混合性能，它的应用范围可到 $300 \sim 500 Pa \cdot s$。

锚式搅拌器也可用于高黏度体系，但容易在釜的中心形成空洞，混合效果不好，所以一般不采用。螺轴型及螺带型是比较常用的型式，它可促使物料上下四周流动以加强混合效果，此外还有带刮片的螺轴型搅拌器等，这些在前面已经提到过。关于螺带型搅拌器用于高黏性液体时的功率计算，可用下式

$$\frac{P}{\rho n^3 d^5} = 74.3 \left(\frac{D-d}{d}\right)^{-0.5} \left(\frac{n_p d}{s}\right) \left(\frac{d^2 n \rho}{\mu}\right)^{-1} \tag{9-125}$$

式中，n 为桨的转速；n_p 为搅拌桨叶数。

对于高黏度的宾汉流体，如含高浓度微细固体粒子的浆液，可用下式计算

$$N_p = \alpha N_0 + (\beta_N + k He^h)(Re'')^{-1} + I \tag{9-126}$$

式中
$$\left. \begin{array}{l} N_0 = \tau_0 / (d^2 n^2 \rho) \\ Re'' = d^2 n \rho / \mu_p \\ He^h = \tau_0 \rho d^2 / \mu_p^2 = N_0 (Re'')^2 \end{array} \right\} \tag{9-127}$$

He 称为海斯特龙（Hedstrom）数，它的大小是流体非牛顿性的一种衡量。μ_p 为宾汉黏度。式（9-126）中的各系数值可见表 9-9。

表 9-9　式(9-126)　中各系数值

项　目	α	β_N	I	k	h	项　目	α	β_N	I	k	h
螺带型	6.13	320	0.2	15	1/3	六翼涡轮	3.44	70	—	10	1/3
锚型	4.80	200	0.29	30	1/3	六翼涡轮有挡板	3.44	70	5.5	10	1/3

对于幂数法则的流体,其功率数与雷诺数的关系如图 9-22 所示。在层流区,它与牛顿流体的曲线相重合,而 Re 数增大时,则因离桨较远处的切变速率较小,表观黏度增大,使涡流受到遏制而推迟了湍流的形成,所以消耗的功率比牛顿流体更小,直到雷诺数达到充分湍流的程度,两者就又没有多少区别,并且与雷诺数也无关了。

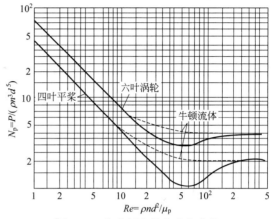

图 9-22　非牛顿流体的功率曲线

搅拌釜中的混合效果取决于桨型和转速,通常用混合时间 T_M 的大小来代表。加入微量示踪液体或不同温度的液体于搅拌釜中,然后测定釜内达到相同浓度或温度所需要的时间。一般桨的转速愈快,混合时间便愈短;对一定的桨叶,两者的乘积是一个无量纲数,它代表釜内的混合特性,以 N_{TM} 表示

$$N_{TM} = T_M n \tag{9-128}$$

图 9-23 中表示了有圆盘及无圆盘的涡轮型搅拌桨在不同 Re 时的釜内流况,功率数 N_p 及混合特性数 N_{TM} 的关系。可以看出实际操作时,应选择 Re 较大的 d 区间为宜。在该区,这些特征数基本上接近于常数。此外,有挡板与否对混合的效果影响很大。譬如在有挡板的情况下,N_{TM} 值约在 90 左右,而无挡板时,则达 140 以上。对用于高黏度液体的螺轴型及螺带型搅拌器,N_{TM} 值约在 25~45 左右,以螺带型的为最好。

细察釜内物料的混合过程,乃是桨叶带动液体发生循环流动所造成的。图 9-24 就是这种环流的示意。搅拌桨相当于一个泵,把液体从一端抽入而从另一端吐出。吐出量 Q_d 的大小与桨型、桨径及转速有关,桨端吐出的这部分流量是釜内液体环流的主流,此外还有受它带动而不直接经过桨叶的一部分环流 Q_c。如以吐出量计的釜截面平均流速与桨尖速度之比作为一个表征循环特性的无量纲特征数,并称为吐出特征数,以 N_{Qd} 表示,则

$$N_{Qd} = \frac{(Q_d / D^2)}{n D} = \frac{Q_d}{n D^3} \tag{9-129}$$

N_{Qd} 也是 Re 的函数,在图 9-23 中也画出了 $N_{Qd}\text{-}Re$ 的曲线。

通常对于旋桨

$$N_{Qd} \approx 0.5$$

对于六叶涡轮桨

$$N_{Qd} \approx 0.93 D/d \ (Re > 10^4)$$

如釜内物料体积为 V_i,则 Q/V_i 代表单位时间内液体通过桨叶的循环次数。对于低黏度

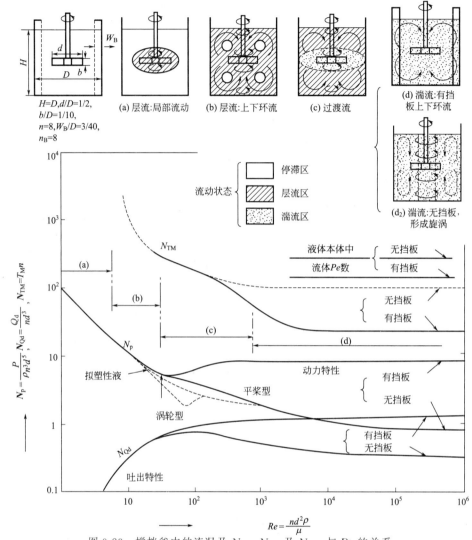

图 9-23　搅拌釜内的流况及 N_p、N_{Qd} 及 N_{TM} 与 Re 的关系

（有圆盘及无圆盘的满轮桨）

液体的一般搅拌，Q/V_i 约为 $3\sim5$ 次循环/min，强烈搅拌时达 $5\sim10$ 次循环/min。

利用以上的一些关系，对一定尺寸的搅拌釜和具体的物料，就可以计算转速与搅拌功率，循环速度及混合时间。

至于非理想流动，虽可参照第 4 章来选用搅拌釜，但由于高分子体系在基本物性与动力学数据方面的不足，按非理想流动来进行比较严格地处理的实例目前还是罕见的。

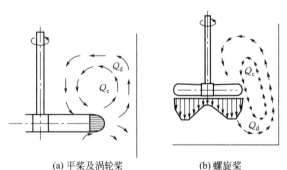

(a) 平桨及涡轮桨　　　(b) 螺旋桨

图 9-24　搅拌釜内液体的环流

9.5.2　非牛顿流体的传热

（1）圆管内的传热　在层流时牛顿流体的给热 Nu、Re 及 Pr 数的关系式

如下

$$Nu_a = \frac{hD}{\lambda} = 1.86 Re^{\frac{1}{3}} Pr^{\frac{1}{3}} (D/L)^{\frac{1}{3}} (\mu/\mu_w)^{0.14} \tag{9-130}$$

式中，下标 a 表示给热系数，是按管内两端的算术平均温差来计算的；$Re = Du\rho/\mu$；$Pr = c_p\mu/\lambda$；μ_w 为壁温下流体的黏度，该项是对圆管内黏度不均一所作的校正项。此式对于胀性流体亦能适用，但对假塑性流体则偏差很大。对这种流体，可应用如下的关联式

$$Nu_a = 1.75 \delta^{\frac{1}{3}} Gr^{\frac{1}{3}} (\eta/\eta_w)^{0.14} \tag{9-131}$$

式中 Graetz 数为

$$Gr = \frac{wc_p}{\lambda L} = \frac{\pi}{4}\left(\frac{D}{L}\right)\left(\frac{Du\rho}{\mu}\right)\left(\frac{c_p\mu}{\lambda}\right) = \frac{\pi}{4}\left(\frac{D}{L}\right)RePr$$

式中，w 为质量流量；δ 为校正因子，在 $Gr > 100$，$n' > 0.1$ 时

$$\delta = (3n'+1)/4n' \tag{9-132}$$

又 $\eta = m'8^{n'-1}$，式中该项亦是黏度校正项，如直接用 (m/m_w) 来代替 (η/η_w)，结果也很接近。上式在 $n' = 0.18 \sim 0.70$，$Gr = 100 \sim 2050$，$Re = 0.65 \sim 2100$ 的范围内，都与实验结果吻合。

在湍流情况下的传热，则可将牛顿流体的给热系数式直接应用于轻度非牛顿流体的情况，即可应用

$$Nu = 0.023 Re^{0.8} Pr^{0.33} (\mu/\mu_w)^{0.14} \tag{9-133}$$

对于非牛顿程度高的流体，则用

$$Nu = 0.023\left(\frac{D^{n'} u_m^{2-n'} \rho}{\eta}\right)^{0.3} \left[\frac{c_p\eta}{\lambda}(u_m/D)^{n'-1}\right] (\eta/\eta_w)^{0.14} \tag{9-134}$$

式中，u_m 是指管内平均流速。

（2）搅拌釜内的传热　对于高黏度液体的搅拌传热，有如下公式

锚式　　　　　$$Nu_i = 1.5 Re^{\frac{1}{2}} Pr^{\frac{1}{3}} (\mu/\mu_w)^{0.14} \tag{9-135}$$

式中，$Nu_i = h_i D/\lambda$，是指向夹套壁上的给热；$Re = d^2 n\rho/\mu$。

螺带式

$$Nu_i = 4.2 Re^{\frac{1}{3}} Pr^{\frac{1}{3}} (\mu/\mu_w)^{0.2} \tag{9-136}$$
$$1 < Re < 1000$$

$$Nu_i = 0.42 Re^{\frac{2}{3}} Pr^{\frac{1}{3}} (\mu/\mu_w)^{0.14} \tag{9-137}$$
$$Re > 1000$$

如果在螺带上加有刮片，可以经常除去附壁的黏液层，则给热系数还可显著提高。

对刮壁式的搅拌槽

$$Nu_i = 1.2\left(\frac{D^2 \rho c_p^n n_p^n}{\lambda}\right)^{\frac{1}{2}} \tag{9-138}$$

式中，n_p 为刮片数。有关卧式或立式刮壁式搅拌反应釜给热系数公式，文献上还有其他一些报道，有的结果比本式的要小一倍左右。可见这方面的研究还是很不够完善的，在具体应用时需加注意。

对于非牛顿液体，也有一些介绍。如用锚式搅拌器时，幂数法则的假塑性流体的釜壁给热系数可用牛顿流体的式子来表示，即与

$$Nu_i = 0.4Re^{\frac{2}{3}}Pr^{\frac{1}{3}}(\mu/\mu_w)^{0.14} \tag{9-139}$$

式相似而写成

$$\frac{h_iD}{\lambda} = 0.4\left(\frac{d^2n^{2-1/n}\rho}{\gamma_1}\right)^{\frac{2}{3}}\left(\frac{c_p\gamma_1}{\lambda}\right)^{\frac{1}{3}}\left(\frac{\mu_a}{\mu_{aw}}\right)^{0.14} \tag{9-140}$$

式中，$\gamma_1 = \mu_a^{1/n}\left[\dfrac{28\pi n}{D/(d-1)}\right]^{1/(n-1)}$；$\mu_a$ 为表观黏度。

对于涡轮桨，则有

$$\frac{h_iD}{\lambda} = 1.474\left(\frac{d^2n^{2-1/n}\rho}{\gamma_2}\right)^{0.70}\left(\frac{c_p\gamma_2}{\lambda}n^{1-1/n}\right)^{0.33}\left(\frac{\mu_{aw}}{\mu_a}\right)^{-0.24n} \tag{9-141}$$

注意上两式中有两种 n，在幂数上的 n 均是非牛顿流动的指数，其余的 n 是桨的转速。而 $\gamma_2 = \mu_a^{1/n}\left(\dfrac{n+3}{4}\right)^{1/n}$ 中的 n 均为非牛顿流动指数。

对于含有固体粒子的浆料，如其体积含量小于 1%，可以忽略不计；如含量更高，就会使给热系数显著降低。这方面的一个经验公式是适用于有旋桨搅拌和有四块挡板的牛顿流体的情况的

$$\frac{hD}{\lambda} = 0.578(\overline{Re})^{0.6}(\overline{Pr})^{0.26}\left(\frac{D}{d}\right)^{0.33}\left(\frac{c_{ps}}{c_p}\right)^{0.13}\left(\frac{\rho_s}{\rho}\right)^{-0.16}\left[\frac{m_s/\rho_s}{1-(m_s/\rho_s)}\right]^{-0.04} \tag{9-142}$$

式中，下标 s 表示固体粒子；无下标的指液体；m_s 是单位体积中粒子的质量；$\overline{Re}$ 及 $\overline{Pr}$ 是指混合物的平均 Re 及 Pr 数，所谓平均值是指其中的 ρ 及 c_p 是以液体及固体粒子的浓度为基准，按加成法则算出的，而 $\overline{\lambda}$ 及 $\overline{\mu}$ 的这两个平均值则按下列公式计算

$$\overline{\lambda} = \lambda\frac{2\lambda + \lambda_s - 2(m_s/\rho_s)(\lambda - \lambda_s)}{2\lambda + \lambda_s + 2(m_s/\rho_s)(\lambda - \lambda_s)} \tag{9-143}$$

$$\overline{\mu} = \mu[1 + 2.5(m_s/\rho_s) + 7.54(m_s/\rho_s)^2] \tag{9-144}$$

对于其他型式的搅拌器由于其通式为

$$Nu = \alpha(Re)^a(Pr)^b(\mu/\mu_w)^2 \tag{9-145}$$

如要应用到浆状液体，只要在式子右侧乘上 $(c_{ps}/c_p)^{0.13}(\rho_s/\rho)^{-0.16}[(m_s/\rho_s)/(1-m_s/\rho_s)]^{-0.04}$ 即可。

对于非牛顿浆液，则因其表观黏度难以定出，所以一般通过中间试验来测定。

例 9-5 在一直径为 800mm，外有夹套（冷却面积 $A_i = 0.231m^2$）、内有转速为 40r/min 和桨直径为 0.285m 的双螺管搅拌桨（螺管 $S = d$，内通冷剂，冷却面积 $A_c = 0.1932m^2$）的聚合釜内进行聚合反应，为保持反应温度在 70℃，需除去反应热 12570kJ/h。聚合液的浓度曲线经测定如附图所示。平均切变速率为

$$\dot{\gamma}_{av} = 30.0n$$

式中，n 为转速，s^{-1}；其他物性值为：

$$\lambda = 0.582W/(m \cdot K), \quad \rho = 950kg/m^3, \quad c_p = 4.187J/(g \cdot K) \tag{1}$$

用这种桨时，向夹套及冷却管的给热系数有下列经验式可用（当 $1 < Re < 200$）。

$$Nu_j = 2.2Re^{\frac{1}{3}}Pr^{\frac{1}{3}}(\mu_a/\mu_{aw})^{0.2} \tag{2}$$

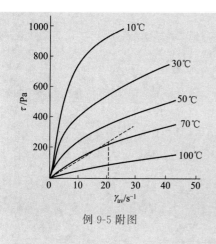

例 9-5 附图

$$Nu_c = 6.2Re^{\frac{1}{3}}Pr^{\frac{1}{3}}(\mu_a/\mu_{aw})^{0.2} \tag{3}$$

试计算：（1）夹套冷却时的壁温和给热系数；（2）螺管冷却时的壁温和给热系数。并加以比较。

解　平均切变速率

$$\dot{\gamma}_{av} = 30.0n = 30.0(40/60) = 20.0\,\mathrm{s}^{-1}$$

由附图找得 70℃时的 $\tau = 240\mathrm{Pa}$，故表观黏度 μ_a 为

$$\mu_a = \tau/\dot{\gamma}_{av} = 240/20.0 = 12.0\,\mathrm{Pa \cdot s}$$

$$Re = d^2n\rho/\mu_a = 0.285^2(40/60)\times950/12.0 = 4.29$$

$$Pr = c_p\mu_a/\lambda = 4.187\times12.0\times1000/0.582$$
$$= 8.63\times10^4$$

由搅拌产生的热可由式（9-125）求得

$$P = 340(\rho n^3 d^5)(Re)^{-1} = 340\times950\times(40/60)^3\times0.285^5/4.29$$
$$= 41.8\,\mathrm{J/s}$$

故总共需除去的热量为

$$12570 + 41.8\times3600/1000 = 12720\,\mathrm{kJ/h}$$

（1）夹套传热

由式（2）可得

$$h_i = \left(\frac{0.582}{0.300}\right)\times2.2\times4.29^{\frac{1}{3}}(8.63\times10^4)^{\frac{1}{3}}(\mu_a/\mu_{aw})^{0.2}$$
$$= 30.5(\mu_a/\mu_{aw})^{0.2}\,\mathrm{J/(m^2 \cdot s \cdot K)} \tag{4}$$

由热量平衡

$$12720\left(\frac{1000}{3600}\right) = h_iA_i(t-t_w) = h_i\times0.231\times(70-t_w)$$

或

$$h_i = 15271/(70-t_w) \tag{5}$$

用试凑法联解式（4）、式（5），令 $t_w = 0℃$，则

$$h_i = 15271/(70-0) = 218\,\mathrm{J/(m^2 \cdot s \cdot K)}$$

在附图上外推到 $t_w = 0$ 和 $\dot{\gamma} = 20.2\,\mathrm{s}^{-1}$ 时得到 τ 值大约为 1240Pa，故

$$\mu_{aw} = 1240/20.0 = 62.0\,\mathrm{Pa \cdot s}$$

$$(\mu_a/\mu_{aw})^{0.2} = (12.0/2.0)^{0.2} = 0.720$$

故由式（4）算得 $h_i = 305\times0.720 = 220\,\mathrm{J/(m^2 \cdot s \cdot K)}$，与由式（5）算得的一致，故知 t_w 需为 0℃，才能靠夹套的冷却面传出这些热量。

（2）回转的螺管传热

由式（3）

$$h_c = \left(\frac{0.582}{0.300}\right)\times6.2\times4.29^{\frac{1}{3}}(8.63\times10^4)^{\frac{1}{3}}(\mu_a/\mu_{aw})^{0.2}$$
$$= 860(\mu_a/\mu_{aw})^{0.2} \tag{6}$$

热量平衡

$$12700\left(\frac{1000}{3600}\right)=h_c A_c(t-t_w)=h_c\times0.1932\times(70-t_w)$$

或
$$h_c=18260/(70-t_w) \tag{7}$$

同样，用试凑法求解，在 46℃ 时，由式（7）得

$$h_c=18260/(70-46)=761J/(m^2\cdot s\cdot K)$$

由附图内查到 46℃ 时 $\tau=430Pa$，故 $\mu_{aw}=430/20.0=21.5Pa\cdot s$，于是

$$(\mu_a/\mu_{aw})^{0.2}=(12.0/21.5)^{0.2}=0.890$$

代入式（6），得

$$h_c=860\times0.890=765J/(m^2\cdot s\cdot K)$$

与由式（7）算得的值基本相符。

由上述结果可以看出回转螺管的冷却效果是很好的，不仅给热系数大 3 倍，而且壁温也比夹套时的 0℃ 要高得多，用一般的冷却水就可以了。从本例还可以看出对于高黏度液体，$(\mu_a/\mu_{aw})^{0.2}$ 这一校正项的影响是很显著的。此外，如反应放出的热量更多时，往往依靠夹套传热是不够的。

9.6　聚合过程的拟定和调节

9.6.1　聚合过程的拟定

实施一项聚合过程，其目的是要以最有效的方式获得所需要的产品，针对一定的聚合体系，需要①选定合适的聚合方法；②选定合适的操作方法；③规定合适的工艺条件；④确定合适的反应器型式；⑤确定反应器的结构尺寸；⑥确定反应系统的调节和控制方案。这样才能按规定的生产能力生产出具有所需要的平均分子量和分子量分布的产品。至于单体的转化率的选择则不仅与产品性能有关，也与整个过程的经济性有关，因为转化率过高，往往会使产品的聚合度降低而反应的时间又加长。相反，如转化率取得太低，则单体回收方面的负担就加重了。所以要建立完善的聚合反应过程，必须对其进行全面的分析和评价。由于聚合过程的极端复杂性，目前还难以完全用理论上的推算来确定一切，但运用已有的许多概念和知识，可以作出正确的抉择和提供基本的方案，以便进一步加以解决。

譬如，前面已对本体聚合、溶液聚合、悬浮聚合以及乳液聚合等的特性做过介绍，说明了它们不仅在传热问题上有最重要的区别，而且在反应的化学机理上也有不同，产品的分子量及其分布情况也会同样受到影响，这样我们就能比较恰当地选定聚合的方法。近年来，许多人对发展本体聚合感兴趣，因为它不用单体以外的物料，所以产品纯度很高而且反应器所需容积也小，单体也往往一次转化完毕，不需要再另搞一套回收设备。但是它的关键问题是必须解决聚合后期高黏度物料的流动以及传热、控温问题，因为聚合物本身就是一种绝热材料，要使得高黏度的物料具有流动性，不得不适当提高温度，而要使单体不再需要回收，就必须提高转化率，而这两者都会使分子量降低。

最好说明上述问题的一个例子就是苯乙烯的连续聚合（参看图 9-25），图 9-25～图 9-28 是说明这一过程确定的依据的。图 9-25 是反应聚合速率曲线，可以看出要在 80℃ 左右使转

化率达到 70% 以上，时间就太长了，如要近乎全部转化，那就必须提高温度，一方面使它保持流动性，另一方面加快反应速度，塔才可不致太高。但又不能前后都用同一温度，因从图 9-26 看出，要获得重均分子量为 187000 的产品，只能用 126℃，但这时黏度太高，难以操作，因此只能采用随着转化率的提高不断升高温度的办法。由于要求最终的转化率近于

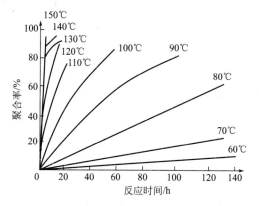

图 9-25　苯乙烯的聚合速率

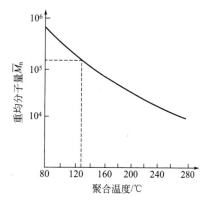

图 9-26　分子量与温度的关系

100% 且还有足够的流动性，故最终温度需达到 200℃。又因要保持产品有一定的平均分子量，故只能在聚合前期用较低的温度（如 80℃），但又不能直接入塔，因为温度太低，反应较慢，塔将太高；而且由于液体黏度还低，塔低易起对流，还不如用一预聚釜，先聚合到 35% 左右，这样停留时间不算太长，黏度只有 1Pa·s，能够均匀搅拌，聚合物的平均分子量为 850000，然后再送入塔中。根据相对密度的关系（图 9-27），调节各段温度，使物料均匀下流，逐渐转化，在 200℃ 时出塔，这样所得产品的平均分子量为 187000（图 9-28）。本法虽已工业化，但仍不算是最理想的，因为预聚釜中容积效率较低，总的反应时间长，后期温度高，使低分子量增加，放大较困难，故还在继续改进中。

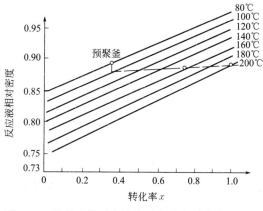

图 9-27　聚苯乙烯反应液相对密度与转化率的关系

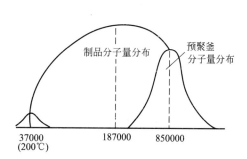

图 9-28　分子量分布

　　关于操作方式，主要是指连续式、分批式与半连续式的问题。这需要从三方面来分析判断，即生产能力的大小、分子量及其分布的情况以及传热的要求。利用返混和容积效率的关系以及对停留时间分布与动力学速率的了解，可对前两者作出分析。

　　反应器的适当型式是根据反应方法和操作方式的特性以及工艺条件而选定的。在此基础上再确定出具体的结构和尺寸。对于最常用的釜式结构，搅拌器及传热面的结构形式有特别

重大的关系，这是因为不同的聚合体系，物料性能有很大的差异，从低黏度到高黏度，从均相到各种非均相，搅拌桨的型式与转速的选定因之而异，这在前面已经有过讨论。但关于传热面的设置问题还需要专门指出一点，就是许多高聚物都很容易发生粘壁现象。如溶液聚合的顺丁橡胶及悬浮聚合的聚氯乙烯都有这种麻烦。粘壁不仅使传热效能大大降低，而且影响产品质量和操作周期，它常常是实际工作中一个令人头痛的问题。产生粘壁的原因是多方面的，从设备结构设计方面来看，重要的是要使物料在釜内都有相当速度的流动，避免在结构上有死角或发生局部流速过慢的情况，以免物料在壁面上停滞，发生粘壁，所以一般不用内冷盘管或者只用一些表面构形光滑而极易清洗的换热构件。此外，所有壁面务必加工得十分光洁，这些都是聚合釜比一般反应釜要求更高的地方。

9.6.2　聚合过程的调节

聚合过程中的主要可调因素是：①物料的浓度；②反应的温度；③反应的时间（即相当于转化率）。

其中物料浓度这一项包括很广，是这一节主要讨论的内容。至于温度及时间这两项因素，由于十分明显，所以就不必多说了。

调节物料浓度的方案可以举出下列一些：①改变初始物料的浓度，包括单体及引发剂；②共聚时改变两种单体的比例；③在分批聚合时，采用分多次陆续添加物料（单体或引发剂）的方法或者连续添加的办法；④在多釜串联操作时，采用中途加入某种物料的方法。

在共聚时，由于两种单体的竞聚率不同，因此这两种组分进入聚合体中的比例和残留于单体中的比例是不一样的，而且在分批操作时均随着转化率的变化而变化，这在前面讲共聚时已经谈过了。所以通过改变原始物料的配比、浓度和中途补加某一个组分以及控制最终转化率等手段，可对同一体系的共聚物的组成和结构进行各式各样的调节，从而得到不同牌号的产品。

对于缩聚反应，两种不同官能团的单体比例有极其重要的影响，当原料官能团为等物质的量时，决定产品分子量与分子量分布的是反应率 p，但如为非等物质的量时，则还与原料中的分子比有关。可见为了制得高分子量的缩合物，需满足以下几个条件：

① 要尽量将缩合出的小分子赶出，平衡常数愈小的要求愈高；

② 要严格保证原料官能团的等物质的量，配料要准（如尼龙"66"的生产中，事先制成等物质的量的所谓"66 盐"再去缩聚），原料要纯，防止物料中混入能终止缩聚的单官能团杂质；

③ 在纯度有把握和配料准确的基础上，为了控制分子量的大小，使某一组分适当过量，或者在反应到一定程度时，外加一定量的单官能团物质以实行"端基封锁"而使缩聚终止。

在聚合过程中，传热与控温常是工程设计和控制中最重要的问题，即使像聚氯乙烯这种有大量水存在的悬浮聚合体系，还会由于传热不良而出现"爆聚"现象。因此在设计反应器时，必须保证有足够的传热面以满足热负荷高峰期的需要，但是在高峰期前后的长时间内，这样多的传热面都是不需要的，因此不是最优的方案。特别是在大型装置中，釜的容积与直径是三次方的关系，而夹套传热面与直径是二次方的关系，所以放大以后，比传热面积就大大减小，传热面就不够了。如果做成细长的塔型，则高度将很高，搅拌装置亦将有很大困难，而且物料流动状况也不够好；所以只能加入内冷构件，而这种构件不仅占据了釜的有效容积，而且还是发生聚合物粘釜的场所，因此现在聚氯乙烯生产中都改用新的引发体系。有的是由几种引发剂配合而成的，其目的在于控制引发速率，使其不集中在某一小段时间内，而能够在比较长的时间里相当均匀地引发出来，这样就从根本上解决了有热负荷高峰的问题。

对于其他的聚合体系，未必都有适当的引发剂可以达到上述目的，特别是离子型的聚合过程，它们都是反应快、放热多，要求在低的温度下反应，而温度变化对产品分子量的影响又特别严重的体系，所以矛盾显得格外突出。有关这方面的详细分析，请参阅有关资料。

习　题

1. 实验测得一聚合物样品的质量分布如下：

$j \times 10^{-3}$	0	0.2	0.4	0.6	0.8	1.0	1.5	2.0	2.5	3.0	3.5	4.0
$W(j) \times 10^4$	0	2.8	5.2	6.4	6.7	6.1	4.1	2.1	0.8	0.20	0.10	0

计算其数量平均聚合度、重量平均聚合度及 Z 平均聚合度。

2. 某一游离基聚合反应，用引发剂进行引发，再结合终止而无链转移反应存在。如 $r_1 = 2.2 \times 10^{-7}$ mol/(L·min)，$k_p = 5.3 \times 10^3$ L/(mol·min)，$k_t = 0.53 \times 10^7$ L/(mol·min)，单体起始浓度为 0.25mol/L，求转化率分别为 40% 及 80% 时的瞬间重均聚合度分布。

3. 某一无链转移的游离基聚合反应，属于单分子自己终止的类型，已知 $k_p = 3.50 \times 10^4$ L/(mol·min)，$k_t = 1.80 \times 10^2$ L/(mol·min)，如单体起始浓度 $[M]_0 = 1.1$ mol/L，应用定态假定，计算在下列两种情况下转化率为 50% 时所得产品的重均聚合度分布。

(1) 等温分批式操作；(2) 同样温度下的全混流式操作，假定物料是完全均匀的。

4. 一引发剂引发，再结合终止的游离基溶液混合反应，已知其反应速率式

$$-r_M = 2.3 \times 10^{13} \exp(-11500/T)$$

单体初浓度 $[M]_0 = 2.2$ mol/L，今在一釜内进行分批聚合，求：(1) 在 65℃ 等温下反应到聚合率为 80% 所需的时间；(2) 如在达到 80% 的聚合率以后，采用绝热操作，任其聚合到 95% 还需要多少时间，已知聚合热 $\Delta H = -1.0 \times 10^5$ J/mol，反应液的比热容和密度在聚合过程中可当作不变，分别为：$c_p = 3.8$ J/(g·K)，$\rho = 0.90 \times 10^3$ g/L。

5. 根据表 9-8 中的竞聚率值，计算在 60℃ 等温分批操作时，(1) 原料为丁二烯 70%（质量分数）和苯乙烯 30% 时，生成的聚合物瞬间组成与丁二烯转化率的关系；(2) 同上，但原料为氯乙烯 85% 和醋酸乙烯 15% 的情况。

6. 苯乙烯 (1) 与丙烯腈 (2) 在二甲基甲酰胺中于 60℃ 分批共聚，已知竞聚率为：$r_1 = 0.40$，$r_2 = 0.05$，单体的起始浓度分别为 $[M_1]_0 = 1.8$ mol/L，$[M_2]_0 = 0.6$ mol/L，求达到共聚转化率 $x_0 = 0.50$ 时已生成的聚合物的组成。

7. 乙烯基苯基醚在四氯化碳中以含微量水分的四氯化锡进行催化聚合，其机理如下

引发：$(SnCl_4)_3(H_2O)_2 + 2M \xrightarrow{k_1} M^+ + (SnCl_4)_3(H_2O)(OH^-)(M)$

生长：$M_n^+ + M \xrightarrow{k_p} M_{n+1}^+$

终止：$M_n^+ + (SnCl_4)_3(H_2O)(OH^-)(M) \xrightarrow{k_1} M_n OH + (SnCl_4)_3(H_2O)(M)$

试导出其反应速率式（实验结果：$\tau = k[M]^2[SnCl_4]^{3/2}$）。

8. 苯乙烯在戊烷中以醇烯催化剂进行催化聚合时，其反应速率式为

$$r = -d[M]/dt = k[M][C] \text{ [mol/(L·min)]}$$

式中，$[M]$ 是苯乙烯的浓度，g·mol/L；$[C]$ 是丙烯钠的有效浓度，mmol/L，在 25℃ 下的 $k = 1.6$

$\times 10^{-3}$ L/(mmol·L)。

设反应系统的总容积为 5L，$[M]_0 = 0.715$ mmol/L，$[C]_0 = 6.30$ mmol/L，反应保持在 25℃恒温下分批地进行，求（1）反应到转化率为 70% 时所需的时间及当时的反应速率；（2）如反应到 20min 时，加入新鲜苯乙烯 1.50mol，并设系统总体积的变化可以忽略不计，求当时的反应速率。

9. 生产聚酯时采用对苯二甲酸二甲酯（DMT）与乙二醇（EG）进行酯交换的反应如下

$$CH_3OOC{-}\bigcirc{-}COOCH_3 + (n+1)HOCH_2CH_2OH \rightleftharpoons$$

$$H[OCH_2CH_2OOC{-}\bigcirc{-}CO]_nOCH_2CH_2OH + 2nCH_3OH$$

已知反应速率［以单位容积内 DMT 的物质的量（mol）的变化表示］与催化剂 $Zn(OAc)_2$ 的浓度 $[C]$ 成正比，令 DMT、EG 与催化剂的初浓度分别为 2.65mol/L、7.95mol/L 和 1.32×10^{-3} mol/L，由于 EG 过量，故对 DMT 浓度而言是一级反应。已知在 170℃时反应速率常数为 15.0min^{-1}，求 45min 时 DMT 的转化率。

10. 苯乙烯溶液聚合的连续釜系列中的第一釜，其反应温度为 140℃，转化率为 45%，这时相应的液体黏度 $\mu = 0.03$ Pa·s，$\rho = 850$ kg/m^3，$\lambda = 0.418$ kJ/(m·h·K)，$c_p = 2.05$ kJ/(kg·K)，反应器的结构尺寸如下：釜径 $D_t = 1.80$ m，6 叶平板涡轮桨，桨径 $d = 0.60$ m，桨径：桨叶宽：桨叶高 $(d : l : b) = 20 : 5 : 4$，有四块挡板，搅拌桨的回转速度为 180r/min，釜壁外有夹套传热，夹套高度 2.5m，聚合溶液呈牛顿流体的性质，此外 $(\mu/\mu_w)^{0.14}$ 可取 0.76；求（1）搅拌所需要的动力；（2）如夹套外壁的给热系数为 4000kJ/(m^2·h·K)，釜壁厚度为 10mm，釜壁热导率为 59kJ/(m·h·K)。釜壁两侧总的污垢系数取 0.002m^2·h·K/kJ，求总括传热系数。

参 考 文 献

[1]　化学工学の进步 "重合工学"．化学工学协会，1967.

[2]　"重合の反应工学"．化学同人，1968.

[3]　久保田．"解说反应工学" 讲座．化学工场，1971，15(6)．

[4]　村上泰弘．"重合反应工学" 讲座．石油と石油化学，1968，12（7）．

[5]　陈甘棠．聚合反应工程基础．北京：中国石化出版社，1991.

[6]　史子瑾．聚合反应工程基础．北京：化学工业出版社，1991.

[7]　[日] 高分子学会．重合反应工程．王绍亭，龙复，何进章译．北京：化学工业出版社，1982.

[8]　单国荣．杜淼，朱利平．聚合反应工程基础．2版．北京：化学工业出版社，2021.

第 10 章

生化反应工程基础

10.1 概述

生物催化是当代迅速发展中的一门科学，它是将生物学、化学及化学工程学的基本原理应用于生物体（包括微生物、动物细胞和植物细胞）的加工以为人类产品服务的学问。而生化反应工程则是生物催化中的一个分支学科，其所以愈来愈受到重视是与当代对能源消耗及环境污染日益重视有关。因为生物催化的突出优点正是反应效率最高，能源需量最少，环境污染最少，故又称"绿色"生产技术。由于其使用的物料、方法和产品的质量有其特殊的规律，因此需专门探讨。

利用生物催化剂来生产生物技术产品的过程通称为生物催化（biocatalysis），它可概括为两大类：酶催化反应及微生物发酵反应。前者如丙烯腈和水在丙烯腈水合酶作用下转化成丙烯酰胺、氢化可的松在氢化可的松脱氢酶的作用下脱氢生成氢化泼尼松等。酶一般是有催化作用的蛋白质，专一性极强，它常需要有辅因子的共同作用。辅因子是非蛋白化合物，与其他非活性蛋白结合形成有催化活性的复合物，常把这种复合物简称作酶。辅因子有三类。

① 金属离子　它们是最简单的辅因子。有时，酶和金属离子结合得非常紧密，金属离子已成为酶的一部分（金属蛋白质）；有时，酶与金属离子的可逆结合比较弱，这类金属离子常称为激活剂。

② 辅酶　很多酶是蛋白质部分和与它相结合的辅基所组成，这两部分经常是解离着的，这种酶称为全酶，其蛋白质部分称为酶蛋白，辅基部分称为辅酶。大多数辅酶属于维生素。

③ 辅底物　它们包括 NAD、NADP、辅酶 Q、谷胱甘肽、ATP、辅酶 A 和四氢叶酸等。这类物质是作为第二底物起作用的，它们以化学计量关系与真正的底物进行反应，反应后辅底物发生变化，不能靠这个酶反应本身把它还原成原来的状态。如

$$\text{乙醇} + \text{NAD}^+ \xrightarrow{\text{醇脱氢酶}} \text{乙醛} + \text{NADH} + \text{H}^+$$

在此情况下，必须偶联着另一个辅底物参与的酶反应，才能恢复到原来状态，重新参加反应。如

10.2 酶催化反应

10.2.1 酶的特性

酶既能参与生物体内各种代谢反应，也能参与生物体外的各种生化反应。它既具有一般的化学催化剂所具有的特性，也具有蛋白质的特性。酶在参与反应时如同化学催化剂一样，参与反应决不会改变反应的自由能，亦即不会改变反应的平衡，只能降低反应的活化能，加快反应达到平衡的速度，使反应速率加快。反应终了时，酶本身并不消耗，且能恢复到原来的状态，其数量与性能都不改变，前提是不能改变酶的蛋白质性质。

以单底物 S 生成产物 P 的酶催化反应为例，E 表示游离酶，其反应历程为

$$E + S \rightleftharpoons [ES] \longrightarrow P + E$$

第一步是酶和底物以非共价键结合而形成所谓的酶——底物中间络合物 [ES]，此过程需要底物 S 分子具有足够的能量使其跃迁到高能垒的络合物 [ES]；第二步便是该 [ES] 络合物释放能量，生成产物 P 并重新释放出酶。

酶催化可以降低从底物到过渡态络合物所需的活化能，但并不能使反应中的总能量发生变化。酶催化与化学催化反应能量的比较见图 10-1。由图可知，酶催化反应的活化能远低于化学催化反应。所以，酶催化效率远高于化学催化。

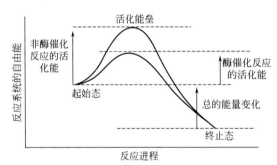

图 10-1 酶催化与化学催化反应能量变化示意图

酶的催化效率可用酶的活性，即酶催化反应速率表示。通常用规定条件下每微摩尔酶量每分钟催化底物转化为产物的物质的量（μmol）表示酶的活性。并把在规定条件下每分钟催化 1μmol 底物转化为产物所需的酶量定义为一个酶单位。

与化学催化相比较，酶催化具有下述特点：

① 酶的催化效率高，通常比非酶催化高 $10^7 \sim 10^{13}$ 倍，甚至像脲酶水解尿素反应可高达 10^{14} 倍。

② 酶催化反应具有高度的专一性，它包括酶对反应的专一性和酶对底物的专一性。这种专一性是由酶蛋白分子，特别是其活性部位的结构特征所决定的。酶对反应的专一性是指一种酶只能催化某种化合物在热力学上可能进行的多种反应中的一种反应。酶对底物的专一性则包括对底物结构的专一性及立体的专一性。前者指一种酶只能作用于一种底物或一类底物；后者指一种酶只能催化几何异构体中的一种底物。当底物具有旋光异构体时，酶只能对其中一种光学异构体起作用。此外，有些酶还具有基团专一性，即只对特定的基团起催化作用，如醇脱氢酶仅作用于醇，而且是伯醇。所以一种酶只能催化一种底物进行某一特定反应。

由于酶的高度专一性，酶催化反应的选择性非常高，副产物极少，致使产物易于分离，使许多用化学催化难以进行的反应得以实现。

③ 酶催化反应的反应条件温和，无需高温和高压，且酶是蛋白质，也不允许高温，通常都在常温常压下进行反应。

④ 酶催化反应有其适宜的温度、pH、溶剂的介电常数和离子强度等。一旦条件不合适，则酶易变性，甚至失活。这是由酶是蛋白质所决定的。它极易受物理因素和化学因素（如热、压力、紫外线、酸、碱和重金属）的影响而变性。酶的这种变性可使酶活性下降甚至失活，这种失活多数是不可逆的。

影响酶催化反应速率的因素很多，它们分别是酶浓度、底物浓度、产物浓度、温度、酸碱度、离子强度和抑制剂等。

10.2.2　单底物酶催化反应动力学——米氏方程

对于典型的单底物酶催化反应，例如

$$S \xrightarrow{E} P$$

其反应机理可表示为

$$E+S \underset{\overleftarrow{k_1}}{\overset{\overrightarrow{k_1}}{\rightleftharpoons}} [ES] \xrightarrow{k_2} E+P$$

第一步为可逆反应，正反应与逆反应的速率常数分别为 $\overrightarrow{k_1}$ 和 $\overleftarrow{k_1}$；第二步一般为不可逆反应，速率常数为 k_2。实验显示在一定条件下，反应速率随底物浓度的增加而增加，且当底物浓度增加到一定值后，反应速率趋于恒定，如图 10-2 所示。

由米氏方程（Michaelis-Menten）的快速平衡法或 Briggs-Haldane 的拟定态法假设，推导得到的米氏方程定量描述了底物浓度与反应速率的关系，即

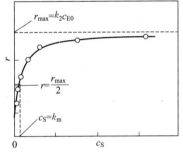

图 10-2　底物浓度与酶催化反应速率的关系

$$r = \frac{dc_S}{dt} = \frac{dc_P}{dt} = \frac{r_{max} c_S}{K_m + c_S} \tag{10-1}$$

式中，c_S 为底物 S 的浓度；$r_{max} = k_2 c_{E0}$ 是最大反应速率，其中 c_{E0} 为起始时酶的浓度；$K_m = (\overleftarrow{k_1} + k_2)/\overrightarrow{k_1}$，称为米氏常数。

米氏方程为双曲函数，如图 10-2 所示。起始酶浓度一定时，不同底物浓度呈现的反应级数不同。当 $c_S \ll K_m$ 时，底物浓度很低，反应呈现一级；$c_S \gg K_m$ 时，底物浓度高，反应呈现零级，即 r 与 c_S 大小无关，趋于定值 r_{max}；底物浓度为中间值时，随着 c_S 增大反应从一级向零级过渡，为变级数过程。

r_{max} 和 K_m 是米氏方程中两个重要的动力学参数。r_{max} 表示了酶几乎全部都与底物结合成中间络合物，这时的反应速率达到最大值。K_m 的大小表明了酶和底物间亲和力的大小。K_m 愈小表明酶和底物间的亲和力愈大，中间络合物［ES］愈不易解离；K_m 愈大则情况相反。K_m 值的大小与酶催化反应物系的特性及其反应条件有关，所以它是表示酶催化反应性质的特性常数。K_m 等于反应速率为 $r_{max}/2$ 时的 c_S 值。

动力学参数 K_m 和 r_{max} 可按照微分法或积分法求取。因为米氏方程为双曲函数，故应先线性化，再用作图法或线性最小二乘法求取。常用的微分法有三种：

① Lineweaver-Burk 法，即以 $1/r$ 对 $1/c_S$ 作图得一直线，斜率为 K_m/r_{max}，纵轴的截距为 $1/r_{max}$，横轴截距的负值为 $1/K_m$。此法简称 L-B 法或双倒数图解法。

② Hanes-Wootf 法，即以 c_S/r 对 c_S 作图得一直线，斜率为 $1/r_{max}$，横轴截距的负值为 K_m。

③ Eadio-Hofstee 法，即以 r 对 r/c_S 作图得一直线，斜率的负值为 K_m，纵轴截距为 r_{max}。

酶催化反应动力学实验可在间歇釜、全混釜或活塞流反应器中进行，故可从这些实验得到的原始数据按照上述方法进行拟合。

例 10-1　在 pH 为 5.1 及 15℃等温下，测得葡萄糖淀粉酶水解麦芽糖的初速率与麦芽糖浓度的关系如下：

麦芽糖浓度 $c_S \times 10^3/(mol/L)$	11.5	14.4	17.2	20.1	23.0	25.8	34.0
麦芽糖水解速率 $r \times 10^4/[mol/(L \cdot min)]$	2.50	2.79	3.01	3.20	3.37	3.50	3.80

试求该淀粉酶水解麦芽糖反应的 K_m 和 r_{max}。

解　将米氏方程线性化，经重排得

$$\frac{1}{r} = \frac{1}{r_{max}} + \frac{K_m}{r_{max}} \times \frac{1}{c_S}$$

由此式可知，$1/r$-$1/c_S$ 为线性关系，故可根据本例给出数据计算 $1/r$-$1/c_S$ 值，列于附表中。利用线性最小二乘法，将附表的数据代入前式，回归得

$$1/r_{max} = 1.94 \times 10^3; \quad K_m/r_{max} = 23.7; \quad 相关系数 \; r = 0.9999$$

所以　　　　$r_{max} = 5.16 \times 10^{-4} \; mol/(L \cdot min); \quad K_m = 1.22 \times 10^{-2} \; mol/L$

例 10-1 附表　$1/r$-$1/c_S$ 的关系

$(1/c_S)/(L/mol)$	87.0	69.4	58.1	49.8	43.5	38.8	29.4
$(1/r) \times 10^{-3}/(min \cdot L/mol)$	4.00	3.58	3.32	3.13	2.97	2.86	2.63

10.2.3　有抑制作用时的酶催化反应动力学

酶催化反应中，某些物质的存在使得反应速率减小，这些物质称为抑制剂，其效应称为抑制作用。

抑制作用可分为两类，即可逆性抑制与不可逆性抑制。当酶与抑制物之间靠共价键相结合时称为不可逆性抑制。不可逆性抑制将使活性酶浓度减小，若抑制物浓度超过酶浓度时，则酶完全失活；当酶与抑制物之间靠非共价键相结合时称为可逆性抑制。此时酶与抑制物的结合存在解离平衡的关系。这种抑制可用透析等物理方法将抑制物除去，使酶恢复活性。根据产生的抑制机理不同，可逆性抑制又可分为三种类型，即竞争性抑制、非竞争性抑制和反竞争性抑制。

(1) 竞争性抑制　当抑制物与底物的结构类似时，它们将竞争酶的同一可结合部位——活性位，阻碍了底物与酶相结合，导致酶催化反应速率减小。这种抑制作用称为竞争性抑制。若以 I 为竞争性抑制剂，其机理为

$$E+S \underset{\overleftarrow{k_1}}{\overset{\overrightarrow{k_1}}{\rightleftharpoons}} [ES] \overset{k_2}{\longrightarrow} E+P$$

$$E+I \underset{\overleftarrow{k_3}}{\overset{\overrightarrow{k_3}}{\rightleftharpoons}} [EI]$$

根据定态近似及 $c_{E0} = c_E + c_{[ES]} + c_{[EI]}$，推导得到竞争性抑制的动力学方程

$$r = \frac{r_{max}c_S}{K_m(1+c_1/K_1)+c_S} = \frac{r_{max}c_S}{K_{mI}+c_S} \tag{10-2}$$

式中，$K_m = (\overleftarrow{k}_1 + k_2)/\overrightarrow{k}_1$ 为米氏常数；$K_1 = \overleftarrow{k}_3/\overrightarrow{k}_3$ 为 [EI] 的解离常数；$r_{max} = k_2 c_{E0}$ 为最大反应速率；$K_{mI} = K_m(1+c_1/K_1)$ 为有竞争性抑制时的米氏常数。

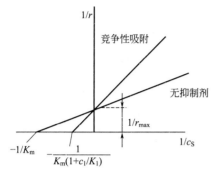

图 10-3 竞争性抑制的 L-B 图

显然，K_1 愈小表明抑制剂与酶的亲和力愈大，抑制剂对反应的抑制作用愈强。此时，可采取增加底物浓度的措施来提高反应速率。

按照 Lineweaver-Burk 法将式（10-2）线性化，整理实验数据，以 $1/r$ 对 $1/c_S$ 作图得一直线，见图 10-3。直线斜率为 K_{mI}/r_{max}，纵轴截距为 $1/r_{max}$，横轴截距的负值为 $1/K_{mI}$，由此可求出模型参数 r_{max} 和 K_{mI}。

当产物的结构与底物类似时，产物即与酶形成络合物，阻碍了酶与底物的结合，因而也降低了酶的催化反应速率。

（2）非竞争性抑制 有些抑制物往往与酶的非活性部位相结合，形成抑制物——酶的络合物会进一步与底物结合；或是酶与底物结合成底物——酶络合物后，其中有部分再与抑制物结合。虽然底物、抑制物和酶的结合无竞争性，但两者与酶结合所形成的中间络合物不能直接生成产物，导致了酶催化反应速率的降低。这种抑制称为非竞争性抑制。若以 I 为非竞争性抑制剂，其机理为

$$\begin{array}{ccc} E+S & \overset{\overrightarrow{k}_1}{\underset{\overleftarrow{k}_1}{\rightleftharpoons}} & [ES] \overset{k_2}{\longrightarrow} E+P \\ + & & + \\ I & & I \\ \overrightarrow{k}_3 \Big\| \overleftarrow{k}_3 & & \overrightarrow{k}_4 \Big\| \overleftarrow{k}_4 \\ [EI]+S & \overset{\overrightarrow{k}_5}{\underset{\overleftarrow{k}_5}{\rightleftharpoons}} & [SEI] \end{array}$$

根据定态近似及 $c_{E0} = c_E + c_{[ES]} + c_{[EI]} + c_{[SEI]}$，可导出非竞争性抑制的动力学方程

$$r = \frac{r_{max}c_S}{(1+c_I/K_1)(K_m+c_S)} = \frac{r_{I,max}c_S}{K_m+c_S} \tag{10-3}$$

其中 $K_m = (\overleftarrow{k}_1 + k_2)/\overrightarrow{k}_1$；$r_{max} = k_2 c_{E0}$；$r_{I,max} = \dfrac{r_{max}}{(1+c_I/K_1)}$ 为非竞争性抑制时的最大速率。

显然，非竞争性抑制物的存在使反应速率降低了，其最大反应速率 r_{max} 仅是无抑制时的 $1/(1+c_1/K_1)$。此时，即使增加底物浓度也不能减弱非竞争抑制物对反应速率的影响。这也是非竞争性抑制与竞争性抑制的不同之处。按照 Lineweaver-Burk 法，将式（10-3）线性化得

$$\frac{1}{r} = \frac{(1+c_I/K_I)}{r_{max}} + \frac{(1+c_I/K_I)K_m}{r_{max}} \times \frac{1}{c_S} \tag{10-4}$$

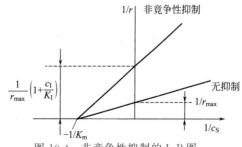

图 10-4 非竞争性抑制的 L-B 图

整理实验数据，以 $1/r$ 对 $1/c_S$ 作图得一直线，如图 10-4 所示。由直线的斜率及纵、横坐标上的截距并结合无竞争性抑制时的实验数据可以求得模型参数 K_I、r_{max} 和 K_m。

（3）反竞争性抑制　有些抑制剂不能直接与游离酶相结合，而只能与底物-酶络合物相结合形成底物-酶-抑制剂中间络合物，且该络合物不能生成产物，从而使酶催化反应速率下降，这种抑制称为反竞争性抑制。其机理为

$$E+S \underset{\overleftarrow{k_1}}{\overset{\overrightarrow{k_1}}{\rightleftharpoons}} [ES] \xrightarrow{k_2} E+S$$

$$[ES]+I \underset{\overleftarrow{k_3}}{\overset{\overrightarrow{k_3}}{\rightleftharpoons}} [SEI]$$

总酶浓度

$$c_{E0}=c_E+c_{[ES]}+c_{[SEI]}$$

根据定态近似导出反竞争性抑制的动力学方程

$$r=\frac{r_{max}c_S}{K_m+(1+c_I/K_I)c_S}=\frac{r_{I.max}c_S}{K'_{mI}+c_S} \tag{10-5}$$

式中，$r_{I.max}=r_{max}/(1+c_I/K_I)$；$K'_{mI}=K_m/(1+c_I/K_I)$。

按照 L-B 法，将式（10-5）线性化为

$$\frac{1}{r}=\frac{K_m}{r_{max}}\times\frac{1}{c_S}+\frac{1}{r_{max}}\left(1+\frac{c_I}{K_I}\right) \tag{10-6}$$

整理实验数据，以 $1/r$ 对 $1/c_S$ 作图得一直线，如图 10-5 所示。由图中数据并结合无竞争性抑制时的实验数据便可得到动力学参数 K_m、r_{max} 和 K_I。

（4）底物抑制　有些酶催化反应速率与底物浓度的关系不是双曲函数，而是抛物线关系。如图 10-6 所示。

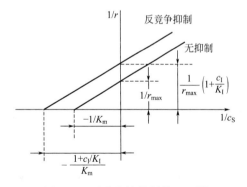

图 10-5　反竞争性抑制的 L-B 图

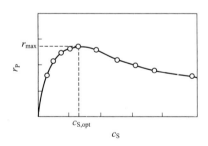

图 10-6　底物抑制时的 r_P-c_S 关系

在反应开始时，随底物浓度的增大反应速率增大；达到最大值后，则随底物浓度的增大反而减小。这种因高浓度底物造成的反应速率减小称为底物抑制作用。其原因是多个底物分子与酶的活性中心相结合，所形成的络合物又不能分解为产物。假设[ES]又与一个底物分子结合，其机理为

$$E+S \underset{\overleftarrow{k_1}}{\overset{\overrightarrow{k_1}}{\rightleftharpoons}} [ES] \xrightarrow{k_2} P+E$$

$$+$$

$$S$$

$$\vec{k}_3 \Big\Vert \vec{k}_3$$
$$[\text{SES}]$$

按前述方法导出底物抑制时的动力学方程

$$r = \frac{r_{\max} c_S}{K_m + c_S(1 + c_S/K_S)} \tag{10-7}$$

式中，$K_S = \vec{k}_3 / \vec{k}_3$ 为底物抑制时的解离常数。

将式(10-7) 对 c_S 求导，并令 $dr/dc_S = 0$，得

$$c_{S,\text{opt}} = \sqrt{K_m K_S} \tag{10-8}$$

这是最佳底物浓度。在此浓度下，反应速率最大。

10.3　微生物的反应过程动力学

微生物反应是利用微生物中特定的酶进行的复杂生化反应过程，即发酵过程。主要的工业微生物有细菌、酵母菌、放线菌和霉菌等。根据发酵中所采用的微生物细胞特性的不同，又可分为厌氧发酵和好氧发酵两种。前者诸如乙醇发酵、丙酮丁醇发酵和乳酸发酵；后者如抗生素发酵和氨基酸发酵等。发酵产品类型繁多，可归纳为下述几种，即微生物细胞本身、微生物代谢产物、微生物酶、生物转化产品、重组蛋白以及微生物水处理剂等。

在微生物反应过程中，每一个微生物细胞犹如一个微小的生化反应器，原料基质分子即细胞营养物质，透过细胞壁和细胞膜进入细胞内。在复杂酶系作用下，一方面将基质转化为细胞自身的组成物质，供细胞生长与繁殖，另一方面部分细胞组成物质又不断地分解成代谢产物，随后又透过细胞膜和细胞壁将产物排出。对于基因工程菌，则除细胞自身生长与繁殖外，还有基因重组菌中目的蛋白的合成过程。所以，微生物反应过程包括了质量传递、微生物细胞生长与代谢等过程。对于通气发酵，还存在气相氧逐步传递到细胞内参与细胞内的有氧代谢过程。因此，微生物反应体系是一个多相和多组分体系。此外，由于微生物细胞生长与代谢是一个复杂群体的生命活动过程，且在其生命的循环中存在着菌体的退化与变异问题，从而使得定量描述微生物反应过程的速率及其影响因素十分复杂。

10.3.1　细胞生长动力学

细胞的生长受到水分、湿度、温度、营养物、酸碱度和氧气等各种环境条件的影响。在给定的条件下，细胞生长是遵循一定规律的。细胞的生长过程，可根据均衡生长模型用细胞浓度的变化加以描述。

细胞的生长速率 r_X 定义为：在单位体积培养液中单位时间内生成的细胞（亦称菌体）量，即

$$r_X = \frac{1}{V} \times \frac{dm_X}{dt} \tag{10-9}$$

式中，V 为培养液体积；m_X 为细胞质量。对于恒容过程，细胞的生长速率可定义为

$$r_X = \frac{dc_X}{dt} \tag{10-10}$$

式中，c_X 为细胞浓度，常用单位体积培养液中所含细胞干重表示。

均衡生长类似于一级自催化反应，以细胞干重增加为基准的生长速率与细胞浓度成正比，其比例系数为 μ，即

$$\mu = r_X / c_X \tag{10-11}$$

μ 表示了单位菌体浓度的细胞生长速率，它是描述细胞生长速率的一个重要参数，称为比生长速率。

在细胞间歇培养中的比生长速率为

$$\mu = \frac{1}{c_X} \times \frac{\mathrm{d}c_X}{\mathrm{d}t} \tag{10-12}$$

当细胞处于指数生长期时，μ 一般为常数，所以

$$\mu = \frac{1}{t} \ln \frac{c_X}{c_{X_0}} \tag{10-13}$$

式中，c_{X_0} 为起始菌体浓度。比生长速率 μ 的大小表示了菌体增长的能力，它受到菌株和各种物理化学环境因素的影响。

针对确定的菌株，在温度和 pH 等恒定时，细胞比生长速率与限制性基质浓度的关系如图 10-7 所示，可用 Monod 方程表示，即

$$\mu = \frac{\mu_{\max} c_S}{K_S + c_S} \tag{10-14}$$

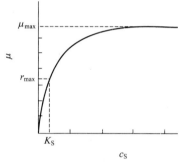

图 10-7　细胞比生长速率与限制性基质浓度的关系

式中，c_S 为限制性基质的浓度，g/L；$\mu_{\max}$ 为最大比生长速率，h^{-1}；K_S 为饱和系数，g/L，亦称 Monod 常数，其值等于最大比生长速率一半时限制性基质的浓度。虽然它不像米氏常数那样有明确的物理意义，但也是表征某种生长限制性基质与细胞生长速率间依赖关系的一个常数。

Monod 方程是从经验得到的，且是典型的均衡生长模型。它基于下述假设建立，即①细胞的生长为均衡型生长，因此可用细胞浓度变化来描述细胞生长；②培养基中仅有一种底物是细胞生长限制性基质，其余组分均为过量，它们的变化不影响细胞生长；③将细胞生长视为简单反应，且对基质的细胞得率 $Y_{X/S}$ 为常数。$Y_{X/S}$ 为每消耗单位质量基质所生成的细胞质量。

当 $c_S \ll K_S$ 时，$\mu \approx \frac{\mu_{\max}}{K_S} c_S$，呈现一级动力学关系；当 $c_S \gg K_S$，$\mu \approx \mu_{\max}$，呈现零级动力学关系。

将式(10-14) 代入式(10-11) 得到细胞生长速率

$$r_X = \frac{\mu_{\max} c_S}{(K_S + c_S)} c_X \tag{10-15}$$

Monod 方程广泛地用于许多微生物细胞生长过程。但是，由于细胞生长过程的复杂性，例如基质或产物抑制及发酵液呈现非牛顿型等情况下，使得式(10-15) 与实验结果有偏差。因此又有一些修正的 Monod 方程，使用时可参阅有关文献。

10.3.2　基质消耗动力学

基质消耗速是指在单位体积培养基单位时间内消耗基质的质量。基质包括培养基中的碳源、氮源和氧等。现仅介绍单一限制性基质消耗动力学。

在间歇培养中基质消耗速率为

$$r_S = -\frac{dc_S}{dt} \qquad (10\text{-}16)$$

基质的比消耗速率 q_S 和产物的比生成速率 q_P 是描述基质消耗速率的两个重要参数。q_S 表示单位细胞浓度的基质消耗速率，即

$$q_S = \frac{r_S}{c_X} = -\frac{1}{c_X} \times \frac{dc_S}{dt} \qquad (10\text{-}17)$$

q_P 表示单位细胞浓度产物的生成速率，即

$$q_P = \frac{r_P}{c_X} = \frac{1}{c_X} \times \frac{dc_P}{dt} \qquad (10\text{-}18)$$

式中，r_P 为产物 P 的生成速率。

在间歇发酵中，基质的消耗主要用于三个方面，即细胞生长和繁殖、维持细胞生命活动以及合成产物。所以基质的消耗速率为

$$r_S = \frac{r_X}{Y_{X/S}^*} + mc_X + \frac{r_P}{Y_{P/S}} \qquad (10\text{-}19)$$

式中，$Y_{X/S}^*$ 为在不维持代谢时基质的细胞得率，亦称最大细胞得率；m 为菌体维持系数，表示单位时间内单位质量菌体为维持其正常生理活动所消耗的基质量；$Y_{P/S}$ 为对基质的产物得率，即每消耗单位质量基质所生成的产物质量。变换式(10-19) 得

$$-\frac{dc_S}{dt} = \frac{1}{Y_{X/S}^*}\mu c_X + mc_X + \frac{1}{Y_{P/S}}q_P c_X \qquad (10\text{-}20)$$

用基质的比消耗速率表示时，则上式转化为

$$q_S = \frac{1}{Y_{X/S}^*}\mu + m + \frac{1}{Y_{P/S}}q_P \qquad (10\text{-}21)$$

由此可知，基质消耗的比速率包括用于菌体生长、维持菌体正常活动的基质消耗速率以及产物合成三部分。

10.3.3　产物生成动力学

Gaden 根据产物形成与细胞生长间的不同关系，将发酵分为三种类型，即Ⅰ型、Ⅱ型和Ⅲ型。

Ⅰ型称为细胞生长与产物合成偶联型。其特点是细胞生长与产物合成直接关联，它们之间是同步的，如图 10-8(a) 所示。该类型的产物生成动力学方程为

$$r_P = Y_{P/X}r_X = Y_{P/X}\mu c_X \qquad (10\text{-}22)$$

$$q_P = Y_{P/X}\mu \qquad (10\text{-}23)$$

属该类型的主要是葡萄糖代谢的初级中间产物发酵，如乙醇和乳酸发酵等。

Ⅱ型称为细胞生长与产物合成半偶联型。其特点是产物的生成与细胞的生长部分偶联，

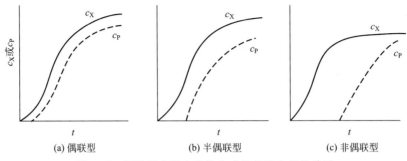

图 10-8　间歇反应器中产物生成和细胞生长的关系

如图 10-8(b) 所示。在细胞生长的前期基本上无产物生成，一旦有产物生成后，产物的生成速率既与细胞生长有关，又与细菌浓度有关。该类型产物生成的动力学方程为

$$r_P = \alpha\, r_X + \beta\, c_X \tag{10-24}$$

$$q_P = \alpha\mu + \beta \tag{10-25}$$

式中，α 和 β 为常数。属该类型的有谷氨酸发酵和柠檬酸发酵等。

Ⅲ型称为细胞生长与产物合成非偶联型。其特点是产物的生成与细胞生长无直接关系，即当细胞处于生长阶段时无产物积累，当细胞停止生长后才有大量产物生成，如图 10-8(c) 所示。该类型的产物生成动力学方程为

$$r_P = \beta\, c_X \tag{10-26}$$

$$q_P = \beta \tag{10-27}$$

属该类型的是多数次生代谢产物的发酵，如各种抗生素的发酵等。

10. 3. 4　氧的消耗速率

在需氧微生物反应中，需通气提供氧作为细胞呼吸的最终电子受体，从而生成水并释放出反应的能量。

氧的消耗速率亦称摄氧率（OUR），它表示单位体积培养液中，细胞在单位时间内消耗（或摄取）的氧量，即

$$r_{O_2} = -\frac{dc_{O_2}}{dt} = \frac{r_X}{Y_{X/O_2}} \tag{10-28}$$

式中，Y_{X/O_2} 为对氧的菌体得率。

描述氧消耗速率的一个重要参数是比耗氧速率 q_{O_2}，亦称呼吸强度。它表示单位菌体浓度的氧消耗速率，即

$$q_{O_2} = \frac{r_{O_2}}{c_X} = \frac{\mu}{Y_{X/O_2}} \tag{10-29}$$

对于一般微生物反应，总的需氧量与以燃烧反应为基准的物料平衡有关，即

氧消耗量＝基质燃烧需氧量－细胞燃烧需氧量－代谢产物燃烧需氧量

以生成 1g 细胞所消耗的氧量来表示，则

$$Y_{O_2/X} = \frac{1}{Y_{X/O_2}} = \frac{A}{Y_{X/S}} - B - Y_{P/X}C \tag{10-30}$$

式中，A、B 和 C 分别为 1g 基质、细胞和代谢产物完全燃烧生成 CO_2 和 H_2O 时的需氧量。将式(10-30)代入式(10-29)得到比耗氧速率为

$$q_{O_2} = \left(\frac{A}{Y_{X/S}} - B - Y_{P/X}C \right)\mu \tag{10-31}$$

例 10-2 在全混流反应器中，以葡萄糖为限制性基质，在一定条件下培养曲霉 sp。实验测得不同基质浓度下曲霉 sp 比生长速率如表所示。

c_S-μ 关系

c_S/(mg/L)	500	250	125	62.5	31.2	15.6	7.80
$\mu \times 10^2/\text{h}^{-1}$	9.54	7.72	5.58	3.59	2.09	1.14	0.60

若该条件下曲霉 sp 的生长符合 Monod 方程，试求该条件下的 μ_{max} 和 K_S。

解 将式(10-14)线性化，并重排得

$$\frac{1}{\mu} = \frac{1}{\mu_{max}} + \frac{K_S}{\mu_{max}} \times \frac{1}{c_S} \tag{1}$$

可见，$1/\mu$ 与 $1/c_S$ 为线性关系，由已知 c_S-μ 数据，计算 $1/c_S$ 与 $1/\mu$ 值见表。

$1/c_S$-$1/\mu$ 关系

$(1/c_S)/(\text{L/g})$	2	4	8	16	32.1	64.1	128
$(1/\mu)/\text{h}$	10.5	13.0	17.9	27.9	47.8	87.7	167

再按式(1)进行线性最小二乘法回归得

$$\mu_{max} = 0.125\text{h}^{-1}, \quad K_S = 0.155\text{g/L}$$

10.4 固定化生物催化剂

10.4.1 概述

虽然酶催化具有许多化学催化难以比拟的优点，但酶的水溶性使得回收困难，故工业上的应用不多。所以，20 世纪 60 年代开发了固定化酶技术。

固定化酶是将酶固定在载体或限制在一定局部空间范围内，经固定化的酶虽然可以克服游离酶的缺点，但尚需进行提取与纯化，才能得到酶，且固定化酶只适用于简单的酶反应。实际上，绝大多数生物催化反应都需要多酶体系催化或需有辅酶的参与才能实现。所以 20 世纪 70 年代又出现了固定化细胞的技术。

固定化酶和固定化细胞统称为固定化生物催化剂。固定化细胞是指将细胞固定在载体上或限制在一定局部空间范围内。按细胞的生理状态，固定化细胞可分为固定化死细胞、固定化休止细胞和固定化增殖细胞。死细胞和休止细胞中的酶仍保持着原有的酶活性，与固定化多酶相比，这两种固定化更有利于提高酶的稳定性。固定化增殖细胞中，细胞仍具有生长和代谢功能，且若环境因素合适，能使其处于细胞生长的平衡期。这样既可改善细胞的微环境，提高酶稳定性能，又可提高反应器中细胞浓度，提高反应速率及反应器生产能力。此外，还可简化产物的分离和纯化工艺，使生化反应能在固定床或流化床反应器中操作，从而

实现生产的连续化和自动化，对革新现有发酵工艺具有重要意义。

10.4.2 酶和细胞的固定化

酶和细胞的固定化方法很多，通常有吸附法、包埋法、共价结合法和交联法。

（1）吸附法 有表面法和细胞聚集法两种。表面吸附法是利用酶与载体吸附剂之间的非特异性物理吸附或生物物质间的特异吸附作用，将酶固定在吸附剂上。造成非特异性物理吸附的因素有范德华力、氢键、疏水作用、静电作用等。常用的吸附剂有活性炭、膨润土、硅藻土、多孔玻璃、氢化锂、离子交换树脂和高分子材料等。

表面吸附法的最大优点是制备方法简便，一般对细胞或酶无毒害作用。但是，由于多孔吸附剂的吸附容量有限，使得载体中的酶或细胞浓度低。

细胞聚集法是利用某些细胞具有形成聚集体或絮凝物颗粒的倾向，或利用多聚电解质诱导形成微生物细胞聚集体，从而达到细胞固定化的目的。

还有些细胞能分泌高分子化合物，例如黏多糖等，也有助于微生物吸附在吸附剂表面上。

（2）包埋法 是细胞或酶固定化最常用的方法，它是将酶或细胞固定在高分子化合物的三维网状结构中。现有三种包埋法，即凝胶包埋法、微胶囊包埋法和纤维包埋法。

① 凝胶包埋法 常用的凝胶有两类，即天然高分子凝胶与合成高分子凝胶。天然高分子凝胶有海藻酸钙、K-卡拉胶、琼脂糖胶、明胶和壳聚糖等。其优点是固定化生物催化剂的制备条件缓和、酶活损失小、固定化细胞内微环境与细胞的生理条件相近等。最大的缺点是凝胶粒子的机械强度差。一般用得最多的是海藻酸钙和K-卡拉胶。这两种凝胶极易制成小球状颗粒，适用于气升式反应器、流化床反应器和喷射环流反应器等。为了克服海藻酸钙强度差的缺点，常将凝胶置于戊二醛式聚乙烯亚胺等溶液中，使其交联。K-卡拉胶的强度较好，被用于固定化细胞生产L-天冬氨酸、L-丙氨酸、L-苹果酸和丙烯酰胺等，这些均已工业化。

常用的合成高分子凝胶有聚丙烯酰胺、光固化树脂和聚乙烯醇等。其最大优点是机械强度好。但丙烯酰胺单体有剧毒，聚合过程中细胞或酶易受损害。用聚丙烯酰胺包埋大肠杆菌生产L-天冬氨酸已得到工业应用。近年来，这种方法已用于生产L-苹果酸、L-赖氨酸、L-丙氨酸和甾体激素等。

包埋法包埋的菌体或酶的容量大，适应性强，可以包埋不同种类和不同生理状态的细胞，且方法简便，固定化生物催化剂稳定性好。但是其内扩散阻力大，尤其应用于大分子底物时应慎重选择。此外，菌体或酶可能有泄漏现象，应调整制备条件予以改善。

② 微胶囊包埋法 是将酶固定在半透性高分子膜的微胶囊中，一般微胶囊的直径仅为几到几百微米。典型的制备方法有界面缩聚、液体干燥和相分离技术等。例如界面缩聚是将一种含有酶的亲水性单体乳化分散在水中，而将另一种疏水性单体溶于与水不互溶的有机溶剂中，使两者在油水两相界面上发生缩聚反应，形成高分子薄膜，并在形成的胶囊中包埋了酶。该法能提供很大的比表面积。另外，也可将半透膜直接做成膜反应器，这时分子量较小的底物和产物可以透过膜的微孔，而酶或其他较大的分子不能透过。

③ 纤维包埋法 先将含酶溶液在醋酸纤维素等高聚物的有机溶剂中乳化，然后喷丝成纤维，再将其织成布或做成各种形状，以适应各种反应器结构要求。因纤维很细，所以其比

表面积大，包埋酶的容量大。

（3）共价结合法　利用酶蛋白中的氨基、羟基或酪氨酸和组氨酸中的芳香环与载体上的某些有机基团形成共价键，使酶固定在载体上。该法的优点是酶与载体结合较牢固，酶不易脱落。但是，该法制备方法复杂，条件苛刻，且易引起酶的失活。

（4）交联法　用双官能团或多官能团试剂与酶分子中的氨基或羟基发生反应，使酶分子相互关联，形成不溶于水的聚集体，或使细胞间彼此交联形成网状结构。常用的交联剂有戊二醛、甲基二异氰酸和双重氮联苯胺等。该法多与包埋法或吸附法结合使用，前者可防止包埋的酶或细胞泄漏，后者可防止吸附的酶脱落。

总之，酶或细胞固定化方法繁多，但迄今为止尚无一种通用的和理想的方法可供使用，需通过试验确定。一般认为符合工业生产要求的固定化生物催化剂应满足：①选用的载体应对细胞或酶无毒性，有合适的孔径、孔率、比表面积和几何形状，既要使细胞不泄漏或少泄漏，还要具有良好的通透性，使底物和产物扩散阻力小，载体原料应便宜易得；②固定化方法简单，制备条件温和，尽量减少酶活损失，且应易于成型，使其外型能满足生化反应器要求；③单位体积细胞或酶含量高，以增大反应器生产能力；④固定化细胞的机械强度高，酶稳定性好。

10.5　生化反应器

10.5.1　概述

生化反应器基本上类同于化学反应器。但由于以酶或活细胞作为催化剂，底物的成分和性质一般比较复杂，产物类型繁多，且常与细胞代谢过程等息息相关，所以生化反应器有其自身特点，一般生化反应器应满足：①能在不同规模要求上为细胞增殖、酶的催化反应和产物形成提供良好的环境条件，即易消毒，能防止杂菌污染，不损伤酶、细胞或固定化生物催化剂的固有特性，易于改变操作条件，使之能在最适条件下进行各种生化反应；②能在尽量减少单位体积所需功率输入的情况下，提供较好的混合条件，并能增大传热和传质速率；③操作弹性大，能适应生化反应的不同阶段或不同类型产品生产的需要。

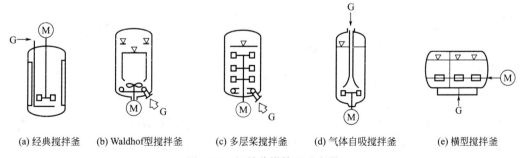

(a) 经典搅拌釜　(b) Waldhof型搅拌釜　(c) 多层桨搅拌釜　(d) 气体自吸搅拌釜　(e) 横型搅拌釜

图 10-9　机械桨搅拌型反应器

对于生化反应过程，间歇操作具有可减少污染的特点，所以应用最为广泛，半间歇操作又称流加方式，对于存在底物抑制或产物抑制的生化过程，或需要控制比生长速率的发酵过程，常采用这种方式。连续操作主要用于固定化生物催化剂的生化反应过程。由于其是长期连续操作过程，故易染菌，且易造成菌体的突变，因此使其应用范围受到了限制。

连续操作的生化反应器，又依反应器内流体流动、物料混合和返混程度的不同，分为全混流反应器、活塞流反应器和非理想流动反应器。

最古老和最经典的生化反应器是微生物发酵用的发酵罐，如图 10-9、图 10-10 所示。随着生化工程的发展，现已有多种型式的生化反应器。例如，适用于游离酶或固定化生物催化剂参与反应的酶反应器、培养动物细胞用的反应器、培养植物细胞用的反应器以及用于处理污水的生化装置等，下面作简要介绍。

（1）机械搅拌型 是目前工业生产中使用最广泛的一种生化反应器，见图 10-9（a）及图 10-10。最大特点是操作弹性大，对各种物系及工艺的适应性强，但其效率偏低，功率消耗较大，放大困难。

为克服上述不足，各种新型高效搅拌型反应器应运而生，如 Waldhof 型通气搅拌釜、多层桨搅拌釜、气体自吸式搅拌釜和横型搅拌釜等，分别见图 10-9（b）～（e）。相对而言，多层桨搅拌釜能耗高，传质系数低，而自吸式能耗

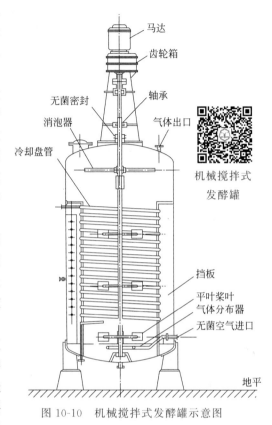

机械搅拌式发酵罐

图 10-10 机械搅拌式发酵罐示意图

低，氧传递效率高，已在工业上得到应用。性能最好的属横型搅拌釜，但其结构较为复杂。

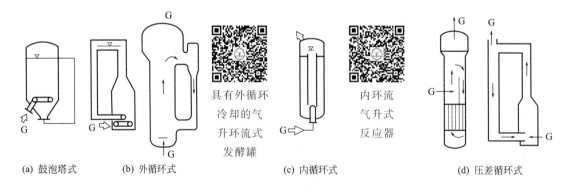

(a) 鼓泡塔式　　(b) 外循环式　　具有外循环冷却的气升环流式发酵罐　　(c) 内循环式　　(d) 压差循环式

内环流气升式反应器

图 10-11 气体提升型生化反应器

（2）气体提升型 气体提升型生化反应器是利用气体喷射的功率，以及气液混合物与液体的密度差来使气液循环流动的。这样可强化传质、传热和混合。其型式多样，常见的型式见图 10-11。内循环式的结构比较紧凑，导流筒可以作成多段，用以加强局部及总体循环；导流筒内还可以安装筛板，使气体分布得以改善，并可抑制液体循环速度，外循环式可在降液管内安装换热器以加强传热，且更有利于塔顶及塔底物料的混合与循环。

该类生化反应器的特点是传质和传热效果好、易于放大、结构简单、剪切应力分布均匀

和不易染菌。

（3）液体喷射环流型　液体喷射环流型反应器有多种形式，见图 10-12。它们是利用泵的喷射作用使液体循环，并使液体与气体间进行动量传递达到充分混合。该类反应器有正喷式和倒喷式两类。

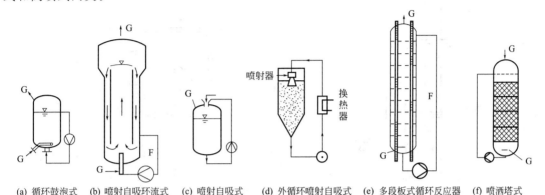

| (a) 循环鼓泡式 | (b) 喷射自吸环流式 | (c) 喷射自吸式 | (d) 外循环喷射自吸式 | (e) 多段板式循环反应器 | (f) 喷洒塔式 |

图 10-12　液体喷射环流型生化反应器

其特点是气液间接触面积大、混合均匀、传质传热效果好和易于放大。

（4）固定床生化反应器　固定床生化反应器见图 10-13。主要用于固定化生物催化剂反应系统。根据物料流向的不同，可分为上流式和下流式两类。

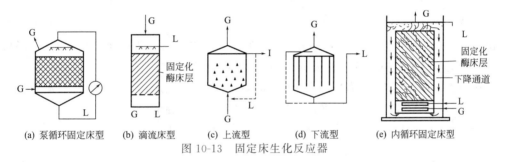

| (a) 泵循环固定床型 | (b) 滴流床型 | (c) 上流型 | (d) 下流型 | (e) 内循环固定床型 |

图 10-13　固定床生化反应器

其特点是可连续操作、返混小、底物利用率高和固定化生物催化剂不易磨损。

（5）流化床生化反应器　多用于底物为固体颗粒，或有固定化生物催化剂参与的反应系统。该类反应器由于混合程度高，所以传质和传热效果好，但不适合有产物抑制的反应系统。为改善其返混程度，现又出现了磁场流化床反应器，即在固定化生物催化剂中加入磁性物质，使流化床在磁场下操作，见图 10-14。

（6）膜反应器　是将酶或微生物细胞固定在多孔膜上，当底物通过膜时，即可进行酶催化反应。由于小分子产物可透过膜与底物分离，从而可防止产物对酶的抑制作用。这种反应与分离过程耦合的反应器，简化了工艺过程。膜反应器见图 10-15。

总之生化反应器类型很多，应用时应根据具体的生化反应特点和工艺要求选取。

10.5.2　生化反应器的计算

生化反应器设计计算的基本方程式，即物料衡算式、热量衡算式和动量衡算式完全类似于化学反应器，只是生化反应动力学具体方程不同于化学反应，且比一般化学反应动力学方程更加复杂，更加非线性化，所以分析与计算更为复杂。现仅介绍最简单的情况，用以说明生化反应器的基本设计计算方法。

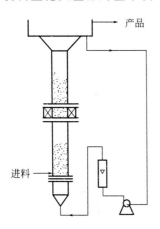

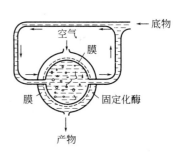

图 10-14 两段磁场流化床反应器　　　　　　图 10-15 载有酶的膜反应器

（1）间歇反应器　在间歇反应器中，若由酶催化反应控制，当无抑制物存在，如使用单底物，则底物的消耗速率可采用米氏方程式（10-1）表示。

将式（10-1）代入间歇反应器的设计方程。由于酶反应是液相恒容过程，所以

$$t = -\int_{c_{S0}}^{c_S}\frac{\mathrm{d}c_S}{r_S} = -\int_{c_{S0}}^{c_S}\frac{\mathrm{d}c_S}{k_2 c_{E0} c_S/(K_m + c_S)} = \frac{1}{r_{max}}\left[K_m \ln(c_{S0}/c_S) + (c_{S0} - c_S)\right]$$

$$(10\text{-}32)$$

由式（10-32）可计算达到一定底物浓度时所需的反应时间。若存在抑制物时，可根据情况将有关动力学方程代入间歇反应器设计方程，再进行计算。

若在间歇反应器中进行以微生物为催化剂的多酶体系生化反应，则过程涉及菌体生长、代谢与产物生成等，情况相当复杂。现仅介绍以生产单细胞蛋白为目的产物的情况。假设菌体生长符合 Monod 方程，基质的消耗完全用于菌体生长，其他消耗可忽略不计。因此，菌体的生长速率为

$$r_X = \frac{\mathrm{d}c_X}{\mathrm{d}t} = \frac{\mu_{max} c_S}{K_S + c_S} c_X \tag{10-33}$$

由于基质消耗速率与菌体生长速率间的关系为

$$-\frac{\mathrm{d}c_S}{\mathrm{d}t} = Y_{S/X}\frac{\mathrm{d}c_X}{\mathrm{d}t} \tag{10-34}$$

式中，$Y_{S/X}$ 为对基质的细胞得率。假设在发酵进行过程中 $Y_{S/X}$ 不变，且当 $t=0$ 时，$c_X = c_{X0}$，$c_S = c_{S0}$，则

$$c_S = c_{S0} - Y_{S/X}(c_X - c_{X0}) \tag{10-35}$$

将式（10-35）代入式（10-33）得

$$\frac{\mathrm{d}c_X}{\mathrm{d}t} = \frac{\mu_{max} c_X[c_{S0} - Y_{S/X}(c_X - c_{X0})]}{K_S + c_{S0} - Y_{S/X}(c_X - c_{X0})} \tag{10-36}$$

采用分离变量法积分上述方程得到

$$(c_{S0} + Y_{S/X}c_{X0})\mu_{max}t = (K_S + c_{S0} + Y_{S/X}c_{X0})\ln\frac{c_X}{c_{X0}} - K_S\ln\frac{c_{S0} - Y_{S/X}(c_X - c_{X0})}{c_{S0}} \tag{10-37}$$

式（10-37）直接表达了菌体浓度与发酵时间的关系。底物浓度与反应时间的关系可联立式（10-37）和式（10-35）得到。

例 10-3 在间歇反应器中，于 15℃ 等温条件下采用葡萄糖淀粉酶进行麦芽糖水解反应，K_m 为 1.22×10^{-2} mol/L，麦芽糖初始浓度为 2.58×10^{-3} mol/L，反应 10min 测得麦芽糖转化率为 30%，试计算麦芽糖转化率达 90% 时所需的反应时间。

解 转化率为 30% 时，麦芽糖的浓度为

$$c_{S1} = c_{S0}(1 - X_{S1}) = 2.58 \times 10^{-3}(1 - 0.3) = 1.81 \times 10^{-3} \text{ mol/L}$$

变换式(10-32)，并将已知数据代入，得到该酶反应的细胞最大生长速率

$$r_{max} = k_2 c_{E0} = \frac{1}{t}\left[K_m \ln(c_{S0}/c_{S1}) + (c_{S0} - c_{S1}) \right]$$

$$= \frac{1}{10}\left[1.22 \times 10^{-2} \ln \frac{2.58 \times 10^{-3}}{1.81 \times 10^{-3}} + (2.58 \times 10^{-3} - 1.81 \times 10^{-3}) \right]$$

$$= 5.09 \times 10^{-4} \text{ mol/(L·min)}$$

转化率为 90% 时的麦芽糖浓度

$$c_{S2} = c_{S0}(1 - X_{S2}) = 2.58 \times 10^{-3}(1 - 0.90) = 0.258 \times 10^{-3} \text{ mol/L}$$

代入式(10-32)，得到转化率为 90% 时的反应时间，即

$$t = \frac{1}{5.09 \times 10^{-4}}\left[1.22 \times 10^{-2} \ln \frac{2.58 \times 10^{-3}}{0.258 \times 10^{-3}} + (2.58 \times 10^{-3} - 0.258 \times 10^{-3}) \right]$$

$$= 59.8 \text{ min}$$

(2) 全混流反应器

① 酶催化反应 在全混流反应器中，若由酶催化反应控制，且其动力学方程符合米氏方程，则将其直接代入间歇釜式中得到空时为

$$\tau = \frac{V_t}{Q_0} = \frac{(c_{S0} - c_S)(K_m + c_S)}{r_{max} c_S} = \frac{(c_{S0} - c_S)(K_m + c_S)}{k_2 c_{E0} c_S} \tag{10-38}$$

将 $c_S = c_{S0}(1 - X_S)$ 代入并化简，得

$$\tau = \frac{1}{k_2 c_{E0}}\left(c_{S0} X_S + \frac{K_m X_S}{1 - X_S} \right) \tag{10-39}$$

对于有抑制物存在时，则将相应的动力学方程代入间歇釜式即可。

② 微生物反应 在全混流反应器中，假设进料中不含菌体，则达到定态操作时，在反应器中菌体的生长速率等于菌体流出速率，即

$$Q_0 c_X = r_X V_r = \mu c_X V_r \tag{10-40}$$

进料流量与培养液体积之比称为稀释率，即 $D = Q_0 / V_r$。将其代入式(10-40) 得

$$\mu = D \tag{10-41}$$

D 表示了反应器内物料被"稀释"的程度，量纲为 [时间]$^{-1}$。

由式 (10-41) 可知，在全混流反应器中进行细胞培养时，当达到定态操作后，细胞的比生长速率与反应器的稀释率相等。这是全混流反应器中进行细胞培养时的重要特性。可以利用该特性控制培养基的进料速率，来改变定态操作下的细胞比生长速率。因此，全混流反应器用于细胞培养时也称恒化器。利用恒化器，可较方便地研究细胞生长特性。

在全混流反应器中，限制性基质浓度和菌体浓度与稀释率有关。对于菌体生长符合 Monod 方程的情况，由于

$$D = \mu = \frac{\mu_{\max} c_S}{K_S + c_S} \tag{10-42}$$

所以，反应器中基质浓度与稀释率的关系为

$$c_S = \frac{K_S D}{\mu_{\max} - D} \tag{10-43}$$

假设限制性基质仅用于细胞生长，则在定态操作时

$$Q_0(c_{S0} - c_S) = r_S V_r \tag{10-44}$$

而

$$r_S = \frac{r_X}{Y_{X/S}} = \frac{\mu c_X}{Y_{X/S}} \tag{10-45}$$

得到反应器中细胞浓度

$$c_X = Y_{X/S}(c_{S0} - c_S) \tag{10-46}$$

将式(10-43)代入，得细胞浓度与稀释率的关系，即

$$c_X = Y_{X/S}\left(c_{S0} - \frac{K_S D}{\mu_{\max} - D}\right) \tag{10-47}$$

由式(10-42)可知，随着 D 的增大，反应器中 c_S 亦增大，当 D 大到使得 $c_S = c_{S0}$ 时，此时的稀释率为临界稀释率，即

$$D_c = \mu_c = \frac{\mu_{\max} c_{S0}}{K_S + c_{S0}} \tag{10-48}$$

反应器的稀释率必须小于临界稀释率。一旦 $D > D_c$ 后，反应器中细胞浓度会不断降低，最后细胞从反应器中被"洗出"，这显然是不允许的。

细胞的产率 P_X 亦为细胞的生长速率，即

$$P_X = r_X = \mu c_X = D c_X = D Y_{X/S}\left(c_{S0} - \frac{K_S D}{\mu_{\max} - D}\right) \tag{10-49}$$

图 10-16 为 $c_{S0} = 10\mathrm{g/L}$，$\mu_{\max} = 1\mathrm{h}^{-1}$，$Y_{X/S} = 0.5$，$K_S = 0.2\mathrm{g/L}$ 时，全混流反应器中细胞浓度、限制性基质浓度、细胞产率与稀释率的关系。图中细胞产率曲线有一最大值。令 $\mathrm{d}P_X/\mathrm{d}D = 0$，可得最佳稀释率 D_{opt}

$$D_{\mathrm{opt}} = \mu_{\max}\left[1 - \sqrt{K_S/(K_S + c_{S0})}\right] \tag{10-50}$$

此时，反应器中细胞浓度为

$$c_X = Y_{X/S}\left[c_{S0} + K_S - \sqrt{K_S(K_S + c_{S0})}\right] \tag{10-51}$$

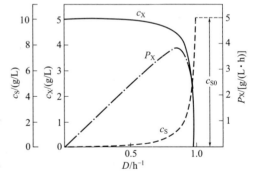

图 10-16　CSTR 中细胞浓度、限制性基质浓度、细胞产率与稀释率的关系

细胞的最大产率 $P_{X,\max}$ 为

$$P_{X,\max} = Y_{X/S}\mu_{\max} c_{S0}\left(\sqrt{1 + \frac{K_S}{c_{S0}}} - \sqrt{\frac{K_S}{c_{S0}}}\right)^2 \tag{10-52}$$

当 $c_{S0} \gg K_S$ 时，则

$$D_{\mathrm{opt}} \approx \mu_{\max} \tag{10-53}$$

$$P_{X,\max} \approx Y_{X/S}\mu_{\max}c_{S0} \tag{10-54}$$

在全混流反应器中，产物生成速率与稀释率的关系应根据产物生成的类型，结合动力学方程对反应器作物料衡算得到。

若产物的形成类型属生长产物偶联型，对产物 P 进行物料衡算得

$$Q_0 c_P - Q_0 c_{P0} = r_P V_r \tag{10-55}$$

因为

$$r_P = q_P c_X = Y_{P/X}\mu c_X \tag{10-56}$$

代入式(10-55)，且一般进料中不含产物，整理式(10-55) 得产物浓度

$$c_P = \frac{q_P c_X}{D} \tag{10-57}$$

例 10-4　在操作体积为 10L 的全混流反应器中，于 30℃培养大肠杆菌。其动力学方程符合 Monod 方程，其中 $\mu_{\max}=1.0h^{-1}$，$K_S=0.2g/L$。葡萄糖的进料浓度为 10g/L，进料流量为 4L/h，$Y_{X/S}=0.50$。试计算：(1) 在反应器中的细胞浓度及其生长速率；(2) 为使反应器中细胞产率最大，计算最佳进料速率和细胞的最大产率。

解　(1) 全混流反应器的稀释率

$$D = Q_0/V_r = 4/10 = 0.4h^{-1}$$

所以，细胞比生长速率

$$\mu = D = 0.4h^{-1}$$

由式(10-43)可得反应器底物浓度为

$$c_S = \frac{K_S D}{\mu_{\max}-D} = \frac{0.2\times0.4}{1.0-0.4} = 0.133g/L$$

反应器内细胞浓度

$$c_X = Y_{X/S}(c_{S0}-c_S) = 0.5\times(10-0.133) = 4.93g/L$$

$$P_X = r_X = \mu c_X = D c_X = 0.4\times4.93 = 1.97g/(L \cdot h)$$

(2)

$$D_{opt} = \mu_{\max}\left(1-\sqrt{\frac{K_S}{K_S+c_{S0}}}\right) = 1.0\left(1-\sqrt{\frac{0.2}{0.2+10}}\right) = 0.86h^{-1}$$

最佳进料速率

$$Q_0 = D_{opt} V_r = 0.86\times10 = 8.6L/h$$

反应器中细胞浓度

$$c_X = Y_{X/S}\left[c_{S0}+K_S-\sqrt{K_S(K_S+c_{S0})}\right] = 0.5\times\left[10+0.2-\sqrt{0.2(0.2+10)}\right] = 4.39g/L$$

细胞的最大产率

$$P_{X,\max} = D_{opt} c_X = 0.86\times4.39 = 3.78g/(L \cdot h)$$

(3) 串联全混流反应器

采用串联的全混流反应器进行细胞培养时，操作方式一般有三种，即①直接由第一釜加料；②除第一釜加料外，以后各釜均有连续补料；③直接由第一釜进料，但最后釜的出料中有部分循环返回第一釜。

对第一种操作方式，以两个等体积全混流反应器串联为例，见图 10-17。其中的

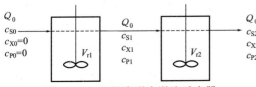

图 10-17　二级串联全混流反应器

流体流动符合多釜串联模型，并假设各反应器的操作条件相同，得率相同，第一级进料中不含菌体。对第一级的菌体和基质分别进行物料衡算得

$$c_{X1}=Y_{X/S}(c_{S0}-c_{S1}) \tag{10-58}$$

$$c_{S1}=\frac{K_S D}{\mu_{\max}-D} \tag{10-59}$$

则第一级反应器中细胞的生长速率

$$r_{X1}=\mu_1 c_{X1}=DY_{X/S}\left(c_{S0}-\frac{K_S D}{\mu_{\max}-D}\right) \tag{10-60}$$

对第二级反应器的菌体进行物料衡算得

$$Q_0 c_{X1}+\mu_2 c_{X2}V_r=Q_0 c_{X2} \tag{10-61}$$

经整理得

$$\mu_2=D\left(1-\frac{c_{X1}}{c_{X2}}\right) \tag{10-62}$$

对限制性基质进行衡算

$$Q_0 c_{S1}=Q_0 c_{S2}+r_{S2}V_r \tag{10-63}$$

将式(10-44)代入，经整理得

$$\mu_2=DY_{X/S}\frac{c_{S1}-c_{S2}}{c_{X2}} \tag{10-64}$$

结合式(10-62)得

$$c_{X2}=Y_{X/S}(c_{S0}-c_{S2}) \tag{10-65}$$

根据 Monod 方程

$$\mu_2=\frac{\mu_{\max}c_{S2}}{K_S+c_{S2}} \tag{10-66}$$

结合式(10-64)，并将式(10-59)和式(10-65)代入，经简化得

$$(\mu_{\max}-D)c_{S2}^2-\left(\mu_{\max}c_{S0}-\frac{K_S D^2}{\mu_{\max}-D}+K_S D\right)c_{S2}+\frac{K_S^2 D^2}{\mu_{\max}-D}=0 \tag{10-67}$$

解此二次方程得到不同稀释率下第二级反应器出口基质浓度 c_{S2}。显然，c_{S2} 必定小于 c_{S1}。

再由式(10-65)和式(10-67)分别得到 c_{X2} 和 μ_2 后，便可得到第二级反应器中细胞生长速率

$$r_{X2}=\mu_2 c_{X2} \tag{10-68}$$

图 10-18 表示了在两个串联的全混流反应器中，进行细胞培养时各个反应器中的细胞浓度、基质浓度、细胞产率与稀释率的关系。

由图可知，在两个等体积串联 CSTR 中，各反应器的临界稀释率相同；当 $D<D_c$ 时，$c_{X2}>c_{X1}$，且即使稀释率接近 D_c，c_{S2} 也比 c_{S1} 低不少，说明两个 CSTR 串联时基质利用得较完全。此外，在第二个 CSTR 中的细胞生长速率远较在第一个中低。

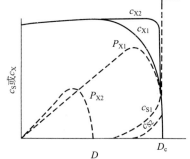

图 10-18　二级串联中细胞浓度、基质浓度、细胞产率与稀释率的关系

以此类推，当 N 个等体积全混流反应器串联时，在定态操作情况下，第 P 个釜中的细胞浓度、比生长速率和限制性基质浓度分别为

$$c_{X,P} = \frac{Dc_{X,P-1}}{D - \mu_P} \tag{10-69}$$

$$\mu_P = D\left(1 - \frac{c_{X,P-1}}{c_{X,P}}\right) \tag{10-70}$$

$$c_{S,P} = c_{S,P-1} - \frac{\mu_U c_{X,P}}{DY_{X/S}} \tag{10-71}$$

（4）固定床反应器　假设固定床反应器中均匀充填有固定化酶，流体在固定床内的流动状况接近平推流，因此可采用平推流模型。对于符合米氏方程的酶动力学，在等温、排除外扩散情况下，其宏观动力学方程为

$$R_A^* = \eta \frac{r'_{max} c_S}{K'_m + c_S} \tag{10-72}$$

式中，K'_m 和 r'_{max} 分别为固定化酶的本征动力学米氏常数和最大反应速率，它们可通过排除内、外扩散后研究固定化酶本征动力学得到。

由于是恒容过程，限制性底物在固定床内的轴向浓度分布可借助间歇釜式，得

$$-u_0 \frac{dc_S}{dZ} = \frac{\eta r'_{max} c_S}{K'_m + c_S} \tag{10-73}$$

初始条件 $\qquad\qquad\qquad Z=0 \qquad c_S = c_{S0}$

解上述方程便可得到固定床反应器中底物浓度随轴向长度的分布。若计算固定床反应器空时，则可借助绝热床式得

$$\tau = \frac{V_r}{Q_0} = -\int_{c_{S0}}^{c_S} \frac{dc_S}{\eta \dfrac{r'_{max} c_S}{K'_m + c_S}} \tag{10-74}$$

内扩散有效因子可按 10.3 节计算。只有当固定化酶的内扩散有效因子 η 为常数时，式（10-74）才有解析解，即

$$\tau = \frac{1}{\eta r'_{max}} [K'_m \ln(c_{S0}/c_S) + (c_{S0} - c_S)] \tag{10-75}$$

当 $c_S \ll K'_m$ 时，可近似按一级不可逆反应处理。

习　题

1. 有一酶催化反应，其底物浓度与初始反应速率的关系如下表所示

$c_S \times 10^4/(\text{mol/L})$	41.0	9.50	5.20	1.03	0.490	0.106	0.051
$r_S \times 10^6/[\text{mol/(L} \cdot \text{min)}]$	177	173	125	106	80	67	43

假设该酶反应动力学方程符合米氏方程，试求模型参数 r_{max} 和 K_m。

2. Monod 以其四组实验数据为基础提出了著名的 Monod 方程。现将其中一组实验转摘如下：在一个间歇反应器中，以乳糖为基质进行细菌培养，定时测定基质浓度 c_S 和菌体浓度 c_X。见下表

序号	时间间隔 $\Delta t/\text{h}$	底物浓度 $c_S/(\text{g/L})$	菌体浓度 $c_X/(\text{g/L})$	序号	时间间隔 $\Delta t/\text{h}$	底物浓度 $c_S/(\text{g/L})$	菌体浓度 $c_X/(\text{g/L})$
1	0.52	158	15.8～22.8	5	0.36	25	48.5～59.6
2	0.38	124	22.8～29.2	6	0.37	19	59.6～66.5
3	0.32	114	29.2～37.8	7	0.38	2	66.5～67.8
4	0.37	94	37.8～48.5				

试用 Monod 方程拟合上述实验数据，计算模型参数 μ_m 和 K_S。

3. 在初始酶浓度一定的情况下，进行某一酶催化反应，实验测得不同底物浓度下的初始反应速率与底物浓度的关系如下表所示。又在上述相同条件下，分别加入浓度为 $1.51\times10^{-5}\text{mol/L}$ 的抑制剂，并测定其底物浓度与初始反应速率的关系，亦列于下表中。

$c_S\times10^3/(\text{mol/L})$	0.098	0.20	0.32	0.40	0.50	0.61
$r_S\times10^6/[\text{mol/(L}\cdot\text{min)}]$	16.2	32.3	38.6	44.2	50.0	55.2
$r_{Sl}\times10^6/[\text{mol/(L}\cdot\text{min)}]$	9.70	17.8	25.8	30.4	35.4	40.2

试根据表中数据，判断其抑制类型，并计算动力学参数 K_m、r_{max} 和 K_1。

4. 在体积为 5L 的间歇反应器中进行游离酶催化反应，其底物的初始浓度为 $2.77\times10^{-4}\text{mol/L}$。假设该酶反应动力学符合米氏方程，且 K_m 为 $1.13\times10^{-3}\text{mol/L}$，$r_{max}=2.58\times10^{-5}\text{mol/(L}\cdot\text{min)}$，试计算

（1）底物转化率达 90% 所需反应时间；（2）若反应体积改为 10L，其他条件不变，达到 90% 转化率的反应时间；（3）若初始底物浓度为 $2.77\times10^{-3}\text{mol/L}$，达到 90% 转化率的反应时间。

5. 在一个间歇反应器中进行游离酶催化反应，其底物初始浓度为 $9.87\times10^{-3}\text{mol/L}$，假设该酶反应动力学符合米氏方程，$K_m$ 为 $3.98\times10^{-3}\text{mol/L}$。经过 53min，底物转化了 50%，试求经过 80min 和 120min 时，底物转化率分别为多少？

6. 在一个固定床反应器中进行固定化酶催化反应，物料在其中的流动为活塞流，该反应的表观动力学符合米氏方程，其表观米氏常数 K'_m 为 $1.25\times10^{-4}\text{mol/L}$，最大表观速率 r'_{max} 为 $2.06\times10^{-5}\text{mol/(L}\cdot\text{min)}$。已知底物的初始浓度为 $5.67\times10^{-4}\text{mol/L}$，试计算反应器出口转化率为 95% 时的空时。

7. 在体积为 1m^3 的全混流反应器中，以甘露醇为限制性底物培养大肠杆菌，其动力学方程符合米氏方程，$\mu_{max}=1.2\text{h}^{-1}$，$K_S=2\text{g/m}^3$，$Y_{X/S}=0.1\text{g}$ 细胞/g 甘露醇。甘露醇溶液的进料流量为 $0.88\text{m}^3/\text{h}$，进口浓度为 6g/m^3。试计算（1）反应器出口中的细胞浓度和甘露醇浓度；（2）使大肠杆菌的生长速率达到最大时，最佳进料流量及大肠杆菌的最大生长速率。

8. 在一个体积为 50L 的全混流反应器中进行细胞培养，该细胞生长符合 Monod 方程，其中 $\mu_{max}=1.5\text{h}^{-1}$；$K_S=1\text{g/L}$；$c_{S0}=30\text{g/L}$；$Y_{X/S}=0.08$；$c_{X0}=0.5\text{g/L}$。在定态操作条件下，试确定：（1）底物浓度 c_S 与稀释率 D 的关系；（2）细胞浓度 c_X 与稀释率 D 的关系；（3）当进料体积流量 Q_0 为 37.5L/h 时，求反应器出口中的 c_S 和 c_X。

参 考 文 献

[1] Bailey J E，Ollis D F. Biochemical Engineering Fundamentals. 2nd ed. New York：McGraw-Hill，1986.

[2] Nielsen J，Villadsen J. Bioreaction Engineering Principles. New York：Plenum Press，1994.

[3] Atkinson B，Mavituna F. Biochemical Engineering and Biotechnology Handbook. 2nd ed. New York：Stockton Press，1991.

［4］　Blanch H W，Clark D S. Biochemical Engineering. New York：Marcel Dekker，1996.

［5］　山根恒夫 . 生化反应工程 . 周斌编译 . 西安：西北大学出版社，1992.

［6］　俞俊棠，唐孝宣 . 生物工艺学 . 上海：华东化工学院出版社，1992.

［7］　戚以政，汪叔雄 . 生化反应动力学与反应器 . 北京：化学工业出版社，1996.

［8］　郭勇 . 酶工程 . 北京：中国轻工业出版社，1994.

［9］　李绍芬 . 反应工程 .3 版 . 北京：化学工业出版社，2013.

［10］　朱炳辰 . 化学反应工程 .5 版 . 北京：化学工业出版社，2012.

符 号 说 明

A	着眼组分；面积	H_0	静床高度；静液层高度
A_1	单位管长的传热面积	He	海斯特龙（Hedstrom）数（$=\tau \rho d^2/\mu^2$）
A_t	反应管（床）截面积		
a	分子计量数；比相界面积；单位体积气液混合物中的相界面积	h	给热系数
		I	器内年龄分布函数
a_t	填料层的比表面积	J_D	传质因子 [$= (k_c \rho/G)(\mu/\rho D)^{2/3}$]
Bo	朋特（Bond）数（$=gD^2 \rho_L/\sigma$）	J_H	传质因子 [$= (h/c_p u \rho)(c_p \mu/\lambda)^{2/3}$]
C	脉冲响应的停留时间分布函数	K	化学平衡常数；吸附平衡常数；相间交换系数
c	浓度		
C_D	曳力系数	$(K_{bc})_b$，$(K_{ce})_b$，	
C_I，C_M，C_S	分别为向引发剂、单体及溶剂的链转移常数	$(K_{be})_b$	分别为以单位气泡体积为基准的气泡与气泡晕之间、气泡晕与乳相之间以及总括的从气泡到乳相之间在单位时间内交换的气体体积
c_p，c_V，$\overline{c_p}$	分别为定压比热容、定容比热容及平均比热容		
		K_G，K_L	分别为以气相及液相的推动力为基准的总括传质系数
D	分子扩散系数；釜径，塔径		
D_e，D_K	分别为有效扩散系数及努森（Kundson）扩散系数	K_m	米氏常数
		k	反应速率常数
D_G，D_L	分别为气相及液相中的分子扩散系数	k_c，k_p	分别为以浓度及压力为基准的反应速率常数
d	桨径		
d_b	气泡直径	k_0	频率因子
d_p	固体粒子直径	k_G，k_L	分别为气膜及液膜传质系数
d_s	当量比表面积直径	L	床高；管长；单位塔截面上液体的恒分子流量
d_t	管径或床径		
E	停留时间分布密度函数或出口年龄分布密度函数；活化能；游离酶	L_{mf}，L_f	分别为临界流化床高度及流化床高度
E_r，E_z	分别为径向及轴向混合扩散系数	l	长度
F	摩尔流量；跃迁响应的停留时间分布函数（$=C/C_0$）	M	分子量；单体
		$[M]$	单体浓度
f	摩擦系数；引发效率	$\overline{M_n}$，$\overline{M_w}$，	
f_w	尾涡体积分率	$\overline{M_z}$，$\overline{M_v}$	分别为聚合物的数均、重均、Z 均及黏均分子量
Fr	弗劳德（Froude）数，鼓泡弗劳德数 $Fr=u_{0G}/\sqrt{gD}$，搅拌弗劳德数 $Fr=n^2 d/g$		
		m，m'	非牛顿流动指数
		N	釜数
G	质量流速	N_A	以单位面积为基准的传质或反应速率
Ga	伽利略（Galileo）数（$=gD^3/\nu_L^3$）		
Gr	格雷兹（Graetz）数（$=Wc_p/\lambda L$）	N_v	以单位体积为基准的传质或反应速率；循环因数
g	重力加速度		
H	液层高；填料高；亨利（Henry）常数	N_p	功率特征数（$=P/\rho n^3 d^5$）
		Nu	努塞尔（Nusselt）数（$=hD/\lambda$）
ΔH	反应热	n	搅拌桨转速；物质的量（mol）；非

	牛顿流动指数	u_m	平均流速
n_p	搅拌桨叶数	u_{mf}	临界（或最小）流化速度
n'	单位截面上的物料恒分子流量；非	u_0	空床气速
	牛顿流动指数	u_{0G}，u_{0L}	分别为空塔（釜）气速或液速
P	搅拌功率；聚合物（P_j；j 聚体）	u_s	滑动速度
Δp	压降	u_t	终端（或带出）速度；自由浮升
$[P]$	聚合物浓度		速度
P_G	通气时的搅拌功率	V	体积
P_V	搅拌强度（$=P/V$）	v	吸附量
Pe	贝克莱（Peclet）数。空管，$Pe=$	v_m	饱和吸附量
	$d_t u/E_z$。固定床：径向，$Pe_t=$	W	挡板宽度；催化剂质量
	$d_p u_m/E_t$；轴向，$Pe_z=d_p u_m/E_z$	We	韦伯（Weber）数（$=\rho_L n^2 d^3/\sigma$）
Pr	普朗特（Prandtl）数（$=c_p \mu/\lambda$）	x	转化率
$\overline{P}_n$，$\overline{P}_w$，		y	摩尔分数
$\overline{P}_z$，$\overline{P}_v$	分别为数均、重均、Z 均及黏均聚	z	轴向及扩散方向坐标，层高
	合度	β	增强比数；循环比；浓度比
p_i	分压	γ	膜内转化系数
p^*	与液相本体浓度相平衡的气相分压	γ_b，γ_c，γ_e	分别为气泡中、气泡云中及乳相中
$\overline{P}_n$	瞬间数均聚合度		粒子与气泡的体积比
Q	流量	γ_d	滴内转化系数
Q_v	桨叶吐出流量	δ	膨胀因子；溶解度参数；床层气泡
Q_g，Q_r	分别为反应放出热量的速率、散失		体积分率
	或移去热量的速率	δ_G，δ_L	分别为气膜及液膜厚度
R	管（床）半径	ε	空隙率
Re	雷诺（Reynolds）数（$=du\rho/\mu$），	ε_B，ε_P	分别为床层空隙率及粒子空隙率
	搅拌雷诺数 $Re_d=nd^2\rho/\mu$	ε_d	分散相所占分率
r	反应速率；径向坐标；竞聚率；官	ε_G，ε_{0G}，ε_L	分别为动态气含率、静态气含率及
	能团比		液含量（持液率）
$(-r_A)$	A 组分的消失速率	η	容积效率；催化剂有效系数或反应
S	反应管截面积；相界面积，溶剂；		相内利用率；流化效率
	乳化剂	θ	无量纲时间；覆盖率
S_g	粒子比表面积	θ_v	裸露率
S_0，S_p	分别为总选择性和瞬时选择性	λ	热导率
Sc	施密特（Schmidt）数（$=\mu/\rho D$）	λ_e	有效热导率
Sh	舍伍德（Sherwood）数（$=k_L d/$	μ	黏度
	D）	μ_a	表观黏度
T	热力学温度（K）	μ_p	宾汉黏度
t	时间	ν	运动黏度（$=\mu/\rho$）
$\hat{t}$	时间的数学期望值	ρ	密度
U	总传热系数	σ	表面张力；活性中心
u	流速	σ^2	方差（或散度）
u_b	气泡上升速度	τ	平均停留时间；切变应力；微孔形
u_{br}	单气泡时的上升速度		状因子
		φ，Φ	瞬时收率及总收率

φ_s	粒子形状系数	m	传热介质；全混流
ϕ_s	内扩散模数	max	极大值
下标：		mf	临界流化态
A，B，…	不同组分	0	初始态；进料
a	吸附	opt	最优态
ad	绝热	p	粒子；平推流
av	平均	r	反应
b	气泡	s	固体；表面
c	连续相；气泡云	t	总的
d	分散相；解吸	i, d, p,	
e	平衡态；出口；乳相	fm，fs，	
G	气相	tl，td，tc	分别表示聚合过程的引发、分解、
i	进口；相界面上		生长、向单体转移、向溶剂转移、
L	液相		单基终止、歧化终止和偶合终止